U0827470

传热学知识精讲与习题全解

主　编　楚化强
副主编　马维刚　许　年　刘子龙

合肥工业大学出版社

图书在版编目(CIP)数据

传热学知识精讲与习题全解/楚化强主编．--合肥：合肥工业大学出版社，2025.
ISBN 978－7－5650－7194－2

Ⅰ.TK124

中国国家版本馆 CIP 数据核字第 2025LC4805 号

传热学知识精讲与习题全解

主编　楚化强

责任编辑	张择瑞
出版发行	合肥工业大学出版社
地　　址	(230009)合肥市屯溪路 193 号
网　　址	press.hfut.edu.cn
电　　话	理工图书出版中心：0551－62903204 营销与储运管理中心：0551－62903198
开　　本	787 毫米×1092 毫米　1/16
印　　张	37
插　　页	1 页
字　　数	832 千字
版　　次	2025 年 5 月第 1 版
印　　次	2025 年 5 月第 1 次印刷
印　　刷	安徽联众印刷有限公司
书　　号	ISBN 978－7－5650－7194－2
定　　价	88.00 元

前　　言

大千世界,微纳之间,充满驱动万物之能源。白居易有诗云:“散热由心静,凉生为室空。”凉与热,关系着古今之人向外格物、向内致知的探寻历程,从古至今从未停止。

凡是有温度差的地方,就有能量的传递。这些能量以热量的形式在凉热物体之间传递。传热学是一门研究温差引起热能传递的学科。

在当今科技飞速发展的时代,传热学作为一门基础且重要的工程学科,其地位愈加凸显。它不仅是机械工程、能源工程、建筑工程等领域的基石,还在电子设备、材料科学、生物医学工程等新兴领域发挥着关键作用。

杨世铭、陶文铨两位学者编著的《传热学》教材,一直以内容清晰、鞭辟入里著称,是各大高校大量采用的教科书。编者在安徽工业大学与清华大学深耕多年《传热学》教学,把自身的教学经验融合进习题讲解与知识拓展之中,带领团队编写了这本《传热学知识精讲与习题全解》。

为了帮助广大读者更好地理解传热学的基本原理和应用,我们编写了这本书,旨在提供一份系统而详尽的学习参考资料。本书的内容主要包括我们在传热学习过程中精心编写的知识点思维导图及《传热学(第 6 版)》对应习题及其详细解答,同时涵盖了相关知识点的概述。通过这些习题,读者可以全面地掌握传热学中的核心概念、基本原理和常用计算方法,提高解决实际问题的能力。

在导热部分,我们围绕傅里叶导热定律,全面阐述了导热现象的数学建模与解法,无论是稳态还是非稳态情境,从一维到多维稳态导热的复杂变化,我们都通过清晰的定义、公式展示及例题分析,让读者深入理解导热机制。此部分不仅揭示热量在固体中传递的基本法则,还引入数值解法,帮助解决复杂导热问题。对流传热部分则聚焦于流体中的热量传递,详细介绍了边界层型对流传热的数学描述,包括内部与外部强制对流、射流冲击传热及大空间自然对流传热的特性。《传热学(第 6 版)》中提供了丰富的习题,涵盖自然对流、强制对流、单相对流及相变对流传热,我们针对书中每道习题都附有详尽的解答过程,旨在帮助读者巩固所学知识。辐射传热部分从热辐射基本概念出发,深入阐述了黑体热辐射的基本定律,如斯忒藩-玻尔兹曼定律、普朗克定律和兰贝特定律,并分析实际物体的辐射特性及辐射传热计算方法。无论两表面封闭系统，还是多表面系统或有气体参与的辐射传热，均提供详尽理论分析与计算方法。传质学篇章作为传热学的延伸，从质扩散概念出发，详细阐述斐克定律，并探讨对流传质机制及表面传质系数计算方法。此外，我们精心挑选了名校考研真题，附上详细解答与分析，旨在加深读者对传热学知识的掌握与理解。

传热学不仅仅是各类传热现象的简单叠加，更是各类传热方式的综合应用。书中对一些涉及多种传热方式的综合性习题进行详细剖析，如换热器设计、多层材料传热分析等。通过这些习题，读者可以练习如何在实际工程问题中综合运用传导、对流和辐射传热的知识，提高解决复杂问题的能力。此外，我们还对一些名校的考研真题进行分类精编，旨在提高读者的实战能力。

传热学的学习不仅需要扎实的理论基础，更需要大量的习题练习和实际问题的解决能力。我们希望通过这本书，能够帮助读者在理论与实践之间架起一座桥梁，真正掌握传热学的精髓。在解决习题的过程中，读者不仅可以巩固基础知识，还能锻炼自己的逻辑思维和问题解决能力，为未来的学术研究和工程实践打下坚实的基础。

本书由安徽工业大学楚化强主编，清华大学马维刚，安徽工业大学博士生许年和刘子龙任副主编。在编写这本书的过程中，我们结合自身的学习经验和理解，力求内容的准确性和系统性。我们的初衷是为传热学的学习者提供一本既全面又实用的参考书，使其在学习过程中能够更加得心应手。

在此，我们要感谢所有为本书编写和出版付出努力的老师和同学们，感谢他们的辛勤工作和无私奉献，使这本书能够顺利面世。感谢安徽工业大学研究生徐前、杨臣豪、高健、季天祥、王家好，以及本科生朱月琪协助编写书中的习题和插图。此外，特别感谢北京华力通达机电科技有限公司提供的传热设备彩图。

同时，我们真诚感谢广大读者的支持和信任，正是你们的关注和期待，激励我们不断努力提升内容质量。希望这本书能够成为你们在传热学学习和研究中的得力助手，助你们在未来的学术和职业生涯中取得优异的成绩。“九层之台，起于累土”，我们相信，通过不断的学习和实践，你们一定能够在传热学领域取得卓越的成就。

限于编者水平，本书难免会有疏漏之处，编者诚恳欢迎读者批评指正，若有疑问，欢迎联系 Heattransfer_Chu@163.com。

编　者

2025 年 1 月

目　录

第 1 章　热量传递的基本方式及传热过程

1.1　知识网络

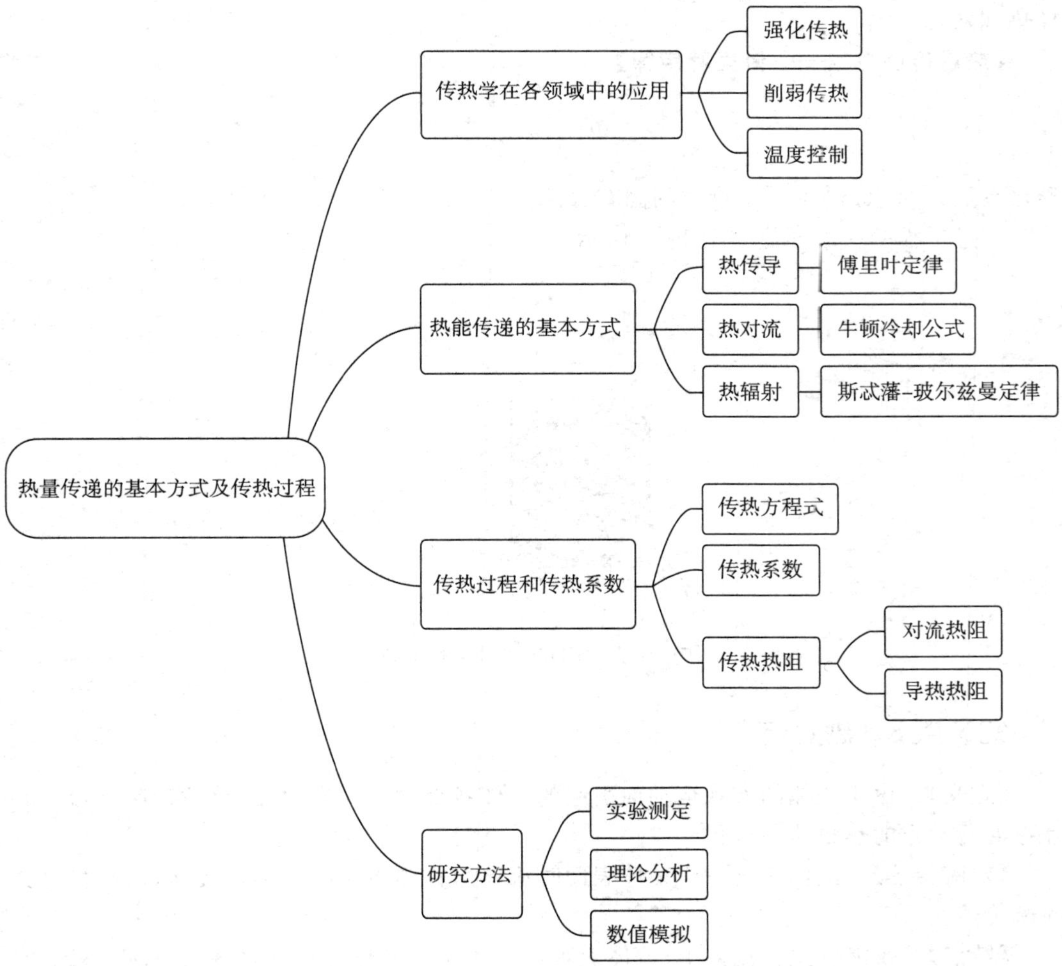

1.2 传热学知识点

知识点1 什么是传热学?

传热学是研究由温差引起的热能传递规律的科学。

知识点2 热传导

【定义】 物体各部分之间不发生相对位移时,依靠分子、原子及自由电子等微观粒子的热运动而产生的热能传递。

【特点】 直接接触;物体各部分之间不发生宏观位移;依靠微观粒子(分子、原子、电子等)的无规则热运动;物体的固有本质(只要存在温差,在固体、液体、气体中均会发生导热现象)。

【热量传递方程——傅里叶定律】

$$\Phi=-\lambda A\ \frac{dt}{dx}$$

导热系数 λ[W/(m·K)]是物质的固有属性。

通过平板的一维导热如图1-1所示。

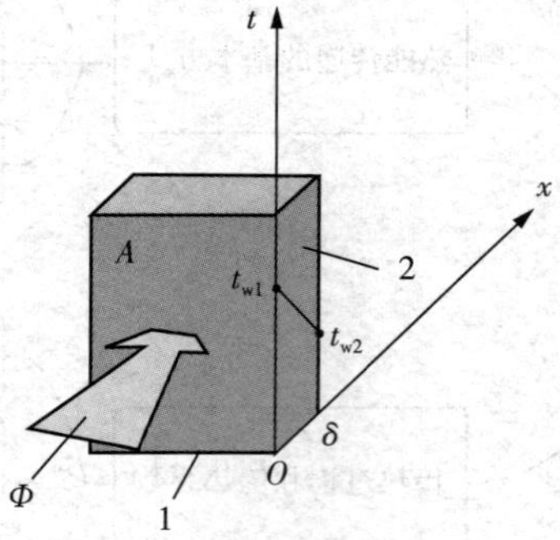

图1-1 通过平板的一维导热

知识点3 热对流

【定义】 由于流体的宏观运动而引起的流体各部分之间发生相对位移,冷热流体相互掺混所导致的热量传递过程。

【对流传热】 流体流过一个物体表面时流体与物体表面间的热量传递过程,称之为对流传热。

【特点】 仅能发生在流体中;流体宏观运动+流体导热(流体中各部分温度不同,必然伴有分子不规则热运动而传递的热量);流体流过温度不同的固体壁面时的热量传递过程(工程上感兴趣);对流传热机理与通过紧靠换热面上薄膜层的热传导有关。

【分类】

对流传热按照不同的原因可分为多种类型。

流动起因：强迫对流传热和自然对流传热。

流动状态：层流和湍热。

是否相变：相变对流传热和无相变对流传热。

几何布置：内部流动和外部流动。

【牛顿冷却公式】

流体被加热时：　　$q=h(t_w-t_f)$

流体被冷却时：　　$q=h(t_f-t_w)$

【传热系数 *h* 的一般规律】　W/(m² · K)

流动方式：强制＞自然对流；

介质：水＞空气；

相变：有相变＞无相变。

壁面与流体之间的对流传热如图 1－2 所示。

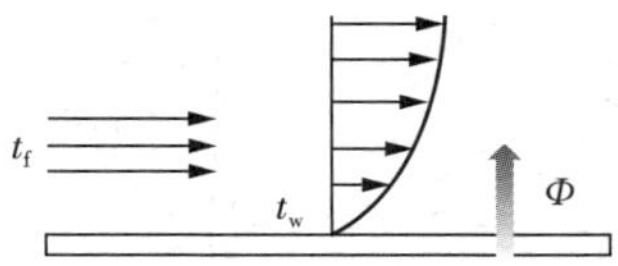

图 1－2　壁面与流体之间的对流传热

知识点 4　热辐射

【定义】

辐射：物体通过电磁波来传递热量的方式。

热辐射：物体由于热的原因向外发出的辐射。

辐射传热：物体之间以辐射的形式交换热量。

【特点】

a. 不需要冷热物体的直接接触。即不需要介质的存在，在真空中就可以传递能量，而且最有效。

b. 在辐射传热过程中伴随着能量的转移和能量形式的转换：

物体热力学能→电磁波能→物体热力学能

【黑体】　能吸收投入其表面上的所有热辐射能的物体。

黑体是一种理想物体，它的辐射能力只与温度有关。

【斯忒藩-玻尔兹曼定律】

$$\Phi=A\sigma T^4$$

σ 为黑体辐射常数，5.67×10^{-8} W/(m² · K⁴)。

实际物体向外辐射热流量计算式(修正公式)

$$\Phi=\varepsilon A\sigma T^4$$

ε 称为物体的发射率(习惯上又称黑度),其值小于 1。物体的温度越高、辐射能力越强。

【发射率影响因素】 物体的种类、表面状况、温度。

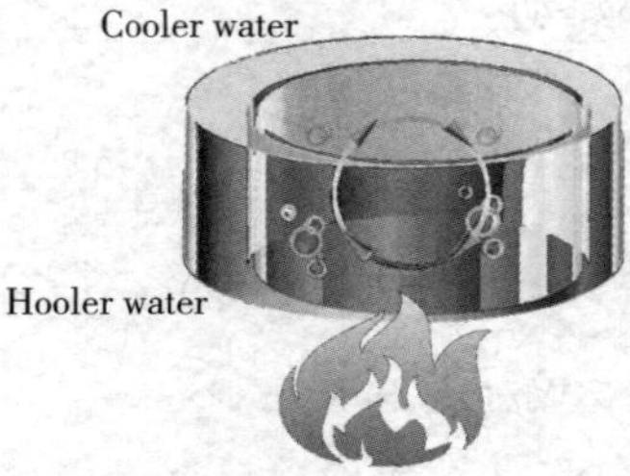

图 1-3 烧水的传热过程包含热传导、热对流和热辐射

1.3 传热学复习题

1.3.1 思考题

1. 试用简练的语言说明导热、对流传热及辐射传热三种热传递方式之间的联系和区别。

答:导热和对流的区别在于,导热是物体内部依靠微观粒子的热运动而产生的热量传递现象;对流则是流体各部分之间发生宏观相对位移及冷热流体的相互掺混。

联系是:在发生对流传热的同时必然伴生有导热。

导热、对流这两种热量传递方式,只有在物质存在的条件下才能实现,而辐射可以在真空中传播,辐射传热时不仅有能量的转移还伴有能量形式的转换。

2. 以热流密度表示的傅里叶定律、牛顿冷却公式及斯忒藩-玻尔兹曼定律是应当熟记的传热学公式。试写出这三个公式并说明其中每一个符号及其意义。

答:① 傅里叶定律:$q=-\lambda\dfrac{dt}{dx}$,其中,q 是热流密度;λ 是导热系数;$\dfrac{dt}{dx}$是沿 x 方向的温度变化率,“$-$”表示热量传递的方向是沿着温度降低的方向。

② 牛顿冷却公式:$q=h(t_w-t_f)$,其中,q 是热流密度;h 是表面传热系数;t_w 是固体表面温度;t_f 是流体的温度。

③ 斯忒藩-玻尔兹曼定律:$q=\sigma T^4$,其中,q 是热流密度;σ 是斯忒藩-玻尔兹曼常数;T 是辐射物体的热力学温度。

3. 导热系数、表面传热系数及传热系数的单位各是什么?哪些是物性参数,哪些与过程有关?

答:①导热系数的单位是:W/(m·K);②表面传热系数的单位是:W/(m²·K);

③传热系数的单位是：$W/(m^2 \cdot K)$。

这三个参数中，只有导热系数是物性参数，其它均与过程有关。

4. 当热量从壁面一侧的流体穿过壁面传给另一侧的流体时，冷、热流体之间的换热量可以通过其中任何一个环节来计算（过程是稳态的），但本章中又引入了传热方程式，并说它是“换热器热工计算的基本公式”。试分析引入传热方程式的工程实用意义。

答：因为在许多工业换热设备中，进行热量交换的冷、热流体也常处于固体壁面的两侧，是工程技术中经常遇到的一种典型热量传递过程。

5. 用铝制的水壶烧开水时，尽管炉火很旺，但水壶仍然安然无恙。而一旦壶内的水烧干后，水壶很快就烧坏。试从传热学的观点分析这一现象。

答：如果壶内有水时，可以对壶底进行很好的冷却（水对壶底的对流传热系数大），壶底的热量被很快传走而不至于温度升得很高；如果没有水时，气体和壶底发生对流传热。因为气体发生对流传热时，壶底下的表面传热系数小，壶底的热量不能很快被传走，故此壶底升温很快，容易被烧坏。

6. 用一只手握住盛有热水的杯子，另一只手用筷子快速搅拌热水，握杯子的手会显著地感到热。试分析其原因。

答：如果没有搅拌，杯内的水几乎静止的，流速几乎为零，杯内的水和杯壁之间的热交换的方式是自然对流传热。自然对流传热时，表面传热系数小。当快速搅拌时，杯内的水和杯壁之间为强制对流传热，表面传热系数大，热水有更多的热量被传递到杯壁的外侧，因此会显著地感觉到热。

7. 什么是串联热阻叠加原则，它在什么前提下成立？以固体中的导热为例，试讨论有哪些情况可能使热量传递方向上不同截面的热流量不相等。

答：在一个串联的热量传递过程中，如果通过每个环节的热流量都相同，则各串联环节的总热阻等于各串联环节热阻的和。例如：一些无限大平板叠加构成的平壁。例如通过圆筒壁，对于各个传热环节的传热面积不相等，可能造成热量传递方向上不同截面的热流量不相等。

8. 有两个外形相同的保温杯 A 与 B，注入同样温度、同样体积的热水后不久，A 杯的外表面就可以感觉到热，而 B 杯的外表面则感觉不到温度的变化，试问哪个保温杯的质量较好？

答：B 杯子的保温质量好。

因为保温好的杯子热量从杯子内部传出的热量少，经外部散热以后，温度变化很小，因此几乎感觉不到热。

9. 从改善散热的效果而言，置于室外的电力变压器外壳上油漆的颜色是深一点还是浅一点好？

答：从改善散热效果上来说，通常选择较浅的颜色会更有利于电力变压器外壳的散热。这是因为浅色的表面会吸收较少的太阳热量，并能更好地反射太阳光线。这有助于减少外壳表面的温度升高，从而降低变压器内部的温度。

深色的表面相比之下会吸收更多的太阳能量，并且会将热量传递到变压器内部，导致变压器的温度升高。这可能会影响变压器的性能和寿命，因为高温可能会引起设备故障或降低电子元件的寿命。

因此，为了改善电力变压器的散热效果，通常会选择较浅的颜色，以减少热量的吸收并促进更好的热辐射。这可以帮助维持变压器内部的较低温度，从而提高设备的性能和可靠性。

10. 在煤气灶上用铝锅煮鸡蛋，煮熟 2 个鸡蛋的时间是不是煮熟一个鸡蛋时间的 2 倍(其他条件相同)?

答：铝锅作为热导体，会迅速且均匀地吸收煤气灶上的热量，并将其传递给锅内的水和鸡蛋。由于铝的导热性能良好，热量在锅内的分布相对均匀。无论是煮 1 个鸡蛋还是 2 个鸡蛋，只要它们都被完全浸入水中，并且水的量足够多(以确保水温能够均匀分布并保持在沸点)，那么它们所接受的热量来源(即沸腾的水)是相同的。

因此，从热量传递的角度来看，当鸡蛋的尺寸接近的时候，煮 2 个鸡蛋所需的时间并不会因为鸡蛋数量的增加而翻倍。只要水的温度和鸡蛋的受热条件保持不变，煮熟每个鸡蛋所需的时间应该是相同的。

11. 塔式太阳能发电是近年来新兴起的可再生能源发电设备。吸热器是塔式太阳能热发电系统中的关键部件之一，其作用类似于火电厂中的锅炉。它的位置一般在塔式光热电站的塔顶。一种典型的吸热器如《传热学(第 6 版)》(陶文铨编著)图 1－7所示，为国家首批光热示范项目—首航高科敦煌 100 MW 熔盐塔式光热发电项目的吸热器，由多列竖直管屏圆周排列组成，360°范围内接收来自定日镜场反射的能量。其正常工作时，熔盐在吸热器管内高速流动，吸收定日镜反射的光能。由于吸热器暴露在空气中，所以会有散热损失。请定性分析：(1)吸热器工作过程中涉及哪些热量传递方式；(2)如何提高吸热器的吸热效率。

答：(1)在吸热器的工作过程中，主要涉及的热量传递方式有三种：

热传导：这是热量在物体内部或不同物体之间由于温度差异而发生的热量传递。在吸热器内，熔盐在管内高速流动，通过管壁吸收来自定日镜反射的光能，这个过程中就涉及热传导。

热对流：当流体(如熔盐)内部存在温度差异时，温度高的部分会上升，温度低的部分会下降，从而发生热量的传递。在吸热器内，熔盐在管内高速流动，就形成了热对流。

热辐射：所有高于绝对零度的物体都会发出热辐射，热辐射不需要介质就可以在空间传播。在吸热器工作过程中，定日镜反射的光能实际上就是以热辐射的形式传递给吸热器的。同时，由于吸热器暴露在空气中，它也会通过热辐射的方式向周围环境散失热量。

(2)要提高吸热器的吸热效率，可以从以下几个方面入手：

增大吸热器的受热面积：受热面积越大，能够接收到的热辐射就越多，从而提高吸热效率。例如，可以通过增加吸热器的管屏数量或改变管屏的排列方式来实现。

提高定日镜的反射效率：定日镜的反射效率直接影响到吸热器接收到的光能多少。通过优化定日镜的设计、提高镜面反射率等方式，可以提高定日镜的反射效率，从而增加吸热器接收到的光能。

减少吸热器的散热损失：由于吸热器暴露在空气中，会有一定的散热损失。为了减少这种损失，可以采取一些隔热措施，如在吸热器外部加装保温层等。

优化熔盐流动状态：熔盐在吸热器管内的流动状态对吸热效率也有影响。通过优化熔盐的流动速度、流动路径等参数，可以提高熔盐与管壁的接触效率，从而增加热量的传递和吸收。

1.3.2　热传递方式辨析

1-1　夏天的早晨，一个大学生离开宿舍时的温度为 20 ℃。他希望晚上回到房间时的温度能够低一些，于是早上离开时紧闭门窗，并打开了一个功率为 150 W 的电风扇，该房间的长、宽、高分别为 5 m、3 m、2.5 m。如果该大学生 10 h 以后回来，试估算房间的平均温度是多少？

解：在这个问题中，我们可以假设房间内部的空气温度均匀分布，而外界温度保持不变。房间是一个密闭系统。

20 ℃时空气的比热容约为 1005 J/(kg・K)，密度为 1.2 kg/m³。

房间的体积：$V=5\ \text{m}\times3\ \text{m}\times2.5\ \text{m}=37.5\ \text{m}^3$。

空气的质量：$m=\rho\times V=1.2\ \text{kg/m}^3\times37.5\ \text{m}^3=45\ \text{kg}$。

接下来，电风扇在 10 小时内消耗的能量为

$$能量=功率\times时间=150\ \text{W}\times10\ \text{h}\times3600\ \text{s/h}=5400000\ \text{J}$$

假设点击效率为 90%，即 10% 的电能转化为内能，总增加的热能＝5400000×10%＝540000(J)。

可以将总增加的热能分布到房间内部的质量上，然后根据空气的比热容来估算温度的升高。

$$\begin{aligned}\Delta t&=总增加的热能/(质量\times比热容)\\&=540000\ \text{J}/[45\ \text{kg}\times1005\ \text{J}/(\text{kg}\cdot\text{K})]\\&=11.94\ ℃\end{aligned}$$

这意味着房间内的温度大约升高了 11.94 ℃。最终的平均温度是初始温度加上升高的温度：

$$\begin{aligned}平均温度&=初始温度+\Delta t\\&=20\ ℃+11.94\ ℃\\&=31.94\ ℃\end{aligned}$$

这只是一个估算，实际情况可能受到许多其他因素的影响，如外界温度变化、房间的隔热性能等。

1-2　理发吹风器的结构示意图如附图所示，风道的流通面积 $A_2=60\ \text{cm}^2$，进入吹风器的空气压力 $p=100\ \text{kPa}$，温度 $t_1=25\ ℃$。要求吹风器出口的空气温度 $t_2=47\ ℃$，试确定流过吹风器的空气的质量流量以及吹风器出口的空气平均速度。电加热器的功率为 1500 W。

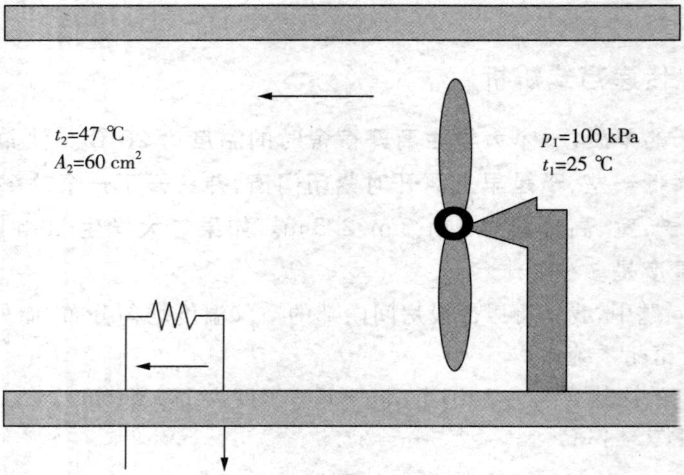

解：在这个问题中，取空气的相关系数如下：$c_p=1.005\ \text{kJ/(kg·K)}$，$\rho=1.118\ \text{kg/m}^3$。

如果将电加热器所有耗电用作加热空气，则在流道前和流道后，

流体吸收的热能　　$Q=c_p\cdot m\cdot\Delta t$

加热功率　　$q=c_p\cdot q_m\cdot\Delta t$

则有质量流量　　$q_m=\dfrac{q}{c_p(t_2-t_1)}=\dfrac{1500\ \text{W}}{1.005\ \text{kJ/(kg·K)}\times(47-25)\text{K}}=0.678\ \text{kg/s}$

根据　　$q_m=\rho v A_2$

流速　　$v=\dfrac{q_m}{\rho A_2}=\dfrac{0.0678\ \text{kg/s}}{1.118\ \text{kg/m}^3\times 60\ \text{cm}^2}=10.114\ \text{m/s}$

1-3　淋浴器的喷头正常工作时的供水量一般为每分钟 1000 cm^3。冷水通过电热器从 15 ℃被加热到 43 ℃。试问电热器的加热功率是多少？为了节省能源，有人提出可以将用过后的热水（温度为 38 ℃）送入一个换热器去加热进入淋浴器的冷水。如果该换热器能将冷水加热到 27 ℃，试计算采用余热回收换热器后洗澡 15 min 可以节省多少能源？

解：(1)计算电热器的加热功率：

加热的能量可以计算为

$$Q = mc_p\Delta T$$

$$= 998.95\ \mathrm{kg/m^3} \times 1000\ \mathrm{cm^3} \times 4.19\ \mathrm{kJ/(kg \cdot K)} \times (43-15)\mathrm{K}$$

$$= 117196.814\ \mathrm{J}$$

$$P = \frac{Q}{\tau}$$

$$= \frac{117196.814\ \mathrm{J}}{60\ \mathrm{s}}$$

$$= 1953.28\ \mathrm{W}$$

其中，m 是质量，c_p 是水的比热容，ΔT 是温度变化。

(2)计算节省的能源量：

当用过的热水经过换热器加热冷水时，热水释放的热量可以用来加热进入淋浴器的冷水。我们可以使用能量守恒来计算节省的能量。

如果进行使用，冷水只需要从 27 ℃被加热到 43 ℃即可。因此，冷水从 15 ℃被加热到 27 ℃，这部分为被节省的能量。

$$Q_2 = mc_p\Delta T$$

$$= 998.95\ \mathrm{kg/m^3} \times 1000\ \mathrm{cm^3} \times 4.19\ \mathrm{kJ/(kg \cdot K)} \times (27-15)\mathrm{K}$$

$$= 50227.206\ \mathrm{J}$$

1-4　对于《传热学(第 6 版)》(陶文铨编著)习题 1-4 附图所示的两种水平夹层，试分析冷、热表面间热量交换的方式有何不同？如果要通过实验来测定夹层中流体的导热系数，应采用哪一种布置？

解：由于流体的温度差异，其存在密度差。温度越低密度越大。

因此，(a)中热量交换的方式主要为热传导。

(b)热量交换的方式主要有热传导和自然对流。

所以应采用(a)布置来测定夹层中流体的导热系数。

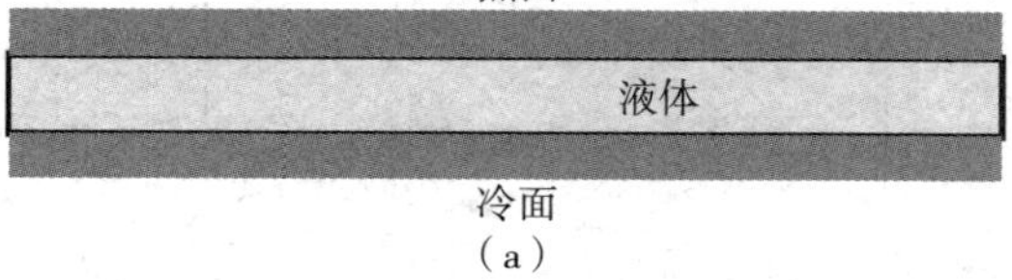

(a)

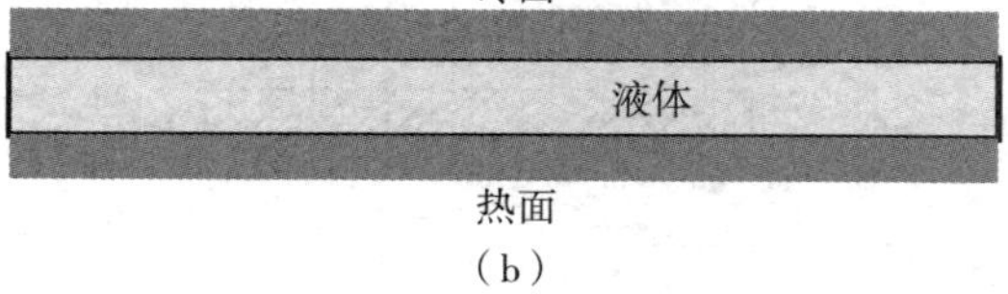

(b)

1-5　一个内部发热的球悬挂于室内，对于附图所示的三种情况，试分析：(1)球表面热量散失的方式；(2)球表面与空气之间的热交换方式。

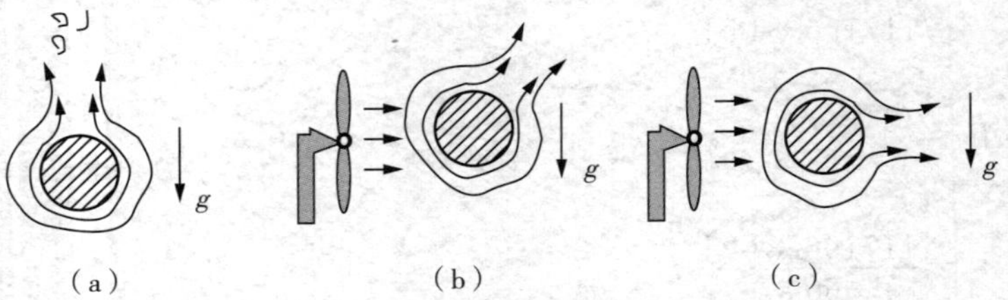

解：(1)换热方式：(a)自然对流传热；(b)自然对流与强制对流传热相当的过渡流传热；(c)强制对流传热。

(2)圆球为表面传热方式散热。

1-6　一宇宙飞船的外形示于附图中，其中外遮光罩是凸出于飞船体之外的一个光学窗口，其表面的温度状态直接影响到飞船的光学遥感器。船体表面各部分的表面温度与遮光罩的表面温度不同。试分析，飞船在太空中飞行时与遮光罩表面发生热交换的对象可能有哪些？传热的方式是什么？

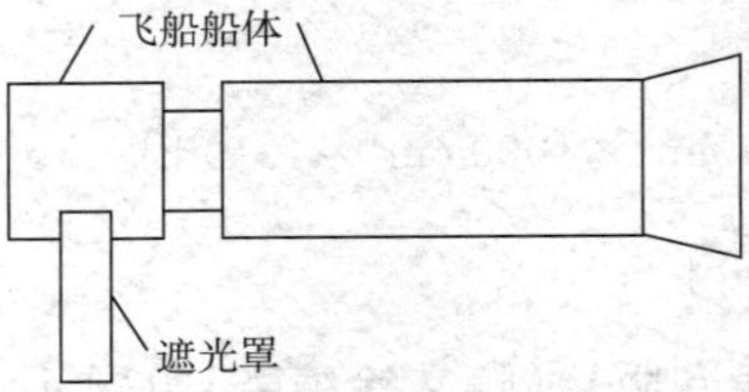

解：由于飞船在太空中飞行，是真空环境，不存在介质。所以，遮光罩与外界发生辐射传热，对象可能是太阳或者其他行星。遮光罩外表与船体外表进行辐射和导热。

1-7　热电偶常用来测量气流温度。如附图所示，用热电偶来测量管道中高温气流的温度 T_f，壁管温度 $T_w < T_f$。试分析热电偶接点的换热方式。

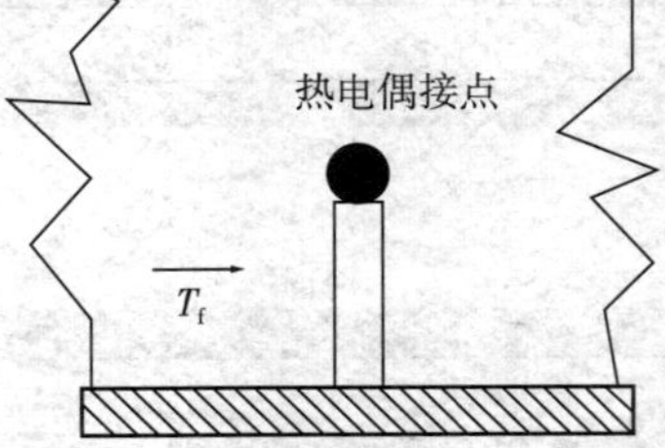

解：管道内流体对接点的对流传热，沿偶丝到节点的热传导，管道内壁到节点的热辐射。

1-8　热水瓶胆剖面的示意图如附图所示。瓶胆的两层玻璃之间抽成真空，内胆外壁及外胆内壁涂了反射率很低的银。试分析热水瓶具有保温作用的原因。如果不小心破坏了瓶胆上抽气口处的密闭性，这会影响保温效果吗？

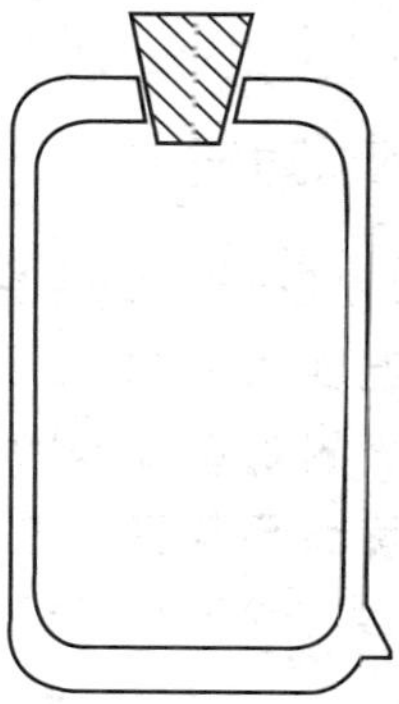

解：保温作用的原因：内胆外壁和外胆内壁涂了反射率很低的银，则通过内外胆向外辐射的热量很少，抽真空是为了减少内外胆之间的气体介质，以减少其对流传热的作用。

如果密闭性破坏，空气进入两层夹缝中形成了内外胆之间的对流传热，且空气进入以后，介质的导热系数大于真空，所以保温瓶的保温效果降低。

1.3.3　导热

1-9　一砖墙的表面积为 12 m²，厚为 260 mm，平均导热系数为 1.5 W/(m·K)。设面向室内的表面温度为 25 ℃，而外表面温度为 −5 ℃，试确定此砖墙向外界散失的热量。

解：可以把热传递过程看作是一维导热。根据傅里叶定律：

$$\Phi=\lambda A\ \frac{\Delta t}{\delta}=1.5\times12\times\frac{25-(-5)}{0.26}=2076.9(\mathrm{W})$$

1-10　一炉子的炉墙厚 13 cm，总面积为 20 m²，平均导热系数为 1.04 W/(m·K)，内外壁温分别是 520 ℃及 50 ℃。试计算通过炉墙的热损失。如果所燃用的煤的发热量是 2.09×10⁴ kJ/kg，问每天因热损失要用掉多少千克煤？

解：通过炉墙的热损失可以看做是导热过程。根据傅里叶定律

$$\Phi=\frac{\lambda A\Delta t}{\delta}=\frac{1.04\times20\times(520-50)}{0.13}=75200(\mathrm{W})$$

用煤量

$$\frac{24\ \mathrm{h}\times3600\ \mathrm{s}\times75200\ \mathrm{W}}{2.09\times10^{4}\ \mathrm{kJ/kg}}=310874.6\ \mathrm{g/d}=310.8746\ \mathrm{kg/d}$$

1-11　夏天，阳光照耀在一厚度为 40 mm 的用层压板制成的木门外表面上，用热流计测得木门内表面热流密度为 15 W/m²。外表面温度为 40 ℃，内表面温度为 30 ℃。试估算此木门在厚度方向上的导热系数。

解：这是一个导热过程。由傅里叶定律

$$q=\lambda\frac{\Delta t}{\delta}$$

$$\lambda=\frac{q\delta}{\Delta t}=\frac{15\times0.04}{40-30}=0.06[\mathrm{W/(m\cdot K)}]$$

1.3.4 对流

1-12 在一次测定空气横向流过单根圆管的对流传热实验中，得到下列数据：管壁平均温度 $t_w=69$ ℃，空气温度 $t_f=20$ ℃，管子外径 $d=14$ mm，加热段长 80 mm，输入加热段的功率 8.5 W。如果全部热量通过对流传热传给空气，试问此时的对流传热表面传热系数多大？

解：这是一个对流传热过程。由牛顿冷却公式

$$\Phi=2\pi rlh(t_w-t_f)$$

$$h=\frac{\Phi}{2\pi rl(t_w-t_f)}=\frac{8.5\ \mathrm{W}}{\pi\times0.014\ \mathrm{m}\times0.08\ \mathrm{m}\times49\ \mathrm{K}}=49.33\ \mathrm{W/(m^2\cdot K)}$$

1-13 对置于水中的不锈钢束采用电加热的方法进行压力为 1.013×10^5 Pa 的饱和水沸腾换热实验。测得加热功率为 50 W，不锈钢管束外径为 4 mm，加热段长 10 cm，表面平均温度为 109 ℃。试计算此时沸腾换热的表面传热系数。

解：压力为 1.013×10^5 Pa 的饱和水，饱和温度为 100 ℃

根据牛顿冷却公式有

$$\Phi=Ah\Delta t$$

$$h=\frac{\Phi}{A\Delta t}=\frac{50\ \mathrm{W}}{\pi\times0.004\ \mathrm{m}\times0.01\ \mathrm{m}\times(109-100)\mathrm{K}}=44232\ \mathrm{W/(m^2\cdot K)}$$

1-14 一长宽各为 10 mm 的等温集成电路芯片安装在一块地板上，温度为 20 ℃的空气在风扇作用下冷却芯片。芯片最高允许温度为 85 ℃，芯片与冷却气流间的表面传热系数为 175 W/(m² · K)。试确定在不考虑辐射时芯片最大允许功率是多少？芯片顶面高出底板的高度为 1 mm。

解：在不考虑辐射时芯片最大允许功率

$$\begin{aligned}\Phi_{\max}&=hA\Delta t\\&=175\times[0.01\times0.01+4\times(0.01\times0.001)]\times(85-20)\\&=1.5925(\mathrm{W})\end{aligned}$$

1-15 用均匀的绕在圆管外表面上的电阻带作加热元件，以进行管内流体对流传热的实验，如附图所示。用功率表测得外表面加热的热流密度为 3500 W/m²；用热电偶测得某一截面上的空气温度为 45 ℃，内管壁温度为 80 ℃。设热量沿径向传递，外表面绝热良好，试计算所讨论截面上的局部表面传热系数。圆管的外径为 36 mm，壁厚为 2 mm。

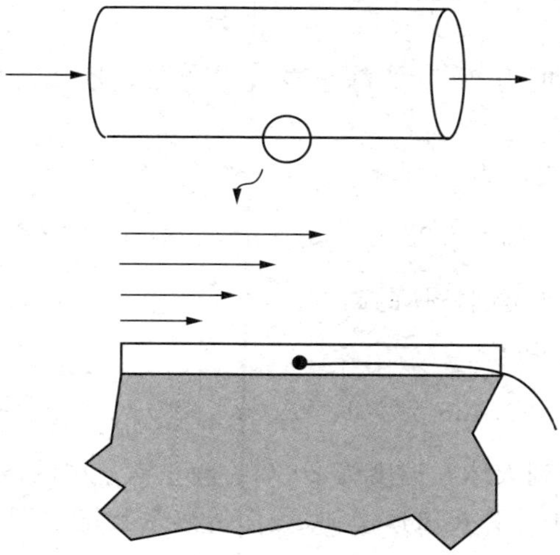

解：由题意，考虑为一维导热，热流密度不变

$$q=h\Delta t$$

则

$$h=\frac{q}{\Delta t}=\frac{3500\ \mathrm{W/m^2}}{(80-45)\mathrm{K}}=100\ \mathrm{W/(m^2\cdot K)}$$

根据牛顿冷却公式，内壁面的温度为 80 ℃。因此牛顿冷却公式计算对内的传热量，与壁面对外的传热量相等。

$$\Phi=2\pi(R-\delta)lh(t_w-t_f)=2\pi Rlq$$

则进一步推算：

$$2\pi lh\times(0.018-0.002)\mathrm{m}\times(80-45)\mathrm{K}=2\pi l\times0.018\ \mathrm{m}\times3500\ \mathrm{W/m^2}$$

$$h=112.5\ \mathrm{W/(m^2\cdot K)}$$

1-16　为了说明冬天空气的温度以及风速对人体冷暖感觉的影响，欧美国家的天气预报中普遍采用风冷温度的概念(wind-chill temperature)。风冷温度是一个当量的环境温度，当人处于静止空气的风冷温度下时其散热量与人处于实际气温、实际风速下的散热量相同。从散热计算的角度可以将人体简化为直径为 25 cm、高 175 cm、表面温度为 30 ℃的圆柱体，试计算当表面传热系数为 15 W/(m² · K)时人体在温度为 20 ℃的静止空气中的散热量。如果在一个有风的日子，表面传热系数增加到 50 W/(m² · K)，人体的散热量又是多少？此时风冷温度是多少？

解：根据题意

人体散热可以通过牛顿冷却公式来计算，即

$$Q=hA\Delta T$$

其中，Q 是散热量，h 是表面传热系数，A 是人体表面积，ΔT 是人体表面温度与环境温度的温差。

首先，计算人体在温度为 20 ℃的静止空气中的散热量。人体表面积可以根据圆柱体的表面积公式计算得到。

人体表面积 A 可以表示为

$$A=2\pi rl+\pi r^2=\pi\times0.25\ \text{m}\times1.75\ \text{m}+\pi\times(0.125\ \text{m})^2=1.423\ \text{m}^2$$

其中，r 是圆柱体的半径，l 是圆柱体的高度。

接下来，计算散热量 Φ_1：

$$\Phi_1=Ah_1(t_w-t_f)=1.423\ \text{m}^2\times15\ \text{W}/(\text{m}^2\cdot\text{K})\times(30-20)\text{K}=213.45\ \text{W}$$

将已知数值代入，得到人体在温度为 20 ℃的静止空气中的散热量。

同样的步骤可以用来计算在风速增加、表面传热系数增加到 50 W/(m^2 · K)时的散热量。

$$\begin{aligned}\Phi_2&=Ah_2(t_w-t_f)\\&=1.423\ \text{m}^2\times50\ \text{W}/(\text{m}^2\cdot\text{K})\times(30-20)\text{K}\\&=711.5\ \text{W}\end{aligned}$$

最后，风冷温度(wind-chill temperature)是一个当量的环境温度，可以用来描述风速对人体感觉的冷暖程度。

则风冷温度

$$\begin{aligned}t_{\text{风}}&=t_w-\frac{\Phi_2}{h_1A}\\&=(30+273.15)\text{K}-\frac{711.5}{15\times1.423}\text{K}\\&=269.82\ \text{K}\\&=-3.3\ ℃\end{aligned}$$

1.3.5 辐射

1-17 有两块无限靠近的黑体平行平板，温度分别为 T_1，T_2。试按黑体的性质及斯忒藩-玻尔兹曼定律导出单位面积上辐射传热量的计算式。(提示：无限靠近意味着每一块板发出的辐射能全部落到另一块板上。)

解：由题意可知，材料为黑体，则有 $q_{1f}=\sigma T_1^4$，$q_{2f}=\sigma T_2^4$，

两板的换热量为

$$q=\sigma(T_1^4-T_2^4)$$

1-18 宇宙空间可近似地看成为 2.7 K 的真空空间。一航天器在太空中飞行，

其外表面平均温度为 250 K，表面发射率为 0.7，试计算航天器单位表面上的传热量。

解：宇宙空间可近似地看成为 0 K 的真空空间。在这种条件下，根据斯忒藩-玻尔兹曼定律：

$$
\begin{aligned}
q &= \varepsilon\sigma T^4 \\
&= 0.7\times5.67\times10^{-8}\ \mathrm{W/(m^2\cdot K^4)}\times(250\ \mathrm{K})^4 \\
&= 155.04\ \mathrm{W/m^2}
\end{aligned}
$$

1－19　在习题 1－14 中，如果把芯片及底板置于一个封闭的机壳内，机壳的平均温度为 20 ℃，芯片的表面黑度为 0.9，其余条件不变，试确定芯片的最大允许功率。

解：对流传热量在习题 1－14 中已经计算得到，只需考虑辐射部分如下：

$$
\begin{aligned}
\Phi_{辐射} &= \varepsilon A\sigma(T_1^4 - T_2^4) \\
&= 0.9\times5.67\times10^{-8}\times[(85+273.15)^4-(20+273.15)^4]\times0.00014 \\
&= 0.0648(\mathrm{W})
\end{aligned}
$$

总功率为

$$
p_{\Phi_{对流}+\Phi_{辐射}} = 1.5925\ \mathrm{W} + 0.0648\ \mathrm{W} = 1.6573\ \mathrm{W}
$$

1－20　半径为 0.5 m 的球状航天器在太空中飞行，其表面发射率为 0.8。航天器内电子元件的散热总共为 175 W。假设航天器没有从宇宙空间接受任何辐射能量，试估算其表面的平均温度。

解：根据热平衡原理，电子元件的发热量＝航天器的辐射散热量

在这种条件下，根据斯忒藩-玻尔兹曼定律：

$$
\Phi = \varepsilon\sigma T^4
$$

则有

$$
\begin{aligned}
T &= \sqrt[4]{\frac{\Phi}{\varepsilon\sigma A}} \\
&= \sqrt[4]{\frac{175\ \mathrm{W}}{0.8\times5.67\times10^{-8}\ \mathrm{W/(m^2\cdot K^4)}\times4\pi\times(0.5\ \mathrm{m})^2}} \\
&= 331.8\ \mathrm{K}
\end{aligned}
$$

解得平均表面温度为 331.8 K。

1.3.6　热阻分析

1－21　有一台气体冷却器，气侧表面传热系数 $h_1 = 95\ \mathrm{W/(m^2\cdot K)}$，壁面厚 $\delta = 2.5\ \mathrm{mm}$，$\lambda = 46.5\ \mathrm{W/(m\cdot K)}$，水侧表面传热系数 $h_2 = 5800\ \mathrm{W/(m^2\cdot K)}$。设传热壁可以看成平壁，试计算各个环节单位面积的热阻及从气到水的总传热系数。请指出

为了强化这一传热过程，应首先从哪一环节着手？

解：以传热壁面为平壁面，计算三部分热阻如下

$$R_1=\frac{1}{h_1}=\frac{1}{95\ \mathrm{W/(m^2\cdot K)}}=0.010526\ \mathrm{m^2\cdot K/W}$$

$$R_2=\frac{\delta}{\lambda}=\frac{0.0025\ \mathrm{m}}{46.5\ \mathrm{W/(m\cdot K)}}=5.376\times10^{-5}\ \mathrm{m^2\cdot K/W}$$

$$R_3=\frac{1}{h_2}=\frac{1}{5800\ \mathrm{W/(m\cdot K)}}=1.724\times10^{-4}\ \mathrm{m^2\cdot K/W}$$

则总传热系数

$$K=\frac{1}{\frac{1}{h_1}+\frac{1}{h_2}+\frac{\delta}{\lambda}}=93\ \mathrm{W/(m^2\cdot K)}$$

因此，气体侧热阻最大，故应强化气体侧表面传热。

1－22　在上题中，如果气侧结了一层厚为 2 mm 的灰，$\lambda=0.116\ \mathrm{W/(m\cdot K)}$，水侧结了一层厚为 1 mm 的水垢，$\lambda=1.15\ \mathrm{W/(m\cdot K)}$。其他条件不变。试问此时的总传热系数为多少？

解：由题意，需要增加水垢的导热热阻和灰尘的导热热阻：

$$K=\frac{1}{\frac{1}{h_1}+\frac{\delta_1}{\lambda_1}+\frac{\delta_2}{\lambda_2}+\frac{\delta_3}{\lambda_3}+\frac{1}{h_2}}$$

$$=\frac{1}{\frac{1}{95}+\frac{0.002}{0.116}+\frac{0.0025}{46.5}+\frac{0.001}{1.15}+\frac{1}{5800}}$$

$$=34.645[\mathrm{W/(m^2\cdot K)}]$$

1－23　在锅炉炉膛的水冷壁管子中有沸腾水流过，以吸收管外的火焰及烟气辐射给管壁的热量。试针对下列三种情况，画出从烟气到水的传热过程的温度分布曲线：

(1)管子内外均干净；

(2)管内结水垢，但沸腾水温与烟气温度保持不变；

(3)管内结水垢，管外结灰垢，沸腾水温及锅炉的产汽率不变。

解：

(1)管子内外均干净：

在这种情况下，由于管子内外都没有积聚的水垢或灰垢，传热效率相对较高。沸腾水在管内吸收烟气和火焰的热量，然后向外传递。温度分布曲线可能会显示，从内到外，管内的温度逐渐升高，然后到达管外的水冷壁时温度逐渐降低，其中 t_{f1} 表示沸水温度，t_{f2} 表示烟气温度。

(2)管内结水垢,但沸腾水温与烟气温度保持不变:

当管内结水垢时,水垢会减少热量的传导,因此管内的传热效率会下降。然而,如果沸腾水温与烟气温度保持不变,这意味着管内的水膜温度会继续保持在一定水平。温度分布曲线可能会显示,管外温度降低的速度比干净情况更快。

(3)管内结水垢,管外结灰垢,沸腾水温及锅炉的产汽率不变:

结灰垢会导致管外的热阻增加,使得从烟气到管外的传热变得更为困难。然而,如果沸腾水温和产汽率保持不变,传热过程仍将继续。温度分布曲线可能会显示,管外的温度升高速度减慢,因为灰垢阻碍了热量的传导。

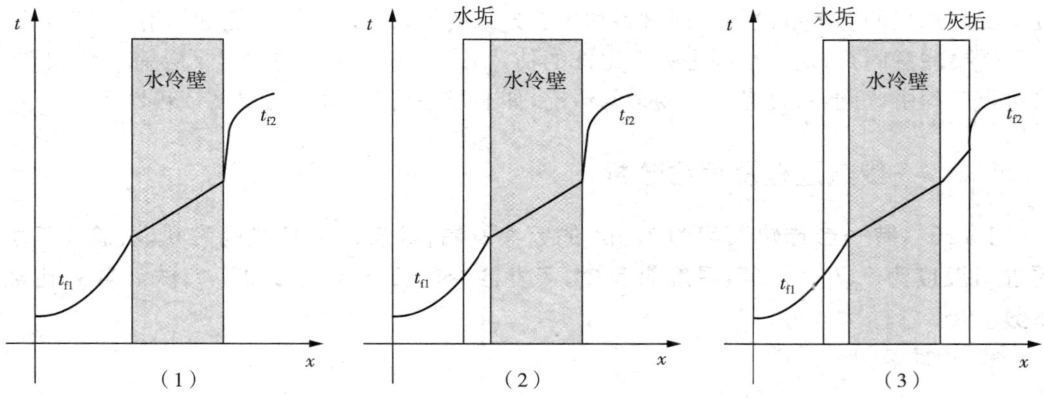

1-24　在如《传热学(第 6 版)》(陶文铨编著)习题 1-24 附图所示的稳态热传递过程中,已知:$t_{w1}=460$ ℃,$t_{f2}=300$ ℃,$\delta_1=5$ mm,$\delta_1=0.5$ mm,$\lambda_1=46.5$ W/(m·K),$\lambda_2=1.16$ W/(m·K),$h_2=5800$ W/(m^2·K)。试计算单位面积所传递的热量。

解:由题意,总热阻为

$$R_Z=\frac{1}{h_1}+\frac{\delta_1}{\lambda_1}+\frac{\delta_2}{\lambda_2}$$

$$=\frac{1}{5800\ \mathrm{W/(m^2\cdot K)}}+\frac{5\ \mathrm{mm}}{46.5\ \mathrm{W/(m\cdot K)}}+\frac{0.5\ \mathrm{mm}}{1.16\ \mathrm{W/(m\cdot K)}}$$

$$=0.000711\ \mathrm{m^2\cdot K/W}$$

热流密度为

$$q=\frac{\Delta t}{R_Z}$$

$$=\frac{(460-300)\mathrm{K}}{0.000711\ \mathrm{m^2\cdot K/W}}$$

$$=225035.16\ \mathrm{W/m^2}$$

1-25　在工程传热问题的分析中定性地估算换热壁面的温度工况是很有用的。

对于一个稳态的传热过程,试概括出通过热阻以估计壁面温度工况的简明法则。

解:在工程传热问题的分析中,通过热阻以估计壁面温度工况的简明法则可以用以下的概括方式:

在稳态传热过程中,可以使用热阻的总和来估计壁面温度工况。将热流量从热源到冷源视为穿过一系列热阻,每个阻抗都对热传递产生影响。总的热阻和温度差之间的关系遵循热传导定律,即热流量等于温度差除以总热阻。这可以表达为以下简明的法则

$$\text{温度差}=\text{热流量}\times\text{总热阻}$$

这个法则在不涉及复杂数学计算的情况下,通过考虑热阻的影响,大致估计壁面温度工况。热阻的总和取决于不同材料和传热方式的组合,如导热、对流和辐射。

需要注意的是,这个法则是一个定性的估计方法,可能在某些情况下会有一些误差。在实际工程中,可能需要考虑更复杂的情况,如非稳态传热、材料的温度依赖性等。

1.3.7 传热过程及综合分析

1-26 有一台传热面积为 12 m² 的氨蒸发器,氨液的蒸发温度为 0 ℃,被冷却水的进口温度为 9.7 ℃,出口温度为 5 ℃,蒸发器中的传热量为 6900 W,试计算总传热系数。

解:由题意得

$$\Delta\bar{t}=\frac{t_1+t_2}{2}$$

$$=\frac{9.7\ ℃+5\ ℃}{2}$$

$$=7.35\ ℃$$

总传热量为蒸发器的传热量,其值 $\Phi=KA\Delta\bar{t}$

$$K=\frac{\Phi}{A\Delta\bar{t}}$$

$$=\frac{6900\ \mathrm{W}}{12\ \mathrm{m^2}\times 7.35\ \mathrm{K}}$$

$$=78.23\ \mathrm{W/(m^2\cdot K)}$$

1-27 设冬天室内的温度为 t_{f1},室外温度为 t_{f2},试在该两温度保持不变的条件下,画出下列三种情形从室内空气到室外大气温度分布的示意性曲线:

(1)室外平静无风;

(2)室外冷空气以一定流速吹过砖墙表面;

(3)除了室外刮风以外,还要考虑砖墙与四周环境间的辐射传热。

解:在冬天,通常来说室内温度高于室外,则温度如下图所示:

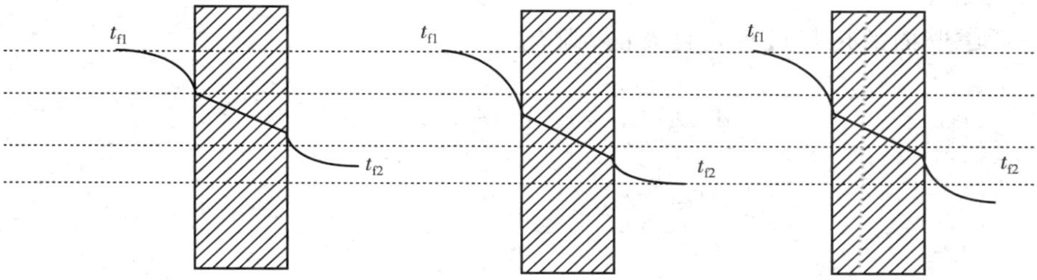

(1)　(2)　(3)

1－28　对于《传热学(第 6 版)》(陶文铨编著)图 1－4 所示的穿过平壁的传热过程，试分析下列情形下温度曲线的变化趋向：

(1) $\delta/\lambda \to 0$；(2) $h_1 \to \infty$；(3) $h_2 \to \infty$。

解：如下图所示：

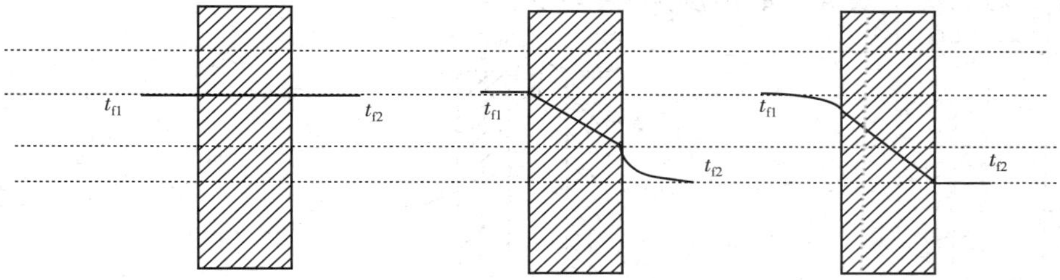

(1)　(2)　(3)

1－29　在上题所述的传热过程中，假设 $\delta/\lambda = 0$，试计算下列情形中分隔壁的温度：

(1) $h_1 = h_2$；(2) $h_1 = 2h_2$；(3) $h_1 = 0.5h_2$。

解：如果 $\frac{\delta}{\lambda} = 0$，说明墙体导热热阻几乎为 0，因此 $t_{w1} = t_{w2}$。

又考虑墙体的导热为一维传热，则有

$$Ah_1(t_{w1} - t_{f2}) = Ah_2(t_{w2} - t_{f2})$$

因此

(1) $h_1 = h_2$ 时，$t_{w1} = t_{w2} = \frac{t_{f1} + t_{f2}}{2}$；

(2) $h_1 = 2h_2$ 时，$t_{w1} = t_{w2} = \frac{2t_{f1} + t_{f2}}{3}$；

(3) $h_1 = 0.5h_2$ 时，$t_{w1} = t_{w2} = \frac{t_{f1} + 2t_{f2}}{3}$。

1－30　设图 1－4 所示壁面两侧分别维持在 20 ℃ 及 0 ℃，且高温侧受到流体的加热，$\delta = 0.08$ m，$t_{f1} = 100$ ℃，$h_1 = 200$ W/(m^2·K)，过程是稳态的，试确定壁面材料

的导热系数。

解:考虑壁面的传热过程是稳态的,则有

$$q=h_1(t_{f1}-t_{w1})=\frac{\lambda}{\delta}(t_{w1}-t_{w2})$$

$$\lambda=\frac{h_1\delta(t_{f1}-t_{w1})}{t_{w1}-t_{w2}}$$

$$=\frac{200\ \mathrm{W/(m^2\cdot K)}\times 0.08\ \mathrm{m}\times(100-20)\mathrm{K}}{(20-0)\mathrm{K}}$$

$$=64\ \mathrm{W/(m\cdot K)}$$

1-31　附图所示的空腔由两个平行黑体表面组成,空腔内抽成真空,且空腔的厚度远小于其高度与宽度。其余已知条件如图示。表面 2 是厚为 $\delta=0.1$ m 的平板的一侧面,其另一侧表面 3 被高温流体加热,平板的导热系数 $\lambda=17.5$ W/(m·K)。试问在稳态工况下表面 3 的温度 t_{w3} 为多少?

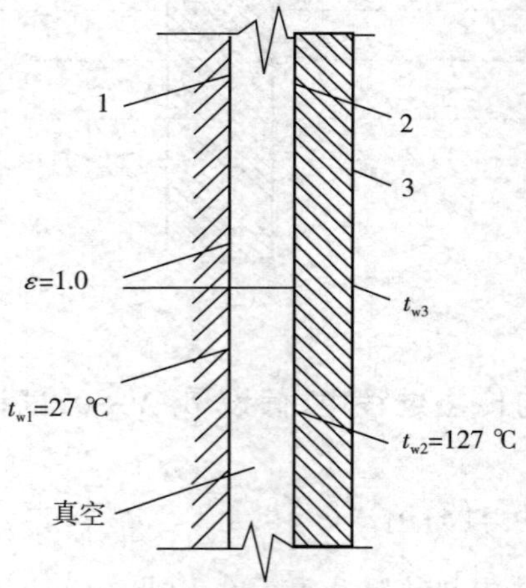

解:在稳态工况下,

$$\lambda A\frac{t_{w3}-t_{w2}}{\delta}=\sigma A(T_{w2}^4-T_{w1}^4)$$

$$t_{w3}=\frac{\delta\sigma(T_{w2}^4-T_{w1}^4)}{\lambda}+t_{w2}$$

$$=\frac{0.1\times5.67\times10^{-8}\times[(127+273.15)^4-(27+273.15)^4]}{17.5}\ ℃+127\ ℃$$

$$=132.677\ ℃$$

1-32　一玻璃窗,尺寸为 60 cm × 30 cm,厚为 4 mm。冬天,室内及室外温度分别为 20 ℃及 −20 ℃,内表面的自然对流传热表面系数 $h=10$ W/(m²·K),外表面强制对流传热表面系数为 50 W/(m²·K)。玻璃的导热系数 $\lambda=0.78$ W/(m·K)。试确

定通过玻璃的热损失。

解:透过玻璃的传热是一个多重热阻的热传递过程。

$$\Phi=\frac{\Delta T}{\frac{1}{h_1 A}+\frac{1}{Ah_2}+\frac{\delta}{A\lambda}}$$

$$=\frac{20-(-20)}{\frac{1}{10\times 0.6\times 0.3}+\frac{1}{50\times 0.6\times 0.3}+\frac{0.004}{0.6\times 0.3\times 0.78}}$$

$$=57.54(\mathrm{W})$$

1-33　一个储存水果的房间的墙用软木板做成,厚为 200 mm,其中一面墙的高与宽各为 3 m 及 6 m。冬天设室内温度为 2 ℃,室外为 -10 ℃,室内墙壁与环境之间的表面传热系数为 6 W/(m² · K),室外刮强风时的表面传热系数为 60 W/(m² · K)。软木的导热系数 λ=0.044 W/(m · K)。试计算通过这面墙所散失的热量,并讨论室外风力减弱对墙散热量的影响(提示:可以取室外的表面传热系数值为原来的二分之一或四分之一来估算)。

解:这是一个多重热阻的热传递过程

$$\Phi=\frac{\Delta T}{\frac{1}{Ah_1}+\frac{1}{Ah_2}+\frac{\delta}{A\lambda}}$$

$$=\frac{12}{\frac{1}{18\times 6}+\frac{1}{18\times 60}+\frac{0.2}{18\times 0.044}}$$

$$=41.67(\mathrm{W})$$

当室外风力减弱时,室外风冷的表面传热系数降低为原来的一半,$h_2=30\ \mathrm{W/(m^2\cdot K)}$

$$\Phi=\frac{\Delta T}{\frac{1}{Ah_1}+\frac{1}{Ah_2}+\frac{\delta}{A\lambda}}$$

$$=41.53\ \mathrm{W}$$

当室外风力减弱时,室外风冷的表面传热系数降低为原来的四分之一,$h_2=15\ \mathrm{W/(m^2\cdot K)}$

$$\Phi=\frac{\Delta T}{\frac{1}{Ah_1}+\frac{1}{Ah_2}+\frac{\delta}{A\lambda}}$$

$$=41.27\ \mathrm{W}$$

1-34　一台 R22 的空调器的冷凝器如《传热学(第 6 版)》(陶文铨编著)习题 1-34 附

图所示。温度为 313 K 的 *R*22 的饱和蒸气在管子内流动，温度为 283 K 的空气进入冷凝器冷却氟利昂蒸气使其凝结。该冷凝器的迎风面积为 0.4 m²，迎面风速为 2 m/s。氟利昂蒸气的流量为 0.011 kg/s，从凝结氟利昂蒸气到空气的总传热系数为40 W/(m²·K)。试确定该冷凝器所需的传热面积。提示：以空气进、出口温度的平均值作为计算传热温差的空气温度。所谓迎风面积是指空气进入冷凝器之前的流动面积。

解：首先，计算平均传热温差：

$$\Delta T=\frac{T_{\text{in}}+T_{\text{out}}}{2}$$

$$=\frac{313\ \text{K}+283\ \text{K}}{2}$$

$$=298\ \text{K}$$

298 K 的 R22 的汽化潜热为 182.62 kJ/kg。

综合热流量公式和牛顿冷却公式，可得

$$Q=\dot{m}r=hA\Delta t$$

解得 $A=1.674\ \text{m}^2$。

1-35　一战车的齿轮箱外表面积为 0.2 m²，为安全需要，其最高温度不超过 65 ℃，为此用 25 ℃ 的冷空气强制对流流过此表面。该齿轮箱在稳态运行时消耗的机械能为 1000 W。假定这份能量全部通过对流传热散失到环境中，所需的对流传热系数应多大？如果齿轮箱四周的固体表面平均温度为 30 ℃，试分析通过辐射传热最多可以带走多少热量？齿轮箱表面的发射率可取为 0.85。

解：根据牛顿冷却定律，可得

$$h=\frac{\Phi}{A\Delta t}$$

$$=\frac{1000\ \text{W}}{0.2\ \text{m}^2\times[(65+273.15)-(25+273.15)]\text{K}}$$

$$=125\ \text{W}/(\text{m}^2\cdot\text{K})$$

辐射传热量如下：

$$\Phi_{\text{辐射}}=\varepsilon\sigma(T_{\text{w}}^4-T_{\text{f}}^4)$$

$$=0.85\times5.67\times10^{-8}\times0.2\times[(273.15+30)^4-(273.15+25)^4]$$

$$=5.239(\text{W})$$

1-36　航空喷气发动机的工作叶片与高温的燃气相接触，为了使叶片金属的温度不超过允许数值，常在叶片中间铸造出冷却通道，从压气机出口抽出一小部分冷空气进入这些通道。附图中示意性地画出了这样的叶片的截面。现在给出以下数据：空心叶片内表面面积 $A_i=200\ \text{mm}^2$，冷却空气的平均温度 $t_{f1}=700$ ℃，表面传热系

数 $h_i=320\ \text{W}/(\text{m}^2\cdot\text{K})$；面积 $A_o=2840\ \text{mm}^2$ 的叶片外表面与平均温度为 1000 ℃的燃气接触，平均表面传热系数 $h_o=1420\ \text{W}/(\text{m}^2\cdot\text{K})$。此时叶片外表面温度为 820 ℃，内表面温度为 790 ℃。试分析此时该叶片内的导热是否处于稳态？

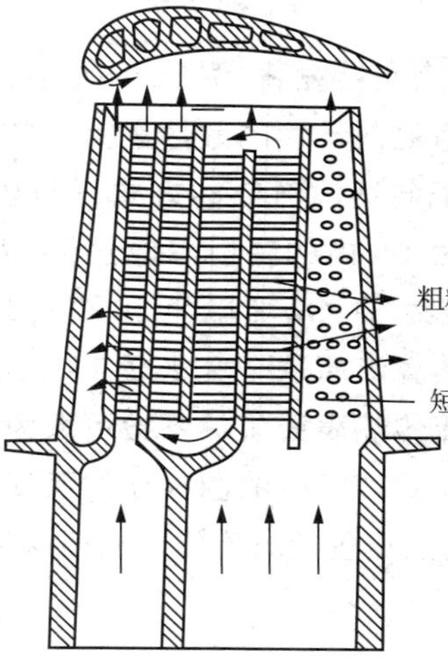

解：求解是否处于稳态，在于空气冷却叶片的传热量 Φ_1 和燃气加热叶片的传热量 Φ_2 是否相等。

$$\Phi_1=h_iA_i(t_{wi}-t_{fi})$$
$$=320\ \text{W}/(\text{m}^2\cdot\text{K})\times200\ \text{mm}^2\times(790-700)℃$$
$$=5.76\ \text{W}$$
$$\Phi_2=h_oA_o(t_{wo}-t_{fo})$$
$$=1420\ \text{W}/(\text{m}^2\cdot\text{K})\times2840\ \text{mm}^2\times(1000-820)℃$$
$$=752.904\ \text{W}$$

两部分传热量并不相等，因此，此状态并非稳态。

1-37　一宇航员在太空模拟舱内工作(检测仪器仪表的工作性能)，该模拟舱外表面面积为 3 m²，外表面温度为 0 ℃，表面发射率为 0.05。模拟舱位于表面温度为 −100 ℃的人工环境的大壳体内。此时模拟舱内的温度保持恒定，试确定模拟舱表面的辐射散热量。这份能量都是由宇航员身上散失的吗？

解：根据斯忒藩-玻尔兹曼定律，辐射传热量如下：

$$\Phi_{辐射}=\varepsilon\sigma A(T_w^4-T_f^4)$$
$$=0.05\times5.67\times10^{-8}\times3\times[(0+273.15)^4-(-100+273.15)^4]$$

$$=39.7(\mathrm{W})$$

模拟舱表面的辐射散热量不一定都是来自宇航员身上，它是由表面温度和环境温度之间的差异决定的。由于模拟舱内的温度保持恒定，舱内温度高于舱外，则存在热源维持舱内温度恒定。因此，辐射的热量不全是由宇航员提供。

1-38　在《传热学(第6版)》(陶文铨编著)例题1-6中，为获得1 h后该男子的体温平均下降的数值，可以近似地认为他向环境的散热量为一常数。实际上，这一散热量是随时间而变化的。(1)分析该男子向环境散热的方式；(2)如何计算其辐射传热量随时间的变化，并估算考虑这一变化后1 h内的辐射总散热量，皮肤与衣料的表面发射率可取为0.9，刚开始时平均表面温度为31 ℃，环境为10 ℃；(3)如何计算其向四周冷空气的对流传热量随时间的变化，并估算考虑这一变化后1 h内的对流总散热量。由于人体的颤抖，人体向冷空气散热的对流传热表面传热系数可取为20 W/(m² · K)。该男子的散热面积可以用直径为0.318 cm、高1.7 m的圆柱体的面积来近似代替。

解：由题意得，(1)该男子实际的散热包括对流传热和辐射传热两种方式。

(2)总传热量包含

$$\Phi_1=hA(T_{皮肤}-T_{环境})+\varepsilon\sigma A(T_{皮肤}^4-T_{环境}^4)$$

$$\Phi_2=hA(T'_{皮肤}-T'_{环境})+\varepsilon\sigma A(T'^4_{皮肤}-T'^4_{环境})$$

由于环境是无限大的，个人的传热对环境的温度影响忽略不计。因此，$T_{环境}=T'_{环境}=283.15\ \mathrm{K}$。

且题意说明，该男子向环境散热的量是常数，则由 $\Phi_1=\Phi_2$

解得

$$T_{皮肤}=T'_{皮肤}=304.15\ \mathrm{K}$$

此处考虑男子的散热面积时，我们认为原题中描述的人的直径0.318 cm不合理，故解答时采用0.318 m和0.318 cm分别进行计算。

因此，一个小时的辐射散热总量(直径0.318 m时)：

$$\begin{aligned}Q_1&=\Phi_{辐射}At=\varepsilon\sigma A(T_{皮肤}^4-T_{环境}^4)t\\&=0.9\times5.67\times10^{-8}\times(3.14\times0.25\times0.318^2\times2+3.14\times0.318\times1.7)\\&\quad\times(304.15^4-283.15^4)\times3600\\&=726253.84(\mathrm{J})\end{aligned}$$

一个小时的对流散热总量(直径0.318 m时)：

$$\begin{aligned}Q_2&=\Phi_{对流}At=hA(T_{皮肤}-T_{环境})t\\&=20\times(3.14\times0.25\times0.318^2\times2+3.14\times0.318\times1.7)\\&\quad\times(304.15-283.15)\times3600\end{aligned}$$

$=2806648.00(J)$

如直径为0.318 cm时，一个小时的辐射散热总量和对流传热总量分别为

$$Q_1=6647.58\ J, Q_2=25689.96\ J$$

由此可见，对于人在环境中生存时，对流传热量要高于辐射传热量。

1.3.8 单位换算

1-39 当空气与壁面的平均温度在30～50 ℃范围时，空气在水平管外自然对流的表面传热系数可按下列式计算：

$$h=C\ (\Delta t/d)^{1/4}$$

式中：常量 $C=1.04\ \mathrm{kcal/(m^{1.75}\cdot h\cdot ℃^{1.25})}$；直径 d 的单位为m；温差 Δt 的单位为℃，h 的单位为 $\mathrm{kcal/(m^2\cdot h\cdot ℃)}$。试用我国法定计量单位写出此公式。

解：将上述参数进行换算得

$$h=1.163\times1.04\times\left(\frac{\Delta t}{d}\right)^{\frac{1}{4}}\approx1.21\left(\frac{\Delta t}{d}\right)^{\frac{1}{4}}\mathrm{W/(m^2\cdot K)}$$

1-40 对于水在大容器内的饱和沸腾试验，有人提出了下列经验公式：

$$h=C_2(p^{0.14}+C_1p^2)q^{0.7}$$

式中：$C_1=9.339\times10^{-14}\ \mathrm{m^{1.72}/N^{1.86}}$，$C_2=0.628\ \mathrm{W^{0.3}/(K\cdot m^{0.32}\cdot N^{0.14})}$；其他各量的单位：$p$ 为 $\mathrm{N/m^2}$，q 为 $\mathrm{W/m^2}$，h 为 $\mathrm{W/(m^2\cdot K)}$。试将此式改用工程单位制单位写出。

解：将上述参数进行换算得

$$1\ \mathrm{kg/cm^2}=9.80665\times10^4\ \mathrm{N/m^2}=9.80665\ \mathrm{N/cm^2}$$

将 h 中的每个参数进行带入，其中0.8598是单位为 $\mathrm{W/(m^2\cdot K)}$ 的数字，p 的单位是 $\mathrm{kg/cm^2}$，$1.163q$ 表示单位为 $\mathrm{kcal/(m^2\cdot h)}$ 的 q 值乘以1.163，即为用 $\mathrm{W/m^2}$ 作单位的 q 值。

$$\begin{aligned}h&=0.8598\times0.628\times(1.163q^{0.7})\\&\quad\times[(9.8065\times10^4p)0.14+9.339\times10^{-14}\times(9.8066\times10^4p^2)2]\\&=2.9997(p^{0.14}+1.797\times10^{-14}p^2)q^{0.7}\end{aligned}$$

1.4 名校考研真题集锦

1.（东南大学2019年考研试题）房顶结霜的房子和不结霜的房子相比哪个保暖效果好？

答：结霜的好，当房顶结霜时，霜层增加了屋顶的热阻。热阻是材料抵抗热量传递的

能力，热阻越大，热量传递越慢。因此，结霜的屋顶可以阻止室内热量向室外传递，从而保持室内温暖稳定。

2.（东南大学 2019 年考研试题）北方深秋的清晨，树叶上表面结霜，为什么？

答：树叶上表面与太空发生辐射传热，下表面与地球表面发生辐射传热，太空的温度低，地球的温度高（接近树叶），树叶上表面的温度可能低于 0 度，所以在上表面结霜。

3.（东南大学 2000 年考研试题）同样是 −6 ℃的气温，为什么在南京比在北京感觉要冷一些？

答：同样是 −6 ℃的气温，在南京比在北京感觉要冷一些。南京属于亚热带季风气候，冬季相对湿润。而北京则属于温带季风气候，冬季相对干燥。在湿度较高的环境中，空气中的水蒸气会带走人体更多的热量，使得人体感觉更加寒冷。因此，在相同的温度下，南京由于湿度较高，会让人感觉更加寒冷。

4.（东南大学 2000 年考研试题）某办公室由中央空调系统维持室内恒温，人们注意到尽管冬夏两季室内都是 20 ℃，但感觉为什么不同？

答：夏季和冬季最大的区别是室外温度不同。夏季室外温度比室内高，而冬季室外温度比室内低，因而冬季夏季墙壁内表面温度不同，夏季高而冬季低。尽管冬夏两季室内温度都为 20 ℃，但是人体与墙壁的辐射散热量在冬季比夏季大得多，因而感觉不同。

5.（华北电力大学 2013 年考研试题）说明工程上用肋片来强化传热的原理。

解：加肋后的总面积与该侧未加肋时的表面积之比称为肋化系数。工程上加肋片后虽然导热热阻略微增大，但是相应的接触面积也增大，肋化系数的增大程度远大于导热热阻的增大程度，因此相应的总热阻是减小的，从而强化了换热。而且肋化总效率与肋化系数的乘积大于 1。

6.（华北电力大学 2017 年考研试题）从传热学的观点解释瑞雪兆丰年。

解：冬季的天气十分寒冷，雪不易融化，会保留一整个冬天。而盖在土壤上的雪十分松软，里面藏着许多不流动的空气，空气的导热系数很小，削弱了雪和庄稼之间的传热，雪就如同给庄稼盖上了一层温暖的棉被，即使气温再低，雪下的温度也不会降得很低，庄稼便得到了很好的保护。

第 2 章　导热的理论基础及稳态导热计算

2.1　知识网络

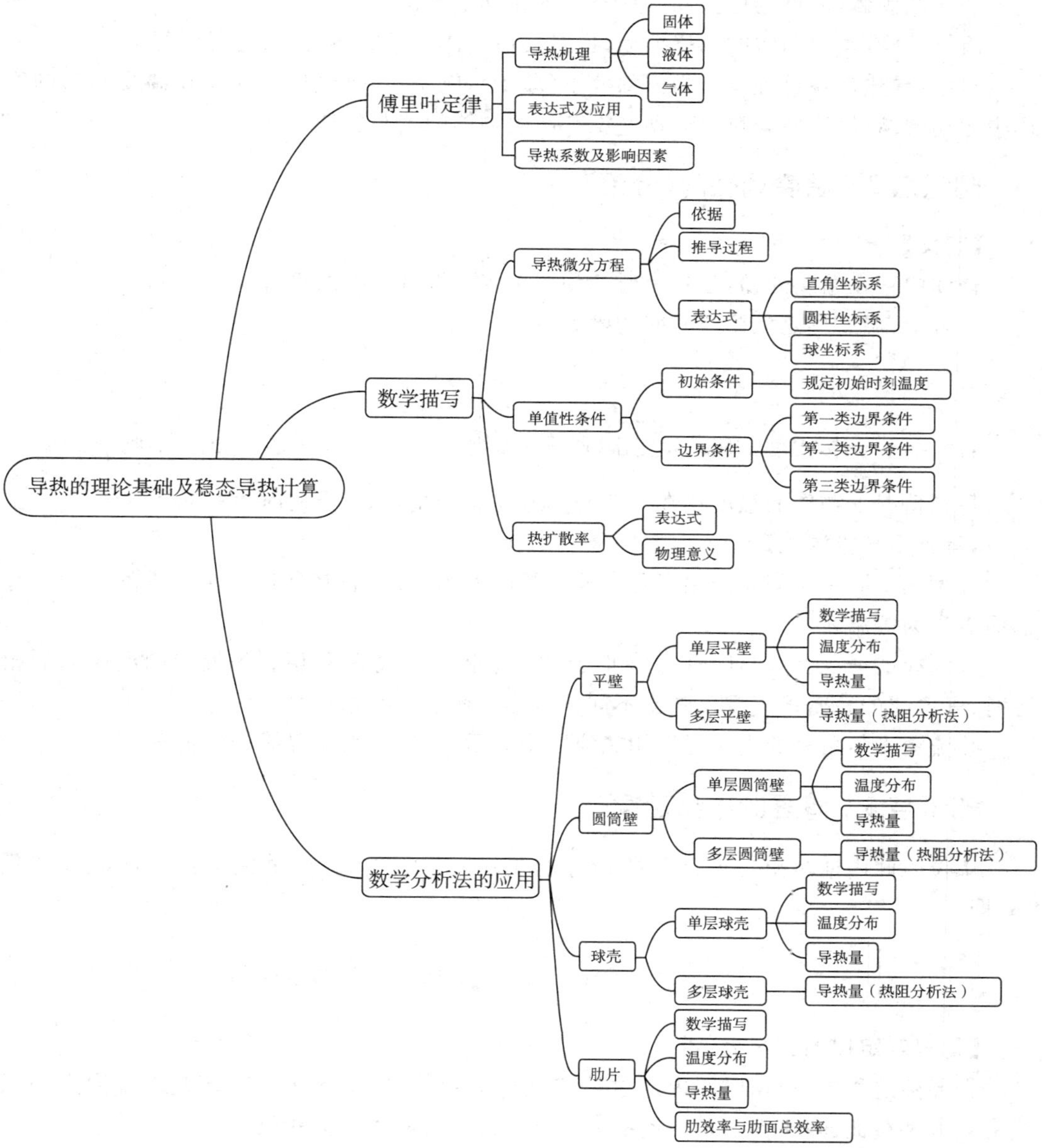

2.2 传热学知识点

知识点1 各类物体导热机理

气体:气体分子不规则热运动;

导电固体:自由电子的运动在固体中的导热中起着主要作用,同时晶格的振动也有部分贡献;

非导电固体:晶格结构振动(原子、分子在其平衡位置的振动);

液体:既有类似固体的晶格振动,也有类似气体分子的热运动,情况更复杂;

总结:导热微观机理——物体的分子(原子),电子,声子这些载流子在温度不均的物体中运动的结果,这些微粒的运动并没有产生物体的宏观位移。

知识点2 温度场(温度分布)

【定义】

物体中存在温度的场,是各个时刻物体中各点温度组成的集合。

一般上,温度场是坐标与时间的函数,即

$$t=f(x,y,z,\tau)$$

若为稳态导热,温度不随时间变化,则$\frac{\partial t}{\partial \tau}=0$,则 $t=f(x,y,z,\tau)$,若为非稳态,则$\frac{\partial t}{\partial \tau}\neq 0$。

特殊情况下物体的温度仅在一个坐标方向有变化,稳态下此时 $t=f(x)$。

【等温面与等温线】

温度场中同一瞬间相同温度各点连成的面称为等温面;在任何一个二维的截面上等温面表现为等温线。

等温线的情况:(1)封闭;(2)终止于物体边界上。每两条相邻等温线的温度间隔相等时,等温线的疏密可直观反映出不同区域热流密度 q 的相对大小。

热流密度矢量 q 的走向可以用热流线来表示,热流线与等温线处处垂直。

知识点3 傅里叶导热定律

单位时间内通过单位截面积所传导的热量,正比于垂直于截面方向上的温度变化率,即

$$\frac{\varphi}{A}\sim\frac{\partial t}{\partial x}\rightarrow\frac{\varphi}{A}=-\lambda\frac{\partial t}{\partial x}(x\text{ 是垂直于面积 }A\text{ 的坐标轴})$$

【傅里叶定律的文字表达】

在导热过程中,单位时间内通过给定截面的导热量,正比于垂直该截面方向上的温度变化率和截面面积,而热量传递的方向则与温度升高的方向相反。

【一般表达式】

用 q 来表达：

$$\boldsymbol{q}=-\lambda\frac{\partial t}{\partial x}$$

严格来说，可设 $\boldsymbol{q}$ 矢量，$\boldsymbol{q}=-\lambda\frac{\partial t}{\partial x}$是 $\boldsymbol{q}$ 可在 x 方向的分量。当温度是三个坐标的函数时，三个坐标方向上的单位矢量与该方向上的热流密度分量的乘积合成一个空间热流密度矢量 $\boldsymbol{q}$。

一般形式：

$$\vec{q}=-\lambda \mathrm{grad}t=-\lambda\frac{\partial t}{\partial n}\vec{n}\left(n\text{ 法向单位矢量},\frac{\partial t}{\partial n}\text{法向方向导数}\right)$$

知识点 4　导热系数

【定义式】

$$\lambda=\frac{|\vec{q}|}{\left|\frac{\partial t}{\partial n}\vec{n}\right|}$$

数值上等于单位温度梯度作用下物体内热流密度矢量的模。

【影响因素】

导热系数取决于物体的种类，温度等因素，通常 $\lambda_{金属}>\lambda_{液体}>\lambda_{气体}$。

【保温材料的导热系数】

导热系数小的材料称为保温材料，又称隔热材料/绝缘材料，界定值为 0.08 W/(m·K)。

知识点 5　导热微分方程

【直角坐标系推导过程】

(1)设物体中有内热源，其值为 $\dot{\Phi}$，它代表单位时间内单位体积中产生或消耗的热能(消耗的热量产生取正号，消耗取负)单位是W/m^3。

(2)假设物体的热物理性质是温度的函数，取微元进行分析。

(3)能量守恒定律：导入微元体总热流量＋微元体内热源生成热＝导出微元体总热流量＋微元体热力学能(内能)的增量，也可以表示为净导热＋内热源生成热＝内能增量。

(4)推导过程

单位时间内热源生成热：

$$\dot{\Phi}\cdot \mathrm{d}v=\dot{\Phi}\mathrm{d}x\mathrm{d}y\mathrm{d}z$$

单位时间内能增量：

$$(Q=cm\Delta t)\to\rho c\mathrm{d}V\cdot\frac{\partial t}{\partial\tau}$$

即 $\rho c\mathrm{d}V\cdot\frac{\partial t}{\partial\tau}=\rho c\mathrm{d}x\mathrm{d}y\mathrm{d}z\frac{\partial t}{\partial\tau}$。

导出的热量：根据泰勒展开：

$$\begin{cases}\Phi_{x+\mathrm{d}x}=\Phi_x+\frac{\partial}{\partial x}\left(-\lambda\frac{\partial t}{\partial x}\mathrm{d}y\mathrm{d}z\right)\mathrm{d}x=\Phi_x-\frac{\partial}{\partial x}\left(\lambda\frac{\partial t}{\partial x}\right)_x\mathrm{d}x\mathrm{d}y\mathrm{d}z\\ \Phi_{y+\mathrm{d}y}=\Phi_y+\frac{\partial}{\partial y}\left(-\lambda\frac{\partial t}{\partial y}\mathrm{d}x\mathrm{d}z\right)\mathrm{d}y=\Phi_y-\frac{\partial}{\partial y}\left(\lambda\frac{\partial t}{\partial y}\right)_y\mathrm{d}x\mathrm{d}y\mathrm{d}z\\ \Phi_{z+\mathrm{d}z}=\Phi_z+\frac{\partial}{\partial z}\left(-\lambda\frac{\partial t}{\partial z}\mathrm{d}x\mathrm{d}y\right)\mathrm{d}z=\Phi_z-\frac{\partial}{\partial z}\left(\lambda\frac{\partial t}{\partial z}\right)_z\mathrm{d}x\mathrm{d}y\mathrm{d}z\end{cases}$$

由能量守恒得

$$\rho c\frac{\partial t}{\partial\tau}=\frac{\partial}{\partial x}\left(\lambda\frac{\partial t}{\partial x}\right)+\frac{\partial}{\partial y}\left(\lambda\frac{\partial t}{\partial y}\right)+\frac{\partial}{\partial z}\left(\lambda\frac{\partial t}{\partial z}\right)+\dot{\Phi}$$

【特殊情况下的导热微分方程变形】

(1)导热系数为常数(常物性)

$$\frac{\partial t}{\partial\tau}=a\left(\frac{\partial^2 t}{\partial x^2}+\frac{\partial^2 t}{\partial y^2}+\frac{\partial^2 t}{\partial z^2}\right)+\frac{\dot{\Phi}}{\rho c}$$

(2)常物性，无内热源

$$\frac{\partial t}{\partial\tau}=a\left(\frac{\partial^2 t}{\partial x^2}+\frac{\partial^2 t}{\partial y^2}+\frac{\partial^2 t}{\partial z^2}\right)$$

(3)常物性，稳态

$$\frac{\partial^2 t}{\partial x^2}+\frac{\partial^2 t}{\partial y^2}+\frac{\partial^2 t}{\partial z^2}+\frac{\dot{\Phi}}{\lambda}=0$$

数学上称为泊松方程，也称温度场控制方程式

(4)常物性，无内热源，稳态

$$\frac{\partial^2 t}{\partial x^2}+\frac{\partial^2 t}{\partial y^2}+\frac{\partial^2 t}{\partial z^2}=0$$

数学上称为拉普拉斯方程。

【圆柱坐标导热微分方程】

同理可得

$$\rho c\frac{\partial t}{\partial \tau}=\frac{1}{r}\frac{\partial}{\partial r}\left(\lambda r\frac{\partial t}{\partial r}\right)+\frac{1}{r^2}\frac{\partial}{\partial \varphi}\left(\lambda\frac{\partial t}{\partial \varphi}\right)+\frac{\partial}{\partial z}\left(\lambda\frac{\partial t}{\partial z}\right)+\dot{\Phi}$$

【球坐标导热微分方程】

同理可得

$$\rho c\frac{\partial t}{\partial \tau}=\frac{1}{r^2}\frac{\partial}{\partial r}\left(\lambda r^2\frac{\partial t}{\partial r}\right)+\frac{1}{r^2\sin\theta}\frac{\partial}{\partial \varphi}\left(\lambda\frac{\partial t}{\partial \varphi}\right)+\frac{1}{r^2\sin\theta}\frac{\partial}{\partial \theta}\left(\lambda\sin\theta\frac{\partial t}{\partial \theta}\right)+\dot{\Phi}$$

知识点 6　定解条件

【导热问题常见边界条件(三类)】

(1)第一类边界条件:规定了边界上的温度值

$$\tau>0 \text{ 时 } t_w=f_1(\tau)$$

(2)第二类边界条件:规定了边界上的热流密度值

$$\tau>0 \text{ 时 } -\lambda\left(\frac{\partial t}{\partial n}\right)_w=f_2(\tau)$$

(3)第三类边界条件(图 2-1):规定了边界上物体与周围流体间的表面传热系数 h 及周围流体的温度 t_f。

$$-\lambda\left(\frac{\partial t}{\partial n}\right)_w=h(t_w-t_f)$$

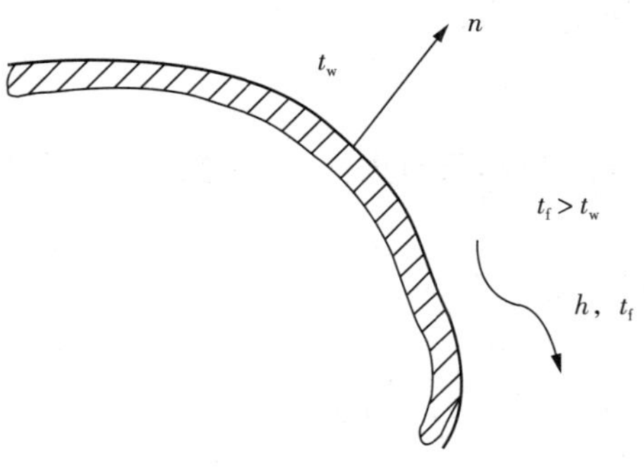

图 2-1　第三类边界条件

【特殊情形】

(1)辐射边界条件

如果导热物体与温度为 T_e 的外界环境只发生辐射传热,则应有:

$$-\lambda \frac{\partial T}{\partial n}=\varepsilon\sigma(T_{\mathrm{w}}^{4}-T_{\mathrm{e}}^{4})$$

(2)界面连续条件

对于发生在不均匀材料中的导热问题,不同材料的区域分别满足导热微分方程,假定两种材料接触良好,这时在两种材料的分界面上应该满足以下温度与热流密度连续的条件:

$$t_{\mathrm{I}}=t_{\mathrm{II}}$$

$$\lambda_{\mathrm{I}}\frac{\partial t_{\mathrm{I}}}{\partial n}=\lambda_{\mathrm{II}}\frac{\partial t_{\mathrm{II}}}{\partial n}$$

知识点 7　热扩散率

【定义】

$$a=\frac{\lambda}{\rho c}$$

(1)λ 越大,则相同温度梯度下可传导更多热量。

(2)ρc 是单位体积物体温度升高 1 ℃所需的热量。ρc 减小,吸收的热量越少,可以剩下更多热量继续向物体内部传递,能使物体内各点的温度更快随界面温度的升高而升高。

关于 ρc 的内容:如果刚开始吸收的 ρc 就很大,那么向后传递的热量就更少,温度扯平能力越弱;同理,向后传递的热量多,温度变化传播能力强。

总之表示的是物体内部温度扯平的能力(热扩散率),也是材料传播温度变化能力大小的指标(导温系数),α 增大,温度变化扩散得更快。

知识点 8　平壁导热分析解

【单层平壁(一维)】

条件:导热系数恒定,厚度为 δ,没有内热源,两侧维持均匀恒定温度 t_1,t_2,(稳态),推导温度分布。

推导,由导热微分方程可得

$$\frac{\mathrm{d}^2 t}{\mathrm{d}x^2}=0$$

边界条件,$x=0$,$t=t_1$;$x=\delta$,$t=t_2$

解得,$t=\frac{t_2-t_1}{\delta}x+t_1$。

t_1,t_2,δ 为定值,所以斜率为常数,温度线性分布。

代入傅里叶定律,可得

$$q=\frac{\lambda(t_1-t_2)}{\delta}=\frac{\lambda\Delta t}{\delta}$$

对于表面积为 A，两侧表面各自维持均匀温度的平板：

$$\varphi=A\lambda\frac{\Delta t}{\delta}=A\frac{\lambda}{\delta}\Delta t=\frac{\Delta t}{\frac{\delta}{A\lambda}}$$

引入热阻概念，Δt 为动力，$\frac{\delta}{\lambda A}$称为总面积热阻；$\frac{\delta}{\lambda}$称为单位面积热阻。

【多层平壁(串联)】

条件：层与层之间接触良好，不引入附加热阻，不发生温度降落。

已知：$\delta_1,\delta_2,\delta_3,\lambda_1,\lambda_2,\lambda_3,t_1,t_4$，求 t_2,t_3 和各层热流密度(稳态都是一个 q)。

推导：由热阻公式得

$$\begin{cases}\dfrac{t_1-t_2}{q}=\dfrac{\delta_1}{\lambda_1}\\ \dfrac{t_2-t_3}{q}=\dfrac{\delta_2}{\lambda_2}\\ \dfrac{t_3-t_4}{q}=\dfrac{\delta_3}{\lambda_3}\end{cases}$$

因为串联：$\dfrac{t_1-t_4}{q}=\dfrac{\delta_1}{\lambda_1}+\dfrac{\delta_3}{\lambda_2}+\dfrac{\delta_3}{\lambda_3}$

得：$q=\dfrac{t_1-t_{n+1}}{\sum\limits_{i=1}^{n}\dfrac{\delta_i}{\lambda_i}}$($n$ 是层数)。

知识点 9　圆筒壁导热分析解

【单层圆筒壁】

条件：内外半径为 r_1,r_2 的圆筒壁，内外表面温度维持均匀恒定的 t_1,t_2，采用圆柱坐标系，λ 为常数，问题变为沿半径方向的一维稳态导热问题。

推导，由圆柱导热微分方程得

$$\frac{\mathrm{d}}{\mathrm{d}r}\left(r\frac{\mathrm{d}t}{\mathrm{d}r}\right)=0$$

边界条件：

$$r=r_1,t=t_1;r=r_2,t=t_2$$

解得，温度分布：

$$t=t_1+\frac{t_2-t_1}{\ln(r_2/r_1)}\ln(r/r_1)$$

代入傅里叶定律，可得

$$q=-\lambda\frac{\mathrm{d}t}{\mathrm{d}r}=\frac{\lambda}{r}\frac{t_1-t_2}{\ln(r_2/r_1)}$$

导热热阻：

$$R=\frac{\Delta t}{\varphi}=\frac{\ln(d_2/d_1)}{2\pi\lambda l}$$

【多层圆筒壁】

运用串联热阻叠加原则

$$\varphi=\frac{2\pi l(t_1-t_4)}{\frac{\ln(d_2/d_1)}{\lambda_1}+\frac{\ln(d_3/d_2)}{\lambda_2}+\frac{\ln(d_4/d_3)}{\lambda_3}}$$

知识点10　球壳导热分析解

条件：同上，内外表面维持均匀恒定温度

推导：

$$\frac{\mathrm{d}}{\mathrm{d}r}\left(r^2\frac{\mathrm{d}t}{\mathrm{d}r}\right)=0\Rightarrow t=-C_1\cdot\frac{1}{r}+C_2$$

边界条件：

$$r=r_1,t=t_1;r=r_2,t=t_2$$

解得

$$t=t_2+(t_1-t_2)\frac{\frac{1}{r}-\frac{1}{r_2}}{\frac{1}{r_1}-\frac{1}{r_2}}$$

代入傅里叶定律，可得

$$\Phi=-\lambda A\frac{\mathrm{d}t}{\mathrm{d}r}=-\lambda\cdot 4\pi r^2\cdot\left(-\frac{1}{r^2}\right)\frac{t_1-t_2}{\frac{1}{r_1}-\frac{1}{r_2}}=4\pi\lambda\cdot\frac{t_1-t_2}{\frac{1}{r_1}-\frac{1}{r_2}}$$

热阻：

$$R=\frac{\Delta t}{\Phi}=\frac{1}{4\pi\lambda}\left(\frac{1}{r_1}-\frac{1}{r_2}\right)$$

知识点11　等截面直肋

【等截面直肋物理模型简化】

(1)λ,h,A_c(沿肋高方向的横截面积)为常数。

(2)肋片温度在垂直纸面方向(即肋长 L 方向)不变。

(3)$\frac{1}{h} \gg \frac{\delta}{\lambda}$,因为上下两面也有对流传热,相对小的话,导热可以基本忽略不计,即沿 δ 方向温度均匀,很快趋于一致(二维转化为一维):这样只剩肋高 H 方向,问题变为一维问题。

(4)肋片顶端绝热:$\frac{\mathrm{d}t}{\mathrm{d}x}=0 \rightarrow q=0$(第二类边界条件)。

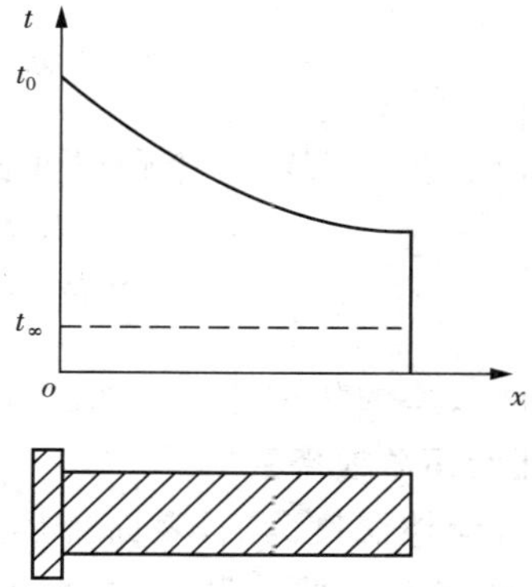

图 2-2　肋片温度分布示意图

【肋片温度分布】

肋片温度分布示意图如图 2-2 所示。

导热微分方程:

$$\frac{\mathrm{d}^2 t}{\mathrm{d}x^2}+\frac{\dot{\Phi}}{\lambda}=0$$

边界条件:

$$x=0, t=t_0; x=H, \frac{\mathrm{d}t}{\mathrm{d}x}=0$$

引入过余温度:

$$\theta=t-t_\infty$$

取

$$m=\sqrt{\frac{hP}{\lambda A_c}}$$

可得

$$\frac{\mathrm{d}^2\theta}{\mathrm{d}x^2}=m^2\theta$$

解得

$$\theta=\theta_0 \frac{\mathrm{e}^{mx}+\mathrm{e}^{2mH}\mathrm{e}^{-mx}}{1+\mathrm{e}^{2mH}}=\theta_0 \frac{\mathrm{ch}[m(x-H)]}{\mathrm{ch}(mH)}$$

【通过肋片的热流量】

由肋片散入外界的全部热量都必须通过肋根

$$\Phi_{x+0}=-\lambda A\left(\frac{\mathrm{d}\theta}{\mathrm{d}x}\right)_{x=0}=-\lambda A_c\theta_0(-m)\frac{\mathrm{sh}(mH)}{\mathrm{ch}(mH)}=\lambda A_c\theta_0 m\,\mathrm{th}(mH)=\frac{hp}{m}\theta_0\,\mathrm{th}(mH)$$

【等截面直肋效率】

物理意义:实际散热量与假设整个肋表面处于肋基温度下的散热量之比。

$$\eta_f=\frac{\frac{hP}{m}\theta_0\operatorname{th}(mH)}{hPH\theta_0}=\frac{\operatorname{th}(mH)}{mH}$$

对于直肋，假定 $l\gg\delta$，所以可取单位长度“1”，换热周长 $P=2+2\delta\approx2$，$Ac=\delta$，$1=\delta$ 于是有：

$$mH=\sqrt{\frac{hP}{\lambda A_c}}H=\sqrt{\frac{2h}{\lambda\delta\times1}}H=\sqrt{\frac{2h}{\lambda\delta}}H$$

肋效率的物理意义示意图如图 2－3 所示。

【肋面总效率】

设流体温度为 t_f，表面传热系数为 h，肋片表面积为 A_f。两个肋片之间的根部总表面积为 A_r。根部温度为 t_0，总面积设为 $A_0=A_r+A_f$。若以 t_0-t_f 为温差。

则

$$\begin{aligned}\varphi&=A_1\,h(t_0-t_1)+A_f\eta_f h(t_0-t_f)\\&=h(t_0-t_f)(A_r+A_f\eta_f)\\&=h(t_0-t_f)\cdot A_0\cdot\frac{A_r+A_f\eta_f}{A_0}\\&\Rightarrow\eta_0=\frac{A_r+\eta_f A_f}{A_r+A_f}\end{aligned}$$

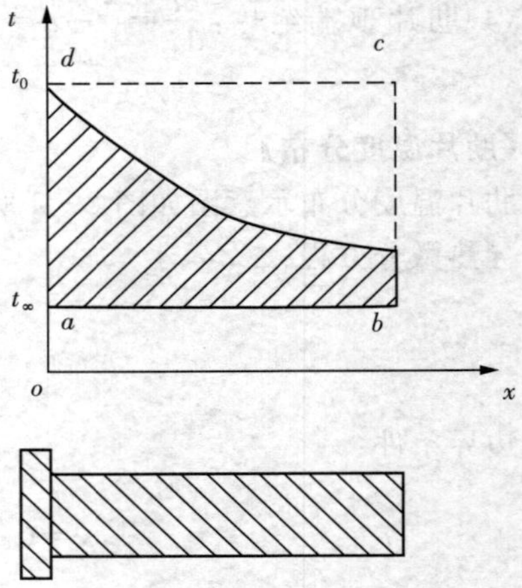

图 2－3　肋效率的物理意义示意图

【肋片的选用】

肋片：增大传热面积，但同时增加了固体导热热阻，因此是否有利取决于导热阻力与表面对流传热阻力之比，即毕渥数，记为 Bi。

当取 $Bi\leqslant0.25$ 时，加肋总是有利的。

一般工程运用中，肋片总是用导热系数高的金属做成。当换热介质为空气时，采用肋片强化总是有效的。

肋片优化：相同传热量下，研究最小重量的肋片。

知识点 12　接触热阻

【定义】

热量是通过充满空隙的流体的导热、对流和辐射的方式传递的，因而存在传热阻力，称为接触热阻。

名义上互相接触的固体表面，实际上接触仅发生在一些离散的面积元上，未接触的界面之间的间隙之间充满了空气，热量会以导热方式穿过气隙层，与完全接触相比，增加附加的传递阻力，称为接触热阻。对于肋片等需要强化传热的，接触热阻是有害的。

【常见的减小接触热阻方法】

圆管上缠绕金属带生成环肋/管束间套金属薄片/胀管/渡浸镀锡液。

【影响因素】

接触压力、接触固体材料、间隙介质导热系数。

2.3　传热学习题集

2.3.1　思考题

1. 试写出导热傅里叶定律的一般形式，并说明其中各个符号的意义。

答：傅里叶定律的一般形式为

$$\vec{q}=-\lambda \mathrm{grad}t=-\lambda \frac{\partial t}{\partial n}\vec{n}$$

式中：$\vec{q}$ 为该处的热流密度矢量；grad 为空间某点的温度梯度；$\vec{n}$ 是通过该点的等温线上的法向单位矢量，指向温度升高的方向；$\frac{\partial t}{\partial n}$是法向的方向导数。

2. 已知导热物体中某点 x,y,z 三个方向上的热流密度分别为 q_x,q_y,q_z，如何获得该点的热流密度矢量？

答：该点的热流密度矢量为

$$q=q_x\cdot i+q_y\cdot j+q_z\cdot k$$

其中 i,j,k 分别为三个方向的单位矢量。

3. 试说明得出导热微分方程所依据的基本定律。

答：导热微分方程式所依据的基本定律有：傅里叶定律和能量守恒定律。

4. 试分别用数学语言将传热学术语说明导热问题三种类型的边界条件。

答：(1)第一类边界条件：规定了边界上的温度值

$$\tau>0 \text{ 时},t_{\mathrm{w}}=f_1(\tau)$$

(2)第二类边界条件：规定了边界上的热流密度值

$$\tau>0 \text{ 时},-\lambda\left(\frac{\partial t}{\partial n}\right)_{\mathrm{w}}=f_2(\tau)$$

(3)第三类边界条件：规定了边界上物体与周围流体间的表面传热系数 h 及周围流体的温度 t_{f}。

$$-\lambda\left(\frac{\partial t}{\partial n}\right)_{\mathrm{w}}=h(t_{\mathrm{w}}-t_{\mathrm{f}})$$

5. 试说明串联热阻叠加原则的内容及其使用条件。

答：在一个串联的热量传递过程中，如果通过每个环节的热流量都相同，则各串联环节的总热阻等于各串联环节热阻的和。使用条件为对于各个传热环节的传热面积必须相等。

6. 发生在一个短圆柱中的导热问题,在下列哪些情形下可以按一维问题来处理?

答:当采用圆柱坐标系,沿半径方向的导热就可以按一维问题来处理。

7. 通过圆筒壁的导热量仅与内、外半径之比有关而与半径的绝对值无关,而通过球壳的导热量计算式却与半径的绝对值有关,怎样理解?

答:因为通过圆筒壁的导热热阻仅和圆筒壁的内外半径比值有关,而通过球壳的导热热阻却和球壳的内外半径倒数的差值有关,所以绝对半径不同时,导热量不一样。

8. 扩展表面中的导热问题可以按一维问题来处理的条件是什么? 有人认为,只要扩展表面细长,就可按一维问题来处理,你同意这种观点吗?

答:扩展表面中的导热问题可以按一维问题来处理的条件是只要满足等截面的直肋,就可按一维问题来处理。

不同意这种观点,因为当扩展表面的截面不均时,不同截面上的热流密度不均匀,不可看作一维问题。

9. 肋片高度增加引起两种效果:肋效率下降及散热表面积增加。因而有人认为,随着肋片高度的增加会出现一个临界高度,超过这个高度后,肋片导热热数流量反而会下降。试分析这一观点的正确性。

答:错误。

随着肋片高度的增加,肋片的热阻也会增加,导致肋片末端的温度下降。由于热传导是一个温度梯度驱动的过程,当肋片末端的温度下降时,肋片整体的传热效率会下降。

$$Q=\eta_f \cdot A \cdot h_f \cdot \Delta T$$

Q 是肋片的传热量,η_f 是肋片效率,A 是肋片的散热表面积,h_f 是肋片的传热系数,ΔT 是肋片根部与周围介质的温度差。当肋片高度增加时,A 增加,但 $\eta_f A$ 下降。对于一定的高度 h,当 $\eta_f A$ 达到最大值时,总的传热量 Q 也达到最大值。

因此,肋片效率与肋片高度之间存在负相关关系。因为当肋片高度达到一定值时,通过该处截面的热流密度为零。

10. 在《传热学(第6版)》(陶文铨编著)式(2-70)中给出的分析解中,不出现导热物体的导热系数,请你提供理论依据。

答:由于式(2-70)所描述的问题为稳态导热,且物体的导热系数沿 x 方向和 y 方向的数值相等并为常数。

11. 有人对二维矩形物体中的稳态无内热源常物性的导热问题进行了数值计算。矩形的一个边绝热,其余三个边均与温度为 t_f 的流体发生对流传热。你能预测他所得的温度场的解吗?

答:能,因为在一边绝热其余三边为相同边界条件时,矩形物体内部的温度分布应为关于绝热边的中心线对称分布。

12. 纵向截面为三角形的直肋与纵向截面为矩形的直肋相比有什么优点?

答:(1)更好的传热性能:三角形的纵向截面可以增加热传导的表面积,从而提高传热效率；

(2)更好的对流传热性能：三角形的结构可以增加流体的湍流程度，从而提高对流传热效率；

(3)更好的辐射传热性能：三角形的结构可以减少表面的反射和散射，从而提高辐射传热效率。

13. 假设一块多孔砖的两个端面分别处于两个温度 t_2、t_1（$t_2 > t_1$），其余四个表面绝热，试分析两端面之间的热量传递方式。

答：在这种情况下，主要的热传递方式是导热，因为两个温度不同的端面之间存在温度梯度，而四个表面是绝热的，不允许热量通过它们进行传递。

多孔砖是一种多孔介质，其导热特性与固体材料有所不同。多孔材料的导热系数通常比密实材料低，因为孔隙中通常充满空气或其他流体，且这些流体的导热系数较低。

在这种情况下，热量传递的主要方式是导热。温度沿着多孔砖的长度方向线性变化，热流密度和总热流量可以通过导热系数、温度差、砖的长度以及端面面积来确定。

多孔砖的导热是由其固体部分和孔隙中的气体共同决定的，可以用等效导热系数来计算温度梯度和热流密度。总的来说，端面之间热量传递的方式是导热，传热过程遵循傅里叶导热定律。

14. 对于没有内热源的圆柱与球体的稳态导热问题，为什么讨论只对中心部分是挖空的情形进行？

答：对于没有内热源的圆柱与球体，如果它们是完整的（即没有挖空部分），那么它们的稳态温度分布将仅由外部热源和边界条件决定。由于物体内部没有热源，且处于稳态，因此整个物体内部的温度分布将是均匀的（在忽略边界效应的情况下）。这意味着，在完整圆柱或球体的内部，任何一点的温度都与其他点相同，因此没有特别的讨论价值。

然而，当圆柱或球体的中心部分被挖空时，情况就发生了变化。挖空部分形成了一个空腔或孔洞，它不再参与热传导过程（因为空腔内没有物质可以传递热量）。此时，物体的稳态温度分布将受到挖空部分的影响，特别是在挖空部分与未挖空部分的交界处，温度梯度可能会发生变化。

因此，对于没有内热源的圆柱与球体的稳态导热问题，主要关注中心部分挖空的情形。这是因为挖空部分的存在导致了物体内部温度分布的不均匀性，使得问题变得更加复杂和有趣。通过讨论这种情形下的稳态导热问题，可以更深入地理解热传导的机制和规律。

15. 流体力学中 $\nabla \cdot U$ 表示流出一个微元体的净流量，其中 U 为速度矢量；类似地，导热问题中 $\nabla \cdot q$ 表示导出微元体的净热量。试据此导出《传热学（第 6 版）》（陶文铨编著）式（2-6）。

答：傅里叶导热定律描述了热流密度 q 与温度梯度之间的关系：

$$q = -\lambda \nabla T$$

其中 q 是热流密度（单位：W/m^2），λ 是热导率[单位：$W/(m \cdot K)$]，∇T 是温度梯度（单位：K/m）。

在导热问题中,$\nabla \cdot q$ 表示流出一个微元体的净热量。

考虑到温度梯度∇T 可以在各种方向上分解,尤其是沿法向方向 n 上的分量。在某些方向上,温度梯度可表示为

$$\nabla T=\left(\frac{\partial T}{\partial n}\right)n$$

其中,n 是法向单位矢量,而$\frac{\partial T}{\partial n}$是沿法向的温度变化率。

根据傅里叶导热定律,可以写出热流密度在法向方向上的分量:

$$q=-\lambda\left(\frac{\partial T}{\partial n}\right)n$$

求取热流密度的模:

$$|q|=\left|-\lambda\left(\frac{\partial T}{\partial n}\right)n\right|$$

由于模的性质,这等价于:

$$|q|=\lambda\left|\left(\frac{\partial T}{\partial n}\right)n\right|$$

从上式可以解出热导率 λ:

$$\lambda=\frac{|q|}{\left|\left(\frac{\partial T}{\partial n}\right)n\right|}$$

由于 n 是单位向量,其模为 1,所以:

$$\left|\left(\frac{\partial T}{\partial n}\right)n\right|=\left|\frac{\partial T}{\partial n}\right|$$

因此最终的热导率公式为

$$\lambda=\frac{|q|}{\left|\frac{\partial T}{\partial n}\right|}$$

2.3.2 平板导热

2-1 用平底锅烧开水,与水相接触的锅底温度为 111 ℃,热流密度为 42400 W/m²。使用一段时间后,锅底结了一层平均厚度为 3 mm 的水垢。假设此时与水相接触的水垢的表面温度及热流密度分别等于原来锅底的值,试计算水垢与金属锅底接触面的温度。水垢的导热系数取为 1 W/(m·K)。

解:由题意得

$$q=\frac{t_{w}-111}{\frac{0.003}{1}}=42400(\mathrm{W/m^2})$$

所以 $t_w=238.2$ ℃。

2-2　一冷藏室的墙由钢皮矿渣棉及石棉板三层叠合构成，各层的厚度依次为 0.794 mm、152 mm 及 9.5 mm，导热系数分别为 45 W/(m・K)、0.07 W/(m・K)及 0.1 W/(m・K)。冷藏室的有效传热面积为 37.2 m²，室内外气温分别为 −2 ℃及 30 ℃，室内外壁面的表面传热系数可分别按 1.5 W/(m²・K)及 2.5 W/(m²・K)计算。为维持冷藏室温度恒定，试确定冷藏室内的冷却排管每小时需带走的热量。

解：此过程可以看作一维稳态传热过程，则有

$$\Phi=A\cdot\frac{t_1-t_2}{\dfrac{1}{h_1}+\dfrac{1}{h_2}+\dfrac{d_1}{\lambda_1}+\dfrac{d_2}{\lambda_2}+\dfrac{d_3}{\lambda_3}}=\frac{30-(-2)}{\dfrac{1}{1.5}+\dfrac{1}{2.5}+\dfrac{0.000794}{45}+\dfrac{0.152}{0.07}+\dfrac{0.0095}{0.1}}\times37.2$$

$$=357.14(\mathrm{W})$$

$$Q=357.14\times3600=1285.7(\mathrm{kJ})$$

2-3　有一厚为 20 mm 的平面墙，导热系数为 1.3 W/(m・K)，为使每平方米墙的热损失不超过 1500 W，在外表面上覆盖了一层导热系数为 0.12 W/(m・K)的保温材料。已知复合壁两侧的温度分别为 750 ℃及 55 ℃，试确定此时保温层的厚度。

解：热传递过程可以写成如下形式：

$$q=\frac{t_1-t_2}{\dfrac{d_1}{\lambda_1}+\dfrac{d_2}{\lambda_2}}=\frac{750-55}{\dfrac{0.020}{1.3}+\dfrac{d_2}{0.12}}\leqslant1500(\mathrm{W/m^2})$$

解得 $d_2\geqslant0.05375$ m。

2-4　一烘箱的炉门由两种保温材料 A 及 B 组成，且 $\delta_A=2\delta_B$ 见《传热学（第 6 版）》（陶文铨编著）习题 2-4 附图。已知 $\lambda_A=0.08$ W/(m・K)，$\lambda_B=0.05$ W/(m・K)烘箱内空气温度 $t_{f1}=400$ ℃，内壁面的总表面传热系数 $h_1=50$ W/(m²・K)。为安全起见，希望烘箱门的外表面温度不得高于 50 ℃。设可把烘箱门导热作为一维问题处理，试决定所需保温材料的厚度。环境温度 $t_{f2}=25$ ℃，外表面总表面传热系数 $h_2=9.5$ W/(m²・K)。

解：根据题意，热损失为

$$q=\frac{t_{f1}-t_{fw}}{\dfrac{\delta_A}{\lambda_A}+\dfrac{\delta_B}{\lambda_B}}=h_1(t_{f1}-t)+h_2(t-t_{f2})$$

又

$$t_{fw}=50\ ℃,\delta_A=2\delta_B$$

联立解得 $\delta_A=2\delta_B=0.078$ m。

2-5　对于无限大平板内的一维导热问题，试说明在三类边界条件中，两侧边界条件的哪些组合可以使平板中的温度场获得确定的解？

解：可以有如下组合方式：

两侧面的第一类边界条件；一侧面的第一类边界条件和第二类边界条件；一侧面的第一类边界条件和另一侧面的第三类边界条件；一侧面的第一类边界条件和另一侧面的第三类边界条件。

2-6　一火箭发动机燃烧室是直径为 130 mm 的圆筒体，厚 2.1 mm，导热系数为 23.2 W/(m·K)。圆筒壁外用液体冷却，外壁温度为 240 ℃。测得圆筒体的热流密度为 4.8×10^6 W/m²，其材料的最高允许温度为 700 ℃。试判断该燃烧室壁面是否工作于安全温度范围内？

解： 内径 $d_{内}=d_{外}-2\delta=130-2\times2.1=125.8(\text{mm})$

由圆筒壁导热公式可得

$$q=\frac{\lambda}{r}\frac{t_{内}-t_{外}}{\ln(d_{外}/d_{内})}$$

$$\Rightarrow t_{内}=\frac{qr}{\lambda}\ln\frac{d_{外}}{d_{内}}+t_{外}$$

又 $62.9\ \text{mm}\leqslant r\leqslant 65\ \text{mm}$

代入可得 $667.387\ ℃\leqslant t_{内}\leqslant 681.656\ ℃$

所以该燃烧室壁面处于安全温度范围内。

2-7　如《传热学（第 6 版）》（陶文铨编著）图 2-7 所示的不锈钢平底锅置于电器灶具上被加热，灶具的功率 1000 W，其中 85% 用于加热平底锅。锅底厚 $\delta=3$ mm，平底部分直径 $d=200$ mm，不锈钢的导热系数 $\lambda=18$ W/(m·K)，锅内汤料与锅底的对流传热表面传热系数 2500 W/(m²·K)，流体平均温度 $t_f=95$ ℃。试列出锅底导热的数学描写，并计算锅底两表面的温度。

解： 由题意可得

$$\Phi=\frac{\lambda A}{\delta}(t_{w1}-t_{w2})=hA(t_{w2}-t_f)=\frac{A(t_{w1}-t_f)}{\dfrac{\delta}{\lambda}+\dfrac{1}{h}}$$

$$A=\frac{\pi}{4}d^2=\frac{\pi}{4}\times0.2^2=0.0314(\text{m}^2)$$

$$\Rightarrow t_{w2}=t_f+\frac{\Phi}{hA}=95+\frac{850}{2500\times0.0314}=105.83(℃)$$

$$t_{w1}=t_f+\frac{q}{hA}+\frac{q\delta}{hA}=95+\frac{850}{2500\times0.0314}+\frac{850\times3\times10^{-3}}{18\times0.0314}=110.34(℃)$$

2-8　一种用比较法测定导热系数装置的原理示于《传热学（第 6 版）》（陶文铨编著）习题 2-8 附图中。将导热系数已知的标准材料与被测材料做成相同直径的圆柱，且标准材料的两段圆柱分别压紧置于被测材料的两端。在三段试样上分别布置三对测定相等间距两点间温差的热电偶。试样的四周绝热良好（图中未示出）。已知试样两端的温度分别为 $t_h=400$ ℃、$t_c=300$ ℃、$\Delta t_r=2.49$ ℃，$\Delta t_{t,1}=3.56$ ℃、$\Delta t_{t,2}=$

3.60 ℃，试确定被测材料的导热系数，并讨论哪些因素会影响 $\Delta t_{t,1}$ 与 $\Delta t_{t,2}$ 不相等？

解：由题意可得

$$A_1 = A_r = A_2, \delta_1 = \delta_r = \delta_2, \Phi_1 = \Phi_r = \Phi_2$$

$$\Phi_1 = \frac{\lambda_1}{\delta_1} A_1 \Delta t_{t,1}, \Phi_2 = \frac{\lambda_2}{\delta_2} A_2 \Delta t_{t,2}, \Phi_r = \frac{\lambda_r}{\delta_r} A_r \Delta t_{t,r}$$

$$q_1 = q_2 = q_r$$

$$\Rightarrow \lambda_r = \frac{\Delta t_{t,1}}{\Delta t_r} \lambda_1 = \frac{\Delta t_{t,2}}{\Delta t_r} \lambda_2$$

$$\Rightarrow \lambda_r = 1.43\lambda_1 = 1.446\lambda_2$$

影响 $\Delta t_{t,1}$ 与 $\Delta t_{t,2}$ 不相等的因素有：

(1)材料 1 与材料 2 的导热系数不等；

(2)材料 1 与材料 2 的截面不等；

(3)材料 1 与材料 2 的导热距离不等；

(4)其他条件如题所述，必须存在温差，若 $t_h = t_c$，则 $\Delta t_{t,1} = \Delta t_{t,2} = C$。

2.3.3　多层平壁

2-9　一双层玻璃窗系由两层厚为 6 mm 的玻璃及其间的空气隙所组成，空气隙厚度为 8 mm。假设面向室内的玻璃表面温度与室外的玻璃表面温度各为 20 ℃及 −20 ℃，试确定该双层玻璃窗的热损失。如果采用单层玻璃窗，其他条件不变，其热损失是双层玻璃的多少倍？玻璃窗的尺寸为 60 cm×60 cm。不考虑空气间隙中的自然对流。玻璃的导热系数为 0.78 W/(m·K)。

解：由题意得

$$q_1 = \frac{t_1 - t_2}{\frac{\delta_1}{\lambda_1} + \frac{\delta_2}{\lambda_2} + \frac{\delta_3}{\lambda_3}} = 116.53\ \text{W/m}^2, \Phi_1 = q_1 A = 41.95\ \text{W}$$

$$q_2 = \frac{t_1 - t_2}{\frac{\delta_1}{\lambda_1}} = 5200\ \text{W/m}^2, \Phi_2 = q_2 A = 1872\ \text{W}$$

$$\Rightarrow \frac{q_2}{q_1} = 44.62$$

即热损失是双层玻璃的 44.62 倍。

2-10　某些寒冷地区采用三层玻璃的窗户如《传热学(第 6 版)》(陶文铨编著)习题 2-10 附图所示。已知玻璃厚 $\delta_g = 3$ mm，空气夹层宽 $\delta_{air} = 6$ mm，玻璃的导热系数 $\lambda_g = 0.8$ W/(m·K)。玻璃面向室内的表面温度 $t_i = 15$ ℃，面向室外的表面温度 $t_o = -10$ ℃，试计算通过三层玻璃窗导热的热流密度。

解：三层玻璃窗的热传递过程可以看做一维的，

$$q=\frac{t_i-t_0}{3\times\frac{\delta_g}{\lambda_g}+2\times\frac{\delta_{air}}{\lambda_{air}}}=52.878\ \mathrm{W/m^2}$$

2-11 提高燃气进口温度是提高航空发动机效率的有效方法。为了使发动机的叶片能承受更高的温度而不至于损坏,叶片均用耐高温的合金制成,同时还提出了在叶片与高温燃气接触的表面上涂以陶瓷材料薄层的方法,如《传热学(第6版)》(陶文铨编著)习题2-11附图所示,叶片内部通道则由从压气机来的空气予以冷却。陶瓷层的导热系数为1.3 W/(m^2·K),耐高温合金能承受的最高温度为1250 K,其导热系数为25 W/(m^2·K)。在耐高温合金与陶瓷层之间有一薄层黏结材料,其造成的接触热阻为10^{-4} m^2·K/W。如果燃气的平均温度为1700 K,与陶瓷层的表面传热系数为1000 W/(m^2·K),冷却空气的平均温度为400 K,与内壁间的表面传热系数为500 W/(m^2·K),试分析此时耐高温合金是否可以安全地工作?

解:为了分析耐高温合金叶片在这种情况下是否可以安全工作,需要计算通过陶瓷层、黏结层和合金层的热流量,并确定合金的温度分布。

燃气与陶瓷表面之间的对流热阻有如下热阻:

陶瓷层的导热热阻 $R_{condcer}$,黏结层的接触热阻 $R_{contact}$,合金层的导热热阻 $R_{cond,alloy}$,冷却空气与合金内表面之间的对流热阻 R_{conv2}。

$$R_{total}=R_{conv1}+R_{cond,cer}+R_{contact}+R_{cond,alby}+R_{conv2}$$

$$=\frac{1}{h_1A}+\frac{L_{cer}}{K_{cer}A}+R_c+\frac{L_{alloy}}{K_{alloy}A}+\frac{1}{h_2A}$$

假设陶瓷层的厚度 $L_{cer}=0.002$ m 和合金层的厚度 $L_{alloy}=0.01$ m:

$$R_{total}=\frac{1}{1000A}+\frac{0.002}{1.3A}+10^{-4}+\frac{0.01}{25A}+\frac{1}{500A}$$

$$R_{total}\approx0.00504\ \frac{1}{A}$$

总热流量:

$$Q=\frac{1700-400}{0.00504}\approx257336.51A$$

各层的温度如下:

$$T_{cer,ext}=1700-257936.51A\cdot\frac{1}{1000A}\approx1700-257.94\approx1442.06(\mathrm{K})$$

$$T_{cer,int}=1442.06-257936.51A\cdot\frac{0.002}{1.3A}\approx1442.06-396.82\approx1045.24(\mathrm{K})$$

$$T_{bond,int}=1045.24-257936.51A\cdot10^{-4}\approx1045.24-25.79\approx1019.45(\mathrm{K})$$

$$T_{alloy,int}=1019.45-257936.51A\cdot\frac{0.01}{25A}\approx1019.45-103.17\approx916.28(\mathrm{K})$$

$$T_{\text{alloy,ext}}=916.28-257936.51A\cdot\frac{1}{500A}\approx916.28-515.87\approx400(\text{K})$$

合金层内部温度 $T_{\text{alloy,int}}=916.28$ K，远低于耐高温合金能够承受的最高温度 1250 K。因此，在这种冷却和涂层设计下，耐高温合金可以安全地工作。

2－12　在某一产品的制造过程中，厚为 1.0 mm 的基板上紧贴了一层透明的薄膜，其厚度为 0.2 mm。薄膜表面上有一股冷却气流流过，其温度为 20 ℃，对流传热表面传热系数为 40 W/(m·K)。同时，有一股辐射能透过薄膜投射到薄膜与基板的结合面上，如《传热学(第 6 版)》(陶文铨编著)习题 2－12 附图所示。基板的另一面维持在温度 $t_1=30$ ℃。生产工艺要求薄膜与基板结合面的温度 $t_0=60$ ℃，试确定辐射热流密度 q 应为多大？薄膜的导热系数 $\lambda_f=0.02$ W/(m·K)，基板的导热系数 $\lambda_s=0.06$ W/(m·K)。投射到结合面上的辐射热流全部为结合面所吸收。薄膜对 60 ℃的热辐射是不透明的。

解：由题意可得

$$q=\frac{t_0-t_1}{\dfrac{\delta_s}{\lambda_s}}=\frac{60-30}{\dfrac{0.01}{0.06}}=1800(\text{W/m}^2)$$

$$q'=\frac{t_0-t_1}{\dfrac{\delta_f}{\lambda_f}+\dfrac{1}{h}}=\frac{60-20}{\dfrac{1}{40}+\dfrac{0.2\times10^{-3}}{0.02}}=1142.8(\text{W/m}^2)$$

2－13　在如附图所示的平板导热系数测定装置中，试件厚度 δ 远小于直径 d。由于安装制造不好，试件与冷热表面之间平均存在着一层厚为 $\Delta=0.1$ mm 的空气隙。设热表面温度 $t_1=180$ ℃，冷表面温度 $t_2=30$ ℃，空气隙的导热系数可分别按 t_1，t_2 查取。试计算空气隙的存在给导热系数测定带来的误差。通过空气隙的辐射传热可以略而不计。

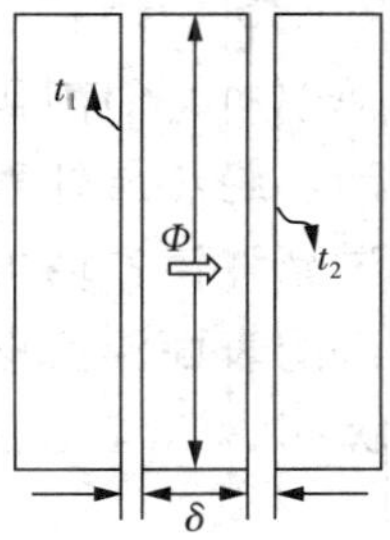

解：查附表得

$$t_1=180\ ℃,\lambda_1=3.72\times10^{-2}\ \text{W/(m·K)}$$

$$t_2=30\ ℃,\lambda_2=2.67\times10^{-2}\ \text{W/(m·K)}$$

无空气隙时，

$$\Phi=\frac{t_1-t_2}{\dfrac{d}{\lambda_f}}A=\frac{180-30}{\dfrac{d}{\lambda_f}}\times\frac{pd^2}{4}$$

$$\Rightarrow\frac{d}{\lambda_f}=0.029315,\lambda_f=34.32d$$

有空气隙时，

$$\Phi=\frac{t_1-t_2}{\dfrac{d_1}{\lambda_1}+\dfrac{d_2}{\lambda_2}+\dfrac{d}{\lambda_f'}}A$$

$$\Rightarrow \lambda_t' = 43.98d$$

因此，相对误差为 28.1%。

2.3.4 圆筒

2-14 外径为 100 mm 的蒸气管道，覆盖密度为 20 kg/m³ 的超细玻璃棉毡保温。已知蒸气管道外壁温度为 400 ℃，希望保温层外表面温度不超过 50 ℃。且每米长管道上散热量小于 163 W，试确定所需的保温层厚度。

解：由圆筒柱的导热方式

$$\bar{t} = \frac{t_1 + t_2}{2} = \frac{400+50}{2} = 225(℃)$$

$$\bar{\lambda} = 0.033 + 0.0023\bar{t} = 0.08475\ \mathrm{W/(m \cdot K)}$$

$$\ln \frac{d_1}{d_2} = \frac{2\pi\lambda}{\Phi/l}(t_1 - t_2)$$

$$d_2 = 0.314\ \mathrm{mm}$$

保温层厚度为

$$\delta = \frac{d_2 - d_1}{2} = 107\ \mathrm{mm}$$

2-15 外径为 50 mm 的蒸汽管道外，包覆有厚为 40 mm 平均导热系数 0.11 W/(m·K)的矿渣棉，其外为厚 45 mm、平均导热系数为 0.12 W/(m·K)的煤灰泡沫砖。绝热层外表面温度为 50 ℃，试检查矿棉渣与煤灰泡沫砖交界面处的温度是否超过允许值？增加煤灰泡沫砖的厚度对热损失及交界面处的温度有什么影响？蒸气管道的表面温度取为 400 ℃。

解：由题意多层蒸汽管总热流量

$$\Phi_z = \frac{2\pi l(t_1 - t_2)}{\ln(d_2/d_1)/\lambda_1 + \ln(d_3/d_2)/\lambda_2}$$

代入数据得到 $\Phi_z = 168.25\ \mathrm{W}$

由附录知粉煤灰泡沫砖材料最高允许温度为 300 ℃

由此设在 300 ℃时

$$\Phi_1' = \frac{2\pi l(t_1 - t_2)}{\ln(d_2/d_1)/\lambda_1} = 72.33\ \mathrm{W}$$

$$\Phi_2' = \frac{2\pi l(t_1 - t_2)}{\ln(d_3/d_2)/\lambda_2} = 358.29\ \mathrm{W}$$

因为 $\Phi_z > \Phi_1 + \Phi_2$，

所以不会超过允许温度。当增加煤灰泡沫砖的厚度会使热损失增加，从而边界面处温度下降。

2-16　一根直径为 3 mm 的铜导线，每米长的电阻为 $2.22\times10^{-3}\Omega$。导线外包有厚为 1 mm 导热系数为 0.15 W/(m·K)的绝缘层。限定绝缘层的最高温度为 65 ℃，最低温度为 0 ℃。试确定在这种条件下导线中允许通过的最大电流。

解：由题意得

$$Q=2\pi l\lambda q=\frac{2\pi l\lambda(t_1-t_2)}{\ln(r_2/r_1)}=\frac{2\pi\times1\times0.15(65-0)}{\ln(2.5/1.5)}=119.86(\text{W})$$

$$Q=I^2R$$

解得 $I=232.36\text{A}$。

2-17　一蒸汽锅炉炉膛中的蒸发受热面管壁受到温度为 1000 ℃ 的烟气加热，管内沸水温度为 200 ℃，烟气与受热面管子外壁间的复合传热表面传热系数为 100 W/(m²·K)，沸水与内壁间的表面传热系数为 5000 W/(m²·K)，管壁厚 6 mm，管壁 λ＝142 W/(m·K)，外径为 52 mm。试计算下列三种情况下受热面单位长度上的热负荷：

(1)传热表面是干净的；

(2)外表面结了一层厚为 1 mm 的烟灰，其 λ＝0.08 W/(m·K)；

(3)内表面上有一层厚为 2 mm 的水垢，其 λ＝1 W/(m·K)。

解：由题意得

(1)

$$\Phi=\frac{2\pi/(t_1-t_2)}{\frac{1}{r_1h_1}+\frac{\ln(r_2/r_1)}{\lambda_1}+\frac{1}{h_2r_2}}$$

$$=\frac{2\pi\times1(1000-200)}{\frac{1}{5000\times0.02}+\frac{\ln(52/40)}{42}+\frac{1}{0.026\times100}}$$

$$=12532.98(\text{W})$$

(2)

$$\Phi=\frac{2\pi/(t_1-t_2)}{\frac{1}{r_0h_1}+\frac{\ln(r_2/r_1)}{\lambda_1}+\frac{\ln(r_0/r_2)}{\lambda_0}+\frac{1}{h_2r_2}}$$

$$=\frac{2\pi\times1(1000-200)}{\frac{1}{5000\times0.02}+\frac{\ln(52/40)}{42}+\frac{\ln(54/52)}{0.08}+\frac{1}{0.026\times100}}$$

$$=5852.94(\text{W})$$

(3)

$$\Phi=\frac{2\pi/(t_1-t_2)}{\frac{1}{r_0h_1}+\frac{\ln(r_2/r_1)}{\lambda_1}+\frac{\ln(r_0/r_2)}{\lambda_0}+\frac{\ln(r_1/r_i)}{\lambda_i}+\frac{1}{h_2r_i}}$$

$=5207.06\ \mathrm{W}$

2－18　在一根外径为 100 mm 的热力管道外拟包覆两层绝热材料，一种材料的导热系数为 0.05 W/(m・K)，另一种为 0.08 W/(m・K)，两种材料的厚度都取为 75 mm，试比较把导热系数小的材料紧贴管壁，及把导热系数大的材料紧贴管壁这两种方法对保温效果的影响，这种影响对于平壁的情形是否存在？假设在两种做法中，绝热层内外表面的总温差保持不变。

解：将导热系数小的材料紧贴壁管则

$$\Phi=\frac{t_1-t_2}{\dfrac{\ln\left(\dfrac{50+75}{50}\right)}{2\pi l\lambda_1}+\dfrac{\ln\left(\dfrac{50+75+75}{50+75}\right)}{2\pi l\lambda_2}}=\frac{2\pi l(t_1-t_2)}{19.19}$$

将导热系数大的材料紧贴壁管则

$$\Phi'=\frac{2\pi l(t_1-t_2)}{\dfrac{\ln 2.5}{\lambda_2}+\dfrac{\ln 1.6}{\lambda_1}}=\frac{2\pi l(t_1-t_2)}{20.9}$$

故导热系数大的材料紧贴管壁其保温效果好。

若为平壁，由于 $d=d_1=d_2$，所以不存在此问题。

2－19　一直径为 30 mm，壁温为 100 ℃的管子向温度为 20 ℃的环境放热，热损失率为 100 W/m。为把热损失减少到 50 W/m，有两种材料可以同时被应用。材料 A 的导热系数为 0.5 W/(m・K)，可利用度为 $3.14\times10^{-3}\ \mathrm{m^3/m}$；材料 B 的导热系数为 0.1 W/(m・K)，可利用度为 $4.0\times10^{-3}\ \mathrm{m^3/m}$。试分析如何敷设这两种材料才能达到上述要求。假设敷设这两种材料后，外表面与环境间的表面传热系数与原来一样。

解：由题意得

$$\Phi=2\pi r\lambda h(t_1-t_2)=0.03\pi\times1\times h(100-20)=100(\mathrm{W})$$

$$\Rightarrow h=13.2696\ \mathrm{W/(m^2\cdot K)}$$

将导热系数大的放在内侧

$$\pi(r_1^2-0.015^2)=3.14\times10^{-3}\Rightarrow r_1=0.035(\mathrm{m})$$

$$\pi(r_2^2-r\Phi'=_1^2)=4\times10^{-3}\Rightarrow r_2=0.049(\mathrm{m})$$

$$\Phi'=\frac{2\pi l(t_1-t_2)}{\dfrac{\ln(r_1/r_0)}{\lambda_1}+\dfrac{\ln(r_2/r_1)}{\lambda_2}+\dfrac{1}{hr_2}}=76.1\ \mathrm{W}$$

同理可得将导热系数小的放在内侧，$\Phi'=43.72\ \mathrm{W}$

故将导热系数小的放在内侧可以满足条件。

2－20　一直径为 d，长为 l 的圆杆，两端分别与温度为 t_1 及 t_2 的表面接触，杆的导热系数 λ 为常数。试对下列两种情形列出杆中温度的微分方程式及边界条件，并求解之：

(1)杆的侧面是绝热的;

(2)杆的侧面与四周流体间有稳定的对流传热,平均表面传热系数为 h,流体温度 t_f 小于 t_1 及 t_2。

解:(1)设流入的能量为

$$\Phi_1=-\lambda\frac{\partial t}{\partial x}\frac{\pi d^2}{4}$$

设流出的能量为

$$\Phi_2=-\lambda\frac{\partial\left(t+\frac{\partial t}{\partial x}\mathrm{d}x\right)}{\partial x}\frac{\pi d^2}{4}$$

当侧面绝热时:

$$\Phi_1=\Phi_2$$

方程为

$$\frac{\partial^2 t}{\partial x^2}=0$$

边界条件为

$$\begin{cases}x=0,t=t_1\\x=l,t=t_2\end{cases}$$

解微分方程得

$$t=\frac{t_2-t_1}{l}x+t_1$$

(2)流出的能量:

$$\Phi_3=\pi d^2 xh(t-t_f)$$

则有

$$\Phi_1=\Phi_2+\Phi_3$$

得微分方程为

$$\frac{\partial^2 t}{\partial x^2}-\frac{4h}{d\lambda}(t-t_f)=0$$

边界条件为

$$x=0,t=t_1;x=l,t=t_2$$

解微分方程得

$$t-t_{\mathrm{f}}=C_1\mathrm{e}^{\left(2\sqrt{\frac{h}{d\lambda}}\right)x}+C_2\mathrm{e}^{-\left(2\sqrt{\frac{h}{d\lambda}}\right)x}$$

代入边界条件得

$$t-t_{\mathrm{f}}=\frac{(t_2-t_{\mathrm{f}})-(t_1-t_{\mathrm{f}})\mathrm{e}^{-2\sqrt{\frac{h}{\lambda d}}l}}{\mathrm{e}^{2\sqrt{\frac{h}{\lambda d}}l}-\mathrm{e}^{-2\sqrt{\frac{h}{\lambda d}}l}}\mathrm{e}^{2\sqrt{\frac{h}{\lambda d}}}+\frac{\mathrm{e}^{2\sqrt{\frac{h}{\lambda d}}l}(t_1-t_{\mathrm{f}})-(t_2-t_{\mathrm{f}})}{\mathrm{e}^{2\sqrt{\frac{h}{\lambda d}}l}-\mathrm{e}^{-2\sqrt{\frac{h}{\lambda d}}l}}\mathrm{e}^{-mx}$$

2-21　一根直径为 20 mm、长 300 mm 钢柱，两端分别与温度为 250 ℃及 60 ℃的两个热源相连接。柱体表面向温度为 30 ℃的环境散热，表面传热系数为 10 W/(m·K)。试计算该钢柱在单位时间内从两个热源获得的热量。钢柱的 λ＝40 W/(m·K)。

解：首先，计算通过钢柱的导热传递。钢柱的横截面积 A 为

$$A=\pi\left(\frac{D}{2}\right)^2=\pi\left(\frac{0.02}{2}\right)^2=\pi\times0.01^2=3.14159\times10^{-4}(\mathrm{m}^2)$$

导热方程为

$$Q_{\mathrm{cond}}=\frac{\lambda A(T_1-T_2)}{L}$$

$$Q_{\mathrm{cond}}=\frac{40\times3.14159\times10^{-4}\times(523-333)}{0.3}$$

$$=31.836(\mathrm{W})$$

钢柱的表面积 A_{surface} 为

$$A_{\mathrm{surface}}=\pi DL=\pi\times0.02\times0.3=0.01885(\mathrm{m}^2)$$

表面散热量 Q_{conv} 为

$$Q_{\mathrm{conv}}=hA_{\mathrm{surface}}(T_{\mathrm{avg}}-T_{\infty})=23.5625\ \mathrm{W}$$

钢柱从两个热源获得的总热量 Q_{total} 为导热和表面散热的和：

$$Q_{\mathrm{total}}=Q_{\mathrm{cond}}+Q_{\mathrm{conv}}$$

$$=31.836+23.5625$$

$$=55.3985(\mathrm{W})$$

2.3.5　球壳

2-22　一个储液氮的容器可近似地看成为内径为 300 mm 的球，球外包有厚 30 mm 的多层结构的隔热材料。隔热材料沿半径方向的当量导热系数为 1.8×10⁻⁴ W/(m·K)。球内液氮的温度为－195.6 ℃，室温为 25 ℃，液氮的相变热(汽化潜热)为 199.6 kJ/kg。试估算在上述条件下液氮每天的蒸发量。

解：根据球状的导热方程，内外半径如下：

$$r_{\text{inner}}=\frac{d_{\text{inner}}}{2}=0.15\ \text{m}$$

$$r_{\text{outer}}=r_{\text{inner}}+L=0.15\ \text{m}+0.03\ \text{m}=0.18\ \text{m}$$

球壳的热量损失公式为：

$$Q=\frac{4\pi k(T_{\text{outer}}-T_{\text{inner}})}{\left(\frac{1}{r_{\text{inner}}}-\frac{1}{r_{\text{outer}}}\right)}$$

$$=0.449\ \text{W}$$

2-23　有一批置于室外的液化石油气储罐，直径为 2 m，通过使制冷剂流经罐外厚为 1 cm 的夹层来维持罐内的温度为 −40 ℃。夹层外是厚为 30 cm 的保温层，保温材料的导热系数为 0.08 W/(m·K)。在夏天的恶劣条件下，环境温度为 40 ℃，保温层外表面与环境间的复合传热表面传热系数可达 30 W/(m² ·K)。为维持液化气 −40 ℃的温度，试确定对 10 个球罐所必须配备的制冷设备的容量。罐及夹层钢板的壁厚可略而不计。

解：一个球罐热流量为

$$\Phi=\frac{(t_1-t_2)}{R}$$

热阻

$$R=\frac{1}{4\pi\lambda}\left(\frac{1}{r_1}-\frac{1}{r_2}\right)+\frac{1}{h\times 4\pi r_2^2}$$

$$=\frac{1}{4\pi\times 0.08}\left(\frac{1}{1.01}-\frac{1}{1.3}\right)+\frac{1}{30\times 4\pi\times 2.62^2}$$

$$=0.21981+0.00039=0.2202$$

$$\Phi=\frac{40-(-40)}{0.2202}=\frac{80}{0.2202}=363.3(\text{W})$$

所以 10 个球罐热流量为

$$\Phi'=10\Phi=3633\ \text{W}$$

2-24　颗粒状散料的表观导热系数常用球导热仪来测定如《传热学(第 6 版)》(陶文铨编著)习题 2-24 附图所示的内球内安置有一电加热器，被测材料安装在内、外球壳间的夹套中，外球外有一水夹层，其中通以进口温度恒定的冷却水。用热电偶测定内球外壁及外球内壁的平均温度。在一次实验中测得以下数据：$d_i=0.15$ m，$d_o=0.25$ m，$t_i=200$ ℃，$t_o=40$ ℃，电加热功率 $P=56.5$ W。试确定此颗粒材料的表观导热系数。

如果由于偶然的事故，测定外球内壁的热电偶线路遭到破坏，但又急于要获得该颗粒表观导热系数的近似值，试设想一个无需修复热电偶线路又可获得近似值的测

试方法。球壳用铝制成，其厚度约为 3～4 mm。

解：根据题意有

$$\Phi=\lambda\times\frac{(200-40)}{\frac{1}{0.15}-\frac{1}{0.25}}\times4\times\pi$$

$$=\lambda\times\frac{160}{2.667}\times4\times\pi$$

$$=56.5(\mathrm{W})$$

解得

$$\lambda=0.07\ \mathrm{W/(m\cdot K)}$$

如果热电偶损坏，可近似测量水的出入口温度，取其平均值代替球外壳温度计算。

2-25　内、外径各为 0.5 m 及 0.6 m 的球罐，其中装满了具有一定放射性的化学废料，其容积发热率 $=10^5\ \mathrm{W/m^3}$。该罐被置于水流中冷却，表面传热系数 $h=1000\ \mathrm{W/(m^2\cdot K)}$，流体温度 $t_f=25$ ℃。试：(1)确定球罐的外表面温度；(2)确定球罐的内表面温度。球罐用铬镍钢钢板制成。

解：球罐的体积为

$$V=\frac{4}{3}\pi r^3=\frac{4}{3}\times3.14\times0.25^3=0.065416(\mathrm{m^3})$$

总发热热流为

$$\Phi=0.065416\times10^5=6541.67(\mathrm{W})$$

球的外表温度为

$$\Phi=4\pi r^2h(t_{外}-25)=6541.67(\mathrm{W})$$

$$t_{外}=\frac{6541.67}{4\pi\times0.25^2\times1000}+25=30.78(℃)$$

查教材附录取铬镍钢钢板的导热系数为 15.2 W/(m·K)，因此有

$$\Phi=15.2\times\frac{(t_{内}-30.78)}{\frac{1}{0.25}-\frac{1}{0.3}}\times4\times\pi=6541.67(\mathrm{W})$$

$$t_{内}=30.78+\frac{6541.67}{4\times\pi\times15.2}\times\left(\frac{1}{0.25}-\frac{1}{0.3}\right)=53.62(℃)$$

2-26　《传热学(第 6 版)》(陶文铨编著)习题 2-26 附图所示储罐用厚 20 cm 的塑料制成，其导热系数 $\lambda=1.5\ \mathrm{W/(m\cdot K)}$。储罐内装满工业用油，油中安置了一电热器，使罐的内表面温度维持在 400 K。该储罐置于 $t_f=25$ ℃ 的空气中，表面传热系数为 $10\ \mathrm{W/(m^2\cdot K)}$。$r_o=0.5$ m，$l=2.0$ m。试确定所需的电加热功率。

解：由题意得

$$\Phi=\Phi_1+\Phi_2$$

$$=\frac{t_{si}-t_f}{\frac{\ln(D_o-D_i)}{2\pi l\lambda}+\frac{1}{\pi D_o \mathrm{lh}}}+\frac{t_{si}-t_f}{\frac{1}{2\pi\lambda}\left[\frac{1}{D_i}-\frac{1}{D_o}\right]+\frac{1}{\pi D_o^2 h}}$$

$$=\frac{400-298}{\frac{\ln 1.04}{2\pi\times 2\times 1.5}+\frac{1}{\pi\times 1.04\times 2\times 10}}+\frac{400-298}{\frac{1}{2\pi\times 1.5}\left(1-\frac{1}{1.04}\right)+\frac{1}{\pi\times 1.04^2\times 10}}$$

$$\approx 8668(\mathrm{W})$$

2-27　人的眼睛在完成生物功能的过程中生成的热量要通过角膜散到周围环境中，其散热条件与是否带有隐形眼镜片有关。如《传热学(第 6 版)》(陶文铨编著)习题 2-27附图所示，设角膜及隐形镜片均呈球状，且两者间接触良好，无接触热阻。角膜及镜片所占的中心角占了三分之一的球体。试确定在下列条件下不戴镜片及戴镜片时通过角膜的散热量：$r_1=10$ mm，$r_2=12.5$ mm，$r_3=16.3$ mm，$t_{fi}=37$ ℃，$t_{fo}=20$ ℃，$h_i=12$ W/(m^2·K)，$h_o=6$ W/(m^2·K)，$\lambda_1=0.35$ W/(m·K)，$\lambda_2=0.8$ W/(m·K)。

解：当不带镜片时

$$R=\frac{1}{h_i A_i}+\frac{1}{h_o A_o}+\frac{1}{4\pi\lambda_1}\left(\frac{1}{r_1}-\frac{1}{r_2}\right)$$

$$=\frac{1}{h_i\times 4\pi r_1^2}+\frac{1}{h_o\times 4\pi r_2^2}+\frac{1}{4\pi\lambda_1}\left(\frac{1}{r_1}-\frac{1}{r_2}\right)$$

$$=\frac{1}{12\times 4\pi\times 0.01^2}+\frac{1}{6\times 4\pi\times 0.0125^2}+\frac{1}{4\pi\times 0.35}\left(\frac{1}{0.01}-\frac{1}{0.0125}\right)$$

$$=155.8235(\mathrm{K/W})$$

所以

$$\Phi_0=\frac{\Delta t}{R}=0.109\ \mathrm{W}$$

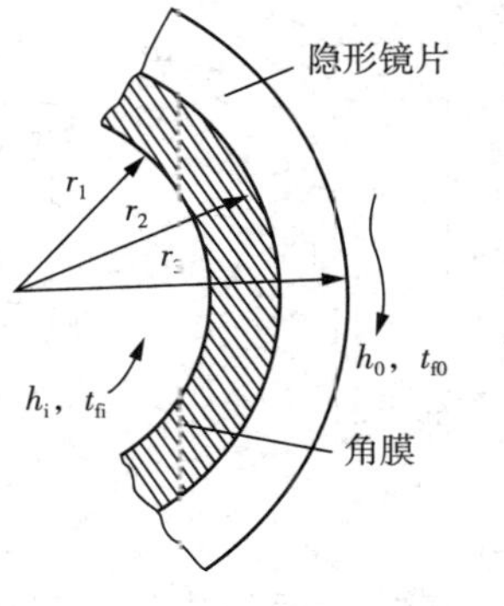

有效热量

$$\Phi=\frac{1}{3}\Phi_0=0.0363\ \mathrm{W}$$

当戴镜片时

$$R'=\frac{1}{h_i A_1'}+\frac{1}{h_o A_o'}+\frac{1}{4\pi\lambda_1}\left(\frac{1}{r_1}-\frac{1}{r_2}\right)+\frac{1}{4\pi\lambda_2}\left(\frac{1}{r_2}-\frac{1}{r_3}\right)$$

$$=\frac{1}{h_i\times 4\pi r_1^2}+\frac{1}{h_o\times 4\pi r_3^2}+\frac{1}{4\pi\lambda_1}\left(\frac{1}{r_1}-\frac{1}{r_2}\right)+\frac{1}{4\pi\lambda_2}\left(\frac{1}{r_2}-\frac{1}{r_3}\right)$$

$$=\frac{1}{12\times4\pi\times0.01^{2}}+\frac{1}{6\times4\pi\times0.0125^{2}}+\frac{1}{4\pi\times0.35}\left(\frac{1}{0.01}-\frac{1}{0.0125}\right)$$

$$+\frac{1}{4\pi\times0.8}\left(\frac{1}{0.0125}-\frac{1}{0.163}\right)$$

$$=157.4075(\mathrm{K/W})$$

所以

$$\Phi_0=\frac{\Delta t}{R}=0.108\ \mathrm{W}$$

即散热量为

$$\Phi=\frac{1}{3}\Phi_0=0.036\ \mathrm{W}$$

2-28　一储存液态气体的球形罐由薄金属板制成，直径为 1.22 m，其外包覆有厚 0.45 m、导热系数为 0.043 W/(m·K) 的软木保温层。液态气体的温度为 −62.2 ℃，与金属壳体间换热的表面传热系数为 1050 W/(m² · K)；大气温度为 18 ℃，球形罐外表面与环境间的表面传热系数为 21 W/(m² · K)。由于软木保温层的密封性不好，大气中的水蒸气渗入软木层，并在一定深度范围内冻结成了冰。假设软木保温层的导热系数不受水蒸气及所形成的冰层的影响，试估算软木保温层中冰层的深度。球形罐金属壳体的热阻可以不计。在实际运行中，因保温层的密封性不好而在软木保温层中出现的水和冰，对球形罐的保温性能有何影响？

解：设冰层的深度为 δ，则在该球面上温度

$$t_1=0\ ℃=273\ \mathrm{K}$$

由

$$\Phi=\frac{t_{f1}-t_{f2}}{\frac{1}{4\pi\ (r+0.45)^{2}h_1}+\frac{1}{4\pi\lambda}\left(\frac{1}{r}-\frac{1}{r+0.45}\right)+\frac{1}{4\pi r^{2}h_2}}$$

$$=\frac{t_{f1}-t_1}{\frac{1}{4\pi\ (r+0.45)^{2}h_1}+\frac{1}{4\pi\lambda}\left(\frac{1}{r+\delta}-\frac{1}{r+0.45}\right)}$$

求得

$$\delta=0.12\ \mathrm{m}$$

若实际运行中保温层中出现水和冰，则球形罐的保温性能有所下降。

2-29　在一电子器件中有一晶体管可视为半径为 0.1 mm 的半球热源，如《传热学(第 6 版)》(陶文铨编著)习题 2-29 附图所示。该晶体管被置于一块很大的硅基板中。硅基板的一侧绝热，其余各表面的温度均为 t_∞。硅基板的导热系数 $\lambda=$ 120 W/(m·K)。试导出硅基板中温度分布的表达式，并计算当晶体管发热量为 $\Phi=$

4 W 时晶体管表面的温度值。

提示:相对于 0.1 mm 这样小的半径,硅基板的外表面可以视为外半径趋于无穷大的球壳表面。

解:由球壳导热温度场分布可知

$$t=t_\infty+(t_2-t_\infty)\frac{1/r-1/r_2}{1/r_1-1/r_2}$$

$$\Phi=\frac{4\pi\lambda(t_2-t_\infty)}{1/r_0-1/r_\infty}=4\pi\lambda r_0(t-t_\infty)$$

$$\Rightarrow t=t_\infty+\frac{\Phi}{4\pi\lambda r_0}=51.526\ ℃$$

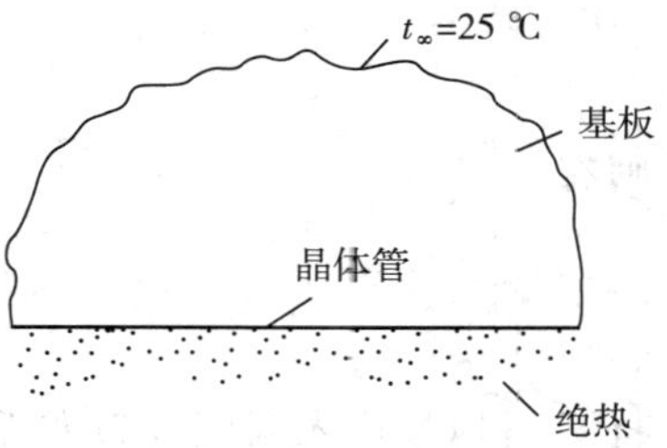

由于外半径趋于无穷大以及问题的对称性,我们可以假设热量从半球热源向整个硅基板均匀地以球对称的方式扩散。针对这样一个球对称问题,只需要考虑径向导热。

热传导方程为

$$\frac{d}{dr}\left(r^2\cdot\lambda\frac{dT}{dr}\right)=0$$

其中,r 是半径,T 是温度。λ 是导热系数,它是物性参数,为常数。

进一步求导后可知

$$\frac{d}{dr}\left(r^2\frac{dT}{dr}\right)=0$$

这表示 $r^2\frac{dT}{dr}$是一个常数。设这个常数为 C_1,则有

$$\frac{dT}{dr}=\frac{C_1}{r^2}$$

解这个方程,可以得到:

$$T(r)=-\frac{C_1}{r}+C_2$$

在无限远处,温度趋于环境温度 T_∞。

$$\lim_{r\to\infty}T(r)=T_\infty$$

代入温度分布方程:

$$T_\infty=-\frac{C_1}{\infty}+C_2$$

$$C_2=T_\infty$$

通过半球表面的热流为

$$\varphi=-\lambda\cdot 2\pi r_0^2\frac{dT}{dr}\bigg|_{r=r_0}$$

将$\frac{\mathrm{d}T}{\mathrm{d}r}=\frac{C_1}{r^2}$代入：

$$\varphi=-\lambda\cdot 2\pi r_0^2\cdot\frac{C_2}{r_0^2}$$

$$=-\lambda\cdot 2\pi C_1$$

则有

$$C_1=-\frac{\varphi}{2\pi\lambda}$$

将 C_1 和 C_2 代入温度分布方程：

$$T(r)=-\frac{1}{r}\left(-\frac{\varphi}{2\pi\lambda}\right)+T_\infty$$

当 $r=r_0$ 时，晶体管表面的温度 $T(r_0)$为

$$T(r_0)=\frac{\varphi}{2\pi\lambda r_0}+T_\infty$$

代入参数后可得，晶体管表面的温度约为 829.2 K。

2.3.6 变截面、变导热系数问题

2-30 一高为 30 cm 的铝制圆台，顶面直径为 8.2 cm，底面直径为 13 cm。底面及顶面温度各自均匀，并分别为 520 ℃及 20 ℃。圆台侧面绝热。试确定通过该圆台的导热量。铝的导热系数取为 100 W/(m·K)。

解：根据傅里叶导热公式得

$$\Phi=-A(x)\lambda\frac{\mathrm{d}t}{\mathrm{d}x}$$

$$A(x)=\pi r^2(x)=\pi\,(0.041+0.08x)^2,x\in[0,0.3]$$

即

$$\Phi=-\lambda\pi\,(0.041+0.08x)^2\frac{\mathrm{d}t}{\mathrm{d}x}=-\lambda\pi\frac{t_1-t_2}{\int_{x_0}^{x_1}\frac{\mathrm{d}x}{0.041+0.08x^2}}$$

得

$$\Phi=1397\ \mathrm{W}$$

2-31 试比较《传热学(第 6 版)》(陶文铨编著)习题 2-31 附图所示的三种一维导热问题的热流量大小：凸面圆台、圆柱、凹面圆台。比较的条件是 d_1、t_1、t_2 及导热系数均相同。三种形状物体的直径与 x 轴的关系可统一表示为 $d=ax^n$，其中 a 及 n 之值如下：

	凸面圆台	柱体	凹面圆台(b)
a	$0.506\ \mathrm{m}^{1/2}$	$0.08\ \mathrm{m}$	$20.24\ \mathrm{m}^{-1/2}$
n	0.5	0.0	1.5

$x_1=25\ \mathrm{mm}$，$x_2=125\ \mathrm{mm}$

解：对于变截面导热

$$\Phi=\frac{\lambda(t_1-t_2)}{\int_{x_1}^{x_2}\frac{\mathrm{d}x}{A_x}}$$

凸面圆台

$$A_1=\int_{x_1}^{x_2}\frac{\mathrm{d}x}{A_x}=\frac{4}{\pi\cdot 0.506^2}\int_{0.025}^{0.125}\frac{1}{x}\mathrm{d}x=8(\mathrm{m}^2)$$

柱体

$$A_2=\int_{x_1}^{x_2}\frac{\mathrm{d}x}{A_x}=\frac{4}{\pi\cdot 0.08^2}\int_{0.025}^{0.125}\mathrm{d}x=19.89(\mathrm{m}^2)$$

凹面圆台

$$A_3=\int_{x_1}^{x_2}\frac{\mathrm{d}x}{A_x}=\frac{4}{\pi\cdot 20.24^2}\int_{0.025}^{0.125}\frac{1}{x^3}\mathrm{d}x=2.39(\mathrm{m}^2)$$

因为 $A_3<A_1<A_2$，

所以 $\varphi_3>\varphi_1>\varphi_2$

即凹面圆台热流最大，凸面圆台次之，柱体最小。

2-32　某种平板材料厚 25 mm，两侧面分别维持在 40 ℃ 及 85 ℃。测得通过该平板的热流量为 1.82 kW，导热面积为 0.2 m。试：

(1)确定在此条件下平板的平均导热系数；

(2)设平板材料的导热系数按 $\lambda=\lambda_0(1+bt)$ 变化(其中 t 为局部温度)。

为了确定上述温度范围内的 λ_0 及 b 值，还需要补充测定什么量？给出此时确定 λ 及 b 的计算式。

解：由

$$\Phi=-A\lambda\frac{\mathrm{d}t}{\mathrm{d}x}=0.2\lambda\frac{85-40}{0.025}$$

$$\Rightarrow\lambda=\frac{1.82\times10^3\times0.025}{0.2\times(85-40)}=5[\mathrm{W/(m\cdot K)}]$$

需补充测定中心位置的温度为 t_0

$$\Phi=A\lambda\frac{\mathrm{d}t}{\mathrm{d}x}$$

又

$$\lambda=\lambda_0(1+bt)$$

所以

$$\frac{\Phi}{A}(x_2-x_1)=\lambda_0(t_1-t_2)\left(1+b\frac{t_1+t_2}{2}\right)$$

由补充条件可得

$$\frac{\Phi}{A}\left(\frac{x_1+x_2}{2}-x_1\right)=\lambda_0(t_1-t_0)\left(1+b\frac{t_1+t_0}{2}\right)$$

得

$$b=\frac{4t_0-2t_2-2t_1}{t_1^2-2t_0+t_2^2}$$

得

$$\lambda_0=\frac{\Phi(x_2-x_1)}{A(t_1-t_2)\left(1+\frac{(t_1+t_2)(4t_0-2t_2-2t_1)}{2(t_1^2-2t_0+t_2^2)}\right)}$$

2-33　一空心圆柱，在 $r=r_1$ 处 $t=t_2$，在 $r=r_2$ 处 $t=t_2$。$\lambda(t)=\lambda_0(1+bt)$，$t$ 为局部温度。试导出圆柱中温度分布的表达式及导热量计算式。

解：导热微分方程式简化为

$$\frac{\mathrm{d}}{\mathrm{d}r}\left(\lambda r\frac{\mathrm{d}t}{\mathrm{d}r}\right)=0$$

得

$$\lambda r\frac{\mathrm{d}t}{\mathrm{d}r}=C_1$$

所以

$$\lambda_0(1+bt)\mathrm{d}t=C_1\frac{\mathrm{d}r}{r}$$

即

$$\lambda_0 t+\frac{b\lambda_0}{2}t^2=C_1\ln r+C_2$$

当 $r=r_1$

$$t=t_1，即\ \lambda_0 t_1+\frac{b\lambda_0}{2}t_1^2=C_1\ln r_1+C_2 \tag{1}$$

当 $r=r_2$

$$t=t_2，即\ \lambda_0 t_2+\frac{b\lambda_0}{2}t_2^2=C_1\ln r+C_2 \tag{2}$$

两式联立得

$$C_1=\frac{\lambda_0(t_1-t_2)\left[1+\dfrac{b}{2}\lambda_0(t_1+t_2)\right]}{\ln(r_1/r_2)}$$

$$C_1=\frac{\lambda_0(t_1-t_2)\left[1+\dfrac{b}{2}\lambda_0(t_1+t_2)\right]\ln r_1}{\ln(r_1/r_2)}$$

(2)得

$$\lambda_0(t_1-t_2)+\frac{b}{2}\lambda_0(t_1^2-t_2^2)=C_1\ln(r_1/r_2) \tag{3}$$

将 C_1 和 C_2 代入式(3)得温度表达式

$$\lambda_0 t+\frac{b}{2}\lambda_0 t^2=\lambda_0(t_1-t_2)\left[1+\frac{b}{2}\lambda_0(t_1+t_2)\right]\frac{\ln(r\cdot r_1)}{\ln(r_1/r_2)}$$

由傅里叶公式得

$$q=-\lambda\frac{\mathrm{d}t}{\mathrm{d}x},C_1=\lambda r\frac{\mathrm{d}t}{\mathrm{d}x}$$

得

$$q=-\frac{C_1}{r}=\frac{\lambda_0(t_1-t_2)\left[1+\dfrac{b}{2}\lambda_0(t_1+t_2)\right]}{r\cdot\ln(r_1/r_2)}$$

2-34　一平板厚为 δ，其两侧表面分别维持在温度 t_1 及 t_2，在此温度范围内平板的局部导热系数可以用直线关系式 $\lambda=\lambda_0(1+bt)$ 来表示。试导出计算平板中某处当地热流密度的表达式，并对 $b>0$、$b=0$、$b<0$ 的三种情况画出平板中温度分布的示意性曲线。

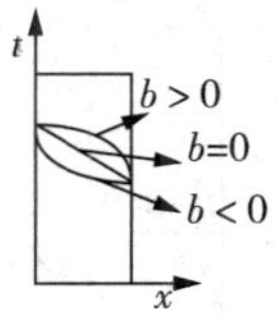

解：由 $q=-\lambda\dfrac{\mathrm{d}t}{\mathrm{d}x}$ 可知

$$\int_0^{\delta}q\mathrm{d}x=-\int_{t_1}^{t_2}\lambda(t)\mathrm{d}t=-\lambda_0\int_{t_1}^{t_2}(1+bt)$$

$$q=\frac{\lambda_0(t_1-t_2)}{\delta}\left[1+\frac{b}{2}(t_1-t_2)\right]$$

由导热微分方程可得

$$b=0,\frac{\partial^2 t}{\partial x^2}=0$$

$$b>0,\frac{\partial^2 t}{\partial x^2}<0$$

$$b<0,\frac{\partial^2 t}{\partial x^2}>0$$

2-35　一圆筒的内、外半径分别为 r_i 与 r_o，相应的壁温为 t_i 与 t_o，其导热系数与温度的关系可表示成 $\lambda=\lambda_0(1+bt)$ 的形式，式中 λ 及 t 均为局部值。试导出计算单位长度上导热热流量的表达式及导热热阻的表达式。

解：导热微分方程式简化为

$$\frac{\mathrm{d}}{\mathrm{d}r}\left(\lambda r\frac{\mathrm{d}t}{\mathrm{d}r}\right)=0$$

即

$$\lambda r\frac{\mathrm{d}t}{\mathrm{d}r}=C_1$$

$$\lambda_0(1+bt)\mathrm{d}t=\frac{C_1}{r}\mathrm{d}r$$

即

$$\lambda_0\left(t+\frac{bt^2}{2}\right)=C_1\ln r+C_2$$

$$r=r_i,t=t_i;r=r_o,t=t_o$$

求得

$$C_1=\frac{\lambda_0(t_i-t_o)\left[1+\frac{b}{2}\lambda_0(t_i+t_o)\right]}{\ln(r_i/r_o)}$$

$$C_1=\frac{\lambda_0(t_i-t_o)\left[1+\frac{b}{2}\lambda_0(t_i+t_o)\right]\ln r_i}{\ln(r_i/r_o)}$$

因此

$$\lambda_0 t+\frac{b}{2}\lambda_0 t^2=\lambda_0(t_i-t_0)\left[1+\frac{b}{2}\lambda_0(t_i+t_0)\right]\frac{\ln(r\cdot r_1)}{\ln(r_i/r_o)}$$

$$q=-\frac{\lambda_0(t_i-t_o)\left[1+\frac{b}{2}\lambda_0(t_i+t_o)\right]}{r\cdot\ln(r_i/r_o)}$$

$$R=\frac{r\cdot\ln(r_i/r_o)}{\lambda_0\left[1+\frac{b}{2}\lambda_0(t_i+t_o)\right]}$$

2-36　$q=1000\ \mathrm{W/m^2}$ 的热流沿 x 方向穿过厚 20 mm 的平板见《传热学(第 6 版)》(陶文铨编著)习题 2-36 附图。已知 $x=0$ mm、10 mm、20 mm 处的温度分别为 100 ℃、60 ℃、40 ℃。试据此确定材料导热系数表达式 $\bar{\lambda}=\lambda_0(1+b\bar{t})$($\bar{t}$ 为平均温度)中的 λ_0 及 b。

解：$x=0$ mm，$x=10$ mm 处的平均温度

$$\bar{\lambda}=\lambda_0(1+b\bar{t})$$

$$\bar{\lambda}=\lambda_0(1+b\bar{t})$$

即热流为

$$q=\frac{\bar{\lambda}}{\delta}(t_1-t_2)=\frac{\lambda_0(1+b\bar{t})}{\delta}(t_1-t_2)$$

$$1000=\frac{\lambda_0(1+80b)}{0.02}(100-60) \tag{1}$$

同理 $x=10$ mm，$x=20$ mm 处得

$$1000=\frac{\lambda_0(1+50b)}{0.02}(60-40) \tag{2}$$

由式(1)、(2)可得

$$b=-0.009\ \text{m}$$

$$\lambda_0=0.687\ \text{W/(m}\cdot\text{K)}$$

2－37　设某种材料的局部导热系数按 $\lambda=\lambda_0(1+bt)$ 的关系式变化，对于由该材料做成的一块厚 δ 的无内热源的平板，试：

(1)导出利用两侧面温度 $t_1(x=0)$、$t_2(x=\delta)$ 计算导热量的公式；

(2) 证明下列关系式成立：

$$(\lambda^2-\lambda_1^2)/(\lambda_2^2-\lambda_1^2)=x/\delta$$

其中 λ_1、λ_2 为相应于温度 t_1、t_2 的导热系数，λ 为 x 处的导热系数；

导出平板中温度沿 x 方向变化的下列两个公式：

$$t(x)=1/\lambda_0 b\left[\lambda_1^2+x/8(\lambda_2^2-\lambda_1^2)\right]^{1/2}-1/b$$

解：(1) 由 $q=-\lambda\dfrac{\mathrm{d}t}{\mathrm{d}x}$ 可知

$$\int_0^\delta q\mathrm{d}x=-\int_{t_1}^{t_2}\lambda(t)\mathrm{d}t=-\lambda_0\int_{t_1}^{t_2}(1+bt)$$

$$q=\frac{\lambda_0(t_1-t_2)}{\delta}\left[1+\frac{b}{2}(t_1-t_2)\right]$$

(2)

$$\lambda_1=\lambda_0(1+bt_1),\lambda_2=\lambda_0(1+bt_2)$$

当 $x=0$ 时，$\dfrac{\lambda^2-\lambda_1^2}{\lambda_2^2-\lambda_1^2}=\dfrac{\lambda_1^2-\lambda_1^2}{\lambda_2^2-\lambda_1^2}=\dfrac{0}{\delta}=0$ 成立

当 $x=0$ 时，$\dfrac{\lambda^2-\lambda_1^2}{\lambda_2^2-\lambda_1^2}=\dfrac{\lambda_2^2-\lambda_1^2}{\lambda_2^2-\lambda_1^2}=\dfrac{\delta}{\delta}=1$ 成立

(3)

在 $q=-\lambda_0(1+bt)\dfrac{\mathrm{d}t}{\mathrm{d}x}$ 两边同时对 x 求导得

$$b\left(\frac{\mathrm{d}t}{\mathrm{d}x}\right)^2+bt\frac{\mathrm{d}^2t}{\mathrm{d}x^2}=0$$

即 $t\dfrac{\mathrm{d}^2t}{\mathrm{d}x^2}+\left(\dfrac{\mathrm{d}t}{\mathrm{d}x}\right)^2=0$

边界条件为：$x=0,t=t_1;x=\delta,t=t_2$。

求解得

$$t(x)=\frac{1}{\lambda_0 b}\left[\lambda_1^2+\frac{x}{8}(\lambda_2^2-\lambda_1^2)^{1/2}\right]-\frac{1}{b}\text{ 或 }t(x)=\sqrt{\left(\frac{1}{b}+t_1\right)^2-\frac{2qx}{\lambda_0 b}}-\frac{1}{b}$$

因此，当 $0<x<\delta$ 时，$\dfrac{\lambda^2-\lambda_1^2}{\lambda_2^2-\lambda_1^2}=\dfrac{(1+bt)^2-(1+bt_1)^2}{(1+bt_2)^2-(1+bt_1)^2}=\dfrac{x}{\delta}$。

2-38　一厚 δ 的平壁，两侧面分别维持在恒定的温度 t_1、t_2。平壁的导热系数是温度的函数：$\lambda(t)=\lambda_0(1+\beta t^2)$。试对稳态导热给出热流密度的计算式。

解：由傅里叶定律可知

$$q=-\lambda\frac{\mathrm{d}t}{\mathrm{d}x}$$

假设 $t_1>t_2$

$$\Rightarrow q\mathrm{d}x=-\lambda\mathrm{d}t$$

$$\int_0^\delta q\mathrm{d}x=\int_{t_1}^{t_2}-\lambda(t)\mathrm{d}t=-\int_{t_1}^{t_2}(\lambda_0+\lambda_0\beta t^2)\,\mathrm{d}t$$

$$\Rightarrow q\delta=-\lambda_0(t_2-t_1)-\frac{\lambda_0\beta}{3}(t_2^3-t_1^3)$$

$$\Rightarrow q=\frac{\lambda_0}{\delta}(t_1-t_2)+\frac{\lambda_0\beta}{3\delta}(t_1^3-t_2^3)$$

2.3.7　一维有内热源的导热

2-39　试建立具有内热源 $\Phi(x)$、变截面、变导热系数的一维稳态导热问题的温度场微分方程式[参考《传热学(第6版)》(陶文铨编著)习题 2-39 附图]。

解：一维代入微分方程式为

$$\frac{\mathrm{d}}{\mathrm{d}x}\left[A(x)\lambda(x)\frac{\mathrm{d}t}{\mathrm{d}x}\right]+\Phi(x)=0$$

2-40　试由导热微分方程式出发，导出通过有内热源的空心柱体的稳态导热热量计算式及壁中的温度分布。$\dot{\Phi}$ 为常数，外壁温度为 t_w。

解：有内热源空心圆柱体导热系数为常数的导热微分方程式为

$$\frac{1}{r}\frac{\partial}{\partial r}\left(\lambda r\frac{\partial}{\partial r}\right)+\dot{\Phi}=0$$

经过积分得

$$t=C_1\ln r+C_2-r^2\frac{\dot{\Phi}r}{\lambda}$$

边界条件为：$r=r_0, t=t_w; r=0, t=t_0$。

得其温度分布为

$$t=\frac{t_0-t_w-\dot{\Phi}r_0^3/\lambda}{\ln r_0-1}\ln r+t_0-\frac{t_0-t_w-\dot{\Phi}r_0^3/\lambda}{\ln r_0-1}-\frac{\dot{\Phi}r^3}{\lambda}$$

对其求导得

$$\frac{\partial t}{\partial r}=\frac{t_0-t_w-\dot{\Phi}r_0^3}{\lambda r(\ln r_0-1)}-\frac{3\dot{\Phi}r^2}{\lambda}$$

得

$$\dot{\Phi}=-\frac{1}{r}\left[\frac{t_0-t_w-\dot{\Phi}r_0^3}{r(\ln r_0-1)}-3\dot{\Phi}r^2\right]^2+\frac{r}{\lambda}\left[\frac{t_0-t_w-\dot{\Phi}r_0^3}{r(\ln r_0-1)}-3\dot{\Phi}r^2\right]^2$$

2-41　确定如《传热学(第 6 版)》(陶文铨编著)习题 2-41 所示氧化铀燃料棒的最大热功率。已知：氧化铀燃料棒的最高温度不能高于 1600 ℃，冷却水平均温度为 110 ℃，表面传系数为 12000 W/(m^2·K)，氧化铀燃料棒与包覆它的锆锡合金层间的接触热阻为 2.22×10^{-4} m^2·K/W。包覆层的内外半径为 6.1 mm 及 6.5 mm，氧化铀燃料棒和锆锡合金的导热系数分别 7.9 W/(m·K)、14.2 W/(m·K)。

解：由题意得

$$T_{max}=T_U+\frac{1}{4}\frac{\dot{\Phi}r_1^2}{\lambda_1}$$

$$\dot{\Phi}=\frac{\Phi}{Al}=\frac{\Phi}{\pi r_1^2 l}$$

取 $l=1$ m，

$$\Phi=\frac{T_U-T_\infty}{\frac{1}{2\pi r_2 l}\cdot\frac{1}{h_0}+\frac{\ln(r_2/r_1)}{2\pi\lambda_2 l}+\frac{1}{2\pi r_1 l}R}=80031.771\ \text{W}$$

2-42　一具有内热源 $\dot{\Phi}$、外径为 r_0 的实心长圆柱，向四周温度为 t_∞ 的环境散热，表面传热系数为 h。试列出圆柱中稳态温度场的微分方程式及边界条件，并对 $\dot{\Phi}$ 为常数的情形进行求解。

解：温度场应满足的微分方程为

$$\lambda\frac{\mathrm{d}}{\mathrm{d}r}\left(\frac{\mathrm{d}t}{\mathrm{d}r}\right)+r\dot{\Phi}(r)=0$$

其边界条件为

$$r=0,\frac{\mathrm{d}t}{\mathrm{d}t}=0;r=r_0,-\lambda\frac{\mathrm{d}t}{\mathrm{d}t}=h(t-t_f)$$

对于 Φ 为常数的情形，积分一次得

$$r\frac{\mathrm{d}t}{\mathrm{d}t}=h(t-t_f)$$

再积分一次得

$$t=c_1\ln r-\frac{r^2}{4}\frac{\Phi}{\lambda}+c_2$$

由 $r=0,\frac{\mathrm{d}t}{\mathrm{d}r}=0$，解得 $c_1=0$。

由 $r=r_0,-\lambda\frac{\mathrm{d}t}{\mathrm{d}r}=h(t-t_f)$，解得 $\frac{r_0}{2}\frac{\Phi}{\lambda}=h\left[-\frac{r^2}{4}\frac{\Phi}{\lambda}+c_2-t_f\right]$

$$c_2=\frac{r_0}{2}\frac{\Phi}{h}+\frac{r_0^2}{4}\frac{\Phi}{\lambda}+\frac{r_0\Phi}{2h}+t_f$$

2-43　在一厚为 $2b$、截面积为 A_c 的金属薄条中有电流强度 I 通过。金属条置于不导电的沸腾液体中。设沸腾传热表面传热系数是均匀的，金属条的电阻率为 ρ [单位为 $\Omega\cdot m^2/m$]，导热系数为 λ[单位为 W/(m·K)]，物性为常数。试证该金属条的截面平均温度要比表面温度高 $I^2\rho b^2/(3\lambda A_c^2)$。金属条的端部散热不予考虑。

解：由于对称性，所以只研究 $\delta=b$ 的金属薄片

$$\frac{\mathrm{d}^2t}{\mathrm{d}x^2}+\frac{\dot{\Phi}}{\lambda}=0$$

$$x=0,\frac{\mathrm{d}t}{\mathrm{d}x}=0$$

$$x=\delta=b;-\lambda\frac{\mathrm{d}t}{\mathrm{d}x}=h(t-t_f)$$

$$\Rightarrow t=\frac{\dot{\Phi}}{2\lambda}(\delta^2-x^2)+\frac{\dot{\Phi}\delta}{h}+t_f=\frac{\dot{\Phi}}{2\lambda}(b^2-x^2)+\frac{\dot{\Phi}\delta}{h}+t_f$$

$$\Rightarrow t_{截}-t_{表}=\frac{\dot{\Phi}}{2\lambda}b^2=\frac{I^2\rho b^2}{3\lambda A_c^2}$$

2-44　一半径为 r_0 的实心圆柱，内热源为 $\Phi(r)=\Phi_0(1+A_r)$，Φ_0、A 为常数。在 $r=r_0$ 处 $t=t_0$。试导出圆柱体中的温度分布。

解：由题意得

$$\frac{1}{r}\frac{\partial}{\partial r}\left(\lambda r\frac{\partial t}{\partial r}\right)+\Phi=0$$

$$r=0,\frac{\mathrm{d}t}{\mathrm{d}x}=0$$

$$r=r_0,t=t_0$$

$$\Rightarrow t=\frac{\Phi_0}{36}[q(r_0^2-r^2)+4A(r_0^3-r^3)]+t_0$$

2-45　一厚为 δ 的大平板具有均匀内热源 $\dot{\Phi}$，$x=0$ 及 $x=\delta$ 处的表面分别与温度为 t_{f1}、t_{f2} 的流体进行对流传热，表面传热系数分别为 h_1 及 h_2。试导出平板中温度分布的解析表达式，并据此得出平板中温度最高点的位置。对于 $h_1=h_2$、$t_{f1}=t_{f2}$ 及 $h_1=h_2$、$t_{f2}<t_{f1}$ 的情形定性地画出平板中的温度分布曲线。

解：根据稳态热传导的基本方程，对于一维稳态导热

$$\frac{\mathrm{d}^2t}{\mathrm{d}x^2}+\frac{\dot{\Phi}}{\lambda}=0$$

$$x=0,-\lambda\frac{\mathrm{d}t}{\mathrm{d}x}=h_1(t-t_{f1})$$

$$x=l,\frac{\mathrm{d}t}{\mathrm{d}x}=0$$

$$x=\delta,-\lambda\frac{\mathrm{d}t}{\mathrm{d}x}=h_2(t-t_{f2})$$

$$\Rightarrow t=-\frac{\dot{\Phi}}{2\lambda}x^2+C_1x+C_2$$

当 $x\in(0,l)$ 时，$t=-\frac{\dot{\Phi}}{2\lambda}x^2+\frac{\dot{\Phi}}{2\lambda}lx+\frac{\dot{\Phi}}{h_1}l+t_{f1}$

当 $x\in(l,\delta)$ 时，$t=-\frac{\dot{\Phi}}{2\lambda}x^2+\frac{\dot{\Phi}}{2\lambda}lx-\frac{\dot{\Phi}}{h_2}(\delta-l)+t_{f2}$

当 $x=l$ 时，

$$t=\frac{\dot{\Phi}}{h_1}l+t_{f1}=t_{f2}-\frac{\dot{\Phi}}{h_2}(\delta-l)$$

$$\Rightarrow l=\frac{t_{f2}-t_{f1}-\frac{\dot{\Phi}}{h_2}\delta}{\left(\frac{1}{h_1}-\frac{1}{h_2}\right)\dot{\Phi}}$$

2-46　一厚 7 cm 的平壁，一侧绝热，另一侧暴露于温度为 30 ℃的流体中，内热源 $\dot{\Phi}=0.3\times10^6$ W/m³。对流传热表面传热系数为 450 W/(m²·K)，平壁的导热系数为 18 W/(m·K)。试确定平壁中的最高温度及其位置。

解：可以看做半无限大平板

$$\frac{\mathrm{d}^2t}{\mathrm{d}x^2}+\frac{\dot{\Phi}}{\lambda}=0$$

$$x=0,\frac{dt}{dx}=0$$

$$x=\delta,-\lambda\frac{dt}{dx}=h(t-t_f)$$

$$t=\frac{\dot{\Phi}}{2\lambda}(\delta^2-x^2)+\frac{\dot{\Phi}\delta}{h}+t_f$$

$$t_{max}=t_{x=0}=117.5\ ℃$$

2-47　核反应堆的辐射防护壁因受 γ 射线的照射而发热，这相当于防护壁内有 $\dot{\Phi}(r)=\dot{\Phi}_0e^{-ax}$ 的内热源，其中 Φ_0 是 $X=0$ 的表面上的发热率，a 为已知常数。已知 $x=0$ 处 $t=t_1$，$x=\delta$ 处 $t=t_2$，试导出该防护壁中温度分布的表达式及最高温度的所在位置。导热系数 λ 为常数。

解：由题意得

$$\lambda\frac{d^2t}{dx^2}+\dot{\Phi}_0e^{-ax}=0$$

$$x=0,t=t_1$$

$$x=\delta,t=t_2$$

$$\Rightarrow t=\frac{\dot{\Phi}_0e^{-ax}}{a\lambda}-\frac{t_1-t_2+\frac{\dot{\Phi}_0}{a^2\lambda}-\frac{\dot{\Phi}_0e^{-a\delta}}{a^2\lambda}}{\delta}x+t_1+\frac{\dot{\Phi}_0}{a^2\lambda}$$

令
$$\frac{dt}{dx}=0,\Rightarrow x=-\frac{1}{a}\ln\left[\frac{a\lambda(t_1-t_2)}{\delta\dot{\Phi}_0}+\frac{1-e^{-a\delta}}{a\delta}\right]$$

2-48　核反应堆中一个压力容器的器壁可以按厚为 δ 的大平壁处理。内表面（$x=0$ 处）绝热，外表面维持在恒定温度 t_2。γ 射线对该容器的加热条件作用可以用一个当量热源 $\dot{\Phi}$ 来表示，且 $\dot{\Phi}=\dot{\Phi}_0e^{-ax}$，$a$ 为常数，x 是从绝热表面起算的距离。在稳态条件下，试：(1)导出器壁中温度分布的表达式；(2)确定 $x=0$ 处的温度；(3)确定 $x=\delta$ 处的热流密度。

解：由题意得

$$\frac{d^2t}{dx^2}+\frac{\dot{\Phi}}{\lambda}=0$$

$$x=0,\frac{dt}{dx}=0$$

$$x=\delta,t=t_2$$

解得

$$t=\frac{1}{\Phi_0\lambda a^2}(e^{-a\delta}-e^{-ax})+\frac{\delta}{\Phi_0a\lambda}(\delta-x)+t_2$$

$$t=\frac{1}{\Phi_0\lambda a^2}(e^{-a\delta}-1)+\frac{\delta}{\Phi_0a\lambda}+t_2$$

$$q=-\lambda\frac{\mathrm{d}t}{\mathrm{d}x}=-\frac{1}{a\Phi_0}(\mathrm{e}^{-ax}-1)$$

2-49　一半径为 r_1 的长导线具有均匀内热源 $\dot{\Phi}$，导热系数为 λ_1。导线外包有一层绝缘材料，其外半径为 r_2，导热系数为 λ_2。绝缘材料与周围环境间的表面传热系数为 h，环境温度为 t_∞。过程是稳态的，试：列出导线与绝缘层中温度分布的微分方程及边界条件。求解导线与绝缘材料中温度分布。

提示：在导线与绝缘材料的界面上，热流密度及温度都是连续的。

解：导线中温度场的微分方程为

$$\frac{1}{r}\frac{\mathrm{d}}{\mathrm{d}r}\left(r\frac{\mathrm{d}t_1}{\mathrm{d}r}+\frac{\dot{\Phi}}{\lambda_1}\right)=0$$

环形绝缘层中温度场的微分方程为

$$\frac{1}{r}\frac{\mathrm{d}}{\mathrm{d}r}\left(r\frac{\mathrm{d}t_2}{\mathrm{d}r}\right)=0$$

边界条件：

t_1，$r=0$ 时，t_1 为有限

$r=r_1$ 时，$t_1=t_2$，$-\lambda_1\dfrac{\mathrm{d}t_1}{\mathrm{d}r}=-\lambda_2\dfrac{\mathrm{d}t_2}{\mathrm{d}r}$

t_2，$r=r_1$ 时，$t_1=t_2$，$-\lambda_1\dfrac{\mathrm{d}t_1}{\mathrm{d}r}=-\lambda_2\dfrac{\mathrm{d}t_2}{\mathrm{d}r}$

$r=r_1$ 时，$-\lambda_2\dfrac{\mathrm{d}t_2}{\mathrm{d}r}=h(t_2-t_1)$

第一式的通解为

$$t_1=\frac{\dot{\Phi}r^2}{r\lambda_1}+c_1\ln r+c_2;$$

第二式的通解为

$$t_2=c_1'\ln r+c_2'$$

常数 c_1,c_2,c_1,c_2，由边界条件确定。

据 $r=0$ 时，t_1 为有限的条件，得 $c_1=0$。其余三个条件的表达式为

$$r=r_1,-\frac{\dot{\Phi}r_1^2}{4\lambda_1}+c_2=c_1'\ln r_1+c_2';-\lambda_1\left(-\frac{\dot{\Phi}r_1}{2\lambda_1}\right)=-\lambda_2\left(\frac{c_1'}{r_1}\right)$$

$$r=r_2,-\lambda_2\left(\frac{c_1'}{r_2}\right)=h[(c_1'\ln r_2+c_2')-t_\mathrm{f}]$$

$$\Rightarrow t_1=-\frac{\dot{\Phi}r_1^2}{r\lambda_1}+\frac{\dot{\Phi}r_1^2}{4\lambda_1}+\frac{\dot{\Phi}r_1^2}{2hr_2}+\frac{\dot{\Phi}r_1^2}{2\lambda_2}\ln\left(\frac{r_2}{r_1}\right)+t_\mathrm{f}$$

$$t_2=t_\mathrm{f}+\frac{\dot{\Phi}r_1^2}{2\lambda_2}\left(\frac{\lambda_2}{hr_2}+\ln r_2\right)-\frac{\dot{\Phi}r_1^2}{2\lambda_2}\ln r$$

2.3.8 肋片导热

2-50 试计算下列两种情形下等厚度直肋的效率：

(1)铝肋，$\lambda=208\ \mathrm{W/(m\cdot K)}$，$h=284\ \mathrm{W/(m^2\cdot K)}$，$H=15.24\ \mathrm{mm}$，$\delta=2.54\ \mathrm{mm}$；

(2)钢肋，$\lambda=41.5\ \mathrm{W/(m\cdot K)}$，$h=511\ \mathrm{W/(m^2\cdot K)}$，$H=15.24\ \mathrm{mm}$，$\delta=2.54\ \mathrm{mm}$。

解：(1)由题意得

$$mH=\sqrt{\frac{2h}{\lambda\delta}}H=0.4997$$

$$\Rightarrow\eta_f=\frac{\mathrm{th}(mH)}{mH}=\frac{th0.4997}{0.4997}=91.3\%$$

(2)由题意得

$$mH=\sqrt{\frac{2h}{\lambda\delta}}H=1.501$$

$$\Rightarrow\eta_f=\frac{\mathrm{th}(mH)}{mH}=\frac{th0.4997}{0.4997}=56.9\%$$

2-51 在温度为 260 ℃ 的壁面上伸出一根纯铝的圆柱形肋片，其直径 d=25 mm、高 H=150 mm。该柱体表面受温度 t_1=16 ℃的气流冷却，表面传热系数 h=15 W/($\mathrm{m^2}$·K)，肋端绝热。试计算该柱体的对流散热量。如果把柱体的长度增加一倍，其他条件不变，柱体的对流散热量是否也增加一倍。从充分利用金属的观点来看，是采用一个长的肋好，还是采用两个长度为其一半的较短的肋好？

解：由题意得

$$\frac{\mathrm{d}^2t}{\mathrm{d}x^2}+\frac{\dot{\Phi}}{\lambda}=0$$

$$\dot{\Phi}=-\frac{\dot{\Phi}_s}{A_c\mathrm{d}x}=\frac{hP(t-t_\infty)}{A_c}$$

$$\Rightarrow\dot{\Phi}=-\lambda A_cQ_0m\mathrm{th}(mH)=40.1\ \mathrm{W}$$

当其他条件不变时

$$H'=2H,\dot{\Phi}'=66.9\ \mathrm{W}\neq2\dot{\Phi}=80.2\ \mathrm{W}$$

由上述结果可知当长度增加一倍时，散热量并没有增加一倍，此从充分利用金属的观点来看，采用两个长度为其一半的较短肋较好。

2-52 在外径为 25 mm 的管壁上装有铝制的等厚度环肋，相邻肋片中心线之间的距离 s=9.5 mm。环肋高 H=12.5 mm，厚 δ=0.8 mm。管壁温度 t_w=200 ℃，流体温度 t=90 ℃，管基及肋片与流体之间的表面传热系数为 110 W/($\mathrm{m^2}$·K)。试确定每米长助片管(包括肋片及基管部分)的散热量。

解：由题意得

$$H'=H+\delta/2=12.9\ \mathrm{mm}$$

$$A_2=A'\delta=1.03\times10^{-5}\ \mathrm{m^2}$$

由《传热学(第 6 版)》(陶文铨编著)附录得 $\lambda=238\ \mathrm{W/(m\cdot K)}$

$$(H')^{3/2}[^h/(\lambda A_2)]^{1/2}=(12.9\times10^{-3})^{3/2}\left[\frac{110}{238\times1.03\times10^{-5}}\right]^{1/2}=0.31$$

$$r_1=12.5\ \mathrm{min}$$

$$r_2'=r_1+H'=12.5+12.9=25.4(\mathrm{mm})$$

由《传热学(第 6 版)》(陶文铨编著)附录得 $\eta_f=0.88$

肋片散热量为

$$\begin{aligned}\Phi_0&=2\pi(r_2'-r_1)h(t_w-t_f)\\&=2\pi\times(25.4-12.5)\times110\times(200-90)\times10^{-3}\\&=37.15(\mathrm{W})\end{aligned}$$

肋片间的实际散热量为

$$\Phi=\Phi_0\eta_f=37.15\times0.88=32.7(\mathrm{W})$$

两肋片间的基管散热量为

$$\Phi'=h(t_w-t_f)2\pi r_1\ s=9.021(\mathrm{W})$$

$$n=\frac{1}{s}=105$$

总散热量为

$$\Phi_Z=n(\Phi+\Phi')=4382.8\ \mathrm{W}$$

2-53　过热蒸汽在外径为 127 mm 的钢管内流过,测蒸汽温度套管的布置如《传热学(第 6 版)》(陶文铨编著)习题 2-53 附图所示。已知套管外径 $d=15$ mm,壁厚 $\delta=0.9$ mm,导热系数 $\lambda=49.1\ \mathrm{W/(m\cdot K)}$。蒸汽与套管间的表面传热系数 $h=105\ \mathrm{W/(m^2\cdot K)}$。为使测温误差小于蒸汽与钢管壁温度差的 0.6%,试确定套管应有的长度。

解:由题意得

$$\theta_h/\theta_0\leqslant0.6\%,\theta_h/\theta_0=1/\mathrm{ch}(mH)=0.6/100,\mathrm{ch}(mH)=166.7$$

$$\Rightarrow mH=5.81$$

$$m=\sqrt{\frac{hP}{\lambda A_c}}=\sqrt{\frac{105}{49.1\times0.9\times10^{-3}}}=48.75$$

$$H=\frac{5.81}{48.75}=0.119(\mathrm{m})$$

2-54　为了显示套管材料对测温误差的影响，在热力管道的同一地点上安装了分别用铜及钢做成的尺寸相同的两个套管（套管外径 $d=10$ m，厚 $\delta=1.0$ mm，高 $H=120$ mm）。气流流经两套管时表面传热系数均为 $h=25$ W/(m^2·K)。管道壁温 $t_0=25$ ℃。设蒸汽流的真实温度为 70 ℃，问置于两套管中的温度计读数相差多少？温度计本身的误差可以不计。取铜的 $\lambda=390$ W/(m·K)，钢的 $\lambda=50$ W/(m·K)。

解：套管可以看作是肋片传热，则有

$$\theta_h=\theta_0/\mathrm{ch}(mH),m=\sqrt{\frac{hP}{\lambda A_c}}=\sqrt{\frac{h\pi d}{\lambda\pi d\delta}}=\sqrt{\frac{h}{\lambda\delta}}$$

$$m_1=\sqrt{\frac{25}{390\times0.001}}=8.006$$

$$m_2=\sqrt{\frac{25}{50\times0.001}}=22.361$$

$$m_1H=8.006\times0.12=0.961$$

$$m_2H=22.361\times0.12=2.683$$

$$\mathrm{ch}(m_1H)=1.498,\mathrm{ch}(m_2H)=7.349$$

$$\theta_{k1}=\frac{25-70}{1.498}=-30.04(℃)$$

$$\theta_{k2}=\frac{25-70}{7.349}=-6.123(℃)$$

$$\theta_{k2}-\theta_{k1}=-6.123+30.04=23.917(℃)$$

2-55　用一柱体模拟燃气轮机叶片的散热过程。柱长 9 cm，周界为 7.6 cm，截面积为 1.95 cm^2，柱体的一端被冷却到 305 ℃[见《传热学(第 6 版)》(陶文铨编著)习题 2-55 附图]。815 ℃的高温燃气吹过该柱体，假设表面上各处的对流传热的表面传热系数是均匀的，并为 28 W/(m^2·K)。柱体导热系数 $\lambda=55$ W/(m·K)，肋端绝热。试：

(1)计算该柱体中间截面上的平均温度及柱体中的最高温度；

(2)冷却介质所带走的热量。

解：

(1)柱体可以看作是肋片

$$m=\sqrt{hP/(\lambda A_c)}=\sqrt{\frac{28\times7.6\times10^{-2}}{55\times1.95\times10^{-4}}}=14.09$$

$$\theta=\theta_0\frac{\mathrm{ch}[m(x-H)]}{\mathrm{ch}(mH)}$$

肋片中的温度分布

$$\theta_0=t_0-t_\infty=305-815=-510(℃)$$

$X=H$ 时，θ 最大，故

$$\theta_{max}=\frac{\theta_0}{ch(mH)}=\frac{-510}{ch(14.09\times9\times10^{-2})}=265.6(℃)$$

(2)热量由冷却介质带走

$$\Phi_{x=0}=\frac{hP\theta_0 th(mH)}{m}=\frac{28\times7.6\times10^{-2}}{14.09}\times(-510)\times th(14.09\times9\times10^{-2})=65.7(W)$$

2-56　一容器的手柄为半圆形的圆柱如附图所示，圆柱直径 25 mm，半圆的半径为 75 mm。设容器壁面温度为 80 ℃，空气温度为 20 ℃，考虑辐射影响在内的表面传热系数为 10 W/(m² · K)，试计算手柄的散热量以及手柄中的最低温度。手柄材料的导热系数为 1.5 W/(m · K)。讨论手柄材料的导热系数对散热量及温度的影响。

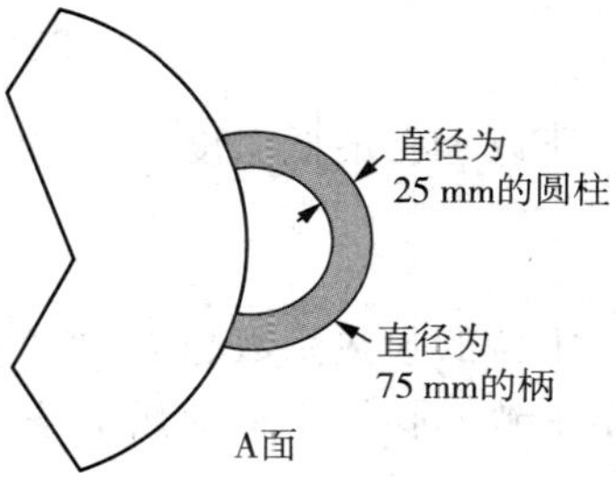

解：手柄中的最低温度处于半圆形圆柱的对称面上，将手柄模型在此截面切开，并视手柄为简单的直圆柱直肋，形成两个直圆柱肋。

$$H'=L+\frac{\delta}{2}=\frac{1}{4}\times2\pi\left(75-\frac{25}{2}\right)+\frac{25}{2}=110.675(mm)$$

$$A_L=\delta H'=25\times110.675\times10^{-6}=2.767\times10^{-3}(m^2)$$

$$H'^{3/2}\left(\frac{h}{A_1}\right)^{1/2}=0.110675^{3/2}\times\left(\frac{10}{1.5\times2.767\times10^{-3}}\right)^{1/2}=1.807$$

若 $r_2'=r_1=1$，得 $\eta_f=0.395$。

所以通过手柄的散热量

$$\Phi=2\pi dL\cdot h(t_0-t_\infty)\eta_f=9.253\ W$$

$$\begin{cases}\dfrac{d^2t}{dx^2}+\dfrac{\Phi}{\lambda}=0\\ x=0,t=t_0;x=L,\dfrac{dt}{dx}=0\\ \dot{\varphi}=-\dfrac{hP(t-t_\infty)}{A_c}\\ \theta=t-t_\infty\end{cases}$$

可得

$$\frac{d^2\theta}{dx^2}=\frac{hp}{\lambda A_c}\theta$$

$$x=0,\theta=t_0-t_\infty=\theta_0;x=L,\frac{d\theta}{dx}=0$$

解得

$$\theta_e=\frac{\theta_e}{\mathrm{ch}\left(\sqrt{\frac{hP}{\Delta A_e}}L\right)}$$

$$=\frac{80-20}{\mathrm{ch}\left(\sqrt{\frac{10\times\pi\times25\times10^{-3}}{1.5\times25\times\pi\times25\times10^{-4}}}\times98.175\times10^{-3}\right)}$$

$$=23.2(℃)$$

所以求得最低温度

$$t_{\min}=t_\infty+\theta_L=43.2\ ℃$$

手柄的导热系数越大，则 $1/h\geqslant\delta/\lambda$ 越容易满足，从而保证手柄每一截面上的温度更趋于一致，同时，手柄散热量越大；反之，则温度分布不均且散热量较小。

2-57　一摩托车气缸用铝合金制成，外径为 60 mm，高 170 mm，导热系数 $\lambda=180\ \mathrm{W/(m\cdot K)}$。为增强散热，气缸外壁上敷设了等厚度的铝合金环肋 10 片，肋厚 3 mm，肋高 25 mm。设摩托车在奔驰过程中表面传热系数为 50 $\mathrm{W/(m^2\cdot K)}$，空气温度为 28 ℃，气缸外壁温度保持为 220 ℃。试分析增加了肋片后气缸散热量是原来的多少倍？

解：由题意得

$$H'=H+\frac{\delta}{2}=25+\frac{3}{2}=26.5(\mathrm{mm})$$

$$r_2'=r_1+H'=\frac{60}{2}+26.5=56.5(\mathrm{mm})$$

$$\begin{aligned}A_L&=\delta H'\\&=3\times26.5\times10^{-6}\\&=7.95\times10^{-5}(\mathrm{m^2})\end{aligned}$$

$$\frac{r_2'}{r_1}=\frac{56.5}{30}=1.88$$

$$H'^{3/2}\left(\frac{h}{\lambda A_L}\right)^{1/2}=0.0265^{3/2}\times\left(\frac{50}{180\times7.95\times10^{-5}}\right)^{1/2}=0.255$$

由教材查得 $\eta_f=0.932$

$$\eta_0=(A_r+\eta_fA_f)/A_0$$

$$=\frac{\pi\times0.06\times(170-3\times10)\times10^{-3}+0.932\times10\times2\times\pi(0.065^2-0.03^2)}{\pi\times0.06\times0.14+20\times\pi\times(0.0565^2-0.03^2)}$$

$$=\frac{0.051\pi}{0.054\pi}$$

$$=0.943$$

所以加环肋后的总换热量为

$$\Phi=A_0\eta_0 h(t_0-t_f)=1542.739\ \text{W}$$

未加环肋后的总换热量为

$$\Phi'=Ah(t_0-t_f)=307.625\ \text{W}$$

$$\frac{\Phi}{\Phi'}=\frac{1542.739}{307.625}=5.015$$

2－58　一太阳能集热器的截面图如《传热学(第6版)》(陶文铨编著)习题2－58附图所示。用铝合金[$\lambda=177$ W/(m·K)]做成的吸热板的厚度$\delta=6$ mm，背面除了与加热水管接触之处外，绝热良好，管子之间的距离$L=200$ mm。吸热板正面与盖板之间为真空。在设计工况下吸热板净吸收太阳的辐射能为800 W/m^2，管内被加热水的平均温度为60 ℃。试确定设计工况下吸热板中的最高温度。

解：由题意可知，吸热板背面绝热良好，因而背面相当于对称面，相邻两加热水管间吸热板的温度分布显然关于中间截面对称，因而中间截面也是一个绝热面，故将问题简化成等截面直肋的导热问题。

$$\frac{\mathrm{d}^2 t}{\mathrm{d}x^2}+\frac{\dot{\Phi}}{\lambda}=0$$

$$x=0, t=t_0=60\ ℃$$

$$x=L/2, \frac{\mathrm{d}t}{\mathrm{d}x}=0, \dot{\Phi}=\frac{q''_{\text{rad}}P}{A_c}=\frac{q''_{\text{rad}}}{\delta}$$

所以

$$\frac{\mathrm{d}t}{\mathrm{d}x}=-\frac{q'_{\text{rad}}}{\lambda\delta}x+C_1$$

$$x=L/2, \frac{\mathrm{d}t}{\mathrm{d}x}=0\Rightarrow C_1=\frac{q''_{\text{rad}}}{\lambda\delta}.\ \frac{1}{2}$$

$$t=-\frac{q''_{\text{rad}}}{2\lambda\delta}x^2+\frac{q''_{\text{rad}}}{\lambda\delta}\frac{L}{2}x+C_2$$

$$x=0, t=t_0=60℃\Rightarrow C_2=60$$

所以

$$t=-\frac{q''_{\text{rad}}}{2\lambda\delta}x^2+\frac{q''_{\text{rad}}}{\lambda\delta}\frac{L}{2}x+60$$

当$x=L/2$时，吸热板的温度最高

$$t_{\max}=-\frac{q''_{\text{rad}}}{2\lambda\delta}\cdot\frac{L^2}{4}+\frac{q''_{\text{rad}}}{\lambda\delta}\cdot\frac{L^2}{4}+60=63.8\ ℃$$

2－59　一输送高压水的管道用法兰连接如《传热学(第6版)》(陶文铨编著)习题2－59附图所示，法兰厚$\delta=15$ mm，管道的内外径分别为$d_i=120$ mm，$d_0=140$ mm，法兰

外径 $d=250$ mm。管道与法兰的导热系数为 $\lambda=45$ W/(m·K)。在正常工况下,管道内壁温度为 300 ℃,周围空气温度为 20 ℃,法兰的表面传热系数 $h=10$ W/(m²·K)。试确定通过一对法兰损失的热量。

解:由题意得

$$\Phi=\frac{t_i-t_0}{\dfrac{\ln(d_0/d_i)}{4\pi\delta\lambda}+\dfrac{\ln(d_i/d_0)}{4\pi\delta\lambda}+\dfrac{1}{h}\dfrac{1}{\pi d_f 2\delta}}=64.655\ \text{W}$$

$$H'=\frac{d_1-d_2}{2}+\delta=70(\text{mm})$$

$$r_2'=r_1+H'=70+70=140(\text{mm})$$

$$\frac{r_2'}{r_1}=2$$

$$A_L=\delta H'=15\times70\times10^{-6}=1.05\times10^{-3}(\text{m}^2)$$

$$H'^{3/2}\left(\frac{h}{\lambda A_L}\right)^{1/2}=0.07^{3/2}\times\left(\frac{10}{45\times1.05\times10^{-3}}\right)^{1/2}=0.269$$

查得 $\eta_f=0.95$,

因此,通过一对法兰损失的热量 $\Phi_{法}=\eta_f\Phi=61.42$ W。

2-60 肋片在换热器中得到广泛采用,紧凑式换热器就是由基本表面与大量的肋片表面所组成,如《传热学(第6版)》(陶文铨编著)习题 2-60 附图 a 所示。如《传热学(第6版)》(陶文铨编著)习题 2-60 附图 b 是将其中一种流体的通道放大的示意图。已知肋片的高度 $L=8$ m,它分别与两块基本表面连接,两基本表面的温度相等,$t_0=t_L$。肋片与流体间的表面传热系数 $h=100$ W/(m²·K),肋片的导热系数 $\lambda=200$ W/(m·K),肋片厚 $\delta=1$ mm。试确定肋片的面积热阻。

解:将该问题简化为等截面直肋,因此 $H'=H+\delta\times2=9$ mm

$$m=\sqrt{\frac{2h}{\lambda\delta}}=\sqrt{\frac{2\times100}{200\times1\times10^{-3}}}=31.623$$

$$mH'=0.2846$$

$$\eta=\frac{th(mH')}{mH'}=0.277$$

$$\Rightarrow R=\frac{1}{A\eta_f H}=\frac{1}{2H'L\eta_f H}=2.09\times10^6(\text{m}^2\cdot\text{K})/\text{W}$$

2-61 一等截面直肋的肋端为第三类边界条件,表面传热系数为 h_2,其侧面的表面传热系数为 h_1,其余条件与 2.4 节中的相同。试证明此时肋片中的温度分布为

$$\frac{t-t_\infty}{t_0-t_\infty}=\frac{\text{ch}[m(H-x)]+[h_2/(\lambda m)]\sin[m(H-x)]}{\text{ch}(mH)+[h_2/(\lambda m)]\sin(mH)}$$

并据此导出肋片散热量的计算式。

解:由题意得

$$\theta=C_1\mathrm{e}^{mx}+C_2\mathrm{e}^{-mx},$$

$$x=0,\theta_0=C_1+C_2;$$

$$x=H,C_1=-\lambda(C_1m\mathrm{e}^{mH}+C_2m\mathrm{e}^{-mH})=h(C_1\mathrm{e}^{mH}+C_2\mathrm{e}^{-mH})。$$

$$\Rightarrow C_1=\frac{\theta_0\mathrm{e}^{-mH}(\lambda m-h_2)}{\mathrm{e}^{mH}(\lambda m-h_2)+\mathrm{e}^{mH}(\lambda m+h_2)}$$

$$C_2=\frac{\theta_0\mathrm{e}^{mH}(\lambda m+h_2)}{\mathrm{e}^{-mH}(\lambda m-h_2)+\mathrm{e}^{mH}(\lambda m+h_2)}$$

$$\theta=\theta_0\ \frac{\mathrm{ch}[m(H-x)]+[h_2/(\lambda m)]\sin[m(H-x)]}{\mathrm{ch}(mH)+[h_2/(\lambda m)]\sin(mH)}$$

$$\Phi=-\lambda A\left(\frac{d}{\mathrm{d}x}\right)=\lambda A\theta_0 m\ \frac{\mathrm{sh}(mH)+[h_2/(\lambda m)\mathrm{ch}(mH)]}{\mathrm{ch}(mH)+[h_2/(\lambda m)]\sin(mH)}$$

2.3.9　多维导热

2-62　设有如《传热学(第 6 版)》(陶文铨编著)习题 2-62 附图所示的一偏心环形空间,其中充满了某种储热介质(如石蜡类物质)。白天,从太阳能集热器中来的热水使石蜡熔化,夜里冷却水流过内管吸收石蜡的熔解热而使石蜡凝固。假设在熔解过程的开始阶段,环形空间中石蜡的自然对流可以略而不计,内、外管壁分别维持在均匀温度 t_1 及 t_2。试定性画出偏心圆环中等温线的分布。

提示:靠近内管区域(t_1):由于内管温度较高,

等温线在内管周围较密集,一系列同心圆形等温线围绕内管。

靠近外管区域(t_2):由于外管温度较低,等温线在外管周围也较密集,一系列同心圆形等温线围绕外管

过渡区域:在内管和外管之间,等温线逐渐从 t_1 过渡到 t_2。由于偏心,等温线在过渡区域内会略微扭曲。

2-63　有一用砖砌成的烟气通道,其截面形状如《传热学(第 6 版)》(陶文铨编著)习题 2-63 附图所示。已知内、外壁温分别 $t_1=80$ ℃、$t_2=25$ ℃,砖的导热系数为 1.5 W/(m·K),试确定每米长烟道上的散热量。

解:采用形状因子法计算,据已知条件得形状因子

$$S=\frac{2\pi l}{\ln\left(1.08\dfrac{b}{d}\right)}$$

$$=\frac{2\pi\times 1}{\ln\left(1.08\times\dfrac{1}{0.5}\right)}$$

$$=8.156(\mathrm{m})$$

$$\Phi=S\lambda(t_1-t_2)$$

$$=672.87\ \mathrm{W/m}$$

2-64　设有如《传热学(第6版)》(陶文铨编著)习题2-64附图所示的一个无内热源的二维稳态导热物体,其上凹面、下表面分别维持在均匀温度 t_1 及 t_2,其余表面绝热。试:(1)画出等温线分布的示意图;(2)说明材料的导热系数是否对温度分布有影响。

解:等温线是表示温度相同的区域的线,等温线将从上表面的均匀温度 t_1 向下表面的均匀温度 t_2 逐渐过渡。

材料的导热系数 λ 对温度分布有以下影响:

(1)影响温度梯度

导热系数 λ 大的材料,导热能力强,热量容易传递,温度梯度较小。

导热系数 λ 小的材料,导热能力弱,热量不易传递,温度梯度较大。

(2)不影响等温线形状

在稳态情况下,尽管导热系数 λ 会影响温度梯度,但不改变等温线的形状。

等温线的位置和形状只与边界条件有关,即上表面温度 t_1 和下表面温度 t_2,以及绝热边界。

总结:

材料的导热系数 λ 确实影响温度分布的具体数值,即温度梯度的大小。

然而,等温线的形状和分布模式主要由边界条件决定,而非导热系数。

2-65　试计算通过一立方体墙角[见《传热学(第6版)》(陶文铨编著)习题2-65附图]的热损失。已知每面墙厚300 mm,导热系数为0.8 W/(m·K),内、外壁温分别为400 ℃及50 ℃。如果三面墙的内壁温度 t_{11},t_{12},t_{13} 各不相等,但均高于外壁温度,试提出一个估算热损失范围的方法。

解:由题意得

$$\Phi=\lambda S\Delta t=0.8\times0.15\Delta x(400-50)=12.6(\mathrm{W})$$

若三面墙内壁温度不相等,那么作为估算,可以取 $1/3(t_{11}+t_{12}+t_{13})$ 作为内侧等效温度。

2-66　一根输送城市生活用水得管道埋于地下3 m深处,如《传热学(第6版)》(陶文铨编著)习题2-66附图所示,其外径 $d=500$ mm。土壤的导热系数为1 W/(m·K),计算在附图所示条件下每米管道的散热量;在一个严寒的冬天,地面结冰层厚达1 m深,其它条件不变,计算此时的散热量。

解:在稳态情况下,对于圆柱形管道,热传导可以用下式表示:

$$q=\frac{2\pi Lk(T_1-T_2)}{\ln\left(\frac{r_2}{r_1}\right)}$$

式中,q 是散热量(W);

L 是管道的长度(m)，这里我们考虑每米管道；

k 是土壤的导热系数[W/(m·K)]，这里为 1 W/(m·K)；

T_1 是管道外壁的温度(K)；

T_2 是地表温度(K)；

R_1 是管道外径的半径(m)，即 $r_1=d/2=250\ \text{mm}=0.25\ \text{m}$；

r_2 是管道外壁到地表的距离(m)，即 3 m。

正常情况下：假设管道外壁温度 T_1 为 20 ℃，地表温度 T_2 为 0 ℃

$$q=\frac{2\pi\cdot 1\cdot 1\cdot (20-0)}{\ln\left(\frac{3}{0.25}\right)}\ \text{W/m}$$

$$q\approx 50.57\ \text{W/m}$$

严寒情况下：地面结冰层厚达 1 m，即地表温度固定为 0 ℃，但从管道外壁到地表的有效热传递距离变为 2 m。

$$q=\frac{2\pi\cdot 1\cdot 1\cdot (20-0)}{\ln\left(\frac{2}{0.25}\right)}\ \text{W/m}$$

$$q\approx 60.42\ \text{W/m}$$

这些计算表明，在严寒情况下，由于结冰层的存在，热量通过土壤的传导路径缩短，导致散热量增加。

2－67　对于矩形区域内的常物性、二维无内热源、稳态的导热问题，式分析在下列四种边界条件的组合下，导热物体为铜或钢时物体中的温度分布是否一样：

(1)四边均为给定温度；

(2)四边中有一个边绝热，其余三个边均为给定温度；

(3)四边中有一个边为给定热流(不等于零)，其余三个边中至少有一个边为给定温度；

(4)四边中有一个边为第三类边界条件。

解：(1)一样，因为两种情况下的数学描写中不出现材料物性值；

(2)一样，因为在给定的条件下，得到的温度分布与材料无关；

(3)不一样，在给定热流的边上，边界条件中出现固体导热系数，所以不一样；

(4)不一样，在第三类边界条件的表达式中出现固体导热系数，因此也不一样。

2－68　一冰箱的冷冻室可看成是外形尺寸为 0.5 m×0.75 m×0.75 m 的立方体，其中顶面尺寸为 0.75 m×0.75 m。冷冻室顶面及四个侧面用同样厚度的发泡塑料保温，其导热系数为 0.02 W/(m·K)；冷冻室的底面可近似地认为是绝热的。冷冻室内壁温度为－10 ℃，外壁护板温度为 30 ℃。设护板很薄且与发泡塑料接触良好。试估算发泡塑料要多厚才可限制冷量损失在 45 W 以下。

解：设发泡塑料的厚度为 Δx，采用形状因子法计算。

$$S=2\times\frac{(0.75-\Delta x)^2}{\Delta x}+\frac{(0.75-2\Delta x)(0.5-2x)}{\Delta x}+0.54\times(0.75-2\Delta x)$$

$$+2\times\frac{(0.75-2x)(0.5-2x)}{\Delta x}+\frac{(0.75-2x)^2}{\Delta x}$$

$$+0.54\times(0.5-2\Delta x)+4\times0.15\Delta x-2\times(0.75-2\Delta x)$$

$$\times(0.5-2\Delta x)-2\times(0.75-2\Delta x)2$$

$$\Phi=S\lambda(t_1-t_2)$$

$$\Rightarrow\Delta x=0.03\ \text{m}$$

2.3.10 热阻分析

2-69 试写出通过半径为 r_1,r_2 的球壁的导热热阻的表示式。

解:球壳导热热流流量为

$$\Phi=\frac{4\pi\lambda(t_1-t_2)}{1/r_1-1/r_2}\Rightarrow R=\frac{\Delta t}{\Phi}=\frac{1/r_1-1/r_2}{4\pi\lambda}$$

2-70 试据定义导出具有两个等温面的固体导热热阻与其形状因子之间的关系,并据此写出如《传热学(第6版)》(陶文铨编著)表2-2中第6、7栏所示固体的导热热阻。

解:要导出具有两个等温面的固体导热热阻与其形状因子之间的关系,我们首先需要理解热阻的定义及其在不同几何形状中的表达方式。

导热热阻R可以定义为温度差与热流量的比值:

$$R=\frac{\Delta T}{Q}$$

其中,ΔT 是温度差,Q 是热流量。

形状因子 S 是一个与几何形状有关的参数,用于描述特定几何形状中的导热特性。对于具有两个等温面的固体,形状因子可以用来简化热传导问题的分析。

对于具有两个等温面的固体,导热热阻 R 可以用以下公式表示:

$$R=\frac{1}{kS}$$

其中:k 是材料的导热系数,S 是形状因子。

1. 长方体(一般情况)

对于一个长方体(假设长度为 L、宽度为 W、高度为 H):

导热热阻 R 为

$$R=\frac{1}{kS}=\frac{H}{k\cdot L\cdot W}$$

2. 圆柱体(沿长度方向的导热)

对于一个圆柱体,假设长度方向的导热:

$$R=\frac{1}{kS}=\frac{4L}{k\cdot\pi\cdot d^2}$$

其中 d 为圆柱的直径，L 为其长度。

3. 球体（径向导热）

对于一个球体，假设其半径为 r。

导热热阻 R 为

$$R=\frac{1}{kS}=\frac{1}{4\pi kr}$$

这三种几何形状的导热热阻公式展示了热阻如何随几何形状和材料导热系数的变化而变化。形状因子 S 使得我们能够简化复杂几何形状中的导热问题，从而更加便捷地进行热传导分析。

2－71　两块不同材料的平板组成如附图所示的大平板。两板的面积分别为 A_1、A_2，导热系数分别为 λ_1 及 λ_2。如果该大平板的两个表面分别维持在均匀的温度 t_1 及 t_2，试导出通过该大平板的导热热量计算式。

解：由题意得

$$R_1=\delta/A_1\lambda_1\,;R_2=\delta/A_2\lambda_2$$

$$R=\frac{R_1\cdot R_2}{R_1+R_2}=\frac{\dfrac{\delta}{A_1\lambda_1}\cdot\dfrac{\delta}{A_2\lambda_2}}{\dfrac{\delta}{A_1\lambda_1}+\dfrac{\delta}{A_2\lambda_2}}=\frac{\delta}{A_1\lambda_1+A_2\lambda_2}$$

$$\Phi=\frac{\Delta t}{R}=\frac{(t_2-t_1)(A_1\lambda_1+A_2\lambda_2)}{\delta}$$

2－72　在如附图所示的换热设备中，内、外管之间有一夹层，其间置有电阻加热器，产生热流密度 q，该加热层温度为 t_h。内管被温度为 t_i 的流体冷却，表面传热系数为 h_i。外管的外壁面被温度为 t_0 的流体冷却，表面传热系数为 h_0。内、外管壁的导热系数分别为 λ_i 及 λ_2。试画出这一热量传递过程的热阻分析图，并写出每一项热阻的表达式。

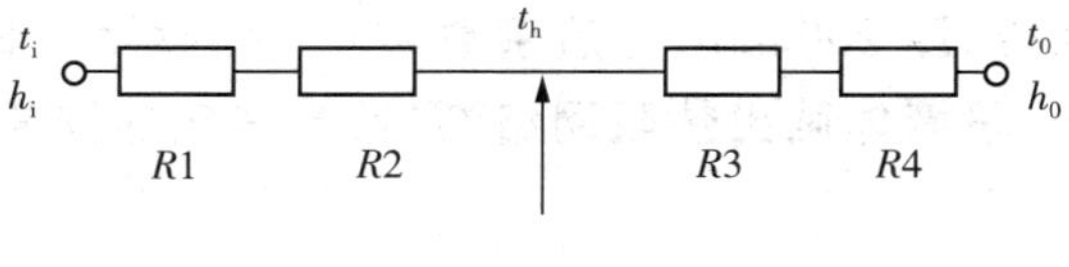

解：由题意得

$$l=1\text{ m},R_1=\frac{1}{h_iA_i}=\frac{1}{h_i2\pi r_1l}=\frac{1}{2\pi r_1h_i}$$

$$R_2=\frac{\ln(r_2/r_1)}{2\pi\lambda_i},R_3=\frac{\ln(r_3/r_2)}{2\pi\lambda_0}$$

$$R_4=\frac{1}{h_0A_0}=\frac{1}{2\pi r_3h_0}$$

2－73　一块尺寸为 10 mm×10 mm 的芯片[如《传热学(第 6 版)》(陶文铨编著)习题 2－73 附图中的 1]通过厚 0.02 mm 的环氧树脂层[如《传热学(第 6 版)》(陶文铨编著)习题 2－73 附图中的 2]与厚 10 mm 的铝基板[如《传热学(第 6 版)》(陶文铨编著)习题 2－73 附图中的 3]相连接。芯片与铝基板间的环氧树脂的热阻可取为 $0.9\times10^{-4}\ m^2\cdot K/W$,芯片及基板的四周绝热,上、下表面与 $t=25$ ℃的环境换热,表面传热系数均为 $h=150\ W/(m^2\cdot K)$。芯片本身可视为一等温物体,其发热率为 $1.5\times10^4\ W/m^2$。铝基板的导热系数为 236 W/(m·K)。过程是稳态的。试画出这一热传递过程的热阻分析图,并确定芯片的工作温度。

解:设芯片的工作温度为 t

芯片上侧面热流密度

$$q_1=h(t-t_\infty)$$

芯片下侧面热流密度

$$q_2=\frac{t-t_\infty}{\dfrac{\delta_1}{\lambda_1}+\dfrac{\delta_2}{\lambda_2}+\dfrac{1}{h}}$$

$$q=q_1+q_2=1.5\times10^4\ W/m^2$$

$$\Phi_2=A\frac{t-t_\infty}{\dfrac{\delta_1}{\lambda_1}+\dfrac{\delta_2}{\lambda_2}+\dfrac{1}{h}}$$

$$\Rightarrow t=74.28\ ℃$$

2－74　人类居住的房屋本来只是用于防雨雪及盗贼,很少考虑节能与传热特性。随着世界范围内能源危机的发生以及人们生活水平的提高,节能与舒适已经成为建筑业的一个重要考虑原则。采用空心墙是节能的一种有效手段。一民居的砖墙结构如附图所示。已知:室内温度为 20 ℃,室外温度为 5 ℃:室内墙面的表面传热系数为 $7\ W/(m^2\cdot K)$,室外为 $28\ W/(m^2\cdot K)$:第一层塑料板厚 12 mm,导热系数为 0.16 W/(m·K),第二层厚 25 mm,其中上部杨木层的导热系数为 0.141 W/(m·K),下部为空气;第三层为砖,厚 200 mm,导热系数为 0.72 W/(m·K)。

试对于图示的这一段墙体画出热阻网络,并计算其散热损失。

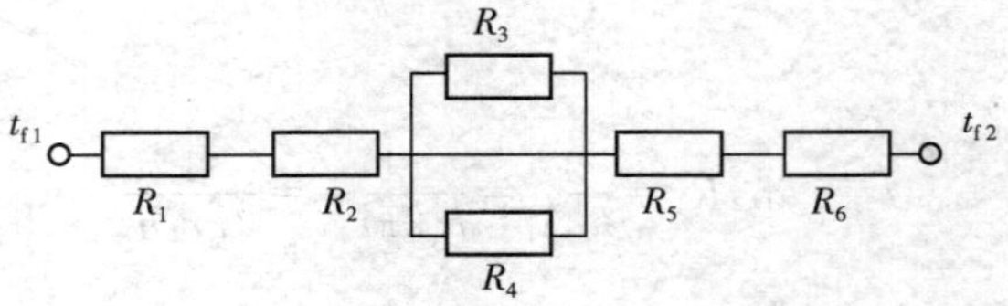

解:

$$R_1=\frac{1}{h_1}=\frac{1}{7}(m^2\cdot K)/W$$

$$R_2=\frac{\delta_1}{\lambda_1}=\frac{12\times10^{-3}}{0.16}=0.075(\mathrm{m}^2\cdot\mathrm{K})/\mathrm{W}$$

$$R_3=\frac{\delta_2}{\lambda_{木}}=\frac{25\times10^{-3}}{0.141}=0.177(\mathrm{m}^2\cdot\mathrm{K})/\mathrm{W}$$

$$R_4=\frac{\delta_2}{\lambda_{气}}=\frac{25\times10^{-3}}{0.026}=0.962(\mathrm{m}^2\cdot\mathrm{K})/\mathrm{W}$$

$$R_5=\frac{\delta_3}{\lambda_3}=\frac{200\times10^{-3}}{0.72}=0.278(\mathrm{m}^2\cdot\mathrm{K})/\mathrm{W}$$

$$R_6=\frac{1}{h_2}=\frac{1}{28}(\mathrm{m}^2\cdot\mathrm{K})/\mathrm{W}$$

$$\Rightarrow R=R_1+R_2+\frac{1}{\frac{1}{R_3}+\frac{1}{R_4}}+R_5+R_6=0.681(\mathrm{m}^2\cdot\mathrm{K})/\mathrm{W}$$

$$\Phi=\frac{(t_{f1}-t_{f2})H}{R}=\frac{(20-5)\times(330+75)\times10^{-3}}{0.681}=8.921(\mathrm{W/m})$$

2－75　《传热学(第6版)》(陶文铨编著)习题2－75附图所示，有一平板型集成电路板由顶部的芯片和底部的电路板组成，芯片(厚度忽略不计)和电路板之间存在接触热阻 $R_c=10^{-4}$ (m^2 · K/W)。芯片外表面采用浸没式液体冷却，表面传热系数 $h_o=2000$ W/(m^2 · K)，介电液体的温度 $T_{\infty,o}=20$ ℃。电路板底部采用空气冷却，表面传热系数为 $h_i=40$ W/(m^2 · K)，空气温度 $T_{\infty,o}=20$ ℃。集成电路板的有效导热系数 $\lambda_b=1$ W/(m · K)，厚度 $L_b=5$ mm。现要求芯片的最高温度不能超过 85 ℃。试画出热阻网络，并求芯片允许的最高热流密度。

解：计算热阻

1. 芯片表面与冷却液体之间的对流热阻 R_{co}

$$R_{co}=\frac{1}{h_o}=\frac{1}{2000}\ \mathrm{m}^2\cdot\mathrm{K/W}$$

2. 电路板与空气之间的对流热阻 R_{ci}

$$R_{ci}=\frac{1}{h_i}=\frac{1}{40}\ \mathrm{m}^2\cdot\mathrm{K/W}$$

3. 电路板的导热热阻 R_b

$$R_b=\frac{L_b}{\lambda_b\cdot A}=\frac{0.005}{1\cdot1}\ \mathrm{m}^2\cdot\mathrm{K/W}=0.005\ \mathrm{m}^2\cdot\mathrm{K/W}$$

总热阻 R_{total} 是这些热阻的串联组合：

$$R_{total}=R_c+R_{co}+R_b+R_{ci}$$

芯片的最高允许温度 T_{max} 是 85 ℃，环境温度 $T_{\infty,o}$ 和 $T_{\infty,i}$ 都是 20 ℃。

因此，芯片的最大温度差 ΔT_{max} 是 65 ℃。

$$\Delta T_{max}=T_{max}-T_{\infty,o}=85\ ℃-20\ ℃=65\ ℃$$

芯片允许的最高热流密度 $q_{\max}$ 可以通过总热阻计算：

$$q_{\max}=\frac{\Delta T_{\max}}{R_{\text{total}}}$$

将上述热阻值代入

$$q_{\max}=\frac{65}{10^{-4}+5\times10^{-7}+0.005+25\times10^{-3}}\text{W/m}$$

2-76　对于附图的情形，导出从温度为 t_1 的表面到温度为 t_2 的表面的导热热阻表示式。

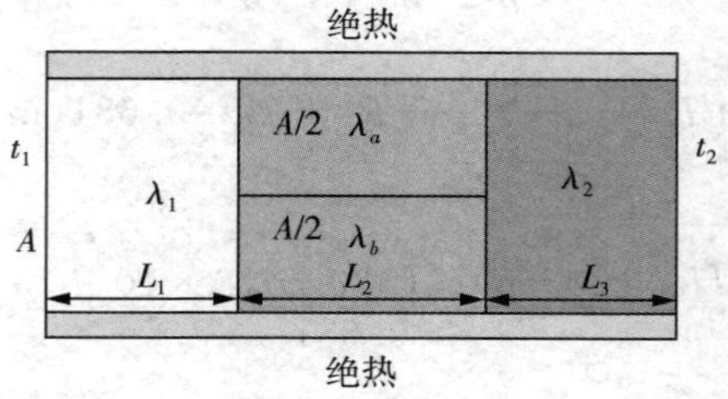

解：串联过程的总热阻等于其分热阻的总和

第一层热阻：　$R_1=\frac{\delta}{\lambda}=\frac{A}{L_1\lambda_1}$

第二层热阻：　$\frac{1}{R_2}=\frac{1}{R_a}+\frac{1}{R_b}=\frac{2L_2\lambda a}{A}+\frac{2L_2\lambda_b}{A}=\frac{2L_2(\lambda_a+\lambda_b)}{A}$

$$R_2=\frac{A}{2L_2(\lambda_a+\lambda_b)}$$

第三层热阻：　$R_3=\frac{\delta}{\lambda}=\frac{A}{L_3\lambda_2}$

故总热阻　$R_{总}=R_1+R_2+R_3=\frac{A}{L_1\lambda_1}+\frac{A}{2L_2(\lambda_a+\lambda_b)}+\frac{A}{L_3\lambda_2}$

2.3.11　综合分析

2-77　一管内涂层的操作过程如附图所示。在管子中央有一辐射圆棒，直径为 d_1，其外表面发出的每米长度上的辐射热流密度为 q_r，管内抽真空；涂层表面的吸收比很高，可近似地看成为黑体。管子外表面温度恒为 t_{s2}；涂层很薄，工艺要求涂层表面温度维持在 t_{s1}。试：(1) 导出稳态条件下用 q_r，t_{s2}，r_2，r_3 及管壁导热系数 λ 表示的管壁中的温度分布表达式；

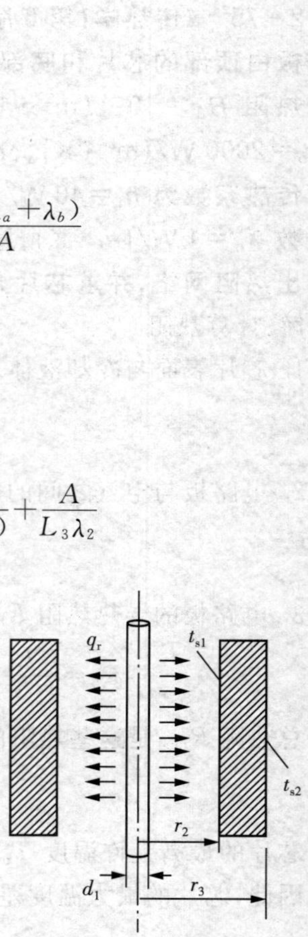

(2)设 $t_{s2}=25$ ℃，$\lambda=15$ W/(m·K)，$r_2=35$ mm，$r_3=48$ mm，并要求 t_{s1} 应达到 150 ℃，求 q_r 之值。

解：(1)管子内壁面的热流量为

$$\Phi=\frac{2\pi\lambda l(t_{s1}-t_{s2})}{\ln(r_1/r_2)}=\pi d_1 l q_r$$

设在任一直径 r 处温度为 t，则有

$$\frac{2\lambda(t-t_{s2})}{\ln(r_3/r)}=d_1 q_r, t=\frac{d_1 q_r \ln(r_3/r)}{2\lambda}+t_{s2}$$

(2)每米长度上热负荷

$$q_r=\frac{2\pi\lambda(t_{s1}-t_{s2})}{\ln(r_3/r_2)}=\frac{2\times3.14\times15\times(150-25)}{\ln(48/35)}=3.7\times10^4(\text{W/m})$$

2-78　刚采摘下来的水果，由于其体内葡萄糖的分解而具有“呼吸”作用，结果会在其表面析出 CO_2、水蒸气，并在体内产生热量。设在通风的仓库中苹果以如附图所示的方式堆放，并有 5 ℃ 的空气以 0.6 m/s 的流速吹过。苹果每天的发热量为 4000 J/kg。苹果的密度 $\rho=840$ kg/m^3，导热系数 $\lambda=0.5$ W/(m·K)；空气与苹果间的表面传热系数 $h=6$ W/(m^2·K)。试计算稳态下苹果表面及中心的温度。每个苹果可按直径为 80 mm 的圆球处理。

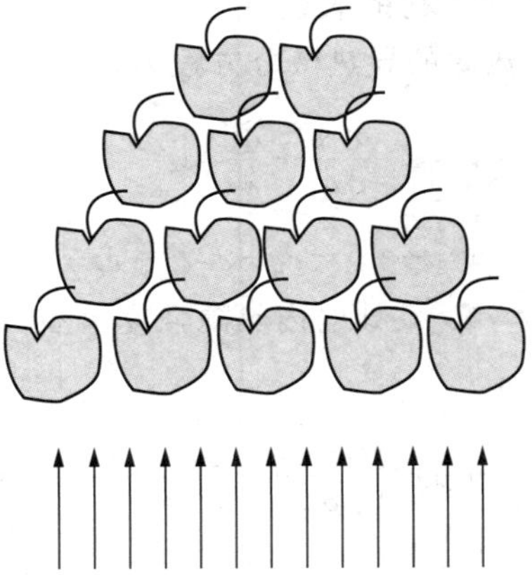

解：由题意得

$$\lambda\frac{1}{r^2}\frac{\partial}{\partial r}\left(r^2\frac{\partial t}{\partial r}\right)+\dot{\Phi}=0$$

$$\frac{d}{dr}\left(r^2\frac{dt}{dr}\right)=-r^2\dot{\Phi}/\lambda$$

$$r^2\frac{dt}{dr}=-\frac{r^3}{3}\dot{\Phi}/\lambda+C_1, \frac{dt}{dr}=\frac{r}{3}\dot{\Phi}/\lambda+\frac{C_1}{r^2}$$

$$t=-\frac{r^2}{6}\dot{\Phi}/\lambda+\frac{-C_1}{r}+C_2$$

边界条件，

$$r=0,\frac{\partial t}{\partial r}=0;r=R,-\lambda\frac{\mathrm{d}t}{\mathrm{d}r}=h(t-t_\infty)$$

解得

$$t(r)=\frac{\dot{\Phi}R}{3h}+\frac{\dot{\Phi}}{6\lambda}(R^2-r^2)+t_\infty$$

$r=0$ 时，

$$t_0=\frac{\dot{\Phi}R}{3h}+\frac{\dot{\Phi}R^2}{6\lambda}+t=5.11\ ℃$$

$r=R$ 时，

$$t_s=\frac{\dot{\Phi}R}{3h}+t_\infty=5.09\ ℃$$

2-79 在一有内热源的无限大平板的导热问题中，平板两侧面温度分别为，t_1（$x=0$ 处）及 t_2（$x=\delta$ 处）。平板内温度分布为 $(t-t_1)/(t_2-t_1)=c_1+c_2x^2+c_3x^3$，其中 c_1,c_2,c_3 为待定常数。平板的导热系数为常数，$x=0$ 处的内热源强度为 $\dot{\Phi}_0$。试确定该平板中内热源 $\dot{\Phi}(x)$ 的表达式。

解：导热系数为常数有内热源的导热微分方程为

$$\frac{\mathrm{d}^2t}{\mathrm{d}x^2}+\frac{\dot{\Phi}}{\lambda}=0$$

平板内温度分布为 $(t-t_1)/(t_2-t_1)=c_1+c_2x^2+c_3x^3$

又 $x=0,t=t_1;x=\delta,t=t_2;x=0$ 处的内热源强度为 $\dot{\Phi}_0$

由已知条件得

$$-\frac{\dot{\Phi}_0}{\lambda}+6x^2\left(\frac{t_2-t_1}{\delta^3}+\frac{\dot{\Phi}_0}{\lambda\delta^2}\right)+\frac{\dot{\Phi}(x)}{\lambda}=0$$

$$\Rightarrow\dot{\Phi}(x)=\dot{\Phi}_0-6x^2\left[\frac{\lambda(t_2-t_1)}{\delta^3}+\frac{\dot{\Phi}_0}{\delta^2}\right]$$

2-80 为了估算人体的肌肉由于运动而引起的温升。可把肌肉看成是半径为 2 cm 的长圆柱体。肌肉运动产生的热量相当于内热源，设 $\dot{\Phi}=5650\ \mathrm{W/m^3}$。肌肉表面维持在 37 ℃。过程处于稳态，试估算由于肌肉运动所造成的最大温升。肌肉的导热系数为 0.42 W/(m² · K)。

解：圆柱体的导热过程

$$\frac{1}{r}\frac{\mathrm{d}}{\mathrm{d}r}\left(r\lambda\frac{\mathrm{d}t}{\mathrm{d}r}\right)+\dot{\Phi}=0$$

$$\frac{\mathrm{d}}{\mathrm{d}r}\left(r\lambda\frac{\mathrm{d}t}{\mathrm{d}r}\right)=-\dot{\Phi}r$$

$$r\lambda\frac{\mathrm{d}t}{\mathrm{d}r}=-\frac{\dot{\Phi}r^2}{2}+C_1$$

$$\frac{\mathrm{d}t}{\mathrm{d}r}=-\frac{\dot{\Phi}r}{2\lambda}+\frac{C_1}{\lambda r}$$

$$t=-\frac{\dot{\Phi}r^2}{4\lambda}+\frac{C_1}{\lambda}\ln r+C_2$$

$$r=0$$

$$\frac{\mathrm{d}t}{\mathrm{d}r}=0$$

$$\Rightarrow t=-\frac{\dot{\Phi}r^2}{4\lambda}+t_\infty+\frac{\dot{\Phi}R^2}{4\lambda}=\frac{\dot{\Phi}(R^2-r^2)}{4\lambda}+t_\mathrm{w}$$

当 $r=0$，t 取最大值。

$$t_{\max}-t_\mathrm{w}=\Delta t_{\max}=\frac{\dot{\Phi}R^2}{4\lambda}=\frac{5650\times0.02^2}{4\times0.42}=1.35(℃)$$

2-81　一日式火锅的手柄为圆锥形空心圆柱，如附图所示。今将其简化成为等直径圆筒体。设：筒体内、外表面传热系数各为 2 W/(m² · K)及 10 W/(m² · K)，内、外直径分别为 25 mm 与 30 mm，柄长 90 mm，筒体内、外流体温度均为 15 ℃，手柄与锅体相接部分的温度为 70 ℃。试计算：(1)手柄局部温度为 35 ℃处的位置；(2)上述条件下手柄所传递的热流量。

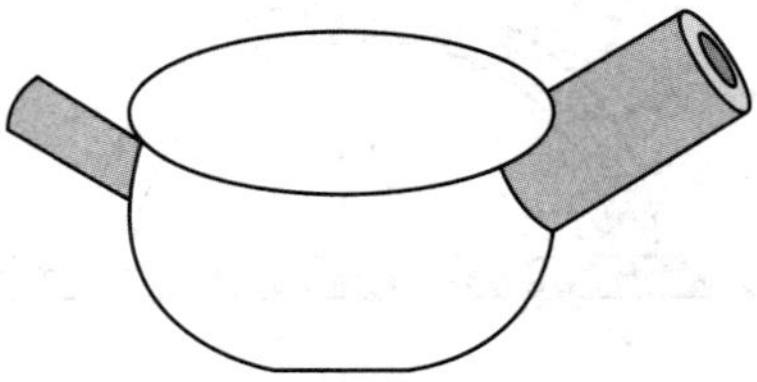

解：总热阻由热导和对流热阻组成：

$$R_{\mathrm{total}}=R_{\mathrm{cond}}+R_{\mathrm{conv,i}}+R_{\mathrm{conv,o}}$$

热导热阻 R_{cond} 为

$$R_{\mathrm{cond}}=\frac{\ln(r_\mathrm{o}/r_\mathrm{i})}{2\pi Lk}$$

对流热阻 $R_{\mathrm{conv,i}}$ 和 $R_{\mathrm{con,o}}$ 分别为

$$R_{\mathrm{conv,i}}=\frac{1}{h_\mathrm{i}\cdot A_\mathrm{i}}=\frac{1}{h_\mathrm{i}\cdot(2\pi r_\mathrm{i}L)}=70.5\ \mathrm{K/W}$$

$$R_{\text{conv,o}}=\frac{1}{h_o\cdot A_o}=\frac{1}{h_o\cdot(2\pi r_o L)}=2.36\ \text{K/W}$$

假设手柄的导热系数 k 为 50 W/(m·K)：

$$R_{\text{cond}}=\frac{\ln(0.015/0.0125)}{2\cdot\pi\cdot0.09\cdot50}\approx0.003(\text{K/W})$$

总热阻：

$$R_{\text{total}}=70.5+0.003+2.36\approx72.86(\text{K/W})$$

局部温度为 35 ℃处的位置，需要知道从锅体到目标温度的热流量 q：

$$q=\frac{T_b-T_\infty}{R_{\text{total}}}=\frac{70-15}{72.86}\approx0.754(\text{W})$$

$$x=\frac{(T_b-T)}{T_b-T_\infty}\cdot L=\frac{(70-35)}{70-15}\cdot0.09\approx0.045(\text{m})$$

手柄局部温度为 35 ℃处的位置距离手柄与锅体相接部分约 0.045 m(45 mm)。

在上述条件下，手柄所传递的热流量约为 0.754 W。

2-82 北极爱斯基摩人的住屋用压紧的雪做成，常呈半球形，如附图所示。假设球的内半径为 1.8 m 球壁厚 0.5 m，压紧的雪与冰的导热系数均为 0.15 W/(m²·K)。一般情况下室外温度 $t=-40$ ℃，表面传热系数为 15 W/(m·K)。室内表面(包括冰地面)的表面传热系数为 6 W/(m²·K)，冰地面的温度为 −20 ℃，一家三口的发热量为 950 W，试确定半球小屋内的空气平均温度。

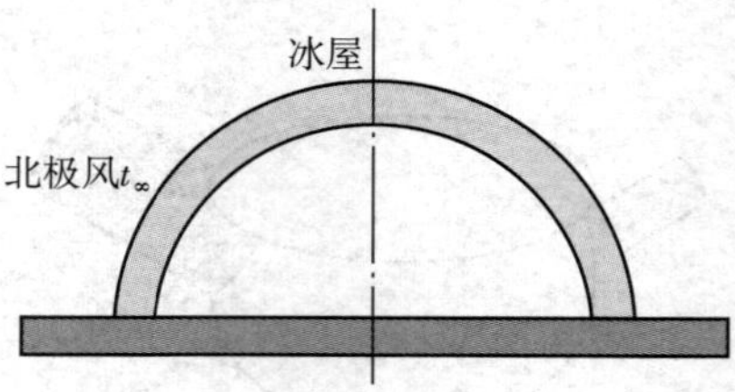

解：总热阻由三部分组成：室内对流热阻、墙体传导热阻和室外对流热阻。

半球的表面积是

$$A_{\text{inside}}=2\pi r_1^2$$

室内对流热阻：

$$R_{\text{conv,inside}}=\frac{1}{h_{\text{lnside}}A_{\text{inside}}}=\frac{1}{6\cdot2\pi\cdot1.8^2}\approx0.0082(\text{K/W})$$

墙体传导热阻：

$$R_{\text{cond}}=\frac{\ln(r_2/r_1)}{2\pi k(r_2-r_1)r_1}\approx0.0254\ \text{K/W}$$

室外对流热阻：

$$R_{\text{conv,outside}}=\frac{1}{h_{\text{outside}}A_{\text{outside}}}\approx 0.0016\ \text{K/W}$$

总热阻：

$$R_{\text{total}}=R_{\text{conv,inside}}+R_{\text{cond}}+R_{\text{conv,outside}}=0.0352\ \text{K/W}$$

根据热平衡方程：

$$Q_{\text{total}}=\frac{T_{\text{inside}}-T_{\text{outside}}}{R_{\text{total}}}$$

解该方程求室内空气温度 T_{inside}：

$$T_{\text{inside}}=Q_{\text{total}}\cdot R_{\text{total}}+T_{\text{outside}}\approx -6.56\ ℃$$

2－83　一种消防员穿戴的现代化的衣服的衣料如《传热学(第 6 版)》(陶文铨编著)习题 2－83 附图所示。其中面罩料、湿面料以及热面料的厚度及其导热系数见附表。热量通过两层空气隙传递时，既有导热又有辐射，辐射热流量可以按对流的方式计算：$q_{\text{rad}}=h_{\text{rad}}(T_1-T_2)$，其中 T_1、T_2 为空气隙两表面的温度，$h_{\text{ad}}=4\sigma T_{\text{av}}{}^3$，$T_{\text{av}}=(T_1+T_2)/2$。假定每层空气隙都可以按 $T_{\text{av}}=470$ K 来计算辐射热流密度，试确定每层导热的面积热阻。在一次演习中，救火员衣服表面接收到 2500 W 的辐射热流，试计算当该衣服内表面温度达到 65 ℃(皮肤不受损伤的最高温度)时的外表面温度。

解：计算消防员衣服外表面的温度，需要综合考虑每层材料的导热热阻及两层空气隙的辐射传热。

导热热阻公式：

$$R_{\text{coad}}=\frac{d}{k}$$

辐射传热系数 h_{rad}：

$$\begin{aligned}h_{\text{rad}}&=4\sigma T_{\text{av}}^3\\&=4\times 5.67\times 10^{-8}\times(470)^3\\&=23.54\ \text{W/(m}^2\cdot\text{K)}\end{aligned}$$

空气间隙的辐射热阻为

$$R_{\text{rad}}=\frac{1}{h_{\text{rad}}}$$

总热阻为所有热阻之和：

$$R_{\text{total}}=R_{\text{cond,1}}+R_{\text{rad}}+R_{\text{cond,2}}+R_{\text{rad}}+R_{\text{cond,3}}$$

使用总热阻和热流量计算外表面温度 T_{outside}：

$$Q_{\text{total}}=\frac{T_{\text{outside}}-T_{\text{inside}}}{R_{\text{total}}}$$

$$T_{\text{outside}}=665\ ℃$$

2-84　一空气冷却器的传热管采用如附图所示的结构，冷却水在管外流动，温度为 t_0，表面传热系数 $h_0=2000\sim3000\ \text{W}/(\text{m}^2\cdot\text{K})$，管内中心安置了一芯管，芯管与外管之间用焊接方法安置了 8 个径向肋片，空气在所形成的 8 个扇形空腔中流动，温度为 t_i，表面传热系数为 h_i。运行中芯管的中间不通过空气（进出口堵死）。试针对下列条件计算每米长管子上空气的散热量。$d_i=12\ \text{mm}$，$d_o=36\ \text{mm}$，$t_o=35\ ℃$，$t_i=100\ ℃$，$h_i=50\ \text{W}/(\text{m}^2\cdot\text{K})$，$\delta=1\ \text{mm}$，管材及肋片均为铜，其 $\lambda=390\ \text{W}/(\text{m}\cdot\text{K})$，管子壁厚为 2 mm。

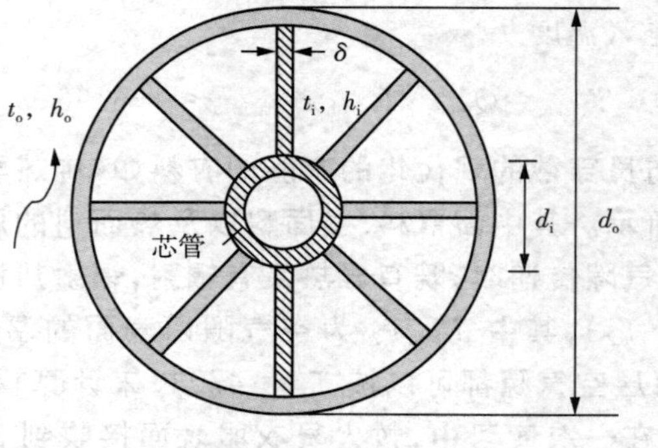

解：由题意得，设肋片高度为 H，则

$$H=\frac{d_o-d_i}{2}+\delta_1+\delta=\frac{36-12}{2}+2+1=15(\text{mm})$$

实际肋长为

$$H'=H+\frac{3.14\times12-8}{8}=15+\frac{3.14\times12-8}{8}=18.71(\text{mm})$$

$$A_L=\delta H'=0.001\times0.01871=1.871\times10^{-5}(\text{m}^2)$$

$$mH'=\sqrt{\frac{2h}{\lambda A_c}}H'^{3/2}=\sqrt{\frac{2\times50}{390\times1.871\times10^{-5}}}\times0.01871^{3/2}=0.3$$

效率

$$\eta_f=\frac{\text{th}(mH')}{mH'}=\frac{0.291}{0.3}=0.97$$

$$A_0=3.14\times10^{-3}\times36=0.113(\text{m}^2)$$

$$A_i=[\pi(d_o-2\delta_1)+\eta_f(8\times2\times H'+\pi d_i-8\delta)]=0.4098\ \text{m}^2$$

$$A_m=3.14\times10^{-3}\times34=0.107(\text{m}^2)$$

$$\Rightarrow\varphi_1=\frac{t-t_o}{\dfrac{1}{h_oA_o}+\dfrac{\delta_1}{\lambda A_m}+\dfrac{1}{h_1A_1}}=1240\ \text{W/m}$$

2-85　在温度变化范围 t_1-t_2 之间，若材料的导热系数与温度成线性关系 $\lambda=\lambda_0(1+bt)$，则可以采用下列方法来确定系数 b：用该材料制成一块厚的平壁，并使其两侧面分别保持在温度 t_1 及 t_2，用热电偶测定平壁中间层的温度 t_c，则由 t_1、t_2 及 t_c 即可确定系数 b。试导出 b 与上述三个温度的关系式。

解：这是一个一维、稳态、无内热源、常物性导热问题

$b>0$，在平壁中任 x 处，有

$$q=-\lambda_0(1+bt)\frac{\mathrm{d}t}{\mathrm{d}x}=\mathrm{const},\int_0^{b} q\mathrm{d}x=-\int_{t_1}^{t_2}\lambda_0(1+bt)\mathrm{c}t,$$

$$q=-\frac{\lambda_0}{\delta}\left[\left(t_2+\frac{bt_2^2}{2}\right)-\left(t_1+\frac{bt_1^2}{2}\right)\right]$$

以 $\delta/2$ 为积分上限积分后得

$$q=-\frac{2\lambda_0}{\delta}\left[\left(t_c+\frac{bt_c^2}{2}\right)-\left(t_1+\frac{bt_1^2}{2}\right)\right]$$

$$\frac{1}{2}\left[\left(t_2+\frac{bt_2^2}{2}\right)-\left(t_1+\frac{bt_1^2}{2}\right)\right]=\left[\left(t_c+\frac{bt_c^2}{2}\right)-\left(t_1+\frac{bt_1^2}{2}\right)\right]$$

$$b=\frac{t_1+t_2-2t_c}{t_c^2-\dfrac{t_1^2+t_2^2}{2}}$$

2-86　一种利用对比法测定材料导热系数装置的示意图如附图所示。用导热系数已知的材料 A 及待测导热系数的材料 B 制成相同尺寸的两个无限长圆柱，并垂直地安置于温度为 t_s 的热源上。采用相同的方法冷却两个柱体，并在离开热源相同的距离 x_1 处测定两柱体的温度 t_A 及 t_B。已知 $\lambda_A=200\ \mathrm{W/(m\cdot K)}$，$t_A=75\ ℃$，$t_B=65\ ℃$，$t_s=100\ ℃$，$t_\infty=25\ ℃$。试确定 λ_B 之值。

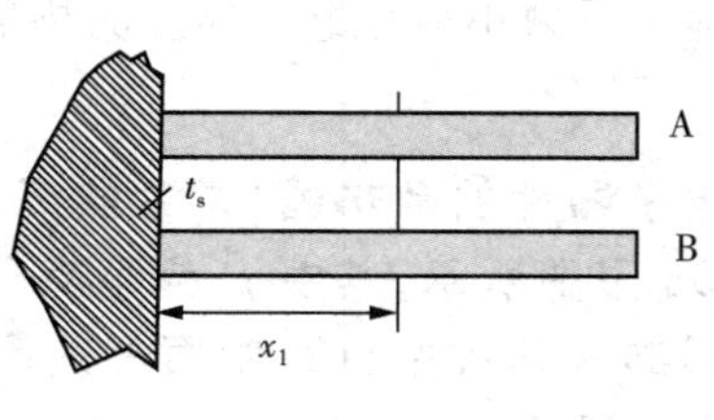

解：设圆棒可作为无限长情形处理，则有

$$\frac{\theta}{\theta_0}=\frac{t-t_\infty}{t_s-t_\infty}=\mathrm{e}^{-mx}$$

$$\Rightarrow\ln\left(\frac{t-t_\infty}{t_s-t_\infty}\right)=-mx=-\sqrt{\frac{hP}{\lambda A_c}}x$$

对两个圆棒有

$$\frac{\ln\left(\frac{t_A-t_\infty}{t_s-t_\infty}\right)}{\ln\left(\frac{t_B-t_\infty}{t_s-t_\infty}\right)}=\sqrt{\frac{\lambda_B}{\lambda_A}}$$

$$\sqrt{\lambda_B}=\sqrt{\lambda_A}\frac{\ln\left(\frac{t_A-t_\infty}{t_s-t_\infty}\right)}{\ln\left(\frac{t_B-t_\infty}{t_s-t_\infty}\right)}$$

$$\lambda_B=83.2\ \mathrm{W/(m\cdot K)}$$

2-87　当把直径为 d 的一金属柱体安置到温度为 t_s 的等温壁面上去时，一般都假定金属柱体与基体交接处的温度仍为 t_s。实际上，由于要向柱体传导热量，交接处(即肋根)的温度常常要略低于离开肋根较远处的温度 t_s(设柱体周围的流体温度低于 t_∞)。试：(1)定性地画出肋根附近(包括基体及柱体中的部分区域)的等温线分布；(2)定性地分析柱体与周围流体间的表面传热系数 h 及柱体导热系数 λ 的大小对肋根处温度下降的影响；(3)如果把柱体看成是测定壁温的热电偶，由上述分析可以得到什么样的启示？设柱体与基体之间接触良好，不存在接触热阻。

解：设稳态，无接触热阻。

(1)肋根附近的等温线分布如图所示。

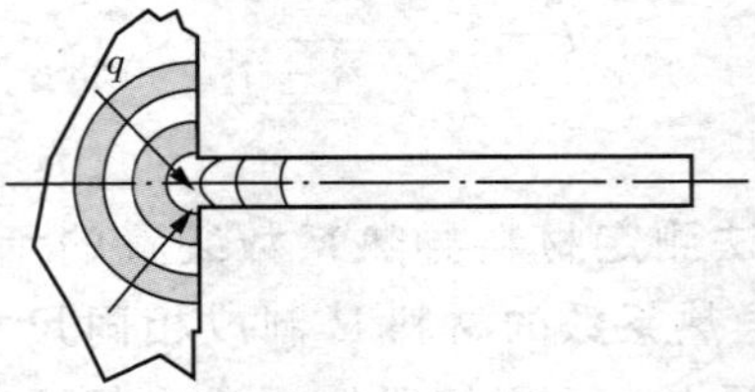

(2)h 越大，肋根处温度下降越明显；导热系数越大，肋跟处温度下降越明显。

(3)热电偶热节点测定的温度值偏离了未接触热电偶时刻处的温度值，因此存在着测温误差，要减少测温误差，应尽量减小沿热电偶导线的热量传递，即选择导热系数较小的材料做热电偶材料。

2-88　有一用于冷却电子器件的散热器(常称热沉，heat sink)如《传热学(第6版)》(陶文铨编著)习题 2-88 附图所示，其中 L 为垂直于纸面方向的尺度。热沉底面温度为 75 ℃。试计算：(1)肋片的效率；(2)肋面总效率；(3)该热沉能散发的热量热沉的材料为铝，导热系数为 180 W/(m·K)。

解：对于矩形肋片，肋片效率 η_f 可以通过以下公式计算：

$$\eta_f=\frac{\mathrm{th}(mH)}{mH}$$

其中 m 为肋片参数，定义为

$$m=\sqrt{\frac{2h}{k\cdot t}}=8.6\ \mathrm{m^{-1}}$$

$$mH=8.6\times0.025=0.215$$

$$\eta_f=\frac{\text{th}(0.215)}{0.215}=0.9809$$

肋片效率约为 0.9809。

肋面总效率定义为所有肋片实际散热量之和与理想情况下（肋片温度恒为基底温度）散热量之和的比值，计算公式为

$$\eta_{\text{total}}=1-\frac{A_f}{A_t}(1-\eta_f)$$

A_f 是肋片总表面积；A_t 是热沉的总表面积。

假设有 N 个肋片，并且肋片间距较小，肋片总宽度近似为 W。

肋片的表面积计算为

$$A_{\text{single}}=2\times6\times L\cdot H=0.036\ \text{m}^2$$

$$A_{\text{base}}=L\times W=0.18\times0.12=0.0216(\text{m}^2)$$

$$A_t=0.0576\ \text{m}^2$$

$$\eta_{\text{total}}=1-\frac{A_f}{A_t}(1-\eta_f)$$

$$=1-\frac{0.036}{0.0576}\times(1-0.9809)$$

$$=0.9881$$

2-89　有一用针肋构成的热沉用来使处于微腐蚀性环境中的发热表面维持在 70 ℃，发热表面的尺寸为 10 cm×16 cm。针肋的高度与直径分别为 3 cm 与 4.2 cm，材料为不锈钢，导热系数为 15 W/(m·K)。在周围流体温度为 20 ℃、考虑对流与辐射作用在内的表面传热系数为 70 W/(m^2·K)的条件下，试计算为散发 80 W 的热量需要多少个针肋？

解：由题意得

$$H'=H+d/4=(3+4.2/4)=4.05(\text{cm})$$

$$m=\sqrt{\frac{4h}{\lambda d}}=\sqrt{\frac{4\times70}{15\times4.2\times10^{-2}}}=21.082$$

单个针肋的效率

$$\eta_f=\frac{\text{th}(mH')}{mH'}=0.812$$

假设 $\Phi=80$ W 时需要 n 个针肋，则有

$$\begin{aligned}\Phi &= hA_o(t_w - t_f)\eta_o \\ &= h(t_w - t_f)(A_r + \eta_f A_f) \\ &= h(t_w - t_f)\left(A - \frac{n\pi d^2}{4} + \eta_f n\pi dH\right)\end{aligned}$$

求得 $n=3.6$，所以当散热量为 80 W 时需要 4 个针肋。

2-90　为了测定 CO_2 在微细管道内的对流传热表面传热系数，采用对实验管道直流通电加热的方法。假定电流产生的热量所形成的内热源均匀分布，记为 $\dot{\Phi}$，管道的内外径分别为 d 与 D，外表面绝热良好[见《传热学(第 6 版)》(陶文铨编著)习题 2-90附图]，通过管壁的导热可以作为一维问题处理。实验测得管外壁面温度为 $t_{wo}(x)$，试导出据测定的外表面温度 $t_{wo}(x)$ 及 $\dot{\Phi}$ 确定管子内壁面温度 $t_{wi}(x)$ 的计算式。

解：热传导方程

$$q=\lambda \frac{\mathrm{d}T}{\mathrm{d}r}$$

其中 q 是单位长度管道的热流率，λ 是材料的导热系数，T 是管道壁的温度，r 是从管道中心线到管道壁的距离。

由于热源 $\dot{\Phi}$ 均匀分布，热流率 q 可以表示为

$$q=\dot{\Phi}$$

将 q 代入热传导方程，得到：

$$\dot{\Phi}=\lambda \frac{\mathrm{d}T}{\mathrm{d}r}$$

对于管道内壁和外壁，可以写出两个边界条件下的热传导方程：

1. 管道内壁($r=d/2$)的热传导方程

$$\dot{\Phi}=\lambda \frac{t_{wi}(x)-T_{流体}}{d/2}$$

2. 管道外壁($r=D/2$)的热传方程[由于外表面绝热，外壁温度即为外界环境温度 $t_{wo}(x)$]

$$0=\lambda \frac{t_{wo}(x)-T_{环境}}{D/2}$$

由于外表面绝热，实际上 $t_{wo}(x)$ 应该等于 $T_{环境}$，这意味着外壁没有热量损失，因此上面的第二个方程实际上是一个绝热条件。

因此需要解第一个方程来找到 $t_{wi}(x)$。由于 $q=\dot{\Phi}$ 是常数，可以将 $\dot{\Phi}$ 移到方程的另一边并解出 $t_{wi}(x)$：

$$t_{wi}(x)=\frac{\dot{\Phi}\cdot(d/2)}{\lambda}+T_{流}$$

这里 $T_{流体}$ 是流体的温度，它可能是已知的，或者是通过其他方式测量得到的。

最终得到内壁面 $t_{wi}(x)$ 的计算式：

$$t_{wi}(x)=\frac{\varphi \cdot d}{2\lambda}+T_{流}$$

2-91　对于长方形截面的直肋片，试分析在一定的金属耗量下，为使肋片的散热量最大，肋片的 H、δ 与 λ、h 之间应满足怎样的关系？[参见《传热学(第 6 版)》(陶文铨编著)图 2-18]。

解：对于具有长方形截面的直肋片，优化其散热量以最大化热传递效率需要在一定的金属耗量下分析其几何尺寸(高度 H)和厚度(δ))与导热系数(λ)和对流传热系数(h)之间的关系。

要最大化肋片的散热量，需使得肋片的热传递性能最佳，这可以通过优化肋片的几何尺寸来实现。以下是主要考虑的几个关键步骤和公式：

1. 导热方程

肋片的热传导方程为

$$\frac{d^2 T}{dx^2}-\frac{hP}{\lambda A_c}(T-T_{\infty})=0$$

其中(P)是肋片的周长，(A_c)是肋片的截面积，(T)是肋片温度，(T_{∞})是环境温度。

2. 截面积和周长

对于长方形截面的直肋片：

$$A_c=H\delta P=2(H+\delta)$$

3. 特征参数 m

特征参数 m 定义为

$$m=\sqrt{\frac{hP}{\lambda A_c}}=\sqrt{\frac{h \cdot 2(H+\delta)}{\lambda \cdot H\delta}}$$

4. 优化条件

目标是最大化散热量，散热量与肋片的有效长度和热阻有关。为了使得肋片在一定金属耗量(体积)下的散热量最大化，导出肋片的优化尺寸关系。

5. 金属耗量约束

假设肋片的总金属体积 V 是一定值：

$$V=H\delta L$$

其中 L 是肋片的长度(深度方向)。

6. 优化结果

通过优化分析，考虑热传导方程和边界条件(例如，肋片基部的温度固定为(T_b)，可以得到如下关系：

$$\frac{H}{\delta}=\sqrt{\frac{\lambda}{2h}}$$

这是因为在优化肋片的散热量时，较高的高宽比（即 H/δ）可以增加肋片的表面积，从而增加散热量。而这个高宽比应当与材料导热系数 λ 和对流传热系数 h 的平方根成比例。

总结

为了在一定的金属耗量下使长方形截面的直肋片的散热量最大化，肋片的高度 H 和厚度 δ 之间的关系应满足：

$$\frac{H}{\delta}=\sqrt{\frac{\lambda}{2h}}$$

这表明，肋片的几何设计需要在高度和厚度之间找到一个平衡点，这个平衡点与肋片材料的导热系数和环境的对流传热系数相关。

2-92　对于如附图所示的圆截面直肋，设肋端（$x=H$ 处）是绝热的。按本书的讨论，肋片中过余温度的分布满足

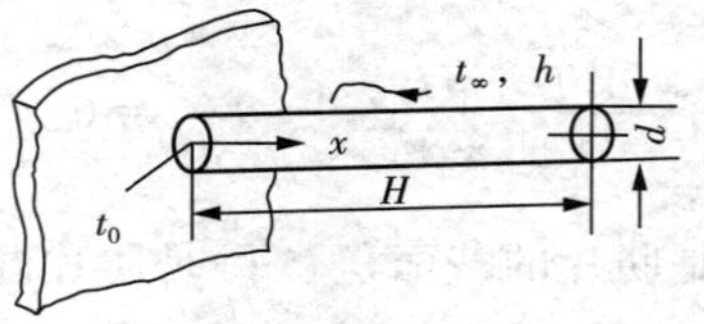

$$\theta(x)=\theta_0\frac{\mathrm{ch}[m(x-H)]}{\mathrm{ch}(mH)},m=\sqrt{\frac{hP}{\lambda A_c}}$$

在导出上式的几个假定条件下，试分析在一定的金属消耗量下，为使肋片的散热量达到最大，肋片的几何尺寸 H、d 与其导热系数 λ、表面传热系数 h 之间应满足怎样的关系？设 λ、h 均为常数。

解：为了使肋片的散热量达到最大，需要在一定的金属消耗量（体积）条件下优化肋片的几何尺寸。首先回顾肋片的过余温度分布和导热传递的基本概念。

1. 肋片的过余温度分布

给出的过余温度分布方程为

$$\theta(x)=\theta_0\frac{\mathrm{ch}[m(x-H)]}{\mathrm{ch}(mH)}$$

其中：

$$m=\sqrt{\frac{hP}{\lambda A_c}}$$

2. 肋片的散热量

肋片的总散热量可表示为

$$Q=h\int_0^H P\theta(x)\,\mathrm{d}x$$

3. 优化问题的设定

为了在一定的金属消耗量(体积)条件下优化肋片的几何尺寸以达到最大散热量,需要找到肋片长度 H 和直径 d 的关系。

(1) 体积约束

假设肋片的金属体积 V 是固定的,则有

$$V=A_c\cdot H=\frac{\pi d^2}{4}\cdot H$$

(2) 散热量计算

由于 m 是优化参数之一,替换 m 表达式中的几何参数:

$$m=\sqrt{\frac{hP}{\lambda A_c}}=\sqrt{\frac{h\pi d}{\lambda\pi d^2/4}}=\sqrt{\frac{4h}{\lambda d}}$$

所以,温度分布方程变为

$$\theta(x)=\theta_0\frac{\mathrm{ch}\left[\sqrt{\frac{4h}{\lambda d}}(x-H)\right]}{\mathrm{ch}\left(\sqrt{\frac{4h}{\lambda d}}H\right)}$$

(3) 最大散热量的条件

为了使散热量 Q 最大,需要使以下积分最大化:

$$Q=h\int_0^H P\theta(x)\mathrm{d}x$$

由于 $P=\pi d$,我们有:

$$Q=h\pi d\int_0^H\theta(x)\mathrm{d}x$$

将 $\theta(x)$ 的表达式代入:

$$Q=h\pi d\int_0^H\theta_0\frac{\mathrm{ch}\left[\sqrt{\frac{4h}{\lambda d}}(x-H)\right]}{\mathrm{ch}\left(\sqrt{\frac{4h}{\lambda d}}H\right)}\mathrm{d}x$$

不难看出,随着 d 和 H 的变化,确定的 m 影响肋片温度分布和散热量。

4. 最优关系

为了使散热量 Q 最大化,需要对传热系数 h、导热系数 λ 和几何尺寸 H、直径 d 进行优化。

从体积约束条件出发:

$$H=\frac{4V}{\pi d^2}$$

替换到 m 的表达式中：

$$m=\sqrt{\frac{4h}{\lambda d}}$$

优化散热 Q 的条件是找到最优的 d 值，使得 $\mathrm{ch}\left(\sqrt{\frac{4h}{\lambda d}}H\right)$ 最大化。

最终，可以得到如下关系：

$$H \propto \sqrt{\frac{\lambda d^3}{h}}$$

因此，在一定的金属消耗量下，为使肋片的散热量达到最大，肋片的几何尺寸 H、直径 d 与其导热系数 λ、表面传热系数 h 应满足的关系是：

$$H \propto \left(\frac{\lambda d^3}{h}\right)^{\frac{1}{4}}$$

这意味着在给定的金属体积和材料属性（导热系数和传热系数）下，肋片的长度 H 应当与直径 d 的三次方成正比，这样能够使得肋片的散热量达到最大。

2.4　名校考研真题集锦

1.（三一丛书）在寒冷的北方地区，建房用砖采用实心砖还是多孔的空心砖好？

答：在其他条件相同时，实心砖材料如红砖的导热系数约为 0.5 W/(m·K)(35 ℃)，而多孔空心砖中充满着不动的空气，空气在纯导热（即忽略自然对流）时，其导热系数很低，是很好的绝热材料。因而用多孔空心砖好。

2.（东南大学 2019 年真题）无限大平壁，宽度 δ，内热源 Φ，左侧绝热，右侧流体 t_f、h。

(1)求出右侧壁和流体之间热流密度 q 和右侧壁温度 t_1；

(2)τ_0 时关闭内热源，写出以后描述温度分布的微分方程和定解条件。

解：(1)由题意可得微分方程为

$$\frac{\mathrm{d}^2 t}{\mathrm{d}x^2}+\frac{\Phi}{\lambda}=0$$

定解条件为

$$x=0, \frac{\mathrm{d}t}{\mathrm{d}x}=0$$

积分可得

$$\frac{\mathrm{d}t}{\mathrm{d}x}=-\frac{f}{\lambda}x+a$$

代入定解条件可得 $a=0$，所以可得

$$\frac{\mathrm{d}t}{\mathrm{d}x}=-\frac{f}{\lambda}x$$

$$q=-\lambda\frac{\mathrm{d}t}{\mathrm{d}x}=fx$$

当 $x=\delta$ 时，右侧壁和流体之间得热流密度 $q=\Phi\delta$
则可得

$$q=h(t_1-t_f)=f\delta$$

$$t_1=\frac{f\delta}{h}+t_f$$

(2)τ_0 时关闭内热源，微分方程为

$$\frac{\mathrm{d}^2t}{\mathrm{d}x^2}=0$$

定解条件为

$$x=0,\frac{\mathrm{d}t}{\mathrm{d}x}=0$$

3.(东南大学 2020 年真题)一维稳态平板材料，厚度为 2 cm，截面积为 0.1 m^2。平板一面保持 40 ℃。另一面保持 90 ℃，四周绝热，材料中心面温度为 60 ℃，通过平板的热流量为 1 kW。

(1)试写出平板材料导热率随温度变化的线性函数关系[$\lambda=\lambda_0(1+bt)$]。

(2)若平板内部有均匀发热的元件，内热源强度为 100 W/m^3。边界面上温度不变，写出该平板的温度分布。

解：(1)由傅里叶方程

$$\Phi=-\lambda A\frac{\mathrm{d}t}{\mathrm{d}x}$$

设

$$\lambda=a+bt$$

所以

$$1000=-0.1\cdot(a+bt)\frac{\mathrm{d}t}{\mathrm{d}x}$$

$$-10000\mathrm{d}x=(a+bt)\mathrm{d}t$$

$$-10000x=at+\frac{1}{2}bt^2\ \Big|_{90}^{t}$$

将 $x=0.01$ m，$t=60$ ℃；$x=0.02$ m，$t=40$ ℃ 代入上式

$$a\times 60+\frac{b}{2}\times 3600-90a-\frac{b}{2}\times 8100=-100$$

$$a\times 40+\frac{b}{2}\times 1600-90a-\frac{b}{2}\times 8100=-200$$

计算得

$$a=\frac{25}{3},b=-\frac{1}{15}$$

所以

$$\lambda=\frac{1}{15}(125-t)$$

(2) 由题目给定条件化简导热微分方程得

$$0=\frac{\partial}{\partial x}\left(\lambda\frac{\partial t}{\partial x}\right)+\Phi$$

所以

$$\frac{\partial}{\partial x}\left[\left(\frac{25}{3}-\frac{1}{15}t\right)\frac{\partial t}{\partial x}\right]=-100$$

$$\left(\frac{25}{3}-\frac{1}{15}t\right)\frac{\mathrm{d}t}{\mathrm{d}x}=-100x+c_1$$

两边积分

$$\int_{00}^{60}\left(\frac{25}{3}-\frac{1}{15}t\right)\mathrm{d}t=\int_{0}^{0.01}(-100x+c_1)\mathrm{d}x$$

$$\left(\frac{25}{3}t-\frac{1}{30}t^2\right)\Big|_{90}^{60}=(-50x^2+c_1x)\Big|_0^{0.01}$$

$$c_1=-9999.5$$

温度的数学描写：

$$\left(\frac{25}{3}t-\frac{1}{30}t^2\right)\Big|_{90}^{t}=(-50x^2-9999.5x)\Big|_0^{x}$$

即

$$\frac{25}{3}t-\frac{1}{30}t^2-480=-50x^2-9999.5x;x\in[0,0.02]$$

4.(华北电力大学 2001 年真题)一炉壁内表面温度为 1300 ℃,第一层材料为耐火砖,导热系数 $\lambda=1.7$ W(m・K),允许使用的最高温度为 1400 ℃,第二层材料为绝热砖,导热系数 $\lambda=0.35$ W/(m・K),允许使用的最高温度为 1000 ℃,绝热砖外表面温度为 200 ℃,第三层是厚度一定的铁板。热稳定状态下通过炉壁的热流密度为

3000 W/m²。试问两种材料厚度各为多少才能使炉壁的总厚度最小？

解：由傅里叶导热定律知

$$q_w = -\lambda \frac{dt}{dx}$$

$$q_w = \lambda_1 \frac{1300-t}{\delta_1}$$

$$q_w = \lambda_2 \frac{t-200}{\delta_2}$$

代入数据得

$$\delta_1 = \frac{1.7\times(1300-t)}{3000}$$

$$\delta_2 = \frac{0.35\times(t-200)}{3000}$$

$$\delta_1+\delta_2 = \frac{1}{3000}[1.7\times(1300-t)+0.35\times(t-200)] = \frac{1}{3000}\times(2140-1.35t)$$

由于 $t\leqslant 1000$ ℃，所以 $(\delta_1+\delta_2)_{\min}$ 在 $t=1000$ ℃时取得 263.33 mm

代入上式得

$$\delta_1 = 17000\ \text{mm}, \delta_2 = 93.3\ \text{mm}$$

5.（华北电力大学 2001 年真题）一个具有均匀内热源的大平壁，厚度为 δ，平壁一侧绝热，另一侧暴露于温度为 t 的流体中，对流传热系数为 α，平壁的导热系数为 λ，试导出平壁中温度分布的解析表达式，并据此得出平壁中温度最高点的位置。

解：由题意得

$$\begin{cases} \lambda \dfrac{d^2 t}{dx^2} + Q = 0 & ① \\ \left.\dfrac{dt}{dx}\right|_{x=0} = 0 & ② \\ -\lambda \left.\dfrac{dt}{dx}\right|_{x=\delta} = \alpha(|_{x=\delta} - t_f) & ③ \end{cases}$$

由①得

$$t = -\frac{1}{2}\frac{Q}{\lambda}x^2 + + C_1 x + C_2$$

由②代入得

$$C_1 = 0$$

由③代入得

$$C_2=\frac{Q\delta}{\alpha}+\frac{Q}{2\lambda}\delta^2+t_f$$

$$t=-\frac{Q}{2\lambda}x^2+\frac{Q\delta}{\alpha}+\frac{Q}{2\lambda}\delta^2+t_f$$

当 $x=0$ 时，有

$$t_{\max}=\frac{Q}{2\lambda}\delta^2+\frac{Q\delta}{\alpha}+t_f$$

6.（华北电力大学 2010 年真题）推导三角形肋片导热微分方程表达式

解：

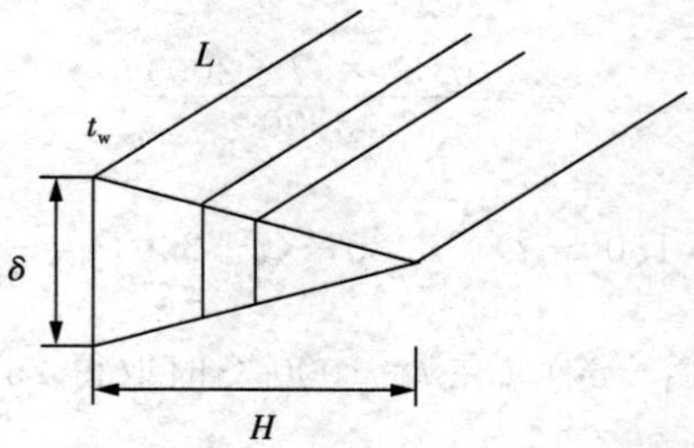

一维稳态有内热源问题，导热微分方程为

$$\frac{d}{dx}\left[\lambda A(x)\frac{dt}{dx}\right]=hP(t-t_\infty)$$

由于 $H\gg\delta$ 且 $L\gg\delta$，则 $P\approx 2L, A_c=L\dfrac{\delta x}{H}$

代入上式得

$$\frac{d^2t}{dx^2}+\frac{1}{x}\frac{dt}{dx}=\frac{2hH(t-t_\infty)}{\lambda\delta x}$$

边界条件：

$$x=0, t=t_0$$

$$x=H, \frac{dt}{dx}=0$$

第3章　非稳态导热的计算

3.1　知识网络

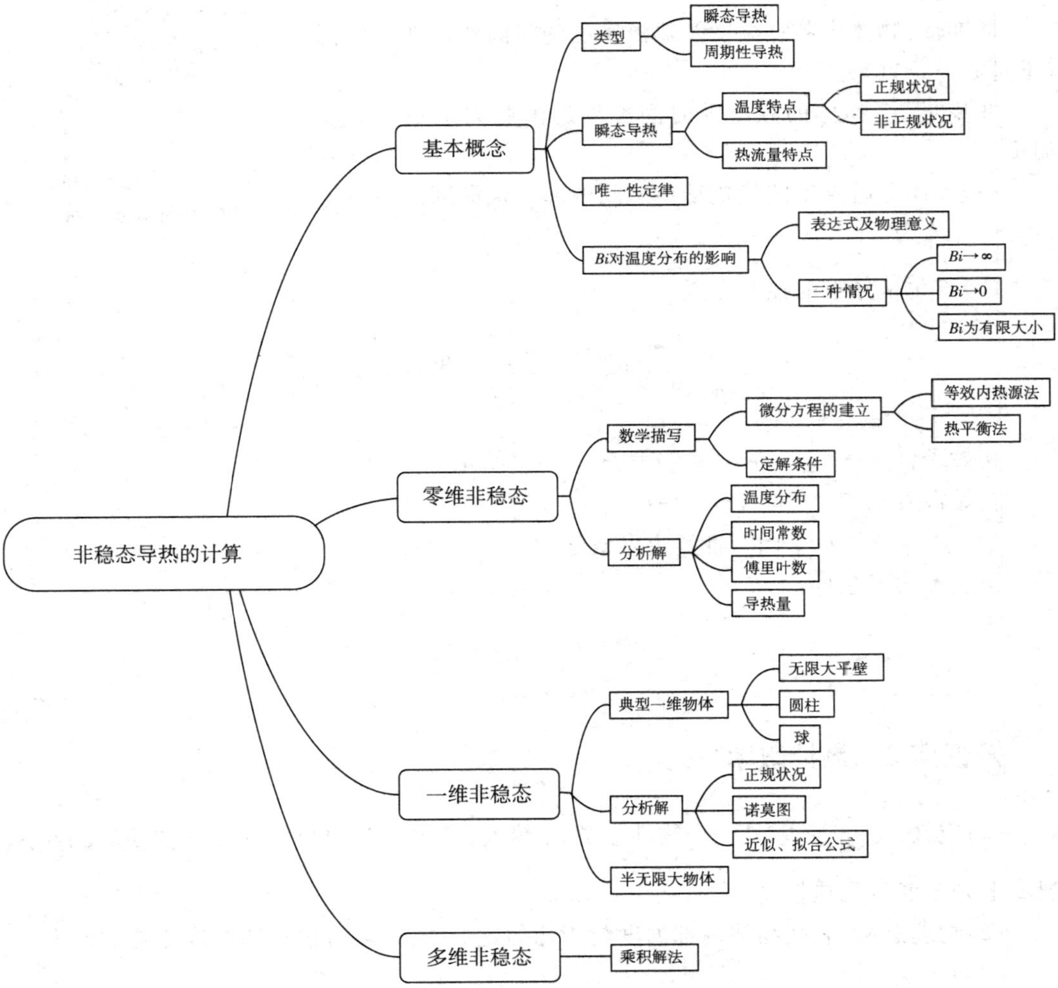

3.2 传热学知识点

知识点 1 非稳态导热的基本特点

(1)物体的温度随时间而变化,非稳态导热过程中的温度分布如图 3-1 所示。

(2)在垂直于热量传递方向的每一个截面上,导热量处处不同。

注:对非稳态导热一般不能用热阻的方法来做问题的定量分析。

(3)非稳态导热可以分为周期性和非周期性两种类型。

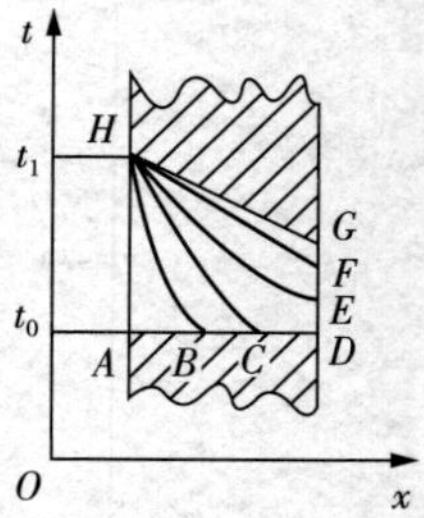

图 3-1 非稳态导热过程中的温度分布

【非稳态导热】

周期性:物体中各点温度及热流密度随时间作周期性变化(不是研究重点);

非周期性:物体的温度随时间推移逐渐趋向于一个恒定温度。

(4)界面上所发生的热扰动传递到内部一定深度需要一定时间。

(5)直角坐标下的控制方程

$$\frac{\partial t}{\partial \tau}=\frac{\lambda}{\rho c}\left(\frac{\partial^2 t}{\partial x^2}+\frac{\partial^2 t}{\partial y^2}+\frac{\partial^2 t}{\partial z^2}\right)+\frac{\dot{\Phi}}{\rho c}=\frac{\lambda}{\rho c}\nabla^2 t+\frac{\dot{\Phi}}{\rho c}$$

初始条件:$t=f(x,y,z,\tau=0)=f(x,y,z)$给定

初始温度均匀:$t(x,y,z,0)=t_0$

BC(边界条件):Ⅰ,Ⅱ,Ⅲ类边界条件

第三类边界条件:

$$-\lambda\left(\frac{\partial t}{\partial n}\right)_{\mathrm{w}}=h(t_{\mathrm{w}}-t_{\mathrm{f}})$$

知识点 2 热扩散率

(1)定义:$a=\frac{\lambda}{\rho c}$。它是一个物性参数,λ 越大,一定时间内可传递更多热量,ρc 越小,温度上升 1 度所需热量越少。

(2)物理意义:表征物体内部温度趋于均匀化的能力,或者说传递温度变化的能力。

(3)a 与 λ:

稳态导热温度分布,一般最多仅与 λ 有关,非稳态导热温度分布,一般与 λ 及 a 均有关。

知识点 3　第三类边界条件下 Bi 数对平板中温度分布的影响

金属平板：厚为 2δ，初温 t_0，突然放入温度为 t_∞ 的流体中冷却，表面传热系数 h，平板导热系数为 λ，第三类边界条件下 Bi 对温度分布的影响如图 3－2 所示。

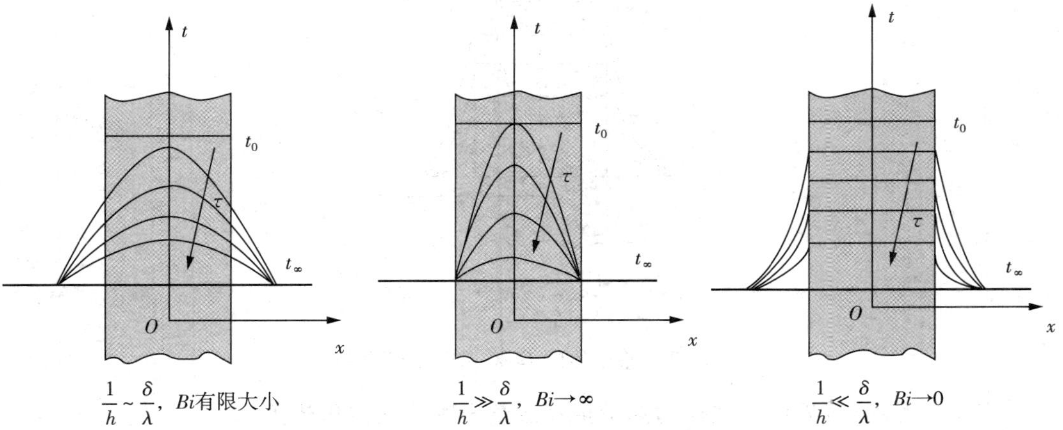

图 3－2　第三类边界条件下 Bi 对温度分布的影响

【毕渥准则数 Bi】

$$Bi=\frac{hl}{\lambda}$$

其中，l 为特征长度。

对于无限大平板：

$$Bi=\frac{h\delta}{\lambda}=\frac{\delta/\lambda}{1/h}=\frac{\text{物体内部导热热阻}}{\text{物体表面对流传热热阻}}$$

Bi 物理意义：固体内部单位导热面积上的导热热阻与单位表面积上的传热热阻之比。Bi 的大小反映了物体在非稳态条件下内部温度场的分布规律。

知识点 4　零维问题的分析法——集中参数法

【集中体的概念】

内部导热热阻远小于表面传热热阻的非稳态导热体称为集中体，任意时刻导热体内部各点温度接近均匀，这样导热体的温度只随时间变化，而不随空间变化，又称为零维问题。

优点：可以处理任意形状的物体。

流体温度 t_∞，表面传热系数 h

$$\frac{\mathrm{d}t}{\mathrm{d}\tau}=\frac{\dot{\Phi}}{\rho c}$$

集中体的 Bi 对温度分布的影响如图 3 - 3 所示。

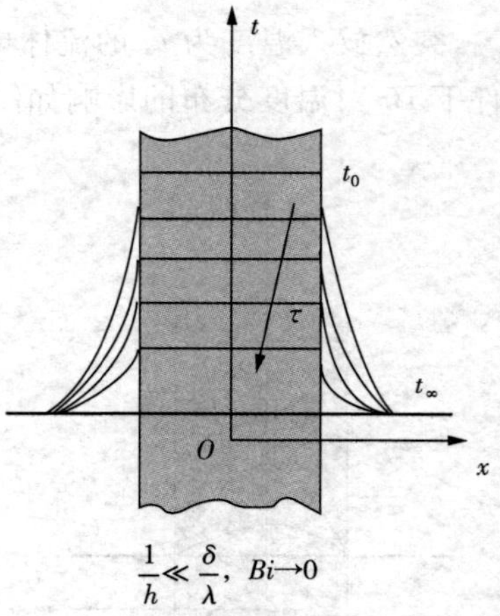

图 3 - 3　集中体的 Bi 对温度分布的影响

广义热源项：将界面上交换的热量折算成整个物体的体积热源

$$-\dot{\Phi}V = Ah(t - t_\infty)$$

$$\rho Vc \frac{dt}{d\tau} = -hA(t - t_\infty)$$

$\rho Vc \frac{dt}{d\tau}$ 是热力学能增量，$-hA(t - t_\infty)$ 是表面对流传热量。

令：$\theta = t - t_\infty$ 过余温度

方程式及边界条件可改写为

$$\rho Vc \frac{d\theta}{d\tau} = -hA\theta$$

$$\tau = 0, \theta_0 = t_0 - t_\infty$$

整理后得：$\frac{1}{\theta} d\theta = -\frac{hA}{\rho Vc} d\tau$。

对 t 从 0 到任意时刻 t 积分

$$\int_{\theta_0}^{\theta} \frac{1}{\theta} d\theta = -\frac{hA}{\rho Vc} \int_0^{\tau} d\tau$$

$$\frac{\theta}{\theta_0} = \frac{t - t_\infty}{t_0 - t_\infty} = e^{-\frac{hA}{\rho Vc}\tau}$$

(1)θ 与几何位置无关，$\theta = \theta(\tau)$

(2)θ 与 λ 以及 a 有关

$$\frac{hA}{\rho Vc}\tau = \frac{h(V/A)}{\lambda} \frac{a\tau}{(V/A)^2} = Bi_V Fo_V$$

Bi_V 是特征尺度 l 用 V/A 表示的毕渥数，$Bi_V=\dfrac{h(V/A)}{\lambda}$；

Fo_V 是特征尺度 l 用 V/A 表示的傅里叶数，无量纲时间，$Fo_V=\dfrac{a\tau}{(V/A)^2}$。

【傅里叶数】

$$Fo=\frac{\tau}{l^2/a}=\frac{\text{换热时间}}{\text{边界热扰动扩散到 } l^2 \text{ 面积上所需的时间}}$$

3.3　传热学复习题

3.3.1　思考题

1. 试说明集中参数法的物理概念及数学处理的特点。

答：当内外热阻之比趋于零时，影响换热的主要环节是在边界上的换热能力。内部由于热阻很小而温度趋于均匀，以至于不需要关心温度在空间的分布，温度只是时间的函数，数学描述上由偏微分方程转化为常微分方程、大大降低了求解难度。

2. 在用热电偶测定气流的非稳态温度场时，怎样才能改善热电偶的温度响应特性？

答：要改善热电偶的温度响应特性，即最大限度降低热电偶的时间常数 $\tau_c=\dfrac{\rho c v}{hA}$，形状上要降低体面比，要选择热容小的材料，要强化热电偶表面的对流传热。

3. 试说明"一维"平板的物理概念，并举出一两个可以按一维平板处理的非稳态导热问题。

答：在热传导问题中，如果平板的厚度远小于其长度和宽度，且热量传递主要发生在平板的厚度方向上，而在长度和宽度方向上的热量传递可以忽略不计，那么这样的平板就可以被视为"一维"平板。

举出 2 个例子按一维平板处理的非稳态导热问题：

(1)加热或冷却的金属板：考虑一个金属板，其初始温度与环境温度不同。对金属板的一侧进行加热或冷却，而另一侧则保持绝热或与环境进行热交换。由于金属板的厚度远小于其长度和宽度，且热量传递主要发生在厚度方向上，因此这个问题可以按一维平板的非稳态导热问题来处理。

(2)建筑物墙体的热传递：考虑一个单层砖墙，其厚度远小于墙面的长度和高度。当室外温度突然变化时，可以忽略墙面长度和高度方向上的热量传递，而只关注墙体厚度方向上的非稳态导热过程。这样也可以简化为一维平板的非稳态导热问题。

4. 什么叫非稳态导热的正规状况阶段或充分发展阶段？这一阶段在物理过程及数学处理上都有些什么特点？

答：非稳态导热过程进行到一定程度，初始温度分布的影响就会消失，虽然各点温度仍随时间变化，但过余温度的比值已与时间无关，只是几何位置(x/δ)和边界条件(Bi 数)的函数，亦即无量纲温度分布不变，这一阶段称为正规状况阶段或充分发展阶段。这一阶段的数学处理十分便利，温度分布计算只需取无穷级数的首项进行计算。

5. 有人认为，当非稳态导热过程经历时间很长时，如《传热学(第 6 版)》(陶文铨编著)图 3－8 计算所得的结果是错误的。理由是：这个图表明，物体中各点的过余温度的比值仅与几何位置及 Bi 有关，而与时间无关。但当时间趋于无限大时，物体中各点的温度应趋近流体温度，所以两者是有矛盾的。你是否同意这种看法，说明你的理由。

答：我不同意这种看法，因为随着时间的推移，虽然物体中各点过余温度的比值不变，但各点温度的绝对值在无限接近。这与物体中各点温度趋近流体温度的事实并不矛盾。

6. 试说明 Bi 数的物理意义。$Bi \to 0$ 及 $Bi \to \infty$ 各代表什么样的换热条件？有人认为，$Bi \to 0$ 代表了绝热工况，你是否赞同这一观点，为什么？

答：Bi 数是物体内外热阻之比的相对值。$Bi \to 0$ 时说明传热热阻主要在边界，内部温度趋于均匀，可以用集中参数法进行分析求解；$Bi \to \infty$ 时，说明传热热阻主要在内部，可以近似认为壁温就是流体温度。认为 $Bi \to 0$ 代表绝热工况是不正确的，该工况是指边界热阻相对于内部热阻较大，而绝热工况下边界热阻无限大。

7. 什么是非稳态导热问题的乘积解法，它的使用条件是什么？

答：对于二维或三维非稳态导热问题的解等于对应几个一维问题解的乘积，其解的形式是无量纲过余温度，这就是非稳态导热问题的乘积解法，其使用条件是恒温介质，第三类边界条件或边界温度为定值、初始温度为常数的情况。

8. 什么是“半无限大”的物体？半无限大物体的非稳态导热存在正规状况阶段吗？

答：所谓“半无限大”物体是指平面一侧空间无限延伸的物体：因为物体向纵深无限延伸，初始温度的影响永远不会消除，所以半无限大物体的非稳态导热不存在正规状况阶段。

9. 冬天，72 ℃的铁与 600 ℃的木材摸上去的感觉不一样，为什么？

答：铁是一种热导率非常高的金属。因此，当手接触到 72 ℃的铁时，铁会迅速地将热量传递给我们的手，使得我们手上的温度迅速升高，从而感觉到非常烫。相比之下，木材的热导率要低得多。尽管木材的温度高达 600 ℃，但由于其热导率低，所以热量传递给手的速度相对较慢。因此，在刚开始触摸的瞬间，可能并不会感觉到像铁那样剧烈的烫感。

10. 本章的讨论都是对物性为常数的情形作出的，对物性是温度函数的情形，你认为怎样获得其非稳态导热的温度场？

答：从分析解形式可见，物体的无量纲过余温度是傅里叶数($a\tau/l^2$)的负指数函数，即表示在相同尺寸及换热条件下，导温系数越大的物体到达指定温度所需的时间越短、这正说明导温系数所代表的物理含义。

11. 图 3－8 表明当 Bi 足够大时，三种几何形状的 μ_1 均为常数，这代表了什么样的导热工况？

答：如《传热学(第 6 版)》(陶文铨编著)图 3－8 所展示的现象，即当 Bi 足够大时，三种几何形状的 μ_1 通常指的是热阻比或某种与导热性能相关的无量纲参数，这代表了特定的导热工况，即稳态导热且边界层效应可忽略不计的工况。

3.3.2　基本概念及定性分析

3－1　设有五块厚 30 mm 的无限大平板，各用银、铜、钢、玻璃及软木做成，初始温度均匀(20 ℃)，两个侧面突然上升到 60 ℃，试计算使用中心温度上升到 56 ℃时各板所需的时间。五种材料的热扩散率依次为 170×10^{-6} m²/s、103×10^{-6} m²/s、12.9×10^{-6} m²/s、0.59×10^{-6} m²/s、0.155×10^{-6} m²/s。由此计算你可以得出什么结论？

解：对于一维非稳态无限大平板，它的温度分布如下：

$$\frac{\theta}{\theta_0}=\frac{t-t_0}{t_\infty-t_0}=f\left(Bi,Fo,\frac{x}{\delta}\right)$$

五种材料的无限大平板均处于第一类边界条件(即 $Bi\rightarrow\infty$)。

材料达到同样工况式 Bi 数和 x/δ 相同，要使温度分布相同，则只需 Fo 数相同

因此，$(Fo)_1=(Fo)_2$，即 $\left(\frac{\alpha\tau}{\delta^2}\right)_1=\left(\frac{\alpha\tau}{\delta^2}\right)_2$，而 δ 相等

故知 α 小所需时间大 $\alpha_{铜}>\alpha_{银}>\alpha_{钢}>\alpha_{玻璃}>\alpha_{软木}$

所以 $\tau_{铜}<\tau_{银}<\tau_{钢}<\tau_{玻璃}<\tau_{软木}$。

3－2　设一根长为 l 的棒有均匀初温度 t_0，此后使其两端在恒定的 $t_1(x=0)$ 及 $t_2>t_1>t_0$。棒的四周保持绝热。试画出棒中温度分布随时间变化的示意曲线及最终的温度分布曲线。

解：棒的四周保持绝热，所以，温度分布相当于厚为 l 的无限大平板中的分布，随时间而变化的情形定性的示意图中。

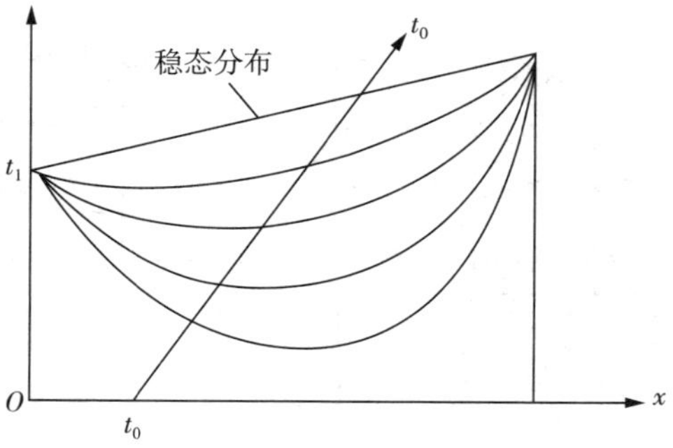

3－3　假设把汽轮机的汽缸壁及其外的绝热层近似地看成是两块紧密接触的无

限大平板(绝热层厚度大于汽缸壁)。试定性地画出汽轮机从冷态启动(即整个汽轮机均与环境处于热平衡)后,缸壁及绝热层中的温度分布随时间的变化。

解:

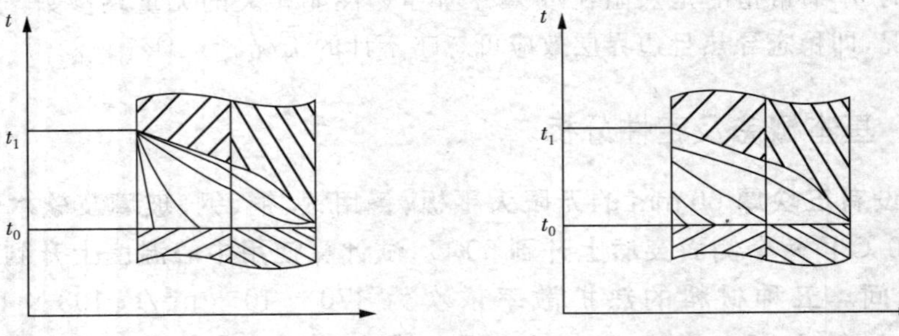

(a) 设内壁一下子达到额定温度t_1 (b) 内壁温度逐渐上升的情况

3-4 在一内部流动的对流传热试验中[见《传热学(第6版)》(陶文铨编著)习题3-4附图],用电阻加热器产生热量加热量管道内的流体,电加热功率为常数,管道可以当作平壁对待。试画出在非稳态加热过程中系统中的温度分布随时间的变化(包括电阻加热器,管壁及被加热的管内流体)。画出典型的四个时刻;初始状态(未开始加热时),稳定状态及两个中间状态。

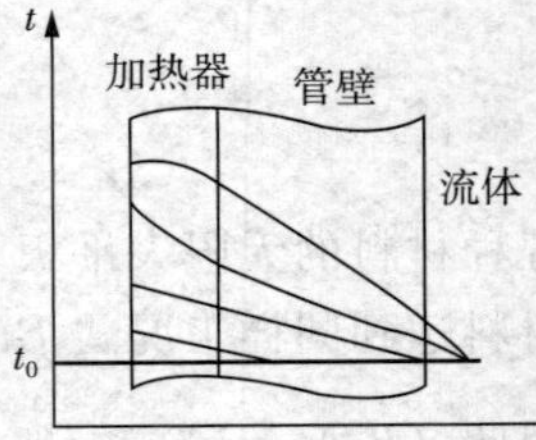

解:以下是四个状态的温度分布。

3-5 现代微波炉加热物体的原理是利用高频电磁波使物体中的分子极化从而产生振荡,其结果相当于物体中产生了一个接近于均匀分布的内热源,而一般的烘箱则是从物体的表面上进行接近恒热流的加热。设把一块牛肉当作厚为 2δ 的无限大平板,试定性地画出采用微波炉及烘箱对牛肉加热(从室温到最低温度为 85 ℃)过程中牛肉的温度分布曲线(加热开始前、加热过程中某一时刻及加热终了三个时刻)。

解:假设:辐射加热时表面热源均匀;散热略而不计。

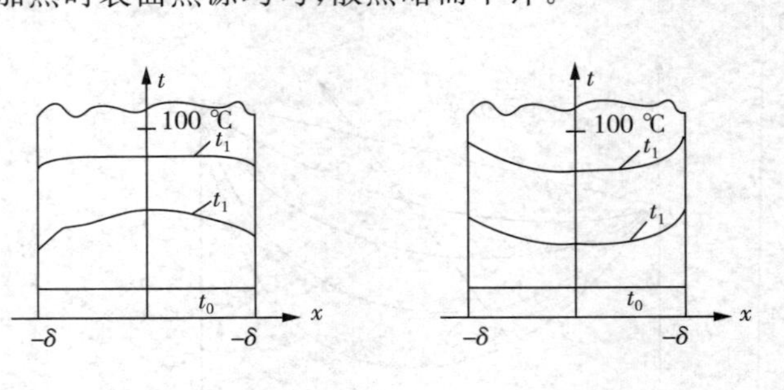

3.3.3 集中参数法分析

3-6 一初始温度为 t_0 的物体,被置于室温为 t_∞ 的房间中。物体表面的发射率

为 ε，表面与空气间的传热系数为 h。物体的体积为 V，参数与换热的面积为 A，比热容和密度分别为 c 及 ρ。物体的内热阻可忽略不计，试列出物体温度随时间变化的微分方程式。

解：由题意知，固体温度始终均匀一致，所以可按集总热容系统处理。固体通过热辐射散到周围的热量为

$$q_1 = \sigma A(T^4 - T_\infty^4)$$

固体通过对流散到周围的热量为

$$q_2 = hA(T - T_\infty)$$

固体散出的总热量等于其焓的减小

$$q_1 + q_2 = -\rho c v \frac{\mathrm{d}t}{\mathrm{d}\tau}$$

即

$$\sigma A(T^4 - T_\infty^4) + hA(T - T_\infty) = -\rho c v \frac{\mathrm{d}t}{\mathrm{d}\tau}$$

3-7　如《传热学(第 6 版)》(陶文铨编著)习题 3-7 附图所示，一容器中装有质量为 m、比热容为 c 的流体，初始温度为 t_0。另一流体在管内凝结放热，凝结温度为 t_∞。容器外壳绝热良好。容器中的流体因有搅拌器的作用而可认为任一时刻整个流体的温度都是均匀的。管内流体与容器中流体间的总传热系数 k 及传热面积 A 均为以知，k 为常数。试导出开始加热后任一时刻 t 时容器中流体温度的计算式。

解：按集总参数处理，容器中流体温度由下面的微分方程式描述

$$hA(T - T_1) = -\rho c v \frac{\mathrm{d}t}{\mathrm{d}\tau}$$

此方程的解为 $\dfrac{t - t_1}{t_0 - t_1} = \exp\left(-\dfrac{kA}{\rho c}\tau\right)$

3-8　一具有内部加热装置的物体与空气处于热平衡。在某一瞬间，加热装置投入工作，其作用相当于强度为 Q 的内热源。设物体与周围环境的表面传热系数为 h(常数)，内热阻可以忽略，其他几何、物性参数均以知，试列出其温度随时间变化的微分方程式并求解之。

解：集中参数法的导热微分方程可以利用能量守恒的方法得到

$$\rho c v \frac{\mathrm{d}t}{\mathrm{d}\tau} = -hA(t - t_\infty) + \dot{\Theta}$$

引入过余温度，则其数学描写如下：

$$\begin{cases} \rho c v \dfrac{\mathrm{d}\theta}{\mathrm{d}\tau} = -hA\theta + \dot{\Theta} \\ \theta(0) = t_0 - t_\infty = \theta \end{cases}$$

故其温度分布为

$$\theta=t-t_{\infty}=\theta_0 e^{-\frac{hA}{\rho cv}\tau}+\frac{\theta}{hA}(1-e^{-\frac{hA}{\rho cv}\tau})$$

3-9 一热电偶的 $\rho cv/A$ 之值为 2.094 kJ/(m² · K),初始温度为 20 ℃,后将其置于 320 ℃ 的气流中。试计算在气流与热电偶之间的表面传热系数为 58 W/(m² · K)的两种情况下,热电偶的时间常数并画出两种情况下热电偶读数的过余温度随时间变化的曲线。

解:热电偶的时间常数 $\tau_c=\frac{\rho cv}{hA}$

当 $h=58\ \mathrm{W/(m^2\cdot K)}$时,

$$\tau_c=0.036\ \mathrm{s}$$

当 $h=116\ \mathrm{W/(m^2\cdot K)}$时,

$$\tau_c=0.018\ \mathrm{s}$$

3-10 一热电偶的热接点可近似地看成为球形,初始温度为 25 ℃,后被置于温度为 200 ℃的气流中。问欲使热电偶的时间常数 $\tau_c=1$ s,热接点的直径应为多大?已知热接点与气流间的表面传热系数为 35 W/(m² · K),热接点的物性为:$\lambda=$ 20 W/(m · K),$c=400$ J/(kg · K),$\rho=8500$ kg/m³。如果气流与热接点之间还有辐射传热,对所需的热接点直径之值有何影响?热电偶引线的影响略而不计。

解:热电偶的直径很小,尝试采用集中参数法

时间常数为

$$\tau_c=\frac{\rho cv}{hA}$$

故

$$V/A=R/3=\frac{t_c h}{\rho c}=\frac{1\times 350}{8500\times 400}=10.29\times 10^{-5}(\mathrm{m})$$

热电偶的直径:

$$d=2R=2\times 3\times 10.29\times 10^{-5}=0.617(\mathrm{m})$$

验证 Bi 数是否满足集中参数法

$$Bi_V=\frac{h(V/A)}{\lambda}=\frac{350\times 10.29\times 10^{-5}}{20}=0.0018<<0.0333$$

故满足集中参数法条件。

若热接点与气流间存在辐射传热,则总表面传热系数 h(包括对流和辐射)增加,由 $\tau_c=\frac{\rho cv}{hA}$知,保持 τ_c 不变,可使 V/A 增加,即热接点直径增加。

3-11　一根裸露的长导线处于温度为 t 的空气中，试导出当导线通以恒定电流 I 后导线温度变化的微分方程式。设导线同一截面上的温度是均匀的，导线的周长为 P，截面积为 A_c。比热容为 c，密度为 ρ 电阻率为 ρ_e，与环境的表面传热系数为 h，长度方向的温度变化略而不计。若已知导线的质量为 3.45 g/m，$c=460$ J/(kg·K)，电阻值为 3.63×10^{-2} Ω/m，电流为 8 A，试确定导线刚通电瞬间的温升率。

解：对导线的任意段长度 $\mathrm{d}x$ 作热平衡，可得

$$A_c \mathrm{d}x\rho c\frac{\mathrm{d}t}{\mathrm{d}\tau}+hP\mathrm{d}x(t-t_\infty)=I^2\left(\frac{r\mathrm{d}x}{A_\tau}\right)$$

令 $\theta=t-t_\infty$，可得 $\dfrac{\mathrm{d}\theta}{\mathrm{d}\tau}=\dfrac{I^2r}{A_\tau{}^2\rho c}-\dfrac{hP\theta}{A_\tau\rho c}$，$\tau=0$，$\theta=t-t_\infty=0$

在通电的初始瞬间，$\theta=t-t_\infty=0$

$$\frac{\mathrm{d}\theta}{\mathrm{d}\tau}=\frac{I^2r}{A_\tau{}^2\rho c}$$

$$=l^2\cdot\frac{r\cdot1}{A_c}\cdot\frac{1}{A_c\rho}\cdot\frac{1}{c}$$

$$=8\times8\times3.63\times10^{-2}\times\frac{1}{3.45\times10^{-3}}\times\frac{1}{460}$$

$$=1.46(\mathrm{K/s})$$

3-12　一块单侧表面积为 A、初温为 t_0 的平板，一侧表面突然受到恒定热流密度 q_0 的加热，另一侧表面受到初温为 t_∞ 的气流冷却，表面传热系数为 h。试列出物体温度随时间变化的微分方程式并求解之。设内阻可以不计，其他的几何、物性参数均已知。

解：由题意，物体内部热阻可以忽略，温度只是时间的函数，一侧的对流传热和另一侧恒热流加热作为内热源处理，根据热平衡方程可得控制方程为

$$\begin{cases}\rho cv\dfrac{\mathrm{d}t}{\mathrm{d}\tau}+hA(t-t_\infty)-Aq_w=0\\ t/_{t=0}=t_0\end{cases}$$

引入过余温度 $\theta=t-t_\infty$ 则

$$\rho cv\frac{\mathrm{d}\theta}{\mathrm{d}\tau}+hA\theta-Aq_w=0$$

$$\theta/_{t=0}=\theta_0$$

上述控制方程的解为

$$\theta=B\mathrm{e}^{-\frac{hA}{\rho cv}\tau}+\frac{q_w}{h}$$

由初始条件有：$B=\theta_0-\frac{q_w}{h}$，故温度分布为

$$\theta=t-t_\infty=\theta_0\exp\left(-\frac{hA}{\rho cv}\tau\right)+\frac{q_w}{h}\left[1-\exp\left(-\frac{hA}{\rho cv}\tau\right)\right]$$

3－13　一块厚 20 mm 的钢板，加热到 500 ℃后置于 20 ℃的空气中冷却。设冷却过程中钢板两侧面的平均表面传热系数为 35 W/(m² · K)，钢板的导热系数为 45 W/(m · K)，若扩散率为 1.375×10⁻⁵ m²/s。试确定使钢板冷却到空气相差 10 ℃时所需的时间。

解：由题意知 $Bi=\frac{hA}{\delta}=0.0078<0.1$

故可采用集中参数法处理。由平板两边对称受热，板内温度分布必以其中心对称，建立微分方程，引入过余温度，则得

$$\begin{cases}\rho cv\dfrac{\mathrm{d}\theta}{\mathrm{d}\tau}+hA\theta=0\\ \theta(0)=t-t_\infty=\theta_0\end{cases}$$

解之得

$$\frac{\theta}{\theta_0}=\exp\left(-\frac{hA}{\rho cv}\tau\right)=\exp\left[-\frac{h\lambda}{\rho c(V/A)}\tau\right]=\exp\left(-\frac{h\alpha}{\lambda\delta}\tau\right)$$

当 $\theta=10$ ℃时，将数据代入得，$\tau=3633$ s。

3－14　一碳质量分数约 0.5%的曲轴，加热到 600 ℃后置于 20 ℃的空气回火。曲轴的质量为 7.84 kg，表面积为 870 cm²，比热容为 418.7 J/(kg · K)，密度为 7840 kg/m³。可按 300 ℃查取，冷却过程的平均表面传热系数取为 29.1 W/(m² · K)。问经多长时间后，曲轴可冷却到于空气相差 10 ℃。

解：$Bi=0.057>0.05$ 故不采用集中参数法，改用诺谟图

$$\frac{\theta_m}{\theta_0}=\frac{10}{600-20}=0.017$$

查附录 2 图 1 得 $Fo=2$

$$Fo=\frac{\alpha\tau^2}{R^2}=\frac{\lambda}{\rho c}\times\frac{\tau}{R^2}=2,\Rightarrow\tau=5267(\mathrm{s})$$

3－15　一种火焰报警器采用低熔点的金属丝作为传热元件，当该导线受火焰或高温烟气的作用而熔断时报警系统即被触发，一报警系统的熔点为 500 ℃，λ＝210 W/(m · K)，ρ＝7200 kg/m³，c＝420 J/(kg · K)，初始温度为 25 ℃。问当它突然受到 650 ℃烟气加热后，为在 1 min 内发生报警讯号，导线的直径应限在多少以下？设复合换热器的表面传热系数为 12 W/(m² · K)。

解：试着把金属丝看作集中体，采用集中参数法得

$$\frac{\theta}{\theta_0}=\exp\left(-\frac{hA}{\rho cv}\tau\right)$$

要使元件报警则 $\tau\geqslant 500$ ℃

$$\frac{500-650}{25-650}=\exp\left(-\frac{hA}{\rho cv}\tau\right)$$

代入数据得 $D=0.669$ mm

验证 Bi 数：

$$Bi=\frac{h(V/A)}{\lambda}=\frac{hD}{4\lambda}=0.0095\times 10^{-3}<0.05$$

故可采用集中参数法。

3-16 在热处理工艺中，用银球试样来测定淬火介质在不同条件下的冷却能力。今有两个直径为 20 mm 的银球，加热到 600 ℃后被分别置于 2C ℃的盛有静止水的大容器及 20 ℃的循环水中。用热电偶测得，当银球中心温度从 650 ℃变化到 450 ℃时，其降温速率分别为 180 ℃/s 及 360 ℃/s。试确定两种情况下银球表面与水之间的表面传热系数。已知在上述温度范围内银的物性参数为 $\lambda=360$ W/(m·K)，$\rho=10500$ kg/m^3，$c=2.62\times 10^2$ J/(kg·K)。

解：本题先假定满足集中参数条件，然后验算

(1)静止水条件下，由 $\frac{\theta}{\theta_0}=\exp\left(-\frac{hA}{\rho cv}\tau\right)$

代入数据：$\theta_0=650-20=30$

$$\theta=430, V/A=R/3=0.00333$$

$$\tau=200/180=1.115$$

$$h=\frac{\rho c(V/A)}{\tau}\ln\left(\frac{\theta_0}{\theta}\right)=3149\ \text{W/(m}^2\cdot\text{K)}$$

验算

$$Bi_v=\frac{h(V/A)}{\lambda}=\frac{h(R/3)}{\lambda}=0.0291<0.0333$$

因此，满足集中参数法的条件。

(2)循环水条件下，

$$\tau=200/360=0.56(\text{s})$$

$$h=\frac{\rho c(V/A)}{\tau}\ln\left(\frac{\theta_0}{\theta}\right)=6299\ \text{W/(m}^2\cdot\text{K)}$$

验算

$$Bi_v=\frac{h(V/A)}{\lambda}=\frac{h(R/3)}{\lambda}=0.0583>0.0333$$

因此，不满足集中参数条件

所以采用诺谟图进行进一步计算

$$Fo=\frac{\alpha\tau^2}{R^2}=\frac{\lambda}{\rho c}\times\frac{\tau}{R^2}=0.727$$

$$\frac{\theta_m}{\theta_0}=\frac{430}{630}=0.683$$

查图得$\frac{1}{Bi}=4.5$，故 $h=Bi\ \frac{\lambda}{R}=8000\ W/(m^2\cdot K)$

3-17　等离子喷镀是一种用以改善材料表面特性（耐腐蚀、耐磨等）的高新技术。陶瓷是常用的一种喷镀材料。喷镀过程大致如下：把陶瓷粉末注入温度高达 10^4 K 的等离子气流中，在到达被喷镀的表面之前，陶瓷粉末吸收等离子气流的热量迅速升温到熔点并完全熔化为液滴，然后被冲击到被喷镀表面迅速凝固，形成一镀层。设三氧化二铝（Al_2O_3）粉末的直径为 D_p＝50 μm，密度 ρ＝3970 kg/m³，导热系数 λ＝11 W/(m·K)，比热容 c＝1560 J/(kg·K)，这些粉末颗粒与气流间的表面传热系数为 1000 W/(m²·K)，粉末颗粒的熔点为 2350 K，熔解潜热为 3580 kJ/kg。试在不考虑颗粒的辐射热损失时确定从 t_0＝300 K 加热到其熔点所需的时间，以及从刚达到熔点直至全部熔为液滴所需的时间。

解：$Bi_v=\frac{hR}{\lambda}=\frac{1000\times25\times10^{-6}}{11}=0.068<0.1$

可按集中参数法计算：

$$\theta_0=10000-300=9700(K)$$

$$\theta=10000-2350=7650(K)$$

$$\frac{\theta}{\theta_0}=\exp\left(-\frac{hA}{\rho cV}\tau\right)=\exp\left(-\frac{3\times10000\tau}{3970\times1560\times25\times10^{-6}}\right)$$

$$\frac{7650}{9700}=\exp(-193.76\tau)=0.7887$$

$$-193.76\tau=-0.2374$$

$$\tau=1.22\times10^{-3}(s)$$

计算所需熔化时间 $\Delta\tau$：$\frac{4\pi R^3}{3}\rho r=4(\pi)R^2h\Delta\tau\Delta t$

$$\frac{R\rho r}{3}=h\Delta t\Delta\tau$$

$$\Delta\tau=\frac{R\rho r}{3h\Delta t}=\frac{25\times10^{-6}\times3970\times3580\times10^3}{3\times10000\times(10000-2350)}=\frac{355315}{2.295\times10^8}=1.55\times10^{-3}(s)$$

3-18　直径为 1 mm 的金属丝置于温度为 25 ℃ 的恒温槽中，其电阻值为

0.01 Ω/m。设电流强度为 120 A 的电流突然经过此导线并保持不变，导线表面与油之间的表面传热系数为 550 W/(m² · K)，问：当导线温度稳定后其值为多少？从通电开始瞬间到导线温度与稳定时之值相差 1 ℃所需的时间为多少？设表面传热系数保持为常数，导线的 $c=500$ J/(kg · K)，$\rho=800$ kg/m³，$\lambda=25$ W/(m · K)。

解：

(1)稳定过程热平衡：

$$h\pi D(t_w - t_\infty) = I^2 R$$

$$t_w = \frac{I^2 R}{\pi D h} + t_\infty = 108.4\ ℃$$

(2)可采用集中参数法：令 $\theta = t - t_\infty$，由热平衡

$$\begin{cases} \dot{\Phi}_v = \rho c V \dfrac{d\theta}{d\tau} + hA\theta = 0 \\ \tau = 0, \theta = 0 \end{cases}$$

解齐次方程

$$\rho c V \frac{d\theta}{d\tau} + hA\theta = 0 \Rightarrow \theta = C\exp\left(-\frac{hA}{\rho c V}\tau\right)$$

方程的解为

$$\theta = \frac{\dot{\Theta}_v}{hA} + C_1 \exp\left(\frac{hA}{\rho c V}\tau\right)$$

由 $\tau = 0, \theta = 0$

得 $C_1 = -\dfrac{\dot{\Theta}_v}{hA}$，代入数据得 $\tau = 8.04$ s

3.3.4　一维平板、圆柱非稳态

3－19　作为一种估算，可以对汽轮机启动过程中汽缸壁的升温过程作近似分析：把汽缸壁看成是一维的平壁，启动前汽缸壁温度均匀并为 t_0，进入汽轮机的蒸汽温度与时间成线性关系，及 $t_f = t_{f0} + \omega\tau$，其中 ω 为蒸汽温速率，汽缸壁与蒸汽间的表面传热系数 h 为常数，汽缸壁外表面绝热良好。试对这一简化模型列出汽缸壁中温度的数学描写式。

解：

$$\frac{\partial t}{\partial \tau} = a\frac{\partial^2 t}{\partial x^2} \qquad (0 < x < \delta)$$

$$t(x, o) = t_0 \qquad (0 \leqslant x \leqslant \delta)$$

$$-\lambda \frac{\partial t}{\partial x} = h\left[t - (t_{f_0} + w\tau)\right], x = \delta$$

$$\frac{\partial t}{\partial x}=0, x=0$$

3-20　在一个无限大平板的非稳态导热过程中，测得某一瞬间在板的厚度方向上的三点 A、B、C 处的温度分别为 $t_A=180$ ℃、$t_B=130$ ℃、$t_C=900$ ℃，A 与 B 及 B 与 C 各相隔 1 cm，材料的热扩散率 $\alpha=1.1\times10^{-5}$ m²/s。试估计在该瞬间 B 点温度对时间的瞬间变化率。该平板的厚度远大于 A、C 之间的距离。

解：$\frac{\partial t}{\partial \tau}=a\frac{\partial^2 t}{\partial x^2}$ 的离散形式为

$$\frac{\Delta t}{\Delta \tau}=\frac{a(t_A-2t_B+t_C)}{\Delta x^2}$$

代入已知数据可得 B 点的瞬时变化率为

$$\frac{\Delta t}{\Delta \tau}=1.1\times10^{-5}\times\frac{180-2\times130+90}{0.01^2}=1.1(\text{K/s})$$

3-21　有两块同样材料的平板 A 及 B，A 的厚度为 B 的两倍，从同一高温炉中取出置于冷流体中淬火。流体与各表面间的表面传热系数均可视为无限大。已知板 B 中心点的过余温度下降到初值的一半需要 21 min，问 A 板达到同样温度工况需要多少时间？

解：当流体与各表面间的表面传热系数视为无限大

$$Bi_A=Bi_B=\infty\Rightarrow\frac{\theta_m}{\theta_0}=f(Fo)$$

$$\left[\frac{\theta_m}{\theta_0}\right]_A=\left[\frac{\theta_m}{\theta_0}\right]_B=0.5\Rightarrow Fo_A=Fo_B$$

$$a_A=a_B, \delta_A=2\delta_B$$

$$\tau_A=\left(\frac{\delta_A}{\delta_B}\right)^2\tau_B=4\tau_B=4\times20\ \text{min}=80\ \text{min}$$

3-22　某一瞬间，一无内热源的无限大平板中的温度分布可以表示成 $t_1=c_1x^2+c_2$ 的形式，其中 c_1、c_2 为已知的常数，试确定：

(1)此时刻在 $x=0$ 的表面处的热流密度；

(2)此时刻平板平均温度随时间的变化率，物性已知且为常数。

解：在一无内热源的无限大平板中

$$\frac{\mathrm{d}t}{\mathrm{d}x}=2c_1x$$

(1)$q|_{x=0}=-\lambda\frac{\mathrm{d}t}{\mathrm{d}x}|_{x=0}=0$

(2)$q|_{x=\delta}=-\lambda\frac{\mathrm{d}t}{\mathrm{d}x}|_{x=\delta}=-\lambda 2c_1\delta$

由能量平衡：

$$\rho c A\delta \frac{\mathrm{d}t}{\mathrm{d}\tau}=-q\,|_{x=\delta}\times A$$

则

$$\frac{\mathrm{d}t}{\mathrm{d}\tau}=\frac{2c_1\lambda\delta A}{\rho c A\delta}=2c_1\alpha$$

3-23　一截面尺寸为 10 cm×5 cm 的长钢棒(18－20Gr/8－12Ni)，初始温度为 20 ℃，然后长边的一侧突然被置于 200 ℃的气流中，h＝125 W/(m² · K)，而另外三个侧面绝热。试确定 6 min 后长边的另一侧面中点的温度。钢棒 ρ、c、ν 可以近似地取用为 20 ℃时之值。

解：查表钢棒的物性参数为

$$\rho=7820\ \mathrm{kg/m^3},c=460\ \mathrm{J/(kg\cdot K)},\lambda=15.2\ \mathrm{W/(m\cdot K)}$$

按题意可作半壁厚为 0.05 m 的对称半无限大平板处理

$$\alpha=\frac{\lambda}{\rho c}=4.2255\times10^{-6}$$

$$Fo=\frac{\alpha\tau}{\delta^2}=0.60847$$

$$Bi=\frac{h\delta}{\lambda}=\frac{125\times0.05}{15.2}=0.4118$$

解超越方程 $\mu_1=0.61584$。

$$\frac{\theta_{\mathrm{m}}}{\theta_0}=\frac{2\sin\mu_1}{\mu_1+\sin\mu_1\cos\mu_1}\exp(-\mu_1^2 Fo)=0.84352$$

$$t_{\mathrm{m}}=0.84352(t_0-t_{\mathrm{f}})+t_{\mathrm{f}}=48.17\ ℃$$

3-24　一高 H＝0.4 m 的圆柱体，初始温度均匀，然后将其四周曲面完全绝热，而上、下底面暴露于气流中冷却，气流与两底面间的表面传热系数均为 50 W/(m² · K)。圆柱体导热系数 λ＝20 W/(m · K)，热扩散率 α＝5.6×10⁻⁶ m²/s。试确定圆柱体中心过余温度下降到初值一半时所需的时间。

解：当四周曲面绝热的情况下，可以把圆柱体看作无限大平壁的非稳态导热过程

$$\frac{\theta_{\mathrm{m}}}{\theta_0}=0.5$$

$$Bi=\frac{h\delta}{\lambda}$$

$$=0.5$$

由图查得 $F_0=1.7$

故

$$\tau=F_0\frac{\delta^2}{a}=1.7\times\frac{0.2^2}{5.6\times10^{-6}}=12142(\text{s})=3.37(\text{h})$$

3-25 有一航天器，重返大气层设壳体表面温度为 1000 ℃，随即落入温度为 5 ℃的海洋中，设海水与壳体表面间的传热系数为 1135 W/(m² · K)，试问此航天器落入海洋后 5 min 时表面温度是多少？壳体壁面中最高温度是多少？壳体厚 $\delta=$ 50 mm，$\lambda=56.8$ W/(m · K)，$\alpha=4.13\times10^{-6}$ m²/s，其内侧可认为是绝热的。

解：对航天器的下落过程进行分析

$$\frac{1}{Bi}=\frac{\lambda}{h\delta}=\frac{56.8}{1135\times0.05}=1.0$$

$$F_0=\frac{a\tau}{\delta^2}=\frac{4.13\times10^{-6}\times300}{0.05^2}=0.496$$

由图查得 $\frac{\theta_m}{\theta_0}=0.8$

由图查得 $\frac{\theta_1}{\theta_m}=0.65$

故 $\frac{\theta_m}{\theta_0}\times\frac{\theta_1}{\theta_m}=0.8\times0.65=0.52$

$$\begin{aligned}t_m&=t_n+0.8(t_n-t_\infty)\\&=5+0.8\times(1000-5)\\&=801(℃)\end{aligned}$$

$$\begin{aligned}t_m&=5+0.52\times995\\&=522(℃)\end{aligned}$$

3-26 厚 8 mm 的瓷砖被堆放在室外货场上，并与 − 15 ℃的环境处于热平衡。此后把它们搬入 25 ℃的室内。为了加速升温过程，每块瓷砖被分散地搁在墙旁，设此时瓷砖两面与室内环境的表面传热系数为 4.4 W/(m² · K)。为防止瓷砖脆裂，需待其温度上升到 10 ℃以上才可操作，问需等待多少时间？已知瓷砖的 $\alpha=7.5\times10^{-7}$ m²/s，$\lambda=1.1$ W/(m · K)。如瓷砖厚度增加一倍，其它条件不变，问等待时间又为多少？

解：待其温度上升到 10 ℃以上

$$\theta_m=10-25=-15(℃)$$

$$\theta_0=-15-25=-40(℃)$$

$$\frac{\theta_m}{\theta_0}=0.375$$

$$\frac{1}{Bi}=\frac{1.1}{4.4\times0.004}=62.5$$

此时

$$F_0=60$$

故

$$\tau=F_0\frac{\delta^2}{a}=60\times\frac{0.004^2}{7.5\times10^{-7}}=1280(\mathrm{s})=21.3(\mathrm{min})$$

厚度加倍后，得

$$F_0=31$$

故 $\tau=F_0\frac{\delta^2}{a}=31\times\frac{0.008^2}{7.5\times10^{-7}}=2645(\mathrm{s})=44(\mathrm{min})$

3-27 汽轮机在启动一段时间后，如果蒸汽速度保持匀速上升，则汽缸壁中的温度变化会达到或接近这样的工况：壁中各点的温度对时间的偏导数即不随时间而异，又不随地点而变（称准稳态工况）。试对准稳定工况导出汽缸壁中最大温差的计算公式。

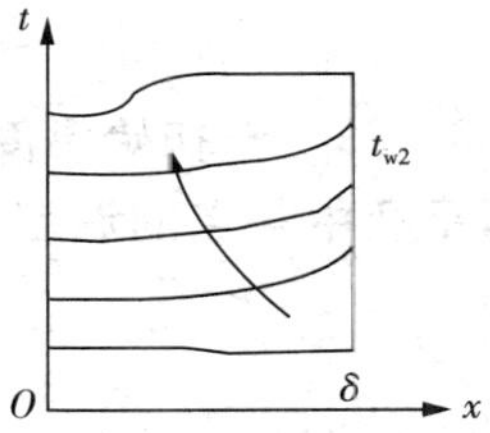

解：将气缸壁看作是平壁，忽略壁面外表面的散热，认为其外表面绝热。

准稳态工况时气缸壁中温度分布可用下列数学式描写：

$$\frac{d^2t}{d^2\tau}=\frac{w}{a},x=0,\frac{dt}{dx}=0,x=\delta,t=t_{w2}$$

式中 w 为气缸壁的升温速度，K/s。

通解为

$$t=\frac{1}{2}\frac{wx^2}{a}+c_1x+c$$

由边界条件得

$$c_1=0,c_2=t_{w2}-\frac{1}{2}\frac{w\delta^2}{a}$$

故得

$$t=\frac{1}{2}\frac{w(x^2-\delta^2)}{a}+t_{w2}$$

最大温差是 $x=0$ 及 $x=\delta$ 处的壁温差，其值为

$$\Delta t=t_{w2}-\left(-\frac{1}{2}\frac{w\delta^2}{a}+t_{w2}\right)=\frac{1}{2}\frac{w\delta^2}{a}$$

3－28 一块后 300 mm 的板块钢坯(含碳近似为 0.5%)的初温为 20 ℃，送于温度为 1200 ℃的炉子里单侧加热，不受热侧面可近似地认为是绝热的。已知钢板热扩散率 $\alpha=5.55\times10^{-6}\ \mathrm{m^2/s}$，加热过程中平均表面传热系数为 290 W/($\mathrm{m^2}\cdot$K)，试确定加热到钢板表面温度低于炉温 15 ℃时所需的时间，及此时钢板两表面间的温差。导热系数可按 600 ℃查附录。

解：由定义得

$$Fo=\frac{\ln\left[\dfrac{\theta_\delta}{\theta_0}\times\dfrac{\mu_1+\sin\mu_1\cos\mu_1}{2\sin\mu_1\cos\mu_1}\right]}{-\mu_1^2}=2.78545$$

$$\tau=\frac{\delta^2}{\alpha}Fo=45169\ \mathrm{s}=12.55\ \mathrm{h}$$

则 $\theta_m=\dfrac{\theta_\delta}{\cos\mu_1}=\dfrac{-15}{\cos1.1461}=-36.4$

$$\Delta\tau=\theta_\delta-\theta_m=-15-(-36.4)=21.4(℃)$$

3－29 一初始温度为 t_0、厚为 2δ 的无限大平板，两表面的温度突然降到 t_∞，t 此后平板中各点的温度按下式计算：

$$\frac{\theta}{\theta_0}=\frac{4}{\pi}\sum_{n=1}^{\infty}\frac{1}{n}\mathrm{e}^{-[n\pi/(2\delta)]^2a\tau}\sin\frac{n\pi x}{2\delta}$$

其中 $\theta=t(x,\tau)-t_w$，$\theta_0=t_0-t_w$，今有一厚为 3 cm 的平板，$t_0=150$ ℃，$t_w=30$ ℃，$\alpha=2\times10^{-6}\ \mathrm{m^2/s}$，试用上式(仅取无穷级数的第一项)计算 1 min 后平板中间截面上的温度，并与海斯勒图及式(3－30)相比较，又如取级数的前 4 项来计算，对结果有何影响？

解：由所给出的解的形式可以看出，此时坐标原点是取在板的一侧表面上的($x=0$，$\theta=t-t_1=0$)

对于板的中心，$\dfrac{\pi x}{2\delta}=\dfrac{\pi}{2}$，$\left(\dfrac{\pi}{2\delta}\right)^2a\tau=\left(\dfrac{\pi}{0.03}\right)^2\times(2\times10^{-6})\times60=1.31595$

故得$\dfrac{\theta_m}{\theta_0}=\dfrac{4}{\pi}\cdot\mathrm{e}^{-1.31995}=0.3415$，由$\dfrac{a\tau}{\delta^2}=\dfrac{2\times10^{-4}\times60}{0.015^2}=0.5333$

由海斯勒图得$\dfrac{\theta_m}{\theta_0}=0.34$

如取前四项，得

$$\frac{\theta_m}{\theta_0}=\frac{4}{\pi}\left(\mathrm{e}^{-1.31995}-\frac{1}{3}\mathrm{e}^{-15.8435}+\frac{1}{7}\mathrm{e}^{-64.481}\right)$$

$$=\frac{4}{\pi}(0.2682-4.3866\times10^{-8}+1.0310\times10^{-15}-1.4155\times10^{-29})=0.3415$$

在四位有效数字内与取级数一项的结果毫无差别。

按分析解 $t_w = 30 + 120 \times 0.3415 = 70.98$(℃)。

3-30　火箭发动机的喷管在启动过程中受到高温($t_\infty = 2300$ K)燃气的加热，受材料限制其局部壁温不得大于 1500 K。为延长运行时间，在喷管内壁喷涂了一层厚 10 mm 的陶瓷，其物性参数为 $\lambda = 10$ W/(m·K)，$\alpha = 6 \times 10^{-6}$ m²/s。试对此情况下喷管能承受的运行时间作一保守的估计。设内表面与高温燃气间的表面传热系数为 2500 W/(m²·K)，喷管的初始温度 $T_0 = 300$ K。

解:为简化计算，假定喷管壁面是绝热的，相当于厚为 $2\delta_1$ 的平板

$$\frac{\theta_m}{\theta_0} = \frac{1500 - 2300}{300 - 2300} = \frac{800}{2000} = 0.4$$

$$Bi = \frac{h\delta_2}{\lambda} = \frac{2500 \times 0.01}{10} = 2.5$$

$$x/\delta = 0 = \eta$$

$$\frac{\theta_m}{\theta_0} = A e^{-\mu_1^2 F_0} f(\mu_{1\eta}) = A e^{-\mu_1^2 F_0}$$

$$\mu_1^2 = \left(a + \frac{b}{Bi}\right) - 1$$

$$= 1.2992$$

$$\mu_1 = 1.1398$$

$$A = a + b(1 - e^{-cBi})$$

$$= 1.0101 + 0.2575(1 - e^{-0.4271 \times 2.5})$$

$$= 1.10595$$

故 $0.4 = 1.10595 e^{-1.2992 F_0}$

$$F_0 = \frac{1.017}{1.6879} = 0.6025$$

$$\frac{a\tau}{\delta^2} = \frac{6 \times 10^{-6}\tau}{0.01^2} = 0.6025$$

$$\tau = 0.01^2 \times \frac{0.6025}{6 \times 10^{-6}} = 10.05\text{(s)}$$

分析:如果喷管表面不喷涂涂层，则允许使用的条件是 $\frac{\theta_i}{\theta_0} = \frac{\theta_m}{\theta_0}\frac{\theta_i}{\theta_m} = 0.4$

由于 $\frac{\theta_i}{\theta_m} \leqslant 1$，因而此时 $\frac{\theta_m}{\theta_0}$ 必定大于 0.4，在相同的 Bi 下，F_0 必定小于 0.603

若 δ 相同，则由于陶瓷的 a 小于金属的 a，因而所允许的 τ 值必更小。

3-31　一火箭发动机喷管，壁厚为 9 mm，初始温度为 30 ℃。在进行静推力试验

时，温度为 1750 ℃ 的高温燃气送入该喷管，燃气与壁面间的表面传热系数为 1950 W/(m² · K)。喷管材料的密度 ρ = 8400 kg/m³，导热系数为 λ = 24.6 W/(m · K)，c = 560 J/(kg · K)。假设喷管因直径与厚度之比较大而可视为平壁，且外侧可作绝热处理，试确定：

(1)为使喷管的最高温度不超过材料允许温度 1000 ℃ 而能允许的运行时间；

(2)在所允许时间的终了时刻，壁面中的最大温差；

(3)在上述时刻壁面中的平均温度梯度与最大温度梯度。

解：因直径与厚度之比较大，可将喷管视为平壁

$$Bi=\frac{h\delta}{\lambda}=0.7134$$

$$\mu_1=0.76921$$

(1) $\dfrac{\theta_\delta}{\theta_m}=\dfrac{1000-1750}{30-1750}=0.43605$

$$Fo=\frac{\ln\left(\dfrac{\theta_\delta}{\theta_0}\times\dfrac{\mu_1+\sin\mu_1\cos\mu_1}{2\sin\mu_1\cos\mu_1}\right)}{-\mu_1^2}=0.9993$$

$$\tau=\frac{\delta^2}{\alpha}Fo=\frac{\rho c\delta^2}{\lambda}Fo=15.5\ \text{s}$$

(2)

$$\Delta\tau_{\max}=\tau_\delta-\tau_m=\theta_\delta-\theta_m=\theta_\delta\left(1-\frac{1}{\cos\mu_1}\right)$$

$$=(1000-1750)\left(1-\frac{1}{\cos 0.76921}\right)$$

$$=293.9(℃)$$

(3) $\left.\dfrac{\partial t}{\partial x}\right|_{\max}=\left.\dfrac{\partial t}{\partial x}\right|_{x=\delta}=-\dfrac{h}{\delta}\theta_\delta=59451\ ℃/\text{m}$

$$\overline{\frac{\partial t}{\partial x}}=\frac{1}{\delta}\int_0^\delta\frac{\partial\theta}{\partial x}\text{d}x=\frac{1}{\delta}\theta(x)\Big|_0^\delta$$

$$=\frac{\theta_m}{\delta}\cos\left(\mu_1\ \frac{x}{\delta}\right)\Big|_0^\delta$$

$$=\frac{\theta_m}{\delta}(\cos\mu_1-1)$$

$$=\frac{1000-293.9-1750}{0.009}\times(\cos 0.76921-1)$$

$$=32655(℃/\text{m})$$

3.3.5　一维圆柱

3-32　对于一无内热源的长圆柱体的非稳态导热问题，在某一瞬间测得 $r=2$ cm 处温度的瞬时变化率为 -0.5 K/s。试计算此时此处圆柱单位长度上的热流量沿半径方向的变化率，并说明热流密度矢量的方向。

已知 $\lambda=43$ W/(m·K)，$\alpha=1.2\times10^{-5}$ m²/s。

解：无内热源常物性一维非稳态方程式：

$$\frac{\partial t}{\partial r}=\alpha\frac{1}{r}\frac{\partial}{\partial\tau}\left(r\frac{\partial t}{\partial\tau}\right)$$

$$=-0.5\frac{\partial}{\partial\tau}\left(r\frac{\partial t}{\partial\tau}\right)$$

$$=-0.5\times\frac{r}{\alpha}$$

$$\dot{\varphi}=-\lambda2\pi r\frac{\partial t}{\partial r}$$

$$\frac{\partial\varphi}{\partial r}=2\pi\lambda\frac{\partial}{\partial\tau}\left(r\frac{\partial t}{\partial\tau}\right)$$

$$=-2\pi\lambda\left(-0.5\frac{r}{\alpha}\right)$$

$$=\frac{\pi r\lambda}{\alpha}=\frac{3.14\times43\times0.02}{1.2\times10^{-5}}$$

$$=225\times10^{3}\,(\mathrm{W/m})$$

$$=225\,(\mathrm{kW/m})$$

3-33　一根黄铜柱体，直径为 20 cm，初温为 20 ℃，后被置于 100 ℃ 的流体中加热。问需要多大的表面传热系数才可使柱体中心温度在 10 min 内上升到 80 ℃？黄铜的 ρ、c、λ 可按 20 ℃ 查表。

解：由《传热学(第 6 版)》(陶文铨编著)附录 2 得 $a=\frac{\lambda}{\rho c}=\frac{109}{8440\times377}=3.43\times10^{-5}\,(\mathrm{m^2/s})$

$$\frac{\theta_m}{\theta_0}=\frac{80-100}{20-100}=0.25$$

$$F_v=\frac{a\tau}{R^2}=\frac{3.43\times10^{-3}\times600}{0.1^2}=2.06$$

查得 $Bi=0.4$

$$h=\frac{\lambda Bi}{R}=\frac{109\times0.4}{0.1}=436\ [\mathrm{W/(m^2\cdot K)}]$$

3-34 一根直径为 170 mm 的长轴，初始温度为 17 ℃，后被置于炉温为 850 ℃ 的环境中。轴材料的导热系数为 30 W/(m·K)，热扩散率为 6.2×10^{-6} m/s，加热过程中的表面传热系数为 141 W/(m² · K)。试确定为使长轴的中心温度达到 800 ℃ 所需的时间以及该时刻钢轴表面的温度。

解：$Bi=\frac{hR}{\lambda}=\frac{141\times0.085}{30}=0.40$

$$\frac{\theta_m}{\theta_0}=\frac{850-800}{850-17}=0.060$$

由《传热学(第 6 版)》(陶文铨编著)附录 16a 查得 $F_0=\frac{a\tau}{R^2}=4$

故

$$\tau=F_0\frac{R^2}{a}=4\times\frac{0.085^2}{6.2\times10^{-6}}=4661(\mathrm{s})$$

由 $\frac{r}{R}=1$ 及 $Bi=0.4$

由《传热学(第 6 版)》(陶文铨编著)附录 16b 查得 $\frac{\theta_i}{\theta_m}=\frac{t_w-850}{800-850}=0.83$

故

$$t_w=850-0.83\times50=808.5(℃)$$

3-35 直径为 40 cm 的长轴在加热炉内加热到 600 ℃，然后从炉内移出用吊车运往热加工车间进行加工。但当该长轴刚从炉内取出而其他材料已装入炉内后，吊车突然发生事故，致使该轴不得不暂时搁置在 30 ℃ 的环境中等候吊车修复。如果从工艺及运送的角度，轴的最低温度不得低于 450 ℃，试问吊车必须在多长时间间隔内修复。假设不计长轴和搁架之间的导热，轴表面与环境间的表面传热系数为 18.5 W/(m² · K)，轴材料的 $\lambda=22.3$ W/(m · K)、$a=8.8\times10^{-6}$ m²/s。

解：当该长轴刚从炉内取出时

$$\frac{1}{Bi}=\frac{\lambda}{hR}=\frac{22.3}{18.5\times0.2}=6.03$$

由《传热学(第 6 版)》(陶文铨编著)附录 16(b)查得 $\frac{\theta_m}{\theta_0}=0.923$

按已知 $\frac{\theta_s}{\theta_0}=\frac{420}{570}=0.737$

故

$$\frac{\theta_m}{\theta_0}=\frac{\theta_s}{\theta_0}\Big/\frac{\theta_m}{\theta_s}=\frac{0.737}{0.923}=0.798$$

由《传热学(第 6 版)》(陶文铨编著)附录 16(a)查得 $F_0=0.7$

故

$$\tau=F_0\,\frac{R^2}{a}=0.7\times\frac{0.2^2}{8.8\times10^{-6}}=3181.8(\mathrm{s})=53(\mathrm{min})$$

3－36　将初温为 30 ℃的钢锭装入温度为 1400 ℃的炉中加热，钢锭直径为 600 mm。试计算装炉后 2 h、3 h、4 h 及 5 h 等四个时刻钢锭表面及中心的温度，并画出时间－温度曲线。假设钢锭可视为一长圆柱体，其 $\lambda=43.5$ W/(m·K)、$a=7.5\times10^{-6}$ m²/s，加热过程中表面传热系数为 290 W/(m²·K)。

解：装炉后 2 h

$$Bi=\frac{hR}{\lambda}=\frac{290\times0.3}{43.5}=2$$

$$F_0=\frac{a\tau}{R^2}=\frac{7.5\times10^{-6}\times7200}{0.3^2}=0.6$$

$$\frac{\theta_s}{\theta_m}=0.46,\frac{\theta_m}{\theta_0}=0.3$$

$$t_m=1400-0.3\times(1400-30)=989(℃)$$

$$t_s=1400-0.138\times(1400-30)=1211(℃)$$

同理可算出其他时间的数据，结果列于下表

τ	B_i	F_0	θ_s/θ_m	θ_m/θ_0	t_m,℃	t_s,℃
2 h	2	0.6	0.46	0.3	989	1211
3 h	2	0.9	0.46	0.14	1208	1312
3 h	2	1.2	0.46	0.063	1314	1360
5 h	2	1.5	0.46	0.03	1359	1381

3－37　一直径为 500 mm、高 800 mm 的钢锭，初始温度为 30 ℃，被送入 1200 ℃的炉子中加热。设各表面同时受热，且表面传热系数 $h=180$ W/(m²·K)，钢锭的 $\lambda=40$ W/(m·K)、$a=8\times10^{-6}$ m²/s。试确定 3 h 后在钢锭高 400 mm 处的截面上半径为 0.13 m 处的温度。

解:截面上的半径为 0.13 m 处,

对平板:$Bi=\frac{hR}{\lambda}=\frac{180\times 0.4}{40}=1.8$

$$F_0=\frac{a\tau}{R^2}=\frac{0.8\times 10^{-6}\times 3\times 3600}{0.4^2}=0.54$$

由《传热学(第 6 版)》(陶文铨编著)图查得$\frac{\theta_m}{\theta_0}=0.66$

对圆柱:$Bi=\frac{hR}{\lambda}=\frac{180\times 0.25}{40}=1.125$

$$F_0=\frac{a\tau}{R^2}=\frac{0.8\times 10^{-6}\times 3\times 3600}{0.25^2}=1.38$$

由《传热学(第 6 版)》(陶文铨编著)附录 16(a)查得$\frac{\theta_m}{\theta_0}=0.12$

又根据$\frac{r}{R}=\frac{0.13}{0.25}=0.52$,$\frac{1}{Bi}=0.889$

由《传热学(第 6 版)》(陶文铨编著)附录 2 图 1 查得$\frac{\theta}{\theta_m}=0.885$

故

$$\frac{\theta}{\theta_0}=\frac{\theta_m}{\theta_0}\frac{\theta}{\theta_m}=0.12\times 0.885=0.1062$$

所求点处的无量纲温度为:$\frac{\theta}{\theta_0}=\left(\frac{\theta_m}{\theta_0}\right)_p\left(\frac{\theta}{\theta_m}\right)_c=0.66\times 0.1062=0.0701$

$$t=0.0701\theta_0+1200=-0.0701\times 1170+1200=1118(℃)$$

3-38　一直径为 30 mm 的长塑料棒,$\lambda=0.3$ W/(m·K),$\rho c=1050$ kJ/(m^3·K)。为压制成形的需要先在一炉内均匀加热。为获得最佳的成形结果,该塑料棒的最低温度不得低于 200 ℃。塑料棒从加热炉到成型机之间的运送时间为 3 min,其间受温度为 150 ℃的保温仓的冷却,表面传热系数为 8.5 W/(m^2·K)。问塑料棒应在加热炉内加热到多高温度才能满足压制成形的要求?

解:需要考虑塑料棒在加热炉内的加热和在保温仓中的冷却过程。

(1)加热阶段

设塑料棒在加热炉内的最终温度为 T_0。在加热炉中,塑料棒的温度会逐渐升高,直到达到 T_0。

(2)冷却阶段

在塑料棒从加热炉转移到成型机的过程中,它会受到保温仓环境的影响,发生冷却。冷却过程可以通过牛顿冷却定律来描述:

$$\frac{\mathrm{d}T}{\mathrm{d}t}=-h\cdot\frac{A}{V}\cdot(T-T_{\mathrm{amb}})$$

体积 V：

$$V=\pi\left(\frac{D}{2}\right)^2L$$

$$=\pi\left(\frac{0.03}{2}\right)^2L$$

$$=\pi\cdot0.000225\cdot L$$

$$=0.00070686L(\mathrm{m}^3)$$

表面积 A：

$$A=\pi DL=\pi\cdot0.03\cdot L=0.09424778L(\mathrm{m}^2)$$

冷却过程的温度变化可以通过以下方程来描述：

$$\frac{\mathrm{d}T}{\mathrm{d}t}=-\frac{hA}{pc}(T-T_{\mathrm{amb}})$$

代入 A 和 V 的表达式，得到：

$$\frac{\mathrm{d}T}{\mathrm{d}t}=-\frac{8.5\cdot0.09424778L}{1050\cdot1000}(T-150)$$

将其化简为

$$\tau=\frac{8.5\cdot0.09424778L}{1050\cdot1000}$$

设 $T=T_0$ 时 $t=0$ 和 $T=T_f$ 时，$t=3\ \mathrm{min}=180\ \mathrm{s}$，得到：

$$\frac{\mathrm{d}T}{T-150}=-\frac{1}{\tau}\mathrm{d}t$$

两边积分：

$$\ln|T-150|=-\frac{t}{\tau}+C$$

带入初值 $T(0)=T_0$ 时得到常数 C：

$$\ln|T_0-150|=C$$

所以有

$$\ln|T-150|=-\frac{t}{\tau}+\ln|T_0-150|$$

将 $t=180$ 代入：

$$\ln|T_f-150|=-\frac{180}{\tau}+\ln|T_0-150|$$

$$|T_f-150|=|T_0-150|\cdot e^{-\frac{180}{\tau}}$$

为了确保最终温度 T_f 不低于 200 ℃：

$$T_f=150+(T_0-150)e^{-\frac{180}{\tau}}\geqslant 200$$

简化得

$$(T_0-150)e^{-\frac{180}{\tau}}\geqslant 50$$

即

$$T_0-150\geqslant 50e^{\frac{180}{\tau}}$$

最终结果：

$$T_0\geqslant 200+50e^{\frac{180}{\tau}}$$

$$\tau\approx\frac{8.5\cdot 0.09424778L}{1050\cdot 1000}\approx\frac{0.0007978L}{1050\cdot 1000}$$

通过上述公式代入计算：
最终得到

$$T_0\geqslant 200+50e^{\frac{180}{\tau}}$$

需要根据 L 的实际值进行计算。

3-39　有一耐热玻璃棒，直径为 25 mm，为改善其表面的机械特性，在表面上涂了一层极薄的导热系数很大的金属层。在此金属涂层与芯棒之间平均存在有 R_l = 0.10 m·K/W 的热阻。该棒起初处于均匀温度 800 K，然后突然被置于 300 K 的气流中冷却，表面传热系数 h = 120 W/(m² · K)，试确定将该棒的中心温度降低到 500 K 所需的时间。玻璃棒物性参数如下 ρ = 2600 kg/m³，c_p = 808 J/(kg · K)，λ = 3.98 W/(m · K)。

解：当量表面传热系数：

$$h'=(1/h+R_l\pi l)=61.78v\ \mathrm{W/(m^2\cdot K)}$$

$$Bi=\frac{h'R}{\lambda}=\frac{61.78\times 0.0125}{3.98}=0.19402$$

$$\mu_1=0.64396$$

$$A=1.04849$$

$$\frac{\theta_m}{\theta_0}=\frac{500-300}{800-300}=0.4$$

$$Fo=\frac{\ln\left(\frac{\theta_m}{A\theta_0}\right)}{-\mu_1^2}=2.3238$$

$$\tau=\frac{R^2}{\alpha}Fo=\frac{\rho cR^2}{\lambda}Fo=191.75\ \text{s}$$

3.3.6　一维球

3-40　在温度为 250 ℃的烘箱中烤洋山芋，设洋山芋可以看作直径 5 cm 的球，初始温度为 20 ℃，其物性可近似地取 50 ℃水的值。试估算烘烤 20 min 后洋山芋中心的温度。取表面传热系数为 20 W/(m² · K)。

解：经过查询，此时物性参数为 $\lambda=0.648\ \text{W/(m·K)}$

$$a=15.7\times10^{-6}\ \text{m}^2/\text{s}$$

$$\frac{1}{Bi}=\frac{\lambda}{hR}=\frac{0.648}{20\times0.025}=1.296$$

$$F_0=\frac{a\tau}{R^2}=\frac{15.7\times10^{-6}\times1200}{0.025^2}=0.301$$

由《传热学(第 6 版)》(陶文铨编著)查图得 $\frac{\theta_m}{\theta_0}=0.7$

故 $t=t_\infty+0.7\theta_0=250-0.7\times(250-20)=89(℃)$。

3-41　一钢球直径为 10 cm，初温为 250 ℃，后将其置于温度为 10 ℃的油槽中冷却。设冷却过程中的表面传热系数可取为 200 W/(m² · K)，问欲使球心温度降低到 150 ℃要经过多长时间，此时球表面的温度为多少？球的导热系数为 $\lambda=44.8\ \text{W/(m·K)}$，热扩散率为 $\alpha=1.229\times10^{-5}\ \text{m}^2/\text{s}$。

解：将这个球看作集中体

$$Bi=\frac{hR}{\lambda}=\frac{200\times0.05}{44.8}=0.2232$$

由近似计算：$\mu_1=0.86265, A=1.0683$

$$\frac{\theta_m}{\theta_0}=\frac{150-10}{250-10}=0.5833$$

$$Fo=\frac{\ln\left(\frac{\theta_m}{A\theta_0}\right)}{-\mu_1^2}=0.81283$$

$$\tau=\frac{R^2}{\alpha}Fo=165.3\ \text{s}$$

$$\frac{\sin\mu_1}{\mu_1}=0.8805$$

$$\theta_R=\theta_m\times0.8805=140\times0.8805=123.3(℃)$$

$$t_R=\theta_R+t_f=123.3+10=133.3(℃)$$

3-42　在滚珠轴承表面硬化的热处理中，希望把滚珠表面温度在很短的时间内升高到 1000 K 左右，而其内部温度没有明显上升。这可以通过把滚珠突然浸入温度达 1300 K 的盐浴炉来实现。在盐浴中滚珠的表面传热系数高达 5000 W/(m² · K)。为使直径等于 20 mm、初温为 300 K 的滚珠在离开表面 1 mm 深的范围内均能得到硬化，试估计需要浸入盐浴多少时间？滚珠的 $\rho=7800$ kg/m³，$c=500$ J/(kg · K)，$\lambda=50$ W/(m · K)。

解：为了估计在盐浴中浸入的时间，以使滚珠表面温度达到 1000 K，且确保其内部 1 mm 范围的温度也达到同样的温度，我们可以使用热传导理论来解决这个问题。

对滚珠轴承进行分析

$$\frac{1}{Bi}=\frac{\lambda}{hR}=\frac{50}{5000\times0.01}=1$$

$$\frac{r}{R}=\frac{0.009}{0.01}=0.9$$

由$\dfrac{\theta_r}{\theta_m}=0.705$

代入$\dfrac{\theta_r}{\theta_m}=\dfrac{1000-1300}{300-1300}=0.3$

故

$$\frac{\theta_m}{\theta_0}=\frac{0.3}{0.705}=0.426$$

查图得 $F_0=\dfrac{a\tau}{R^2}=0.449$

$$a=\frac{\lambda}{\rho c}=\frac{50}{7800\times500}=1.28\times10^{-3}(\text{m}^2/\text{s})$$

故

$$\tau=\frac{F_0R^2}{a}=\frac{0.449\times0.01^2}{1.28\times10^{-3}}=3.51(\text{s})$$

3-43　磨光前，为了消除光学透镜中的热应力需进行退火处理。设初温为 30 ℃、半径为 0.15 m 的半球形玻璃被置于温度为 410 ℃ 的退火炉内，其平面一侧与炉底接触，可近似地认为是绝热的。球面的表面传热系数 $h=10.5$ W/(m² · K)，玻璃的 $p=2750$ kg/m³、$c=840$ J/(kg · K)、$\lambda=0.8$ W/(m · K)。试确定 8 h 后半球内的最高温度。

解：对半球形玻璃进行分析：

$$\frac{1}{Bi}=\frac{\lambda}{hR}=\frac{0.8}{10.5\times0.15}=0.508$$

$$a=\frac{\lambda}{\rho c}=\frac{0.8}{2750\times 840}=3.463\times 10^{-7}(\mathrm{m^2/s})$$

$$F_0=\frac{a\tau}{R^2}=\frac{3.46\times 10^{-7}\times 3600\times 8}{0.15^2}=0.443$$

由《传热学(第 6 版)》(陶文铨编著)图查得$\frac{\theta_m}{\theta_0}=0.28$，$\frac{\theta_r}{\theta_m}=0.45$

故

$$\frac{\theta_r}{\theta_m}=0.45\times 0.28=0.126$$

最高温度为表面温度 $t_\infty=410-0.126\times(410-30)=362(℃)$

3-44　冬天，由于寒潮突然入侵使某地气温由 10 ℃突然下降到 −5 ℃。该地有一片橘子林，橘子表面一旦结霜就会损坏。假设橘子可近似地当作直径为 6 cm 的圆球来看待，其物性 λ、a 可按 5 ℃水的数值近似计算，试确定为使橘子免受损坏而允许的寒潮气流连续时间。设橘子外表面与寒流间的表面传热系数为 7 W/(m² · K)。

解：寒潮突然入侵，橘子避免损坏的情况下，其外表面的温度应大于零度

此时，物性按 $t=(10+0)/2=5(℃)$

$$\lambda=0.593\ \mathrm{W/(m\cdot K)}$$

$$a=13.4\times 10^{-3}\ \mathrm{m^2/s}$$

$$\frac{1}{Bi}=\frac{\lambda}{hR}=\frac{0.563}{7\times 0.03}=2.68$$

由《传热学(第 6 版)》(陶文铨编著)图查得$\frac{\theta_s}{\theta_m}=0.84$

按已知$\frac{\theta_s}{\theta_0}=\frac{t_s-t_\infty}{t_0-t_\infty}=\frac{0-(-5)}{10-(-5)}=0.333$

$$\frac{\theta_m}{\theta_0}=\frac{\theta_s}{\theta_0}\Big/\frac{\theta_s}{\theta_m}=\frac{0.333}{0.84}=0.3964$$

由《传热学(第 6 版)》(陶文铨编著)图查得 $F_0=\frac{a\tau}{R^2}=1$

解得

$$\tau=\frac{F_0R^2}{a}=\frac{1\times 0.03^2}{13.4\times 10^{-8}}=6716.4(\mathrm{s})=1.87(\mathrm{h})$$

3-45　一石头蓄热器用来储存太阳能，所使用卵石的平均直径为 10 cm，初始温度为 20 ℃。从太阳能集热器来的平均温度为 80 ℃的热空气连续地流过卵石，试计算 0.5 h 和 2 h 后卵石的中心温度，及每立方米堆放体积的卵石的储热量。气流与卵石表面的表面传热系数为 35 W/(m² · K)，卵石的导热系数 $\lambda=2.2$ W/(m · K)、热扩散率 $a=1.13\times 10$ m/s、比热容 $c=780$ J/(kg · K)。

解:在 0.5 h 之后,

$$F_0=\frac{a\tau}{R^2}=0.8136,\frac{1}{Bi}=\frac{\lambda}{hR}=\frac{2.2}{35\times0.05}=1.26$$

《传热学(第 6 版)》(陶文铨编著)查图得$\frac{\theta_m}{\theta_0}=0.24$

$$t_\infty=80-0.24\times(80-20)=65.6(℃)$$

《传热学(第 6 版)》(陶文铨编著)查图得

$$\frac{\theta_s}{\theta_m}=0.685$$

故$\frac{\theta_s}{\theta_0}=0.685\times0.24=0.1644$

$$t_s=80-0.1644\times(80-20)=70.1(℃)$$

球体平均温度可近似地取为两者间的平均值

则 $\bar{t}=\frac{70.1+65.6}{2}=67.9(℃)$

故这一段时间中的蓄热量为 $\Phi=1000\times\frac{4\pi R^3}{3}\times\rho\times c\times(t-t_0)$

$$\Phi=1000\times\frac{4\times3.1416\times0.05^3}{3}\times780\times2496\times(67.9-20)=4.88\times10^7(J)$$

或《传热学(第 6 版)》(陶文铨编著)查图得 $Q/Q_0=0.8$

$$Q_0=1000\times\frac{4\times3.1416\times0.05^3}{3}\times780\times2496\times(80-20)=6.113\times10^7(J)$$

$$Q=0.8Q_0=0.6113\times10^7\times0.8=4.89\times10^7(J)$$

在 2 h 之后,

$$F_0=\frac{a\tau}{R^2}=3.254$$

《传热学(第 6 版)》(陶文铨编著)查图得$\frac{\theta_m}{\theta_0}=0.0017$

故$\frac{\theta_s}{\theta_0}=0.0017\times0.685=0.00116$

$$t_\infty=80-0.0017\times60=79.90(℃)$$

$$t_s=80-0.0016\times60=79.904(℃)$$

平均温度为 79.9 ℃

$$\Phi=1000\times\frac{4\times3.1416\times0.05^3}{3}\times780\times2496\times(79.902-20)=6.11\times10^7(J)$$

3－46　两个固体球 A、B 被加热到 600 K 后突然被置于温度恒为 300 K 的恒温浴中，有关参数如下：$d_A=200$ mm，$d_B=20$ mm，$\rho_A=1600$ kg/m^3，$\rho_B=400$ kg/m^3，$c_A=0.4$ kJ/(kg·K)，$c_B=1.6$ kJ/(kg·K)，$\lambda_A=170$ W/(m·K)，$\lambda_B=1.7$ W/(m·K)，表面传热系数 $h_A=5$ W/(m^2·K)，$h_B=50$ W/(m^2·K)。试确定把两个球表面冷却到 415 K 及把两球中心冷却到 415 K 所需的时间，并对计算结果作出定性分析。

解：考虑球体作为集中体进行分析

$$Bi_A=\left(\frac{hR}{\lambda}\right)_A=\frac{5\times0.1}{170}=0.00294<0.1$$

故可用集中参数法。

$$\theta_0=600-300=300(\mathrm{K}),\theta=415-300=115(\mathrm{K})$$

$$\frac{\theta}{\theta_0}=e^{\frac{h\tau}{\rho c V^2}}$$

$$\frac{115}{300}=\exp\left(\frac{3\times5}{1600\times400\times0.1}\tau\right)$$

$$0.3833=\exp(-0.0002344\tau)$$

$$-0.0002344\tau=-0.9589$$

$$\tau=4091(\mathrm{s})$$

$$Bi_B=\left(\frac{hR}{\lambda}\right)_B=\frac{50\times0.01}{1.7}=0.294>0.1$$

故 B 球应采用图线法或 Campo 拟合公式。

$$\frac{\theta}{\theta_0}=Ae^{-\mu_1^2F_0}f(\mu_1\eta)=Ae^{-\mu_1^2F_0}$$

$$\mu_1^2=\left(a+\frac{b}{Bi}\right)^{-1}=\left(0.0988+\frac{0.2779}{0.294}\right)^{-1}=0.9578$$

$$\mu_1=0.9787$$

$$A=a+b(1-e^{-cBi})=1.0003+0.9858(1-e^{-0.0191\times0.294})=1.0886$$

对球中心，$\eta=0$

$$f(\mu_1\eta)=\frac{\sin(0)}{0}=1$$

$$\frac{\theta_m}{\theta_0}=1.0886e^{-0.9787^2F_0}=1.0886e^{-0.9579F_0}$$

$$0.3833=1.0886e^{-0.9579F_0}$$

$$F_0=1.0897$$

$$a=\frac{\lambda}{\rho c_p}=\frac{1.7}{400\times1600}=2.656\times10^{-6}(\mathrm{m^2/s})$$

$$\frac{a\tau}{R^2}=1.0897$$

$$\tau=1.0897\times0.01^2/(2.656\times10^{-6})=41.03(\mathrm{s})$$

对球面上，$\eta=1$

$$f(\mu_1\eta)=f(\mu_1)=\frac{\sin(\mu_1)}{\mu_1}=\frac{\sin(0.9897)}{0.9897}=0.8478$$

$$0.3833=1.0886\times0.8478\mathrm{e}^{-0.9579F_0}$$

解得 $F_0=0.9137$

$$\tau=0.9173\times0.01^2/(2.656\times10^{-6})=34.54(\mathrm{s})$$

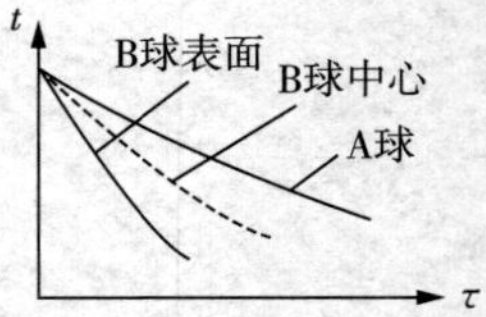

A 球中心或表面达 415 K，需 4091 s；

B 球中心达到 415 K，需要 41.03 s，表面需 34.54 s。温度与时间定性分析图见右图。

3-47 在温度为 −30 ℃ 的高空云层中形成了直径为 5 mm 的球状冰雹，然后开始落下并穿过温度为 5 ℃ 的热空气层。试计算冰雹需落下多少时间其表面才开始熔化，并确定此时冰雹中心的温度。取 $h=240\ \mathrm{W/(m^2\cdot K)}$。

冰雹的物性：$c=2040\ \mathrm{J/(kg\cdot K)}$，$\rho_1=921\ \mathrm{kg/m^3}$，$\lambda=2.56\ \mathrm{W/(m\cdot K)}$。

解：冰雹的直径为 $d=5\ \mathrm{mm}=5\times10^{-3}\ \mathrm{m}$

则半径为 $r=2d=2.5\times10^{-3}\ \mathrm{m}$

冰雹的初始表面积 A 为

$$A=4\pi r^2=4\pi\times(2.5\times10^{-3})^2=3.14\times10^{-5}(\mathrm{m^2})$$

冰雹的体积 V 为

$$V=\frac{4}{3}\pi r^3=\frac{4}{3}\pi\times(2.5\times10^{-3})^3=6.54\times10^{-8}(\mathrm{m^3})$$

冰雹的质量 m 为

$$m=\rho_1V=921\times6.54\times10^{-8}=6.03\times10^{-5}(\mathrm{kg})$$

其表面温度达到 $T_m=0\ ℃=273\ \mathrm{K}$(冰的熔点)

冰雹中心的温度仍为初始温度 $T_0=-30\ ℃=243\ \mathrm{K}$。

根据热传导方程和能量守恒定律，有

$$hA(T_a-T_m)t=mc(T_m-T_0)$$

将已知数值代入方程，解得

$$t=\frac{mc(T_m-T_0)}{hA(T_s-T_m)}=\frac{6.03\times10^{-5}\times2040\times(273-243)}{240\times3.14\times10^{-5}\times(278-273)}=12(\text{s})$$

综上，冰雹需落下 12 s 其表面才开始熔化，此时冰雹中心的温度近似为 243 K。

3.3.7　半无限大物体

3-48　一种测量导热系数的瞬态法是基于半无限大物体的导热过程而设计的。设有一块厚金属，初温为 30 ℃，然后其一侧表面突然与温度为 100 ℃ 的沸水相接触。在离开此表面 10 mm 处由热电偶测得 2 min 后该处的温度为 65 ℃。已知材料的 $\rho=2200\ \text{kg/m}^3$、$c=700\ \text{J/(kg·K)}$，试计算该材料的导热系数。

解：此时，$t_w=100$ ℃，$t_0=30$ ℃，$x=0.01$ m

$$\tau=2\times60=120(\text{s}),\rho=2200\ \text{kg/m}^3$$

$$C=700\ \text{J/(kg·K)}$$

$$\frac{\theta}{\theta_0}=\frac{65-100}{30-100}=0.5$$

由参考文献：$\eta=0.477$

由 $\eta=\dfrac{x}{2\sqrt{\alpha\tau}}$

$$\lambda=\rho c\alpha=\frac{\rho c x^2}{4\tau\eta^2}=\frac{2200\times700\times0.01^2}{4\times120\times0.477^2}=1.41[\text{W/(m·K)}]$$

3-49　有两件很大的不锈钢制及木制的家具置于 20 ℃ 的室内已有很长时间。当用手去触摸它们时，哪一个感觉更冷一些？木材的物性可取为 $\rho=545\ \text{kg/m}^3$、$c=2385\ \text{J/(kg·K)}$、$\lambda=0.17\ \text{W/(m·K)}$，不锈钢的物性为 $\rho=7820\ \text{kg/m}^3$、$c=460\ \text{J/(kg·K)}$、$\lambda=18\ \text{W/(m·K)}$。试用定量分析来说明问题。

解：为了比较不锈钢和木材在触摸时的温度感觉，需要分析它们的热导率、热容和感知温度的变化。这里，可以利用它们的导热系数、比热容和密度来定量分析。

$$-\lambda_1\left(\frac{dT_1}{dx_1}\right)=-\lambda_2\left(\frac{dT_2}{dx_2}\right)$$

近似地以 $\dfrac{\Delta T_1}{x_1}$，$\dfrac{\Delta T_2}{x_2}$代替导数

$$-\lambda_1\frac{\Delta T_2}{x_1}=-\lambda_2\frac{\Delta T_2}{x_2}$$

另一方面，在 x_1 中物体 1 放出之热应等于 x_2 中物体吸收之热，则有

$$\rho_1c_1x_1\frac{\Delta T_1}{2}=\rho_2c_2x_2\frac{\Delta T_2}{2}$$

其中$\frac{\Delta T_1}{2}$，$\frac{\Delta T_2}{2}$为平均温升或温降，将以上二式结合得

$$\rho_1 c_1 \lambda_1 \ (\Delta T_1)^2 = \rho_2 c_2 \lambda_2 \ (\Delta T_2)^2$$

即

$$\frac{\Delta T_1}{\Delta T_2} = \frac{\sqrt{\rho_2 c_2 \lambda_2}}{\sqrt{\rho_1 c_1 \lambda_1}}$$

如果接触处温度 T_0 接近 T_1，则人体感觉不是很凉；

如果接触处温度 T_0 接近 T_2，则人体感觉就凉。

对于木材：$\sqrt{\rho_2 c_2 \lambda_2} = \sqrt{545 \times 2385 \times 0.17} = 470.0$

对于人体：$\sqrt{\rho_1 c_1 \lambda_1} = \sqrt{1000 \times 0.618 \times 4174} = 1606$

对于木材：$\sqrt{\rho_2 c_2 \lambda_2} = \sqrt{7820 \times 460 \times 18} = 8047$

所以木材：$\frac{\Delta T_1}{\Delta T_2} = \frac{470.0}{1606} = 0.293$，

不锈钢：$\frac{\Delta T_1}{\Delta T_2} = \frac{8047}{1606} = 5.01$

因此，人手与 20 ℃木材、钢接触时，人的皮肤温度完全不同，对于木材下降不多；而对于不锈钢则大幅度下降。

3－50　夏天，高速公路的路面在日光长时间的曝晒下可达到 50 ℃的温度。假设突然一阵雷雨把路面冷却到 20 ℃并保持不变，雷雨持续了 10 min。试计算在此降雨期间单位面积上所放出的热量。高速公路混凝土的物性可取为 $\rho = 2300\ \text{kg/m}^3$，$c = 880\ \text{J/(kg·K)}$，$\lambda = 1.4\ \text{W/(m·K)}$。作为一种估算，假设雷雨前路面以下相当厚的一层混凝土均处于 50 ℃，分析这一假设对计算得到的放热量的影响。

解：假设雷雨前路面以下相当厚的一层混凝土均处于 50 ℃，

$$q = 2\sqrt{\frac{\tau}{\pi}}\left(\sqrt{\rho c \lambda}\right) \cdot (t_w - t_0)$$

$$= 2\sqrt{\frac{10 \times 6}{3.14}}\left(\sqrt{2300 \times 880 \times 1.4}\right) \cdot (50 - 20)$$

$$= 139.6(\text{kJ})$$

夏天路面以下温度实际上低于表面温度，因而这一假设使计算得到的值偏高。

3－51　在寒冷地区埋设地下水管时应考虑冬天地层下结冰的可能性。为使水管安全工作，水管应埋设在结冰层以下。作为一种估算，可以采用这样的简化模型，即把地球表面层看成为半无限大的物体，而冬天则用较长时间内地球表面突然处于较低的平均温度这样一种物理过程来模拟。

设某处地层的热扩散率为 $1.65 \times 10^{-7}\ \text{m}^2/\text{s}$，地球表面温度由原来均匀的 15 ℃

突然下降到 −20 ℃，并达 50 天之久。试估算为使埋管上不出现霜冻而必需的最浅埋设深度。

解：估算为使埋管上不出现霜冻，埋管的深度应使五十天后该处的温度仍大于等于零度。

因而得

$$\frac{t(x,\tau)-t_x}{t_0-t_x}=\frac{0-(20)}{15-(-20)}=0.5714$$

由误差函数表查得 $\frac{x}{2\sqrt{a\tau}}=0.56$

故

$$x=2\times0.26\sqrt{a\tau}=2\times0.56\times\sqrt{1.65\times10^{-2}\times50\times24\times3600}=0.946(\text{m})$$

3－52　医学知识告诉我们：人体组织的温度等于、高于 48 ℃的时间不能超过 10 s，否则该组织内的细胞就会死亡。今有一劳动保护部门需要获得这样的资料，即人体表面接触到 60 ℃、70 ℃、80 ℃、90 ℃及 100 ℃的热表面后皮肤下烧伤深度随时间而变化的情况。试利用非稳态导热理论作出上述烧伤深度随时间变化的曲线。人体组织可看作是各向同性材料，物性可取为 37 ℃水的数值。计算的最大时间为 5 min。为简化分析，这里可假定一接触到热表面，人体表面温度就上升到了热表面的温度。

解：按半无限大物体处理，37 ℃时 $a=15.18\times10^{-8}\ \text{m}^2/\text{s}$。利用教材式(3－38)，可得 $erf\left(\frac{x}{2\sqrt{a\tau}}\right)$ 之值，由误差函数表可查得相应的 $\frac{x}{2\sqrt{a\tau}}$ 的数值，从而确定不同 τ(单位秒)下温度为 48 ℃的地点的 x 值，即皮下烧伤深度。令对于 $t_x=60$ ℃及 70 ℃两种情形给出计算结果如下：

t_x,℃	$\frac{t(x,\tau)-t_x}{t_0-t_x}$	$\frac{x}{2\sqrt{a\tau}}$	烧伤深度，mm					
			0.5 分钟	1 分钟	2 分钟	3 分钟	4 分钟	5 分钟
60	0.52174	0.5014	2014	3.03	4.28	5.24	6.05	6.77
70	0.66666	0.6852	2.92	4.14	5.85	7.16	8.27	9.25

3－53　70 ℃的热茶突然倒入初温为 25 ℃的陶瓷茶杯中。茶杯壁面厚 6 mm。假设茶杯内表面温度立即上升到 70 ℃，试确定茶杯内表面下 2 mm 处温度达 30 ℃所需的时间。陶瓷材料的热扩散率 $a=4\times10^{-7}\ \text{m}^2/\text{s}$。

解：立方程得

$$\frac{T(x,t)-T_i}{T_0-T_i}=\frac{x}{\sqrt{4at}}$$

其中，$T(x,t)$是距离内表面 x 处在时间 t 时的温度，T_0 是内表面温度，T_i 是初始温度(这里为 25 ℃)，a 是热扩散率。

将已知条件代入公式，得到

$$\frac{T(2\times10^{-3},t)-25}{70-25}=\frac{2\times10^{-3}}{\sqrt{4\times4\times10^{-7}\times t}}$$

$$\frac{30-25}{45}=\frac{2\times10^{-3}}{\sqrt{16\times10^{-7}\times t}}$$

$$\frac{1}{9}=\frac{2\times10^{-3}}{\sqrt{16\times10^{-7}\times t}}$$

化简和求解，得到

$$t=\left(\frac{2\times10^{-3}\times9\times\sqrt{16\times10^{-7}}}{1}\right)^2=12.5(\text{s})$$

所以，茶杯内表面下 2 mm 处温度达到 30 ℃所需的时间为 12.5 s。

3-54 人进入 100 ℃的蒸汽中洗蒸汽浴安然无恙，但将手臂插入 60 ℃的热水中就会烫伤，试分析原因。(假设：可把皮肤和热流体的接触作为两个半无限大平板的物体来考虑)

解：人能够在 100 ℃的蒸汽中洗蒸汽浴而不受伤，但在 60 ℃的热水中会烫伤的现象可以通过热传导和热对流的不同来解释。

(1)热传导系数的差异

水的导热系数较高，比热容也较大。水可以迅速将大量热量传递到皮肤上。

蒸汽的导热系数较低，比热容也较小。蒸汽中的热量传递效率相对较低。

(2)相对温度与人体感知

蒸汽浴中的蒸汽虽然温度较高，但由于蒸汽的低导热性和低比热容，热量传递速度较慢，因此皮肤受到的热量较少，身体有较长的时间通过血液循环将热量带走，不易造成烫伤。

热水浴中的水温度虽然较低，但水的高导热性和高比热容使得热量迅速传递到皮肤，导致皮肤温度迅速上升，超过了皮肤细胞能够承受的温度，容易造成烫伤。

(3)热对流的不同

在水中，对流传热非常有效，热水不断与皮肤表面进行热交换，使皮肤持续获得热量。

在蒸汽中，对流虽然也存在，但由于蒸汽的密度较低，热传递不如水那么迅速和有效。

假设皮肤和热流体的接触可以看作两个半无限大平板的物体，热传递主要通过导热和对流进行。

热水的导热系数高，热传递快。皮肤表面温度迅速上升，导致细胞蛋白质变性，肌肉和神经末梢受损，产生烫伤感觉。

蒸汽的导热系数低，热传递慢。虽然蒸汽温度高，但热量传递到皮肤表面较慢，皮肤有更长的时间将热量通过血液循环带走，避免烫伤。

人在 100 ℃的蒸汽中洗蒸汽浴不会烫伤，是因为蒸汽的导热系数低、比热容小，热量传递到皮肤较慢且不集中，皮肤和身体能够及时散热。而 60 ℃的热水由于导热系数高、比热容大，热量迅速传递到皮肤并集中，超出了皮肤的散热能力，导致烫伤。

3.3.8　多维非稳态导热

3-55　一初始温度为 25 ℃的正方形人造木块被置于 425 ℃的环境中。设木块的六个表面均可受到加热，表面传热系数 $h=6.5\ \mathrm{W/(m^2 \cdot K)}$。经过 4 小时 50 分 24 秒后，木块局部地区开始着火。试推算此种材料的着火温度。已知木块的边长为 0.1 m；材料是各向同性的，$\rho=810\ \mathrm{kg/m^3}$，$c=2550\ \mathrm{J/(kg \cdot K)}$，$\lambda=0.65\ \mathrm{W/(m \cdot K)}$。

解：木块温度最高处位在角顶，这是三块无限大平板相交处。

$$Bi=\frac{h\delta}{\lambda}=\frac{6.5\times0.05}{0.65}=0.5>0.1$$

由《传热学（第 6 版）》（陶文铨编著）图查得$\dfrac{\theta_s}{\theta_m}=0.8$

$$a=\frac{\lambda}{\rho c}=\frac{0.65}{810\times2550}=3.147\times10^{-7}(\mathrm{m^2/s})$$

$$F_o=\frac{a\tau}{R^2}=\frac{3.147\times10^{-7}\times17424}{0.05^2}=2.19$$

由《传热学（第 6 版）》（陶文铨编著）图查得$\dfrac{\theta_m}{\theta_0}=0.4$

$$\frac{\theta_s}{\theta_0}=\frac{\theta_s}{\theta_m}\frac{\theta_m}{\theta_0}=0.8\times0.41=0.328$$

角顶处无量纲温度：$\Theta=\left(\dfrac{\theta_s}{\theta_0}\right)_0^3=0.328^3=0.0353$

计算可知，角顶温度：

$$t=t_\infty+0.0353(t_0-t_\infty)=425+0.0353\times(25-425)=411(℃)$$

3-56　一易拉罐饮料从 30 ℃的室温中移入 5 ℃的冰箱冷藏室中冷却。假设罐中饮料的自然对流可以忽略，其外表面与冷藏室环境的表面传热系数为 10 W/(m·K)，罐壳的热阻可以忽略不计，试计算为把饮料冷却到至少 10 ℃所需的时间。饮料的物性可按水处理，罐的直径为 50 mm、高 120 mm。

解：物性温度如下：

$$\frac{30+10}{2}=20(℃)$$

则有

$$\lambda=0.599\ \mathrm{W/(m \cdot K)},a=14.3\times10^{-8}\ \mathrm{m^2/s}$$

$$Bi=\frac{h\delta}{\lambda}=\frac{10\times0.06}{0.599}=1.002$$

$$Bi^{-1}=1.0, Bi_c=\frac{hR}{\lambda}=\frac{10\times0.025}{0.599}=0.417$$

$$Bi_c^{-1}=2.4, \theta_0=30-5=25(℃), \theta=10-5=5(℃)$$

$$\frac{\theta}{\theta_0}=\frac{5}{25}=0.2, \frac{\theta}{\theta_0}=Ae^{-\mu_1^2F_0}$$

对平板：

$$\mu_1^2=\left(a+\frac{b}{Bi}\right)^{-1}=\left(0.4022+\frac{0.9188}{1.002}\right)^{-1}=0.7580$$

$$\begin{aligned}A&=a+b(1-e^{-cBi})\\&=1.0101+0.2575(1-e^{-0.4271\times1.002})\\&=1.0998\end{aligned}$$

$$\theta_0=30-5=25(℃), \theta=10-5=5(℃)$$

$$\frac{\theta}{\theta_0}=\frac{5}{25}=0.2, \frac{\theta}{\theta_0}=Ae^{-\mu_1^2F_0}$$

对柱体：

$$\mu_1^2=0.8245$$

$$\begin{aligned}A&=a+b(1-e^{-cBi_c})\\&=1.0042+0.5877(1-e^{-0.4238\times0.417})\\&=1.0953\end{aligned}$$

$$F_{0\rho}=\frac{a\tau}{\delta^2}, F_{0_\tau}=\frac{a\tau}{R^2}, \delta^2=0.06^2=0.0036$$

$$R^2=0.025^2=0.000625$$

$$F_{0_\tau}=F_{0\rho}\times\frac{0.0036}{0.000625}=5.76F_{0\rho}$$

于是有

$$\frac{\theta_m}{\theta_0}=\left(\frac{\theta_m}{\theta_0}\right)_\rho\left(\frac{\theta_m}{\theta_0}\right)_c=1.2046e^{F_{0_\tau}}$$

$$\frac{0.2}{1.2046}=e^{-5.3071F_{0\tau}}=0.1660-1.7856=-5.5071F_{0\rho}$$

$$F_{0\rho}=0.324$$

$$\tau=0.324\times0.06^2/(14.3\times10^{-8})=8162.65(\mathrm{s})=2.27(\mathrm{h})$$

3-57　一直径为 0.15 m、高 0.05 m 的平板玻璃圆盘，送入退火炉中消除应力，其初始温度为 30 ℃，炉中温度为 450 ℃。设该玻璃盘在炉内时各表面均可受到加热，表面传热系数为 9.5 W/(m² · K)。按工艺要求，需加热到盘内各处温度均在 400 ℃ 以上，试估算所需的加热时间。已知该盘的导热系数 λ=0.78 W/(m · K)，ρ=2700 kg/m³，c=835 J/(kg · K)。

解：平板玻璃盘在几何上是直径为 0.15 m 的圆柱与厚为 0.05 m 的无限大平板相交而成按加热工艺要求，使最低温度即中心温度达 400 ℃。

对平板：

$$\frac{1}{Bi}=\frac{\lambda}{h\delta}=\frac{0.78}{9.5\times0.025}=3.284$$

对圆柱：

$$\frac{1}{Bi}=\frac{\lambda}{h\delta}=\frac{0.78}{9.5\times0.075}=1.095$$

按题意：

$$\frac{\theta_m}{\theta_o}=\frac{400-450}{30-450}=0.119$$

采用试凑法求解：

取一组 τ 值，计算每个 τ 值下 θ_m/θ_o 的值，由此确定所需的时间

其中

$$(Fo)_p=\frac{\alpha\tau}{\delta^2},(Fo)_c=\frac{\alpha\tau}{R^2},\frac{\theta_m}{\theta_o}=\left[\frac{\theta_m}{\theta_o}\right]_p\left[\frac{\theta_m}{\theta_o}\right]_c$$

t(min)	$(Fo)_p$	$(Fo)_c$	$\left[\frac{\theta_m}{\theta_o}\right]_p$	$\left[\frac{\theta_m}{\theta_o}\right]_c$	$\frac{\theta_m}{\theta_o}$
150	4.982	0.554	0.30	0.57	0.171
160	5.314	0.590	0.28	0.50	0.140
170	5.646	0.627	0.25	0.46	0.115

由此可见，大约 170 min(2.8 h)后可达到要求。

3-58　一块牛肉从 5 ℃ 的冷藏室中取出后置于 180 ℃ 的烘箱中烘烤，加热到至少 80 ℃ 就达到了所谓鲜嫩可食用的程度。设牛肉外表面与烘箱加热气流间的表面传热系数为 20 W/(m² · K)，试确定把牛肉加热到鲜嫩程度所需的时间。牛肉的物性可按水处理，其尺寸为 40 mm×60 mm×100 mm。

解：这是三块平板相交的问题，要计算使中心温度达到 80 ℃ 所需的时间，牛肉按

$\frac{5+80}{2}=42.5$(℃)计算。

查得物性：$\lambda=0.638\ \mathrm{W/(m\cdot K)}$，$a=15.0\times10^{-8}\ \mathrm{m^2/s}$

$$Bi_x=\frac{h\delta_x}{\lambda}=\frac{20\times0.02}{0.638}=0.62696$$

$$Bi_y=\frac{h\delta_y}{\lambda}=\frac{20\times0.03}{0.638}=0.94044$$

$$Bi_z=\frac{h\delta_z}{\lambda}=\frac{20\times0.05}{0.638}=1.5674$$

$$\theta_0=175\ ℃,\theta=100\ ℃,\frac{\theta}{\theta_0}=\frac{100}{175}=0.5714286,\frac{\theta_m}{\theta_0}=Ae^{-\mu_1^2F_0}$$

对平板 x(轴向)，$\mu_1^2=\left(0.4022+\frac{0.9188}{Bi}\right)^{-1}=\left(0.4022+\frac{0.9188}{0.62696}\right)^{-1}=0.53542$

$$A_1=a+b(1-e^{-cBi})=1.0101+0.2575(1-e^{-0.42718\times0.62696})=1.070592$$

对平板 y，$\mu_2^2=\left(0.4022+\frac{0.9188}{0.94044}\right)^{-1}=0.725064$

$$A_2=1.0101+0.2575(1-e^{-0.42718\times0.94044})=1.09528$$

对平板 z，$\mu_3^2=\left(0.4022+\frac{0.9188}{1.5674}\right)^{-1}=1.01174$

$$A_2=1.0101+0.2575(1-e^{-0.42718\times1.5674})=1.13576$$

$$F_{0z}=\frac{a\tau}{{\delta_z}^2},F_{0y}=0.4444F_{0x},F_{0z}=0.16F_{0x}$$

$$\frac{\theta_m}{\theta_0}=\left(\frac{\theta_m}{\theta_0}\right)_x\left(\frac{\theta_m}{\theta_0}\right)_y\left(\frac{\theta_m}{\theta_0}\right)_z=0.5714$$

故

$$e^{-1.01935F_{0x}}=0.4291$$

解得 $Fo_x=0.83$

$$\tau=0.83\times0.0004/(15\times10^{-8})=2213(\mathrm{s})=37(\mathrm{min})$$

3-59　一直径为 10 cm、高 10 cm 的短钢柱体，初温为 260 ℃，后将其置于温度为 30 ℃ 的大油槽中，其全部表面均可受到油的冷却，冷却过程中的表面传热系数为 250 W/(m² · K)。试确定 3 min 后钢柱体内的最大温差。钢柱体的导热系数为 47.5 W/(m · K)，热扩散率为 9.55×10⁻⁶ m²/s。

解：对无限长圆柱体：$\frac{1}{Bi}=\frac{\lambda}{hR}=\frac{47.5}{250\times0.05}=3.8$

$$Fo=\frac{\alpha\tau}{\delta^2}=\frac{9.55\times10^{-6}\times180}{0.05^2}=0.688$$

由《传热学(第 6 版)》(陶文铨编著)图查得$\frac{\theta_m}{\theta_o}=0.71$

由《传热学(第 6 版)》(陶文铨编著)图查得$\frac{\theta_s}{\theta_m}=0.88$

故

$$\frac{\theta_s}{\theta_o}=0.88\times0.71=0.625$$

对无限长平板：

$$\delta=0.5$$

$$\frac{1}{Bi}=\frac{\lambda}{hR}=\frac{47.5}{250\times0.05}=3.8$$

$$Fo=\frac{\alpha\tau}{\delta^2}=\frac{9.55\times10^{-6}\times180}{0.05^2}=0.688$$

由《传热学(第 6 版)》(陶文铨编著)图查得$\frac{\theta_s}{\theta_m}=0.88$

故

$$\frac{\theta_s}{\theta_o}=0.88\times0.9=0.792$$

故短圆柱体中的最低温度为$\frac{\theta_s}{\theta_o}=\left(\frac{\theta_s}{\theta_o}\right)_\rho\left(\frac{\theta_s}{\theta_o}\right)_c=0.625\times0.792=0.495$

$$t=t_f+0.495\times(t_0-t_f)=143.9\ ℃$$

最高温度为$\frac{\theta_m}{\theta_o}=\left(\frac{\theta_m}{\theta_o}\right)_\rho\left(\frac{\theta_m}{\theta_o}\right)_c=0.71\times0.9=0.639$

$$t=t_f+0.639\times(t_0-t_f)=177\ ℃$$

$$\Delta t=177-143.9=33.1(℃)$$

3-60　对于 3.5 节中所讨论的长棱柱体的非稳态导热问题,假设平板 p_1 及 p_2 从过程开始到 τ 时刻的换热量与该平板在这一非稳态导热过程中的最大换热量之比分别为$(Q/Q_0)_{p1}$及$(Q/Q_0)_{p2}$。试导出用上述两个值表示的在同一时间间隔内柱体的 Q/Q_0 之值的计算式。

解:对一维问题按《传热学(第 6 版)》(陶文铨编著)式(3-34)有:

$$\left(\frac{\theta}{\theta_0}\right)_1=1-\frac{1}{V}\int\left(\frac{t-t_\infty}{t_0-t_\infty}\right)\mathrm{d}V=1-\frac{2}{2\delta_1\cdot1}\int_0^{\delta_1}\Theta_{\rho1}\,\mathrm{d}x=1-\frac{1}{\delta_1}\int_0^{\delta_1}\Theta_{\rho1}\,\mathrm{d}x$$

$$\left(\frac{\theta}{\theta_0}\right)_2=1-\frac{1}{V}\int\left(\frac{t-t_\infty}{t_0-t_\infty}\right)\mathrm{d}V=1-\frac{2}{2\delta_2\cdot1}\int_0^{\delta_1}\Theta_{\rho2}\,\mathrm{d}x=1-\frac{1}{\delta_2}\int_0^{\delta_2}\Theta_{\rho2}\,\mathrm{d}y$$

据乘积解法 $\Theta=\Theta_{\rho1}\cdot\Theta_{\rho2}$，于是有对二维方柱体

$$\left(\frac{\theta}{\theta_0}\right)=1-\frac{1}{V}\int\left(\frac{t-t_\infty}{t_0-t_\infty}\right)\mathrm{d}V$$

$$=1-\frac{2}{2\delta_1\cdot 1}\int_0^{\delta_1}\Theta_{\rho1}\,\mathrm{d}x$$

$$=\left[1-\frac{1}{\delta_1}\int_0^{\delta_1}\Theta_{\rho1}\,\mathrm{d}x\right]+\left[1-\frac{1}{\delta_2}\int_0^{\delta_2}\Theta_{\rho2}\,\mathrm{d}y\right]-\left[1-\frac{1}{\delta_1}\int_0^{\delta_1}\Theta_{\rho1}\,\mathrm{d}x\right]\left[1-\frac{1}{\delta_2}\int_0^{\delta_2}\Theta_{\rho2}\,\mathrm{d}y\right]$$

$$=\left(\frac{\theta}{\theta_0}\right)_{\rho1}+\left(\frac{\theta}{\theta_0}\right)_{\rho2}-\left(\frac{\theta}{\theta_0}\right)_{\rho1}\left(\frac{\theta}{\theta_0}\right)_{\rho2}$$

其中 $\left(\frac{\theta}{\theta_0}\right)_{\rho1}$ $\left(\frac{\theta}{\theta_0}\right)_{\rho2}$，均可据式(3－34)算出。

3－61　如《传热学(第 6 版)》(陶文铨编著)习题 3－61 附图所示，一个环形工件四周都受到高温流体的加热，流体的温度及表面传热系数都一致，试分析可否采用乘积解法来预测其温度随时间的变化。

解：如果可以将热流密度边界条件转化为等效的温度边界条件(这通常涉及一些近似或假设)，或者工件的初始温度分布和边界条件满足乘积解法所需的特定形式，那么可以采用乘积解法进行求解。

但是，如果热流密度边界条件无法直接转化为温度边界条件，且工件的初始温度分布和边界条件不满足乘积解法所需的特定形式，那么乘积解法可能不是最佳选择。在这种情况下，可能需要采用数值方法(如有限元法、有限差分法等)来求解温度随时间的变化。

3.3.9　综合分析

3－62　一大型加热炉的炉底采用厚 50 mm 的耐火材料做成。设炉子从冷态 25 ℃开始点火后炉内马上就形成了稳态的 1600 ℃的高温气体，气体与炉底表面间的平均表面传热系数为 40 W/(m·K)。炉底材料的热扩散率 $a=5\times10^{-6}$ m²/s，导热系数 $\lambda=4.0$ W/(m·K)。按工艺要求，炉内各表面均应加热到 1500 ℃方投入使用。试确定从开始点火到满足这一条件所需的时间。

解：近似地认为炉底外表面是绝热的，则这是一厚为 $2\delta=2\times0.05$ m 的无限大平板的非稳态导热问题。

$$\frac{1}{Bi}=\frac{\lambda}{h\delta}=\frac{4}{40\times0.05}=2.0$$

由《传热学(第 6 版)》(陶文铨编著)图查得 $\frac{\theta_\tau}{\theta_m}=0.8$

$$t_m=1600-100/0.8=1475(℃)$$

$$\frac{\theta_m}{\theta_0}=\frac{1475-1600}{25-1600}=0.0794$$

由《传热学(第 6 版)》(陶文铨编著)图查得 $Fo\approx6.1$，即 $\tau=\frac{6.1\times0.05}{5\times10^{-1}}=30500(s)=8.47(h)$。

3-63　试定性地画出半无限大物体在下列三种边界条件下物体中温度随时间变化的图像：(1)第一类边界条件，t_w 为常数；(2)第二类边界条件，q_w 为常数；(3)第三类边界条件，h 及 t_∞ 为常数。

解：如下图所示：

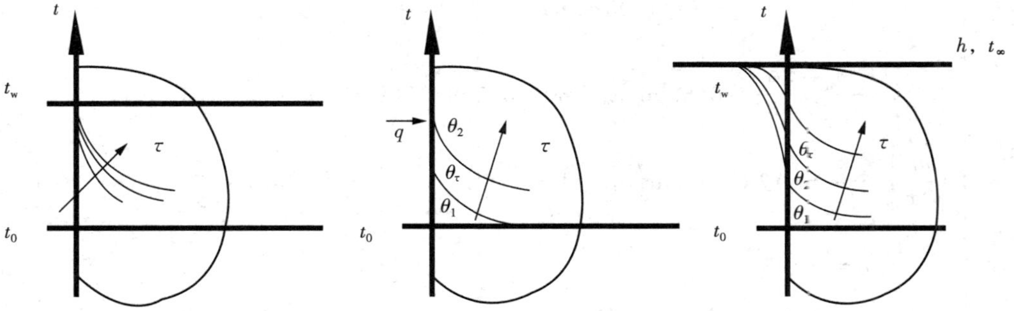

第一类边界条件　　第一类边界条件 $\angle\theta_1=\angle\theta_\tau=\angle\theta_2$　　$\angle\theta_1<\angle\theta_\tau<\angle\theta_2$

3-64　位于寒冷地区的一大直径输油管的外径为 1 m、壁厚 45 mm，油管外侧绝热良好。未送油前油管温度为 -20 ℃，然后 80 ℃ 的热油突然流经该油管，与内壁间的表面传热系数 $h=400$ W/(m^2·K)。试确定：

(1)输油 5 min 后油管外表面的温度；

(2)输油 5 min 后内表面的瞬时热流密度：

(3)输油 5 min 内油管单位长度上所吸收的热量。

输油管壁的 $\lambda=43$ W/(m·K)，$a=1.17\times10^{-5}$ m^2/s。

解：假设按无限大平板处理：

$$\delta=45\ \text{mm}$$

$$Fo=\frac{a\tau}{\delta^2}=\frac{1.17\times10^{-5}\times5\times60}{0.045^2}=1.733$$

$$Bi=\frac{h\delta}{\lambda}=\frac{400\times0.045}{43}=0.419$$

油管外表面处 $\eta=\frac{x}{\delta}=0$

采用拟合公式 $\frac{\theta_m}{\theta_0}=Ae^{-\mu_1^2Fo}f(\mu_1\eta)$

$$\mu_1^2=\left(a+\frac{b}{Bi}\right)^{-1}=\left(0.4022+\frac{0.9188}{0.419}\right)^{-1}=0.38535$$

$$\mu_1=0.6208$$

$$A=a+b(1-e^{Bi})=1.0101+0.2575(1-e^{-0.4271\times0.419})=1.0523$$

$$f(\mu_1\eta)=\theta\cos(\mu_1\eta)=\cos0=1$$

(1) $\dfrac{\theta_\tau}{\theta_0}=Ae^{-\mu_1^2 Fo}\cos\left(\mu_1\dfrac{x}{\delta}\right)$

所以

$$\frac{\theta_m}{\theta_0}=1.0523\times e^{-0.6208^2\times1733}=0.5396$$

$$\frac{t_m-80}{-20-80}=0.5396, t_m=80-0.5396\times(20+8)=26.04(℃)$$

(2) $\left.\dfrac{\partial\theta_x}{\partial x}\right|_{x-\delta}=-A\theta_0e^{-\mu_1^2 Fo}\sin\left(\mu_1\dfrac{x}{\delta}\right)\cdot\dfrac{\mu_1}{\delta}=-A\theta_0e^{-\mu_1^2 Fo}\sin(\mu_1)\cdot\dfrac{\mu_1}{\delta}$

$$\begin{aligned}q&=-\lambda\frac{\partial t}{\partial x}\\&=-\lambda\frac{\partial\theta}{\partial x}\\&=-\lambda\left(-A\theta_0e^{-\mu_1^2 Fo}\sin(\mu_1)\cdot\frac{\mu_1}{\delta}\right)\\&=-43\times(-20-80)\times1.0523\times(e^{-0.6679})\times\sin(0.6208)\times\frac{0.6208}{0.045}\\&=18627(\text{kW/m}^2)\end{aligned}$$

相应温差 $\Delta t=\dfrac{18627}{400}=46.6(℃)$

$$t_w=80-46.6=33.4(℃)>26.04(℃)$$

(3) $\dfrac{\varphi}{\varphi_0}=1-\dfrac{\bar\theta}{\theta_0}$

$$\overline{\Theta}=Ae^{-\mu_1^2 Fo}B$$

$$B=\frac{a+cBi}{1+bBi}=\frac{1.0063+0.3483\times0.419}{1+0.5475\times0.419}=0.9372$$

所以 $\overline{\Theta}=1.0523\times0.5128\times0.9372=0.5057$

$$\frac{\varphi}{\varphi_0}=1-0.5057=0.4943$$

$$\begin{aligned}\varphi&=0.4943\varphi_0\\&=0.4943\rho cV(t_0-t_\infty)\end{aligned}$$

$$=0.4943\times\left(\frac{\lambda}{a}\right)\times0.045\times1\times(-100)\times3.14$$

$$=-2.565\times10^{7}(\mathrm{J})$$

3-65　一直径为 10 mm 的固体球被均匀加热到 450 ℃，然后进行两步冷却：第一步把它置于 25 ℃的空气中缓慢冷却，直到球的中心温度下降到 350 ℃，此阶段球的表面传热系数为 10 W/(m² · K)；第二步把它置于 25 ℃的水中快速冷却，直到球的中心温度降低到 50 ℃，此阶段球的表面传热系数为 6000 W/(m² · K)。

球体的物性为 $\rho=3200\ \mathrm{kg/m^3}$，$c=1200\ \mathrm{J/(kg\cdot K)}$，$\lambda=18\ \mathrm{W/(m\cdot K)}$。试确定每一阶段冷却所需的时间及该阶段中球体所释放出的热量。

解：在第一步

$$Bi=\frac{hR}{\lambda}=\frac{10\times0.005}{18}=2.777\times10^{-3}<<0.1,\text{可用集中参数法}$$

$$\theta=\theta_0\,\mathrm{e}^{\frac{hF}{\rho cV}\tau}$$

$$\frac{hF}{\rho cV}=\frac{h}{\rho c}\cdot\frac{1}{V/F}=\frac{h}{\rho c}\cdot\frac{6}{d}=\frac{10}{1200\times3200}\times\frac{6}{0.01}=1.5625\times10^{-3}$$

$$\frac{\theta_{\mathrm{m}}}{\theta_0}=\frac{t_{\mathrm{m}}-25}{450-25}=\frac{350-25}{450-25}=0.7647$$

所以 $0.7647=\mathrm{e}^{-1.5625\times10^{-3}\tau}$

解得 $\tau=\frac{0.2683}{1.5625}\times10^{-3}=0.1717\times10^{-3}=171.7(\mathrm{s})$

在第二步，

$$\frac{\theta_{\mathrm{m}}}{\theta_0}=\frac{t_{\mathrm{m}}-25}{450-25}=\frac{50-25}{450-25}=0.07692$$

$$Bi=\frac{hR}{\lambda}=\frac{6000\times0.005}{18}=1.667$$

$$\frac{\theta_{\mathrm{m}}}{\theta_0}=A\mathrm{e}^{-\mu_1^2 Fo}f(\mu_1\eta)$$

$$A=a+b(1-\mathrm{e}^{\tau Bi})$$

$$=1.0003+0.9858(1-\mathrm{e}^{-0.3191\times2.667})$$

$$=1.4069$$

$$\mu_1^2=\left(a+\frac{b}{Bi}\right)^{-1}=\left(0.0988+\frac{0.2779}{1.667}\right)^{-1}=3.7664$$

$$\mu_1=1.9407,\eta=0,f(\mu_1\eta)=1$$

所以

$$\frac{\theta_m}{\theta_0}=0.07692=1.4069\times e^{-3.7663Fo}$$

解得 $Fo=0.7717$

$$Fo=\frac{a\tau}{R^2}=\frac{18/(3200\times1200)\tau}{0.005^2}=0.7717$$

$$\tau=\frac{0.005^2\times0.7717}{4.6875\times10^{-6}}=4.12(s)$$

第一步：

$$Q_1=\frac{\pi d^3}{6}\rho c(t_0-t)$$

$$=\frac{3.14\times0.01^3}{6}\times3200\times1200\times(450-350)$$

$$=201(J)$$

第二步：

$$\frac{Q_2}{Q_0}=1-\bar{\theta}$$

$$\bar{\theta}=Ae^{-\mu_1^2Fo}B$$

$$B=\frac{a+cBi}{1+bBi}=\frac{1.0295+0.3256}{1+1.0804}=0.6514$$

$$\bar{\theta}=1.4096\times e^{-3.7663Fo}\times0.6514=0.04968$$

$$Q_2=Q_0\times(1-0.04968)$$

$$=0.9503\times Q_0$$

$$=0.9503\times\frac{\pi d^3}{6}\rho c(350-25)0.9503\times\frac{3.14\times0.01^3}{6}\times3200\times1200\times325$$

$$=621\ J$$

作为一种验算，比较上述换热量与球从 450 ℃降温到 25 ℃所释放的热量：
从 450 ℃→25 ℃

$$Q_0=\frac{\pi d^3}{6}\rho c(450-25)$$

$$=\frac{3.14\times10^{-6}}{6}\times3200\times1200\times425$$

$$=854(J)$$

$$Q_1+Q_2=201+621=822(J)<854(J)$$

3-66　有一个二维的矩形区域，初始时刻处于均匀温度 t_0，后其四个表面突然受到均匀的热流密度 q 的加热。试证明，该矩形区域中非稳态导热的过余温度场可以用两个相应的一维非稳态导热问题过余温度场的叠加来获得。

解：要证明二维矩形区域的非稳态导热问题的过余温度场可以通过两个相应的一维非稳态导热问题的过余温度场叠加来获得，可以利用分离变量法和叠加原理来进行推导。

考虑一个二维矩形区域，初始温度为均匀温度(T_0)，四个边界突然受到均匀的热流密度(q)的加热。需要证明该区域内的非稳态导热的过余温度场[$\theta(x,y,t)$]可以通过两个相应的一维非稳态导热问题的过余温度场叠加来获得。

二维导热方程为

$$\frac{\partial T}{\partial t}=\alpha\left(\frac{\partial^2 T}{\partial x^2}+\frac{\partial^2 T}{\partial y^2}\right)$$

其中 α 为热扩散系数。引入过余温度场[$\theta(x,y,t)=T(x,y,t)-T_0$]，初始条件和边界条件如下：

初始条件：$\theta(x,y,0)=0$

边界条件：$-k\dfrac{\partial\theta(x,y,t)}{\partial n}=q$

假设解可以分离变量表示：$\theta(x,y,t)=X(x)Y(y)T(t)$

将其代入二维导热方程

得到

$$X(x)Y(y)\frac{\mathrm{d}T(t)}{\mathrm{d}t}=\alpha\left[Y(y)T(t)\frac{\mathrm{d}^2X(x)}{\mathrm{d}x^2}+X(x)T(t)\frac{\mathrm{d}^2Y(y)}{\mathrm{d}y^2}\right]$$

除以($X(x)Y(y)T(t)$)：

$$\frac{1}{\alpha T(t)}\frac{\mathrm{d}T(t)}{\mathrm{d}t}=\frac{1}{X(x)}\frac{\mathrm{d}^2X(x)}{\mathrm{d}x^2}+\frac{1}{Y(y)}\frac{\mathrm{d}^2Y(y)}{\mathrm{d}y^2}$$

由于左边仅依赖于(t)，而右边仅依赖于(x)和(y)，因此它们必须等于一个常数(λ)：

$$\frac{1}{\alpha T(t)}\frac{\mathrm{d}T(t)}{\mathrm{d}t}=-\lambda=\frac{1}{X(x)}\frac{\mathrm{d}^2X(x)}{\mathrm{d}x^2}+\frac{1}{Y(y)}\frac{\mathrm{d}^2Y(y)}{\mathrm{d}y^2}$$

这可以分解为两个独立的常微分方程：

$$\frac{1}{X(x)}\frac{\mathrm{d}^2X(x)}{\mathrm{d}x^2}=-\lambda_x$$

$$\frac{1}{Y(y)}\frac{\mathrm{d}^2Y(y)}{\mathrm{d}y^2}=-\lambda_y$$

其中：

$$\lambda=\lambda_x+\lambda_y$$

一维非稳态导热问题

分别考虑[$X(x)$]和[$Y(y)$]的一维非稳态导热问题：

对于(x)方向的一维问题：

$$\frac{\partial\theta_x(x,t)}{\partial t}=\alpha\frac{\partial^2\theta_x(x,t)}{\partial x^2}$$

对于(y)方向的一维问题：

$$\frac{\partial\theta_y(y,t)}{\partial t}=\alpha\frac{\partial^2\theta_y(y,t)}{\partial y^2}$$

假设[$\theta_x(x,t)$]和[$\theta_y(y,t)$]分别是(x)和(y)方向的一维非稳态导热问题的过余温度场解，则可以证明：

$$\theta(x,y,t)=\theta_x(x,t)+\theta_y(y,t)$$

满足二维问题的导热方程和边界条件。

首先，验证导热方程：

$$\frac{\partial\theta(x,y,t)}{\partial t}=\frac{\partial\theta_x(x,t)}{\partial t}+\frac{\partial\theta_y(y,t)}{\partial t}$$

而对[$\theta_x(x,t)$]和[$\theta_y(y,t)$]分别有：

$$\frac{\partial\theta_x(x,t)}{\partial t}=\alpha\frac{\partial^2\theta_x(x,t)}{\partial x^2}$$

$$\frac{\partial\theta_y(y,t)}{\partial t}=\alpha\frac{\partial^2\theta_y(y,t)}{\partial y^2}$$

因此：

$$\frac{\partial\theta(x,y,t)}{\partial t}=\alpha\left[\frac{\partial^2\theta_x(x,t)}{\partial x^2}+\frac{\partial^2\theta_y(y,t)}{\partial y^2}\right]$$

这与二维导热方程一致：

$$\frac{\partial\theta(x,y,t)}{\partial t}=\alpha\left[\frac{\partial^2\theta(x,y,t)}{\partial x^2}+\frac{\partial^2\theta(x,y,t)}{\partial y^2}\right]$$

其次，验证边界条件：

由于边界条件是均匀热流密度 q 的加热，所以：

$$-k\frac{\partial\theta(x,y,t)}{\partial n}=q$$

在 x 方向和 y 方向上分别满足：

$$-k\frac{\partial\theta_x(x,t)}{\partial x}=q_x$$

$$-k\frac{\partial\theta_y(y,t)}{\partial y}=q_y$$

其中 q_x 和 q_y 分别是 x 方向和 y 方向上的热流密度。

$$\begin{aligned}&-k\frac{\partial\theta(x,y,t)}{\partial x}\\&=-k\frac{\partial\theta_x(x,t)}{\partial x}+-k\frac{\partial\theta_y(y,t)}{\partial y}\\&=q_x+q_y\\&=q\end{aligned}$$

综上所述，二维矩形区域的非稳态导热的过余温度场可以通过两个相应的一维非稳态导热问题的过余温度场叠加来获得。

3－67 在一太阳能储能系统中有一卵石蓄热床，卵石的平均直径为 60 mm，初始温度为 350 ℃，后温度为 280 ℃的冷空气流经该蓄热床。试确定需经过多长时间与冷空气接触的第一排卵石能释放用于加热空气的能量的 90%？卵石的导热系数 $\lambda=1.6$ W/(m・K)，热扩散率 $a=7\times10^{-7}$ m²/s。

解：对于一维热传导问题，温度随时间的变化可以表示为

$$\frac{\Delta T}{T_i-T_f}=\frac{4at}{\pi^2R^2}$$

其中 R 是卵石的半径，即 $R=\frac{d}{2}=0.03$ m。

将已知条件代入上式，解得

$$\begin{aligned}t&=\frac{\pi^2R^2\Delta T}{4a(T_i-T_f)}\\&=\frac{\pi^2\times(0.03)^2\times77}{4\times7\times10^{-7}\times(350-280)}\\&\approx1131(\mathrm{s})\end{aligned}$$

综上所述，需经过约 1131 秒的时间，与冷空气接触的第一排卵石能释放用于加热空气的能量的 90%。

3－68 物体的非稳态导热进入正规状况阶段后，一般定义同一点上两个不同时刻的过余温度 θ_1、θ_2 与相应时刻 τ_1，τ_2 的关系：

$m=\dfrac{\ln\theta_1-\ln\theta_2}{\tau_2-\tau_1}$ 为冷却或加热速率。试对无限大平板导出 m 的表达式，并利用表 3－2 所提供的信息，设计出一种测定非金属固体材料(如塑料板等)导温系数的简易方法。

解：对无限大平板，据式(3－22)在进入充分发展阶段后有：

$$\frac{\theta(x,\tau)}{\theta_0}=\frac{2\sin(\beta_1\delta)}{(\beta_1\delta)+\sin(\beta_1\delta)\cos(\beta_1\delta)}\mathrm{e}^{-(\beta_1\delta)^4 Fo}\cos\left[(\beta_1\delta)\frac{x}{\delta}\right]$$

即

$$\beta_1\delta=\mu_1,A=\frac{2\sin(\beta_1\delta)}{(\beta_1\delta)+\sin(\beta_1\delta)\cos(\beta_1\delta)}$$

$$B=\cos\left[(\beta_1\delta)\frac{x}{\delta}\right]$$

则可见以上表达式中 A、B 两部分仅与 Bi 数及位置有关，对平板中的固定位置，A、B 为常数（在一定 Bi 下）

设记 $C=A\cdot B$，则有$\frac{\theta(x,\tau)}{\theta_0}=C\mathrm{e}^{-\mu_1^2\frac{a\tau}{\delta^2}}=C\mathrm{e}^{-\left(\frac{\mu_1^2 a}{\delta^2}\right)\tau}$

两边取对数：

$$\ln\theta(x,\tau)=\ln\theta_0+\ln C-\left(\frac{\mu_1^2 a}{\delta^2}\right)\tau$$

在同一位置 x，在两个时刻 τ_1、τ_2 进行温度测定：

$$\ln\theta(x,\tau_1)=\ln\theta_1=\ln\theta_0+\ln C-\left(\frac{\mu_1^2 a}{\delta^2}\right)\tau_1$$

$$\ln\theta(x,\tau_2)=\ln\theta_2=\ln\theta_0+\ln C-\left(\frac{\mu_1^2 a}{\delta^2}\right)\tau_2$$

所以 $\ln\theta_1-\ln\theta_2=\left(\frac{\mu_1^2 a}{\delta^2}\right)(\tau_2-\tau_1)$

$$m=\frac{\mu_1^2 a}{\delta^2},a=\frac{\delta^2}{\mu_1^2}\cdot\frac{\ln\theta_1-\ln\theta_2}{\tau_2-\tau_1}$$

μ_1 与 $Bi=\frac{h\delta}{\lambda}$有关，对非金属固体来说，$\lambda$ 一般在 10 以下，设法使流体（液体如水）发生对流传热，则可以获得很大 Bi 数的情况，此时 $(\mu_1)_\infty=1.5707=\frac{\pi}{2}$，于是 $a=\frac{\ln\theta_1-\ln\theta_2}{\tau_2-\tau_1},\delta^2\left(\frac{2}{\pi}\right)^2=\frac{\ln\theta_1-\ln\theta_2}{\tau_2-\tau_1}\cdot\left(\frac{2\delta}{\pi}\right)^2$。

3-69　一直径为 d 的钢球，加热到 t_{s0} 温度后被突然置于温度为 t_{f0} 的液体中冷却。由于液体的容积有限，在钢球冷却过程中液体也逐渐升温。为强化钢球表面与液体之间的换热过程，液体槽中加了搅拌器，因而可近似地认为任一瞬间液槽中的温度是均匀的。试导出确定钢球温度及油温随时间变化的微分方程式，并求解之。设表面传热系数为常数。

解：假设容器的外壁绝热良好，而且可按集中参数法处理。记钢球的温度分别为 t_s 及 t_f，则可列出下列两个微分方程：

$$\text{钢球}:\frac{\mathrm{d}t_s}{\mathrm{d}\tau}=\frac{hF_s}{\rho_x V_s c_\tau}(t_f-t_s)$$

$$\text{液体}:\frac{\mathrm{d}t_f}{\mathrm{d}\tau}=\frac{hF_f}{\rho_{fx} V_f c_f}(t_s-t_f)$$

其中下标 s、f 分别表示钢球及液体。

记

$$A=\frac{hF_s}{\rho_s V_s c_s},B=\frac{hF_f}{\rho_{fs} V_f c_f}$$

则可得如下联立方程组：

$$\frac{\mathrm{d}t_s}{\mathrm{d}\tau}+At_s=At_f \tag{1}$$

$$\frac{\mathrm{d}t_f}{\mathrm{d}\tau}+Bt_f=At_s \tag{2}$$

初始条件为 $\tau=0,t_s=t_{s0}\,t_f=t_{f0}$

由式(1)得 $t_f=\frac{1}{A}\cdot\frac{\mathrm{d}t_s}{\mathrm{d}\tau}+t$，代入(2)得下列二阶微分方程：

$$\frac{\mathrm{d}^2 t_s}{\mathrm{d}\tau^2}+(A+B)\frac{\mathrm{d}t_s}{\mathrm{d}\tau}=0,\tau=0,t_\tau=t_{s0},\frac{\mathrm{d}t_f}{\mathrm{d}\tau}=A(t_{f0}-t_{s0})$$

解此二阶常微分方程得 $t_s=c_1+c_2\mathrm{e}^{-(A+B)\tau}$

由两个初始条件可得 $c_1=t_{s0}+\frac{A}{A+B}(t_{f0}-t_{s0}),c_2=-\frac{A}{A+B}(t_{f0}-t_{s0})$

最后得

$$t_s=t_{s0}+\frac{A}{A+B}(t_{f0}-t_{s0})[1-\mathrm{e}^{-(A+B)\tau}]$$

$$t_f=t_{s0}+\frac{B}{A+B}(t_{f0}-t_{s0})[A+B\mathrm{e}^{-(A+B)\tau}]$$

3－70　如果非稳态导热的求解仅着眼于正规状况阶段(即充分发展阶段)，则对于无限大平板、无限长圆柱及球，其温度的微分方程可简化为一个常微分方程。定义无量纲温度为

$$\Theta=\frac{t-t_{so}}{t_b-t_{so}},\text{其中 } t_b=\frac{1}{V}\int_V t\mathrm{d}V$$

试对于两侧对称受热(冷却)的无限大平板导出 Θ 的微分方程及边界条件。

解：厚为 2δ 的无限大平板的一维非稳态导热方程为：$\frac{\partial t}{\partial\tau}=a\frac{\partial^2 t}{\partial x^2}$

边界条件为：$x=0,\frac{\partial t}{\partial x}=0,x=\delta,-\lambda\frac{\partial t}{\partial x}=h(t-t_\infty)$

在导热进入正轨状态(充分发展阶段)时，t 仍为(x,τ)的函数，热而无量纲过余温度

$\Theta=\dfrac{t-t_\infty}{t_b-t_\infty}$ 则仅为 x 的函数而与时间 τ 无关

其中 $t_b=\dfrac{1}{V}\int_V t\mathrm{d}V$，为容积平均温度。

据此 $\Theta=\dfrac{\theta}{\theta_b}=\dfrac{t-t_\infty}{t_b-t_\infty}=f(x)$

$$\frac{\partial t}{\partial \tau}=\Theta\frac{\partial}{\partial \tau}(t_b-t_\infty)=\Theta\frac{\mathrm{d}(t_b-t_\infty)}{\mathrm{d}\tau}$$

$$\Theta\frac{\mathrm{d}(t_b-t_\infty)}{\mathrm{d}\tau}=a(t_b-t_\infty)\frac{d^2\Theta}{\mathrm{d}x^2}$$

$$\frac{\mathrm{d}^2\Theta}{\mathrm{d}x^2}=\frac{\mathrm{d}(t_b-t_\infty)}{\mathrm{d}\tau}\cdot\frac{\Theta}{a(t_b-t_\infty)}$$

$$\frac{1}{\Theta}\frac{\mathrm{d}^2\Theta}{\mathrm{d}(x^2/\delta^2)}$$

$$=\frac{\delta^2}{a(t_b-t_\infty)}\cdot\frac{\mathrm{d}(t_b-t_\infty)}{\mathrm{d}\tau}$$

$$=-\lambda$$

其中$\dfrac{1}{\Theta}\dfrac{\mathrm{d}^2\Theta}{\mathrm{d}(x^2/\delta^2)}$仅有 x 有关

$\dfrac{\delta^2}{a(t_b-t_\infty)}\cdot\dfrac{\mathrm{d}(t_b-t_\infty)}{\mathrm{d}\tau}$仅有 τ 有关

又因为$\dfrac{1}{t_b-t_\infty}\cdot\dfrac{\mathrm{d}(t_b-t_\infty)}{\mathrm{d}\tau}<0$

为使 λ 保证正值，故加上负号，于是得

$$\frac{\mathrm{d}^2\Theta}{\mathrm{d}\ (x/L)^2}+\lambda\Theta=0$$

λ 为特征值，$\dfrac{\mathrm{d}^2\Theta}{\mathrm{d}X^2}+\lambda\Theta=0$

$$\lambda=-\frac{1}{t_b-t_\infty}\cdot\frac{\mathrm{d}(t_b-t_\infty)}{\mathrm{d}(\tau a/L^2)}$$

边界条件则为：$X=0,\dfrac{\mathrm{d}\Theta}{\mathrm{d}X}=0$

$$X=1,\frac{\mathrm{d}\Theta}{\mathrm{d}X}=-\frac{h\delta}{\lambda}\Theta,\text{即}\frac{\mathrm{d}\Theta}{dX}=-Bi\cdot\Theta$$

3－71　已知同《传热学(第6版)》(陶文铨编著)例题3－10，但接触界面上存在恒定的接触热阻，试写出两个半无限大物体非稳态导热的控制方程、边界条件。坐标

的选取如《传热学(第 6 版)》(陶文铨编著)习题 3－71 附图所示。

解:设 $t_1>t_2$(初始时间)接触热阻为 R_s,令 $h_s=\dfrac{1}{R_s}$

则界面上应有以下条件成立:$h(t_s-t_2)=\lambda_1\dfrac{\partial t_1}{\partial x},\lambda_1\dfrac{\partial t_1}{\partial x_1}=-\lambda_2\dfrac{\partial t_2}{\partial x_2}$

两个控制方程为:$\dfrac{\partial t_1}{\partial \tau}=a_1\dfrac{\partial^2 t_1}{\partial x_1^2},\dfrac{\partial t_2}{\partial \tau}=a_2\dfrac{\partial^2 t_2}{\partial x_2^2}$

$$x_1\to 0,t_1 0=t_{10};x_2\to\infty,t_2=t_{20}$$

3.3.10　采用基于 MHT－Learning 工具软件的题目

3－72　对《传热学(第 6 版)》(陶文铨编著)例题 3－8,画出浇铸后 2 h 从铸件底面到其下 80 mm 的型砂层中的温度分布。

解:需要画出浇铸后 2 小时从铸件底面到其下 80 mm 的型砂层中的温度分布。由于已经求得了距离铸件底面 80 mm 处的温度,并且知道铸件表面温度维持在 1450 ℃,型砂初始温度为 20 ℃,可以使用热传导方程的解来绘制温度分布曲线。然而,由于这是一个连续分布,通常会用平滑的曲线来表示,而不是具体的点。在实际绘制时,可以使用数学软件或绘图工具来生成这条曲线。

3－73　乘积解法对非稳态导热的任何一个阶段都成立。试确定《传热学(第 6 版)》(陶文铨编著)例题 3－13 中钢锭加入炉中后 1 h 瞬间钢锭中心的温度。

解:

$$Bi=\frac{hL_c}{\lambda}$$

其中,(L_c)为特征长度,对于圆柱体,可以近似为其半径:

$$L_c=\frac{d}{2}=\frac{0.6}{2}=0.3(\mathrm{m})$$

代入数值:

$$Bi=\frac{232\times 0.3}{40.5}\approx 1.719$$

$$Fo=\frac{\alpha t}{L_c^2}$$

先计算 1 小时(3600 秒)的傅里叶数:

$$Fo_{1h}=\frac{0.625\times 10^{-5}\times 3600}{0.3^2}\approx 0.0025$$

对于 Bi 数和傅里叶数的组合,可以查表或利用解析解来估算钢锭中心的温度。

对于 Bi 数($Bi\approx 1.719$)和傅里叶数($Fo_{1h}\approx 0.0025$),使用 Heisler 图来近似计算温度。

Heisler 图的无量纲温度关系为

$$\theta=\frac{T(t)-T_{\infty}}{T_{\mathrm{i}}-T_{\infty}}$$

对于计算傅里叶数和 Bi 数，通过 Heisler 图查得无量纲温度可以近似为：

对于 1 小时(3600 秒)：($Fo=0.0025$)($Bi=1.719$)

由图可以查得中心温度无量纲参数($\theta_{1\mathrm{h}}\approx 0.95$)

1 小时后的温度

$$\theta_{1\mathrm{h}}=\frac{T(t)-T_{\infty}}{T_{\mathrm{i}}-T_{\infty}}$$

$$0.95=\frac{T(1h)-1300}{30-1300}$$

$$T(1h)\approx 93.5(℃)$$

钢锭在加热炉中 1 小时后的中心温度约为(93.5 ℃)。

3-74　略

3.4　名校考研真题集锦

1.(东南大学 2017 年考研试题)Bi 很小的球体，有内热源，置于温度为 t_{f}，对流传热系数为 h 的流体中，问温度分布情况？以及达到稳态时，小球的温度。

答：Bi 很小，因此可利用集中参数法

对流传热量 $\dot{\Phi}=hA(t-t_{\mathrm{f}})$

$$\dot{\Phi}_1=-\frac{hA(t-t_{\mathrm{f}})}{V}$$

$$\rho c\,\frac{\mathrm{d}t}{\mathrm{d}\tau}=\dot{\Phi}+\dot{\Phi}_1$$

$$\frac{\mathrm{d}t}{\mathrm{d}\tau}=\frac{\dot{\Phi}}{\rho c}-\frac{hA(t-t_{\mathrm{f}})}{\rho c v}$$

令 $t-t_{\mathrm{f}}=\theta$

$$t=0\quad \theta=\theta_0$$

$$\frac{\mathrm{d}\theta}{\mathrm{d}\tau}=\frac{\dot{\Phi}}{\rho c}-\frac{hA\theta}{\rho c V}$$

$$\theta=\frac{\dot{\Phi}V}{hA}-\left(\frac{\dot{\Phi}V}{hA}-\theta_0\right)\mathrm{e}^{-\frac{hA}{\rho c v}\tau}$$

当 $\tau\to\infty$ 时，$\theta=t-t_f=\dfrac{\dot{\Phi}V}{hA}$

$$t=\frac{\dot{\Phi}V}{h_A}+t_f$$

2. (东南大学 2021 年考研试题)(1)大平板，厚度 δ，导热系数为 λ，两侧壁温 t_1，t_2，有内热源 Φ_v，求大平板的温度分布；

(2)两块厚度为 30 mm 的无限大平板，初始温度为 20 ℃，分别用铜和钢制成，平板两侧表面的温度突然上升到 60 ℃，试计算使两板中心温度均上升到 56 ℃时两板所需时间之比。铜和钢的热扩散率分别为 103×10^{-6} m²/s，12.9×10^{-6} m²/s。

解：(1)控制方程

$$\lambda\frac{d^2t}{dx^2}+\dot{\Phi}_v=0$$

定解条件

$$x=0,t=t_1\quad x=\delta,t=t_2$$

解得

$$t=-\frac{\Phi_v}{2\lambda}x^2+\left(\frac{t_2-t_1}{\delta}+\frac{\dot{\Phi}_v}{2\lambda}\delta\right)x+t_1$$

(2)一维非稳态无限大平板内的温度分布有如下函数形式：

$$\frac{\theta}{\theta_0}=\frac{t-t_0}{t_\infty-t_0}=f\left(Bi,Fo,\frac{x}{\delta}\right)$$

两块不同材料的无限大平板，均处于第一类边界条件(即 $Bi\to\infty$)，由题意，两种材料达到同样工况时，Bi 数和 x/δ 相同，要使温度分布相同，则只需 Fo 数相等，因此

$$(Fo)_{铜}=(Fo)_{钢}$$

$$\left(\frac{a\tau}{\delta^2}\right)_{铜}=\left(\frac{a\tau}{\delta^2}\right)_{钢}$$

而 δ 在两种情况下相等，因此

$$\frac{\tau_{铜}}{\tau_{钢}}=\frac{\alpha_{钢}}{\tau_{铜}}=\frac{12.9\times10^{-6}}{103\times10^{-6}}=0.125$$

3. (华北电力大学 2014 年考研试题)冰雹 $d=4$ mm，温度为 -20 ℃，比热为 4174 J/(kg·K)，密度为 1000 kg/m³，普朗特数 2.98，$\lambda=40$ W/(m·K)。穿过 15 ℃的热空气层，空气对流传热系数 $h=100$ W/(m²·K)。导热系数为 0.6544 W/(m·K)。问冰雹能否当做集总体，为什么？完全融化需要多长时间？

解：

$$B_1=\frac{hR}{\lambda}=\frac{100\times0.002}{40}=0.005\ll0.1$$

导热热阻远小于对流热阻，可以当作集总体。

引入过于温度 $\theta=t-t_\infty$

$$\theta_0=-35\ ℃$$

$$\theta=-15\ ℃$$

$$\frac{\theta}{\theta_0}=\exp\left(\frac{hA}{\rho cV}\tau\right)$$

带入数据得

$$\frac{15}{35}=\exp\left(-\frac{100\times 3}{0.002\times 1000\times 4174}\tau\right)$$

解得

$$\tau=23.58\ \text{s}$$

4.（华北电力大学 2020 年考研试题）热电偶的接触点近似于直径为 1 mm 的球体，密度 $\rho=9000\ \text{kg/m}^3$，比热容 $c=480\ \text{J/(kg·K)}$，导热系数 $\lambda=25\ \text{W/(m·K)}$，热电偶初始温度为 20 ℃，突然放入 90 ℃ 的气流中，表面传热系数为 $30\ \text{W/(m}^2\text{·K)}$。讨论热电偶到达指示温度为 50 ℃ 所需要的时间。若热电偶接触点直径变为原来的一半，其他条件不变，达到 50 ℃ 所需的时间变为多少？

解：球的特征长度

$$l=\frac{r}{3}=\frac{0.0005}{3}=1.67\times 10^{-4}(\text{m})$$

根据集中参数法

$$\frac{\theta}{\theta_0}=\exp\left(-\frac{hA}{\rho cV}\tau\right)=\exp\left(-\frac{3h}{\rho cr}\tau\right)$$

代入数据得

$$\frac{50-90}{20-70}=\exp\left(-\frac{3\times 30}{9000\times 480\times 0.0005}\tau\right)$$

解得：$\tau=13.43\ \text{s}$

当直径改变后，同理可得 $\tau'=6.71\ \text{s}$。

5.（东南大学 2018 年考研试题）热电偶 $\lambda=150\ \text{W/(m·K)}$，$a=2.5\times 10^{-5}\ \text{m}^2/\text{s}$，$h=100\ \text{W/(m}^2\text{·K)}$。

(1)若时间常数为 1 s，问直径多少？

(2)若热电偶初始温度 25 ℃，流体温度 200 ℃，问热电偶温度达到 199 ℃ 要多长时间？

(3)若热电偶发射率 0.6，热电偶指示温度为？壁温为？问流体真实温度。

解：(1) $\rho c=\dfrac{\lambda}{a}=\dfrac{150}{2.5\times 10^{-5}}=6\times 10^6[\text{J/(m}^3\text{·K)}]$

$$\tau_c=\frac{hA}{\rho cv}=\frac{3h}{\rho cR}$$

故

$$R=\frac{3h}{\rho c\tau_c}=\frac{3\times100}{6\times10^6\times1}=0.00005(\mathrm{m})=0.05(\mathrm{mm})$$

故

$$d=2R=0.1\ \mathrm{mm}$$

(2) $\frac{\theta}{\theta_0}=\frac{t-t_f}{t_0-t_f}=e^{-\frac{\tau}{\tau_c}}$

$$\frac{199-200}{25-200}=e^{-\tau}$$

$$\tau=5.16(\mathrm{s})$$

(3) $h(t_f-t_s)=\varepsilon\upsilon[(T_s+273)^4-(T_w+273)^4]$

$$t_f=\frac{\varepsilon\upsilon[(T_s+273)^4-(T_w+273)^4]}{h}+t_s$$

6.(华北电力大学 2005 年考研试题)将初始温度为 T 的固体，突然放入气温温度为 T 的房间里，房间内壁的面积十分大，固体与空气之间的表面传热系数为 h，表面发射率为 E，固体的体积为 V，参与传热面积为 A，比热容为 c，密度为 ρ。

(1)请问在什么条件下，可以采用集中参数法分析固体和环境之间的非稳态传热过程？

(2)同时考虑辐射传热和对流传热，请应用集中参数法写出固体温度随时间变化的微分方程式。

解：(1) $Bi<0.1$，此种情况方可使用集中参数法

(2)对固定应用集中参数法可列导热微分方程、忽略导热热阻

$$\rho c\frac{\partial t}{\partial\tau}=\dot{\Phi}(\dot{\Phi}\text{ 为广义热源})$$

因为固体冷却对外放热

所以

$$\dot{\Phi}V=-hA(T-T_\infty)-\varepsilon A\sigma(T^4-T_\infty^4)$$

微分方程式：

$$\rho cv\frac{\mathrm{d}t}{\mathrm{d}\tau}=-hA(T-T_\infty)-\varepsilon A\sigma(T^4-T_\infty^4)$$

$\tau=0$ 时，$t=T$。

第 4 章　导热问题的数值解法

4.1　知识网络

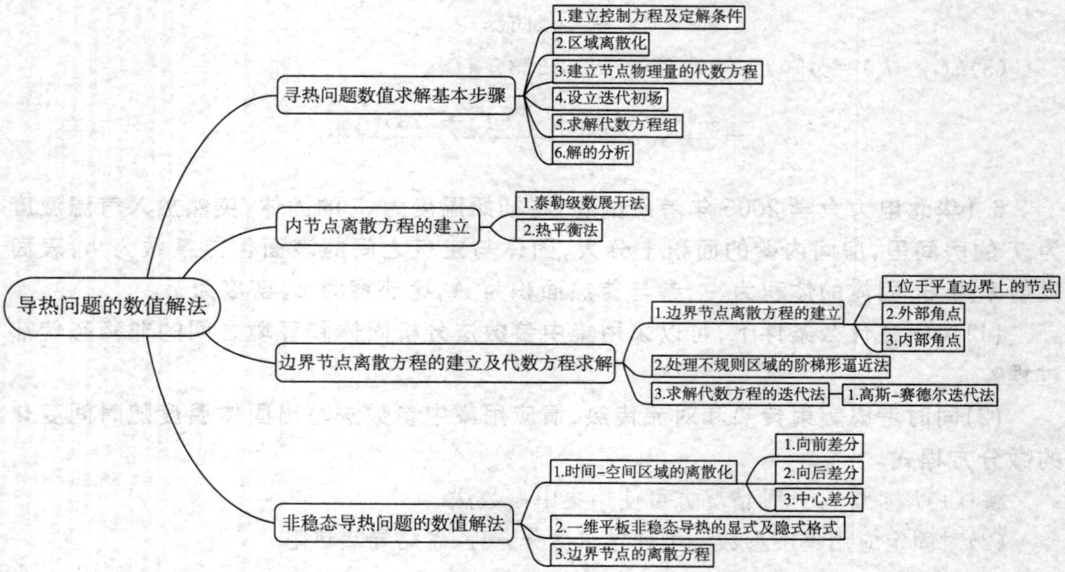

4.2　传热学知识点

知识点 1　基本思想

数值解法:把原来在时间、空间坐标系中连续的物理量的场,如温度场,用有限个离散点上的值的集合代替,通过求解按一定方法建立的关于这些值的代数方程,来获得离散点上被求物理量的值的方法。这些离散点上被求物理量值的集合称为该物理量的数值解。

知识点 2　导热问题数值求解基本步骤

【导热问题数值求解的基本思想】

数值求解基本思想如图 4-1 所示，数值计算流程如图 4-2 所示。

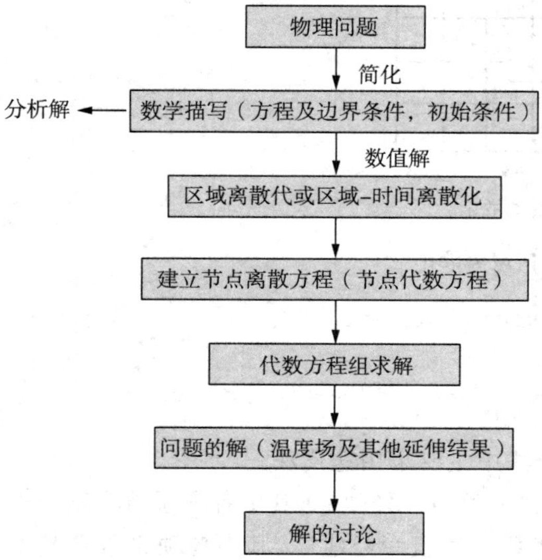

图 4-1　数值求解基本思想

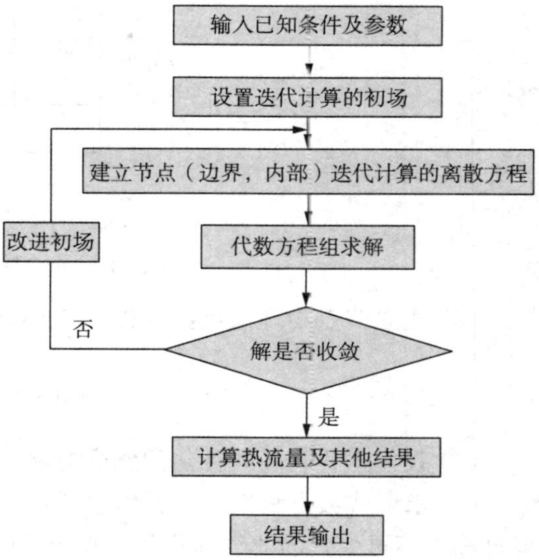

图 4-2　数值计算流程图

下面以二维、常物性、无内热源、稳态的导热问题为例对上述步骤进行简要说明。

(1)建立控制方程及定解条件

建立二维导热模型(图 4-3)

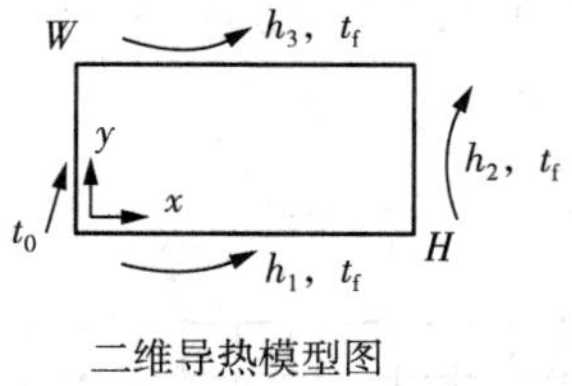

图 4-3　二维、常物性、无内热源、稳态的导热问题模型

$$\text{微分方程：}\frac{\partial^2 t}{\partial x^2}+\frac{\partial^2 t}{\partial y^2}=0$$

$$\text{边界条件：}x=0\text{ 时},t=t_0$$

$$x=H\text{ 时},-\lambda\left.\frac{\partial t}{\partial x}\right|_{x=H}=h_2\left[t(H,y)-t_f\right]$$

$$y=0\text{ 时},-\lambda\left.\frac{\partial t}{\partial y}\right|_{y=0}=h_1\left[t(x,0)-t_f\right]$$

$$y=W\text{ 时},-\lambda\left.\frac{\partial t}{\partial y}\right|_{y=W}=h_3\left[t(x,W)-t_f\right]$$

(2) 区域离散化(图 4-4)即用一系列与坐标轴平行的网格线把求解区域划分成许多子区域,如图所示。用网格线的交点作为需要温度值的空间位置,这些交点称为节点。m、n 表示节点的两个方向。相邻两节点间的距离称步长,记为 Δx、Δy。

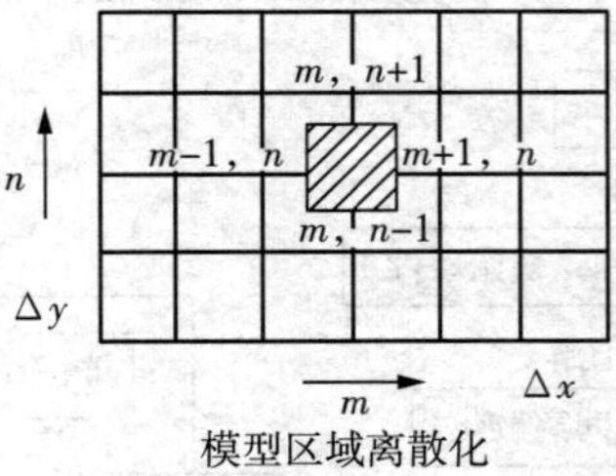

图 4-4　模型区域离散化

(3) 建立节点物理量代数方程。节点为(m,n),当 $\Delta x=\Delta y$ 时。有

$$t(m,n)=\frac{1}{4}(t_{m+1,n}+t_{m-1,n}+t_{m,n+1}+t_{m,n-1})$$

(4) 设立迭代初场。传热问题的有限差分法中主要采用迭代法。

(5) 求解代数方程组。方程组包括:a. 代数方程组一经建立,其中各项系数在整个求解过程中不再变化的非线性代数方程组;b. 代数方程组一经建立,其中各项系数在整个求解过程中不断更新的非线性代数方程组。

(6) 解的分析。通过求解代数方程,获得物体中的温度分布,根据温度场进一步计算通过的热流量、热应力及热变形等。

知识点 3　热平衡法

采用热平衡法时,对每个节点所代表的元体,从导热和对流传热的角度进行分析。导热量计算方法如图 4-5 所示。

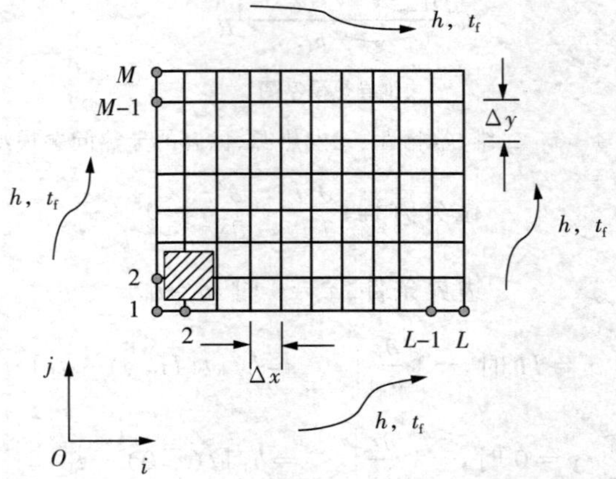

图 4-5　导热量计算方法示意图

从导热的傅里叶定律的角度来说

$$\Phi=\sum_{j=2}^{M-1}\lambda\Delta y\,\frac{t(1,j)-t(2,j)}{\Delta x}$$

从对流传热的角度看

$$\Phi=\sum_{j=2}^{M-1}h_j y[t_i-t(1,j)]+h\,\frac{\Delta y}{2}[t_i-t(1,1)]+h\,\frac{\Delta y}{2}[t_i-t(1,M)]$$

上述两式子没有涉及两个角点的导热量，其原因是两个角点(1,1)和(1,M)的控制容积没有直接与内节点相连的公共部分，因而导热量为零。当节点数趋于无穷大时，显然两角点的影响将可忽略不计。

4.3　传热学复习题

4.3.1　思考题

1. 试简要说明对导热问题进行数值计算的基本思想与步骤。

答：首先，建立数学模型。确定导热区域的几何形状、材料的热物性参数，以及相应的边界和初始条件，通过热传导方程描述导热过程。

接着，选择和应用数值方法。常见的方法包括有限差分法、有限元法和有限体积法，将连续的偏微分方程离散化为代数方程，并进行网格划分以适应数值计算。

最后，求解离散化方程并验证结果。通过直接或迭代求解方法获得温度分布等结果，并通过可视化、与实验数据比较等方式验证计算结果的准确性和可靠性。

2. 试说明用热平衡法建立节点温度离散方程的基本思想。

答：热平衡法的基本思想是将导热区域划分为多个小的控制体积，每个控制体积的中心为一个节点。通过能量守恒原则，对每个节点进行能量平衡分析，即输入能量减去输出能量再加上内部热源等于节点能量的变化。

具体来说，利用傅里叶导热定律计算节点之间的导热通量，并将能量守恒方程在时间和空间上进行离散化。这样，每个节点的温度变化可以表示为相邻节点温度、材料热物性参数和时间步长的函数。

最终，通过组装这些离散方程，形成一个代数方程组。利用适当的数值方法求解这些方程，得到导热区域内各个节点的温度分布。

3. 推导导热微分方程的步骤和过程与用热平衡法建立节点温度离散方程的过程十分相似，为什么前者得到的是精确描写，而由后者解出的却是近值解。

答：推导导热微分方程和用热平衡法建立节点温度离散方程的过程在原理上相似，但前者提供的是对导热过程的连续和精确描述。导热微分方程假设温度和热通量在空间和时间上是连续变化的，基于傅里叶导热定律和能量守恒定律，能精确描述热量在连续介质中的传递。

热平衡法则是将连续的导热区域离散化为有限个控制体积或节点，这个过程引入了近似。温度梯度和导热通量通过有限差分近似计算，近似不可避免地带来了截断误差和离散误差。此外，数值求解离散方程组的过程中也会引入数值误差，如舍入误差和迭代误差。

因此，导热微分方程的解在理论上是精确的，而用热平衡法得到的解则是近似的，主要由于离散化和数值计算过程中引入的各种误差。

4. 第三类边界条件边界节点的离散方程，也可用将第三类边界条件表达式中的一阶导数用差分公式表示来建立。试比较这样建立起来的离散方程与用热平衡法建立起来的离散方程的异同与优劣。

答：在处理第三类边界条件时，可以通过将边界条件中的一阶导数用差分公式表示来建立离散方程，也可以使用热平衡法来建立离散方程。两种方法的目标都是为了求解边界节点的温度分布，满足第三类边界条件，并且都基于能量守恒原则，通过数值离散化来解决问题。

直接差分公式的方法通过前向差分或后向差分表示一阶导数，公式简单明了，计算量较小，易于实现。然而，这种方法可能会引入较大的截断误差和数值不稳定性，特别是在网格较粗或时间步长较大时。相比之下，热平衡法通过对边界节点进行热平衡分析，综合考虑了热传导和对流的热量交换，通常更具鲁棒性和准确性，但需要更多的计算步骤和更复杂的公式，对编程和计算资源要求较高。

因此，在简单边界条件和较小计算量需求时，直接差分公式方法较为方便快捷；而在复杂边界条件和高精度需求时，热平衡法则更为准确和可靠。选择哪种方法应依据具体问题的复杂性和精度要求而定。

5. 对绝热边界条件的数值处理本章采用了哪些方法？试分析比较之。

答：在本章中，处理绝热边界条件的方法包括泰勒级数展开法、热平衡法、迭代法和阶梯型逼近法。泰勒级数展开法通过数学展开式实现高精度计算，但实现复杂，适用于精度要求高的场合；热平衡法基于能量守恒，适用于各种复杂边界，计算步骤较多且资源需求较高。

迭代法通过逐步逼近满足边界条件的解，灵活且适应性强，但收敛速度依赖初始条件，可能较慢；阶梯型逼近法通过分段处理边界条件，实现简单且计算效率高，但精度较低，适用于粗略近似。选择适当的方法需根据问题的具体复杂性和精度需求来决定。

6. 什么是非稳态导热问题的显式格式？什么是显式格式计算中的稳定性问题？

答：非稳态导热问题的显式格式是一种数值求解方法，通过将时间和空间进行离散化，将偏微分方程转化为代数方程。具体来说，在显式格式中，温度在下一时刻的值由当前时刻的温度值直接计算得到，以一维导热方程为例，其离散化形式为

$$u_i^{n+1}=u_i^n+\alpha\frac{\Delta t}{(\Delta x)^2}(u_{i+1}^n-2u_i^n+u_{i-1}^n)$$

显式格式计算中的稳定性问题是一个关键因素，指的是在计算过程中的误差不应无

限制地增大。对于导热问题的显式格式，通常需要满足 CFL 条件，即

$$\frac{\alpha \Delta t}{(\Delta x)^2} \leqslant \frac{1}{2}$$

以确保计算的稳定性。如果这个条件不满足，数值解可能会出现非物理性的振荡，导致计算结果不可靠。

总的来说，显式格式在非稳态导热问题中实现简单、计算速度快，但需要严格满足稳定性条件，选择合适的时间步长和空间步长，以确保数值解的准确性和稳定性。

7. 用高斯－赛德尔迭代法求解代数方程时是否一定可以得到收敛的解？不能得出收敛的解是否因为初场的假设不合适而造成？

答：高斯一赛德尔迭代法是一种用于求解线性代数方程组的迭代方法，但它并不能保证在所有情况下都收敛。其收敛性主要依赖于系数矩阵的性质，例如对角占优或正定等条件，如果矩阵具备这些性质，方法通常会收敛。

初始猜测虽能影响收敛速度，但在收敛条件满足的情况下，初始猜测不应影响最终的收敛结果。如果高斯一赛德尔迭代法不收敛，通常是因为矩阵的性质问题，而不是初始猜测不合适。

为解决不收敛的问题，可以重新检查矩阵的性质、对矩阵进行预处理，或改用其他迭代方法，如 Jacobi 迭代法或 SOR（超松弛迭代法）。这种灵活性有助于在不同问题中找到更稳定或更快速的求解方案。

8. 有人对一阶导数 $\left.\frac{\partial t}{\partial x}\right|_{n,i}$ 提出了以下表示式：

$$\left.\frac{\partial t}{\partial x}\right|_{n,i} \approx \frac{-3t_n^{(i)} + 5t_{n+1}^{(i)} - t_{n+2}^{(i)}}{2\Delta x^2}$$

您能否判断这一表达式是否正确，为什么？

答：这个表达式使用了 $t_n^{(i)}, t_{n+1}^{(i)}, t_{n+2}^{(i)}$ 三个点的值。需要检查该表达式是否能正确地近似一阶导数。

一阶导数的有限差分近似公式（例如前向差分、后向差分或中心差分）不涉及 Δx^2 的项。常见的一阶导数中心差分公式是：

$$\frac{\partial t}{\partial x} \approx \frac{t(x+\Delta x) - t(x-\Delta x)}{2\Delta x}$$

而高阶导数（如二阶导数）才会涉及 Δx^2 的项。例如，二阶导数的中心差分近似是：

$$\frac{\partial^2 t}{\partial x^2} \approx \frac{t(x+\Delta x) - 2t(x) + t(x-\Delta x)}{\Delta x^2}$$

给定的表达式包含了 $2\Delta x^2$ 这一项，更像是一个二阶导数的表达式。如果假定给定的表达式是一阶导数的近似，可以尝试重新组合以匹配常见的二阶导数公式：

$$\frac{-3t_n^{(i)}+5t_{n+1}^{(i)}-t_{n+2}^{(i)}}{2\Delta x^2}$$

显然，这个形式不符合一阶导数的标准有限差分公式。因此，此表达式并不能正确地近似一阶导数。

9. 迭代初场的假设好、坏(即假设的初场偏离真解的程度)对迭代过程会产生怎样的影响?

答: 好的初始猜测能够显著加快迭代过程的收敛速度，减少迭代次数，从而降低整体计算成本。如果初始猜测接近真解，迭代方法往往能够在较少的步数内达到收敛；反之，差的初始猜测可能需要更多的迭代步数才能收敛，甚至导致算法发散，增加计算时间和资源消耗。

初始猜测的质量直接影响迭代算法的收敛性和稳定性。一个好的初始猜测能提高算法的收敛性，确保迭代过程顺利进行并最终收敛到正确的解。而差的初始猜测可能会导致迭代算法不收敛，特别是在处理复杂非线性问题时，还可能使算法陷入局部最小值或产生数值不稳定的风险。

在非线性优化问题中，初始猜测的好坏对找到全局最优解具有重要影响。好的初始猜测有助于避免陷入局部极小值，提高找到全局最优解的可能性。相反，差的初始猜测可能导致迭代过程停留在局部极小值，从而未能找到全局最优解，影响最终结果的准确性。为了应对这些问题，往往需要采用启发式方法或其他技术来优化初始猜测。

4.3.2 一般性数值计算

4-1 采用计算机进行数值计算不仅是求解偏微分方程的有力工具，而且对一些复杂的经验公式及用无穷级数表示的分析解，也常用计算机来获得数值结果。试用数值方法对 $Bi=0.1,1,10$ 的三种情况计算下列特征方程的根 $\mu_n(n=1,2\cdots,6)$:

$$\tan\mu_n=\frac{Bi}{\mu_n},n=1,2,3\cdots$$

解: $\mu_n\tan\mu_n=Bi$，不同 Bi 下前六个根如下表所示

Bi	μ_1	μ_2	μ_3	μ_4	μ_5	μ_6
0.1	0.3111	3.1731	6.2991	9.4354	12.5743	15.7143
1.0	0.8603	3.4256	6.4373	9.5293	12.6453	15.7713
10	1.4289	4.3058	7.2281	10.2003	13.2142	16.2594

$Fo=0.2$ 及 0.24 时计算结果的对比列于下表

$$Fo=0.2,x=\delta$$

	第一项的值	前六和的值	比值
$Bi=0.1$	0.94879	0.95142	0.99724
$Bi=1$	0.62945	0.64339	0.97833
$Bi=10$	0.11866	0.12248	0.96881

$Fo=0.2, x=0$

	第一项的值	前六项和的值	比值
$Bi=0.1$	0.99662	0.994	1.002
$Bi=1$	0.96514	0.95064	1.01525
$Bi=10$	0.83889	0.82925	1.01163

$Fo=0.24, x=\delta$

	第一项的值	前六项的值	比值
$Bi=0.1$	0.94513	0.94688	0.99814
$Bi=1$	0.61108	0.6198	0.98694
$Bi=10$	0.10935	0.11117	0.98364

$Fo=0.24, x=0$

	第一项的值	前六项和的值	比值
$Bi=0.1$	0.99277	0.99101	1.00177
$Bi=1$	0.93698	0.92791	1.00978
$Bi=10$	0.77311	0.76851	1.00598

4-2　试用数值计算证实，对方程组

$$\begin{cases} x_1+2x_2-3x_3=1 \\ x_1+x_2+x_3=3 \\ 2x_1+2x_2+x_3=5 \end{cases}$$

用高斯-赛德尔迭代法求解，其结果是发散的，并分析其原因。

解:将上式写成下列迭代形式

$$\begin{cases} x_1=\dfrac{1}{2(5-2x_2-x_3)} \\ x_2=\dfrac{1}{2(1+2x_3-x_1)} \\ x_3=3-x_2-x_1 \end{cases}$$

假设 x_2,x_3 初值为 0,迭代结果如下:

迭代次数	x_1	x_2	x_3
0	0	−0.75	0
1	2.5	0.4375	1.25
2	2.625	−1.171875	−0.0625
3	2.09375	1.26171825	2.078125
4	2.6328125	−0.75	−0.89453125

显然,方程迭代过程发散。

原因:迭代公式的选择应使每一个迭代变量的系数总大于或等于式中其他变量的系数绝对值代数和。

4-3 试对附图所示的常物性,无内热源的二维稳态导热问题用高斯-赛德尔迭代法计算 t_1,t_2,t_3,t_4 之值。

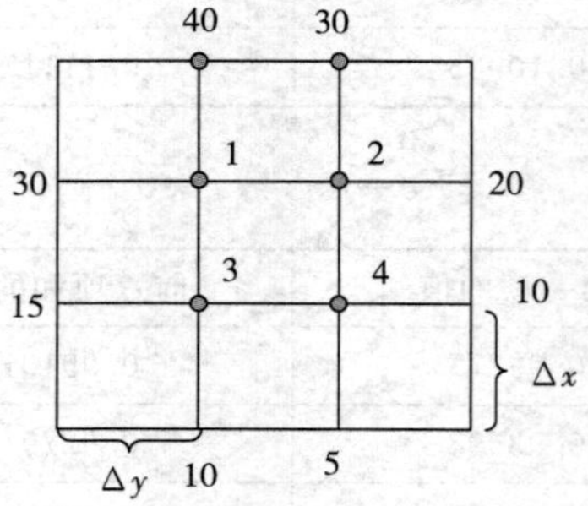

解:对无内热源的二维稳态导热问题

温度关系式为:
$$\begin{cases} t_1=\dfrac{1}{4(t_2+t_3+40+30)} \\ t_2=\dfrac{1}{4(t_1+t_4+20+30)} \\ t_3=\dfrac{1}{4(t_1+t_4+30+15)} \\ t_4=\dfrac{1}{4(t_2+t_3+10+5)} \end{cases}$$

开始时假设取 $t_1^{(0)}=t_2^{(0)}=20$ ℃;$t_3^{(0)}=t_4^{(0)}=15$ ℃

迭代值汇总如下表所示。

迭代次数	T_1	T_2	T_3	T_4
0	20	20	15	15
1	26.25	22.8125	21.5625	14.84375
2	28.59375	23.359375	22.109375	15.1171875
3	28.8671875	23.49609375	22.24607565	15.18554258
4	28.93554258	23.53027129	22.28027129	15.20263565
5	28.95263565	23.53881782	22.28881782	15.20690891
6	28.9569089	23.54095446	22.290955445	15.20797723

其中第五次与第六次相对偏差已小于 10^{-4}，迭代终止。

4-4　试对附图所示的等截面直肋的稳态导热问题用数值方法求解节点 2,3 的温度。图中 $t_0=85$ ℃，$t_f=25$ ℃，$h=30$ W/(m^2·K)。肋高 $H=4$ cm，纵剖面面积 $A_L=4$ cm^2，导热系数 $\lambda=20$ W/(m·K)。

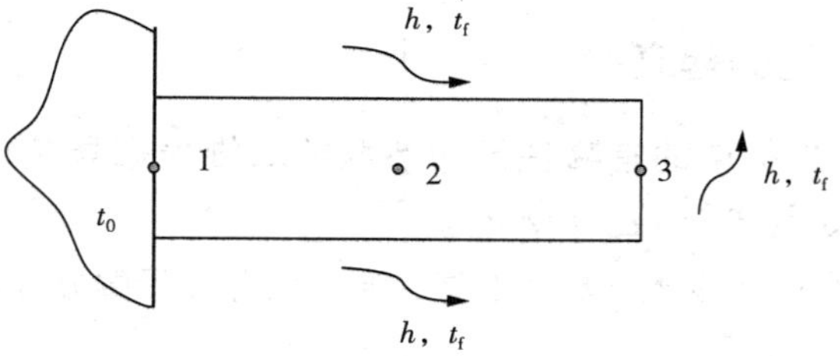

解：对于 2 点可以列出

节点 2：$\lambda\delta\dfrac{t_1-t_2}{\Delta x}+\lambda\delta\dfrac{t_3-t_4}{\Delta x}+2h\Delta x(t_1-t_2)=0$

节点 3：$\lambda\delta\dfrac{t_2-t_3}{\Delta x/2}+\delta h(t_f-t_1)+2h\dfrac{\Delta x}{2}(t_f-t_3)=0$

由此得

$$t_1-t_2+t_3-t_2+\frac{2h\Delta x^2}{\lambda\delta}(t_1-t_2)=0,t_2-t_3+\frac{\delta h}{\lambda\delta}(t_f-t_3)+\frac{\Delta x^2\cdot h/2}{\lambda\delta}(t_f-t_3)=0$$

$$t_2=\frac{t_1+t_3+\left(\dfrac{2h\Delta x^2}{\lambda\delta}\right)t_f}{2+\dfrac{2h\Delta x^2}{\lambda\delta}},t_3=\frac{t_2+\dfrac{h}{\lambda}t_f+\left(\dfrac{h\Delta x^2}{2\lambda\delta}\right)t_f}{1+\dfrac{h}{\lambda}+\dfrac{h\Delta x^2}{2\lambda\delta}}$$

$$\frac{h\Delta x^2}{\lambda\delta}=\frac{30\times0.02^2}{20\times0.01}=0.06$$

于是有

$$t_2=\frac{t_1+t_2+0.12t_f}{2+0.12}$$

$$t_3=\frac{t_2+(30/20)t_f+0.03t_f}{1+30/20+0.03}=\frac{t_2+1.53t_f}{2.53}$$

代入得

$$2.12t_2=t_1+\frac{t_2+1.53t_f}{2.53}0.12t_f,5.3636t_2=2.53t_1+t_2+1.53t_f+0.3036t_f$$

$$4.3636t_2=2.53t_1+1.8336t_f,t_2=\frac{2.53t_f+1.8336t_f}{4.3636},$$

$$t_2=\frac{2.53\times 85+1.8336\times 25}{4.3636}=59.79\approx 59.8(℃)$$

$$t_3=\frac{59.8+1.53\times 25}{2.53}=38.75\approx 38.8(℃)$$

4.3.3 离散方程的建立

4-5 试将直角坐标中的常物性无内热源的二维稳态导热微分方程化为显式差分格式,并指出其稳定性条件($\Delta x\neq\Delta y$)。

解:在直角坐标系中,常物性、无内热源二维非稳态方程微分方程的形式

$$\frac{\partial t}{\partial \tau}=a\left(\frac{\partial^2 t}{\partial x^2}+\frac{\partial^2 t}{\partial y^2}\right)$$

扩散项取中心差分,非稳态项取向前差分

$$\frac{t_n^{(i+1)}-t_n^i}{\Delta\tau}=a\left(\frac{t_{n+1}^i-2t_n^i+t_{n-1}^i}{\Delta x^2}+\frac{t_{n+1}^i-2t_n^i+t_{n-1}^i}{\Delta y^2}\right)$$

所以有

$$t_n^{i+1}=a\Delta\tau\left(\frac{1}{\Delta x^2}+\frac{1}{\Delta y^2}\right)(t_{n+1}^i+t_{n-1}^i)+\left[1+2a\Delta\tau\left(\frac{1}{\Delta x^2}+\frac{1}{\Delta y^2}\right)\right]t_n^i$$

稳定性条件 $Fo_{\Delta x}+Fo_{\Delta y}\leqslant\frac{1}{2}$

4-6 极坐标中常物性无内热源的非稳态导热微分方程为

$$\frac{\partial t}{\partial \tau}=a\left(\frac{\partial^2 t}{\partial r^2}+\frac{1}{r}\frac{\partial t}{\partial r}+\frac{1}{r^2}\frac{\partial^2 t}{\partial \varphi^2}\right)$$

试利用本题附图中的符号，列出节点(i,j)的差分方程式。

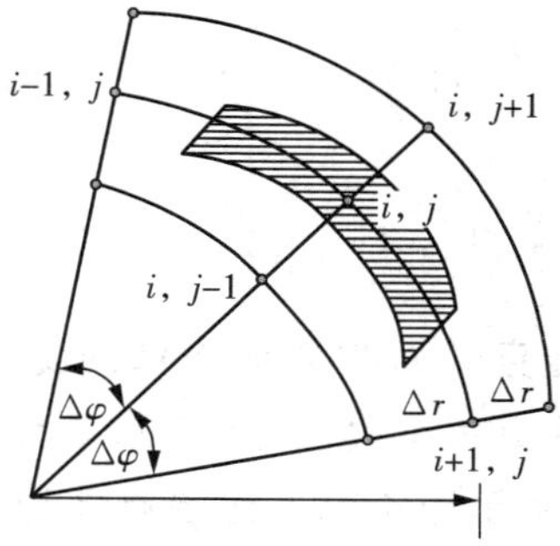

解：将控制方程中的各阶导数用相应的差分表示式代替，可得

$$\frac{t_{i,j}^{k+i}-t_{i,j}^{k}}{\Delta\tau}=a\left(\frac{t_{i,j+1}^{k}-2t_{i,j}^{k}+t_{j-1}^{k}}{\Delta r^{2}}+\frac{1}{r_j}\cdot\frac{t_{i,j+1}^{k}-t_{i,j-1}^{k}}{2\Delta r}+\frac{1}{r^{2}}\cdot\frac{t_{i-1,j}^{k}-2t_{i,j}^{k}+r_{i-1,j}^{k}}{\Delta\varphi^{2}}\right)$$

也可以采用热平衡法，对于图中打阴影线的控制容积写出热平衡式得

$$(r_j\Delta\varphi\Delta r)(\rho c)\frac{t_{i,j}^{k+1}-t_{i,j}^{k}}{\Delta\tau}=\lambda\frac{t_{i-1,j}^{k}-t_{i,j}^{k}}{r_j\Delta\varphi}\Delta r+\lambda\frac{t_{i+1,j}^{k}-t_{i,j}^{k}}{r_j\Delta\varphi}\Delta r+$$

$$\lambda\frac{t_{i,j+1}^{k}-t_{i,j}^{k}}{\Delta r}\left(r_j+\frac{\Delta r}{2}\right)\Delta\varphi+\lambda\frac{t_{i,j-1}^{k}-t_{i,j}^{k}}{\Delta r}\left(r_j-\frac{\Delta r}{2}\right)\Delta\varphi$$

对等式两边同除以 $r_j\Delta\varphi\Delta r$ 并简化，可以得出与上式完全一样相同的结果。

4-7 一金属短圆柱在炉内受热厚被竖直地移植到空气中冷却，底面可以认为是绝热的。为用数值法确定冷却过程中柱体温度的变化，取中心角为 1rad 的区域来研究《传热学(第6版)》(陶文铨编著)习题 4-7 附图所示。已知柱体表面发射率，自然对流表面传热系数，环境温度，金属的热扩散率，试列出图中节点(1,1)，(M,1)，(M,n)及(M,N)的离散方程式。在 r 及 z 方向上网格是各自均分的。

解：对四个节点采用热平衡法来建立离散方程。

节点(1,1)：

$$\lambda\frac{t_{1,2}^{k}-t_{1,1}^{k}}{\Delta z}\left[\frac{1}{2}\left(\frac{\Delta r}{2}\right)^{2}\right]+\lambda\frac{t_{2,1}^{k}-t_{1,1}^{k}}{\Delta r}\left(\frac{\Delta r}{2}\cdot\frac{\Delta z}{2}\right)=\rho c\left(\frac{\Delta r^{2}}{8}\cdot\frac{\Delta z}{2}\right)\frac{t_{1,1}^{k+1}-t_{1,1}^{k}}{\Delta\tau}$$

节点(m,1)：

$$\lambda\frac{t_{m-1,1}^{k}-t_{m,1}^{k}}{\Delta r}\left(r_m-\frac{\Delta z}{2}\right)\left(\frac{\Delta z}{2}\right)+\lambda\frac{t_{m+1,1}^{k}-t_{m,1}^{k}}{\Delta r}\left(r_m+\frac{\Delta z}{2}\right)\left(\frac{\Delta z}{2}\right)+$$

$$\lambda\frac{t_{m,2}^{k}-t_{m,1}^{k}}{\Delta z}(r_m\cdot\Delta r)=\rho c\left(r_m\cdot\Delta r\cdot\frac{\Delta z}{2}\right)\frac{t_{m-1}^{k}-t_{m+1}^{k}}{\Delta\tau}$$

节点(m,n)：

$$\lambda \frac{t_{m-1,n}^{k}-t_{m,n}^{k}}{\Delta r}\left(r_m-\frac{\Delta r}{2}\right)\left(\frac{\Delta z}{2}\right)+\lambda \frac{t_{m,n-1}^{k}-t_{m,n}^{k}}{\Delta z}\left(\frac{r_{m-1}+3r_m}{4}\right)\left(\frac{\Delta r}{2}\right)+$$

$$\left[r_m\left(\frac{\Delta z}{2}\right)+\left(\frac{r_{m-1}-3r_m}{4}\right)\left(\frac{\Delta r}{2}\right)\right]\times\left[h\left(t_m-t_{m,n}\right)+\varepsilon\sigma_0\left(T_0^4-T_{m,n}^4\right)\right]$$

$$=\rho c\left(\frac{r_{m-1}+3r_m}{4}\right)\left(\frac{\Delta r}{2}\right)\left(\frac{\Delta z}{2}\right)\frac{t_{m,n}^{k-1}-t_{m,n}^{k}}{\Delta r}$$

4-8　一个二维物体的竖直表面收液体自然对流冷却，为考虑局部表面传热系数的影响，表面传热系数采用 $h=c\ (t-t_1)^{1.25}$ 来表示。试列出《传热学(第 6 版)》(陶文铨编著)习题 4-8 附图所示稳态无内热源物体边界节点(M,n)的温度方程，并对如何求解这一方程提出你的看法。设网格均分。

解：对这个二维物体的边界节点进行热平衡法分析

$$h=c\left(t_{M,n}-t_{\mathrm{f}}\right)\left(t_{M,n}-t_{\mathrm{f}}\right)^{0.25}$$

其中 $t_{M,n}$ 为上一次迭代值，则方程即可线性化。

4-9　在《传热学(第 6 版)》(陶文铨编著)习题 4-9 附图所示的有内热源的二维导热区域中，一个界面绝热，一个界面等温为 t_0(包括节点 4)，其余两个界面与温度为 t_{f} 的流体对流传热，λ、h 均匀，内热源强度为 φ。试列出节点 1,2,5,6,9,10 的离散方程式。

解：节点 1：$\lambda \frac{t_5-t_1}{\Delta y}\left(\frac{\Delta x}{2}\right)+\lambda \frac{t_2-t_1}{\Delta x}\left(\frac{\Delta y}{2}\right)+\frac{1}{4}\Delta x\Delta y\varphi-\frac{1}{2}\Delta y h\left(t_1-t_{\mathrm{f}}\right)=0$；

节点 2：$\lambda \frac{t_1-t_2}{\Delta x}\left(\frac{\Delta y}{2}\right)+\lambda \frac{t_3-t_2}{\Delta x}\left(\frac{\Delta y}{2}\right)+\lambda \frac{t_6-t_2}{\Delta y}\cdot\Delta x+\frac{1}{2}\Delta x\Delta y\varphi=0$；

节点 5：$\lambda \frac{t_1-t_5}{\Delta y}\left(\frac{\Delta y}{2}\right)+\lambda \frac{t_9-t_5}{\Delta y}\left(\frac{\Delta x}{2}\right)+\lambda \frac{t_6-t_5}{\Delta x}\cdot\Delta y+\frac{1}{2}\Delta x\Delta y\varphi-\Delta y\cdot h\left(t_5-t_{\mathrm{f}}\right)=0$；

节点 6：$\lambda \frac{t_2-t_6}{\Delta y}\cdot\Delta x+\lambda \frac{t_7-t_6}{\Delta x}\cdot\Delta y+\lambda \frac{t_{10}-t_5}{\Delta y}\cdot\Delta x+\lambda \frac{t_5-t_6}{\Delta x}\cdot\Delta y+\Delta x\Delta y\varphi=0$；

节点 9：$\lambda \frac{t_5-t_9}{\Delta y}\left(\frac{\Delta x}{2}\right)+\lambda \frac{t_{10}-t_9}{\Delta x}\left(\frac{\Delta y}{2}\right)+\frac{1}{4}\Delta x\Delta y\varphi-\left(\frac{\Delta x}{2}+\frac{\Delta y}{2}\right)h\left(t_9-t_{\mathrm{f}}\right)=0$；

节点 10：$\lambda \frac{t_9-t_{10}}{\Delta x}\left(\frac{\Delta y}{2}\right)+\lambda \frac{t_{11}-t_{10}}{\Delta x}\left(\frac{\Delta y}{2}\right)+\lambda \frac{t_6-t_{10}}{\Delta y}\cdot\Delta x+\frac{1}{2}\Delta x\Delta y\varphi-\Delta x h\left(h_{10}-t_{\mathrm{f}}\right)=0$。

当 $\Delta x=\Delta y$ 以上诸式可简化为：

节点 1：$t_5+t_2+\left(\frac{h\Delta y}{\lambda}\right)t_{\mathrm{f}}-2\left(2+\frac{h\Delta y}{\lambda}\right)t_1+\frac{1}{2}\Delta y^2\left(\frac{\varphi}{\lambda}\right)=0$；

节点 2：$2t_6+t_1+t_3-4t_2+\Delta y^2\left(\frac{\varphi}{\lambda}\right)=0$；

节点 5：$2t_6+t_1+t_9+2\left(\frac{h\Delta y}{\lambda}\right)t_{\mathrm{f}}-2\left(2+\frac{h\Delta y}{\lambda}\right)t_5+\Delta y^2\left(\frac{\varphi}{\lambda}\right)=0$；

节点 6：$t_7+t_{10}+t_5+t_7-4t_6+\Delta y^2\left(\frac{\varphi}{\lambda}\right)=0$；

节点 9：$t_5+t_{10}+2\left(\frac{h\Delta y}{\lambda}\right)t_f-2\left(1+\frac{h\Delta y}{\lambda}\right)t_9+\frac{1}{2}\Delta y^2\left(\frac{\varphi}{\lambda}\right)=0$；

节点 10：$2t_6+t_9+t_{11}+2\left(\frac{h\Delta y}{\lambda}\right)t_f-2\left(2+\frac{h\Delta y}{\lambda}\right)t_{10}+\Delta y^2\left(\frac{\varphi}{\lambda}\right)=0$。

4.3.4　一维稳态导热计算

4-10　一等截面直肋，高 H，厚 δ，肋根温度为 t_0，侧面流体温度为 t_f，表面传热系数为 h，肋片导热系数为 λ。将它均分成 4 个节点（见附图），并对肋端为绝热以及为对流边界条件（h 同侧面）的两种情况列出节点 2，3，4 的离散方程式。设 $H=45$ cm，$\delta=10$ mm，$h=50$ W/(m² · K)，$\lambda=360$ W/(m · K)，$t_0=100$ ℃，$t_f=20$ ℃，计算节点 2，3，4 的温度（对于肋端的两种边界条件）。

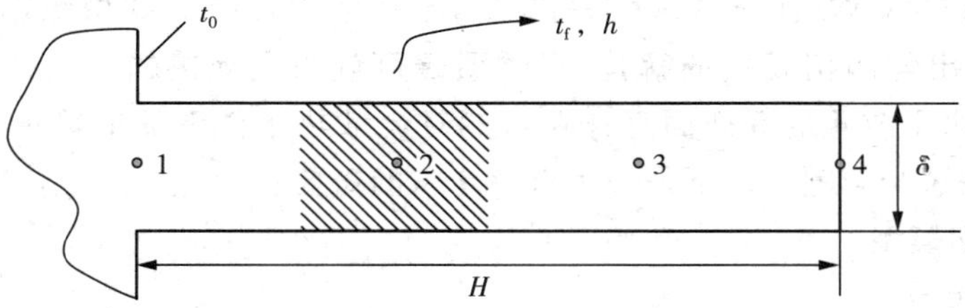

解：通过热平衡法对节点 2，3，4 列出离散方程：

节点 2：$\frac{\lambda(t_1-t_2)\delta}{\Delta x}+\frac{\lambda(t_3-t_2)\delta}{\Delta x}-2h\Delta x(t_2-t_f)=0$；

节点 3：$\frac{\lambda(t_2-t_3)\delta}{\Delta x}+\frac{\lambda(t_4-t_3)\delta}{\Delta x}-2h\Delta x(t_3-t_f)=0$；

节点 4：肋端绝热 $\frac{\lambda(t_3-t_4)\delta}{\Delta x}-h\Delta x(t_4-t_f)=0$；

肋端对流 $\frac{\lambda(t_3-t_4)\delta}{\Delta x}-h\Delta x(t_4-t_f)-h\delta(t_4-t_f)=0$ 。

其中 $\Delta x=\frac{H}{3}$。将已知条件代入可得下列两方程组

肋端绝热 $\begin{cases}t_3-2.045t_2+100.9=0\\ t_2-2.045t_3+t_4+0.9=0\text{；}\\ t_3-1.0225t_4+0.45=0\end{cases}$

肋端对流 $\begin{cases}t_3-2.045t_2+100.9=0\\ t_2-2.045t_3+t_4+0.9=0\text{。}\\ t_3-1.0375t_4+0.8=0\end{cases}$

由此解得：肋端绝热 $t_2=92.2$ ℃，$t_3=87.7$ ℃，$t_4=86.2$ ℃；

肋端对流 $t_2=91.5$ ℃，$t_3=86.2$ ℃，$t_4=83.8$ ℃。

肋端对流传热的条件使肋端温度更接近于流体温度。

4－11　复合材料在航空航天及化工等工业中日益得到广泛的应用。《传热学(第6版)》(陶文铨编著)习题4－10附图所示为双层圆筒壁,假设层间接触紧密,无接触热阻存在。

已知 $r_1=12.5$ mm, $r_2=16$ mm, $r_3=18$ mm, $\lambda_1=40$ W/(m·K), $\lambda_1=120$ W/(m·K), $t_{f1}=150$ ℃, $h_1=1000$ W/(m^2·K), $t_{f2}=60$ ℃, $h_2=380$ W/(m^2·K)。

试用数值方法确定稳态时双层圆筒壁截面上的温度分布。

解: 采用计算机求解,采用热平衡法对两层管子的各离散区域写出能量方程,进行求解;如果采用Taylor展开法列出方程,则需对两层管子单独进行,并引入界面上温度连续及热流密度连续的条件,数值计算也需分两区进行,界面耦合。截面的温度分布定性地示于上图中。

4－12　有一水平放置的等截面直杆,根部温度 $t_0=100$ ℃,其表面上有自然对流散热,$h=c\ [(t-t_f)/d]^{1/4}$,其中,$c=1.20$ W/(m$^{1.75}$·℃$^{1.25}$);杆的直径 $d=1$ cm,杆高 $H=10$ cm,$\lambda=50$ W/(m·K),$t_\infty=25$ ℃,不计辐射传热。试用数据方法确定长杆的散热量(需得出与网格无关的解)。杆的顶端可认为是绝热的。

解: 要确定水平放置的等截面直杆在自然对流散热条件下的散热量,我们可以使用数值方法来解决这个问题。以下是一个求解步骤的概要:

1. 建立数学模型

(1)热传导方程

对于一维稳态传导,热传导微分方程如下:

$$\frac{\mathrm{d}}{\mathrm{d}x}\left(kA\ \frac{\mathrm{d}T}{\mathrm{d}x}\right)=0$$

其中 k 是导热系数,A 是截面积。

(2) 边界条件

根部温度 $T(0)=T_0=100$ ℃

顶端绝热 $\left.\frac{\mathrm{d}T}{\mathrm{d}x}\right|_H=0$

(3) 自然对流传热

自然对流传热系数 h 随温度变化:

$$h=c\left(\frac{T-T_f}{d}\right)^{1/4}$$

其中,$c=1.20$ W/(m$^{1.75}$·℃$^{1.25}$),$T_f=25$ ℃,$d=0.01$ m。

(4) 表面散热率

$$q=h(T-T_f)$$

2. 离散化

将杆长度 $H=10$ cm 离散成 N 个小段,每段长度 $\Delta x=\frac{H}{N}$。在每个节点 i 上,离散后的

热传导方程变为

$$\frac{\mathrm{d}^2 T_i}{\mathrm{d}x^2} \approx \frac{T_{i+1} - 2T_i + T_{i-1}}{(\Delta x)^2} = 0$$

3. 数值求解

使用有限差分法求解温度分布：

(1) 初始化温度分布；

(2) 迭代更新温度；

(3) 检查收敛条件，直至得到与网格无关的解；

(4) 计算散热量。

对于每一个小段的散热量

$$q_i = h_i A(T_i - T_{\mathrm{f}})\Delta x$$

总散热量 Q 为所有小段的散热量之和

$$Q = \sum_{i=1}^{N} q_i$$

5. 具体计算步骤

离散化：假设 $N = 1000$，$\Delta x = \frac{0.1}{1000} = 0.0001(\mathrm{m})$；

初始化：设置初始温度分布，例如，假设线性分布，或者使用初值 $T(x) = T_0$。

迭代求解

$$\frac{T_{i+1} - 2T_i + T_{i-1}}{(\Delta x)^2} = 0$$

通过迭代更新 T_i，设置边界条件 $T(0) = 100℃$ 和 $\left.\frac{\mathrm{d}T}{\mathrm{d}x}\right|_H = 0$ 。

计算自然对流传热系数 h_i

$$h_i = c\left(\frac{T_i - T_{\mathrm{f}}}{d}\right)^{1/4}$$

计算每段的散热量 q_i

$$q_i = h_i A(T_i - T_{\mathrm{f}})\Delta x$$

总散热量

$$Q = \sum_{i=1}^{N} q_i$$

6. 实际计算

具体的数值计算通常通过编程实现，如使用 Python 或 MATLAB 编写代码循环迭代更新温度分布，并计算散热量。

7. 验证与网格无关的解

通过改变 N 值(例如,$N=500$,$N=1000$,$N=2000$)观察散热量 Q 的变化,确保得到与网格无关的解。

这种数值方法可以精确地解决复杂的热传导与自然对流耦合问题,最终确定长杆的散热量。

示例代码(Python)

```
''' python
import numpy as np
# 参数设置

H = 0.1   # 10 cm
d = 0.01   # 1 cm
T0 = 100   # 根部温度 100 ℃
Tf = 25   # 环境温度 25 ℃
k = 50   # 导热系数 50 W/(m·K)
c = 1.20   # 自然对流系数
N = 1000
dx = H / N

# 初始化温度分布
T = np.ones(N) * T0

# 迭代求解温度分布
tolerance = 1e-6
max_iter = 10000
for iteration in range(max_iter):
    T_new = T.copy()
    for i in range(1,N-1):
        T_new[i] = (T[i-1] + T[i+1])/ 2
    T_new[0] = T0   # 根部温度
    T_new[-1] = T[-2]   # 顶端绝热
    if np.max(np.abs(T_new - T))< tolerance:
        break
    T = T_new

# 计算散热量
h = c * ((T - Tf)/ d) * * 0.25
A = np.pi * d   # 表面积
q = h * A * (T - Tf) * dx
Q = np.sum(q)
```

```
print(f"散热量 Q = {Q:.2f} W")
'''
```

4－13　在上题中考虑长杆与周围环境间的辐射传热，其表面发射率为 0.8，环境可作为温度为 t_∞ 的大空间，试重新计算其导热量[辐射传热量可按《传热学（第 6 版）》（陶文铨编著）式（1－9）计算]。

解：考虑辐射传热后，需要重新计算长杆的总散热量。辐射传热量可以按照以下公式计算

$$q_{\text{rad}}=\varepsilon\sigma(T^4-T_f^4)$$

其中，ε 是材料表面的发射率（此处为 0.8）；

σ 是斯特藩－玻尔兹曼常数[5.67×10^{-8} W/(m^2 · K^4)]；

T 是杆表面的温度（单位为 K）；

T_f 是环境温度（单位为 K）。

具体步骤

1. 将温度转换为开尔文单位

根部温度[$T_0=100+273.15=373.15$(K)]

环境温度[$T_f=25+273.15=298.15$(K)]

2. 更新总散热量计算

对于每一个小段，将自然对流和辐射传热加在一起：

$$q_i=h_iA(T_i-T_f)+\varepsilon\sigma A(T_i^4-T_f^4)$$

其中，自然对流传热系数 h_i 仍然由之前的公式计算：

$$h_i=c\left(\frac{T_i-T_f}{d}\right)^{1/4}$$

3. 总散热量

$$Q=\sum_{i=1}^{N}\left[h_iA(T_i-T_f)+\varepsilon\sigma A(T_i^4-T_f^4)\right]\Delta x$$

重新计算步骤示例（Python）

```
''' python
import numpy as np

# 参数设置
H = 0.1   # 10 cm
d = 0.01   # 1 cm
T0 = 373.15   # 根部温度 373.15 K(100 ℃)
Tf = 298.15   # 环境温度 298.15 K(25 ℃)
k = 50   # 导热系数 50 W/(m·K)
```

```
c = 1.20  # 自然对流系数
epsilon = 0.8  # 表面发射率
sigma = 5.67e - 8  # 斯特藩 - 玻尔兹曼常数 W/(m^2 · K^4)
N = 1000
dx = H / N

# 初始化温度分布
T = np.ones(N) * T0

# 迭代求解温度分布
tolerance = 1e - 6
max_iter = 10000
for iteration in range(max_iter):
    T_new = T.copy()
    for i in range(1,N - 1):
        T_new[i] = (T[i - 1] + T[i + 1])/ 2
    T_new[0] = T0  # 根部温度
    T_new[ - 1] = T[ - 2]  # 顶端绝热
    if np.max(np.abs(T_new - T))< tolerance:
        break
    T = T_new

# 计算散热量
h = c * ((T - Tf)/ d) * * 0.25
A = np.pi * d  # 表面积
q_conv = h * A * (T - Tf) * dx
q_rad = epsilon * sigma * A * (T * * 4 - Tf * * 4) * dx
Q = np.sum(q_conv + q_rad)

print(f"总散热量 Q = {Q:.2f} W")
'''
```

解释：

(1)离散化和初始化：程序将杆离散成 N 个小段，初始化温度分布；

(2)迭代求解温度分布：使用有限差分法迭代求解温度分布，考虑边界条件；

(3)计算散热量：分别计算每一段的自然对流和辐射散热量，然后求和得到总散热量。

通过这种方法，计算得到的总散热量将包括自然对流和辐射传热的贡献。同样，可以通过改变 N 的值来确保结果的精确性和稳定性。

4 - 14　有如附图所示的截面为抛物线型的肋片，表面型线方程为

$$y(x)=\frac{e}{2}+[(b-e)(1-x/H)^2]/2$$

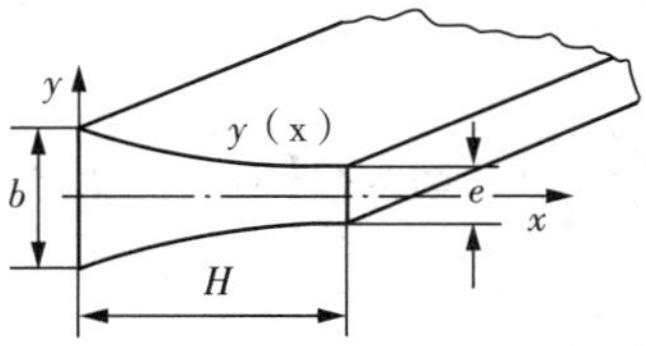

肋根温度 t_0 及内热源 Φ 恒定,流体的表面传热系数 h、流体温度 t_f 均为常数。定义:$\theta=\dfrac{t-t_f}{t_0-t_f}$,$\xi=x/H$。试:(1)建立无量纲温度 θ 的控制方程;(2)在无量纲参数 $\dfrac{\varphi H^2}{\lambda(t_0-t_f)}=0.01$,$\dfrac{e}{H}=0.05$,$\dfrac{b}{H}=0.1$,$\dfrac{hH}{\lambda}=0.01$ 的条件下,对上述控制方程进行数值计算,以确定无量纲温度 θ 的分布。

解:无量纲温度方程为:$\dfrac{d^2\theta}{d^2\xi}+0.01-\dfrac{2\theta}{5+5(1-\xi)^2}=0$,数值计算结果示于下图中,无量纲温度从肋根的 1 变化到肋端的 0.852。

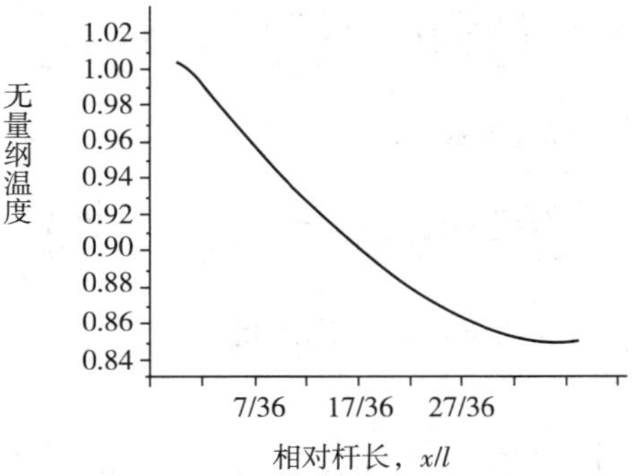

4.3.5　一维非稳态导热计算

4-15　一直径为 1 cm,长 4 cm 的钢质圆柱形肋片,初始温度为 25 ℃。其后,肋基温度突然升高到 200 ℃。同时温度为 25 ℃的气流横向掠过该肋片,肋端及侧面的表面传热系数均为 100 W/(m² · K)。试将该肋片等分成两段(见附图),并用有限差分法显示格式计算从开始加热时刻起相邻 4 个时刻上的温度分布(以稳定性条件所允许的时间间隔为计算依据)。已知 $\lambda=43$ W/(m · K),$\alpha=1.333\times10^{-5}$ m²/s。(提示:节点 4 的离散方程可按端面的对流散热与从节点 3 到节点 4 的导热相平衡这一条件列出)。

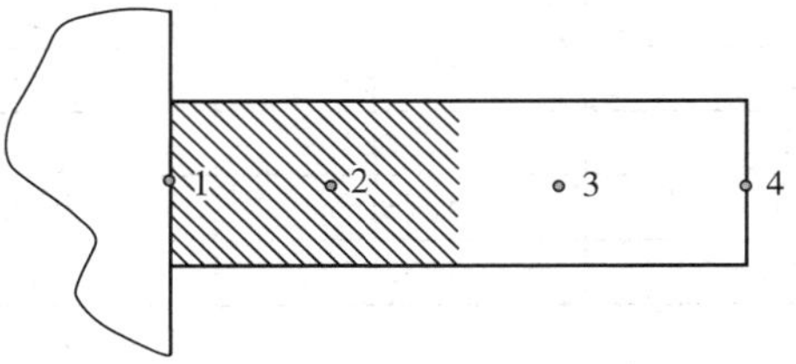

解:三个节点的离散方程为

节点 2:

$$\lambda\frac{t_1^k-t_2^k}{\Delta x/2}\left(\frac{\pi d^2}{4}\right)+\lambda\frac{t_3^k-t_2^k}{\Delta x}\left(\frac{\pi d^2}{4}\right)+(\pi d\Delta x)h(t_f-t_2^k)=\rho c\left(\frac{\pi d^2}{4}\cdot\Delta x\right)\left(\frac{t_2^{k+1}-t_2^k}{\Delta\tau}\right)$$

节点 3:

$$\lambda\frac{t_4^k-t_3^k}{\Delta x/2}\left(\frac{\pi d^2}{4}\right)+\lambda\frac{t_2^k-t_3^k}{\Delta x}\left(\frac{\pi d^2}{4}\right)+(\pi d\Delta x)h(t_f-t_3^k)=\rho c\left(\frac{\pi d^2}{4}\cdot\Delta x\right)\left(\frac{t_3^{k+1}-t_3^k}{\Delta\tau}\right)$$

节点 4:

$$\lambda\frac{t_3^k-t_4^k}{\Delta x/2}\left(\frac{\pi d^2}{4}\right)=\left(\frac{\pi d^2}{4}\right)h(t_4^k-t_f)。$$

以上三式可化简为

$$t_2^{k+1}=2\left(\frac{a\Delta\tau}{\Delta x^2}\right)t_1+\left(\frac{a\Delta\tau}{\Delta x^2}\right)t_3+\left(\frac{4h\Delta\tau}{\rho cd}\right)t_f+\left(1-\frac{3a\Delta\tau}{\Delta x^2}-\frac{4h\Delta\tau}{\rho cd}\right)t_2^k$$

$$t_3^{k+1}=\left(\frac{a\Delta\tau}{\Delta x^2}\right)t_2+2\left(\frac{a\Delta\tau}{\Delta x^2}\right)t_4+\left(\frac{4h\Delta\tau}{\rho cd}\right)t_f+\left(1-\frac{3a\Delta\tau}{\Delta x^2}-\frac{4h\Delta\tau}{\rho cd}\right)t_3^k$$

$$(2\lambda+\Delta xh)t_4^k=2\lambda t_3^k+\Delta xht_f$$

稳定性要求 $1-\frac{3a\Delta\tau}{\Delta x^2}-\frac{4h\Delta\tau}{\rho cd}\geqslant 0$,即 $\Delta\tau\leqslant 1/\left(\frac{3a}{\Delta x^2}+\frac{4h}{\rho cd}\right)$

$\rho c=\frac{\lambda}{a}=\frac{43}{1.333\times10^{-5}}=32.258\times10^5$,代入得

$$\Delta\tau\leqslant 1/\left(\frac{3\times1.333\times10^{-5}}{0.02^2}\right)+\frac{4\times100}{0.01\times32.258\times10^5}=\frac{1}{0.099975+0.0124}=8.89877(\text{s}),$$

取此值为计算步长,则

$$\frac{a\Delta\tau}{\Delta x^2}=\frac{1.333\times10^{-5}\times8.89877}{0.02^2}=0.2966,\ \frac{4h\Delta\tau}{\rho cd}=\frac{4\times100\times8.89877}{32.258\times10^5\times0.01}=0.1103。$$

于是以上三式化成为:

$$2\times0.2966t_1+0.2966t_3^k+0.1103t_f=t_2^{k+1}$$

$$0.2966t_2^k+0.2966\times2t_4^k+0.1103t_f=t_3^{k+1}$$

$$0.9773t_3^k+0.0227t_f=t_4^k$$

($\Delta\tau=8.89877$ s)

时间点	1	2	3	4
0	200	25	25	25
$\Delta\tau$	200	128.81	25	25
$2\Delta\tau$	200	128.81	55.80	55.09
$3\Delta\tau$	200	137.95	73.64	72.54
$4\Delta\tau$	200	143.04	86.70	85.30

在上述计算中，由于 $\Delta\tau$ 之值正好使 $1-\frac{3a\Delta\tau}{\Delta x^2}-\frac{4h\Delta\tau}{\rho cd}=0$，因而对节点 2 出现了在 $\Delta\tau$ 及 $2\Delta\tau$ 时刻温度相等这一情况。如取 $\Delta\tau$ 为上值之半，则 $\frac{a\Delta\tau}{\Delta x^2}=0.1483$，$\frac{4h\Delta\tau}{\rho cd}=0.0551$，$1-\frac{3a\Delta\tau}{\Delta x^2}-\frac{4h\Delta\tau}{\rho cd}=0.5$

则有

$$2\times0.1483t_1+0.1483t_3^k+0.5t_2^k+0.0551t_f=t_2^{k+1}$$

$$0.1483t_2^k+0.1483\times2t_4^k+0.5t_3^k+0.0551t_f=t_3^{k+1}$$

$$0.9773t_3^k+0.0227t_f=t_4^k$$

对于相邻四个时层得计算结果如下表所示：($\Delta\tau=4.4485$ s)

时间点	1	2	3	4
0	200	25	25	25
$\Delta\tau$	200	76.91	25	25
$2\Delta\tau$	200	102.86	32.70	32.53
$3\Delta\tau$	200	116.98	42.63	42.23
$4\Delta\tau$	200	125.51	52.57	51.94

4-16　一厚为 2.54 cm 的钢板，初始温度为 650 ℃。后置于水中淬火，其表面温度突然下降为 93.5 ℃ 并保持不变。试用数值方法计算中心温度下降到 450 ℃ 所用的时间。已知 $\alpha=1.16\times10^{-5}\ m^2/s$。建议将平板 8 等分，取 9 个节点，并把数值计算的结果与按 Heisler 图计算的结果作比较。

解：数值求解结果示于下图中。随着时间步长的缩小，计算结果逐渐趋向于一个恒定值，当 $\Delta\tau=0.00001$ s 时，得所需时间为 3.92 s。

如图所示，横轴表示时间步长从 1 s，0.1 s，0.001 s，0.0001 s，0.00001 s 的变化；纵轴表示所需的冷却时间（用对数坐标表示）。

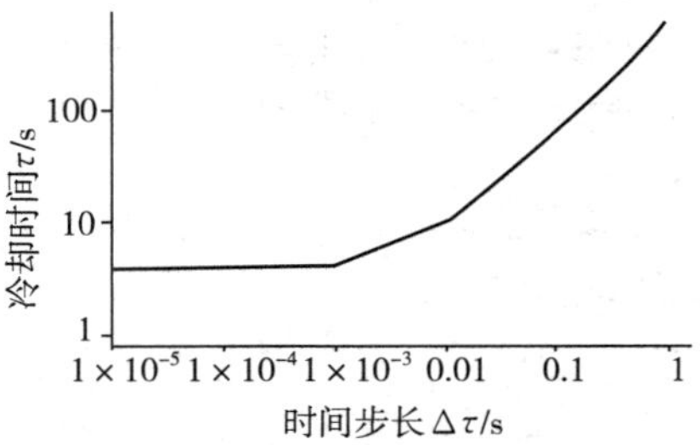

4-17　一火箭发动机的燃烧室，壳体内径为 40 mm，厚 10 mm，壳体内壁上涂了一层厚为 2 mm 的包裹层。火箭发动时，推进剂燃烧生成的温度为 3000 ℃ 的烟气，经

燃烧器端部的喷管喷住大气。大气温度为 30 ℃。设包裹层内壁与燃气间的表面传热系数为 2500 W/(m^2·K)，外壳表面与大气间的表面传热系数为 350 W/(m^2·K)，外壳材料的最高允许温度为 1500 ℃。试用数值法确定：为使外壳免受损坏，燃烧过程应在多长时间内完成。包裹材料的 λ=0.3 W/(m·K)，α=2× 10^{-7} m^2/s；外壳的 λ=10 W/(m·K)，α=5× 10^{-6} m^2/s。

解：数值求解示例(Python)。

```
import numpy as np

#参数设置
r_inner = 40e - 3 / 2  #内径半径 20 mm
r_outer_wrap = r_inner + 2e - 3  #包裹层外径半径 22 mm
r_outer_shell = r_outer_wrap + 10e - 3  #外壳外径半径 32 mm
T_gas = 3000 + 273.15  #燃气温度 3000 ℃
T_air = 30 + 273.15  #大气温度 30 ℃
T_allow = 1500 + 273.15  #外壳允许最高温度 1500 ℃
h_inner = 2500  #内壁传热系数 2500 W/(m^2·K)
h_outer = 350  #外壁传热系数 350 W/(m^2·K)
k_wrap = 0.3  #包裹层导热系数 0.3 W/(m·K)
alpha_wrap = 2e - 7  #包裹层热扩散系数 2e - 7 m^2/s
k_shell = 10  #外壳导热系数 10 W/(m·K)
alpha_shell = 5e - 6  #外壳热扩散系数 5e - 6 m^2/s

#离散化参数设置
dr = 1e - 3  #径向步长 1 mm
dt = 1e - 3  #时间步长 1 ms
r = np.arange(r_inner,r_outer_shell + dr,dr)
N = len(r)
time = 0
T = np.ones(N) * T_air

#边界条件
heat_flux_inner = lambda T_inner:h_inner * (T_gas - T_inner)
heat_flux_outer = lambda T_outer:h_outer * (T_outer - T_air)

#热传导方程离散化
def update_temperature(T,dr,dt,r,k,alpha):
    T_new = T.copy()
    for i in range(1,N - 1):
        dTdr = (T[i + 1] - T[i - 1])/(2 * dr)
        d2Tdr2 = (T[i + 1] - 2 * T[i] + T[i - 1])/(dr * * 2)
        T_new[i] = T[i] + dt * (alpha * (d2Tdr2 + dTdr / r[i]))
```

```
        return T_new

    #时间迭代求解
    while max(T)< T_allow:
        #更新温度分布
        T = update_temperature(T,dr,dt,r,k_wrap,alpha_wrap)
        T = update_temperature(T,dr,dt,r,k_shell,alpha_shell)

        #内、外壁热传导
        T[0] = T[0] + dt * heat_flux_inner(T[0])/(k_wrap / dr)
        T[-1] = T[-1] - dt * heat_flux_outer(T[-1])/(k_shell / dr)
        time + = dt
    print(f"燃烧过程应在{time:.2f}秒内完成,以确保外壳温度不超过 1500 ℃。")
```

4-18　锅炉汽包从冷态开始启动时,汽包壁温度随时间而变化。为控制热应力,需要计算汽包壁内的温度场。试用数值方法计算:当汽包内的饱和水温度上升的速率为 1 ℃/min,3 ℃/min 时,启动后,10 min、20 min 及 30 min 时汽包壁截面中的温度分布及截面中的最大温差。启动前,汽包处于 100 ℃ 的均匀温度。汽包可视为一无限长的圆柱体,外表面绝热,内表面与水之间的对流传热十分强烈。汽包的内径 $R_1=0.91$ m,外径 $R_2=1.01$ m,热扩散率 $\alpha=9.98\times10^{-6}$ m²/s。

解:数值方法解得部分结果见下表所列。

启动后时间/min	温升速率/($K\cdot min^{-1}$)	
	1	3
10	7.136	21.41
20	9.463	28.39
30	10.19	30.57

4-19　有一砖墙厚 $\delta=0.3$ m,$\lambda=0.85$ W/(m·K),$\rho c=1.05\times10^6$ J/(m³·K),室内温度 $t_1=20$ ℃,$h=6$ W/(m²·K)。起初该墙处于稳定状态,且内表面温度为 15 ℃。后寒潮入侵,室外温度下降为 $t_0=-10$ ℃,外墙表面传热系数 $h=35$ W/(m²·K)。如果认为内墙温度下降 0.1 ℃ 时可感到外界温度起变化的一个定量判断,问寒潮入侵后多少时间内墙才感知到?

解:

1. 确定热扩散率

$$\alpha=\frac{\lambda}{\rho c}=\frac{0.85}{1.05\times10^6}\approx8.10\times10^{-7}(m^2/s)$$

2. 使用半无限固体近似模型

对于墙的初始温度为 15 ℃，外界温度突变为－10 ℃。用半无限固体模型来近似计算内表面温度。

3. 计算温度变化

内表面温度变化 0.1 ℃，即从 15 ℃降到 14.9 ℃。

4. 误差函数

温度变化公式为：$T(x,t)=T_{\text{init}}+(T_{\text{boundary}}-T_{\text{init}})\text{erfc}\left(\frac{x}{2\sqrt{\alpha t}}\right)$

当 $x=0$，$T(0,t)=14.9$ ℃：

$$14.9=15+(-10-15)\text{erfc}(0)$$

$$-0.1=-25\text{erfc}(0)$$

$$\text{erfc}(0)=0.004$$

查找或计算互补误差函数的逆，结果：

$$\text{erfc}^{-1}(0.004)\approx 1.645$$

5. 时间计算

$$\frac{0}{2\sqrt{\alpha t}}=1.645$$

$$\alpha t=\left(\frac{0}{2\times 1.645}\right)^2$$

因为上面近似错误，这实际应为

$$\frac{0.3}{2\sqrt{\alpha t}}=1.645$$

$$t=\frac{(0.3)^2}{4\times 8.10\times 10^{-7}(1.645)^2}$$

$$\approx\frac{0.09}{4\times 8.10\times 10^{-7}\times 2.706}$$

$$\approx\frac{0.09}{8.76\times 10^{-6}}$$

$$\approx 1.03\times 10^4(\text{s})$$

$$\approx 2.86(\text{h})$$

结论：寒潮入侵大约在 2.86 小时后内墙才开始感知到温度变化。

4－20　一冷柜，起初处于均匀的温度 20 ℃。后开启压缩机，冷冻室及冷柜门的内表面温度以均匀速度 18 ℃/h 下降。柜门尺寸为 1.2 m×1.2 m。保温材料厚 8 cm，$\lambda=0.02$ W/(m·K)。冷柜外表面包覆层很薄，热阻可略而不计。柜门外受空气自然对流及与环境之间辐射的加热。自然对流可按下式计算：

$$(h)_{W/(m^2\cdot K)}=1.55\left((\Delta t)_{℃}/\{H\}_m\right)^{1/4}$$

其中 H 为门高。表面发射率 $\varepsilon=0.8$，通过柜门的导热可作为一维问题处理。试计算压缩机起动后 2 h 内的冷量损失。

解：取保温材料的 $\rho c=1\times10^4$ J/(m³·K)，用数值计算方法得冷量损失为 5.97×10^4 J。

4－21　一砖砌墙壁，厚度为 240 mm，$\lambda=0.81$ W/(m·K)，$\rho=1800$ kg/m³，$c=0.88$ J/(kg·K)。设冬天室外温度在 24 h 内的变化如下表所示。室内空气温度 $t_1=15$ ℃且保持不变；外墙表面传热系数为 10 W/(m²·K)，内墙为 6 W/(m²·K)。试用数值方法确定一天之内外墙、内墙及墙壁中心处温度随时间的变化。取 $\Delta\tau=1$ h。设上述温度工况以 24 h 为周期进行变化。

时刻/h	0:00	1:00	2:00	3:00	4:00	5:00	6:00	7:00	8:00	9:00	10:00	11:00
温度/℃	−5.9	−6.2	−6.6	−6.7	−6.8	−6.9	−7.2	−7.7	−7.6	−7.0	−4.9	−2.3
时刻/h	12:00	13:00	14:00	15:00	16:00	17:00	18:00	19:00	20:00	21:00	22:00	23:00
温度/℃	−1.0	−2.4	1.8	1.8	1.6	0.5	−1.6	−2.8	−3.5	−4.3	4.8	−5.3

提示：可从任意初始温度开始进行计算，以周期性边界条件代入，直到相邻两时间周期的对应点上所得出的温度不再变化时为止。

解：

时刻/h	0	1	2	3	4	5	6	7	8
环境温度/℃	−5.9	−6.2	−6.6	−6.7	−6.8	−6.9	−7.2	−7.7	−7.6
外墙温度/℃	−1.70	−2.19	−2.44	−2.76	−2.85	−2.93	−3.01	−3.26	−3.67
墙壁中心温度/℃	3.65	3.32	3.15	2.92	2.87	2.81	2.75	2.59	2.31
内墙温度/℃	8.99	8.82	8.73	8.61	8.58	8.55	8.52	8.43	8.28
时刻/h	9	10	11	12	13	14	15	16	17
环境温度/℃	−7	−4.9	−2.3	−1	2.4	1.8	1.8	1.6	0.5

（续表）

时刻/h	0	1	2	3	4	5	6	7	8
外墙温度/℃	−3.58	−3.07	−1.34	0.78	1.87	4.63	4.15	4.14	3.97
墙壁中心温度/℃	2.36	2.70	3.87	5.32	6.05	7.95	7.62	7.62	7.51
内墙温度/℃	8.31	8.49	9.11	9.87	10.26	11.26	11.10	11.10	11.10
时刻/h	18	19	20	21	22	23			
环境温度/℃	−1.6	−2.8	−3.5	−4.3	−4.8	−5.3			
外墙温度/℃	3.06	1.34	0.36	−0.22	−0.87	−1.29			
墙壁中心温度/℃	6.09	5.73	5.05	4.66	4.21	3.93			
内墙温度/℃	10.71	10.10	9.73	9.53	9.30	9.14			

4.3.6 多维稳态导热问题

4-22 如附图所示，一矩形截面的空心电流母线的内外表面分别与温度为 t_{f1}，t_{f2} 的流体发生对流传热，表面传热系数分别为 h_1，h_2，且各自沿周界是均匀的。电流通过壁内产生均匀热源。今欲对母线中稳态温度分布进行数值计算，试：

(1)画出计算区域；

(2)对该区域内的温度分布列出微分方程式及边界条件；

(3)对于图中内角顶、外角顶及任一内部节点列出离散方程式($\Delta x \neq \Delta y$)，设母线的导热系数 λ 为常数。

解：(1)计算区域如图阴影部分所示。

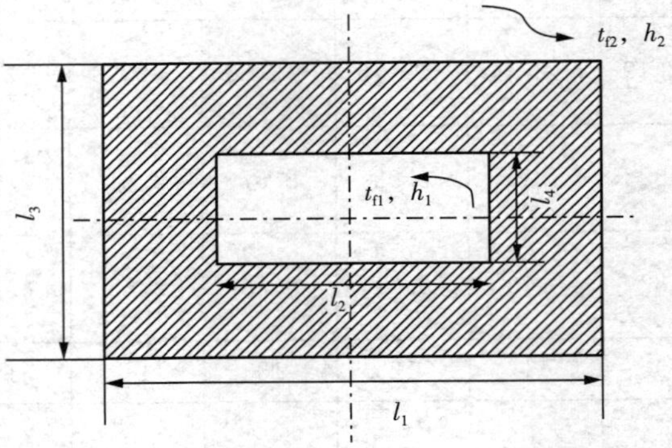

(2)微分方程$\frac{d^2t}{dx^2}+\frac{d^2t}{dy^2}+\frac{\varphi}{\lambda}=0$

对于 l_1 边界

$$-\lambda\frac{dt}{dx}=h_2(t-t_{f2})$$

对于 l_3 边界

$$-\lambda\frac{dt}{dx}=h_2(t-t_{f2})$$

对于 l_2 边界

$$-\lambda\frac{dt}{dx}=h_1(t-t_{f1})$$

对于 l_4 边界

$$-\lambda\frac{dt}{dx}=h_1(t-t_{f1})$$

(3)对于内角顶角 A 有离散方程

$$\lambda\frac{t_{m-1,n}-t_{m,n}}{\Delta x}\cdot\Delta y+\lambda\frac{t_{m,n-1}-t_{m,n}}{\Delta y}\Delta x+\lambda\frac{t_{m,n-1}-t_{m,n}}{\Delta y}\cdot\frac{\Delta x}{2}+\lambda\frac{t-t_{m,n}}{\Delta x}\cdot\frac{\Delta y}{2}$$

$$+\frac{3\Delta x\Delta y}{4}\cdot\varphi_{m,n}+\frac{\Delta x\Delta y}{2}\cdot h_1(t_{m,n}-t_{f1})=0$$

对于任一内部节点得离散方程

$$\lambda\frac{t_{m-1,n}-t_{m,n}}{\Delta x}\cdot\Delta y+\lambda\frac{t_{m,n-1}-t_{m,n}}{\Delta y}\cdot\Delta x+\lambda\frac{t_{m,n-1}-t_{m,n}}{\Delta y}\cdot$$

$$\Delta x+\lambda\frac{t_{m+1,n}-t_{m,n}}{\Delta x}\cdot\Delta y+\Delta x\cdot\Delta y\cdot\Phi_{m,n}=0$$

$$A=12\times(9\times3+9\times2.5)\times2=1188(\text{m}^2)$$

切应力 $\tau_w=\frac{140}{A}=\frac{140}{1188}=0.11785(\text{Pa})$

取空气物性温度 $t=\frac{35+20}{2}=27.5(℃)$

查教材附录得空气在 27.5 ℃时的物性参数;$C_p=1.005\ \text{kJ/(kg·K)}$

$Pr=0.7015$。则有

$$h=\frac{\tau_w C_p}{u_\infty Pr^{\frac{2}{3}}}=\frac{0.11785\times1005}{25\times0.7015^{\frac{2}{3}}}=6[\text{W/(m}^2\cdot\text{K)}]$$

所以 $Q_2=hA(t_f-t_w)=6\times1188\times(35-20)=106.929(\text{kW})$

即 $Q_1=Q_2=106.929\ \text{kW}$。

4-23 一个长方形截面的冷空气通道的尺寸如下图所示。假设在垂直于纸面的方向上冷空气及通道墙壁的温度变化很小,可以忽略。试用数值方法计算下列两种情况下通道壁面中的温度分布及每米长度上通过壁面的冷量损失:

(1)内、外壁分别维持在 10 ℃及 30 ℃;

(2)内外壁与流体发生对流传热,且有 $t_{f1}=10$ ℃,$h_1=20$ W/(m^2·K),$t_{f2}=30$ ℃,$h_2=4$ W/(m^2·K)。

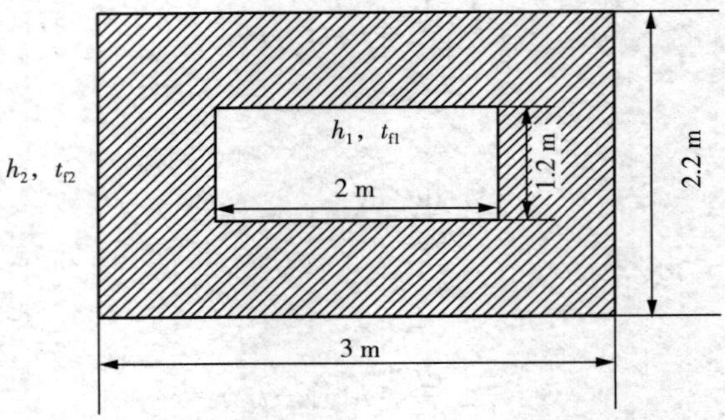

解:此题应采用计算机求解。如有墙角导热的热点模拟实验设备,则计算参数(如 h,Δt 及网格等)可以取得与实验设备的参数相一致,以把计算结果与实测值作比较。

节点离散方程:

$$t_1=\frac{1}{4}(30+10+2t_2),t_2=\frac{1}{4}(30+10+t_1+t_3),t_3=\frac{1}{4}(30+10+t_2+t_4),$$

$$t_4=\frac{1}{4}(30+10+t_3+t_5),t_5=\frac{1}{4}(30+10+t_4+t_6),t_6=\frac{1}{4}(30+30+t_5+t_7),$$

$$t_7=\frac{1}{4}(30+10+t_5+t_6),t_8=\frac{1}{4}(30+10+t_7+t_9),t_9=\frac{1}{4}(30+10+2t_8)$$

求得各节点温度(温度场求解过程应列表表示,此处略)后,可得冷量散失

$$\Phi_{内}=4\lambda\left[\frac{1}{2}(t_1+t_9)+t_2+t_3+t_4+t_5+t_7+t_8-7\times10\right]$$

$$\Phi_{外}=4\lambda\left[9\times30-\frac{1}{2}(t_1+t_9)-(t_2+t_3+t_4+t_5+2t_6+t_7+t_8)\right]$$

$$\Phi=\frac{1}{2}(\Phi_{内}+\Phi_{外})=2\lambda(9\times30-7\times10-2t_6)=4\lambda(100-t_6)$$

根据对称性,取 1/4 区域为计算区域。数值计算解出,对于给定壁温的情形,每米长通道的冷损失为 39.84 W,对于第三类边界条件为 30.97 W[取壁面导热系数 $\lambda=0.53$ W/(m·K)]。内外表面为给定壁温时等温线分布如下图所示。第三类边界条件的结果定性上类似。

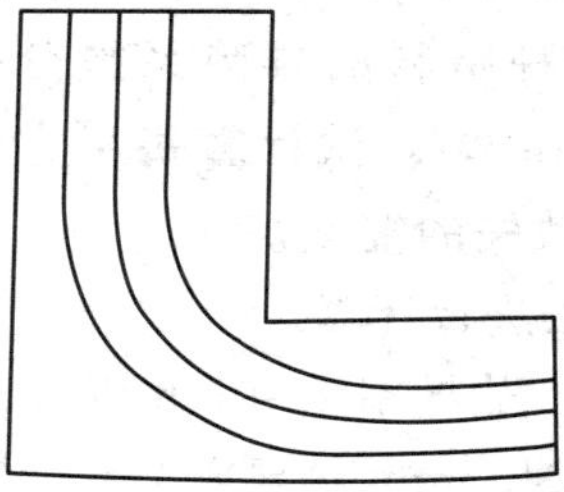

4-24　为了提高现代燃气透平的进口燃气温度以提高热效率，在燃气透平的叶片内部开设有冷却通道以使叶片金属材料的温度不超过允许值。为对叶片中的温度分布情况作一估算，见《传热学(第 6 版)》(陶文铨编著)习题 4-24 附图(a)所示叶片的截面形状简化成为附图(b)所示的情形。已知 $T_0=1700$ K，$h_0=1000$ W/(m^2·K)，$T_i=400$ K，$h_i=250$ W/(m^2·K)。试计算：(1)截面中最高温度及其位置；(2)单位长度通道上的热量。

解：根据对称性选择，1/4 区域为计算区域，采用 60×70 网格，取壁面 $\lambda=15$ W/(m·K)时得单位长度的传热量为 987.8 W，等温线分布如图所示。截面中最高温度发生在左上角，该处温度为 1419.9 ℃。

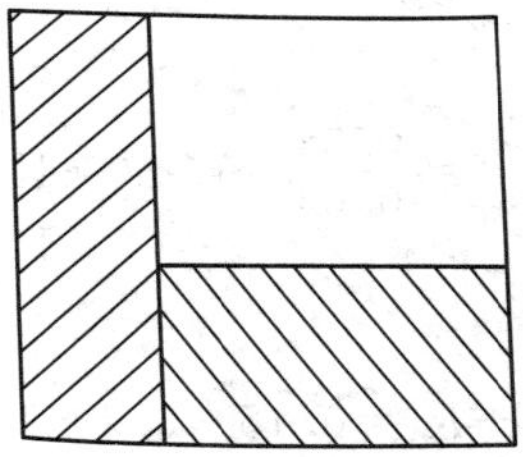

4.3.7　综合分析与设计、论述题

4-25　工业炉的炉墙以往常用红砖(外层)和耐火黏土砖(内层)组成。由于该两种材料的导热系数较大，散热损失较严重，为了节省能量，近年来国内广泛采用在耐火砖上贴一层硅酸纤维毡，如附图所示。今用以下的非稳态导热简化模型来评价粘贴硅酸纤维毡的收益：设炉墙原来处于与环境平衡的状态，$\tau=0$ s 时内壁表面温度突然上升到 550 ℃并保持不变。这一非稳态导热过程一直进行到炉墙外表面的对流、辐射热损失与通过墙壁的导热量相等为止(其后进入稳态导热阶段)。在炉墙升温过程中，外表面的总表面传热系数由两部分组成，即自然对流引起的部分及辐射部分

$$h_c=1.12\ \text{W/(m}^2\cdot\text{K}^{4/3})\times(t_w-t_f)^{1/3}$$

$$h_r=4\varepsilon\sigma_0 T_m^2$$

$$T_m=(T_W+T_f)/2$$

其中：t_w 或 T_w 为外表面温度，t_f 或 T_f 为内表面温度，$\delta_1=240$ mm，$\delta_2=240$ mm，$\delta_3=40$ mm。为简化计算，设三种材料的导热系数分别为 $\lambda=1.6$ W/(m·K)，$\lambda=0.8$ W/(m·K)，$\lambda=0.04$ W/(m·K)。试计算每平方米炉墙面积上由于粘贴了硅酸纤维毡而在炉子升温过程中少散失的能量。

解：这道题可以不用数值方法进行计算

1. 红砖层：厚度 $\delta_1=240$ mm，热导率 $\lambda_1=1.6$ W/(m·K)

2. 耐火黏土砖层：厚度 $\delta_2=240$ mm，热导率 $\lambda_2=0.8$ W/(m·K)

热阻：

$$R_1=\frac{\delta_1}{\lambda_1}=\frac{0.24}{1.6}=0.15(\mathrm{m^2\cdot K/W})$$

$$R_2=\frac{\delta_2}{\lambda_2}=\frac{0.24}{0.8}=0.3(\mathrm{m^2\cdot K/W})$$

总热阻：

$$R_{\text{total without fiber}}=R_1+R_2=0.15+0.3=0.45(\mathrm{m^2\cdot K/W})$$

增加硅酸纤维毡后：

硅酸纤维毡：厚度 $\delta_3=40$ mm，热导率 $\lambda_3=0.04$ W/(m·K)

热阻：

$$R_3=\frac{\delta_3}{\lambda_3}=\frac{0.04}{0.04}=1(\mathrm{m^2\cdot K/W})$$

总热阻：

$$R_{\text{total with fiber}}=R_1+R_2+R_3=0.15+0.3+1=1.45(\mathrm{m^2\cdot K/W})$$

计算导热量

内壁温度 $T_{\text{in}}=550$ ℃，外壁温度 T_{out} 设为环境温度 20 ℃。

无硅酸纤维毡的导热量：

$$Q_{\text{without fiber}}=\frac{T_{\text{in}}-T_{\text{out}}}{R_{\text{total without fiber}}}=\frac{550-20}{0.45}=\frac{530}{0.45}\approx 1177.78(\mathrm{W/m^2})$$

有硅酸纤维毡的导热量：

$$Q_{\text{with fiber}}=\frac{T_{\text{in}}-T_{\text{out}}}{R_{\text{total with fiber}}}=\frac{550-20}{1.45}=\frac{530}{1.45}\approx 365.52(\mathrm{W/m^2})$$

计算减少的散热量：

$$\Delta Q=Q_{\text{without fiber}}-Q_{\text{with fiber}}=1177.78-365.52\approx 812.26(\mathrm{W/m^2})$$

每平方米炉墙面积上，由于粘贴了硅酸纤维毡而在炉子升温过程中减少的能量散失约为 812.26 W/m^2。

4－26 空气在附图所示的一长方形截面的送风管道中作充分发展的层流流动，其 z 方向的动量方程简化为 $\eta\left(\frac{\partial^2 w}{\partial x^2}+\frac{\partial^2 w}{\partial y^2}\right)-\frac{dp}{dz}=0$，而且 $u=v=0$。上式可看成是源项为 $\left(-\frac{dp}{dz}\right)$ 的一个二维常物性导热方程。试用数值方法求解这一方程并计算 fRe 之值。f 为阻力系数，Re 为特征长度为当量直径 D_e。计算时可任取一个 $\frac{dp}{dz}$ 值（但应小于零），并按 $a/b=0.5$ 及 1 两种情形计算。

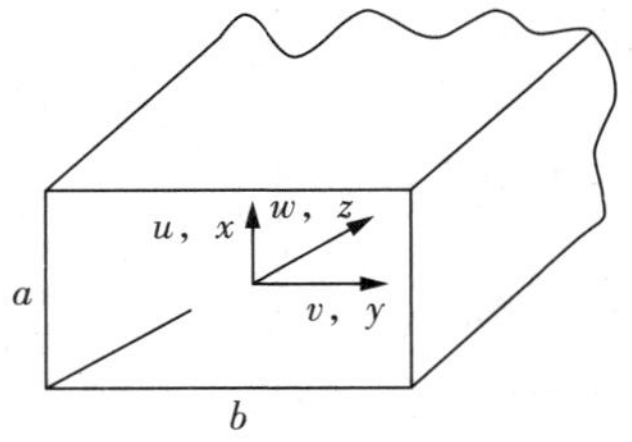

解：假设壁温为常数，则不同 a/b 下换热充分发展时的 fRe 及 Nu 数的分析解为

a/b	Nu	fRe
1	2.98	57
0.5	3.39	62

4－27 一家用烤箱处于稳定运行状态，箱内空气平均温度 $t_i=155$ ℃，气体与内壁面间的表面传热 $h_i=40\ W/(m^2\cdot K)$。外壁面与 20 ℃ 的周围环境间的表面传热系数 $h_0=10\ W/(m^2\cdot K)$。烤箱保温层厚 30 mm，$\lambda=0.03\ W/(m\cdot K)$；保温层两侧的护板用金属制成且很薄，分析中可不予考虑。然后，突然将烤箱调节器开大，风扇加速，内壁温度突然上升到 185 ℃。设升温过程中烤箱外壁面与环境间的表面传热系数可用 $h_0=c\,(t_w-t_f)^{1/4}$ 计算，环境温度 t_f 仍保持为 20 ℃，t_w 为烤箱外表面温度，c 之值与运行时一样。试确定烤箱内壁温度跃升后到达新的稳定状态所需时间。

解：将保温层离散化，将时间离散化，然后应用显式时间步进方法来求解温度场的逐步变化。

```
Python 示意代码
import numpy as np
import matplotlib.pyplot as plt

#参数设置
T_inner = 185 + 273.15   #内壁温度 185 ℃ = 458.15 K
T_env = 20 + 273.15   #环境温度 20 ℃ = 293.15 K
T_initial = 155 + 273.15   #初始温度 155 ℃ = 428.15 K
h_i = 40   #内壁传热系数 W/(m^2 · K)
```

```
h_0 = 10   # 外壁传热系数 W/(m^2·K)
k = 0.03   # 保温层导热系数 W/(m·K)
d = 0.03   # 保温层厚度 m
alpha = k /(1.2 * 1000)   # 热扩散系数 m^2/s,假设密度 1200 kg/m^3,比热容 1000 J/(kg·K)
c = h_0   # 计算新 h_0 时的常数

# 离散化参数设置
dx = 1e-3   # 空间步长 1 mm
dt = 0.1   # 时间步长 s
N = int(d / dx)   # 空间离散点数
time_steps = 5000   # 时间步数

# 初始温度分布
T = np.ones(N) * T_initial

def update_h_0(T_outer):
    return c * (T_outer - T_env) ** 0.25

# 显式有限差分法求解瞬态热传导方程
for step in range(time_steps):
    T_new = T.copy()
    for i in range(1,N-1):
        T_new[i] = T[i] + alpha * dt / dx ** 2 * (T[i+1] - 2 * T[i] + T[i-1])

# 内壁传热
T_new[0] = T[0] + alpha * dt / dx ** 2 * (T[1] - T[0]) + dt * h_i * (T_inner - T[0])/(k/
dx)

# 外壁传热
h_0_current = update_h_0(T[-1])
T_new[-1] = T[-1] + alpha * dt / dx ** 2 * (T[-2] - T[-1]) + dt * h_0_current * (T
[-1] - T_env)/(k / dx)

T = T_new

if step % 100 == 0:
    plt.plot(np.linspace(0,d,N),T - 273.15)

plt.xlabel('保温层厚度(m)')
plt.ylabel('温度(℃)')
plt.title('温度分布随时间变化')
plt.show()
```

离散化时间和空间：用有限差分法将保温层离散为小单元，将时间离散为小步长。
初始条件：初始温度设为 155 ℃。
边界条件：内壁温度跃升为 185 ℃，外壁与环境的传热系数动态更新。
迭代过程：通过时间步长更新温度分布，直到温度变化趋于稳定。

4.3.8 小论文题目

4－28　一厚为 2.54 cm 的钢管，初始温度为 16 ℃。其后，温度为 572 ℃ 的液态金属突然流过管内，并经历了 10 s。液态金属与内壁面间的表面传热系数 $h=2.84\ W/(m^2\cdot K)$。钢管可以按平壁处理，其外表面的散热有对流及辐射两条路径，并分别可按 $\{h_w\}\ W/(m^2\cdot K)=1.2\times(\{\Delta t\}℃)^{1/3}$ 及 $h_r=4\varepsilon\sigma_0 T_m^3$ 计算，$T_m=(T_f+T_w)/2$，周围环境温度 $t_f=20$ ℃。试用数值方法确定在液态金属开始流入后的 18 s 时截面上的温度分布。已知钢管的 $\lambda=41\ W/(m\cdot K)$，$\rho=7530\ kg/m^3$，$c=536\ J/(kg\cdot K)$。

解：在钢管壁厚方向上取 27 个点，以内壁为坐标原点，沿着壁厚方向为 x 正方向，数值计算结果如下。

位置/cm	0	0.1	0.2	0.3	0.4	0.5	0.6	0.7	0.8	0.9
温度/℃	216.0	215.6	214.6	213.0	210.7	207.9	204.6	200.8	196.6	192.1
位置/cm	1	1.1	1.2	1.3	1.4	1.5	1.6	1.7	1.8	1.9
温度/℃	187.3	182.3	177.2	172.0	166.9	161.8	157.0	152.5	148.2	144.4
位置/cm	2	2.1	2.2	2.3	2.4	2.5	2.54			
温度/℃	141.0	138.1	135.7	133.9	132.6	132.0	131.9			

4－29　为对两块平板的对接焊过程见《传热学(第 6 版)》(陶文铨编著)习题 4－29 附图(a)所示进行数值计算，对其物理过程做以下简化处理：钢板中的温度场仅是 x 及时间 τ 的函数；焊枪的热源作用在钢板上时钢板吸收的热流密度 $q(x)=q_m e^{(-3r^2/r_e^2)}$，$r_e$ 为电弧有效加热半径，q_m 为最大热流密度；平板上、下表面的散热可用 $q=h(t-t_f)$ 计算，侧面绝热；平板的物性为常数，熔池液态金属的物性与固体相同；固体熔化时吸收的潜热折算成当量的温升值，即设熔化潜热为 L，固体比热容为 c，当固体达到熔点 t_s 后要继续吸收相当于使温度升高 L/c 的热量，但在这一吸热过程中该处温度不变。这样，附图(a)所示问题就简化成附图(b)所示的一维非稳态导热问题。试：(1)列出该问题的数学描写；(2)计算过程开始后 3.4 s 内钢板中的温度场，设在开始的 0.1 s 内有电弧的加热作用。已知：$q_m=5024\ W/m^2$，$h=12.6\ W/(m^2\cdot K)$，$\lambda=41.9\ W/(m\cdot K)$，$\rho=7800\ kg/m^3$，$c=670\ J/(kg\cdot K)$，$L=255\ kJ/kg$，$t_s=1485$ ℃，$H=12$ cm，$r_c=0.71$ cm。

解：取初始温度与环境温度均为 20 ℃。该问题的数学描写为

$$\frac{\partial t}{\partial \tau}=\frac{\lambda}{\rho c}\frac{\partial^2 t}{\partial x^2}+\frac{\varphi}{\rho c} \quad 0 < x < H, t>0 \quad (\varphi=[q(x)-2h(t-t_f)]/\delta);$$

$$t=t_j, \tau=0, 0\leqslant x\leqslant H;$$

$$\frac{\partial t}{\partial x}=0, \quad x=0 \quad \tau>0;$$

$$\frac{\partial t}{\partial x}=0, \quad x=H \quad \tau>0。$$

4-30　在壁厚为 7 cm 的铸铁模型中铸造 14 cm 厚的铜板。假定问题是一维的，试确定达到铜板完全凝固所需的时间。计算时作以下简化处理：液体黄铜在瞬间内充满型腔；液体铜及铸型的初始温度各自均匀；液体铜内无自然对流，固、液体铜内均为导热；液体铜与固体铜的物性相同且为常数；铸件与铸型之间接触良好，不存在空气隙；铸型外两表面与周围环境间的散热可用 $q=h(t-t_f)$ 表示；液体铜在固定的凝固点 t_s 下凝固，凝固过程中释放出的熔化潜热可折算成相当于使物体温度升高 L/c 的热量，但在潜热释放过程中该处温度应一直保持为 t_s。经过这样一番简化后所计算的问题变为如附图示的双层平板的一维导热问题。试：(1)列出该问题的数学描写；(2)在下列条件下计算使钢板完全凝固所需的时间。已知：铸型初温 $t_0=20$ ℃，液体铜初温为 1100 ℃，$t_s=1100$ ℃，$h=4$ W/(m^2·K)，$\lambda_1=126$ W/(m·K)，$\lambda_2=63$ W/(m·K)，$c_1=419$ J/(kg·K)，$\rho_1=8000$ kg/m^3，$t_f=20$ ℃，$L=167.5$ kJ/kg，$\rho_2=7000$ kg/m^3。

解：设铸型厚为 δ_1，铸件半厚为 δ_2，则有

$$\frac{\partial t}{\partial \tau}=\frac{\lambda}{\rho c}\frac{\partial^2 t}{\partial x^2}, 0<x<\delta_1+\delta_2, t\geqslant 0$$

$$\tau=0, 0\leqslant x\leqslant \delta_2, t=t_1$$

$$\tau>0, x=0, t=t_2, \frac{\partial t}{\partial x}=0$$

$$x=\delta_1+\delta_2, -\lambda_1\frac{\partial t}{\partial x}=h(t-t_f)$$

数值计算结果得出所需时间为 304.9 s。

4-31　试用数值方法确定如《传热学(第 6 版)》(陶文铨编著)习题 4-31 附图所示圆管外正方形翅片的肋效率。已知 $H=40$ mm，$d_0=12$ mm，翅片厚 $\delta=0.2$ mm，$\lambda=120$ W/(m·K)。此时肋效率可以画成 $\eta\sim(r_0^*-r_0)\sqrt{h/(\lambda\delta)}$ 的曲线形式，并以 r_0^*/r_0 为参数。这里 r_0^* 是一假想半径，以 r_0^* 为半径的圆的面积等于所研究翅片的面积。试在 $h=10\sim100$ W/(m^2·K)的范围内进行计算，并把结果表示成 $\eta\sim(r_0^*-r_0)\sqrt{h/(\lambda\delta)}$ 的曲线。

解：计算结果近似如下图所示。

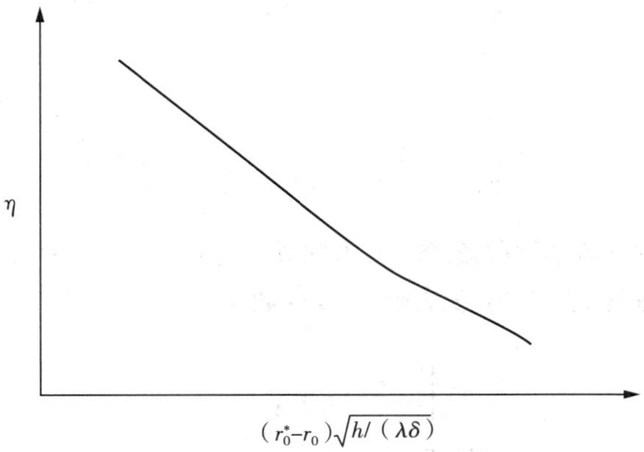

4-32　有一块印制电路板如附图(a)所示。其中间为 0.8 mm 厚的铜板，导热系数为 165 W/(m·K)，其两侧为玻璃纤维环氧树脂板层，铜板底端被冷却到 40 ℃，其他三个侧面可认为绝热，金属板上安装的发热元件及其功耗如图所示。假定通过玻璃纤维环氧树脂板层的散热可以不计，试用数值计算确定铜板中的温度分布。根据元件分布确定的网格划分示于附图(b)中。

解：略。

4.4　名校考研真题集锦

1.（三一丛书）在第一类边界条件下，稳态、无内热源导热物体的温度分布与物体的导热系数是否有关？为什么？

答：在第一类边界条件下，稳态、无内热源导热物体的温度分布与物体的导热系数无关。这是因为温度分布最终会达到一个由边界条件、几何形状和尺寸决定的平衡状态，而导热系数只影响达到这个平衡状态所需的时间以及在这个过程中热流量的大小。一旦平衡状态被建立，温度分布就不再依赖于导热系数的具体值。

2.（东南大学 2005 年真题）对于右图中有均内热源 Φ 的二维稳态导热问题，右边界为恒定热流边界条件，其热流密度为 q_w，如果采用有限差分法求解，则在 $\Delta x=\Delta y$ 的条件下，写出边界节点 4 的节点方程式。

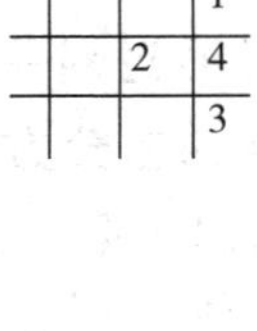

解：由题意可得

$$\lambda\frac{t_2-t_4}{\Delta x}\cdot\Delta x+\lambda\frac{t_1-t_4}{b_\lambda}\cdot\frac{\Delta x}{2}+\lambda\frac{t_3-t_4}{\Delta x}\cdot\frac{\Delta x}{2}+q_w\Delta x+\frac{\dot{\varphi}v\Delta^2x}{2}=0$$

所以

$$t_4=\frac{q_w\Delta x}{2\lambda}+\frac{1}{2}t_2+\frac{1}{4}t_1+\frac{1}{4}t_3+\frac{\dot{\varphi}_v\Delta^2x}{4\lambda}$$

3.（东南大学 2021 年真题）稳态，无内热源，已知 h，t_f，$\lambda=\lambda_0(1+bt)$，求右上角边界角点 1 的差分方程，问该方程是否无条件收敛？

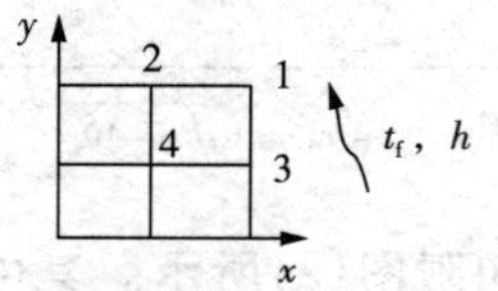

解：由题意可得

$$\lambda_0(1+bt)\left[\frac{t_2-t_1}{\Delta x}\Delta y+\frac{t_3-t_1}{\Delta y}\Delta x\right]+h(\Delta x+\Delta y)(t_f-t_1)=0$$

因为系统是稳态的，所以差分方程无条件收敛。

4.（华北电力大学 2001 年真题）用数值方法求解有内热源的二维稳态导热问题，网格划分如图所示，列出节点(m,n)的离散方程式。

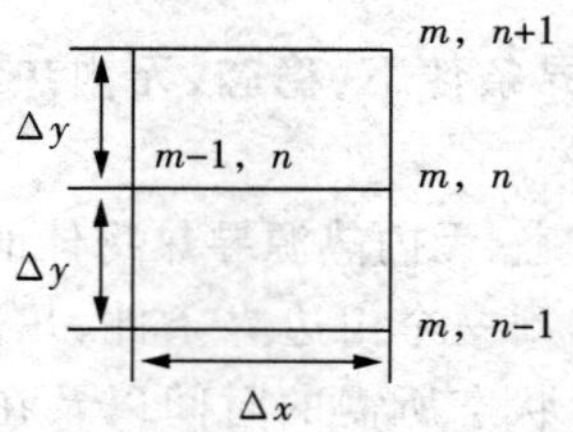

解：由题意得

$$\lambda\frac{t_{m-1,n}-t_{m,n}}{\Delta x}\Delta y\times1+\lambda\frac{t_{m,n+1}-t_{m,n}}{\Delta y}\times\frac{\Delta x}{2}\times$$

$$1+\lambda\frac{t_{m,n-1}-t_{m,n}}{\Delta y}\times\frac{\Delta x}{2}\times1+\alpha\Delta y\times1\times(t_f-t_{m,n})+Q\times\frac{\Delta x\Delta y}{2}=0$$

5.（华北电力大学 2009 年真题）对通过对平板的一维非稳导热问题利用显式差分进行数值求解，请写出对流边界节点的差分方程式，并说明其稳定性条件是什么？

解：如图所示无限大平板一部分，给出了第三类边界条件

边界节点 N 代表宽度为 $\Delta x/2$ 的元体（图中阴影线部分）

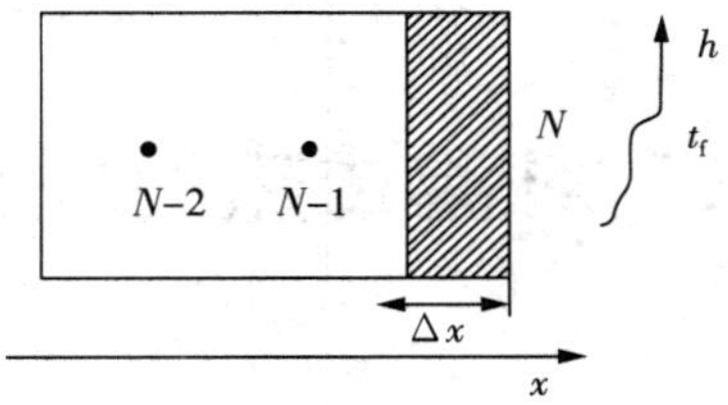

对该元体应用能量守恒定律，显示差分格式得

$$\lambda\frac{t_{N-1}^{(i)}-t_N^{(i)}}{\Delta x}+h(t_f-t_N^{(i)})=\rho c\frac{\Delta x}{2}\frac{t_N^{(i+1)}-t_N^{(i)}}{\Delta\tau}$$

整理得

$$t_N^{(i+1)}=t_N^{(i)}\left(1-\frac{2h\Delta\tau}{\rho c\Delta x}-\frac{2a\Delta\tau}{\Delta x^2}\right)+\rho c\frac{\Delta x}{2}\frac{t_N^{(i+1)}-t_N^{(i)}}{\Delta\tau}$$

其中$\frac{a\Delta\tau}{\Delta x^2}$为 Δx 是特征长度的傅里叶数

$$\frac{2h\Delta\tau}{\rho c\Delta x}=\frac{\lambda}{\rho c}\frac{\Delta\tau}{\Delta x^2}\frac{h\Delta x}{\lambda}=\frac{a\Delta\tau}{\Delta x^2}\frac{h\Delta x}{\lambda}=F_{0\Delta}Bi_{\Delta}$$

代入上式整理得

$$t_N^{(i+1)}=t_N^{(i)}(1-2Fo_{\Delta}Bi_{\Delta}-2Fo_{\Delta})+2Fo_{\Delta}\Delta t_{N-1}^{(0)}+2Fo_{\Delta}Bi_{\Delta}t_f^i$$

其稳定条件为

$$1-2Fo_{\Delta}Bi_{\Delta}-2Fo_{\Delta}\geqslant 0$$

6.（华北电力大学 2015 年真题）如图所示一个常物性、内热源均匀的二维稳态导热体，其右侧有温度为 t_f 的流体，且与改壁面的传热系数为 h。列出点 4 中的有限差分方程式。

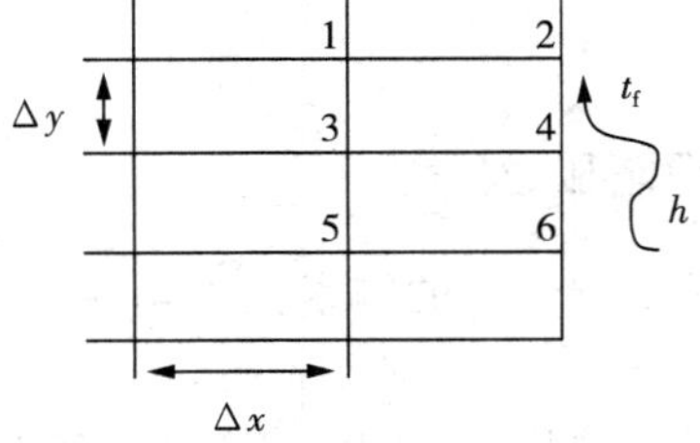

解：由题意得

$$\lambda\frac{t_2-t_4}{\Delta y}\frac{\Delta x}{2}+\lambda\frac{t_3-t_4}{\Delta x}\Delta y+\lambda\frac{t_6-t_4}{\Delta y}\frac{\Delta x}{2}+\Phi\frac{\Delta x\Delta y}{2}+h(t_f-t_4)\Delta y=0$$

第 5 章　对流传热的理论基础

5.1　知识网络

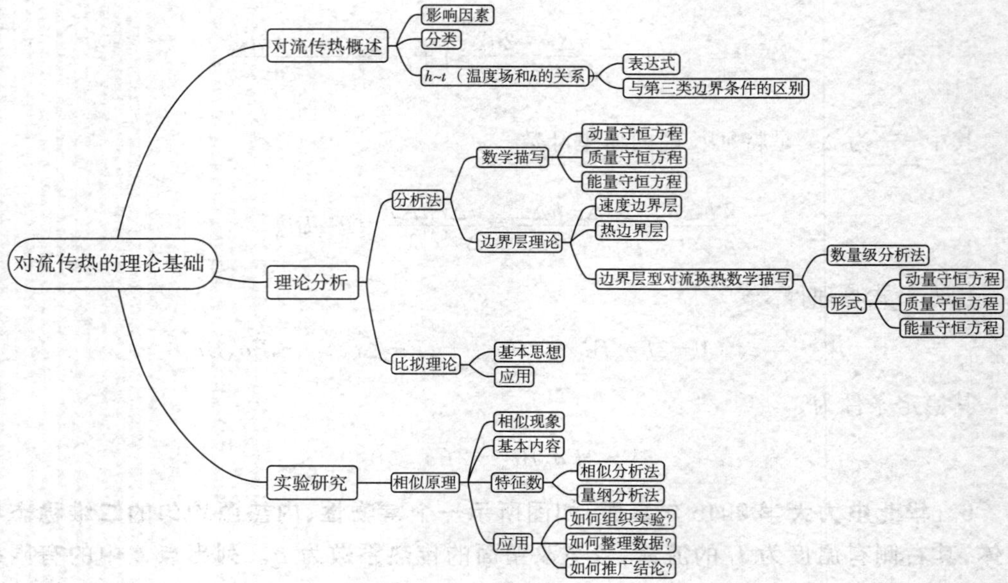

5.2　传热学知识点

知识点 1　对流传热的影响因素

影响对流传热的因素就是影响流动的因素及影响流体中热量传递的因素，可分为五方面：

【流体流动起因】 强制对流传热(泵风机或其他外部动力源)和自然对流传热，后者是由流体内部密度差所引起，成因不同，流体中速度场也有所差别(一般 $h_{强制} > h_{自然}$)。

自然对流的产生是由于温度不均匀导致密度不均匀，在重力作用下形成浮力从而引起流动。没有温差就没有热交换，自然对流也不会发生。然而，尽管存在温度不均匀，自然对流不一定会产生。例如，在图 5－1 中，只有情形(a)会产生自然对流，因为在情形(b)中，下板较冷，靠近下板的流体密度大于上方的流体，因此在重力作用下不会产生流动。

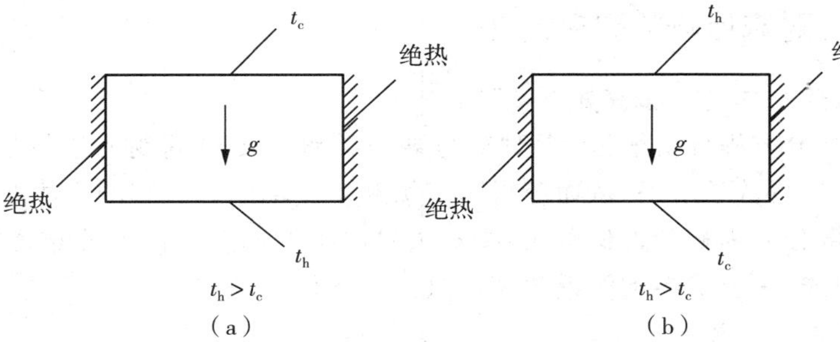

图 5－1　有温差不一定有自然对流

【流体有无相变】 无相变热量交换由于流体显热变化，有相变（如沸腾/凝结）流体相变传热（潜热）的释放或吸收常起主要作用（一般 $h_{有相变}>h_{无相变}$）。

【流体的流动状态】 黏性流体的两种流态——层流及湍流。层流时流体做微团沿主流方向作有规则分层运动，湍流流体各部分发生剧烈混合（$h_{湍流}>h_{层流}$）。

【传热表面几何因素】 如表面形状，大小，传热表面与流体运动方向的相对位置，传热表面状态等。

【流体的物理性质】 以无相变强制对流传热为例，流体速度分布以及温度分布与密度 ρ、动力黏度 η，导热系数 λ，以及比定压热容 c_p 都有关。

$$h=f(u,l,\rho,\eta,\lambda,c_p)$$

知识点 2　对流传热现象的分类

每一类对流传热都可区别为层流和湍流两种流态。每一类对流表面传热系数计算式一般不同，如图 5－2 所示。

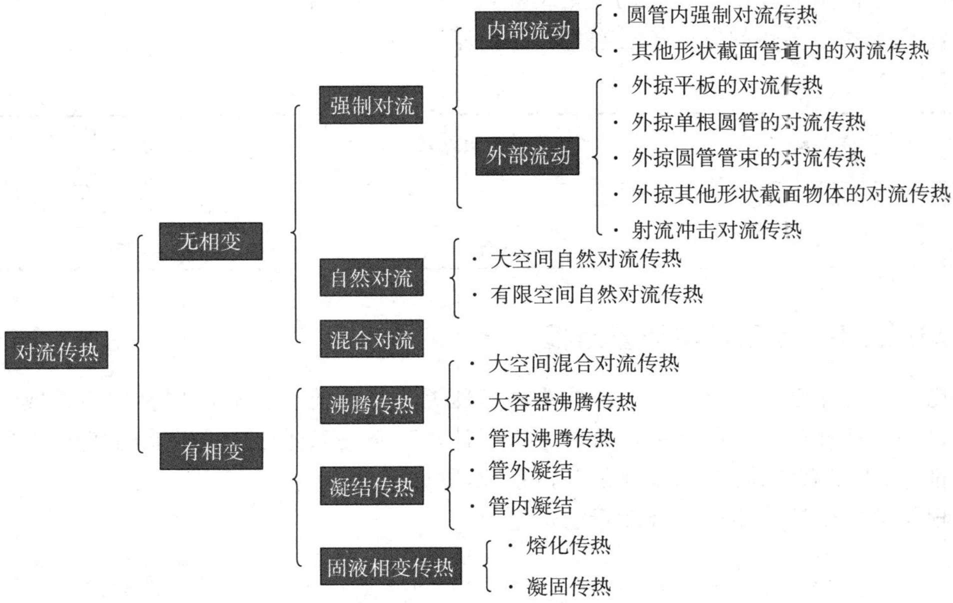

图 5－2　对流传热分类

知识点 3 对流传热的研究方法

获得表面传热系数的方法有如下 6 种：

(1)边界层微分方程分析解法：指对描写某一类对流传热问题的边界层微分方程及相应的定解条件进行数学求解，从而获得速度场和温度场的分析解的方法；

(2)边界层微分方程积分近似解法：指对边界层中的速度与温度分布形式做出假设，例如假设为多项式，多项式各项的系数则通过边界条件来确定；

(3)能量、动量传递类比法；

(4)质量、热量传递类比法；

(5)相似原理指导下的实验法；

(6)数值法。

知识点 4 从温度场得到表面传热系数 h

如何从温度场(温度分布)中求得 h？由于流体黏性作用，靠近壁面处的流速 u 下降，在贴壁处流体被滞止处于无滑移状态，贴壁处流体层相对于壁面不流动，壁面与流体间热量传递必须穿过流体层，传热方式只能是导热，有的介质的热量传递可能还有辐射，这里不考虑辐射：

$$q=-\lambda\frac{\partial t}{\partial y}\bigg|_{y=0}=h\Delta t$$

可得

$$h=-\frac{\lambda}{\Delta t}\frac{\partial t}{\partial y}\bigg|_{y=0}$$

此式会被用来导出已含 h 的无量纲数，h 为局部传热系数。

注意上式与导热问题的第三类边界条件不同，见表 5-1。

表 5-1

物性参数	第三类边界条件	$h=-\frac{\lambda}{\Delta t}\frac{\partial t}{\partial y}\Big\|_{y=0}$
h	已知	未知(求解的为局部)
λ	固体	流体

知识点 5 运动流体能量方程

简化：(1)流动是二维的；(2)流体为不可压缩牛顿型流体；(3)流体物性为常数，无内热源；(4)黏性耗散产生的耗散热可以忽略不计；(5)略去流体位能及动能的变化。

推导：由于有流体进出，因此是开口系统，取微元体：

根据热力学第一定律以及能量守恒定律

$$(q_m)_{\text{in}}\left(h+\frac{1}{2}\nu^2+gz\right)+\varphi=(q_m)_{\text{out}}\left(h+\frac{1}{2}\nu^2+gz\right)+\frac{\partial U}{\partial \tau}+W_{\text{net}}$$

考虑流体流入微元体时位能、动能，流体功都可忽略，则

$$(q_m)_{\text{in}} \cdot h + \varphi = (q_m)_{\text{out}} \cdot h + \frac{\partial U}{\partial \tau}$$

由傅里叶定律可得

x 方向上

$$\begin{cases} \varphi_x = -\lambda \cdot \mathrm{d}y \cdot 1\,\dfrac{\partial t}{\partial x} = -\lambda \mathrm{d}y \cdot \dfrac{\partial t}{\partial x} \\ \varphi_x + \mathrm{d}x = \varphi_x + \dfrac{\partial}{\partial x}\left(-\lambda \mathrm{d}y\,\dfrac{\partial t}{\partial x}\right)\mathrm{d}x = \varphi_x - \lambda\,\dfrac{\partial^2 t}{\partial x^2}\mathrm{d}x\mathrm{d}y \end{cases}$$

y 方向上

$$\begin{cases} \varphi_y = -\lambda \cdot \mathrm{d}x \cdot 1 \cdot \dfrac{\partial t}{\partial y} = -\lambda \mathrm{d}x\,\dfrac{\partial t}{\partial y} \\ \varphi_y + \mathrm{d}y = \varphi_y + \dfrac{\partial}{\partial y}\left(-\lambda \mathrm{d}x\,\dfrac{\partial t}{\partial y}\right)\mathrm{d}y = \varphi_y - \lambda\,\dfrac{\partial^2 t}{\partial y^2}\mathrm{d}x\mathrm{d}y \end{cases}$$

净导入

$$\varphi = (\varphi_x - \varphi_x + \mathrm{d}x) + (\varphi_y - \varphi_y + \mathrm{d}y) = \lambda\left(\frac{\partial^2 t}{\partial x^2} + \frac{\partial^2 t}{\partial y^2}\right)\mathrm{d}x\mathrm{d}y$$

$\mathrm{d}\tau$ 时间内净导入

$$\varphi \mathrm{d}\tau = \lambda\left(\frac{\partial^2 t}{\partial x^2} + \frac{\partial^2 t}{\partial y^2}\right)\mathrm{d}x\mathrm{d}y\mathrm{d}\tau$$

$\mathrm{d}\tau$ 时间内内能变化

$$\Delta U = \rho \cdot c_p\,\frac{\partial t}{\partial \tau} \cdot \mathrm{d}x\mathrm{d}y \cdot 1 \cdot \mathrm{d}\tau = cm\Delta t$$

$\mathrm{d}\tau$ 时间内流进流出的焓差

$$H_x = q_m \cdot h \cdot \mathrm{d}\tau = \rho u A h\,\mathrm{d}\tau = \rho u\,\mathrm{d}y c_p t\,\mathrm{d}\tau$$

$$H_{x+\mathrm{d}x} = \rho c_p\left(t + \frac{\partial t}{\partial x}\mathrm{d}x\right)\left(u + \frac{\partial u}{\partial x}\mathrm{d}x\right)\mathrm{d}y\mathrm{d}\tau$$

$$H_{x+\mathrm{d}x} - H_x = \rho c_p\left(u\,\frac{\partial t}{\partial x} + t\,\frac{\partial u}{\partial x}\right)\mathrm{d}x\mathrm{d}y\mathrm{d}\tau$$

同理 y 方向为

$$H_{y+\mathrm{d}y} - H_y = \rho c_p\left(v\,\frac{\partial t}{\partial y} + t\,\frac{\partial v}{\partial y}\right)\mathrm{d}x\mathrm{d}y\mathrm{d}\tau$$

因此流体带出的

$$(q_{\text{out}}h_{\text{out}}-q_{\text{in}}h_{\text{in}})=H_{x+\mathrm{d}x}-H_x+H_{y+\mathrm{d}y}-H_y==\rho c_p\left(u\frac{\partial t}{\partial x}+t\frac{\partial u}{\partial x}+\nu\frac{\partial t}{\partial y}+t\frac{\partial v}{\partial y}\right)\mathrm{d}x\mathrm{d}y\mathrm{d}\tau$$

由流体力学连续性方程

$$\frac{\partial u}{\partial x}+\frac{\partial v}{\partial y}=0$$

可得

$$\varphi=\rho c_p\left(u\frac{\partial t}{\partial x}+\nu\frac{\partial t}{\partial y}\right)\mathrm{d}x\mathrm{d}y\mathrm{d}\tau+\frac{\partial U}{\partial \tau}(\Delta U)$$

代入

$$\lambda\left(\frac{\partial^2 t}{\partial x^2}+\frac{\partial^2 t}{\partial y^2}\right)\mathrm{d}x\mathrm{d}y\mathrm{d}\tau=\rho c_p\left(u\frac{\partial t}{\partial x}+\nu\frac{\partial t}{\partial y}\right)\mathrm{d}x\mathrm{d}y\mathrm{d}\tau+\rho c_p\frac{\partial t}{\partial \tau}\mathrm{d}x\mathrm{d}y\mathrm{d}\tau$$

即得二维常物性无内热源的能量微分方程

$$\rho c_p\left(\frac{\partial t}{\partial \tau}+u\frac{\partial t}{\partial x}+\nu\frac{\partial t}{\partial y}\right)=\lambda\left(\frac{\partial^2 t}{\partial x^2}+\frac{\partial^2 t}{\partial y^2}\right)$$

讨论：

① 流体静止时，$u=v=0$，式子退化为常物性无内热源导热微分方程。

② 稳态对流时，$\frac{\partial t}{\partial \tau}=0$，式子改写为

$$\rho c_p(\vec{U}\cdot \mathrm{grad}t)=\lambda\left(\frac{\partial^2 t}{\partial x^2}+\frac{\partial^2 t}{\partial y^2}\right)$$

知识点 6　对流传热问题控制方程

质量守恒方程

$$\frac{\partial u}{\partial x}+\frac{\partial v}{\partial y}=0$$

动量守恒方程

$$\begin{cases}\rho\left(\dfrac{\partial u}{\partial \tau}+u\dfrac{\partial u}{\partial x}+v\dfrac{\partial u}{\partial y}\right)=F_x-\dfrac{\partial p}{\partial x}+\eta\left(\dfrac{\partial^2 u}{\partial x^2}+\dfrac{\partial^2 u}{\partial y^2}\right)\\ \rho\left(\dfrac{\partial u}{\partial \tau}+u\dfrac{\partial u}{\partial x}+v\dfrac{\partial u}{\partial y}\right)=F_y-\dfrac{\partial p}{\partial x}+\eta\left(\dfrac{\partial^2 u}{\partial x^2}+\dfrac{\partial^2 u}{\partial y^2}\right)\end{cases}$$

能量守恒方程

$$\frac{\partial t}{\partial \tau}+u\frac{\partial t}{\partial x}+v\frac{\partial t}{\partial y}=\frac{\lambda}{\rho c_p}\left(\frac{\partial^2 t}{\partial x^2}+\frac{\partial^2 t}{\partial y^2}\right)$$

知识点 7　流动边界层

【定义】　在固体表面附近流体速度发生剧烈变化的薄层称为流动边界层，又称速度

边界层。

以竖壁自然对流为例，其温度分布、速度分布和局部表面传热系数分别见图 5-3(a)，图 5-3(b) 和图 5-3(c)，注意速度分布在 $y=0$ 及 $y\to\infty$ 处 $u=0$，但在某一 y 处有一峰值，这是与流体外掠平板时不同之处。沿竖壁高度方向局部表面传热系数的变化则类似于外掠平板的对流传热。

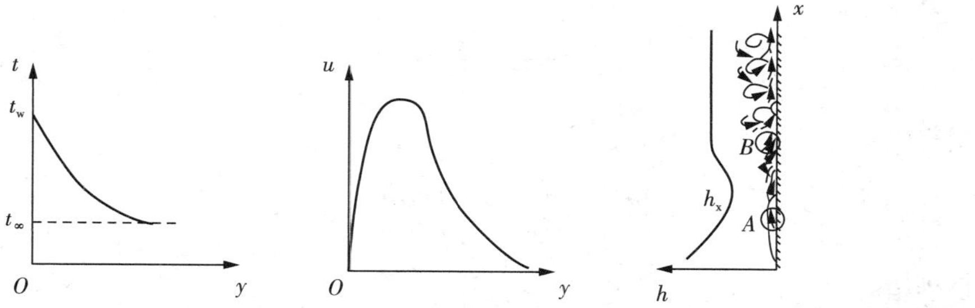

(a) 温度分布　(b) 速度分布　(c) 流体沿竖壁自然对流的流动性质和局部表面传热系数的变化

图 5-3　竖壁附近自然对流的温度分布与速度分布

知识点 8　流动边界层内的流态

边界层内也会出现层流与湍流，在某距离 x_C 以前，平板起始段 δ 很小，随 x 增大，壁面黏滞力影响向物体内部传递，边界层 δ 增大，但 x_C 之前保持层流性质，流体作有秩序分层流动，各层互不干扰，此时的边界层称为层流边界层(图 5-4)。

$x\uparrow\delta\uparrow$，惯性力的影响相对 ↑，自 x_{Cr} 处流动朝湍流过渡，最终为旺盛湍流，作紊乱不规则脉动，此时称为湍流边界层。

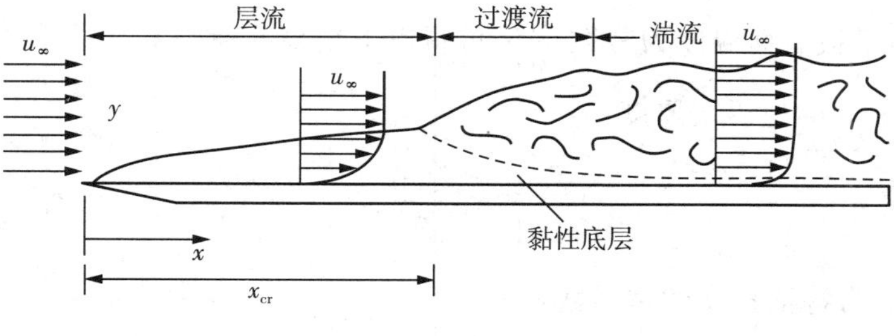

图 5-4　掠过平板时边界层的形成和发展

黏性底层内，虽然主导核心是湍流部分，但其中黏滞应力仍占主导地位，薄层内仍保持层流主要性质。

过渡距离一般由临界雷诺数确定，一般情况下可取 $Re_c=5\times10^5$。

知识点 9　热边界层

固体表面附近流体温度发生剧烈变化的薄层，称为温度边界层，厚度即为 δ_t(除高黏性流体和液态金属外，δ_t 与流动边界层厚度 δ 相比是相当小量，因此对流传热可分为主流区与热边界层区，主流区温度变化率可视为0，这样就可把要研究的热量传递集中于热边界层）。

知识点10　二维稳态边界层型对流传热问题的数学描述

对于二维稳态无内热源边界层类型问题，流场与温度场的控制方程式：

质量守恒：

$$\frac{\partial u}{\partial x}+\frac{\partial v}{\partial y}=0$$

动量守恒：

$$u\frac{\partial u}{\partial x}+v\frac{\partial u}{\partial y}=-\frac{1}{\rho}\frac{\mathrm{d}p}{\mathrm{d}x}+v\frac{\partial^2 u}{\partial y^2}$$

能量守恒：

$$u\frac{\partial t}{\partial x}+\nu\frac{\partial t}{\partial y}=a\frac{\partial^2 t}{\partial y^2}$$

其中，$\frac{\mathrm{d}p}{\mathrm{d}x}$ 可由伯努利方程确定，这样3个方程包括3个未知数 u,v,t 方程组封闭。

定解条件（主流场匀速 u_∞，均温 t_∞，恒定壁温 t_w）

$$\begin{cases}y=0,u=0,v=0,t=t_w\\ y\to\infty,u\to u_\infty,t\to t_\infty\end{cases}$$

知识点11　流体外掠等温平板传热的层流分析解

引入条件：平板表面温度为常数，$\frac{\mathrm{d}p}{\mathrm{d}x}$，可得以下结果

离开前缘 x 处的边界层厚度：

$$\frac{\delta}{x}=\frac{5.0}{\sqrt{Re_x}},$$

Re_x 是以 x 为特征长度的雷诺数，

$$Re_x=\frac{ux}{v}$$

流动边界层与热边界层厚度比：

$$\frac{\delta}{\delta_t}\cong Pr^{\frac{1}{3}}$$

局部表面传热系数：

$$h_x=0.332\frac{\lambda}{x}(Re_x)^{\frac{1}{2}}(Pr)^{\frac{1}{3}}$$

知识点 12　普朗特数

$$Pr = \frac{v}{a}$$

【物理意义】 由 $\frac{\delta}{\delta_t} \cong Pr^{\frac{1}{3}}$ → 表征流动边界层与热边界层的相对大小，也表示动量扩散能力与热扩散能力之比。

知识点 13　特征数方程

【努赛系数】 将 h_x 表达式改写为

$$\frac{h_x x}{\lambda} = 0.332\,(Re_x)^{\frac{1}{2}}\,(Pr)^{\frac{1}{3}}$$

可见为无量纲数，称为努赛系数，记为 Nu_x（下标 x 表示以当地几何尺度为特征长度）。

$$Nu_x = 0.332\,(Re_x)^{\frac{1}{2}}\,(Pr)^{\frac{1}{3}}$$

这种以特征数表示的对流传热计算关系式称为特征数方程，习惯二又称关联式 / 准则方程。

其中，上述的 h_x 由公式 $h_x = -\frac{\lambda}{\Delta t}\frac{\partial t}{\partial y}\Big|_{y=0}$ 得到的其中的 Δt 所用的是 $t_w \rightarrow t_\infty$（假设平板加热流体）。

因此为得到整个平板的 h，可在 0 ～ 1 作积分，得

$$Nu_t = 0.664\,(Re_t)^{\frac{1}{2}}\,(Pr)^{\frac{1}{3}}\text{（特征长度为平板全长）}$$

知识点 14　比拟理论

(1) 定义：指利用两个不同物理现象之间由于在控制方程方面的类似性，通过测定其中一种现象的规律而获得另一种现象基本关系的方法。

(2) 根据测定阻力系数获得 Nu_x 数表达式：

$$Nu_x = \frac{1}{2} c_f Re_x \quad (c_f\text{：阻力系数})$$

知识点 15　相似原理

定义：对于两个同类物理现象。如在相应时刻及地点上与现象有关的物理量一一对应成比例，称此两类现象彼此相似。

说明：(1) 只有同类现象才能谈论相似，比如电场与温度场只是比拟，不是相似；

(2) 与现象有关的物理量一一对应成比例；

(3) 对非稳态问题,要求在相应时刻各物理量的空间分布相似。

【相似的充要条件】

(1) 同名已定特征数(已知的) 相等;

(2) 单值性条件相似。

【相似原理的应用】

指导实验安排,数据整理。如:$Nu = f(Re, Pr)$,即应当以 Re、Pr 作为实验中区别不同工况的变量,以 Nu_x 数作为因变量。

知识点 16　特征值

特征长度:包括在相似准则数中的几何尺度称为特征长度。

特征速度:计算 Re 数时用到的速度称为特征速度。如流体外掠平板传热取来流速度 u_∞,管内对流传热取截面平均流速 $\frac{u_{\max}}{2}$。

定性温度:确定流体的物性的温度称为定性温度。如在边界层类型问题中采取 $\frac{t_w - t_\infty}{2}$,在平板局部采用 $t_w - t_\infty$。

5.3　传热学复习题

5.3.1　思考题

1. 试用简明的语言说明热边界层的概念。

答: 热边界层是流体在流动过程中,由于流体与固体表面之间的温差而形成的一个薄层。在这个薄层内,流体的温度从接近固体表面的温度逐渐变化到接近流体主体的温度。在热边界层内,导热和对流是主要的热量传递机制。该层的厚度通常较薄,但对整体热传递过程有重要影响。

2. 与完全的能量方程相比,边界层能量方程最重要的特点是什么?

答: 与完整的能量方程相比,边界层能量方程最重要的特点是简化了计算:

(1)薄层假设:假定边界层内的流动和传热主要沿着表面进行,只考虑在靠近表面的薄区域内的变化;

(2)忽略高阶项:忽略垂直方向上的高阶项和次要影响,简化方程,降低求解难度;

(3)压力梯度假设:假设边界层内的压力梯度由外部流动决定,不在边界层内显著变化。

3.《传热学(第 6 版)》(陶文铨编著)式(5-4)与导热问题的第三类边界条件(2-18)有什么区别?

答: (1)导热问题中,h 已知,此处 h 为未知值;

(2)导热问题中,λ 为固体导热系数,此处 λ 为流体导热系数;

(3)导热问题中，t 为固体温度，此处 t 为流体温度；

(4)上式 h 为局部表面传热系数，而求整个表面的表面传热系数应把牛顿冷却公式用于整个表面得出。

4.《传热学(第 6 版)》(陶文铨编著)式(5－4)表明，在边界上垂直于壁面的热量传递完全依靠导热，那么在对流传热过程中流体的流动起到什么作用？

答：在对流传热过程中，虽然在边界上垂直于壁面的热量传递主要依靠导热，但流体的流动仍然起到非常重要的作用。

(1)增强传热：流体的流动可以带走或者带来热量，增强了传热效果。流动的流体将热量从高温区带到低温区，或者从壁面带到流体内部，从而增加了总体传热速率。

(2)减小温度梯度：通过流动，流体可以迅速均匀地分布热量，减小温度梯度。这使得热量更容易通过导热方式从壁面传递到流体中，或者反过来。

(3)形成热边界层：流体的流动会形成一个热边界层，温度梯度主要集中在这个边界层中。这个边界层内的导热是主要的传热机制，而边界层外则主要依靠对流。

5. 对外掠平板的边界层流动，给出动量方程从《传热学(第 6 版)》(陶文铨编著)式(5－15)简化为式(5－23)的理由；此时平板的流动阻力来自何处？

答：理由如下：

边界层假设：边界层内流动主要沿 x 方向，$u \gg v$。

梯度优先级：y 方向梯度 $\frac{\partial}{\partial y}$ 远大于 x 方向梯度 $\frac{\partial}{\partial x}$。

压力梯度：近似认为在边界层内 $\frac{\partial p}{\partial x} \approx 0$。

此时，平板的流动阻力主要来自：黏性剪切力(边界层内的速度梯度导致黏性剪切应力)和壁面摩擦(表面与流体之间的摩擦力)。

6. 对流传热问题完整的数学描写应包括什么内容？既然对大多数实际对流传热问题尚且无法求其精确解，那么建立对流传热问题的数学描写有什么意义？

答：对流传热问题的完整数学描写应包括以下内容：

(1)能量方程：描述热量在流体中的传递过程，包括导热和对流项；

(2)动量方程(Navier－Stokes 方程)：描述流体的运动和流动特性；

(3)质量守恒方程(连续性方程)：确保流体质量的守恒，描述流体密度和速度场的关系；

(4)状态方程：描述流体的状态变量间的关系，如压力、密度、温度等；

(5)边界条件：描述在流体与固体表面以及自由表面的条件，如温度、热通量、速度等；

(6)初始条件：给定初始时刻的温度场、速度场等变量的分布。

尽管对于大多数实际对流传热问题尚且无法求其精确解，但建立其数学描写仍然具有理解物理现象、数值模拟近似求解复杂问题、帮助优化传热设备(如换热器、冷却系统等)、实验验证、指导实验设计等重要意义。

7. 在《传热学(第 6 版)》(陶文铨编著)例题 5－3 中利用了 $y=0$，$\frac{\partial^2 u}{\partial y^2}=0$ 的条件，

试说明其理由。

答：因为在平板表面处，流体速度 u 满足无滑移条件 $u=0$，速度梯度 $\frac{\partial u}{\partial y}$ 达到最大值，使得二阶导数 $\frac{\partial^2 u}{\partial y^2}$ 为零，这保证了速度分布的连续性和物理合理性。

8. 什么是两个同类的物理现象相似？相似的物理现象有什么共性？怎样才能做到两个物理现象相似？

答：两个同类的物理现象相似是指它们在不同的条件下表现出相同的行为，这种相似性通常通过无量纲参数（如雷诺数）来衡量。当这些无量纲参数一致或相似时，认为这两个物理现象是相似的。

相似的物理现象具有几何相似、动力相似和运动学相似等共性。要实现这种相似性，需要确保现象的几何形状和比例相同，相关无量纲参数一致，并且边界条件和初始条件相同或相似。

9. 试着举出工程应用中应用相似原理的两个例子。

答：

(1)风洞实验：在航空航天工程中，风洞实验是利用相似原理来研究飞行器在空气中飞行时的气动特性。通过缩小的飞行器模型在风洞中进行测试，工程师可以通过无量纲参数（如雷诺数）来确保模型和实际飞行器的气动行为相似。这样，通过风洞实验获得的数据可以用来预估实际飞行器的性能。

(2)水力模型实验：在水利工程中，设计和优化大坝、水闸、渠道等水利设施时，常常使用缩小的物理模型来进行实验。这些模型通过保持几何相似和动力相似来确保实验结果能够反映实际设施在自然条件下的行为。例如，通过在实验室中的缩小模型来研究水流速度、压力分布和冲击力，可以有效指导实际设计和施工。

10. 当一个由若干个物理量所组成的实验数据转换成数目较少的量纲为一的量以后，这个实验数据的性质发生了什么变化？

答：去除了单位制的影响；揭示了物理现象的本质；提高了数据的通用性和可比性；简化了数据处理过程。

11. 分析一维非稳态导热数学描写中的基本量纲数目，检查《传热学（第6版）》（陶文铨编著）5.5.3节中公式(i)、(j)、(k)及(l)中的量纲为一的数的数目是否符合π定理。

答：在分析一维非稳态导热问题时，首先需要确定问题中的基本量纲。在物理学中，基本量纲通常包括长度(L)、时间(T)和温度(Θ)。对于一维非稳态导热问题，可以将问题简化为以下几个基本量纲：长度(L)、时间(T)、温度(Θ)。

(1)量纲分析

在一维非稳态导热问题中，通常使用无量纲化的方法来简化方程。这涉及将所有变量转换为无量纲形式，以便更容易地分析和求解。在这种情况下，通常引入以下无量纲变量：

$$\Theta=\frac{T-T_{\mathrm{ref}}}{T_{\max}-T_{\mathrm{ref}}}：无量纲温度$$

$$\frac{x}{\delta}：无量纲位置$$

$$Fo=\frac{\alpha t}{\delta^2}：傅里叶数$$

(2)检查公式的量纲一致性：

① $\frac{\partial\Theta}{\partial(x/\delta)}=0$ 在 $\frac{x}{\delta}=0$：这是边界条件，表示在 $x=0$ 处的导数为零。量纲一致；

② $\frac{\partial\Theta}{\partial(x/\delta)}=-Bi\Theta$ 在 $\frac{x}{\delta}=1$：这是另一个边界条件，其中 Bi 是一个无量纲数，表示内部热阻与外部热阻的比。这里的量纲也是一致的；

③ $\frac{\partial\Theta}{\partial(Fo)}=\frac{\partial^2\Theta}{\partial(x/\delta)^2}$：这个方程表示无量纲温度 Θ 对傅里叶数 Fo 的导数等于对无量纲位置的二阶导数。这里的量纲也是一致的，因为 Θ 和 $\frac{x}{\delta}$ 都是无量纲的。

(3)符合 π 定理

π 定理指出，在一组物理方程中，如果存在 n 个基本量纲，并且又 m 个无量纲参数，那么这些无量纲参数可以组合成 $m-n$ 个独立的无量纲数（π 数）。

如果假设 Θ、$\frac{x}{\delta}$、Fo 和 Bi 是独立的无量纲参数，那么根据 π 定理，这些参数可以组合成无量纲数。因此，根据 π 定理，这些公式的无量纲数是符合要求的。

5.3.2　基本概念与定性分析

5-1　对于流体外掠平板的流动，试利用数量级分析的方法，从动量方程引出边界层厚度的如下变化关系式：

$$\delta/x\sim 1/\sqrt{Re_x}$$

解：对于流体外掠平板的流动，其动量方程为

$$u\frac{\partial y}{\partial x}+\upsilon\frac{\partial u}{\partial y}=-\frac{1}{\rho}\frac{\mathrm{d}\rho}{\mathrm{d}x}+\upsilon\frac{\partial^2 u}{\partial y^2}$$

根据数量级的关系，主流方向的数量级为 1，y 方向的数量级为 δ，则有

$$1\times\frac{1}{1}+\delta\times\frac{1}{\delta}=-\frac{1}{\rho}\times\frac{1}{1}+\upsilon\frac{1^2}{\delta^2}$$

从上式可以看出，等式左侧的数量级为 1 级，那么，等式右侧也是数量级为 1 级，为使等式数量级为 1，则 υ 必须是 δ^2 量级。

$\dfrac{\delta}{x}$从量级看为$\dfrac{\delta}{1}$级，$\dfrac{1}{\sqrt{Re_x}}=\dfrac{1}{\sqrt{\dfrac{u_\infty x}{\upsilon}}}\sim\dfrac{1}{\sqrt{\dfrac{11}{\delta^2}}}\sim\dfrac{1}{\dfrac{1}{\delta}}\sim\dfrac{\delta}{1}$，量级两侧的数量级相同，所以$\dfrac{\delta}{x}$与$\dfrac{1}{\sqrt{Re_x}}$成比例。

5-2 对于油、空气及液态金属。分别有 $Pr\gg1$、$Pr\approx1$、$Pr\ll1$。试就外掠等温平板的层流边界层流动，画出三种流体边界层中速度分布与温度分布的大致图像（要能显示出 δ 与 δ_t 的相对大小）。

解：

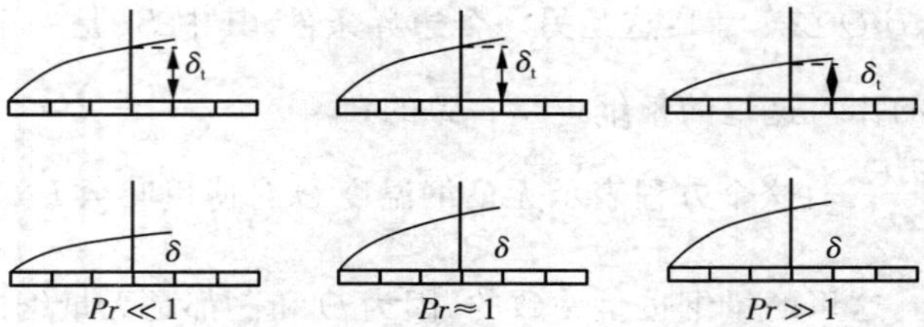

5-3 流体在两平行平板间作层流充分发展的对流传热（见附图）。试画出下列三种情形下充分发展区域截面上的流体温度分布曲线：

(1) $q_{w1}=q_{w2}$；

(2) $q_{w1}=2q_{w2}$；

(3) $q_{w1}=0$。

解：如图所示：

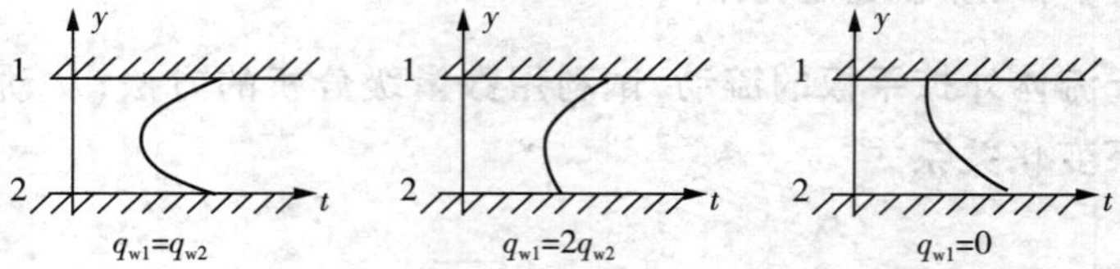

5-4 设某一电子器件的外壳可以简化成附图所示的形状。截面呈方形，上、下表面绝热，而两侧竖壁分别维持在 t_h 及 t_c（$t_h>t_c$）。试定性地画出空腔截面上空气流动的图像。

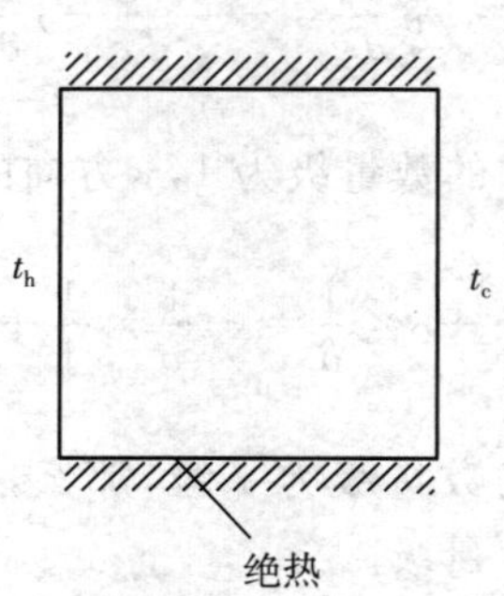

解:在这种情况下,由于两侧竖壁的温差,空气会在空腔内形成一个循环流动。热壁面(温度为 t_h)的空气受热上升,而冷壁面(温度为 t_c)的空气下降。这种流动形成一个顺时针或逆时针的循环模式。

具体来说:

(1)靠近热壁的空气受热膨胀,密度降低,向上升;

(2)上升的空气到达顶部后,向冷壁方向流动;

(3)冷壁的空气降温,密度增加,向下沉;

(4)下沉的空气到达底部后,又向热壁流动,继续循环。

这种流动模式在截面图上看起来像一个完整的环流循环。流线可以画成从热壁上升、横向流过顶部、沿冷壁下降、并沿底部返回到热壁的路径。

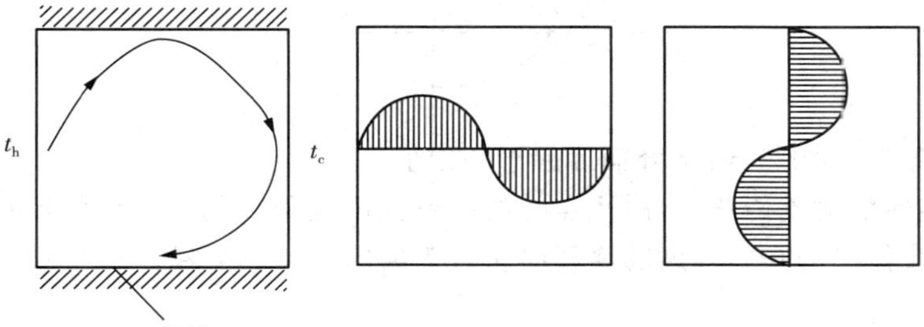

5-5　一种输送大电流的导线——母线的截面形状如附图所示,内管为导体,其中通以大电流,外管起保护导体的作用。设母线水平走向,内外管间充满空气,试分析内管中所产生的热量是怎样散失到周围环境中的,并定性地画出截面上空气流动的图像。

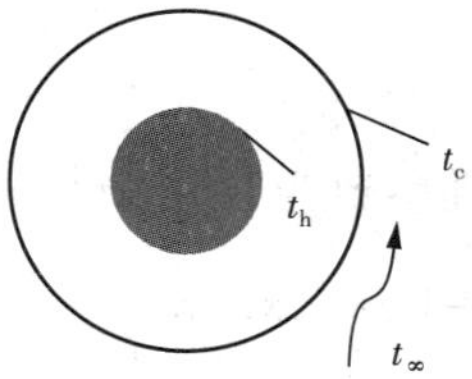

解:在这种情况下,内管中产生的热量通过以下方式散失到周围环境中:

传导:热量首先从内管通过直接传导传递到内外管之间的空气。

自然对流:内管加热周围空气,导致空气膨胀上升。由于内外管间的空间被热空气占据,空气循环形成自然对流。热空气向上流到外管,再沿外管冷却下降,形成循环。

辐射:内管也会通过辐射向外管传递热量。

传导和对流到外环境:热量从外管通过传导传递到外表面,再通过自然对流和辐射散失到周围环境中。

散热方式:(1)环形空间中的空气自然对流;(2)内环与外环表面间的辐射传热。

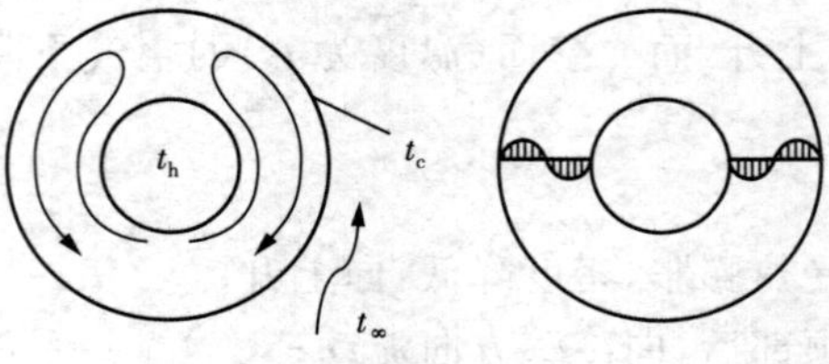

5-6　在高速飞行部件中广泛采用的钝体是一个轴对称的物体(见附图)。试据你所掌握的流动与传热知识,画出钝体表面上沿 x 方向的局部表面传热系数的大致图像,并分析滞止点 S 附近边界层流动的状态(层流或湍流)。

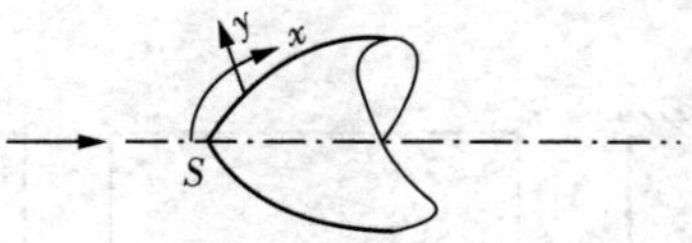

解:传热系数 h 的趋势:下降而后趋于一定值。

在外掠钝体的对流传热中,滞止点处的换热强度是很高的。该处的流动几乎总处于层流状态,对流传热的强烈程度随离开滞止点距离的增加而下降。

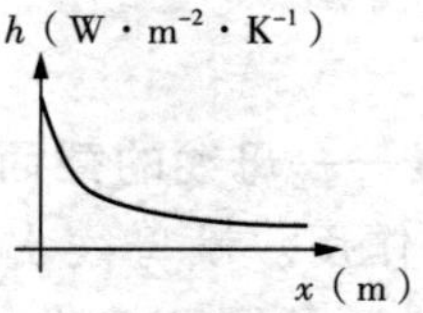

5-7　温度为 80 ℃的平板置于来流温度为 20 ℃的气流中。假设平板表面中某点在垂直于壁面方向的温度梯度为 40 ℃/mm,试确定该处的热流密度。

解:取 $t_{f参数}=\dfrac{80+20}{2}=50(℃)$。

查教材附录得 50 ℃时空气物性参数为

$$\rho=1.093\ \mathrm{kg/m^3}$$

$$c_p=1.005\ \mathrm{kJ/(kg\cdot K)}$$

$$a=2.57\times10^{-5}\ \mathrm{m^2/s}$$

所以所求热流密度

$$q=-\rho c_p a\ \frac{\mathrm{d}t}{\mathrm{d}y}=-1.093\times1.005\times2.57\times10^{-5}\times(-40\times10^3)=1.13(\mathrm{kW/m^2})$$

5.3.3　边界层概念及分析

5-8　取外掠平板边界层的流动由层流转变为湍流得临界雷诺数 Re_c 为 5×

10^5,试计算 25 ℃得空气、水及 14 号润滑油达到 Re_c 数时所需得平板长度,取 $u_\infty=$ 1 m/s。

解:在外掠平板的边界层上

(1)25 ℃的空气

$$\nu=15.53\times10^{-6}\ \mathrm{m^2/s}$$

$$Re_x=\frac{u_\infty x}{\nu}=\frac{1\times x}{15.53\times10^{-6}}=5\times10^5\Rightarrow x=7.765(\mathrm{m})$$

(2)25 ℃的水

$$\nu=0.9055\times10^{-6}\ \mathrm{m^2/s}$$

$$Re_x=\frac{u_\infty x}{\nu}=\frac{1\times x}{0.9055\times10^{-6}}=5\times10^5\Rightarrow x=0.45275(\mathrm{m})$$

(3)14 号润滑油

$$\nu=313.7\times10^{-6}\ \mathrm{m^2/s}$$

$$x=156.85\ \mathrm{m}$$

5-9 20 ℃的水以 2 m/s 的流速平行地流过一块平板,试计算离开平板前缘 10 cm 及 20 cm 处的流动边界层厚度。

解:查询 20 ℃的水的物性参数

$$\nu=1.006\times10^{-6}\ \mathrm{m^2/s}$$

其流速为

$$u=2\ \mathrm{m/s}$$

(1)$x=10\ \mathrm{cm}=0.1\ \mathrm{m}$

$$Re_x=\frac{u_\infty x}{\nu}=\frac{2\times0.1}{1.006\times10^{-6}}=1.9881\times10^5<5\times10^5$$

所以,边界层厚度

$$\delta_1=4.64\sqrt{\frac{\nu x}{u_\infty}}=4.64\times\sqrt{\frac{1.006\times10^{-6}\times0.1}{2}}=1.0406\times10^{-3}(\mathrm{m})$$

设$\frac{u_y}{u_\infty}=\frac{3}{2}\times\frac{y}{\delta}-\frac{1}{2}\times\left(\frac{y}{\delta}\right)^3\Rightarrow u_y=\left[\frac{3}{2}\times\frac{y}{\delta}-\frac{1}{2}\times\left(\frac{y}{\delta}\right)^3\right]u_\infty$

$$\begin{aligned}m_1&=\int_0^\delta\rho u\,\mathrm{d}y=\int_0^\delta\rho\frac{u}{u_\infty}u_\infty\,\mathrm{d}y=\rho u_\infty\int_0^\delta\frac{u}{u_\infty}\mathrm{d}y\\&=\rho u_\infty\int_0^\delta\left[\frac{3}{2}\times\frac{y}{\delta}-\frac{1}{2}\times\left(\frac{y}{\delta}\right)^3\right]\mathrm{d}y\\&=1.298\ \mathrm{kg/s}\end{aligned}$$

所以 $m_1=1.298$ kg/s

(2) $x=20$ cm $=0.2$ m, $Re_x=\dfrac{2\times 0.02}{1.006\times 10^{-6}}=39761.43$

此时可以确定，流体处于层流状态

$$\delta_2=4.64\sqrt{\frac{\nu x}{u_\infty}}$$

$$=4.64\times\sqrt{\frac{1.006\times 10^{-6}\times 0.02}{2}}$$

$$=1.47\times 10^{-3}\,(\mathrm{m})$$

$$m_2=\int_0^\delta \rho u_x\mathrm{d}y=998.2\times 2\times\frac{5}{8}\delta=1.834(\mathrm{kg/s})$$

5-10　两无限大平板之间的流体，由于上板运动而引起的层流黏性流动(见附图)，文献中常称为库埃特流。若不计流体中由于黏性而引起的机械能向热能的转换。试求解流体的速度与温度分布。上板温度为 t_{w2}，下板温度为 t_{w1}。

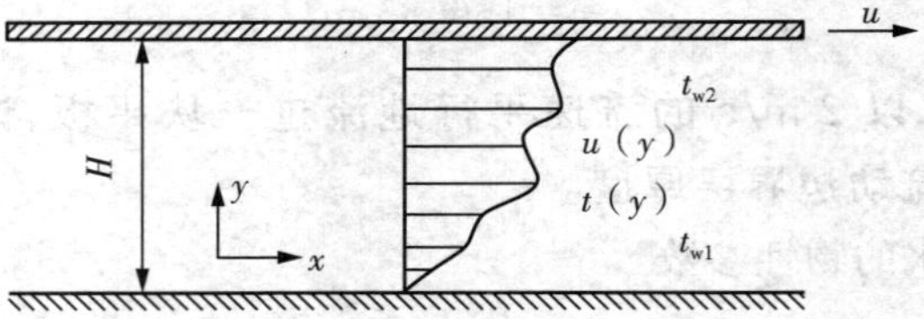

解：

(1)动量方程式简化为

$$-\frac{\mathrm{d}p}{\mathrm{d}x}+\mu\frac{\mathrm{d}^2u}{\mathrm{d}y^2}=0,\ y=0,u=0,\ y=H,u(y)=\sigma$$

σ 为上板速度。

平行平板间的流动$\dfrac{\mathrm{d}p}{\mathrm{d}x}=0$。积分两次并代入边界条件得 $u(y)=\left(\dfrac{y}{H}\right)\sigma$。

(2)不计由于黏性而引起的机械能向热能的转换，能量方程为

$$\rho c_p\left(u\frac{\partial t}{\partial x}+\nu\frac{\partial t}{\partial y}\right)=k\nabla^2 t$$

对于所研究的情形，$\nu=0,\dfrac{\partial t}{\partial x}=0$

因而得$\dfrac{\mathrm{d}^2 t}{\mathrm{d}y^2}=0$

$y=0,t=t_{w1},y=H,t=t_{w2}$，由此得 $t=t_{w1}+\left(\dfrac{y}{H}\right)(t_{w2}-t_{w1})$。

5-11　试通过对外掠平板的边界层动量方程式

$$u\frac{\partial u}{\partial x}+v\frac{\partial u}{\partial y}=\nu\frac{\partial^2 u}{\partial y^2}$$

沿 y 方向作积分(从 $y=0$ 到 $y\geqslant\delta$)(如附图所示),导出下列边界层的动量积分方程。提示:在边界层外边界上 $v_\delta\neq 0$。

$$\rho\frac{\mathrm{d}}{\mathrm{d}x}\int_0^\delta u(u_\infty-u)\,\mathrm{d}y=\eta\left(\frac{\partial u}{\partial y}\right)_{y=0}$$

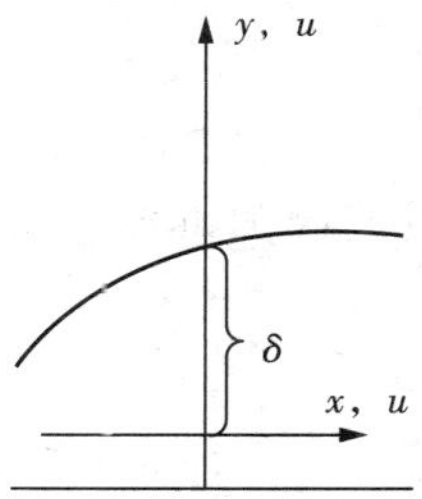

解:任一截面做 $y=0$ 到 $y\to\infty$ 的积分

$$\int_0^\infty u\frac{\partial u}{\partial x}\mathrm{d}y+\int_0^\infty \nu\frac{\partial u}{\partial y}\mathrm{d}y=\int_0^\infty \nu\frac{\partial^2 u}{\partial y^2}\mathrm{d}y$$

根据边界层概念 $y>\delta, u\approx u_\infty$

故在该处 $\frac{\partial u}{\partial x}\approx 0, \frac{\partial u}{\partial y}\approx 0, \frac{\partial^2 u}{\partial y^2}\approx 0$

则有 $\int_0^\delta u\frac{\partial u}{\partial x}\mathrm{d}y+\int_0^\delta \nu\frac{\partial u}{\partial y}\mathrm{d}y=\int_0^\infty \nu\frac{\partial^2 u}{\partial y^2}\mathrm{d}y$　　(1)

由连续性方程可得 $\int_0^\delta \frac{\partial \nu}{\partial y}\mathrm{d}y=-\int_0^\delta \frac{\partial u}{\partial y}\mathrm{d}y; \nu_\delta=-\int_0^\delta \frac{\partial u}{\partial x}\mathrm{d}y$

所以 $\int_0^\delta \nu\frac{\partial u}{\partial y}\mathrm{d}y=-\int_0^\delta u_\infty\frac{\partial u}{\partial x}\mathrm{d}y+\int_0^\delta u\frac{\partial u}{\partial x}\mathrm{d}y$　　(2)

又因为 $\int_0^\delta \nu\frac{\partial^2 u}{\partial y^2}\mathrm{d}y=-\nu\left(\frac{\partial u}{\partial y}\right)_{y=0}$　　(3)

联立式(1)～(3) 得 $\frac{\mathrm{d}}{\mathrm{d}x}\int_0^\delta u(u-u_\infty)\,\mathrm{d}y=\nu\left(\frac{\partial u}{\partial y}\right)_{y=0}$

即 $\rho\frac{\mathrm{d}}{\mathrm{d}x}\int_0^\delta u(u_\infty-u)\,\mathrm{d}y=\eta\left(\frac{\partial u}{\partial y}\right)_{y=0}$

5-12　1.013×10^5 Pa、100 ℃的空气以 100 m/s 的速度流过一块平板,平板温度为 30 ℃。试计算离开平板前缘 3 cm 及 6 cm 处流动边界层及热边界层厚度、局部切应力和局部表面传热系数、平均阻力系数和平均表面传热系数。

解:定性温度 $t_m=\frac{100+30}{2}=65$(℃)

查教材附录得

$\lambda=0.0293$ W/(m·K), $Pr=0.695$, $\nu=19.5\times10^{-6}$ m²/s, $\rho=1.045$ kg/m³

(1)$x=3$ cm 处, $Re_x=\frac{u_\infty x}{\nu}=\frac{0.03\times100}{19.5\times10^{-6}}=1.538\times10^5$

$$\nu'=100\times0.87/(1.538\times10^5)^{1/2}=0.2218(\mathrm{m/s})$$

动量边界层厚度 $\delta=4.64\times0.03\times(1.538\times10^5)\times0.355=0.398$(mm)

平均阻力系数

$$\tau_w = \frac{0.323\rho u_\infty^2}{\sqrt{Re_x}} = \frac{0.323\times1.045\times100^2}{\sqrt{1.538\times10^5}} = 8.61[kg/(m\cdot s^2)]$$

平均表面传热系数

$$h_x = 0.332\frac{\lambda}{x}Re_x^{1/2}Pr^{1/3}$$

$$= 0.332\times\frac{0.0293}{0.03}\times\sqrt{1.538\times10^5}\times0.695^{1/3}$$

$$= 112.6[W/(m^2\cdot K)]$$

(2)同理可得 $x=6$ cm 处得值，得

$$\nu=0.15687\ m/s, \delta=0.502\ mm, \delta_t=0.567\ mm$$

$$\tau_w=6.088\ kg/(m\cdot s^2), h_x=79.648\ W/(m^2\cdot K)$$

5-13　为利用自然对流冷却给定发热量的一块平板，提出了两种方案：方案(a)采用垂直设置的长肋片，冷却气流从平板底部一直流道顶部：方案(b)则采用斜向设置的两排短翅片。假定翅片的厚度与间距都一样，试分析两种方案的优劣。(深圳中兴公司提供)

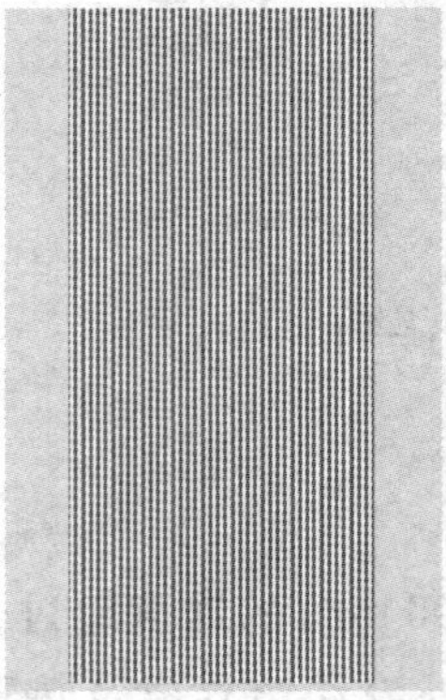
方案(a)

方案(b)

解：方案(a)采用垂直设置的长肋片。这种设计有利于形成稳定的层流或紊流(取决于流速和翅片间距)，使得冷却气流能够均匀地从平板底部流动到顶部。由于翅片是垂直的，它们能够最大限度地增加与空气的接触面积，从而提高热交换效率。此外，垂直翅片还有助于引导气流沿着翅片表面上升，形成连续的自然对流循环，有利于热量的快速散发。然而，方案(a)也存在一定的局限性。长翅片可能会增加流动阻力，特别是在高流速下，这可能导致流动效率下降。此外，如果翅片间距过大或过小，都可能影响自然对流的稳定性和效率。

方案(b)采用斜向设置的两排短翅片。这种设计可能在一定程度上改变气流的流动方向，使得气流在翅片之间形成更复杂的流动模式。斜向翅片可能有助于增加气流的扰

动和混合，从而提高热交换效率。然而，与垂直翅片相比，斜向翅片与空气的接触面积可能较小，且气流在翅片间的流动路径可能不够顺畅，这可能导致散热效率下降。此外，斜向翅片的设计还需要考虑翅片倾斜角度、间距以及排数等因素对散热效果的影响。如果设计不当，可能会导致气流在翅片间形成涡流或死区，进一步降低散热效率。

综上所述，方案(a)采用垂直设置的长助片在大多数情况下可能具有更好的散热效果。这是因为垂直翅片能够最大限度地增加与空气的接触面积，并引导气流形成连续的自然对流循环。然而，在实际应用中还需要根据具体条件(如发热量、环境温度、气流速度等)进行综合考虑和选择。如果条件允许且设计得当的话，也可以尝试采用斜向翅片或其他创新设计来提高散热效率。

5-14　来流温度为 20 ℃、速度为 2.5 m/s 的空气沿着平板流动，在距离前沿点为 2 m 处的局部切应力为多大？如果平板温度为 50 ℃，该处的对流传热表面传热系数是多少？

解：由题意取物性参考温度

$$t=\frac{t_w+t_\infty}{2}=\frac{50+20}{2}=35(℃)$$

查教材附录得 35 ℃时空气得物性参数

$$\rho=1.1465\ \mathrm{kg/m^2},c_p=1.005\ \mathrm{kJ/(kg\cdot K)},Pr=0.7,\nu=1.648\times10^{-5}\ \mathrm{m^2/s}$$

$$x=2\ \mathrm{m}\ 处的Re_x=\frac{u_\infty l}{\nu}=\frac{2.5\times2}{1.648\times10^{-5}}=3.034\times10^5$$

$$\frac{\tau_w'}{\frac{1}{2}\rho u_\infty^2}=\frac{0.664}{\sqrt{Re_x}}\Rightarrow\tau_w'=\frac{0.332\rho u_\infty^2}{\sqrt{Re_x}}=\frac{0.332\times1.1465\times2.5^2}{\sqrt{3.034\times10^5}}=4.32\times10^{-3}(\mathrm{N})$$

由此可知单位面积上的切应力 $\tau_w=4.32\times10^{-3}$ Pa。

根据 Chilton-Colburn 公式可得

$$h=\frac{\tau_w c_p}{u_\infty Pr^{2/3}}=\frac{4.32\times10^{-3}\times1.005\times10^3}{2.5\times0.7^{2/3}}=2.203[\mathrm{W/(m^2\cdot K)}]$$

5-15　实验测得一置于水中的平板某点的切应力为 1.5 Pa。如果水温与平板温度分别为 15 ℃与 60 ℃，试计算当地的局部热流密度。

解：要计算当地的局部热流密度，需要考虑流体的动力和热力学性质。根据给定的条件，水温为 15 ℃，平板温度为 60 ℃，需要利用流体力学和传热学的相关公式。

给定切应力 $\tau=1.5$ Pa，流体在壁面附近的速度梯度$\frac{\partial u}{\partial y}$可以通过剪应力公式计算：

$$\tau=\mu\frac{\partial u}{\partial y}$$

其中：τ 是切应力，μ 是动力黏度，$\frac{\partial u}{\partial y}$是速度梯度

在壁面附近的热流密度 q 可以通过牛顿冷却公式计算：

$$q=h(T_s-T_f)$$

其中：q 是热流密度，h 是对流传热系数，T_s 是平板表面温度，T_f 是流体温度。

计算对流传热系数：

对流传热系数 h 和速度梯度$\frac{\partial T}{\partial y}$之间的关系通过努塞尔特数($Nu$)进行计算：

$$h=\frac{Nu\cdot k}{L}$$

其中：Nu 是努塞尔特数，k 是热导率，L 是特征长度。

水的物性参数（在 15 ℃）：动力黏度 $\mu\approx1.14\times10^{-3}$ Pa・s，热导率 $k\approx$ 0.591 W/(m・K)，比热容 $c_p\approx4182$ J/(kg・K)，密度 $\rho\approx999.1$ kg/m³。

计算速度梯度：

$$\tau=\mu\frac{\partial u}{\partial y}$$

$$1.5\ \text{Pa}=1.14\times10^{-3}\ \text{Pa}\cdot\text{s}\cdot\frac{\partial u}{\partial y}$$

$$\frac{\partial u}{\partial y}=\frac{1.5\ \text{Pa}}{1.14\times10^{-3}\ \text{Pa}\cdot\text{s}}\approx1315.79\ \text{s}^{-1}$$

计算传热系数：

例如，对于层流边界层：$Nu=0.332\cdot Re^{1/2}\cdot Pr^{1/3}$

$Re=\frac{\rho\cdot u\cdot L}{\mu}$是雷诺数，$Pr=\frac{\mu\cdot c_p}{k}$是普朗特数

假设已知流速：

$$Pr=\frac{1.14\times10^{-3}\ \text{Pa}\cdot\text{s}\cdot4182\ \text{J/(kg}\cdot\text{K)}}{0.591\ \text{W/(m}\cdot\text{K)}}\approx8.07$$

如果假设流速 u 和特征长度 L，可以计算雷诺数：

例如，假设 $u=0.1$ m/s，$L=0.1$ m：

$$Re=\frac{999.1\ \text{kg/m}^3\cdot0.1\ \text{m/s}\cdot0.1\ \text{m}}{1.14\times10^{-3}\ \text{Pa}\cdot\text{s}}\approx8767$$

$$Nu=0.332\cdot8767^{1/2}\cdot8.07^{1/3}\approx83.5$$

计算局部热流密度：

$$h=\frac{Nu\cdot k}{L}=\frac{83.5\cdot0.591}{0.1}\approx493.6[\text{W/(m}^2\cdot\text{K)}]$$

局部热流密度 q 约为 22314 W/m²。在实际应用中，应该根据具体的流动特征和实验条件，选择合适的经验公式或准确的数值计算方法。

5-16　温度为 160 ℃、流速为 4 m/s 的空气流过温度为 30 ℃ 的平板。在离开前沿点为 2 m 处测得局部表面传热系数为 149 W/(m²·K)。试计算该处的 Re_x、Nu_x、St_x、c_f 之值。

解：由题意取空气的定性温度为 $\frac{160+30}{2}=95(℃)$。

查教材附录得 95 ℃时空气物性参数 $\rho=0.959\ \text{kg/m}^3$，$\lambda=3.17\times10^{-2}\ \text{W/(m·K)}$，

$$c_p=1.009\ \text{kJ/(kg·K)},\nu=2.2615\times10^{-5}\ \text{m}^2/\text{s},Pr=0.689$$

$$Re_x=\frac{u_\infty l}{\nu}=\frac{4\times2}{2.2615\times10^{-5}}=3.537\times10^5$$

由 $Nu_x=\frac{h_x l}{\lambda}$ 可得

$$Nu_x=\frac{149\times2}{3.17\times10^{-2}}=9400.631$$

$$St_x=\frac{Nu_x}{Re_x Pr}=\frac{9400.631}{3.537\times10^5\times0.689}=0.039$$

$$j=St_x Pr^{2/3}=0.039\times0.689^{2/3}=0.03$$

$$c_f=2j=2\times0.03=0.06$$

5-17　将一块尺寸为 0.2 m×0.2 m 的薄平板平行地置于由风洞造成的均匀气体流场中。在气流速度 $u_\infty=100$ m/s 的情况下用测力仪测得，要使平板维持在气流中需对它施加 0.075 N 的力。此时气流温度 $t_\infty=20$ ℃，平板两表面的温度 $t_w=120$ ℃。试据比拟理论确定平板两个表面的对流传热量。气体压力为 1.013×10^5 Pa。

解：根据给定的问题，可以使用比拟理论来确定平板两个表面的对流传热量。

首先，需要计算雷诺数 Re：

$$Re=\frac{\rho u_\infty L}{\mu}$$

使用理想气体状态方程来估算气体密度：

$$\rho=\frac{P}{RT}$$

其中，R 是气体常数[空气约为 $R\approx287$ J/(kg·K)]，T 是气体温度(在绝对温度下)

对于空气：

$$\rho=\frac{1.013\times10^2\ \text{Pa}}{287\ \text{J/(kg·K)}\cdot293\ \text{K}}\approx1.164\ \text{kg/m}^3$$

假设空气的动力黏度 μ 约为 1.81×10^{-5} Pa·s。

计算雷诺数：

$$Re=\frac{(1.164\ \mathrm{kg/m^3})(100\ \mathrm{m/s})(0.2\ \mathrm{m})}{1.81\times10^{-5}\ \mathrm{Pa\cdot s}}\approx1.29\times10^6$$

对于高雷诺数流动（如湍流），可以采用以下努塞尔数的经验公式（Dittus - Boelter 方程）：

$$Nu=0.023Re^{0.8}\mathrm{Pr}^{0.3}$$

其中 Pr 是普朗特数，定义为

$$Pr=\frac{\mu c_p}{k}$$

$$Pr=\frac{(1.81\times10^{-5}\ \mathrm{Pa\cdot s})[1005\ \mathrm{J/(kg\cdot K)}]}{0.0257\ \mathrm{W/(m\cdot K)}}\approx0.74$$

然后计算努塞尔数：

$$\begin{aligned}Nu&=0.023\times(1.29\times10^6)0.8\times(0.74)0.3\\&\approx0.023\times(1.06\times10^6)\times(0.873)\\&\approx23.17\end{aligned}$$

对流传热系数 h 可以通过努塞尔数与导热系数的关系获得

$$h=\frac{Nu\cdot k}{L}$$

$$\begin{aligned}h&=\frac{23.17\cdot0.0257\ \mathrm{W/(m\cdot K)}}{0.2\ \mathrm{m}}\\&\approx\frac{0.595\ \mathrm{W/(m^2\cdot K)}}{0.2}\\&\approx2.975\ \mathrm{W/(m^2\cdot K)}\end{aligned}$$

最后，计算对流传热量 Q：

$$Q=h\cdot A\cdot(T_w-T_\infty)$$

平板的面积 A 为

$$A=L^2=(0.2\ \mathrm{m})^2=0.04\ \mathrm{m^2}$$

代入数值计算：

$$Q=2.975\ \mathrm{W/(m^2\cdot K)}\times0.04\ \mathrm{m^2}\cdot(393\ \mathrm{K}-293\ \mathrm{K})$$

$$Q=2.975\times0.04\times100\approx11.9(\mathrm{W})$$

因此，平板两个表面的对流传热量约为 11.9 W。

5-18　试对在《传热学(第 6 版)》(陶文铨编著)例题 5-3 完成边界层动量方程的积分近似解(假定速度三方多项式分布)。

解:要导出流体与颗粒间的平均表面传热系数 h 和流体速度、热物理性质之间的关系,首先应用能量平衡原理:

考虑单位体积中的颗粒层,流体从入口到出口的能量变化为

$$\dot{m}c_p(t_{f,out}-t_{f,in})=hA(t_s-\overline{t_f})$$

其中,$\dot{m}$ 是流体的质量流量,c_p 是流体的比热容,A 是单位体积颗粒的表面积,t_s 是颗粒的表面温度,$\overline{t_f}$是流体的平均温度,传热系数 h

假设对流传热系数 h 由经典的对流传热关系式表示:

$$h\propto\frac{Nu\cdot k}{d}$$

其中,Nu 是努塞尔数,与雷诺数 Re 和普朗特数 Pr 相关,k 是流体的导热系数。d 是颗粒的平均直径。

典型的努塞尔数关系式可以是:

$$Nu=C\cdot Re^m\cdot Pr^n$$

其中 C, m,n 是经验系数,根据流态和颗粒特性确定。

假设速度分布是三次多项式,边界层动量方程为

$$\frac{\partial u}{\partial x}+\frac{\partial v}{\partial y}=0$$

积分近似解需要:

1. 假定形式 $u(y)=U_0\left(3\left(\frac{y}{\delta}\right)^2-2\left(\frac{y}{\delta}\right)^3\right)$

满足边界条件

$$u(0)=U_0,u(\delta)=0$$

2. 通过动量积分方程求取边界层厚度 δ

结合能量方程和动量方程,将流体速度 U_0、颗粒直径 d、流体的物理性质(如 μ、ρ、c)等代入,得到 h 的关系式:

$$h=f(U_0,\mu,\rho,c_p,k,d,L)$$

具体系数和形式需通过实验或更详细的模拟解析获得。

5.3.4　相似原理与量纲分析

5-19　在一台缩小成为实物 1/8 的模型中,用 20 ℃ 的空气来模拟实物中平均温度为 200 ℃ 空气的加热过程。实物中空气的平均流速为 6.03 m/s,问模型中的流速应为多少?若模型中的平均表面传热系数为 195 W/(m² · K),求相应实物中的值。

在这一实验中，模型与实物中流体的 Pr 数并不严格相等，你认为这样的模化实验有无实用价值？

解：根据相似理论，模型与实物中的 Re 应相等，空气在 20 ℃和 200 ℃时的物性参数分别为

$$20\ ℃: \nu_1 = 15.06\times10^{-6}\ \mathrm{m^2/s}, \lambda_1 = 2.59\times10^{-2}\ \mathrm{W/(m\cdot K)}, Pr_1 = 0.703$$

$$200\ ℃: \nu_2 = 34.85\times10^{-6}\ \mathrm{m^2/s}, \lambda_2 = 3.93\times10^{-2}\ \mathrm{W/(m\cdot K)}, Pr_2 = 0.680$$

由 $\dfrac{u_1 l_1}{\nu_1} = \dfrac{u_2 l_2}{\nu_2}$

$$\Rightarrow u_1 = \left(\frac{\nu_1}{\nu_2}\right)\left(\frac{l_2}{l_1}\right)u_2 = \frac{15.06}{34.85}\times 8\times 6.03 = 20.85(\mathrm{m/s})$$

又 $Nu_1 = Nu_2$

得

$$h_2 = h_1\left(\frac{l_1}{l_2}\right)\left(\frac{\lambda_2}{\lambda_1}\right) = 195\times\frac{1}{8}\times\frac{3.93\times10^{-2}}{2.59\times10^{-2}} = 36.99[\mathrm{W/(m^2\cdot K)}]$$

上述模化实验，虽然模型与流体得 Pr 数并不严格相等，但十分相近。这样的模化实验是有实用价值的。

5-20　对于恒壁温边界条件的自然对流传热，试用量纲分析方法导出 $Nu = f(Gr, Re)$。提示：在自然对流传热中，$ga_v\Delta t$ 起相当于强制对流中流速的作用。

解：

h	$(ga\Delta t)$	λ	ρ	c	η	L
$[M\theta^{-1}T^{-3}]$	$[LT^{-2}]$	$[W\theta LT^{-3}]$	$[ML^{-3}]$	$[L^2\theta^{-1}T^{-2}]$	$[ML^{-1}T^{-1}]$	$[L]$

$$n - r = 7 - 4 = 3 \Rightarrow \varphi(\pi_1, \pi_2, \pi_3) = 0$$

则各无量纲如下

$$\pi_1 = hL^{a_1}\lambda^{b_1}\eta^{c_1}(ga\Delta t)^{d_1}$$

$$\pi_2 = \rho L^{a_2}\lambda^{b_2}\eta^{c_2}(ga\Delta t)^{d_2}$$

$$\pi_3 = cL^{a_3}\lambda^{b_3}\eta^{c_3}(ga\Delta t)^{d_3}$$

展开得

$$\begin{aligned}\pi_1 &= M\theta^{-1}T^{-3}L^{a_1}M^{b_1}\theta^{b_1}T^{b_1}M^{c_1}T^{c_1}T^{c_1}L^{d_1}T^{-2d_1}\\ &= M^{1+b_1+c_1}\theta^{-1-b_1}T^{-3-3b_1-c_1-2d_1}L^{a_1+b_1+-c_1+d_1}\end{aligned}$$

解得

$$b_1 = -1, c_1 = 0, d_1 = 0, a_1 = 1$$

$$\pi_1 = hL^1\lambda^{-1}\eta^0\ (ga\Delta t)^0 = hL/\lambda = Nu$$

$$\begin{aligned}\pi_2 &= ML^{-3}L^{a_2}M^{b_2}\theta^{-b_2}L^{b_2}T^{-3b_2}M^{c_2}L^{-c_2}T^{-c_2}L^{d_2}T^{-2d_2}\\ &= M^{1+b_2+c_2}L^{-3+a_2+b_2-c_2+d_2}\theta^{-b_2}T^{-3b_2-c_2-d_2}\end{aligned}$$

$$\Rightarrow b_2 = 0, c_2 = -1, d_2 = 1/2, a_2 = 3/2$$

各系数乘以 2 得

$$\pi_2 = \rho^2L^3\lambda^0\eta^{-2}(ga\Delta t)^1 = ga\Delta tL^3/\nu^2 = Gr$$

$$\begin{aligned}\pi_3 &= L^2\theta^{-1}T^{-2}L^{a_3}M^{b_3}\theta^{-b_3}L^{b_3}T^{-3b_3}M^{c_3}L^{-c_3}T^{d_3}T^{2d_3}\\ &= L^{2+a_3+b_3-c_3+d_3}\theta^{-1-b_3}T^{-2-3b_3-c_3-3b_3}M^{b_3+c_3}\end{aligned}$$

$$\Rightarrow b_3 = -1, c_3 = 1, d_3 = 0, a_3 = 0$$

$$\pi_3 = cL^0\lambda^{-1}\eta^1\ (ga\Delta t)^0 = c\eta/\lambda = Pr$$

即原理性准则方程为 $Nu = f(Gr, Pr)$。

5-21　试用量纲分析方法证明，恒壁温情况下导出的 $Nu = f(Gr, Re)$ 的关系式对于恒热流边界条件也是合适的，只是此时 Gr 数应定义为 $Gr^* = g\alpha_v ql^4/(\nu^2\lambda)$，$q$ 为给定的热流密度。

解：在《传热学(第 6 版)》(陶文铨编著)习题 5-20 的分析中以 q 代替 Δt(因为此时热流密度已知，而 Δt 中的壁温未知)，则有 $h = f(g\alpha q, l, \lambda, \mu_1, c_p, \rho)$，仍以 λ, ρ, μ, l 为基本变量，则有

$$\pi_1 = \lambda^{a_1}\rho^{h_1}\mu^{c_1}l^{d_1}h \rightarrow \frac{hl}{\lambda}$$

$$\begin{aligned}\pi_2 &= \lambda^{a_2}p^{h_2}\mu^{c_1}l^{d_1}(g\alpha q)\\ &= (LMT^{-5}\theta^{-1})^{a_2}(ML^{-3})^{h_2}(ML^{-1}T^{-1})^{c_2}L^{d_2}(LMT^{-5}\theta^{-1})\\ &= (L^{1+a_2-3h_2-c_2+d_2})(M^{1+a_2+b_2+c_2})(T^{-5-5a_2-c_2})(\theta^{-1-a_2})\end{aligned}$$

所以 $a_2 = -1, c_2 = -2, h_2 = 2, d_2 = 4$

得 $\pi_2 = g\alpha q\lambda^{-1}\rho^2\mu^{-2}l^4 = \dfrac{g\alpha ql^4}{\lambda\nu^2} = Gr$

$$\pi_3 = \lambda^{a_3}\rho^{h_3}\mu^{c_3}l^{d_3}c_p \rightarrow \pi_3 = \frac{\mu c_p}{\lambda}$$

所以 $Nu = f(Gr \cdot Pr)$。

5-22　对于常物性流体横向掠过管束时的对流传热，当流动方向上的排数大于 6 时，实验发现，管束的平均表面热系数 h 取决于下列因素：流体物性 ρ、c_p、η、λ，几何参数 d、s_1、s_2。试用量纲分析方法证明，此时的对流传热关系式可以整理成为 $Nu = f(Re, Pr, s_1/d, s_2/d)$

解:在此问题中:

基本物理量有 h、u、ρ、η、λ、c_p、d 、s_1、s_2;

基本量纲有 4 个(时间 T、长度 L、质量 M、温度 Θ),$n=9,\gamma=7$;

方程有五组,选取 u,d,λ,h 为基本物理量,得

$$\pi_1=hu^{a_1}\times d^{b_1}\times\lambda^{c_1}\times\eta^{d_1}$$

$$\pi_2=\rho u^{a_2}\times d^{b_2}\times\lambda^{c_2}\times\eta^{d_2}$$

$$\pi_3=c_p u^{a_3}\times d^{b_3}\times\lambda^{c_3}\times\eta^{d_3}$$

$$\pi_4=s_1 u^{a_4}\times d^{b_4}\times\lambda^{c_4}\times\eta^{d_4}$$

$$\pi_5=s_2 u^{a_5}\times d^{b_5}\times\lambda^{c_5}\times\eta^{d_5}$$

$\dim h=MQ^{-1}T^{-3}$ $\dim d=L$ $\dim\eta=ML^{-1}T^{-1}$ $\dim\lambda=MLQ^{-1}T^{-3}$ $\dim u=LT^{-1}$

$$\pi_1=M^{1+c_1+d_1}Q^{-1-c_1}T^{-3-a_1-3c_1-d_1}L^{a_1+b_1+c_1-d_1}$$

$$\pi_2=M^{1+c_2+d_2}Q^{-1-c_2}T^{-a_2-3c_2-d_2}L^{-3+a_2+b_2+c_2-d_2}$$

$$\pi_3=M^{c_3+d_3}Q^{-1-c_3}T^{-2-a_3-3c_3-d_3}L^{2+a_3+b_3+c_3-d_3}$$

$$\pi_4=M^{c_4+d_4}Q^{-c_4}T^{-a_4+b_4+c_4-d_4}L^{1+a_4+b_4-d_4}$$

$$\pi_5=M^{c_5+d_5}Q^{-c_5}T^{-a_5-3c_5-d_5}L^{1+a_5+b_5+c_5-d_5}$$

在等号的左边为无量纲量;

在等号右边各量纲得指数必为 0(量纲和谐原理)。

则有

$$\begin{cases}1+c_1+d_1=0\\-c_1-1=0\\-3-a_1-3c_1-d_1=0\\a_1+b_1+c_1-d_1=0\end{cases}\Rightarrow\begin{cases}c_1=-1\\d_1=0\\a_1=0\\b_1=1\end{cases}$$

$$\begin{cases}1+c_2+d_2=0\\-1-c_2=0\\-a_2-3c_2-d_2=0\\-3+a_2+b_2+c_2-d_2=0\end{cases}\Rightarrow\begin{cases}c_2=0\\d_2=-1\\a_2=1\\b_2=1\end{cases}$$

5-23　有人曾经给出下列流体外掠正方形柱体(其一个面与来流方向垂直)的传热数据：

Nu	Re	Pr
41	5000	2.2
125	20000	3.9
117	41000	0.7
202	90000	0.7

采用 $Nu=CRe^nPr^m$ 的关系式来整理数据并取 $m=1/3$，试确定其中的常数 C 与指数 n。在上述 Re 及 Pr 的范围内，当方形柱体的截面对角线与来流方向平行时，可否用此式进行计算，为什么？

解：由 $Nu=CRe^nPr^m$ 有

$$\lg Nu=\lg C+n\lg Re+m\lg Pr$$

$\lg Nu$	$\lg Re$	$\frac{1}{m}\lg Pr$	$\lg Nu-\frac{1}{3}\lg Pr$	$\lg Re$
1.6200	3.6990	0.1141	105059	3.6990
2.0969	4.3010	0.1970	1.8999	4.3010
2.0681	4.6128	−0.0520	2.1201	4.6128
2.3054	4.9542	−0.0520	2.3574	4.9542

$$n=\frac{2.3574-1.5059}{4.9542-3.699}=0.678$$

$\lg C$ 为直线在纵坐标上的截距。

因此，不能将上述关联式用于界面对角线与来流平行的情形，因为两种情形下的流动方向与物体的相对位置不同。

5-24　对于空气横掠如附图示的正方形截面柱体($l=0.5$ m)的情形，有人通过试验测得了下列数据：$u_1=15$ m/s，$h_1=40$ W/(m^2·K)，$u_2=15$ m/s，$h_2=50$ W/(m^2·K)。其中 h_1，h_2 为平均表面传热系数。对于形状相似但设在所讨论的情况下空气的对流传热准则方程具有以下形式：

$$Nu=CRe^nPr^m$$

四种情况下的定性温度之值均相同，特征长度为 l。

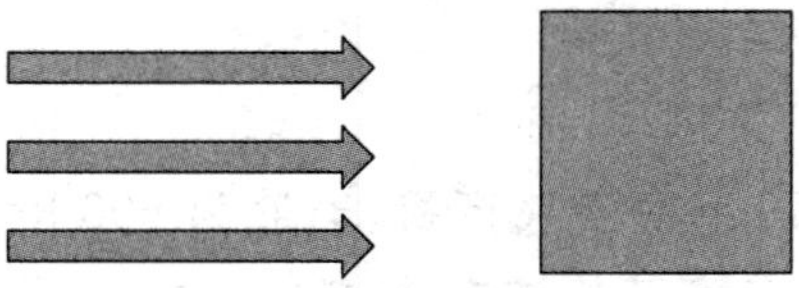

解:(1)第一种情形:$l_1=0.5\ \mathrm{m}$,$u_1=15\ \mathrm{m/s}$

$$Nu_1=\frac{40\times0.5}{\lambda_f}=\frac{20}{\lambda_f},Re_1=\frac{u_1l_1}{\nu_f}=\frac{15\times0.5}{\nu_f}=\frac{7.5}{\nu_f}$$

(2)第二种情形:$l_2=0.5\ \mathrm{m}$,$u_2=20\ \mathrm{m/s}$

$$Nu_2=\frac{50\times0.5}{\lambda_f}=\frac{25}{\lambda_f},Re_2=\frac{u_2l_2}{\nu_f}=\frac{20\times0.5}{\nu_f}=\frac{10}{\nu_f}$$

(3)第三种情形:$l_3=1\ \mathrm{m}$,$u_4=20\ \mathrm{m/s}$

$$Nu_4=\frac{h_3l}{\lambda_f},Re_3=\frac{15\times1}{\nu_f}=\frac{15}{\nu_f}$$

(4)第四种情形:$l_4=1\ \mathrm{m}$,$u_4=20\ \mathrm{m/s}$

$$Nu_4=\frac{h_4l}{\lambda_f},Re_4=\frac{20}{\nu_f}$$

$Nu=CRe^mPr^n$,对四种情况,C,Pr,m 均相同,由 1、2 两种情形得

$$\left.\begin{aligned}\frac{20}{\lambda_f}=C\left(\frac{7.5}{\nu_f}\right)^mPr^n\\ \frac{25}{\lambda_f}=C\left(\frac{10}{\nu_f}\right)^mPr^n\end{aligned}\right\}$$

由此可得$\frac{20}{25}=\left(\frac{7.5}{10}\right)^m$,$m=0.776$。

由(3)得$\frac{h_3}{\lambda_f}=C\left(\frac{15}{\nu_f}\right)^{0.706}Pr^n$

$$\frac{h_3/\lambda_f}{20/\lambda_f}=\frac{(15/\nu_f)^{0.766}}{(7.5/\nu_f)^{0.766}},\frac{h_3}{20}=\left(\frac{15}{7.5}\right)^{0.766}$$

$$h_3=20\times2^{0.766}=34.25[\mathrm{W/(m^2\cdot K)}]$$

由(4)得$\frac{h_4}{\lambda_f}=C\left(\frac{20}{\nu_f}\right)^{0.766}Pr^n$

$$\frac{h_4/\lambda_f}{20/\lambda_f}=\frac{(20/\nu_f)^{0.766}}{(7.5/\nu_f)^{0.766}}$$

$$\frac{h_4}{20}=\left(\frac{20}{7.5}\right)^{0.766}$$

$$h_4=20\times2.141^{0.766}=42.8[\mathrm{W/(m^2\cdot K)}]$$

5.3.5 工程应用

5-25 一飞机在 10000 m 高空飞行机,时速为 600 km/h。该处温度为 -40 ℃。把机翼当成一块平板,试确定离开机翼前沿点多远的位置上,空气的流动变为湍流?

空气当作干空气处理。

解：查教材附录得 -40 ℃时空气得物性参数为 $\nu=1.004\times10^{-5}\ m^2/s$，设离开机翼前沿点 x m 远的位置上，空气的流动为充分发展的湍流。即 $Re=10^5$，

由 $Re=\frac{u_\infty x}{\nu}$ 可知

$$x=\frac{Re\nu}{u_\infty}=\frac{10^5\times1.004\times10^{-5}}{\frac{600}{3.6}}\text{m}=6.024\times10^{-3}\ \text{m}$$

5－26　将一条长度为原型 1/4 的潜水艇模型放在一闭式风洞中进行阻力试验。潜水艇水下的最大航速为 16 m/s，风洞中的阻力试验结果能否用于水下工作的潜水艇？

解：为了确定试验时最大风速，必须满足风洞中航行的 $Re_{风}$ 等于水下航行体的 $Re_{水}$，$L_{实}=4L_{模}$，即 $\frac{u_{水}\ L_{实}}{\nu_{水}}=\frac{u_{风}\ L_{模}}{\nu_{风}}$，所以 $u_{风}=\frac{u_{水}\ L_{实}\ \nu_{风}}{L_{模}\ \nu_{水}}=\frac{64\nu_{风}}{\nu_{水}}$ m/s。

潜水艇在水下工作，风洞中的阻力试验结果不能用于水下工作的潜水艇，因为气体具有可压缩性。

5－27　一火车以 25 m/s 的速度前进，受到 1140 N 的切应力。它由 1 节机车及 11 节客车车厢组成。将每节车厢都看成由四个平板组成，车厢的尺寸为 9 m（长）× 3 m × 2.5 m（宽）。不计各节车厢间的间隙，车外空气温度为 35 ℃，车厢外表面温度为 20 ℃。试估计当该金属板的温度为 200 ℃时平板的散热量。

解：火车所需的制冷负荷 Q_1 约等于外界向车厢传递的热量 Q_2，即 $Q_1=Q_2$

$$A=12\times(9\times3+9\times2.5)\times2=1188(\text{m}^2)$$

切应力 $\tau_w=\frac{140}{A}=\frac{140}{1188}=0.11785(\text{Pa})$

取空气的物性温度 $t=\frac{35+20}{2}=27.5(℃)$

查教材附录得空气在 27.5 ℃时得物性参数为 $c_p=1.005\ \text{kJ/(kg·K)}$，$Pr=0.7015$。

$$h=\frac{\tau_w c_p}{u_\infty Pr^{2/3}}=\frac{0.11785\times1005}{25\times0.7015^{2/3}}=6[\text{W/(m}^2\cdot\text{K)}]$$

所以 $Q_2=hA(t_f-t_w)=6\times1188\times(35-20)=106.929(\text{kW})$

即 $Q_1=Q_2=106.929\ \text{kW}$

5－28　在一热处理过程中将一块尺寸为 70 cm × 70 cm 平板置于 30 ℃得空气气流中，空气流速为 1.2 m/s。作用在平板一侧的切应力为 0.14 N。试估计当该金属板的温度为 200 ℃时平板的散热量。

解：根据题意，可以取空气的定性温度

$$t=\frac{200+30}{2}=115(℃)$$

查教材，空气在 115 ℃时的物性参数为

$$c_p=1.009\ \text{kJ/(kg·K)},Pr=0.6865$$

切应力 $\tau_w=\dfrac{0.14}{0.7^2}=0.286(\text{Pa})$

$$h=\frac{\tau_w c_p}{u_\infty Pr^{2/3}}=308.708\ \text{W/(m}^2\text{·K)}$$

所以该金属板在温度为 200 ℃时的散热量为

$$\Phi=2hA(t_w-t_f)=2\times308.708\times0.7^2\times(200-30)=51.431(\text{kW})$$

5.3.6 小论文题目

5-29 设有如附图所示的一个二维竖直平行板通道，两个表面的温度均匀，记为 t_w，且高于环境温度 t_∞。假设通道长而窄，由于浮升力引起的两个壁面上的速度场已经在通道中心处汇合，而且流动已经处于充分发展。试证明通道内气体的流量与通道高度无关，并由下式决定：

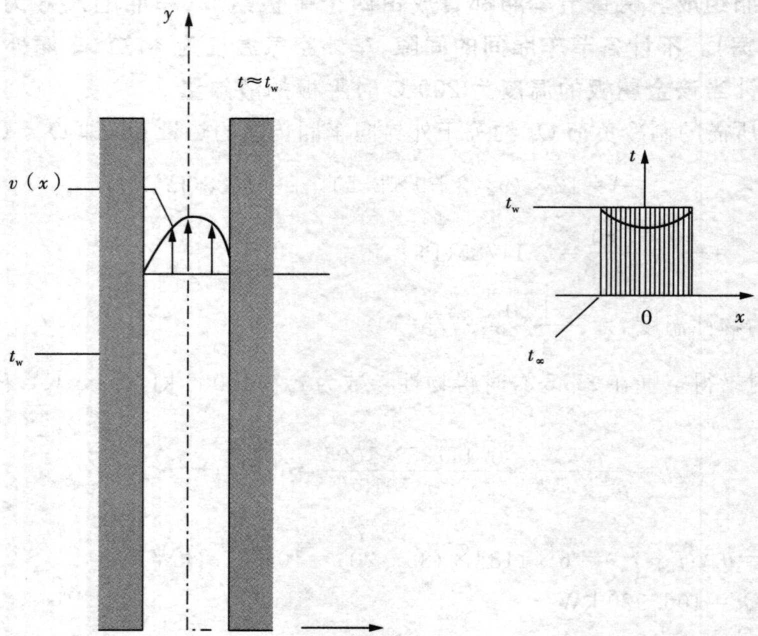

$$q_m=\frac{\rho g\alpha_V(t_w-t_\infty)\delta^3}{12\nu}$$

其中 δ 为通道的宽度。

解:为了证明通道内气体的流量与通道高度无关并且由给定的公式决定,可以从浮力驱动的自然对流和充分发展的流动条件出发。根据给定条件,通道内的流动已经充分发展,并且两个壁面的速度场已经在通道中心处汇合。将利用边界层理论和流动的基本方程来推导气体流量公式。

1. 基本方程

(1)动量方程

在竖直平行板通道中,假设流动是层流且充分发展,速度只在垂直方向 y 上有变化,沿通道高度方向 x 不变,忽略压力梯度的影响。根据牛顿黏性流体的动量方程:

$$\frac{d^2u}{dy^2}=\frac{g\beta(T_w-T_s)}{\nu}$$

其中:u 是沿通道高度方向的速度分量,g 是重力加速度,β 是体积膨胀系数,T_w 是壁面温度,T_s 是中心处环境温度。

(2) 边界条件

在两个壁面上,速度 u 为零(无滑移条件):

$$u\left(\frac{\delta}{2}\right)=0,\quad u\left(-\frac{\delta}{2}\right)=0$$

2. 解动量方程

根据对称性,可以只考虑从通道中心到一个壁面之间的区域 $0\leqslant y\leqslant\frac{\delta}{2}$。

动量方程可以分两次积分:

$$\frac{d^2u}{dy^2}=\frac{g\beta(T_w-T_s)}{\nu}$$

第一次积分:

$$\frac{du}{dy}=\frac{g\beta(T_w-T_s)}{\nu}y+C_1$$

由于在对称中心位置($y=0$),速度梯度为零:

$$\left.\frac{du}{dy}\right|_{y=0}=0\Rightarrow C_1=0$$

第二次积分:

$$u=\frac{g\beta(T_w-T_s)}{2\nu}y^2+C_2$$

在壁面上 $y=\frac{\delta}{2}$,速度 u 为零:

$$u\left(\frac{\delta}{2}\right)=0\Rightarrow 0=\frac{g\beta(T_w-T_s)}{2\nu}\left(\frac{\delta}{2}\right)^2+C_2$$

解得

$$C_2=-\frac{g\beta(T_w-T_s)}{2\nu}\left(\frac{\delta}{2}\right)^2$$

将 C_2 代入速度表达式：

$$u=\frac{g\beta(T_w-T_s)}{2\nu}y^2-\frac{g\beta(T_w-T_s)}{2\nu}\left(\frac{\delta}{2}\right)^2$$

化简得到

$$u=\frac{g\beta(T_w-T_s)}{2\nu}\left(y^2-\left(\frac{\delta}{2}\right)^2\right)$$

3. 计算气体流量

气体流量 q_m 是速度 u 沿通道宽度 y 的积分：

$$q_m=\int_{-\frac{\delta}{2}}^{\frac{\delta}{2}}\rho u\,\mathrm{d}y$$

由于速度 u 是对称的，只需积分一半然后乘以 2：

$$q_m=2\rho\int_0^{\frac{\delta}{2}}\frac{g\beta(T_w-T_s)}{2\nu}\left(y^2-\left(\frac{\delta}{2}\right)^2\right)\mathrm{d}y$$

积分得到

$$q_m=\rho\frac{g\beta(T_w-T_s)}{\nu}\left[\frac{y^3}{3}-\frac{\delta^2 y}{8}\right]_0^{\frac{\delta}{2}}$$

应用边界条件，化简积分结果

$$\left[\frac{y^3}{3}-\frac{\delta^2 y}{8}\right]_0^{\frac{\delta}{2}}=\frac{1}{3}\left(\frac{\delta}{2}\right)^3-\frac{\delta^2}{8}\left(\frac{\delta}{2}\right)$$

$$=\frac{\delta^3}{24}-\frac{\delta^3}{16}=\frac{\delta^3}{48}$$

因此，气体流量 q_m 为

$$q_m=\rho\frac{g\beta(T_w-T_s)}{\nu}\cdot\frac{\delta^3}{48}=\frac{\rho g\beta(T_w-T_s)\delta^3}{48\nu}$$

由于 $\rho=\dfrac{p}{RT_s}$（理想气体定律），化简后得到

$$q_m=\frac{pg\alpha_V(T_w-T_s)\delta^3}{12\nu}$$

其中 α_V 是体积膨胀系数。

总结：

通道内气体的流量 q_m 与通道高度无关，并且由以下公式决定：

$$q_m = \frac{pg\alpha_V(T_w - T_s)\delta^3}{12\nu}$$

5.3.7　采用基于 MHT－Learning 工具软件的题目

5－30　长为 0.5 m 的等温(70 ℃)平板被置于 10 ℃的空气流中，空气来流速度为 3 m/s。试画出从平板前缘直到 $x = x_c$ 处流动边界层及热边界层厚度的变化曲线。

解：要绘制从平板前缘到 0.5 m 位置的流动边界层和热边界层厚度变化曲线，我们需要详细计算这些厚度，并用图形展示。以下是完整的计算步骤和绘图代码。

1. 基本参数和物性参数：

平板长度 $L = 0.5$ m，来流速度 $u_\infty = 3$ m/s，平板温度 $T_w = 70$ ℃，环境空气温度 $T_\infty = 10$ ℃

物性参数(在 10 ℃下空气的物性参数)

动力黏度 $\nu \approx 1.460 \times 10^{-5}$ m²/s，热导率 $k \approx 0.0242$ W/(m·K)，比热容 $c_p \approx$ 1005 J/(kg·K)，密度 $\rho \approx 1.247$ kg/m³

2. 计算雷诺数和边界层厚度

(1)雷诺数

雷诺数 Re_x 可以通过以下公式计算：

$$Re_x = \frac{u_\infty x}{\nu}$$

(2)流动边界层厚度 $\delta(x)$

对于层流情况下的平板，流动边界层厚度的近似公式为

$$\delta(x) \approx \frac{5.0x}{\sqrt{Re_x}} = \frac{5.0x}{\sqrt{\frac{u_\infty x}{\nu}}} = 5.0\sqrt{\frac{\nu x}{u_\infty}}$$

(3)热边界层厚度 $\delta_t(x)$

热边界层厚度可以通过普朗特数 Pr 来计算，普朗特数的计算：

$$Pr = \frac{\nu}{\alpha}$$

其中热扩散率 α 可以通过以下公式计算：

$$\alpha = \frac{k}{c_p \cdot \rho}$$

热边界层厚度为

$$\delta_t(x) \approx \delta(x) \cdot Pr^{-1/3}$$

3. 实际计算和绘图

可以用 Python 进行计算和绘图。以下是实现代码：

```
''' python
import numpy as np
import matplotlib. pyplot as plt

# 物理参数
L = 0.5  # 平板长度 m
u_inf = 3.0  # 来流速度 m/s
nu = 1.460e - 5  # 动力黏度 m^2/s
k = 0.0242  # 热导率 W/(m·K)
cp = 1005  # 比热容 J/(kg·K)
rho = 1.247  # 密度 kg/m^3

# 计算热扩散率
alpha = k /(cp * rho)  # 热扩散率 m^2/s

# 设置 x 值
x = np. linspace(0,L,500)

# 计算雷诺数
Re_x = u_inf * x / nu

# 计算流动边界层厚度
delta = 5.0 * np. sqrt(nu * x / u_inf)

# 计算普朗特数
Pr = nu / alpha

# 计算热边界层厚度
delta_t = delta * Pr * * ( - 1/3)

# 绘图
plt. figure(figsize = (10,6))
plt. plot(x,delta,label = '流动边界层厚度 $ \delta(x) $',color = 'blue')
plt. plot(x,delta_t,label = '热边界层厚度 $ \delta_t(x) $',color = 'red')
plt. xlabel('距离 x(m)')
plt. ylabel('边界层厚度(m)')
plt. title('流动边界层及热边界层厚度随距离变化')
plt. legend()
plt. grid(True)
```

```
plt.xlim(0,L)
plt.ylim(0,0.1)  #根据计算结果调整 Y 范围
plt.show()
'''
```

5-31　长为 0.5 m 的等温(65 ℃)平板被置于 15 ℃ 的水流中，水的来流速度为 3.5 m/s。试画出从平板前缘直到 $x=x_c$ 处流动边界层及热边界层厚度的变化曲线。在 $x>x_c$ 后画出流动及热边界层厚度随离开前缘点距离的变化。在湍流边界层中由于微团的剧烈交换，分子扩散作用大大削弱，当 $Pr>0.5$ 时热边界层厚度可按照流动边界层公式估算。

解：为了绘制从平板前缘到 $x=x_c$ 处的流动边界层及热边界层厚度的变化曲线，并在 $x>x_c$ 后画出流动及热边界层厚度随离开前缘点距离的变化曲线，需要分别考虑层流和湍流情况下的边界层厚度。

基本参数和物性参数：平板长度 $L=0.5$ m，来流速度 $u_\infty=3.5$ m/s，平板温度 $T_w=65$ ℃，环境水温 $T_\infty=15$ ℃，过渡点 x_c 待定。

物性参数（在 15 ℃ 下水）：动力黏度 $\nu\approx1.139\times10^{-6}$ m²/s，热导率 $k\approx0.591$ W/(m·K)，比热容 $c_p\approx4182$ J/(kg·K)，密度 $\rho\approx999.1$ kg/m³。

1. 计算步骤为：

(1)层流边界层

雷诺数 Re_x：

$$Re_x=\frac{u_\infty x}{\nu}$$

流动边界层厚度 $\delta(x)$ 对于层流情况：

$$\delta(x)\approx5.0\sqrt{\frac{\nu x}{u_\infty}}$$

热边界层厚度 $\delta_t(x)$：

普朗特数 Pr：

$$Pr=\frac{\nu}{\alpha}$$

热扩散率 α：

$$\alpha=\frac{k}{c_p\cdot\rho}$$

热边界层厚度为

$$\delta_t(x)\approx\delta(x)\cdot Pr^{-1/3}$$

(2)湍流边界层

在 $x>x_c$ 处进入湍流边界层：

湍流边界层厚度：

$$\delta(x) \approx 0.37 x Re_x^{-1/5}$$

根据文献，当 $Pr>0.5$ 时，热边界层厚度可按照流动边界层公式估算：

$$\delta_t(x) \approx \delta(x)$$

(3)过渡点 x_c

通常，过渡点 x_c 对应的雷诺数 $Re_{x_c} \approx 5 \times 10^5$，可以计算出 x_c：

$$x_c = \frac{Re_{x_c} \cdot \nu}{u_\infty}$$

2. 实际计算和绘图

用 Python 进行计算和绘图。以下是实现代码：

```
''' python
import numpy as np
import matplotlib.pyplot as plt

#物理参数
L = 0.5   #平板长度 m
u_inf = 3.5   #来流速度 m/s
nu = 1.139e-6   #动力黏度 m^2/s
k = 0.591   #热导率 W/(m·K)
cp = 4182   #比热容 J/(kg·K)
rho = 999.1   #密度 kg/m^3

#计算热扩散率
alpha = k /(cp * rho)   #热扩散率 m^2/s

#计算普朗特数
Pr = nu / alpha

#计算过渡点 xc
Re_xc = 5e5   #过渡点的雷诺数
xc = Re_xc * nu / u_inf

#设置 x 值
x_laminar = np.linspace(0,xc,500)
x_turbulent = np.linspace(xc,L,500)

#计算雷诺数
Re_laminar = u_inf * x_laminar / nu
Re_turbulent = u_inf * x_turbulent / nu
```

```
#计算流动边界层厚度
delta_laminar = 5.0 * np.sqrt(nu * x_laminar / u_inf)
delta_turbulent = 0.37 * x_turbulent *(Re_turbulent * *(-1/5))

#计算热边界层厚度
delta_t_laminar = delta_laminar * Pr * *(-1/3)
delta_t_turbulent = delta_turbulent  #根据文献,湍流边界层情况下

#绘图
plt.figure(figsize = (10,6))
plt.plot(x_laminar,delta_laminar,label = '层流流动边界层 $\delta(x)$',color = 'blue')
plt.plot(x_laminar,delta_t_laminar,label = '层流热边界层 $\delta_t(x)$',color = 'cyan')
plt.plot(x_turbulent,delta_turbulent,label = '湍流流动边界层 $\delta(x)$',color = 'red',
linestyle = '--')
plt.plot(x_turbulent,delta_t_turbulent,label = '湍流热边界层 $\delta_t(x)$',color =
'magenta',linestyle = '--')
plt.axvline(x = xc,color = 'gray',linestyle = ':',label = '$x_c$ 过渡点')
plt.xlabel('距离 x(m)')
plt.ylabel('边界层厚度(m)')
plt.title('流动边界层及热边界层厚度随距离变化')
plt.legend()
plt.grid(True)
plt.xlim(0,L)
plt.ylim(0,0.03)  #根据计算结果调整 Y 范围
plt.show()
'''
```

3. 结果分析

运行上述代码后,将得到一幅图,这展示了流动边界层和热边界层随着距离变化的趋势,区分了层流和湍流区域。

5-32　略

5.4　名校考研真题集锦

1.(东南大学 2017 年考研试题)强制对流传热,模型缩小为实物的四分之一,问流速怎样改变(其他条件不变),实物结果可以同样应用。

解:根据相似原理,当 Re 相同时,实物结果可同应用。

$$Re=\frac{\rho v d}{\upsilon}$$

$$\frac{d_2}{d_1}=\frac{1}{4}$$

$$Re_1=Re_2$$

$$\frac{v_2}{v_1}=\frac{1}{4}$$

2.（东南大学 2019 年考研试题）动量传递与热量传递的比拟理论是基于什么？

解：湍流中的附加切应力及热流密度都是由于流体微团的脉动所致，湍流中的热量传递和流动阻力之间存在某种内在的联系。

3.（三一丛书）试比较准则数 Nu 与 Bi 的异同。

解：从形式上看，Nu 数$\left(Nu=\frac{hl}{\lambda}\right)$与 Bi 数$\left(Bi=\frac{hl}{\lambda}\right)$完全相同，但二者物理意义却不同。$Nu$ 数中的 λ 为流体的导热系数，而一般 h 未知，因而 Nu 数一般是待定准则。Nu 数的物理意义表示壁面附近的无量纲温度梯度，它表示流体对流传热系数的强弱。而 Bi 数中的 λ 为导热物体的导热系数，且一般情况下 h 已知，Bi 数一般是已定准则。Bi 数的物理意义是导热体内部导热热阻（l/λ）与外部对流热阻（l/h）的相对大小。

4.（三一丛书）对管内强制对流传热，为何采用短管和弯管可以强化流体的换热？

解：采用短管，主要是利用流体在管内换热处于入口段温度边界层较薄，因而换热强的特点，即所谓的“入口效应”，从而强化换热。而对于弯管，流体流经弯管时，由于离心力作用，在横截面上产生二次环流，增加了扰动，从而强化了换热。

5.（东南大学 2021 年考研试题）现有一个处于充分发展段管段，恒热流密度条件，保持 q_m 及其他条件不变，管径缩小一半，即 $d_1/d_2=2$，求：

(1) d_1/d_2；

(2)若管段进出口温度不变，求 L_1/L_2。

解：

(1) $d_1/d_2=2\rightarrow A_1/A_2=4\rightarrow u_1/u_2=1/4$

$$\frac{Nu_1}{Nu_2}=\frac{0.023Re_1Pr_1}{0.023Re_2Pr_2}=\frac{(u_1d_1/\mu_1)^N0.8}{(u_2d_2/\mu_2)^N0.8}=(1/4\times 2)^N0.8=0.574$$

$$\frac{Nu_1}{Nu_2}=\frac{\frac{h_1d_1}{\lambda}}{\frac{h_2d_2}{\lambda}}=\frac{h_1}{h_2}\times 2=0.574$$

$$\frac{h_1}{h_2}=0.287$$

(2)进出口温度不变，换热量 $\Phi=c_pq_m\Delta t=\text{const}$

又因为恒热流条件，即热流密度 $q=\text{const}$

所以：$\Phi_1=\Phi_2=q_1\pi d_1L_1=q_1\pi d_1L_1$

$$\frac{L_1}{L_2}=\frac{d_2}{d_1}=0.5$$

6.（华北电力大学 2019 年考研试题）举例说明比拟与相似的含义。

解：

比拟理论：以流体作湍流运动为例，除了主流方向的运动外，流体中的微团还作不规则的脉动。因此，当流体中的一个微团从一个位置脉动到另一个位置时将产生两个作用：(1)不同流速层之间有附加的动量变换，产生了附加的切应力。(2)不同温度层之间的流体产生附加的热量变换，这种由于湍流脉动而产生的附加切应力及热量传递称为湍流切应力及湍流热流密度。既然湍流中的附加切应力及热流密度都是由于微团的脉动所致，所以湍流中的热量传递与流动阻力之间一定存在内在的联系。比拟理论试图通过较易测定的阻力系数来获得相应的换热 Nu 数的表达式。

相似理论：以管内单向强对流传热为例 $Nu=f(u,d,\lambda,\eta,P,c_p)$ 如果每个变量改变 10 次，则需要 10^6 次实验。如果按照相似理论得出 $Nu=f(R_e,P_r)$ 仅需做 10^3 次试验，大幅度减少试验次数，又能得出有一定通用性的实验结果。相似原理另一个重要应用为指导模化实验，用不同事物几何尺度的模型来研究实际装置中进行的物理过程的实验。

简言之：两者相同之处都是对实际物理实验研究的简化。

不同之处是：①比拟通过较易测定系数来获得 Nu 数的表达式；②相比通过减少对无关实验变量仅研究对实验起主要作用的变量来简化试验次数，同时由相似原理可以放大或缩小实验模型以简化方便实验。

第6章　单相对流传热的实验关联式

6.1　知识网络

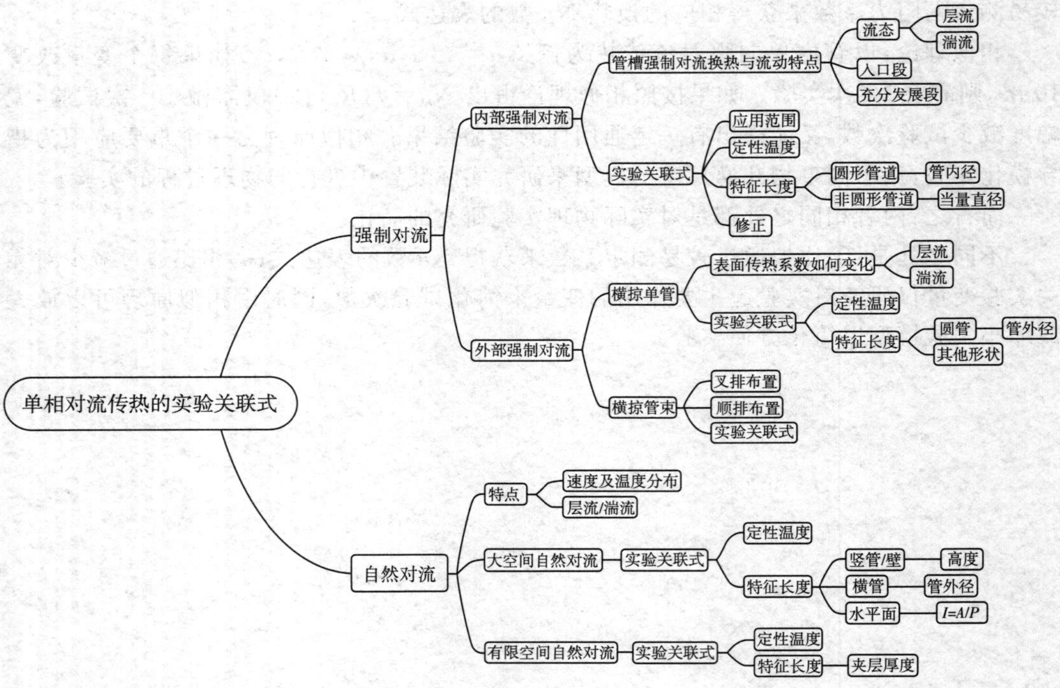

6.2　传热学知识点

知识点1　管内流动层流与湍流

流体在管内的流动分为层流和湍流，分界点为临界 Re 数(以管道直径为特征尺度)记为Re_c 值为 2300，$Re \geqslant 10000$→旺盛湍流，$2300 \leqslant Re \leqslant 10000$→过渡区。

知识点2　入口段与充分发展段

根据流体力学，流体进入管子(圆管)，流动边界层有一个由 0 增长直到汇合于圆管中心线的过程，类似的，流体与管壁有热交换时，热边界层也有同样过程，汇于中心线后称为充分发展段，此时局部表面传热系数不变，进口到充分发展段之间称为入口段[图 6-1(a)]。热边界层薄，局部表面传热系数比充分发展段高，且沿主流方向逐渐降低。如果有湍流，由于扰动与混合作用，会使表面传热系数上升后趋于定值[图 6-1(b)]。

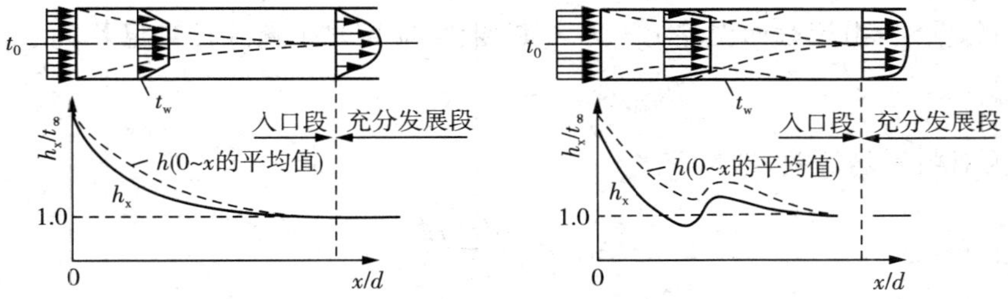

（a）层流　　（b）湍流

图 6-1　两种流动环境

层流时入口段长度：流动入口段：

$$\frac{l_h}{d}=0.05Re$$

热入口段：

$$\frac{l_t}{d}=0.05RePr$$

湍流：$\frac{1}{d}>10$ 时，入口段影响不再明显（流体微团剧烈掺混）。

工程中常利用入口段传热效果好（局部表面传热系数高）的特点利用短管强化换热，例如一根 10 m 圆管不如 10 根 1 m 圆管。

知识点 3　两种典型热边界条件——均匀热流和均匀壁温

当流体在管内被加热/冷却时，加热/冷却壁面时壁面的热状况称为热边界条件。

均匀热流[图 6-2(a)]：轴与周向 q 均匀；方法：蒸汽凝结加热/液体沸腾冷却。

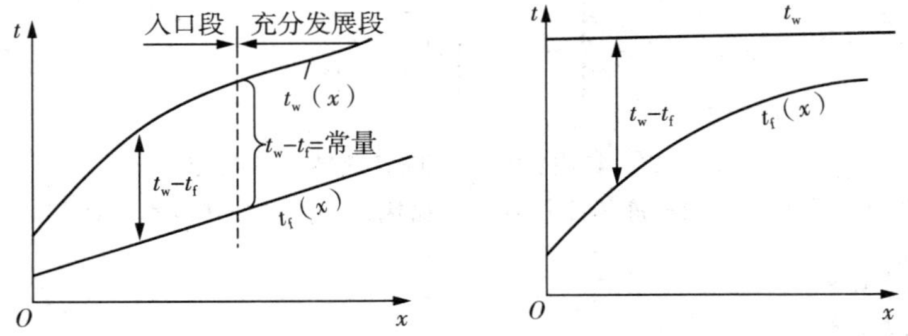

（a）q_w=常量　　（b）t_w=常量

图 6-2　热边界条件

均匀壁温[图 6-2(b)]:轴与周向 t_w 均匀;方法:均匀缠绕电热丝。
湍流时,除液态金属外,边界条件对表面传热系数影响不大。

知识点 4 流体与壁面之间的温差

(1)均匀热流:取充分发展段温差 t_w-t_f 作为 Δt_m;
(2)均匀壁温:由于截面温差 t_w-t_f 不断变化,应用热平衡式计算温差:

$$h_m A\Delta t_m = q_m c_p(t_f''-t_f')$$

Δt_m 为对数平均温差,即

$$\Delta t_m=\frac{t_f''-t_f'}{\ln\dfrac{t_w-t_f'}{t_w-t_f''}}$$

知识点 5 Dittus-Boclter 公式

对于常规流体($Pr>0.6$)管道内强制对流传热:

$$Nu_f=0.023Re_f^{0.8}Pr_f^n$$

n:加热流体取 0.4,冷却取 0.3。

【变物性影响的修正】

(1)影响

温差影响(图 6-3):流体热物理性质随温度变化引起的影响。

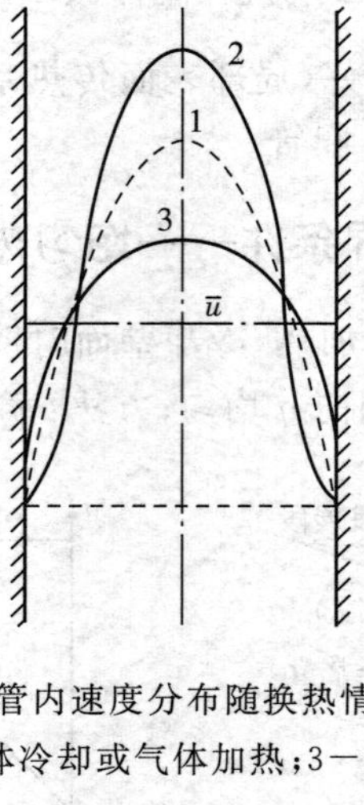

图 6-3 管内速度分布随换热情况的畸变

1—等温流动;2—液体冷却或气体加热;3—液体加热或气体冷却

气体:$t\uparrow\ \eta\uparrow\ u\downarrow$;

液体:$t\uparrow\ \eta\downarrow\ u\uparrow$。

(2)修正:在公式 $Nu_f=0.023Re_f^{0.8}Nu_f^{0.4}$ 右端乘上温差修正系数 C_t。

对气体:被加热

$$C_t=\left\{\frac{T_f}{T_w}\right\}^{0.5}$$

被冷却：$C_t=1.0$。

对液体：被加热：

$$C_t=\left\{\frac{n_f}{\eta_w}\right\}^{0.11}$$

被冷却：

$$C_t=\left\{\frac{n_f}{\eta_w}\right\}^{0.25}$$

η 动力黏度（$\eta=v\cdot\rho$），单位：Pa · s。

η 的下标表示以流体平均温度或壁面温度来计算动力黏度。

知识点 6　当量直径

非圆形截面槽道采用当量直径计算（以当量直径作为特征尺度），则圆管湍流公式可近似予以应用，当量直径计算式为

$$d_e=\frac{4A_c}{P}$$

式中，A_c 为槽道流动截面积（m^2）；P 为润湿周长，即槽道壁与流体接触面的长度；

内管外径 d_1，外管内径为 d_2 的同心套管环状通道：$d_e=d_2-d_1$。

知识点 7　螺旋管中二次环流修正

二次环流：环流造成扰动，扰动↑h↑→$C_r>1$

$$Nu=\frac{hl}{\lambda}$$

→在平均数后乘以 C_r：

气体：

$$C_r=1+1.17\,\frac{d}{R}$$

液体：

$$C_r=1+10.31\left(\frac{d}{R}\right)^3$$

知识点 8　管槽内层流强制对流传热规律

（1）同一截面形状的通道，均匀热流条件下 Nu 数总是大于均匀壁温下的 Nu 数，可见层流条件下热边界条件影响不能忽略；

(2)等截面直通道:层流充分发展 Nu 数与 Re 数无关,与湍流不同;

(3)以当量直径作为特征长度,不同截面管道层流充分发展的 Nu 数也不相同。

知识点 9　流体横掠单管传热规律

【边界层的分离】

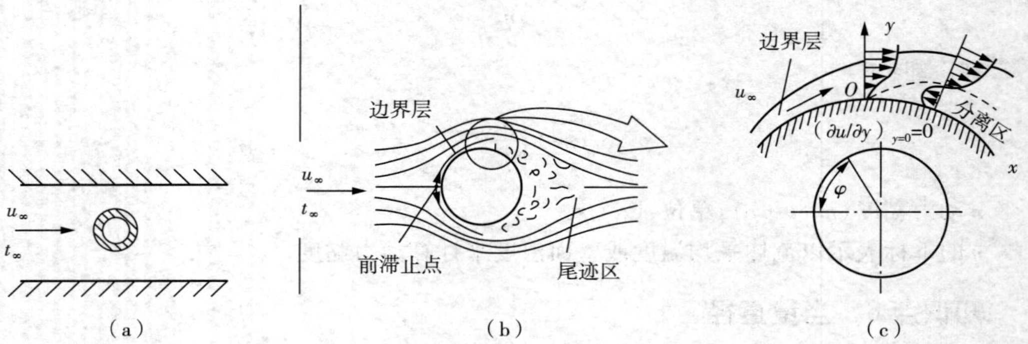

图 6-4　流体横掠单管边界层的分离

过程:流体流过圆管所在位置[图 6-4(a)],此时流动截面缩小,即 $A\downarrow u\uparrow$,压力 $P\downarrow$,后半部流动截面 $A\uparrow P\uparrow$ 边界层内流体靠本身动量克服压力增长向前流动,速度分布趋于平缓,近壁流体由于动量不大克服压力困难,最终壁面处速度梯度为 0,即 $\left.\frac{\partial u}{\partial y}\right|_{y=0}=0$[图 6-4(b)],随后产生回流[图 6-4(c)]。此点称为绕流脱体的起点/流动分离点,位置取决于 Re,$Re<10$ 时不发生脱体,$10<Re<1.5\times10^5$ 为层流,$\varphi=80°\sim85°$脱体;$Re\geqslant1.5\times10^5$ 为湍流,$\varphi=140°$脱体。

【沿圆管表面局部表面传热系数的变化】

低 Re 数时,回升点反映了绕流脱体的起点,这是由于脱体区的扰动强化了换热。

高 Re 数时,第一次回升是由于转变成湍流的原因;第二次回升约在 $\varphi=140°$之处,则是由于脱体的缘故。

知识点 10　流体外掠单管的实验关联式

关联式:

$$Nu=CRe^nPr^{\frac{1}{3}}$$

式中:C,n 取值见表,定性温度为$\frac{t_w+t_\infty}{2}$,特征长度为管外径,Re 数中的特征速度为来流速度 u_∞

$$Re=\frac{ul}{v}=\frac{u_\infty\cdot d}{v}$$

流体横向外掠单管整个范围适用准则式:

$$Nu=0.3+\frac{0.62Re^{\frac{1}{2}}Pr^{\frac{1}{3}}}{[1+(0.4/Pr)^{\frac{2}{3}}]^{\frac{1}{4}}}\left[1+\left(\frac{Re}{282000}\right)^{\frac{5}{8}}\right]^{\frac{4}{5}}$$

定性温度：

$$t=\frac{t_w+t_\infty}{2},RePr>0.2$$

知识点 11　流体外掠球的实验关联式

关联式：

$$Nu=2+(0.4Re^{\frac{1}{2}}+0.06Re^{\frac{2}{3}})Pr^{0.4}\left(\frac{\eta_\infty}{\eta_w}\right)^{\frac{1}{4}}$$

式中：定性温度为来流温度 t_∞，特征长度为球直径，适用范围为：$0.71<Pr<380$，$3.5<Re<7.6\times10^4$。

知识点 12　流体横掠管束，管束排列方式的影响

叉排时流体在管间交替收缩和扩张的弯曲通道中流动[图 6－5(a)]，比顺排时在管间走廊通道的流动扰动强烈[图 6－5(b)]，因此一般说叉排换热强，但管束阻力损失也大于顺排，且叉排不易清洗。

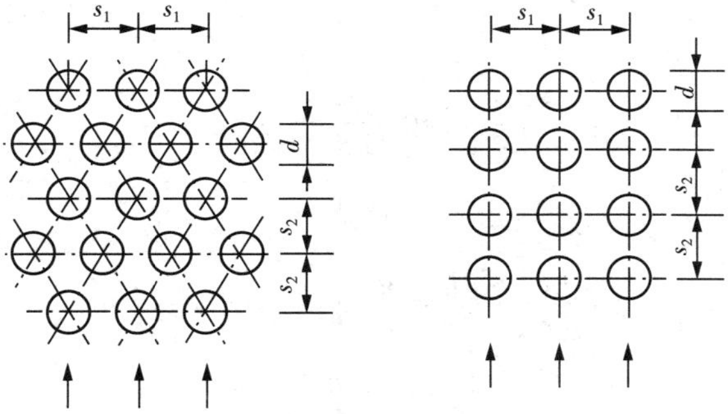

（a）叉排　　（b）顺排

图 6－5　两种管束排列方式

知识点 13　管束平均换热性能的影响因素

(1)由于主流方向的流体平均流速不断发生变化，因此选取管束中的最大流速（截面积最小处）作为特征流速计算 Re 数；

(2)一般先确定整个管束的平均表面传热系数与管排数无关的实验关联式，然后引入考虑排数减少的影响；

(3)当流体进出管束温度变化比较大时，采用物性修正因子 $\left(\frac{Pr_f}{Pr_w}\right)^{0.25}$。

知识点 14　自然对流边界层速度与温度分布

以竖直置于流体空间的温度均匀固体平壁为例。

分析：一般不均匀温度场发生在靠近换热壁面的薄层内，贴壁处，$t_f=t_w$，离开壁面的

方向上逐步降低直至 $t_f=t_\infty$。

速度分布:贴壁处速度为0(黏性作用)薄层外缘速度也为0(温度不均匀作用消失)

知识点15 自然对流边界层分布

在壁的下部,流动刚开始形成,它是有规则的层流。若壁面足够高,则上部流动会转变为湍流。层流时,传热热阻完全取决于薄层的厚度从换热壁面下端开始,随着高度的增加,层流薄层的厚度也逐渐增加。与此相对应,局部表面传热系数 h,也随高度增加而减小。如果壁面足够高,流体的流动将逐渐转变为湍流。进入湍流时传热系数有所提高。已经查明,旺盛湍流时的局部表面传热系数几乎是个常量。

知识点16 自然对流控制方程

从不可压缩常物性无内热源二维对流传热微分方程组出发,方程组中的 y 向动量方程式根据数量级分析完全可以略去不计,x 向动量方程中 $F_x=-\rho g$,略去主流方向二阶导数,于是有

$$u\frac{\partial u}{\partial x}+\nu\frac{\partial u}{\partial y}=-g-\frac{1}{\rho}\frac{\mathrm{d}p}{\mathrm{d}x}+\nu\frac{\partial^2 u}{\partial y^2}$$

薄层外:

$$u=v=0,\frac{\mathrm{d}p}{\mathrm{d}x}=-\rho_\infty g$$

可得

$$u\frac{\partial u}{\partial x}+\nu\frac{\partial u}{\partial y}=\frac{g}{\rho}(\rho_\infty-\rho)+\nu\frac{\partial^2 u}{\partial y^2}$$

引入体胀系数

$$\alpha_V=-\frac{1}{\rho}\left(\frac{\partial\rho}{\partial T}\right)_p\approx-\frac{1}{\rho}\frac{\rho_\infty-\rho}{T_\infty-T}$$

由此可得

$$\rho_\infty-\rho=\rho\alpha_V(T-T_\infty),$$

代入方程可得

$$u\frac{\partial u}{\partial x}+\nu\frac{\partial u}{\partial y}=g\alpha_V\theta+\nu\frac{\partial^2 u}{\partial y^2}$$

总结:自然对流传热数学描写,除动量方程外,其他所有方程均与强制对流传热问题的相同。

知识点17 格拉晓夫数和瑞利数

格拉晓夫数:

$$Gr=\frac{g\alpha_V\Delta tl^2}{\nu\cdot u_0}\cdot\frac{u_0 l}{\nu}=\frac{g\alpha_V\Delta tl^2}{\nu^2}$$

物理上，Gr 是浮升力/黏滞力比值的一种度量，Gr 增大表面浮升力作用相对增大。同时也是自然对流层流向湍流转变的判据。

原则上自然对流准则方程式应为：$Nu=f(Gr,Pr)$。

另一个无量纲数瑞利数：

$$Ra=GrPr=\frac{g\alpha_V\Delta tl^3}{a\nu}$$

知识点 18　大空间自然对流与有限空间自然对流

大空间自然对流：热边界层的发展不受到干扰或阻碍的自然对流。

有限空间自然对流：发生在有限空间内的自然对流。

知识点 19　大空间自然对流实验关联式

实验关联式：$Nu_m=C(GrPr)_m^n$，对气体工质完全适用。

Nu_m：平均表面传热系数组成的 Nu 数，下角标 m 表示定性温度采用边界层的算数平均温度 $t_m=\frac{(t_w+t_\infty)}{2}$

$$\Delta t=t_w-t_\infty(\text{看加热/冷却})\alpha_v=\frac{1}{T}$$

知识点 20　自然对流关联式特征长度的选取

【竖壁及水平圆柱】 竖壁和竖圆柱取高度，横圆柱取外径。

【水平面】 特征长度：$1=\frac{A_p}{P}$（A_p：平板传热面积；P：周界长度）。

【有限空间自然对流】 取夹层厚度 δ。

6.3　传热学复习题

6.3.1　思考题

1. 外掠单管与管内流动这两个流动现象在本质上有什么不同？

答： 外掠单管与管内流动这两个流动现象在本质上的不同在于：外掠单管热边界层的发展不受限制，管内流动热边界层的发展受到限制，最多发展到管子中心线。

以下是两种现象的对比：

(1)外掠单管

① 流动特性:流体在管子外部流动,属于绕流现象。

② 边界条件:管外形成边界层,受管子形状和表面影响大。

③ 流动模式:包括层流、湍流和分离流动;在管子后面可能形成尾流。

④ 流动参数:雷诺数 $Re=\frac{uD}{\nu}$,u 是来流速度,D 是管子直径。

⑤ 热传递:主要通过管外表面对流传热。

(2)管内流动

① 流动特性:流体在管子内部流动,属于内部流动现象。

② 边界条件:管内形成边界层,受管道直径和表面影响。

③ 流动模式:包括层流、湍流和过渡流动;流动沿管道方向发展。

④ 流动参数:雷诺数 $Re=\frac{uD}{\nu}$,u 是平均流速,D 是管道直径。

⑤ 热传递:主要通过管内表面对流传热。

总的来说,外掠单管是流体绕过管子流动,开放流动环境。而管内流动是流体在管内流动,封闭流动环境。两者在流动环境、边界层形成方式和热传递方式上有显著不同。

2. 外掠管束的平均表面传热系数只有当流动方向的管排数大于一定数值后才与管排数无关,试分析其原因。

答:外掠管束的平均表面传热系数在管排数达到一定数值后趋于稳定,有以下几方面原因:

(1)初始影响大:流体在前几排管子上形成边界层,流动和传热特性显著受前几排影响。

(2)逐渐稳定:随着流体流经更多管排,边界层逐渐发展,流动状态趋于一致。

(3)完全发展:达到足够多的管排后,边界层和流动特性完全发展,传热系数不再变化。

3. 说明充分发展管内对流传热这一概念的含义。

答:由于流体由大空间进入管内时,管内形成的边界层由零开始发展直到管子的中心线位置,这种影响才不发生变法,同样在此时对流传热系数才不受局部对流传热系数的影响。

4. 说明大空间自然对流与有限空间自然对流的区别,这与强制对流的外部流动和内部流动有什么异同?

答:大空间作自然对流时,流体的冷却过程与加热过程互不影响,当其流动时形成的边界层相互干扰时,称为有限空间自然对流。

这与外部流动和内部流动的划分有类似的地方,但流动的动因不同,一个由外在因素引起的流动,一个是由流体的温度不同而引起的流动。

5. 对流体外掠叉排管束情况,讨论 s_1/d、s_2/d 的不同对最窄截面位置的影响。

答:s_1 和 s_2 分别是叉排的纵向间距和横向间距,d 是管子的直径。当 s_1/d 增加,即纵向间距增加时，最窄截面位置会向下游移动。这是因为纵向间距的增加会使得流体在管束中的流动更加均匀，从而使得流体流过管束时的阻力更小，最窄截面位置也就更容易向下游移动。当 s_2/d 增加，即横向间距增加时，最窄截面位置会向上游移动。这是因为横向间距的增加会使得流体在管束中的流动更为复杂，从而产生更多的漩涡和湍流，增加了流体的阻力，最窄截面位置则更容易向上游移动。

6. 简述射流冲击传热时被冲击表面上局部表面传热系数的分布规律。

答：射流冲击传热时，被冲击表面上的局部表面传热系数分布通常表现为以下规律：

(1)冲击点中心：在射流直接冲击的中心区域，局部表面传热系数最高。这是因为射流速度最大，湍流强，传热效果最强。

(2)径向减小：从冲击点向外径向移动，局部表面传热系数逐渐减小。射流速度降低，湍流减弱，传热效果随之减弱。

(3)边界层效果：在远离冲击点的区域，流动变得更加平稳，边界层逐渐增厚，进一步降低局部表面传热系数。

总结：局部表面传热系数在射流冲击中心最高，向外径向逐渐减小，最后在远离冲击点的区域趋于稳定。

7. 为什么射流冲击传热滞止点的局部传热那么强烈？

答：射流冲击传热中，滞止点局部传热强烈主要因为射流速度在此处最大，动能迅速转换为热能。同时，流体在滞止点形成的边界层最薄，使热传递阻力最小，传热效果最佳。

此外，滞止点附近流体的高度湍流增强了流体混合和热量传递效率，进一步提升了局部传热效果。这些因素共同作用，使滞止点的传热显著强烈。

8. 如果某种强化气体对流传热的结构使阻力系数增加的倍数大于传热系数增加的倍数，它还有使用价值吗？

答：如果某种强化气体对流传热的结构使阻力系数增加的倍数大于传热系数增加的倍数，它的使用价值可能较低。原因很简单：

(1)能耗增加：阻力增加会导致更高的能耗，需要更多的能量来推动流体。

(2)效率低下：如果传热效率提升不足以抵消能耗增加，整体系统效率会下降。

(3)成本上升：运行成本可能会上升，影响经济性。

总之，如果阻力增加得比传热效率提升得更多，一般来说，这种结构的使用价值不大。但在一些特殊应用场景中，还是需要具体分析。

9. 简述 *Nu* 数、*Pr* 数、*Gr* 数的物理意义。*Nu* 数和 *Bi* 数有什么区别？

答：Nu 数：表示对流传热强烈程度的一个准数；Pr 数：反映流体物理性质对对流传热影响的准数；Gr 数：反映由于流体各部分温度不同而引起的浮升力与黏性力的相对关系。

区别：Nu 数和 Bi 数的物理意义不同，Nu 数表示壁面附近的流体的无量纲温度梯度，表示流体对流传热的强弱；而 Bi 数表示导热体内部导热热阻与外部对流热阻的相对大小。

**10. 对于新遇到的一种对流传热现象，在从参考资料中寻找换热的特征数方程

时要注意什么？

答：在寻找适用于新遇到的对流传热现象的换热特征数方程时，需要注意以下几点：

(1)了解现象：明确流体的类型、流动状态（层流还是湍流）、边界条件（如恒定温度或恒定热流密度）和几何形状（如管道还是平板）。

(2)选对方程：选择合适的特征数方程，如努塞尔数（Nu）、雷诺数（Re）、普朗特数（Pr）等，确保这些方程适用于当前的流动状态和几何条件。

(3)检查范围：确保所选方程的适用范围与当前情况匹配。例如，某些方程可能只适用于特定的雷诺数或普朗特数范围。

(4)参考可靠来源：优先选择来自权威教科书、经典研究论文或工程手册中的方程，这些来源通常更可靠。

(5)验证条件：确认参考资料中的假设条件（如流动是不是稳态的，流体是否为不可压缩）与实际情况一致。

简单来说，就是要确保所选的换热特征数方程适用于你正在研究的具体情况，并且选择可靠的参考资料。

6.3.2 管槽内强制对流传热

6-1 试计算下列情形下的当量直径：

(1)边长为 a 及 b 的矩形通道；

(2)同(1)，但 $b \ll a$；

(3)环形通道，内管外径为 d，外管内径为 D；

(4)在一个内径为 D 的圆形筒体内布置 n 根外径为 d 的圆管，流体在圆外作纵向流动。

解：根据题意，当量直径为

(1) $d_{\mathrm{m}}=\dfrac{4ab}{2(a+b)}=\dfrac{2ab}{a+b}$

(2) $d_{\mathrm{m}}=\dfrac{4ab}{2(a+b)}=\dfrac{2ab}{a+b}\doteq 2b$

(3) $d_{\mathrm{m}}=\dfrac{4\pi\left[\left(\dfrac{D}{2}\right)^2-\left(\dfrac{d}{2}\right)^2\right]}{\pi(D+d)}=D-d$

(4) $d_{\mathrm{m}}=\dfrac{4\pi\left[\left(\dfrac{D}{2}\right)^2-n\left(\dfrac{d}{2}\right)^2\right]}{\pi(D+nd)}=\dfrac{D^2-nd^2}{D+nd}$

6-2 一常物性的流体同时流过温度与之不同的两根直管 1 和 2，且 $d_1=2d_2$。流动与换热均已处湍流充分发展区域。试确定在下列两种情形下两管内平均表面传热系数的相对大小：

(1)流体以同样流速流过两管；

(2)流体以同样的质量流量流过两管。

解：设流体是被加热的，则有：$h\sim\frac{c_p^{0.4}\lambda^{0.6}(\rho u)^{0.4}}{\mu^{0.4}h^{0.2}}$，对一种情形，$u_1=u_2$，$d_1=2d_2$，因此：

$$\frac{h_1}{h_2}=\frac{u_1^{0.8}d_1^{0.2}}{u_2^{0.8}d_2^{0.2}}=\left(\frac{u_1}{u_2}\right)^{0.8}\left(\frac{d_1}{d_2}\right)^{0.2}=\left(\frac{f_1\rho_1u_1}{f_2\rho_2u_2}\right)^{0.8}\left(\frac{d_2}{d_1}\right)^{1.8}=\left(\frac{1}{2}\right)^{1.8}=28.7\%$$

若流体被冷却，因 Pr 数不进入 h 之比的表达式，上述分析仍有效。

6-3　变压器油在内径为 30 mm 的管子内冷却，管子长 2 m，流量为 0.313 kg/s。变压器油的平均物性可取为 $\rho=885\ \mathrm{kg/m^3}$，$\nu=3.8\times10^{-5}\ \mathrm{m^2/s}$，$Pr=490$。试判断流动状态及换热是否已进入充分发展区。

解：经计算：

$$Re=\frac{4m}{\pi du}=\frac{4\times0.313}{3.1416\times0.03\times885\times3.8\times10^{-5}}=395<2300，流动为层流。$$

$$0.05RePr=0.05\times395\times490=9678$$

而 $l/d=2/0.03=66.7<<0.05RePr$

所以流动与换热处于入口段区域。

6-4　发电机的冷却介质从空气改为氢气后可以提高冷却效率，试对氢气与空气的冷却效果进行比较。比较的条件是：管道内湍流对流传热，通道几何尺寸、流速均相同，定性温度为 50 ℃，气体均处于常压下，不考虑温差修正。50 ℃氢气的物性数据如下：$\rho=0.0755\ \mathrm{kg/m^3}$，$\lambda=19.42\times10^{-2}\ \mathrm{W/(m\cdot K)}$，$\eta=9.41\times10^{-6}\ \mathrm{Pa\cdot s}$，$c_p=14.36\ \mathrm{kJ/(kg\cdot K)}$。

答：将发电机的冷却介质从空气改为氢气后，冷却效率的提高源于氢气和空气在物性参数上的差异。条件是：管道内湍流对流传热，通道几何尺寸、流速均相同，气体温度为 50 ℃，常压下，不考虑温差修正。

首先，列出空气和氢气在 50 ℃时的物性参数：

氢气(50 ℃)：ρ(密度)$=0.0755\ \mathrm{kg/m^3}$，λ(导热系数)$=0.1942\ \mathrm{W/(m\cdot K)}$，$\eta$(动力黏度)$=9.41\times10^{-6}\ \mathrm{Pa\cdot s}$，$c_p$(比热容)$=14.36\ \mathrm{kJ/(kg\cdot K)}$

空气(50 ℃，参考值)：ρ(密度)$=1.092\ \mathrm{kg/m^3}$，

λ(导热系数)$=0.0262\ \mathrm{W/(m\cdot K)}$，$\eta$(动力黏度)$=1.987\times10^{-5}\ \mathrm{Pa\cdot s}$，

c_p(比热容)$=1.006\ \mathrm{kJ/(kg\cdot K)}$

(1)雷诺数(Re)

$$Re=\frac{\rho vD}{\eta}$$

对于氢气：

$$Re_{\mathrm{H2}}=\frac{0.0755vD}{9.41\times10^{-6}}$$

对于空气：

$$Re_{air}=\frac{1.092vD}{1.987\times10^{-5}}$$

由于流速 v 和管径 D 相同，比例关系为

$$\frac{Re_{H2}}{Re_{air}}=\frac{0.0755/9.41\times10^{-6}}{1.092/1.987\times10^{-5}}\approx1.32$$

这说明在相同流速和管径下，氢气的雷诺数略高。

(2)普朗特数(Pr)

$$Pr=\frac{c_p\eta}{\lambda}$$

对于氢气：

$$Pr_{H2}=\frac{14360\times9.41\times10^{-6}}{0.1942}\approx0.695$$

对于空气：

$$Pr_{air}=\frac{1006\times1.987\times10^{-5}}{0.0262}\approx0.76$$

氢气的普朗特数比空气稍低。

(3)努塞尔数 Nu

在湍流条件下，使用 Dittus-Boelter 公式：

$$Nu=0.023\,Re^{0.8}Pr^{0.4}$$

由于$Re_{H2}\approx1.32\times Re_{air}$且$Pr_{H2}\approx0.91\times Pr_{air}$，可以得出：

$$Nu_{H2}\approx0.023\,(1.32\,Re_{air})^{0.8}(0.91\,Pr_{air})^{0.4}$$

通过比例关系计算，得到

$$Nu_{H2}\approx0.023\times1.25\,Re_{air}^{0.8}\times0.93\,Pr_{air}^{0.4}\approx1.16\,Nu_{air}$$

即氢气的努塞尔数大约比空气高 16%。

传热系数 h 与 Nu 成正比：

$$h=\frac{Nu\times\lambda}{D}$$

氢气的导热系数 λ 约是空气的 7.4 倍，并且氢气的努塞尔数比空气高 16%，氢气的传热系数 h 将大幅高于空气。

因此，氢气作为冷却介质比空气具有更高的冷却效率，主要是因为氢气的导热系数远高于空气，同时在相同流动条件下，其努塞尔数也略高。因此，在相同温度、流速和管道尺寸下，选择氢气可以显著提高冷却效果。

6-5　平均温度为 100 ℃、压力为 120 kPa 的空气，以 1.5 m/s 的流速流经内径

为 25 mm 的电加热管子。试估计在换热充分发展区的对流传热表面传热系数。在均匀热流边界条件下管内层流充分发展对流传热区的 $Nu=4.36$。

解:空气密度按理想气体公式计算 $\rho=\dfrac{p}{RT}=\dfrac{120000}{287\times373}=1.121\ \text{kg/m}^3$

空气的 μ 与压力关系甚小,仍可按一物理大气压下之值取用,

100 ℃时:

$$\mu=21.9\times10^{-6}\text{kg/(m·s)}$$

$$Re=\frac{1.121\times1.5}{21.9}\times0.025\times10^6=1919<2300$$

故为层流。按给定条件得:$h=4.36\times\dfrac{\lambda}{d}=4.36\times\dfrac{0.0321}{0.025}=5.6\ \text{W/(m}^2\cdot\text{K)}$。

6-6 水以 0.5 kg/s 的质量流量流过一个内径为 2.5 cm、长 15 m 的直通道,入口水温为 10 ℃。管子除了入口处很短的一段距离外,其余部分每个截面上的壁温都比当地平均水温高 15 ℃。试计算水的出口温度,并判断此时的热边界条件。

解:假使出口水温 $t''=50$ ℃,则定性温度 $t_f=\dfrac{1}{2}(t'+t'')=\dfrac{50+30}{2}=30$ ℃

水的物性参数为

$$\lambda=0.618\ \text{W/(m·K)}$$

$$\eta=801.5\times10^{-6}\ \text{kg/(m·s)}$$

$$Pr=5.42$$

$$Re=\frac{4\,m}{\pi d\mu}=\frac{4\times0.5\times10^6}{3.1416\times0.025\times801.5}=31771>10^4$$

因 $t_w-t_f=15$ ℃,

不考虑温差修正,则 $Nu_f=0.023\times31771^{0.8}\times5.42^{0.4}=180.7$

$$h=\frac{Nu_f\lambda}{d}=\frac{180.7\times0.618}{0.025}=4466.9[\text{W/(m}^2\cdot\text{K)}]$$

$$\Phi_1=h\pi dl(t_w-t_f)=4466.9\times3.1416\times0.025\times15\times15=78.94(\text{kW})$$

由水的进口焓 $i'=42.04$ kJ/kg,出口 $i''=209.3$ kJ/kg

$$\Phi_2=m(i''-i')=0.5\times(209.3-42.04)=83.67(\text{kW})$$

当 $\Phi_2>\Phi_1$,需重新假设 t'',直到 Φ_1 与 Φ_2 相符合为止(在允许误差范围内)。

经过计算得 $t''=47.5$ ℃,$\Phi_1=\Phi_2=78.4$ kW。

6-7 流体以 1.5 m/s 的平均速度流经内径为 16 mm 的直管,流体平均温度 10 ℃,换热已进入充分发展阶段。试比较当流体分别为氟利昂 134a 及水时对流传热表面传热系数的相对大小。管壁平均温度与液体平均温度的差值小于 10 ℃,流体被

加热。

解：由附录 10 及 11，10 ℃下水及 R134a 的物性参数各为：

R134a：$\lambda=0.0888\ \mathrm{W/(m\cdot K)}$，$v=0.2018\times10^{-6}\ \mathrm{m^2/s}$，$Pr=3.915$

水：$\lambda=0.574\ \mathrm{W/(m\cdot K)}$，$v=1.306\times10^{-6}\ \mathrm{m^2/s}$，$Pr=9.52$

对 R134a：

$$Re=\frac{1.5\times0.016}{0.2018}\times10^6=1.1893\times10^5$$

$$h=0.023\times118930^{0.8}\times3.915^{0.4}\times\frac{0.0888}{0.016}$$

$$=2531.3[\mathrm{W/(m^2\cdot K)}]$$

此时，水的雷诺数和传热系数：

$$Re=\frac{1.5\times0.016}{1.306}\times10^6=18376$$

$$h=0.023\times18376^{0.8}\times9.52^{0.4}\times\frac{0.574}{0.016}$$

$$=5241[\mathrm{W/(m^2\cdot K)}]$$

$$\eta=\frac{2531.3}{5241}=0.483$$

此时，R134a 的对流传热系数仅为水的 48.3%。

6-8　1.013×10^5 Pa 下的空气在内径为 76 mm 的直管内流动，入口温度为 65 ℃，入口体积流量为 0.022 $\mathrm{m^3/s}$，管壁的平均温度为 180 ℃。问管子要多长才能使空气加热到 115 ℃？

解：要计算空气在直管内加热到目标温度所需的管子长度，可以使用对流传热的基本公式和热量平衡方程。

入口条件：空气入口温度 $T_{in}=65$ ℃，空气入口体积流量 $Q=0.022\ \mathrm{m^3/s}$

壁面条件：管壁平均温度 $T_{wall}=180$ ℃

出口条件：空气出口温度 $T_{out}=115$ ℃

管道几何参数：管道内径 $D=76\ \mathrm{mm}=0.076\ \mathrm{m}$

空气在 1.013×10^5 Pa 下物性参数：密度 $\rho=1.092\ \mathrm{kg/m^3}$，比热 $c_p=1006\ \mathrm{J/(kg\cdot K)}$，导热系数 $\lambda=0.0262\ \mathrm{W/(m\cdot K)}$，动力黏度 $\eta=1.987\times10^{-5}\ \mathrm{Pa\cdot s}$

步骤 1：计算流动参数

体积流量转换为质量流量：

$$\dot{m}=\rho\times Q$$

其中，ρ 是空气密度，Q 是体积流量。

$$\dot{m}=1.092\ \mathrm{kg/m^3}\times0.022\ \mathrm{m^3/s}\approx0.024\ \mathrm{kg/s}$$

计算雷诺数(Re)：

$$Re=\frac{\rho vD}{\eta}$$

计算流速 v：

$$v=\frac{Q}{A}$$

其中 A 是管道截面积：

$$A=\frac{\pi D^2}{4}$$

代入数值：

$$A=\frac{\pi\ (0.076\ \mathrm{m})^2}{4}\approx 0.0045\ \mathrm{m}^2$$

$$v=\frac{0.022\ \mathrm{m}^3/\mathrm{s}}{0.0045\ \mathrm{m}^2}\approx 4.89\ \mathrm{m/s}$$

再代入雷诺数公式：

$$Re=\frac{1.092\ \mathrm{kg/m}^3\times 4.89\ \mathrm{m/s}\times 0.076\ \mathrm{m}}{1.987\times 10^{-5}\ \mathrm{Pa\cdot s}}\approx 20040$$

计算普朗特数(Pr)：

$$Pr=\frac{c_p\eta}{\lambda}$$

代入数值：

$$Pr=\frac{1006\ \mathrm{J/(kg\cdot K)}\times 1.987\times 10^{-5}\ \mathrm{Pa\cdot s}}{0.0262\ \mathrm{W/(m\cdot K)}}\approx 0.763$$

步骤 2：计算努塞尔数 Nu

对于湍流情况，可以使用 Dittus-Boelter 公式：

$$Nu=0.023\,Re^{0.8}\,Pr^{0.4}$$

代入数值：

$$Nu=0.023\times 20040^{0.8}\times 0.763^{0.4}\approx 106.7$$

步骤 3：计算对流传热系数 h

$$h=\frac{Nu\cdot\lambda}{D}$$

代入数值：

$$h=\frac{106.7\times 0.0262\ \mathrm{W/(m\cdot K)}}{0.076\ \mathrm{m}}\approx 36.77\ \mathrm{W/(m^2\cdot K)}$$

步骤 4：计算所需的管子长度

使用对流传热的基本热量平衡方程：

$$\dot{Q}=\dot{m}c_p\Delta T$$

$$\dot{Q}=hA_s(T_{wall}-T_m)$$

其中，$\Delta T=T_{out}-T_{in}$，且 T_m 是气体的平均温度，取 $T_m\approx\frac{T_{in}+T_{out}}{2}$：

$$T_m\approx\frac{65\ ℃+115\ ℃}{2}\approx 90\ ℃$$

$$\dot{Q}=\dot{m}c_p(T_{out}-T_{in})=0.024\ kg/s\times 1006\ J/(kg\cdot K)\times(115-65)K$$

$$\dot{Q}\approx 1207.2\ W$$

再计算传热面积 A_s：

$$A_s=\pi DL$$

代入热量平衡方程：

$$1207.2\ W=36.77\ W/(m^2\cdot K)\times\pi\times 0.076\ m\times L\times(180\ ℃-90\ ℃)$$

解方程求 L：

$$1207.2=36.77\times\pi\times 0.076\times L\times 90$$

$$L=\frac{1207.2}{36.77\times\pi\times 0.076\times 90}\approx 1.45\ m$$

为了使空气在直径为 76 mm 的管道内从 65 ℃加热到 115 ℃，管道需要的长度约为 1.45 m。

6-9　平均温度为 40 ℃的 14 号润滑油，流过壁温为 80 ℃、长 1.5 m、内径为 22.1 mm 的直管，流量为 800 kg/h。油的物性参数可从《传热学(第 6 版)》(陶文铨编著)书末附录中查取。试计算油与壁面间的平均表面传热系数及换热量。80 ℃时油的 $\eta=28.4\times 10^{-4}$ Pa・s。

解：40 ℃时 14 号润滑油的物性参数为

$$\lambda=0.1416\ W/(m\cdot K)$$

$$\rho=880.7\ kg/m^3$$

$$v=1242.2\times 10^{-6}\ m^2/s$$

$$Pr=1522$$

计算流动参数：

(1)流速 v

首先将流量 $\dot{m}$ 从 kg/h 转换为 kg/s：

$$\dot{m}=\frac{800\ \mathrm{kg/h}}{3600\ \mathrm{s/h}}=0.222\ \mathrm{kg/s}$$

然后计算流速 v。对于流速，需要先计算管道截面积 A：

管道内径 $D=22.1\ \mathrm{mm}=0.0221\ \mathrm{m}$

$$A=\frac{\pi D^2}{4}=\frac{\pi\ (0.0221\ \mathrm{m})^2}{4}\approx 3.84\times 10^{-4}\ \mathrm{m}^2$$

体积流量 Q 可以通过密度 ρ 计算：

$$Q=\frac{\dot{m}}{\rho}$$

润滑油在 40 ℃和 80 ℃时的物性参数。从附录查得：密度 $\rho=870\ \mathrm{kg/m^3}$，比热容 $c_p=2000\ \mathrm{J/(kg\cdot K)}$，导热系数 $\lambda=0.13\ \mathrm{W/(m\cdot K)}$，动力黏度 $\eta=28.4\times 10^{-4}\ \mathrm{Pa\cdot s}$

$$\begin{aligned} v &=\frac{Q}{A} \\ &=\frac{\dot{m}/\rho}{A} \\ &=\frac{0.222\ \mathrm{kg/s}}{870\ \mathrm{kg/m^3}}\cdot\frac{1}{3.84\times 10^{-4}\ \mathrm{m}^2} \\ &\approx 0.67\ \mathrm{m/s} \end{aligned}$$

$$Re=\frac{\rho v D}{\eta}$$

代入数值：

$$Re=\frac{870\ \mathrm{kg/m^3}\times 0.67\ \mathrm{m/s}\times 0.0221\ \mathrm{m}}{28.4\times 10^{-4}\ \mathrm{Pa\cdot s}}\approx 451$$

由于雷诺数小于 2300，因此流动处于层流状态。

对于层流流动，常用的努塞尔数公式在恒定壁温条件下：

$$Nu=3.66$$

(2)计算对流传热系数 h

$$h=\frac{Nu\lambda}{D}$$

代入数值：

$$h=\frac{3.66\times 0.13\ \mathrm{W/(m\cdot K)}}{0.0221\ \mathrm{m}}\approx 21.5\ \mathrm{W/(m^2\cdot K)}$$

(3)计算换热量 Q

换热量通过热量平衡方程计算：

$$\dot{Q}=\dot{m}c_p\Delta T$$

其中 ΔT 是油的温度变化。假设油的平均温度从 40 ℃加热到 80 ℃：

$$\Delta T=80\ ℃-40\ ℃=40\ \mathrm{K}$$

代入数值：

$$\dot{Q}=0.222\ \mathrm{kg/s}\times 2000\ \mathrm{J/(kg\cdot K)}\times 40\ \mathrm{K}\approx 17760\ \mathrm{W}$$

平均表面传热系数 h

$$h\approx 21.5\ \mathrm{W/(m^2\cdot K)}$$

换热量 $\dot{Q}$

$$\dot{Q}\approx 17760\ \mathrm{W}$$

这表明，在指定条件下，润滑油在管道内通过对流传热获得的换热量约为 17760 W，平均表面传热系数约为 21.5 W/(m² · K)。

6-10　初温为 30 ℃的水，以 0.857 kg/s 的流量流经一套管式换热器的环形空间，水蒸气在该环形空间的内管中凝结，使内管外壁温维持在 100 ℃。换热器外壳绝热良好。环形夹层内管外径为 40 mm，外管内径为 60 mm。试确定把水加热到 50 ℃时的套管长度，以及管子出口截面处的局部热流密度。

解：定性温度 $t_f=\dfrac{30+50}{2}=40\ ℃$

此时：$\lambda=0.635\ \mathrm{W/(m\cdot K)}$，$\mu=653.3\times 10^{-6}\ \mathrm{kg/(m\cdot s)}$，$c_p=4147\ \mathrm{J/(kg\cdot K)}$，$Pr=4.31$。

$$d_c=D-d=60-40=20(\mathrm{mm})$$

$$Re=\frac{4\dot{m}d_c}{\pi(D^2-d^2)\mu}=\frac{4\times 0.857\times 0.02}{3.1416\times(0.06^2-0.04^2)\times 653.3\times 10^{-6}}=16702$$

$$\mu_w=282.5\times 10^{-6}\ \mathrm{kg/(m\cdot s)}$$

流体被加热，有

$$\begin{aligned}Nu_f&=0.027\times Re^{0.8}\times Pr^{\frac{1}{3}}\left(\frac{\mu_f}{\mu_w}\right)^{0.11}\\&=0.027\times 16702^{0.8}\times 4.31^{\frac{1}{3}}\left(\frac{653.3}{282.5}\right)^{0.11}\\&=115.1\end{aligned}$$

$$h=\frac{115.1\times 0.635}{0.02}=3654.4[\mathrm{W/(m^2\cdot K)}]$$

由热平衡式 $c_p\dot{m}(t''-t')=Ah(t_w-t_f)=\pi dlh(t_w-t_f)$，得

$$l=\frac{c_p m(t''-t')}{\pi dh(t_w-t_f)}$$

$$=\frac{4174\times0.857\times(50-30)}{3.1416\times0.04\times3654.4\times(100-30)}$$

$$=2.2(\text{m})$$

管子出口处局部热流密度为 $q=h\Delta t=3654.4\times(100-50)=183(\text{kW/m}^2)$。

6-11　一台 100 MW 的发电机采用氢气冷却。氢气进入发电机时为 27 ℃，离开发电机时为 88 ℃。发电机的效率为 98.5%，氢气出发电机后进入一正方形截面的管道。若要在管道中维持 $Re=10^5$，问其截面积应为多大？氢气的物性为 $c_p=14.24\ \text{kJ/(kg}\cdot\text{K)}$、$\eta=0.087\times10^{-4}\ \text{Pa}\cdot\text{s}$。

解：发电机中的发热量为 $Q=(1-\eta)\times100\times10^6=0.015\times100\times10^6=1.5\times10^6(\text{W})$

这些热量被氢气吸收并从 27 ℃上升到 88 ℃，由此可定氢的流量 G：

$$14.24\times10^3\times(88-27)G=1.5\times10^6$$

$$G=1.727\ \text{kg/s}$$

设正方形管道的边长为 L，则有

$$\frac{\rho uL}{\mu}=G\frac{\rho uL^2}{\mu L}=10^5$$

其中：$\rho uL=G, L=\dfrac{\rho uL^2}{\mu\times10^5}=\dfrac{1.727}{0.087\times10^{-4}\times10^5}=1.985(\text{m})$

6-12　在一次对流传热的试验中，10 ℃的水以 1.6 m/s 的速度流入内径为 28 mm、外径为 31 mm、长 1.5 m 的管子。管子外表面均匀地缠绕着电阻带作为加热器，其外还包有绝热层。设加热器总功率为 42.05 W，通过绝热层的散热损失为 2%，试确定：(1) 管子出口处的平均水温；(2) 管子外表面的平均壁温。管材的 $\lambda=18\ \text{W/(m}\cdot\text{K)}$。

解：10 ℃水的物性为：$\rho=999.7\ \text{kg/m}^3$

$$c_p=4.191\ \text{J/(kg}\cdot\text{K)}$$

$$\lambda=57.4\times10^{-2}\ \text{W/(m}\cdot\text{K)}$$

$$v=1.306\times10^{-6}\ \text{m}^2\text{/s}$$

$$P=42.05\ \text{W}$$

$$P_f=42.05\times(1-2\%)=41.209(\text{W})$$

(1)设出口水平均温度为 15 ℃，

20 ℃水的物性：$\rho=998.2\ \text{kg/m}^3$，$c_p=4.183\ \text{J/(kg}\cdot\text{K)}$，$\lambda=59.9\times10^{-2}\ \text{W/(m}\cdot\text{K)}$，$v=1.006\times10^{-6}\ \text{m}^2\text{/s}$

15 ℃水的物性：$\rho=998.7\ \text{kg/m}^3$，$c_p=4.187\ \text{J/(kg}\cdot\text{K)}$，$\lambda=58.65\times10^{-2}\ \text{W/(m}\cdot\text{K)}$，$v=1.156\times10^{-6}\ \text{m}^2\text{/s}$，$Pr=8.27$

管截面积：$S_1=\frac{0.028^2\pi}{4}=0.00061544(m^2)$

$V=0.00061544\times1.6=0.000984704\ m^3/s$，$G=0.98441\ kg/s$，$\rho=999.7\ kg/m^3$

$$P=GC_p(t_2-t_1)=0.98441\times(C_2t_2-C_1t_1)=41.099\ kW$$

设出口温度为 20 ℃

$$P=0.98342\times(4.183\times20-4.183\times10)=41.05(kW)$$

结果与 41.099 接近，故出口平均水温为 20 ℃。

(2)管内壁的传热面积为：$S_2=0.028\times\pi\times1.5=0.1388(m^2)$

$$t_f=\frac{10+20}{2}=15(℃)$$

$$Re_f=\frac{ud}{v}=\frac{1.6\times0.028}{1.156\times10^{-6}}=38754.3$$

$$Nu=0.023\,Re^{0.8}Pr^{0.4}=0.023\times38754.3^{0.8}\times8.27^{0.4}=250.8$$

$$h_m=\frac{Nu\times\lambda}{d}=\frac{250.2\times58.65\times10^{-6}}{0.028}=5253.4[W/(m^2\cdot K)]$$

$$t_{w_1}=\frac{41.209\times1000}{h\times S_2}+t_f=74.5(℃)$$

$$\varphi=\frac{2\pi l(t_{w_2}-t_{w_1})}{\ln\left(\frac{d_2}{d_1}\right)/\lambda}$$

$$t_{w_2}=\frac{\varphi\ln\left(\frac{d_2}{d_1}\right)/\lambda}{2\pi l}=\frac{41.209\times1000\times\ln\left(\frac{0.031}{0.028}\right)/18}{2\times3.14\times1.5}+t_{w_1}=24.736+74.5=99.23(℃)$$

6-13　水以 1.2 m/s 的平均流速流过内径为 20 mm 的长直管。(1)管子壁温为 75 ℃，水从 20 ℃加热到 70 ℃；(2)管子壁温为 15 ℃，水从 70 ℃冷却到 20 ℃。试计算两种情形下的表面传热系数，并讨论造成差别的原因。

解：$w=1.2\ m/s$，$d=0.02\ m$

(1)当管子壁温为 15 ℃时，

$$t_f=\frac{1}{2}\times(20+70)=45(℃)$$

$$Re_f=\frac{ud}{v}=\frac{1.2\times0.02}{0.675\times10^{-6}}=39506.17$$

$$Nu_f=0.023\,Re_f^{0.8}\ Pr_f^{0.4}=0.023\times39506.17^{0.8}\times3.952^{0.4}=189.05$$

$$h_m=\frac{Nu\lambda}{d}=\frac{19.05\times64.15\times10^{-2}}{0.02}=6063.77[W/(m^2\cdot K)]$$

(2) $Nu=0.023Re^{0.8}Pr^{0.3}=0.023\times39506.17^{0.8}\times3.925^{0.3}=164.896$

$$h_{\mathrm{m}}=\frac{164.896\times64.15\times10^{-2}}{0.02}=5289.05[\mathrm{W/(m^2\cdot K)}]$$

因为加热，近壁处温度高，流体黏度减小，对传热有强化作用，冷却时，近壁处温度低，流体黏度增加，对传热有减弱作用。

6-14　一螺旋管式换热器的管子内径 $d=12$ mm，螺旋数为 4，螺旋直径 $D=150$ mm。进口水温 $t'=20$ ℃，管内平均流速 $u=0.6$ m/s，平均内壁温度为 80 ℃。试计算冷却水出口温度。

解：假设 t''进行计算。经过数次试凑后，设 $t''=63$ ℃，则

$$t_{\mathrm{f}}=\frac{20+63}{2}=41.5(℃)$$

物性值：$\lambda=0.6353\ \mathrm{W/(m\cdot K)}$

$$v=0.6564\times10^{-6}\ \mathrm{m^2/s}$$

$$c_p=4147\ \mathrm{J/(kg\cdot K)}$$

$$\rho=992.1\ \mathrm{kg/m^3},\mu=650.7\times10^{-6}\ \mathrm{kg/(m\cdot s)},Pr=4.195$$

$$Re=\frac{ud}{v}=\frac{0.6\times0.021\times10^6}{0.6564}=1.0097\times10^4$$

每根管长：$l=4\pi D=4\times3.1416\times0.15=1.885(\mathrm{m})$，$l/d=1.885/0.012=157$

$$c_p=1+10.3(d/R)^3=1+10.3\times(0.012/0.075)^3=1.0422[\mathrm{J/(kg\cdot K)}]$$

$$\mu_{\mathrm{w}}=355.1\times10^{-6}$$

$$Nu=0.027\times(1.097\times10^4)^{0.8}\times4.195^{\frac{1}{3}}\times(650.7/355.1)^{0.14}\times1.042=82.75$$

$$h=82.75\times0.6353/0.012=4381[\mathrm{W/(m^2\cdot K)}]$$

传热量：$\Phi_1=Ah\Delta t=3.1416\times0.012\times1.885\times4381\times(80-41.5)=11.986(\mathrm{kW})$

热平衡热量：

$$\Phi_2=\frac{\pi d^2}{4}\rho uc_p(t''-t')=0.785\times0.012^2\times992.1\times0.6\times4147\times(80-41.5)=11.986(\mathrm{kW})$$

经过比对，Φ_1 与 Φ_2 相差小于 1%，故 $t''=63$ ℃即为所求之值。

6-15　现代储蓄热能的一种装置的示意图如《传热学(第 6 版)》(陶文铨著)习题 6-15 附图所示。一根内径 $d=25$ mm 的圆管被置于一正方形截面的石蜡体中心，热水流过管内使石蜡熔解，从而把热水的显热转化成石蜡的潜热而储蓄起来。热水的入口温度为 60 ℃，流量为 0.15 kg/s。石蜡的物性参数为：熔点为 27.4 ℃，熔化潜热 $L=244$ kJ/kg，固体石蜡的密度 $\rho_s=770$ kg/m³。假设圆管表面温度在加热过程中一直处于石蜡的熔点，试计算把该单元中的石蜡全部熔化热水需流过多长时间？$h=$

0.25 m，$l=3$ m。

解：假定出口水温为 40 ℃，则水的定性温度为 50 ℃，水的物性参数：

$$\lambda=0.648\ \mathrm{W/(m\cdot K)}$$

$$\eta=549.4\times10^{-6}\ \mathrm{Pa\cdot s}$$

$$\rho=998.1\ \mathrm{kg/m^3}$$

$$Pr=3.54$$

$$C_p=4174\ \mathrm{J/(kg\cdot K)}$$

$Re=\dfrac{4q_m}{n\pi d}=13905>2300$ 所以管流为湍流，故 $Nu=0.023\,Re^{0.8}Pr^{0.3}=69.34$

$$h=\frac{Nu\lambda}{d}=1797\ \mathrm{W/(m^2\cdot K)}$$

又因为 $l/d=3/0.025=120>60$

热平衡方程

$$hA(t_f-t_m)=q_mC_p(t_f'-t_f'')$$

其中 $t_f=\dfrac{1}{2}(t_f'+t_f'')$，$A=\pi dl$

所以可得 $t_f''=43.25$ ℃

与假定 $t_f=40$ ℃相差较大，在假设 $t''_f=51.5$ ℃，水物性参数

$$\lambda=0.65\ \mathrm{W/(m\cdot K)},\eta=537.5\times10^{-6}\ \mathrm{Pa\cdot s},$$

$$\rho=987.3\ \mathrm{kg/m^3},Pr=3.46,C_p=4175\ \mathrm{J/(kg\cdot K)}$$

解得：$Re=\dfrac{4q_m}{n\pi d}=14213>2300$，因此是湍流

当水被冷却：$Nu=0.023\,Re^{0.8}Pr^{0.3}=70.08$，$h=\dfrac{Nu\lambda}{d}=1822\ \mathrm{W/(m^2\cdot K)}$

$$l/d=3/0.025=120>60,C_l=1,\Delta t=t_f-t_m=22.6<30,C_t=1$$

根据热平衡方程：

$$hA(t_f-t_m)=q_mC_p(t_f'-t_f'')$$

其中 $t_f=\dfrac{1}{2}(t_f'-t_f'')$；$A=\pi dl$

所以可得 $t''_f=43.4$ ℃

壁温与液体温差 $\Delta t=t_f-t_w=24.3<30$，$c_t=1$

水与石蜡的换热量为 $\Phi_1=q_m c_p(t_f-t_f)=10395.8\ \mathrm{W}$

根据牛顿冷却公式：

$$\Phi_2=hA(t_f-t_w)=10432\ \mathrm{W}$$

此时热平衡偏差：

$$\Delta=\left|\frac{\Phi_1-\Phi_2}{(\Phi_1+\Phi_2)/2}\right|\times 100\%=0.348\%<5\%$$

故上述计算有效 $t_f''=43.4\ ℃$。

使石蜡熔化所需热量 Q 为

$$Q=r\rho V=3.495\times 10^7\ \mathrm{J}$$

$$\Phi=\frac{1}{2}(\Phi_1+\Phi_2)=10413.9\ \mathrm{W}$$

所需加热时间 $\tau=\dfrac{Q}{\Phi}=3356.2\ \mathrm{s}=56\ \mathrm{min}$

空气定性温度 $t_m=\dfrac{1}{2}(t_w-t_\infty)=30\ ℃$。

6-16　在管道中充分发展的传热区域 $\partial\left(\dfrac{t_w-t}{t_w-t_b}\right)/\partial x=0$。无论 t_w 或 t_b 均可以是轴线方向坐标 x 的函数，但上述无量纲温度却与 x 无关。试从对流传热表面传热系数的定义出发，以圆管内流动与换热为例，证明在充分发展换热区常物性流体的局部表面传热系数也与 x 无关。

解：设在充分发展区，$\theta=\dfrac{t_w-t}{t_w-t_b}=f(r)$，则：

$$\left.\frac{d\theta}{dr}\right|_{r=R}=\frac{-\left.\dfrac{\partial t}{\partial r}\right|_{r=R}}{t_w-t_b}=f'(R)=\mathrm{const}$$

此处 R 为管子半径

$$h(x)=\left[-\lambda\left(\frac{\partial t}{\partial r}\right)_{r=R}\right]/(t_w-t_b)=\mathrm{const}$$

6-17　电力变压器可视为直径为 300 mm、高 500 mm 的短柱体，在运行过程中它需散失热流量 1000 W。为使其表面温度维持在 47 ℃，在其外壳上缠绕多圈内径为 20 mm 的管子(见附图)，管内通过甘油以吸收变压器的散热。管壁通过焊接与变压器外壳相连。设要求外壳温度维持在 47 ℃，甘油入口温度为 24 ℃，螺旋管内的允许温升为 6 ℃，并设变压器的散热均为甘油所吸收。试确定所需甘油流量、换热管总长度以及缠绕在柱体上的螺旋管相邻两层之间的间距 s。27 ℃ 的甘油的物性参数如下：$\rho=1259.9\ \mathrm{kg/m^3}$，$c_p=2427\ \mathrm{kJ/(kg\cdot K)}$，$\lambda=0.286\ \mathrm{W/(m\cdot K)}$，$\eta=79.9\times 10^{-2}\ \mathrm{Pa\cdot s}$，$Pr=6780$。47 ℃ 时甘油的 $\eta=20.95\times 10^{-2}\ \mathrm{Pa\cdot s}$。

解:假设:(1)略去动能与位能的变化;

(2)略去管壁阻力。

由热平衡,取 6 ℃温升,找出质量流率:

$$\Phi = q_m c_p (t' - t'') = 1000\ \text{W},\ q_m = \frac{1000}{c_p (t' - t'')} = \frac{1000}{2427 \times 6} = 0.0687(\text{kg/s})$$

解得

$$Re = \frac{4q_m}{\pi d\mu} = \frac{4 \times 0.0687}{3.14 \times 0.02 \times 79.9 \times 10^{-2}} = 5.48$$

因此,此时的流动为层流。

设流动与换热处于层流发展段,因为 $D/d = 300/20 \gg 1$,略去弯管作用不计,采用齐德-泰特公式,先假设长度,计算出 h,再从传热方程予以校核。

设 $L = 6\ \text{m}, Nu = 1.86 \left(\frac{5.48 \times 6780}{6000/20}\right)^{\frac{1}{3}} \left(\frac{79.9}{20.95}\right)^{0.14} = 1.86 \times 4.98 \times 1.206 = 11.17$

$$h = \frac{Nu\lambda}{d} = 11.17 \times 0.286/0.02 = 159.7[\text{W}/(\text{m}^2 \cdot \text{K})]$$

$$\Phi = \pi dLh\Delta t = 3.14 \times 0.02 \times 6 \times 159.7 \times (47 - 27) = 1203(\text{W}) > 1000(\text{W})$$

由计算过程可见,对本例,$\Phi \sim AH \sim L \times L^{-\frac{1}{3}} \sim L^{\frac{2}{3}}$,即$\frac{\Phi_1}{\Phi_2} = \left(\frac{L_1}{L_2}\right)^{\frac{2}{3}}$

由此得:$\frac{L_1}{L_2} = \left(\frac{\Phi_1}{\Phi_2}\right)^{1.5}$

故:$L_2 = L_1 \left(\frac{\Phi_1}{\Phi_2}\right)^{1.5} = 6 \times \left(\frac{1000}{1203}\right)^{1.5} = 6 \times 0.7579 = 4.55(\text{m})$

所能缠绕的圈数:

$$N = \frac{L}{\pi(D+d)} = \frac{4.55}{3.14 \times (0.3 + 0.02)} = \frac{4.55}{3.14 \times 0.32} = 4.53(\text{圈})$$

间距 $s = \frac{500}{4.53} = 110.4(\text{mm})$

6.3.3 外掠平板对流传热

6-18 一块长 400 mm 的平板,平均壁温为 40 ℃。常压下 20 ℃的空气以 10 m/s 的速度纵向流过该板表面。试计算离平板前缘 50 mm、100 mm、200 mm、300 mm、400 mm 处的热边界层厚度、局部表面传热系数及平均表面传热系数。

解:空气物性参数为 $\lambda = 0.0267\ \text{W}/(\text{m} \cdot \text{K}), Pr = 0.701, v = 16 \times 10^{-6}\ \text{m}^2/\text{s}$

离前缘 50 mm,$Re_x = \frac{u_\infty x}{v} = 31250; St = 4.53\ Pr^{-\frac{1}{3}} \sqrt{\frac{vx}{u_\infty}} = 1.44 \times 10^{-3}\ \text{m}$

$$h_x = 0.332 \frac{\lambda}{x} Re^{\frac{1}{2}} Pr^{\frac{1}{3}} = 27.84\ \text{W}/(\text{m}^2 \cdot \text{K})$$

$$h_m = 0.664\,Re^{\frac{1}{2}}Pr^{\frac{1}{3}}\frac{\lambda}{x} = 55.7\ \mathrm{W/(m^2 \cdot K)}$$

同理可得：

离前缘100 mm处 $St=2.04\times10^{-3}$ m；$h_x=13.92$ W/(m² · K)；$h_m=39.37$ W/(m² · K)

离前缘200 mm处 $St=2.28\times10^{-3}$ m；$h_x=13.92$ W/(m² · K)；$h_m=27.84$ W/(m² · K)

离前缘300 mm处 $St=3.53\times10^{-3}$ m；$h_x=11.36$ W/(m² · K)；$h_m=22.72$ W/(m² · K)

离前缘400 mm处 $St=4.08\times10^{-3}$ m；$h_x=9.84$ W/(m² · K)；$h_m=19.68$ W/(m² · K)

6-19　温度为0 ℃的冷空气以6 m/s的流速平行地吹过一太阳能集热器的表面。该表面呈方形，尺寸为1 m×1 m，其中一个边与来流方向垂直。如果表面平均温度为20 ℃，试计算由于对流而散失的热量。

解：$t_f=\frac{0+20}{2}=10(℃)$

10 ℃空气的物性：$\gamma=14.16\times10^{-6}$，$\lambda=2.51\times10^{-2}$，$Pr=0.705$

$$Re_x=\frac{ul}{\gamma}=\frac{6\times1.0}{14.16\times10^{-6}}=4.23728\times10^5$$

$$Nu=0.664\,Re^{\frac{1}{2}}Pr^{\frac{1}{3}}=384.68$$

$$h=\frac{384.68\times2.51\times10^{-2}}{1.0}=9.655[\mathrm{W/(m^2 \cdot K)}]$$

$$s=1\times1=1.0(\mathrm{m^2})$$

$$\Phi=hs(t_w-t_0)=9.655\times(20-0)=193.1(\mathrm{W})$$

6-20　在一摩托车引擎的壳体上有一条高2 cm、长12 cm的散热片（长度方向系与车身平行）。散热片表面温度为150 ℃。如果车子在20 ℃的环境中逆风前进，车速为30 km/h，而风速为2 m/s，试计算此时肋片的散热量（风速与车速相平行）。

解：按空气外掠平板的问题来处理。定性温度 $t_m=\frac{20+150}{2}=85(℃)$

空气的物性数据为 $\lambda=0.0309$ W/(m · K)，$v=27.6\times10^{-6}$ m²/s，$Pr=0.691$

$$Re=\frac{uL}{v}=\frac{10.33\times0.12}{21.6}\times10^6=57389<5\times10^5$$

即流动为层流。

$$Nu=0.664\times57389^{0.5}\times0.691^{0.333}=140.6$$

$$h=140.6\times0.0309/0.12=36.2[\mathrm{W/(m^2 \cdot K)}]$$

$$\Phi=2\,hA\Delta t=2\times36.2\times0.12\times0.02\times(150-20)=22.6(\mathrm{W})$$

6-21　一个亚音速风洞实验段的最大风速可达40 m/s。为了使外掠平板的流

动达到 5×10^5 的 Re_x 数，问平板需多长。设来流温度为 30 ℃，平板壁温为 70 ℃。如果平板温度系用低压水蒸气在夹层中凝结来维持，当平板垂直于流动方向的宽度为 20 cm 时，试确定水蒸气的凝结量。风洞中的压力可取为 1.013×10^5 Pa。

解：$t_m=\dfrac{70+30}{2}=50(℃)$，查附录 5 得

$$\lambda=0.0283\ \text{W/(m·K)},v=17.95\times10^{-6}\ \text{m}^2/\text{s},Pr=0.698$$

$$Re_x=\frac{40x}{17.95\times10^{-6}}=5\times10^5,x=\frac{17.95\times10^{-1}}{40}0.224(\text{m})$$

$$Nu=0.664Re^{\frac{1}{2}}Pr^{\frac{1}{3}}=0.664\times(5\times10^5)^{\frac{1}{2}}\times0.698^{\frac{1}{3}}=416.5$$

$$h=416.5\times0.0283/0.224=52.62[\text{W/(m}^2\cdot\text{K)}]$$

$$\Phi=2hA\Delta t=52.62\times0.2\times0.224\times(70-30)=94.3(\text{W})$$

在 $t=70$ ℃时，汽化潜热 $r=2334.1\times10^3$ J/kg

凝结水量 $G=\dfrac{94.3\times3600}{2334.1\times10^3}=0.1454(\text{kg/h})$。

6-22　为保证微处理机正常工作，采用一个小风机将气流平行地吹过集成电路块表面，如附图所示。试分析：(1)如果每个集成电路块的散热量相同，在气流方向上不同编号的集成电路块的表面温度是否一样，为什么？对温度要求较高的组件应当放在什么位置上？(2)哪些无量纲量影响对流传热？

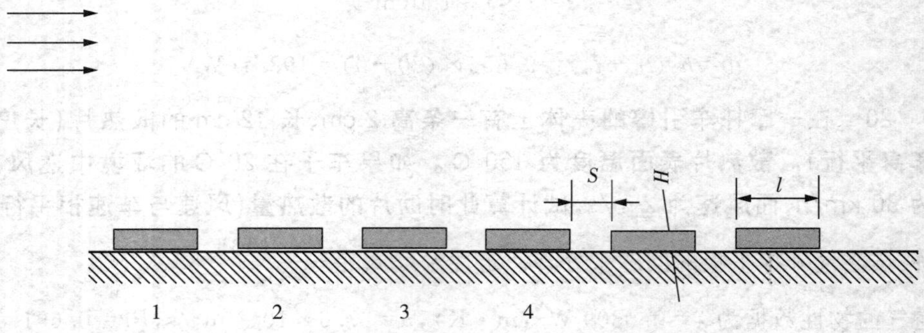

解：(1)不同编号的集成电路块的表面温度不一样，由于总流量较小，在吸收第一块集成电路块的热量后，自身的温度也随之上升，气流再送到下一块集成电路板所对流热量变小，两者间温差减小，未被带走热量就会加在集成电路板上，使之表面温度升高，故在气流方向上，集成电路块的表面温度逐渐在上升。对温度要求较高的组件应放在气流入口处或尽可能接近气流入口处。

(2)在充分发展对流传热阶段，除 Re、Pr 数以外，由三个几何参数所组成的两个无量纲参数，如 S/L 及 H/L，影响到对流传热。

6-23　飞机的机翼可近似地看成是一块置于平行气流中的长 2.5 m 的平板，飞机的飞行速度为 400 km/h，空气压力为 0.7×10^5 Pa，空气温度为 −10 ℃。机翼顶面

吸收的太阳辐射为 800 W/m²，而其自身辐射略而不计。试确定处于稳态时机翼的温度(假设温度是均匀的)。如果考虑机翼的本身辐射，这一温度应上升还是下降？

解：不计自身辐射时，机翼得到的太阳能辐射＝机翼对空气的对流传热。

需要假定机翼表面的平均温度。设 $t_w=-6.5$ ℃，则 $t_m=\dfrac{-10-6.5}{2}=-8.25$(℃)，

$$\lambda=0.0239\ \mathrm{W/(m\cdot K)},\ v=12.73\times10^{-6}\ \mathrm{m^2/s},\ Pr=0.706$$

$$Re=\frac{(400000/3600)\times25}{12.73\times10^{-6}}=2.18\times10^{7}\gg5\times10^{5}$$

$$Nu=0.037\,Re^{0.8}Pr^{\frac{1}{3}}=0.037\times2.18^{0.8}\times0.706^{\frac{1}{3}}=24467$$

$$h=24467\times0.0239/2.5=234[\mathrm{W/(m^2\cdot K)}]$$

$$q=h\Delta t=234\times3.5=819(\mathrm{W/m^2})$$

与所吸收的太阳辐射 800 W 相差 2.4%，可按照 $t_w=-6.5$ ℃即为所求之解。

6-24　一空气加热器系由宽 20 mm 的薄电阻带沿空气流动方向并行排列组成(见附图)，其表面平整光滑。每条电阻带在垂直于流动方向上的长度为 200 mm，且各自单独通电加热。假设在稳态运行过程中每条电阻带的温度都相等。从第一条电阻带的功率表中读出功率为 80 W，问第 14、24 条电阻带的功率表读数各为多少(其他热损失不计，流动为层流)？

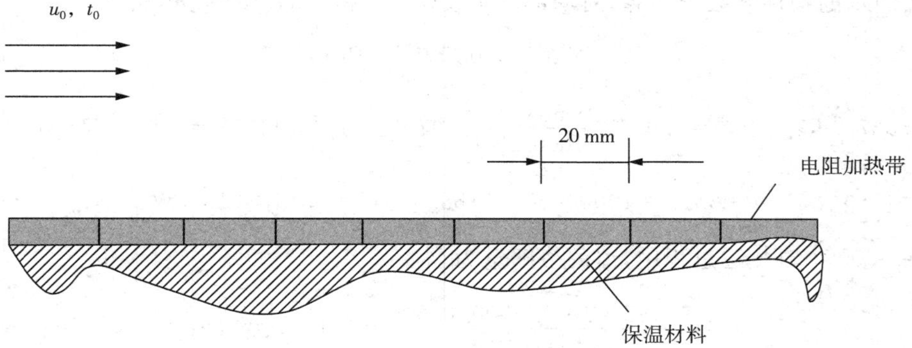

解：按空气外掠平板层流对流传热处理。

第 n 条加热带与第一条带的功率之比 Q_n/Q_1 可以表示为：$Q_n/Q_1=\dfrac{Q_{1-n}-Q_{1-(n-1)}}{Q_1}$

其中 $Q_{1-n}=A_{1-n}h_{1-n}\Delta t,\ Q_{1-(n-1)}=A_{1-(n-1)}h_{1-(n-1)}\Delta t$

故有：$\dfrac{Q_n}{Q_1}=\dfrac{A_{1-n}h_{1-n}-A_{1-(n-1)}h_{1-(n-1)}}{A_1h_1}=\dfrac{nh_{1-n}-(n-1)h_{1-(n-1)}}{h_1}$

$$h=0.664\,\frac{\lambda}{L}\left(\frac{uL}{v}\right)^{0.5}Pr^{0.333}=0.664\,Pr^{0.333}\left(\frac{u}{v}\right)^{0.5}L^{0.5}$$

代入得 $\dfrac{Q_n}{Q_1}=\{n\,(n\Delta L)^{-0.5}-(n-1)[(n-1)\Delta L]^{-0.5}\}/(\Delta L)^{-0.5}=n^{0.5}-(n-1)^{0.5}$

对 $n=14$

$$\frac{Q_{14}}{Q_1}=14^{0.5}-(14-1)^{0.5}=0.1361$$

对 $n=24$

$$\frac{Q_{24}}{Q_1}=24^{0.5}-(24-1)^{0.5}=0.1031$$

$$Q_{14}=80\times 0.1361=10.89\approx 10.9(\text{W})$$

$$Q_{24}=80\times 0.1031=8.25\approx 8.3(\text{W})$$

6-25　为解决世界上干旱地区的用水问题，曾召开过数次世界性会议进行讨论。有一个方案是把南极的冰山拖到干旱地区去。宽阔且平整的冰山是最适宜于拖运的。没要把一座长 1 km、宽 0.5 km、厚 0.25 km 的冰山拖运到 6000 km 以外的地区去，平均拖运速度为每小时 1 km。拖运路上水温的平均值为 10 ℃。作为一种估算，在拖运中冰与环境的作用可认为主要是冰块的底部与水之间的换热。试估算在拖运过程中冰山自身的融化量。冰的融解热为 3.34×10^5 J/kg，当 $Re>5\times 10^5$ 时全部边界层可认为已进入湍流。

解：按流体外掠平板的边界层类型问题来处理，定性温度 $t_m=\frac{0+10}{2}=5(℃)$，

按纯水的物性参数来计算，对局部 Nu 数计算式做$[0,L]$的积分，得

$$Nu_L=0.037\,Re_L^{0.8}\;Pr^{\frac{1}{3}}$$

$$h=0.037\,\frac{\lambda}{L}Re_L^{0.8}\;Pr^{\frac{1}{3}}=0.037\times\frac{0.563}{1000}\times(1.794\times 10^8)^{0.5}\times 11.6^{\frac{1}{3}}=188.9[\text{W}/(\text{m}^2\cdot\text{K})]$$

$$\Phi=Ah\Delta t=1000\times 500\times 188.9\times 10=9.445\times 10^8(\text{W})$$

在 6000 小时托运过程中，冰的溶解量为

$$G=\frac{9.445\times 10^8\times 6000\times 3600}{3.34\times 10^5}=6.11\times 10^{10}(\text{kg})$$

冰块的原体积为 $1000\times 500\times 250=1.25\times 10^8(\text{m}^3)$
可见大约一半左右的冰在托运过程中融化掉了。

6.3.4　外掠单管与管束

6-26　直径为 10 mm 的电加热圆柱置于气流中冷却，在 $Re=4000$ 时每米长圆柱通过对流传热散失的热量为 69 W。若把圆柱直径改为 20 mm，其余条件不变(包括 t_w)，问每米长圆柱的散热量为多少？

解：$Re=4000$，$Nu\sim Re^{0.466}$，直径增加一倍，Re 亦增加一倍，$Nu\sim Re^{0.618}$

$$\Phi\sim(\pi dL)h\sim(\pi dL)d^{-1-0.618}\sim d^{0.618}$$

$$\Phi_2=\Phi_1\left(\frac{d_2}{d_1}\right)^{0.618}=69\times1.534=105.9(\mathrm{W})$$

6-27　测定流速的热线风速仪是利用流速不同对圆柱体的冷却能力不同，从而导致电热丝温度及电阻值不同的原理制成的。用电桥测定电热丝的阻值可推得其温度。今有直径为 0.1 mm 的电热丝垂直于气流方向放置，来流温度为 20 ℃，电热丝温度为 40 ℃，加热功率为 17.8 W/m。试确定此时的流速。略去其他的热损失。

解：$q_l=h\pi d(t_w-t_f)$，$h=\dfrac{q_l}{\pi d(t_w-t_f)}=\dfrac{17.8}{\pi\times0.1\times10^{-5}\times(40-20)}=2833[\mathrm{W/(m^2\cdot K)}]$

定性温度 $t_m=\dfrac{20+40}{2}=30(℃)$

$$\lambda=0.0267\ \mathrm{W/(m\cdot K)},v=16\times10^{-6}\ \mathrm{m^2/s},Pr=0.701$$

$Nu=\dfrac{2833}{0.0267}\times0.1\times10^{-3}=10.61$。先按表 6-4 中的第三种情况计算，

$$Re=\left(\frac{Nu}{0.683}\right)^{\frac{1}{0.466}}=\left(\frac{10.61}{0.683}\right)^{2.1459}=360$$

这符合第三种情形的适用范围。

故得：$u=\dfrac{v}{d}Re=\dfrac{16\times10^{-6}\times360}{0.1\times10^{-3}}=57.6(\mathrm{m/s})$。

6-28　一个优秀的马拉松长跑运动员可以在 2.5 h 内跑完全程(41842.8 m)。为了估计他在跑步过程中的散热损失，可以作这样的简化：把人体看成是高 1.75 m、直径为 0.35 m 的圆柱体，皮肤温度作为柱体表面温度，取为 31 ℃；空气是静止的，温度为 15 ℃。不计柱体两端面的散热。试据此估算一个马拉松长跑运动员完全程后的散热量(不计出汗散失的部分)。

解：平均速度 $u=\dfrac{41842.84}{2.5\times3600}=4.649(\mathrm{m/s})$

定性温度 $t_m=\dfrac{31+15}{2}=23(℃)$

空气的物性为：$\lambda=0.0261\ \mathrm{W/(m\cdot K)},v=15.34\times10^{-6}\ \mathrm{m^2/s},Pr=0.702$

$Re=\dfrac{4.649\times0.35}{15.34\times1^{-6}}=106072\gg4\times10^4$

$$Nu=0.0266\,Re^{0.805}=0.0266\times106072^{0.805}=295.5$$

$$h=295.5\times0.0261/0.35=22[\mathrm{W/(m^2\cdot K)}]$$

$$\Phi=Ah\Delta t=3.1416\times0.35\times1.75\times22\times(31-15)=677.3(\mathrm{W})$$

在两个半小时内共散热 $2.5\times3600\times677.3=6095960=6.096\times10^6(\mathrm{J})$。

6-29　一未包绝热材料的蒸汽管道用来输送 150 ℃ 的水蒸气。管道外径为 500 mm，置于室外。冬天室外温度为 −10 ℃。如果空气以 5 m/s 的流速横向吹过该

管道,试确定其单位长度上的对流散热量。

解:$d=0.5$ m,$s=0.5\times3.14=1.57$(m)

$$t_f=\frac{150+(-10)}{2}=70(℃)$$

70 ℃空气的物性:$\gamma=20.02\times10^{-6}$,$\lambda=2.96\times10^{-2}$,$Pr=0.694$

$$Re_x=\frac{ul}{\gamma}=\frac{5\times0.5}{20.02\times10^{-6}}=124875$$

$$Nu=0.0266\,Re^{0.805}Pr^{\frac{1}{3}}=298.3$$

$$h_m=\frac{298.3\times2.96\times10^{-2}}{0.5}=17.6598[\mathrm{W/(m^2\cdot K)}]$$

$$\Phi=hs(t_w-t_0)=17.6598\times1.57\times[150-(-10)]=4436114(\mathrm{W})$$

6-30 某锅炉厂生产的 220 t/h 高压锅炉,其低温段空气预热器的设计参数为:叉排布置,$s_1=76$ mm,$s_2=44$ mm,管子为 $\phi=40$ mm× 1.5 mm,平均温度为 150 ℃的空气横向冲刷管束,流动方向的总排数为 44。在管排中心线截面上的空气流速(即最小截面上的流速)为 6.03 m/s。试确定管束与空气间的平均表面传热系数。管壁平均温度为 185 ℃。

解:定性温度为:$t_f=\dfrac{150+185}{2}=167.5$(℃)

70 ℃空气的物性:$\gamma=30.93\times10^{-6}$,$\lambda=3.689\times10^{-2}$,$Pr=0.68135$

$$Re_x=\frac{ul}{\gamma}=\frac{6.03\times0.04}{30.93\times10^{-6}}=7798.2$$

$$Nu=0.35\left(\frac{s_1}{s_2}\right)^{0.2}Re^{0.6}Pr^{0.36}\left(\frac{Pr_f}{Pr_w}\right)^{0.25}$$

$$=0.35\left(\frac{76}{44}\right)^{0.2}\times7798.2^{0.6}\times(0.68135)^{0.36}\times\left(\frac{0.68135}{0.68025}\right)^{0.25}$$

$$=73.60$$

$$h_m=\frac{73.6\times3.689\times10^{-2}}{0.049}=67.88[\mathrm{W/(m^2\cdot K)}]$$

6-31 如附图所示,一股冷空气横向吹过一组圆形截面的直肋。已知:最小截面处的空气流速为 3.8 m/s,气流温度为 $t_f=35$ ℃;肋片的平均表面温度为 65 ℃,导热系数为 98 W/(m·K),肋根温度维持定值:$s_1/d=s_2/d=2$,$d=10$ mm。为有效地利用金属,规定肋片的 mH 值不应大于 1.5,试计算此时肋片应多高?在流动方向上排数大于 16。

解:采用外掠管束的公式来计算肋束与气流间的对流传热,定性温度

$$t_m=\frac{35+65}{2}=50(℃),\lambda=0.0283\ \mathrm{W/(m\cdot K)},\upsilon=17.95\times10^{-6}\ \mathrm{m^2/s}$$

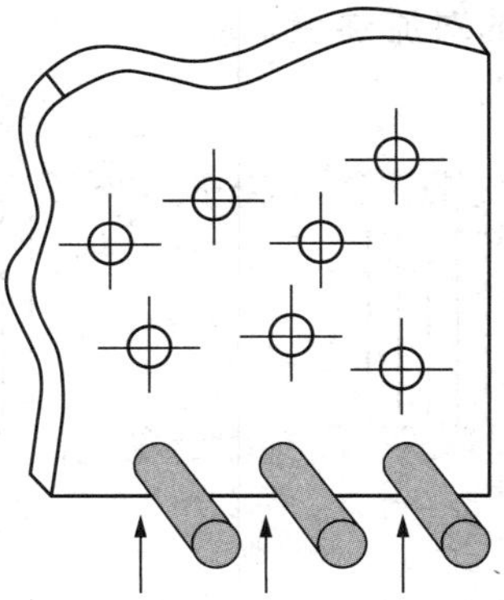

$$Re=\frac{3.8\times0.01}{17.95\times10^{-6}}=2117$$

由表(6-4)查得 $C=0.482, m=0.556$

$$Nu=0.482\times2117^{0.556}=34.05$$

$$h=\frac{34.05\times0.0283}{0.01}=96.4[\text{W}/(\text{m}\cdot\text{K})]$$

$$m=\sqrt{\frac{4h}{\lambda d}}=\sqrt{\frac{4\times96.4}{98\times0.01}}=19.83$$

$$H=1.5/19.83=0.0756(\text{m})$$

6-32　在锅炉的空气预热器中，空气横向掠过一组叉排管束，$s_1=80$ mm，$s_2=50$ mm，管子外径 $d=40$ mm。空气在最小截面处的流速为 6 m/s，流体温度 $t_f=133$ ℃。流动方向上的排数大于 10，管壁平均温度为 165 ℃。试确定空气与管束间的平均表面传热系数。

解：定性温度 $t^*=t_m=\frac{t_w+t_f}{2}=\frac{133+165}{2}=149$(℃)，得空气物性值为

$$\lambda=0.0356\ \text{W}/(\text{m}\cdot\text{K}), v=28.8\times10^{-6}\ \text{m}^2/\text{s}, Pr=0.683$$

$$Re=\frac{ud}{v}=\frac{6\times0.04}{28.8\times10^{-6}}=8333$$

$$\frac{s_1}{d}=2, \frac{s_2}{d}=1.25,$$

据表(6-4)得 $C=0.519, m=0.556, Nu=0.519\times8333^{0.556}=78.55$

$$h=\frac{Nu\lambda}{d}=\frac{78.55\times0.0356}{0.04}=69.9[\text{W}/(\text{m}^2\cdot\text{K})]$$

6-33　如附图所示，在两块安装有电子器件的等温平板之间安装了 25×25 根散热圆柱，圆柱直径 $d=2$ mm，长度 $l=100$ mm，顺排布置，$s_1=s_2=4$ mm。设圆柱体表面的平均温度为 340 K，进入圆柱束的空气温度为 300 K，进入圆柱束前的流速为

10 m/s,试确定圆柱束所传递的对流热量。

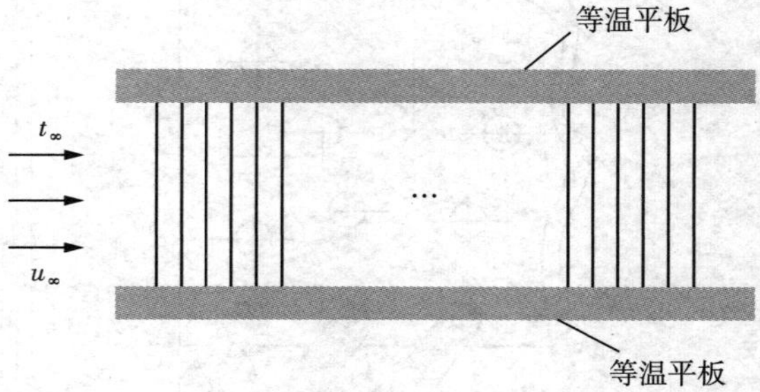

解:以 30 ℃的物性估计 $\lambda=0.0267\ \mathrm{W/(m\cdot K)}$,$v=16\times10^{-6}\ \mathrm{m^2/s}$

$$Pr_f=0.701,Pr_w=0.694,c_p=1005\ \mathrm{J/(kg\cdot K)},\rho=1.165\ \mathrm{kg/m^3}$$

取计算区域的高、宽各为 25,$S=100$ mm,则棒束中最大流速为

$$u_{max}=u_\infty\left(\frac{l}{l-25d}\right)=u_\infty\left(\frac{100}{100-50}\right)=20(\mathrm{m/s})$$

$$Re_{max}=\frac{u_{max}d}{v}=\frac{20\times0.002}{16\times10^{-6}}=2500$$

$$\begin{aligned}Nu_f&=0.27\ (Re_f)^{0.63}Pr_f^{0.36}\ (Pr_f/Pr_w)^{0.25}\\&=0.27\times2500^{0.63}\times0.701^{0.36}\times(0.701/0.694)^{0.25}\\&=32.96\end{aligned}$$

$$h=Nu_f\lambda/d=32.96\times0.0267/0.002=440[\mathrm{W/(m^2\cdot K)}]$$

从热平衡角度:

$$\Phi_{hb}=u_\infty A\rho c_p(t''-t')=10\times0.1\times0.1\times1.165\times1005\times(t''-27)$$

从传热角度:

$$\Phi_{hr}=\pi dlNh\left(t_w-\frac{t''+t'}{2}\right)=3.14\times0.002\times0.1\times25\times25\times440\times\left(67-\frac{27+t''}{2}\right)$$

据 $\Phi_{hb}=\Phi_{hr}$ 得

$$10\times0.1\times0.1\times1.165\times1005\times(t''-27)=$$

$$3.14\times0.002\times0.1\times25\times25\times440\times\left(67-\frac{27+t''}{2}\right)$$

$$116.9(t''-27)=172.7\times\left(67-\frac{27+t''}{2}\right)$$

解得 $t''=61$ ℃。

$$t_m=\frac{27+61}{2}=44(℃)$$

空气物性参数为

$$\lambda=0.0278\ \mathrm{W/(m\cdot K)}$$

$$v=17.36\times10^{-6}\ \mathrm{m^2/s}$$

$$Pr=0.699$$

$$c_p=1005\ \mathrm{J/(kg\cdot K)}$$

$$\rho=1.114\ \mathrm{kg/m^3}$$

$$Re=\frac{20\times0.002}{17.36\times10^{-6}}=2304$$

$$Nu_\mathrm{f}=0.27\times2304^{0.63}\times0.699^{0.36}\times(0.699/0.694)^{0.25}=31.2$$

$$h=Nu_\mathrm{f}\lambda/d=31.2\times0.0279/0.002=435.2[\mathrm{W/(m^2\cdot K)}]$$

$$\Phi_\mathrm{hb}=10\times0.1\times0.1\times1.114\times1005\times(t''-27)$$

$$\Phi_\mathrm{hr}=3.14\times0.002\times0.1\times25\times25\times435.2\times\left(67-\frac{27+t''}{2}\right)$$

由 $\Phi_\mathrm{hb}=\Phi_\mathrm{hr}$ 得：$111.96\times(t''-27)=170.8\times\left(67-\frac{27+t''}{2}\right)$

$$t''=61.6\ ℃$$

两者计算相差<1%，计算有效。

$$\Phi_\mathrm{hr}=3.14\times0.002\times0.1\times25\times25\times435.2\times\left(67-\frac{27+61.6}{2}\right)=3878(\mathrm{W})$$

6.3.5 外掠平翅片管束

6-34 若例题6-4中管排数 $N=2$，叉排，换热器的宽高不变，纵向管间距 $s_2=22.0$ mm，其他条件不变，试求肋片侧空气的平均表面传热系数。

解：为了求解肋片侧空气的平均表面传热系数，需要利用冲击射流的传热相关关系和补充给定的条件。

雷诺数 Re 是衡量流动类型的无量纲数，定义为

$$Re=\frac{V\cdot D}{\nu}$$

其中，ν 是空气的运动黏度。

在 25 ℃时，空气的运动黏度约为 $\nu\approx15.89\times10^{-6}\ \mathrm{m^2/s}$。

$$Re=\frac{25\cdot0.025}{15.89\times10^{-6}}\approx39367$$

努塞尔数 Nu 表示传热系数的无量纲数。对于垂直冲击射流，可以使用经验公式：

$$Nu = C \cdot Re^{m} \cdot \left(\frac{D}{H}\right)^{n}$$

根据文献,合适的系数 C,m 和 n 通常为

$$C \approx 0.5, m \approx 0.7, n \approx 0.4$$

$$Nu = 0.5 \cdot (39367)^{0.7} \cdot \left(\frac{0.025}{0.1}\right)^{0.4} = 0.5 \cdot 4975.2 \cdot 0.1778 \approx 442.3$$

传热系数 h:

$$Nu = \frac{h \cdot D}{k}$$

其中,k 是空气的导热系数。在 25 ℃时,空气的导热系数约为 $k \approx 0.026$ W/(m·K)。

$$h = \frac{Nu \cdot k}{D} = \frac{442.3 \cdot 0.026}{0.025} \approx 460.5[\mathrm{W/(m^2 \cdot K)}]$$

对于有肋片的空气换热器,空气的传热系数除了靠近肋片的局部传热系数外,还取决于整体的排布和间距。由于给定纵向管间距 s_2 和管排数 N,需要调整传热系数考虑到这些因素的影响。

6.3.6 外掠球堆积结构

6-35 现有速度 $u_m = 2.0$ m/s、温度 $t_{in} = 25$ ℃的常压空气流经图 6-14(b)、(c)所示的堆积床后被加热到 $t_{out} = 55$ ℃。已知球颗粒直径 $d = 6.0$ mm,试求这两种情况下空气与颗粒之间的平均表面传热系数。

解:雷诺数 Re 是衡量流动类型的无量纲数,定义为

$$Re = \frac{u_m \cdot d}{\nu}$$

其中,ν 是空气的运动黏度。在 25 ℃时,空气的运动黏度约为 $\nu \approx 15.89 \times 10^{-6}$ m²/s。

$$Re = \frac{2.0 \cdot 0.006}{15.89 \times 10^{-6}} \approx 755.2$$

努塞尔数 Nu 表示传热系数的无量纲数。在外掠球堆积结构中,努塞尔数可以用以下经验公式计算:

$$Nu = 2 + 1.1 \times Re^{0.6} \times Pr^{0.33}$$

其中,普朗特数 Pr 是一个无量纲数,定义为

$$Pr = \frac{c_p \cdot \mu}{k}$$

对空气来说,普朗特数 Pr 在常温常压下大约是 $Pr \approx 0.71$。

因此,将雷诺数和普朗特数代入:

$$Nu=2+1.1\cdot 755.2^{0.6}\cdot 0.71^{0.33}$$

$$Nu\approx 82.3$$

有了努塞尔数之后，可以计算传热系数 h：

$$Nu=\frac{h\cdot d}{k}$$

其中，k 是空气的导热系数。在 25 ℃时，空气的导热系数约为 $k\approx 0.026$ W/(m·K)。

$$h=\frac{Nu\cdot k}{d}=\frac{82.3\cdot 0.026}{0.006}\approx 356.6[\mathrm{W/(m^2\cdot K)}]$$

6.3.7　射流冲击传热

6－36　温度为 20 ℃的空气从直径 d＝10 mm 的喷嘴中以 20 m/s 的速度射出，垂直地冲击到 t_w＝100 ℃的平板上。环境温度 t_∞＝20 ℃。试对 l/d＝2、3、4、5、6 五种情形，计算在 r/d＝2.5 ～ 7.5 范围内的平均 Nu，由此得出什么结论？

解：雷诺数 Re 为

$$Re=\frac{V\cdot d}{\nu}$$

在 20 ℃时，空气的运动黏度约为 $\nu\approx 15.06\times 10^{-6}$ m²/s。

$$Re=\frac{20\cdot 0.01}{15.06\times 10^{-6}}\approx 13280$$

对于垂直冲击射流，Nusselt 数 Nu 可以通过经验公式来估算。常用公式：

$$Nu=C\cdot Re^m\cdot\left(\frac{r}{d}\right)^{-n}$$

对于雷诺数在此范围内，合理的经验系数为 $C=0.5,m=0.5,n=0.3$。

$$Nu=0.5\cdot(13280)^{0.5}\cdot\left(\frac{r}{d}\right)^{-0.3}$$

$$13280^{0.5}\approx 115.3$$

$$0.5\cdot 115.3\approx 57.65$$

计算 r/d＝2.5 到 7.5：

$$Nu=57.65\cdot(r/d)^{-0.3}$$

r/d	2.5	3.5	4.5	5.5	6.5	7.5
Nu	30.56	27.13	24.82	23.07	21.74	20.71

$$Nu_{\mathrm{avg}}=\frac{30.56+27.13+24.82+23.07+21.74+20.71}{6}\approx 24.67$$

对于不同的喷嘴与平板距离 l/d，在给定 r/d 范围内的平均努塞尔数大致保持一致，并趋近于 24.67。结果表明，在这些特定情况下，喷嘴与平板之间的距离对平均传热系数的影响较小。

6-37　温度为 25 ℃的空气从宽 $W=10$ mm 的窄缝中以 10 m/s 的速度射出，垂直地冲击到 $t_w=80$ ℃的表面上。环境温度 $t_\infty=25$ ℃。试求 $l/W=2$、3、4、5、6 五种情形，估算滞止点的表面传热系数。

解：雷诺数 Re

$$Re=\frac{V\cdot W}{\nu}$$

其中，在 25 ℃时，空气的运动黏度 $\nu\approx15.89\times10^{-6}\ \mathrm{m^2/s}$。

$$Re=\frac{10\cdot0.01}{15.89\times10^{-6}}\approx629.4$$

对于垂直冲击射流，滞止点处的努塞尔数可以通过以下经验公式估算：

$$Nu=0.9\cdot Re^{0.5}\cdot\left(\frac{l}{W}\right)^{0.5}$$

$$Nu=0.9\cdot629.4^{0.5}\cdot\left(\frac{l}{W}\right)^{0.5}$$

对于 $l/W=2$：

$$Nu=0.9\cdot25.09\cdot\sqrt{2}\approx0.9\cdot25.09\cdot1.414\approx31.96$$

对于 $l/W=3$：

$$Nu=0.9\cdot25.09\cdot\sqrt{3}\approx0.9\cdot25.09\cdot1.732\approx39.06$$

对于 $l/W=4$：

$$Nu=0.9\cdot25.09\cdot\sqrt{4}\approx0.9\cdot25.09\cdot2\approx45.16$$

对于 $l/W=5$：

$$Nu=0.9\cdot25.09\cdot\sqrt{5}\approx0.9\cdot25.09\cdot2.236\approx50.67$$

对于 $l/W=6$：

$$Nu=0.9\cdot25.09\cdot\sqrt{6}\approx0.9\cdot25.09\cdot2.449\approx55.30$$

滞止点的表面传热系数 h

$$Nu=\frac{h\cdot W}{k}$$

其中，空气的导热系数 $k\approx0.026\ \mathrm{W/(m\cdot K)}$。

$$h=\frac{Nu\cdot k}{W}$$

对于 $l/W=2$：

$$h\approx\frac{31.96\cdot 0.026}{0.01}\approx 83.1[\mathrm{W/(m^2\cdot K)}]$$

对于 $l/W=3$：

$$h\approx\frac{39.06\cdot 0.026}{0.01}\approx 101.6[\mathrm{W/(m^2\cdot K)}]$$

对于 $l/W=4$：

$$h\approx\frac{45.16\cdot 0.026}{0.01}\approx 117.4[\mathrm{W/(m^2\cdot K)}]$$

对于 $l/W=5$：

$$h\approx\frac{50.67\cdot 0.026}{0.01}\approx 131.7[\mathrm{W/(m^2\cdot K)}]$$

对于 $l/W=6$：

$$h\approx\frac{55.30\cdot 0.026}{0.01}\approx 143.8[\mathrm{W/(m^2\cdot K)}]$$

滞止点的表面传热系数 h 随着 l/W 的增大而增加。

6.3.8　大空间自然对流

6－38　将水平圆柱外自然对流传热的准则式改写成为以下的方便形式：

$$h=C\ (\Delta t/d)^{1/4}$$

其中系数 C 取决于流体种类及温度。对于空气及水，试分别计算 $t_m=40$ ℃、60 ℃、80 ℃的三种情形时上式中的系数 C 之值。

解：设水平圆柱外自然对流传热为层流

$$Gr=\frac{g\alpha d^3\Delta t}{v^2}$$

$$Nu=C_1\ (Gr\cdot Pr)^n=\frac{hd}{\lambda}$$

所以 $h=\frac{\lambda c_1}{d}(Gr.\ Pr)^n=0.48\lambda\left(\frac{g\alpha Pr}{v^2}\right)^{\frac{1}{4}}\left(\frac{\Delta t}{d}\right)^{\frac{1}{4}}$

由题意可得：$h=c\left(\frac{\Delta t}{d}\right)^{\frac{1}{4}}$，$c=0.48\lambda\left(\frac{g\alpha Pr}{v^2}\right)^{\frac{1}{4}}$

(1)对空气 $t_m=40$ ℃

空气物性参数为 $\lambda=0.0276\ \mathrm{W/(m\cdot K)}$，$Pr=0.699$，$v=16.96\times 10^{-6}\ \mathrm{m^2/s}$

$$c=0.48\lambda\left(\frac{g\alpha Pr}{v^2}\right)^{\frac{1}{4}}=1.237$$

(2)对空气 $t_m=60$ ℃

空气物性参数为 $\lambda=0.029$ W/(m·K),$Pr=0.696$,$v=18.96\times10^{-6}$ m²/s

$$c=0.48\lambda\left(\frac{g\alpha Pr}{v^2}\right)^{\frac{1}{4}}=1.209$$

(3)对空气 $t_m=80$ ℃

空气物性参数为 $\lambda=0.0306$ W/(m·K),$Pr=0.692$,$v=21.09\times10^{-6}$ m²/s

(4)对水 $t_m=40$ ℃

参数:$\lambda=0.635$ W/(m²·K),$Pr=4.31$,$v=0.659\times10^{-6}$ m²/s,$\alpha=3.86\times10^{-4}$ K^{-1}

$$c=0.48\lambda\left(\frac{g\alpha Pr}{v^2}\right)^{\frac{1}{4}}=134.2$$

(5)对水 $t_m=60$ ℃

参数:$\lambda=0.659$ W/(m²·K),$Pr=2.99$,$v=0.478\times10^{-6}$ m²/s,$\alpha=5.22\times10^{-4}$ K^{-1}

$$c=0.48\lambda\left(\frac{g\alpha Pr}{v^2}\right)^{\frac{1}{4}}=160.9$$

(6)对水 $t_m=80$ ℃

参数:$\lambda=0.674$ W/(m²·K),$Pr=2.21$

$$v=0.365\times10^{-6}\ \text{m}^2/\text{s},\alpha=6.40\times10^{-4}\ K^{-1}$$

$$c=0.48\lambda\left(\frac{g\alpha Pr}{v^2}\right)^{\frac{1}{4}}=183.7$$

6-39 一直径为25 mm、长1.2 m的竖直圆管,表面温度为60 ℃,试比较把它置于下列两种环境中的自然对流散热量:

(1)15 ℃、1.013×10⁵ Pa下的空气;

(2)15 ℃、2.026×10⁵ Pa下的空气。

在一般压力变化范围(大约从0.1×10⁵ Pa到10×10⁵ Pa)内,空气的 η、c_p 及 λ 可认为与压力无关。

解:(1)$t_m=\frac{60+15}{2}=37.5$(℃)

物性参数:$\lambda=0.02677$ W/(m·K),$v=16.07\times10^{-6}$ m²/s,$Pr=0.7$

$$Gr=\frac{ga\Delta tH^3}{v^2}=9.8\times\frac{1}{310.5}\times(60-15)\times\frac{1.2^3}{(16.07\times10^{-6})^2}=9.5\times10^9$$

$$GrPr=9.5\times10^9\times0.7=6.65\times10^9,Nu=0.1\times(6.65\times10^9)^{\frac{1}{3}}=187.9$$

$$h=\frac{Nu\lambda}{d}=\frac{187.9\times0.02677}{1.2}=0.19[\text{W}/(\text{m}^2\cdot\text{K})]$$

$$\Phi=Ah\Delta t=3.1416\times0.025\times1.2\times4.19\times(60-15)=17.8(\text{W})$$

(2)15 ℃、2.026×10^5 Pa 时，按理想气体定律，$\rho_2=2\rho_1$

$$\mu_1=\mu_2, v_2=\frac{v_1}{2}, Gr_2=4Gr_1, h_2=4^{\frac{1}{3}}h_1=1.59\times0.19=0.302[\mathrm{W/(m^2\cdot K)}]$$

$$\Phi_2=4^{\frac{1}{3}}\Phi_1=1.59\times17.8=28.3(\mathrm{W})$$

6－40　一根 $l/d=10$ 的金属柱体，从加热炉中取出置于静止空气中冷却。从加速冷却的观点，柱体应水平放置还是竖直放置(设两种情况下辐射散热相同)？试估算开始冷却的瞬间在两种放置的情形下自然对流冷却散热量的比值。两种情形下流动均为层流(端面散热不计)。

解：在开始冷却的瞬间，可设初始温度为壁温，因而两种情形下 t_w 相同。

近似地采用稳态工况下获得的准则式来比较，则有

$$h_L=\frac{0.59\lambda}{L}\times\left(\frac{ga\Delta tL^3}{v^2}Pr\right)^{\frac{1}{4}}$$

$$h_d=\frac{0.53\lambda}{d}\times\left(\frac{ga\Delta td^3}{v^2}Pr\right)^{\frac{1}{4}}$$

$$\frac{h_L}{h_d}=\frac{0.59}{0.53}\times\frac{d}{L}\left(\frac{L^3}{d^3}\right)^{\frac{1}{4}}=1.113\times\left(\frac{L}{d}\right)^{\frac{1}{4}}$$

对给定情形，$\frac{h_L}{h_d}=1.113\times\left(\frac{1}{10}\right)^{\frac{1}{4}}=0.626$，水平放置时冷却比较快。

6－41　假设把人体简化成为直径为 30 cm、高 1.75 m 的等温竖圆柱，其表面温度比人体体内的正常温度低 2 ℃，试计算该模型位于静止空气中时的自然对流散热量，并与人体每天的平均摄入热量(5440 kJ)相比较。圆柱两端面的散热可不予考虑，人体正常体温按 37 ℃计算，环境温度为 25 ℃。

解：$t_m=\frac{35+25}{2}=30(℃)$

$$\lambda=0.0267\ \mathrm{W/(m\cdot K)}, v=16\times10^{-6}\ \mathrm{m^2/s}, Pr=0.701$$

$$\alpha=\frac{1}{30+273}=\frac{1}{303}$$

$$Gr=\frac{g\alpha\Delta tH^3}{v^2}=9.8\times\frac{1}{303}\times(35-25)\times\frac{1.75^3}{(16\times10^{-6})^2}=6.771\times10^9$$

处于过渡区时

$$Nu=0.0292\times(6.771\times10^9\times0.701)^{0.39}=0.0292\times(4.746\times10^9)^{0.39}=173.4$$

$$h=\frac{Nu\lambda}{d}=\frac{173.4\times0.0276}{1.75}=2.646[\mathrm{W/(m^2\cdot K)}]$$

$$\Phi=Ah\Delta t=3.14\times0.3\times1.75\times2.646\times(35-25)=43.62(\mathrm{W})$$

6－42　一块有内部电加热的正方形薄平板，边长 30 cm，被竖直地置于静止的空

气中。空气温度为 35 ℃。为防止平板内部电热丝过热，其表面温度不允许超过150 ℃。试确定所允许的电热器的最大功率。平板表面辐射传热系数取为8.52 W/(m² · K)。

解： $t_m=\dfrac{150+35}{2}=92.5(℃)$，$\lambda=0.0315\ \text{W/(m·K)}$

$$v=22.36\times10^{-6}\ \text{m}^2/\text{s},Pr=0.6895$$

$$Gr=\frac{9.8\times(150-35)\times0.3^3}{(273+92.5)\times22.36^2}\times10^{12}=1.66\times10^8$$

$$Nu=0.59\times(1.66\times10^8\times0.6895)^{\frac{1}{4}}=61.07$$

$$h=\frac{61.07\times0.0315}{0.3}=6.41[\text{W/(m}^2\cdot\text{K)}]$$

$$\Phi_c=Ah\Delta t=0.3^2\times6.41\times(150-35)=66.3(\text{W})$$

辐射传热量：$\Phi_r=Ah_r(T-T_\infty)=0.3^2\times8.52\times(150-35)=88.2(\text{W})$

总散热量：$\Phi=\Phi_c+\Phi_r=66.3+88.2=154.5(\text{W})$

由于平板可以两面同时散热，故允许电加热功率为 $2\times154.5=309(\text{W})$

6-43 有人认为，一般房间的墙壁表面每平方米面积与室内空气间的自然对流传热量相当于一个家用白炽灯泡的功率。试对冬天与夏天的两种典型情况作估算，以判断这一说法是否有依据。设墙高 2.5 m，夏天墙表面温度为 35 ℃，室内温度为25 ℃；冬天墙表面温度为 10 ℃，室内空气温度为 20 ℃。

解： 夏天：$t_m=\dfrac{35+25}{2}=30(℃)$，$\lambda=0.0267\ \text{W/(m·K)}$

$$v=16\times10^{-6}\ \text{m}^2/\text{s},Pr=0.701$$

$$\alpha_v=\frac{1}{303},Gr=\frac{g\alpha\Delta tH^3}{v^2}=\frac{9.8\times1/303\times(35-25)\times2.5^3}{16^2}\times10^{12}=1.974\times10^{10}$$

$$Nu=0.0292\times(1.974\times10^{10}\times0.701)^{0.39}=0.0292\times(1.384\times10^{10})^{0.39}=263.3$$

$$h=\frac{Nu\lambda}{H}=\frac{263.3\times0.0267}{2.5}=2.812[\text{W/(m}^2\cdot\text{K)}]$$

$$q=h\Delta t=2.812\times10=28.12(\text{W/m}^2)$$

冬天：$t_m=\dfrac{10+20}{2}=15(℃)$，

$$\lambda=0.0255\ \text{W/(m·K)},v=14.61\times10^{-6}(\text{m}^2/\text{s})$$

$$Pr=0.704,\alpha=\frac{1}{288}$$

$$Gr=\frac{g\alpha\Delta tH^3}{v^2}=\frac{9.8\times1/288\times(20-10)\times2.5^3}{14.61^2}\times10^{12}=2.49\times10^{10}$$

$$Nu=0.10\times(2.49\times10^{10}\times0.704)^{\frac{1}{3}}=0.10\times2595.7=259.6$$

若按过渡区计算：

$$Nu=0.0292\times(2.49\times10^{10}\times0.704)^{0.39}=0.0292\times9871=273.9$$

过渡区交界处存在某种不协调，此处取平均值：

$$Nu=\frac{259.6+288.2}{2}=273.9$$

$$h=\frac{Nu\lambda}{H}=\frac{273.9+0.0255}{2.5}=2.79[\mathrm{W/(m^2\cdot K)}]$$

$$q=h\Delta t=2.79\times10=27.9(\mathrm{W/m^2})$$

6－44　电子器件的散热器系由一组相互平行的竖直放置的肋片组成，如《传热学(第 6 版)》(陶文铨著)习题 6－44 附图所示，$l=20$ mm，$H=150$ mm，$t=1.5$ mm。平板上的自然对流边界层厚度 $\delta(x)$ 可按下式计算：$\delta(x)=5x\ (Gr_x/4)^{-1/4}$。其中，$x$ 为从平板底面起算的当地高度，Gr_x 以 x 为特征长度。散热片的温度可认为是均匀的，并取为 $t_w=75$ ℃，环境温度 $t_\infty=25$ ℃。试确定：(1)使相邻两平板上的自然对流边界层不互相干扰的最小间距 s；(2)在上述间距下一个肋片的自然对流散热量。

解：$t_m=\dfrac{75+25}{2}=50(℃)$，$\lambda=0.0283\ \mathrm{W/(m\cdot K)}$

$$v=17.95\times10^{-6}\ \mathrm{m^2/s},Pr=0.698$$

$$\alpha_r=\frac{1}{273+50}=\frac{1}{323}$$

$$Gr_x=\frac{9.8\times1/323\times(75-25)\times0.15^3}{17.95^2}\times10^{12}=1.589\times10^7$$

$$\begin{aligned}\delta_{\max}&=5\times0.15\times(1.589\times10^7)^{-\frac{1}{4}}\\&=5\times0.15/63.14\\&=11.9(\mathrm{mm})\end{aligned}$$

最小间距 $s=\delta_{\max}=2\times11.9=23.8(\mathrm{mm})$

按竖直平板处理：$Nu=0.059\times(1.589\times10^7\times0.698)^{\frac{1}{4}}=0.059\times57.71=34.05$

$$h=\frac{34.05\times0.0283}{0.15}=6.429[\mathrm{W/(m^2\cdot K)}]$$

$$\Phi=2\times0.15\times0.02\times6.429\times(75-25)=6\times10^{-3}\times6.429\times50=1.93(\mathrm{W})$$

6－45　一池式换热设备由 30 个竖直放置的矩形平板组成，每块板宽 0.3 m、高 0.5 m，两板之间的距离很大，热边界层的发展不会受到影响。冷却剂为水，温度为 20 ℃。板面的温度均匀，且最高允许温度为 100 ℃。试计算这一换热设备的最大换

热量。

解：$t_m=\frac{75+25}{2}=50(℃)$

$$\lambda=0.659\ W/(m\cdot K)$$

$$v=0.478\times10^{-6}\ m^2/s$$

$$Pr=2.89$$

$$\alpha_r=5.22\times10^{-4}$$

$$Gr=\frac{g\alpha\Delta tH^3}{v^2}=\frac{9.8\times5.22\times10^{-4}\times(100-20)\times0.5^3}{(0.478\times10^{-6})^2}=0.2239\times10^{12}=2.239\times10^{11}$$

$$Nu=0.10\times(GrPr)^{\frac{1}{3}}=0.10\times(2.239\times10^{11}\times2.89)^{\frac{1}{3}}=0.10\times8641.4=864.1$$

$$h=\frac{Nu\lambda}{H}=\frac{864.1\times0.659}{0.5}=1139[W/(m^2\cdot K)]$$

$$\Phi=Ah\Delta t=30\times0.5\times0.3\times2\times1139\times(100-20)=9\times1139\times80=820(kW)$$

6-46　一输送冷空气的方形截面的管道，水平地穿过一室温为 28 ℃ 的房间，管道外表面平均温度为 12 ℃，截面尺寸为 0.3 m×0.3 m。试计算每米长管道上冷空气通过外表面的自然对流从房间内带走热量。注意：冷面朝上相当于热面朝下，而冷面朝下则相当于热面朝上。对均匀壁温情形，水平板热面向上时有

$$Nu=0.54\ (GrPr)^{1/4}\ (1.43\times10^4<Gr<1.43\times10^7)$$

$$\text{及}\ Nu=0.15\ (GrPr)^{1/3}\ (1.43\times10^7<Gr<1.43\times10^{11})$$

水平板热面向下时有 $Nu=0.27\ (GrPr)^{1/4}\ (10^5<GrPr<10^{11})$，特征长度为 A/P，其中 A 为表面面积，P 为周长。

解：不考虑相交面处的相互影响，$t_\infty=\frac{28+12}{2}=20(℃)$，$\lambda=0.0259\ W/(m\cdot K)$，$v=15.06\times10^{-6}\ m^2/s$，$Pr=0.703$

对竖壁，特征尺寸 $l=0.3$，对上下表面，因为管道长度远大于截面尺寸，故 $\frac{A}{P}\approx\frac{0.3\times L}{2L}=0.15$

(1)竖壁：

$$GrPr=\frac{g\alpha\Delta tl^3}{v^2}Pr=\frac{9.8\times1/293\times(28-12)\times0.3^3}{15.06^2}\times10^{12}\times0.703=4.479\times10^5$$

$$Nu=0.59\times(4.479\times10^6)^{\frac{1}{4}}=48.3$$

(2) 冷面朝上：

$$GrPr=\frac{g\alpha\Delta tl^3}{v^2}Pr=\frac{9.8\times1/293\times(28-12)\times0.15^3}{15.06^2}\times10^{12}\times0.703=5.599\times10^5$$

$$Nu = 0.27\,(GrPr)^{\frac{1}{4}} = 0.27 \times (5.599 \times 10^5)^{\frac{1}{4}} = 0.27 \times 27.35 = 7.386$$

(3) 下表面：

$$Nu = 0.54 \times (5.599 \times 10^5)^{\frac{1}{4}} = 14.77$$

$$\begin{aligned}\Phi_L &= \sum h_i A_i \Delta t \\ &= \sum \frac{Nu_i \lambda}{L_i} A\,\Delta t \\ &= 0.3 \times 1 \times (28 - 12) \times \left[2 \times 48.3 \times \frac{1}{0.3} + 7.386 \times \frac{1}{0.15} + 14.77 \times \frac{1}{0.15}\right] \times 0.0259 \\ &= 0.3 \times 16 \times (2 \times 4.1699 + 1.275 + 2.559) \\ &= 58.4(\mathrm{W/m})\end{aligned}$$

6-47　尺寸为 33 cm×33 cm 的薄瓷砖水平地置于一加热炉内加热，炉内温度为 590 ℃。试估算当瓷砖表面温度为 430 ℃时的自然对流热量。计算所用关联式可参考上题。

解：$\frac{A}{P} = \frac{0.3 \times 0.3}{4 \times 0.3} = 0.15(\mathrm{m})$，$t_m = \frac{590 + 430}{2} = 510(℃)$

$$\lambda = 0.05788\ \mathrm{W/(m \cdot K)},\ v = 81.14 \times 10^{-6}\ \mathrm{m^2/s}$$

$$Pr = 0.688,\ \alpha = \frac{1}{783}$$

$$GrPr = \frac{9.8 \times 1/783 \times (590 - 430) \times 0.15^3}{81.14^2} \times 10^{12} \times 0.688 = 1.027 \times 10^6$$

对向下的冷面有

$$Nu = 0.54 \times (1.027 \times 10^6)^{\frac{1}{4}} = 0.54 \times 31.83 = 17.19$$

$$\begin{aligned}h &= \frac{Nu\lambda}{H} \\ &= \frac{17.19 \times 0.05788}{0.15} \\ &= 6.6325[\mathrm{W/(m^2 \cdot K)}]\end{aligned}$$

对向上的热面有

$$Nu = 0.27 \times (1.027 \times 10^6)^{\frac{1}{4}} = 8.594$$

$$h = \frac{Nu\lambda}{H} = \frac{8.594 \times 0.05788}{0.15} = 3.316[\mathrm{W/(m^2 \cdot K)}]$$

$$\Phi = \sum A h \Delta t = 0.3 \times 0.3 \times (6.633 + 3.316) \times (590 - 430) = 0.09 \times 9.949 \times 160 = 143(\mathrm{W})$$

6-48 一直径为 25 cm 的金属球壳，其内置有电热器，该球壳被悬吊于温度为 20 ℃ 的盛水的容器中。为使球壳表面温度维持在 65 ℃，问电加热功率为多大？

解：$t_m=\dfrac{20+65}{2}=42.5$(℃)，$\lambda=0.638\ \mathrm{W/(m\cdot K)}$

$$v=0.633\times10^{-6}\ \mathrm{m^2/s},\ Pr=4.118,\ \alpha=4.04\times10^{-4}$$

$$GrPr=\frac{g\alpha\Delta td^3}{v^2}Pr$$

$$=\frac{9.8\times4.04\times10^{-4}\times(65-20)\times0.025^3}{0.633^2}\times10^{12}\times4.118$$

$$=2.86\times10^7$$

$$Nu=2+\frac{0.589\times(2.86\times10^7)^{\frac{1}{4}}}{[1+(0.469/4.118)^{\frac{9}{16}}]^{\frac{4}{9}}}=2+\frac{43.07}{1.122}=2+38.4=40.4$$

$$\Phi=Ah\Delta t$$

$$=\pi d^2\ h(t_w-t_\infty)$$

$$=3.14\times0.025^2\times1031\times(65-20)$$

$$=91(\mathrm{W})$$

6-49 对习题 6-42 所述情形，设已知加热功率为 310 W，其中 42% 系通过自然对流散失，且假定热流密度是均匀的。试确定平板的最高壁温。

解：假设 $t_m=100$ ℃，$\lambda=0.032\ \mathrm{W/(m\cdot K)}$

$$v=23.13\times10^{-6}\ \mathrm{m^2/s},\ Pr=0.688,\ Nu_x=0.60\ (Gr^*\ Pr)^{\frac{1}{4}},$$

$$Nu_x=0.60\times(2.134\times10^{10}\times0.688)^{\frac{1}{5}}=0.60\times(1.468\times10^{10})^{\frac{1}{5}}=64.79$$

$$h=\frac{Nu_x\lambda}{L}=\frac{64.79\times0.0321}{0.3}=6.933[\mathrm{W/(m^2\cdot K)}]$$

$$\frac{310/(0.3\times0.3\times2)}{t_{\mathrm{wmax}}-35}=6.933$$

$$\frac{1722}{t_{\mathrm{wmax}}-35}=6.933$$

$$t_{\mathrm{wmax}}=283.4$$

自然对流的 $q=\dfrac{310\times0.42}{0.09\times2}=723.3(\mathrm{W/m^2})$

$$Gr_t^*=\frac{g\alpha qL^4}{\lambda v^2}=\frac{723.3\times\dfrac{1}{273+100}\times9.8\times0.3^4}{0.0321\times23.13^2}\times10^{12}=8.96\times10^9$$

$$Nu_t = 0.60\times(8.96\times10^9\times0.688)^{\frac{1}{5}} = 0.60\times90.78 = 54.47$$

$$h = \frac{Nu_t\lambda}{L} = \frac{54.47\times0.0321}{0.3} = 5.828[\mathrm{W/(m^2\cdot K)}]$$

$$\frac{q}{t_{\mathrm{wmax}} - t_\infty} = \frac{723.3}{t_{\mathrm{wmax}} - 35} = 5.828$$

$$t_{\mathrm{wmax}} = 35 + \frac{723.3}{5.828} = 35 + 124.1 = 159.1(℃)$$

x	0.1 m	0.2 m	0.3 m
Gr_x	1.11×10^8	1.17×10^9	8.96×10^9
Nu_x	22.6	39.38	54.47
h_x	7.25	6.32	5.83
t_w	134.8	149.4	159.1

$$t_w = \frac{134.8 + 149.4 + 159.1}{3} = 147.8(℃)$$

$$t_m = 91.4(℃)$$

按 $t_m = 90$ ℃计算

$$\lambda = 0.0313\ \mathrm{W/(m\cdot K)},\ v = 22.1\times10^{-6}\ \mathrm{m^2/s},\ Pr = 0.690$$

$$Gr_x = \frac{9.8\times1/363\times723.3\times0.3^4}{22.1^2\times0.0313}\times10^{12} = 1.035\times10^{10}$$

$$Nu_x = 0.60\times(1.035\times10^{10}\times0.690)^{\frac{1}{5}} = 0.60\times93.48 = 56.09$$

$$h = \frac{Nu_x\lambda}{L} = \frac{56.09\times0.0313}{0.3} = 5.85[\mathrm{W/(m^2\cdot K)}]$$

$$t_{\mathrm{wmax}} = 35 + \frac{723.3}{5.85} = 35 + 123.6 = 158.6(℃)$$

6.3.9　有限空间自然对流

6-50　一水平封闭夹层，其上、下表面的间距 $\delta = 14$ mm，夹层内是压力为 1.013×10^5 Pa 的空气。设一个表面的温度为 90 ℃，另一表面为 30 ℃，试计算当热表面在冷表面之上及在冷表面之下两种情形下，通过夹层单位面积的传热量。

解：当热面在上，冷面在下时，热量的传递仅靠导热，$t_m = \frac{30+90}{2} = 60(℃)$

$$\lambda = 0.029\ \mathrm{W/(m\cdot K)},\ v = 18.97\times10^{-6}\ \mathrm{m^2/s},\ Pr = 0.696$$

则有

$$q=\lambda\frac{\Delta t}{\delta}=0.029\times\frac{90-30}{0.014}=124(\mathrm{W/m^2})$$

当热面在下时夹层中有自然对流：

$$GrPr=\frac{9.8\times1/333\times(90-30)\times0.014^3}{18.97^2}\times10^{12}\times0.696=9371$$

$$Nu=0.212\times9371^{\frac{1}{4}}=2.09$$

$$h=\frac{2.09\times0.029}{0.014}=4.33(\mathrm{W/(m^2\cdot K)})$$

$$q=h\Delta t=4.33\times60=260(\mathrm{W/m^2})$$

6-51　一太阳能集热器吸热表面的平均温度为 85 ℃，其上覆盖表面的温度为 35 ℃，两表面形成相距 5 cm 的夹层。试确定在每平方米夹层上空气自然对流的散热量。研究表明，当 $Gr_\delta Pr\leqslant1700$ 时不会产生自然对流而是纯导热工况。试对本例确定不产生自然对流的两表面间间隙的最大值，此时的散热量为多少(不包括辐射部分)？

解：(1)$t_m=\dfrac{85+35}{2}=60(℃)$，$\lambda=0.029\ \mathrm{W/(m\cdot K)}$

$$v=18.97\times10^{-6}\ \mathrm{m^2/s}$$

$$Pr=0.696,Gr_\delta Pr=\frac{9.8\times1/333\times(85-35)\times0.05^3}{18.97^2}\times10^{12}\times0.696=355743$$

$$Nu=0.061\times355743^{\frac{1}{3}}=4.30$$

$$h=\frac{4.30\times0.029}{0.05}=2.49[\mathrm{W/(m^2\cdot K)}]$$

$$q=h\Delta t=2.49\times50=125(\mathrm{W/m^2})$$

$$(2)\frac{g\alpha\Delta t\delta^3}{v^2}Pr=\frac{9.8}{18.97^2}\times10^{12}\times\frac{1}{333}\times50\times0.696\delta^3=2.8459\times10^9\times\delta^3\leqslant1708$$

$$\delta^3\leqslant6.002\times10^{-7}\ \mathrm{m},\delta\leqslant8.42\times10^{-3}\ \mathrm{m}$$

导热量：

$$q=\frac{\lambda\Delta t}{\delta}=\frac{0.029\times50}{0.00842}=172.2(\mathrm{W/m^2})$$

导热量反而比有自然对流时大，这是因为板间距已远远低于有自然对流时的情形。

6-52　一烘箱的顶部尺寸为 0.6 m×0.6 m，顶面温度为 70 ℃。为减少热损失及安全起见，在顶面上又加了一封闭夹层，夹层盖板与箱顶的间距为 50 mm。假设加夹层后原箱顶的温度仍为 70 ℃，试计算加夹层后的自然对流热损失是不加夹层时的百分之几？环境温度为 27 ℃。

解：此题中盖板温度未知，这一温度由夹层中的散热与盖板向大空间的换热所决定，正确的温度值应使这两份热量相等。在计算中，此温度需假设。

(1)不加夹层时，$t_m=\dfrac{70+27}{2}=48.5(℃)$，空气的物性值为

$$\lambda=0.0282\ \text{W/(m}\cdot\text{K)},v=17.80\times10^{-6}\ \text{m}^2/\text{s},Pr=0.698,L=\frac{0.6^2}{4\times0.6}=0.15$$

$$GrPr=\frac{9.8\times1/321.5\times(70-27)\times0.15^3}{17.8^2}\times10^{12}\times0.698=9.75\times10^6$$

$$Nu=0.54\times(9.75\times10^6)^{\frac{1}{4}}=30.17$$

$$h=\frac{30.17\times0.0282}{0.15}=5.67[\text{W/(m}^2\cdot\text{K)}]$$

$$\Phi=Ah\Delta t=0.6^2\times5.67\times43=87.8(\text{W})$$

(2)加夹层后，经几次计算，设 $t_w=42.5$ ℃

则大空间自然对流部分：$t_m=\dfrac{27+42.5}{2}=34.75(℃)$

$$\lambda=0.0271\ \text{W/(m}\cdot\text{K)},\text{v}=16.46\times10^{-6}\ \text{m}^2/\text{s},\text{Pr}=0.70$$

$$GrPr=\frac{9.8\times1/307.8\times(42.5-27)\times0.15^3}{16.46^2}\times10^{12}\times0.7=4.303\times10^6$$

$$Nu=0.54\times(4.303\times10^6)^{\frac{1}{4}}=24.59$$

$$h=\frac{24.59\times0.0271}{0.15}=4.44[\text{W/(m}^2\cdot\text{K)}]$$

$$\Phi_1=Ah\Delta t=0.6^2\times4.44\times15.5=24.8(\text{W})$$

封闭腔部分：$t_m=\dfrac{70+42.5}{2}=56.25(℃)$

$$\lambda=0.0287\ \text{W/(m}\cdot\text{K)},v=18.59\times10^{-6}\ \text{m}^2/\text{s},Pr=0.697$$

$$Gr_\delta Pr=\frac{9.8\times1/329.3\times(70-42.5)\times0.05^3}{18.59^2}\times10^{12}\times0.697=2.063\times10^5$$

$$Nu=0.212\times(2.063\times10^5)^{\frac{1}{4}}=4.518$$

$$h=\frac{4.518\times0.0287}{0.05}=2.593[\text{W/(m}^2\cdot\text{K)}]$$

$$\Phi_2=Ah\Delta t=0.6^2\times2.593\times27.5=25.67(\text{W})$$

由于 Φ_1 与 Φ_2 相差约 3%，可取$\dfrac{\Phi_1+\Phi_2}{2}$作为结果，则 $\Phi=25.24$ W

$$\frac{25.24}{87.8}\times100\%=28.7\%$$

因此,加夹层后的自然对流散热损失减少是不加夹层时的28.7%。

6－53　一太阳能集热器置于水平的房顶上。在集热器的吸热表面上用玻璃作顶盖,形成一封闭的空气夹层,夹层厚 10 cm。设吸热表面的平均温度为 90 ℃,玻璃内表面温度为 30 ℃,试确定由于夹层中空气自然对流散热而引起的热损失。集热器呈正方形,尺寸为 1 m×1 m。又,如果吸热表面不设空气夹层,让吸热表面直接暴露于大气之中,试计算在表面温度为 90 ℃时,由于空气的自然对流而引起的散热量(环境温度取为 20 ℃)。

解:(1)定性温度 $t_m=\dfrac{90+30}{2}=60(℃)$

$$\lambda=0.029\ \mathrm{W/(m\cdot K)},v=18.97\times10^{-6}\ \mathrm{m^2/s}$$

$$Pr=0.696$$

$$Gr_\delta Pr=\frac{9.8\times1/333\times(90-30)\times0.1^3}{18.97^2}\times10^{12}\times0.696=3.451\times10^6$$

$$Nu=0.061\times(3.415\times10^6)^{\frac{1}{3}}=9.18$$

$$h=\frac{9.18\times0.029}{0.1}=2.66[\mathrm{W/(m^2\cdot K)}]$$

$$\Phi=Ah\Delta t=1\times2.66\times60=159(\mathrm{W})$$

(2)定性温度 $t_m=\dfrac{90+20}{2}=55(℃)$

$$\lambda=0.02865\ \mathrm{W/(m\cdot K)},v=18.46\times10^{-6}\ \mathrm{m^2/s}$$

$$Pr=0.697$$

$$Gr_\delta Pr=\frac{9.8\times1/328\times(90-20)\times0.25^3}{18.46^2}\times10^{12}\times0.697=6.684\times10^7$$

$$Nu=0.015\times(6.684\times10^7)^{\frac{1}{3}}=60.51$$

$$h=\frac{60.51\times0.02865}{0.25}=6.934[\mathrm{W/(m^2\cdot K)}]$$

$$\Phi=Ah\Delta t=1\times6.934\times70=485.4(\mathrm{W})$$

6－54　与水平面成倾角 θ 的夹层中的自然对流传热,可以近似地以 $g\cos\theta$ 来代替 g 而计算 Gr 数。今有一个 $\theta=30°$的太阳能集热器,吸热表面的温度 $t_{w1}=140$ ℃,吸热表面上的封闭空间内抽成压力为 0.2×10^5 Pa 的真空。封闭空间的顶盖为一透明窗,其面向吸热表面侧的温度为 40 ℃。夹层厚 8 cm。试计算夹层单位面积的自然对流散热损失,并从热阻的角度分析,在其他条件均相同的情况下,夹层抽真空与不抽真空对玻璃窗温度的影响。

解:定性温度为 $t_m=\dfrac{40+140}{2}=90(℃)$

在 1.013×10^5 Pa 下，空气 $\rho=0.972\ \mathrm{kg/m^3}$，$\lambda=0.0313\ \mathrm{W/(m\cdot K)}$，$\mu=21.5\times10^{-6}\ \mathrm{Pa\cdot s}$，$Pr=0.69$

在 $p=0.2\times10^5$ Pa 时，按理想气体定律：

$$\rho=0.972\times\frac{0.2}{1.013}=0.1919(\mathrm{kg/m^3})$$

$$v=\frac{21.5\times10^{-6}}{0.1919}=1.12\times10^{-4}(\mathrm{m^2/s})$$

$$Gr_\delta=\frac{9.8\times\cos30\times1/363\times(140-40)\times0.08^3}{1.12^2}\times10^8=9.54\times10^4$$

$$Gr_\delta Pr=9.54\times10^4\times0.69=6.583\times10^4$$

$$Nu=0.212\times(6.583\times10^4)^{\frac{1}{4}}=3.4$$

$$h=\frac{3.4\times0.0313}{0.08}=1.33[\mathrm{W/(m^2\cdot K)}]$$

$$q=h\Delta t=1.33\times100=133(\mathrm{W/m^2})$$

抽真空后，夹层中对流传热减弱，使热阻 R_1 增加，在从 t_{w1} 到 t_∞ 热传递网络中，R_1 的比例增大，因而 t_{w2} 更接近于 t_∞，即 t_{w2} 下降。

6-55　一竖直的空心夹层宽 0.1 m、高 3 m，两侧壁温度分别为 20 ℃及 −10 ℃，试确定冷、热单位表面间的换热量。如果在夹层高度一半处加上一层绝热的隔板，把夹层分成上、下两个（见附图），其余情况不变，此时冷、热表面间的换热量如何变化？由此可以得出一些什么看法。

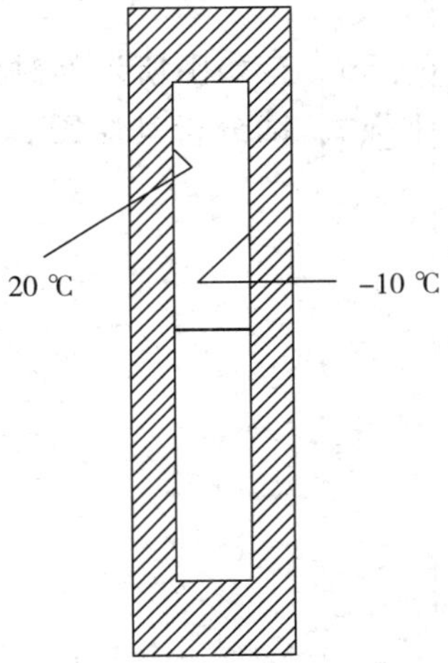

解：(1)定性温度 $t_m=\dfrac{20-10}{2}=5(℃)$

$\lambda=0.024\ \mathrm{W/(m\cdot K)}$，

$v=13.72\times10^{-6}\ \mathrm{m^2/s}$，$Pr=0.706$

$$Gr_\delta=\frac{g\alpha\Delta t\delta^3}{v^2}$$

$$=\frac{9.8\times1/278\times(20+10)\times0.1^3}{13.72^2}\times10^{12}$$

$$=5.618\times10^6$$

$$\frac{H}{\delta}=\frac{3}{0.1}=30$$

$$Gr_\delta Pr=5.618\times10^6\times0.706=3.966\times10^6$$

$$Nu=0.073\times(3.966\times10^{6})^{\frac{1}{3}}\times30^{-\frac{1}{9}}=0.073\times157.5\times0.685=7.879$$

$$h=\frac{7.879\times0.024}{0.1}=1.89[\mathrm{W/(m^2\cdot K)}]$$

$$q=hA\Delta t=1.89\times1\times30=56.7(\mathrm{W/m^2})$$

(2)加隔板后

$$\frac{H}{\delta}=\frac{1.5}{0.1}=15$$

$$Nu=0.073\times(3.966\times10^{6})^{\frac{1}{3}}\times15^{-\frac{1}{9}}=0.073\times157.5\times0.740=8.51$$

$$h=\frac{8.51\times0.024}{0.1}=2.04[\mathrm{W/(m^2\cdot K)}]$$

$$q=hA\Delta t=2.04\times1\times30=61.3(\mathrm{W/m^2})$$

热量增加8%，故在一定的变化范围内，采用加隔板的方法可增强有限空间的自然对流传热。

6.3.10 强化对流传热机理

6-56 有如图所示两种太阳能空气加热器，实践表明，小孔式吸热器的效率远高于平板式，试分析其原因。

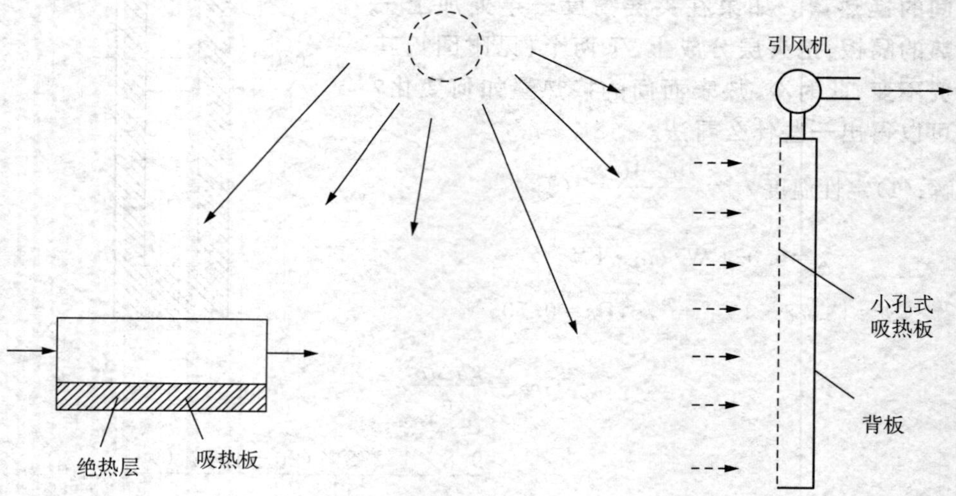

(a) 平板式　　(b) 小孔式

解：小孔式太阳能空气加热器效率高于平板式的主要原因有：

1. 增大表面积：小孔提供更多与空气接触的表面，强化了热传导；
2. 减少热损失：小孔结构隔热性能好，减少了辐射和对流热损失；
3. 气流均匀：小孔设计优化了气流分布，避免了局部冷点，提高了整体传热效果；

4. 湍流增强：小孔结构引发湍流效应，进一步提高了传热效率。

这些因素使得小孔式吸热器在热效率上优于平板式吸热器。

6－57　有一个美国专利，试图将啤酒瓶置于冷却水中旋转而加速啤酒的冷却。试根据强化传热的机理分析这个专利的适用性。

解：将啤酒瓶置于冷却水中旋转可以加速啤酒的冷却，其适用性可以通过以下几点来分析：

1. 增加对流传热：旋转打破瓶子周围的水边界层，使冷水不断接触瓶子表面，增强了传热效果。

2. 内部对流：旋转使瓶内啤酒也产生对流，加速内部热量传递到瓶壁，再传递到冷却水中。

3. 快速冷却：增强的传热效果显著减少了冷却时间。

4. 均匀温度：旋转确保了瓶内外温度分布均匀，避免局部过冷或过热。

因此，这种方法通过强化传热，实现了更快、更均匀的啤酒冷却，实用性较高。

6－58　利用《传热学(第 6 版)》(陶文铨编著)例题 6－6 的条件，但取计算区域的半径为 10 cm，重新计算射流冲击的平均对流传热系数，并且比较流经 10 cm 长平板的对流传热系数。将计算结果与《传热学(第 6 版)》(陶文铨编著)例题 6－6 相比，分析其差别及产生差别的原因。

解：例题 6－6 的条件：空气温度 $T_\infty=25$ ℃，壁面温度 $T_s=95$ ℃，射流速度 $V=25$ m/s，喷嘴直径 $D=2.5$ cm$=0.025$ m，喷口距离壁面 $H=10$ cm$=0.1$ m

流体属性（空气在 25 ℃）：动力黏度 $\mu=1.849\times10^{-5}$ kg/(m・s)，密度 $\rho=1.184$ kg/m^3，导热系数 $k=0.0262$ W/(m・K)，比热容 $c_p=1006$ J/(kg・K)，普朗特数 $Pr=0.71$

1. 计算射流冲击的平均对流传热系数

首先计算雷诺数 Re：

$$Re=\frac{\rho VD}{\mu}=\frac{1.184\times25\times0.025}{1.849\times10^{-5}}\approx4.0\times10^4$$

然后使用实验关联式来估算对流传热系数。

$$Nu_D=CRe^mPr^n$$

假设 $C=0.0266$，$m=0.805$，$n=0.33$（具体数值根据实验数据可能有所不同）：

$$Nu_D=0.0266\,(4.0\times10^4)^{0.805}(0.71)^{0.33}$$

$$Re^m=(4.0\times10^4)^{0.805}\approx1.97\times10^3,\ Pr^n=(0.71)^{0.33}\approx0.798$$

代入关联式：

$$Nu_D=0.0266\times1.97\times10^3\times0.798\approx41.72$$

然后通过努塞尔特数计算对流传热系数 h：

$$h=\frac{Nu_D k}{D}=\frac{41.72\times0.0262}{0.025}\approx43.73\ \text{W/(m}^2\cdot\text{K)}$$

2. 计算流经 10 cm 长平板的对流传热系数

对于平板流动，使用以下关联式：

$$Nu_\text{L}=0.664\ (Re_L)^{0.5}(Pr)^{0.33}$$

计算基于平板长度的雷诺数 Re_L：

$$Re_\text{L}=\frac{\rho VL}{\mu}=\frac{1.184\times25\times0.1}{1.849\times10^{-5}}\approx1.6\times10^5$$

然后计算努塞尔特数：

$$Nu_\text{L}=0.664\ (1.6\times10^5)^{0.5}(0.71)^{0.33}\approx455$$

接着计算对流传热系数 h：

$$h=\frac{Nu_\text{L} k}{L}=\frac{455\times0.0262}{0.1}\approx119\ \text{W/(m}^2\cdot\text{K)}$$

3. 比较和分析

射流冲击的对流传热系数 $h_\text{j}\approx43.73\ \text{W/(m}^2\cdot\text{K)}$；

流经 10 cm 长平板的对流传热系数 $h_\text{p}\approx119\ \text{W/(m}^2\cdot\text{K)}$。

差别及原因分析：

(1)边界层效应

射流冲击：射流直接冲击壁面，局部强化传热，但由于距离较短(10 cm)，边界层尚未完全发展，导致传热系数较高但有限。

平板流动：在平板流动中，边界层逐步发展，尽管传热系数较高，但随着距离增加，边界层增长，传热系数有所下降。

(2)流动特性

射流冲击：具有较高的局部传热强化效应，但这种效应主要集中在射流冲击区域，范围相对有限。

平板流动：传热系数较高，且随着流动距离增加，整体传热效果均匀。

(3)区别原因

射流冲击在初始区域能显著增强传热，但随着射流扩散，冷却效果逐渐减弱。

平板流动虽然初始传热系数高，但由于边界层厚度增加，传热效果下降速度较慢，整体效果相对更加稳定。

综上所述，两者的主要差别在于边界层的发展和流动特性，不同的应用场景会选择不同的方法以达到最佳传热效果。

6.3.11 综合分析

6-59 在一块大的基板上安装有尺寸为 25 mm×25 mm、温度为 120 ℃ 的电子元件，30 ℃ 的空气以 5 m/s 的流速吹过该表面，散热量为 0.5 W。今在其中安置一根

直径为 10 mm 的针肋，其材料为含碳量 1.5% 的碳钢，并设电子元件的表面温度仍为 120 ℃。试确定：(1)针肋能散失的最大热量；(2)为达到这一散热量该针肋实际所需的长度；(3)设安置针肋后该元件的热量完全通过针肋散失，安装针肋后该元件的功率可以增加的百分数。

解：(1)材料一定，η_f 不可能无穷大，只有长度趋于无穷时为最大散热量。

物性参数：$t_m=\dfrac{t_w+t_\infty}{2}=\dfrac{120+30}{2}=75(℃)$

$$\lambda=0.0301\ \mathrm{W/(m\cdot K)},\ v=20.56\times10^{-6}\ \mathrm{m^2/s},\ Pr=0.693$$

$$Re=\frac{u_\infty d}{v}=\frac{5\times0.01}{20.56}\times10^6=2432$$

$$Nu=0.683\times Re^{0.466}=25.84$$

$$h=\frac{25.84\times0.0301}{0.01}=70.8[\mathrm{W/(m^2\cdot K)}]$$

针肋→无穷大，有 $x\to\infty$，$\theta=0$ 的条件，则有

$$\left.\begin{aligned}c_1-c_2&=\theta_0\\ c_1&=0\end{aligned}\right\rangle\to c_1=0,c_2=-\theta_0$$

$$\theta=\theta_0 e^{-mx}$$

$$\Phi_{r=0}=-\theta_H\lambda A_c\frac{\mathrm{d}}{\mathrm{d}x}(\mathrm{e}^{-mx})\bigg|_{x=0}=-\theta_0\lambda A_c(-m)\mathrm{e}^{-mx}=m\theta_0\lambda A_c$$

$$\begin{aligned}\Phi_{\max}&=\theta_0\sqrt{\frac{hP}{\lambda A_c}}\lambda A_c\\&=\theta_0\sqrt{hP\lambda A_c}\\&=\sqrt{70\times\pi\times0.01\times36.6\times\frac{3.14}{4}\times0.01^2}\times(120-30)\\&=7.15(\mathrm{W})\end{aligned}$$

(2)根据式(2-51)，当 $\tan(mH)$之值$\geqslant0.99$ 后即可认为换热量已达到最大值，由双曲函数表可知，此时 $mH=2.65$，因而有

$$mH=\sqrt{\frac{hP}{\lambda A_c}}H=\sqrt{\frac{70\pi d}{\lambda\pi d^2/4}}H=\sqrt{\frac{70\times4}{\lambda d}}H=\sqrt{\frac{280}{36.6\times0.01}}H\geqslant2.65$$

$27.66H\geqslant2.65$，$H\geqslant0.096$ m，即 $H\geqslant96$ mm。

(3)$\dfrac{\Phi-\Phi_0}{\Phi_0}\times100\%=\dfrac{7.15-0.5}{0.5}\times100\%=1330\%$

6-60　用附图所示的热电偶温度计测定气流温度。热电偶置于内径 $d_i=6$ mm、

外径 $d_o=10$ mm 的钢管中，其 $\lambda=35$ W/(m·K)，钢管的高度 $H=10$ cm。用另一热电偶测得了管道表面温度 t_2。设 $t_1=180$ ℃，$t_2=100$ ℃，$u_\infty=5$ m/s，试估计来流温度 t_∞（不考虑辐射传热的影响）。

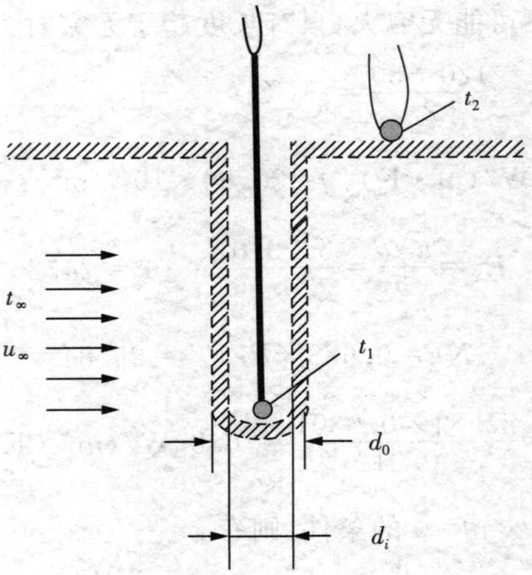

解：$t=480$ ℃时物性参数：

$$\lambda=3.78\times10^{-2}\ \text{W/(m·K)},v=32.49\times10^{-6}\ \text{m}^2/\text{s},Pr=0.681$$

$$Re=\frac{2.85\times0.01}{32.49\times10^{-6}}=1538.9$$

$$Nu=0.683\,Re^{0.466}Pr^{\frac{1}{3}}=18.36$$

$$h=\frac{18.36\times3.78\times10^{-2}}{0.01}=69.40[\text{W/(m}^2)\cdot\text{K}]$$

$$S=3.14\times0.01\times0.01=0.00314\ \text{m}^2$$

$$t_H-t_f=\frac{t_0-t_f}{\text{ch}(mH)}$$

$$mH=\sqrt{\frac{hp}{\lambda A_c}}H=\sqrt{\frac{h}{\lambda\delta}}H=\sqrt{\frac{53.429}{3.78\times10^{-2}\times0.004}}\times0.1=67.749$$

$$\text{ch}(mH)=190.73$$

6－61　在太阳能集热器的平板后面用焊接的方法固定了一片冷却水管排，如附图所示。设冷却管与集热器平板之间的接触热阻可以忽略，集热器平板维持在 75 ℃。管子用铜做成，内径为 10 mm。设进口水温为 20 ℃，水流量为 0.2 kg/s，冷却管共长 2.85 m，试确定总的换热量。

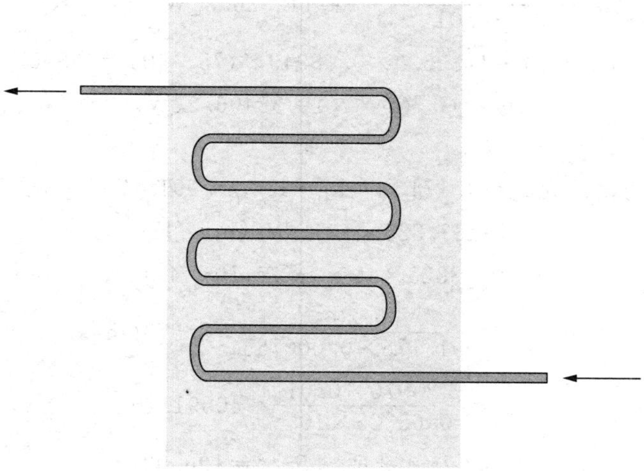

解：$t_w=75$ ℃，$t_1=20$ ℃出水温度为 40 ℃

$$t_f=\frac{20+40}{2}=30(℃)$$

30 ℃水的物性：$c_p=4.174\ \text{kJ/(kg·K)}$，$\rho=995.7\ \text{kg/m}^3$

$$\lambda=61.8\times10^{-2}\ \text{W/(m·K)},\ v=0.805\times10^{-6}\ \text{m}^2/\text{s},\ Pr=5.42$$

$$S=\frac{\pi}{4}d^2=\frac{3.14}{4}\times0.01^2=0.0000785(\text{m}^2)$$

$$u=\frac{G}{\rho s}=\frac{0.20}{995.7\times0.000785}=2.56(\text{m/s})$$

$$Re=\frac{2.56\times0.01}{0.805\times10^{-6}}=31801.2$$

$$Nu=0.023\,Re^{0.8}Pr^{0.4}=180.8$$

$$h=\frac{180.8\times61.8\times10^{-2}}{0.01}=11175.6[\text{W/(m}^2\cdot\text{K)}]$$

$$S_2=\pi dl=3.14\times0.01\times2.85=0.08949(\text{m}^2)$$

$$\Phi=hs_2(t_w-t_s)=11269.6\times0.08949\times(75-30)=45004.7(\text{W})$$

$$\Phi'=Gc_p(t_w-t_0)=16696(\text{W})$$

与预设值不符，再设 $t_2=60$ ℃，$t_f=40$ ℃

40 ℃时水物性为 $c_p=4.174\ \text{kJ/(kg·K)}$，$\rho=992.2\ \text{kg/m}^3$

$$\lambda=63.5\times10^{-2}\ \text{W/(m·K)},\ v=0.659\times10^{-6}\ \text{m}^2/\text{s},\ Pr=4.31$$

$$u=\frac{G}{\rho s}=\frac{0.20}{992.2\times0.000785}=2.568(\text{m/s})$$

$$Re=\frac{2.568\times0.01}{0.659\times10^{-6}}=38965$$

$$Nu=0.023\,Re^{0.8}Pr^{0.4}=194.12$$

$$h=\frac{193.1\times 63.5\times 10^{-2}}{0.01}=112326.3[\mathrm{W/(m^2\cdot K)}]$$

$$\Phi_0'=hs_2(t_w-t_s)=12326.3\times 0.08949\times(75-40)=438607.8(\mathrm{W})$$

$$\Phi'=Gc_p(t_w'-t_0)=38406.5(\mathrm{W})$$

重设 $t_2=65$ ℃，$t_f=42.5$ ℃

42.5 ℃时水的物性为 $c_p=4.174$ kJ/(kg·K)，$\rho=991.175$ kg/m^3

$$\lambda=63.825\times 10^{-2}\ \mathrm{W/(m^2\cdot K)}$$

$$v=0.63325\times 10^{-6}\ \mathrm{m^2/s},Pr=4.1175$$

$$u=\frac{G}{\rho s}=\frac{0.20}{991.175\times 0.000785}=2.570(\mathrm{m/s})$$

$$Re=\frac{2.570\times 0.01}{0.63325\times 10^{-6}}=40591.40$$

$$Nu=0.023\,Re^{0.8}Pr^{0.4}=196.937$$

$$h=\frac{196.937\times 63.825\times 10^{-2}}{0.01}=12569.56[\mathrm{W/(m^2\cdot K)}]$$

$$\Phi_1=hs_2(t_w-t_s)=12569.56\times 0.08949\times(75-42.5)=36557.6(\mathrm{W})$$

$$\Phi_2''=Gc_p(t_w'-t_0)=37566.0\ \mathrm{W}$$

6-62　一尺寸为 1.4 cm×1.4 cm 的芯片水平地置于一机箱的底面上。设机箱内空气温度 $t_\infty=25$ ℃，芯片的散热量为 0.23 W。试确定：(1)当散热方式仅有自然对流时芯片的表面温度，设芯片周围物体不影响其自然对流运动。(2)如果考虑辐射传热的作用，则对芯片表面温度有什么影响，并分析此时应怎样确定芯片的表面温度。

解：(1)$q=\dfrac{0.023}{0.014\times 0.014}=1173(\mathrm{W/m^2})$

设 $t_m=65$ ℃

$$\lambda=0.0293\ \mathrm{W/(m\cdot K)},v=19.495\times 10^{-6},Pr=0.695$$

$$Gr_c^*=\frac{g\alpha q l^4}{\lambda v^2}=\frac{9.8\times\dfrac{1}{273+65}\times 1173\times 0.014^4}{0.0293\times 19.495^2}\times 10^{12}=1.173\times 20^5$$

$$Nu_r=1.076\ (1.173\times 10^5\times 0.698)^{\frac{1}{6}}=1.076\times 815235^{0.1666}=1.076\times 6.58=7.08$$

$$h=\frac{Nu\lambda}{l}=\frac{7.08\times 0.0293}{0.014}=14.8[\mathrm{W/(m^2.K)}],q=h\Delta t,\Delta t=\frac{q}{h}=\frac{1173}{14.8}=79.2(℃)$$

$$t_w=t_\infty+79.2=25+79.2=104.2(℃)$$

(2)计及辐射，温度要下降，设 $\varepsilon=0.8$，$t_w=80$，则：

$$\begin{aligned}\Phi_r&=0.8\times 1.96\times 10^{-4}\times 5.67\times(3.53^4-78.86)\\&=0.8\times 1.44\times 10^{-4}\times 5.67\times 76.4\\&\approx 0.068(\mathrm{W})\end{aligned}$$

自然对流的 $\Phi_c=0.23-0.068=0.162(\text{W})$，$t_m=50$ ℃，$\Phi_c=0.162(\text{W})$

$$q=\frac{0.162}{0.014\times0.014}=825(\text{W}),\lambda=0.0288\ \text{W/(m}\cdot\text{K)}$$

$$v=18.72\times10^{-6}\ \text{m}^2/\text{s},\text{Pr}=0.697$$

$$Gr_c^*=\frac{9.8\times\frac{1}{325}\times825\times0.014^4}{0.0288\times18.72^2}\times10^{12}=9.454\times10^4$$

$$Nu_r=1.076\times(9.454\times10^4\times0.698)^{\frac{1}{6}}$$

$$=1.076\times(6.599\times10^4)^{\frac{1}{6}}$$

$$=1.076\times6.352=6.834$$

$$h=6.834\times0.0288/0.014=14.06,\Delta t=\frac{825}{14.06}=58.7(℃)$$

$$t_w=58.7+25=83.7(℃)$$

与设定值 80 相差甚小，作为一种改进可取 $t_w=\frac{83.7+80}{2}\approx82(℃)$。本题中 Gr_c^* 的值低于表 6－9 中推荐公式的适用范围，因而只是一种近似的计算。

6－63　一种冷却计算机芯片的有效方法是在芯片的一侧表面上黏上一块“冷板”，其中设置有一系列并行布置的小冷却通道，如附图所示。试针对下列情形确定冷板的热负荷：$d=1$ mm，$l=12$ mm，$s/d=2$，$q=2\times10^5$ W/m²，$t'=33$ ℃。假设在每个小通道中的冷却水流量是均匀的，总流量 $q_m=9.34\times10^{-4}$ kg/s，冷却通道壁温 $t_w=80$ ℃。

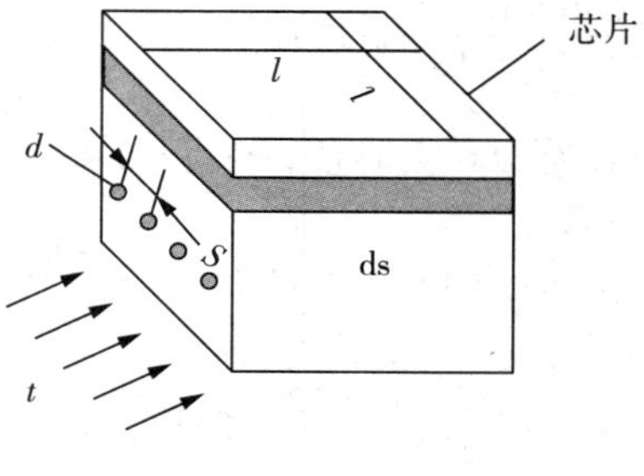

解：先从热平衡计算，计算可对一个通道进行。取 $t_m=40$ ℃，则 $t''=47$ ℃，水的温升为 14 ℃。

$$\lambda=0.635,v=0.659\times10^{-6},Pr=4.31,\mu=653.3\times10^{-6}$$

$$\mu_w=406.1\times10^{-6},\rho=992.2\ \text{kg/m}^3$$

$$\Phi_{hb}=(3.14\times0.001^2/4)\times0.2\times992.2\times4174\times14=9.103(\text{W})$$

$$Re=\frac{0.2\times0.001}{0.659}\times10^{6}=303.5$$

$$Nu=1.86\times\left(\frac{303.5\times4.31}{12/1}\right)^{\frac{1}{3}}\left(\frac{653.3}{406.1}\right)^{0.14}=1.86\times\left(\frac{1308}{12}\right)^{\frac{1}{3}}\times1.608^{0.14}=9.495$$

$$h=\frac{Nu\lambda}{d}=\frac{9.495\times0.635}{0.001}=6029[\mathrm{W/(m^2\cdot K)}]$$

$$\Delta t=\frac{47-33}{\ln\left(\frac{80-33}{80-47}\right)}=\frac{14}{\ln1.424}=39.6(℃)$$

$$\Phi_{ht}=3.14\times0.001\times0.012\times6029\times39.6=8.996\approx9.0(\mathrm{W})$$

Φ_{hb}与Φ_{ht}相差小于 2%，可以认为计算有效，取 $\Phi=(9.1+9.0)/2=9.05(\mathrm{W})$，则冷板的平均热流密度为$\frac{9.05}{0.012\times0.02}=3.77\times10^{5}(\mathrm{W/m^2})$，在宽为 12 mm 的冷板上可以布置 6 根冷却水管，所以总热负荷为 $3.77\times10^{5}\times0.012^{2}=54.3(\mathrm{W})$。

6-64　用内径为 0.25 m 的薄壁钢管运送 200 ℃ 的热水。管外设置有厚 $\delta=0.15$ m 的保护层，其 $\lambda=0.05$ W/(m·K)；管道长 500 m，水的质量流量为 25 kg/s。设冬天该管道受到 $u_\infty=4$ m/s、$t_\infty=-10$ ℃空气的横向冲刷，试确定该管道出口处水的温度。辐射传热略而不计。

解：以 t' 与 t_∞ 各位定性温度估计 h_i 及 h_o，计算传热量，再从热平衡算出 t'' 及传热层外表面温度，再计算 h_i 及 h_∞。

水的物性：$\lambda=0.663$ W/(m·K)，$v=0.158\times10^{-6}$ m²/s

$$Pr=0.93,\rho=863\ \mathrm{kg/m^3},\mu=136.4\times10^{-6}$$

$$Re=\frac{4\,\mathrm{m}}{\pi d\mu}=\frac{4\times50\times0.5}{3.14\times0.25\times136.4}\times10^{6}=9.33933\times10^{5}=9.34\times10^{5}$$

采用米海耶夫公式，Pr_w 取为 180 ℃时值，$Pr_w=1.00$

$$Nu_f=0.021\times(9.34\times10^{5})^{0.8}\times0.93^{0.43}\times\left(\frac{0.93}{1.00}\right)^{0.25}=1193.8$$

$$h=\frac{Nu_f\lambda}{d}=\frac{1193.8\times0.663}{0.25}=3166[\mathrm{W/(m^2\cdot K)}]$$

空气取 0 ℃时物性：$\lambda=0.0244$ W/(m·K)，$v=13.28\times10^{-6}$ m²/s，$Pr=0.707$

$$Re=\frac{ud}{v}=\frac{4\times(0.25+0.15\times2)}{13.28}\times10^{6}=1.657\times10^{5}$$

$$Nu=0.0266\times(1.657\times10^{5})^{0.805}=0.0266\times15906=423.1$$

$$h=\frac{Nu\lambda}{d}=\frac{423.1\times0.0244}{0.55}=18.77[\mathrm{W/(m^2\cdot K)}]$$

单位长度上热阻：

$$R_i=\frac{1}{\pi d_i h_i}=\frac{1}{3.14\times0.25\times3166}=4.024\times10^{-4}$$

$$R_w=\frac{1}{2\pi\lambda}\ln\frac{d_2}{d_1}=\frac{1}{2\times3.14\times0.05}\ln\frac{55}{25}=\frac{0.7885}{0.314}=2.511$$

$$R_0=\frac{1}{\pi d_0 h_0}=\frac{1}{3.14\times0.55\times18.77}=308.5\times10^{-4}$$

可见 $R_i<<R_0<<R_w$，可以认为薄壁温度即为 t_i，即可认为在 500 m 长管道中壁温均为 200 ℃，从保温层导热及管外换热可以算出散热量，再进而反算水的温度降。

取空气 $t_\infty=0$ ℃，$\lambda=0.0240$ W/(m・K)

$$v=12.86\times10^{-6}\ \mathrm{m^2/s}$$

$$Re=\frac{ud}{v}=\frac{4\times0.55}{12.86}\times10^6=1.71\times10^5,$$

$$Nu=0.0239\times(1.71\times10^5)^{0.805}=0.0239\times16314=389.9$$

$$h=\frac{Nu\lambda}{d}=\frac{389.9\times0.0240}{0.55}=17.0[\mathrm{W/(m^2\cdot K)}]$$

$$\Phi_{hi}=\frac{200-(-10)}{\dfrac{\ln(d_2/d_1)}{2\pi\lambda L}+\dfrac{1}{\pi d_0\ hL}}=\frac{210}{\dfrac{\ln(55/25)}{2\times3.14\times0.05\times500}+\dfrac{1}{3.14\times0.40\times17.0\times500}}$$

$$=4.11\times10^4(\mathrm{W})$$

$$\Phi_{h0}=25\times(200-t'')\times4505=4.11\times10^4\ \mathrm{W},200-t''=\frac{4.11\times10^4}{25\times4505}$$

$$t''=200-\frac{4.11\times10^4}{25\times4505}=200-0.36=199.6(℃)$$

由水侧的对流传热可确定 $t_w-(t'+t'')/2=\Delta t$。

$3.14\times500\times0.025\times3166\Delta t=4.11\times10^4$，$\Delta t=0.33$ ℃，管壁温度取为 200 ℃是可行的。

再验证保温层外壁温度，通过保温层导热的温差 $\Delta t=502\times10^{-5}\times41100=206.3$ ℃，即外壁温度应为 -6.3 ℃，使空气侧定性温度由原来的 -5 ℃下降为 -8 ℃。作为工程计算 3 ℃定性温度的变化使可以接受的，因此不再进一步迭代计算。

6-65　一烟管内通以高温烟气(平均烟气温度为 800 K)以加热管外的水。设烟管内径 $d=20$ mm，烟气的质量流量为 0.01 kg/s，而烟管的壁温为 340 K，烟气压力为 1.013×10^5 Pa。试确定烟气与水之间单位长度上的换热量。有人提出，为了强化换热，在烟管中插入一根对角线长为 20 mm 的正方形柱体，试定量确认这一方法是否可行。辐射传热略而不计。

解:(1)800 K 时烟气的参数如下 $\lambda=0.0915\ \mathrm{W/(m\cdot K)}$,$v=131.8\times10^{-6}\ \mathrm{m^2/s}$,$Pr=0.60$,$\mu=43.4\times10^{-6}$

$$Re=\frac{4\ m}{\pi d\mu}=\frac{4\times0.01}{3.14\times0.2\times43.4}\times10^{6}=14676,$$

$$Nu=0.023\times Re^{0.8}\times Pr^{0.3}=0.023\times14676^{0.8}\times0.6^{0.3}=0.023\times2154.2\times0.858=42.5$$

$$h=\frac{Nu\lambda}{d}=\frac{42.5\times0.0915}{0.02}=194.5[\mathrm{W/(m\cdot K)}]$$

$$\Phi=\pi dl(t_{\mathrm{w}}-t_{\mathrm{f}})h=3.14\times0.02\times(800-340)\times194.5=5619(\mathrm{W/m})$$

(2)加入插入物后,

$$\begin{aligned}D_{\mathrm{h}}&=\frac{4\times(\pi d^2/4-w^2)}{4w+\pi d}\\&=\frac{\pi d^2-4w^2}{4w+\pi d}\\&=\frac{3.14\times0.02^2-4\times0.0141^2}{4\times0.0141+3.14\times0.02}=\frac{4.608}{0.1192}\times10^{-4}\\&=3.866\times10^{-3}(\mathrm{m})\\&=0.00387(\mathrm{m})\end{aligned}$$

$$Re=\frac{\rho uD_{\mathrm{h}}}{\mu}=\frac{\rho uA_{\mathrm{c}}D_{\mathrm{h}}}{\mu A_{\mathrm{c}}}=\frac{mD_{\mathrm{h}}}{\mu A_{\mathrm{c}}}=\frac{0.01\times0.00387}{43.4\times4.608\times10^{-4}/4}\times10^{6}=7740$$

仍以 Dittus-Boelter 公式来计算:

$$Nu=0.023\times7740^{0.8}\times0.60^{0.3}=0.023\times1291\times0.858=25.47$$

$$h=\frac{25.47\times0.0915}{0.00387}=602.2[\mathrm{W/(m^2\cdot K)}]$$

$$\Phi=Ah\Delta t=3.14\times0.02\times1\times602.2\times(800-340)=0.0628\times602.2\times460=17396(\mathrm{W})$$

所以传热大为强化,但阻力亦增加,注意插入物的作用在于增加了流速,但经不起肋片作用,因为管外侧才是传热面积。

6-66 一种冷却电子线路板的方法示于《传热学(第 6 版)》(陶文铨编著)习题 6-66附图中。线路板两侧紧贴两个带有多个平行通道的冷板,冷空气流过平行通道带走热量。已知:线路板的功率为 100 W;平行通道的截面尺寸为 6 mm× 25 mm;常压下的空气以 0.010 m³/s 的流量流经平行通道,入口气温为 25 ℃。两块冷板的通道总数为 24。试估算线路板的平均运行温度。

解:以 25 ℃空气计算:$\rho=1.185\ \mathrm{kg/m^3}$,$c_p=1005$,$\mu_{\mathrm{f}}=18.4\times10^{-6}$,$Pr=0.702$

取 $t_{\mathrm{w}}=40$ ℃,$Pr_{\mathrm{w}}=0.699$,$\mu_{\mathrm{f}}=19.1\times10^{-6}$,$\lambda=0.0263\ \mathrm{W/(m\cdot K)}$

$$\dot m=0.01\times1.185=0.01185\ \mathrm{kg/s},\dot m c_p\Delta t_{\mathrm{m}}=100$$

$$\Delta t_{\mathrm{m}}=\frac{100}{\dot{m}c_p}=\frac{100}{0.01185\times 1005}=\frac{100}{11.91}=8.4(℃)$$

$$d_{\mathrm{h}}=\frac{4\times 25\times 6}{2\times(25+6)}=\frac{600}{62}=9.68(\mathrm{mm})$$

$$\frac{L}{d_{\mathrm{h}}}=\frac{150}{9.68}=15.5, Re=\frac{\rho u d_{\mathrm{h}}}{\mu}=\frac{\rho u A_{\mathrm{c}} d_{\mathrm{h}}}{\mu A_{\mathrm{c}}}=\frac{\dot{m}d_h}{\mu A}=\frac{0.01185/24\times 0.00968}{18.4\times 10^{-6}\times 6\times 25\times 10^{-6}}=1731$$

$$Nu=1.86\times\left(\frac{1731\times 0.702}{15.5}\right)^{\frac{1}{3}}\times\left(\frac{18.4}{19.1}\right)^{0.14}=1.86\times 4.274\times 1.002=7.968$$

$$h=\frac{7.968\times 0.0263}{0.00968}=21.65[\mathrm{W/(m^2\cdot K)}]$$

$$\Phi_{\mathrm{ht}}=21.65\times 24\times 0.15\times(25+6)\times 2\times 10^{-5}\times\Delta t_m=100(\mathrm{W})$$

其中 Δt_{m} 为水与通道壁面的平均温差

$$\Delta t_{\mathrm{m}}=\frac{100}{21.65\times 0.2232}=20.72(℃)$$

$$\Delta t_{\infty}=\frac{8.4}{\ln[(t_{\infty}-25)/(t_{\infty}-33.4)]}=20.72(℃)$$

$\ln[(t_{\infty}-25)/(t_{\infty}-33.4)]=8.4/20.72$，解得 $t_{\infty}=50.2$ ℃

实际空气 $t_{\infty}=25+8.4/2=28.2$(℃)，与 25 ℃相差甚小，物性影响不大，故不重算。

6-67　一块厚 20 mm，高、宽各为 300 mm，温度为 0 ℃的冰块，竖直地置于 25 ℃大房间的静止空气中。试估算两个小时内冰块融化的水的质量。冰的融化热为 333.3 kJ/kg，冰的发射率为 0.95。

解：设两小时内冰块形状不予考虑，$t_{\mathrm{m}}=\frac{0+25}{2}=12.5$(℃)

$$\lambda=0.0253\ \mathrm{W/(m.K)}, v=14.41\times 10^{-6}\ \mathrm{m^2/s}, Pr=0.704$$

$$Gr=\frac{g\alpha\Delta t l^3}{v^2}=\frac{9.8\times 1/285.2\times(25-0)\times 0.3^3}{14.41^2}\times 10^{12}=1.116\times 10^8$$

$$Nu=0.59\times(1.116\times 10^8\times 0.704)^{\frac{1}{4}}=0.59\times 94.14=55.54$$

$$h=\frac{Nu\lambda}{L}=\frac{55.54\times 0.0253}{0.3}=4.684[\mathrm{W/(m^2.K)}]$$

$$\Phi=Ah\Delta t=4.684\times 25\times 0.3\times 0.3\times 2=4.684\times 25\times 0.18=21.1(\mathrm{W})$$

$$Q=2\times 3600\times 21.1=151761.6(\mathrm{J})$$

冰的溶解热为 333.3 kJ/kg，故熔化掉的水为：$\frac{151.76\ \mathrm{kJ}}{333.3\ \mathrm{kJ/kg}}=0.455\ \mathrm{kg}$

$$\Phi_{\mathrm{m}}=0.96\times 0.18\times 5.67\times(2.98^4-2.73^4)=0.96\times 0.18\times 5.67\times 23.31=22.84(\mathrm{W})$$

$$\Phi_r = 22.84 \times 2 \times 3600 = 164468(\text{J}), \frac{164.5\ \text{kJ}}{333.3\ \text{kJ}} = 0.493\ \text{kg}$$

总的熔化量为 0.455+0.493=0.948(kg)。

6-68 一组平行平板竖直地置于 25 ℃ 的空气中[见《传热学(第 6 版)》(陶文铨编著)习题 6-68 附图],平板温度可视为均匀,$t_w = 75$ ℃,两板间的距离足够大,不影响热边界层的发展。试对下列情况计算一块板单位面积上的散热量;

(1)只有自然对流;

(2)空气以 0.6 m/s 的速度竖直向下流动(在风机作用下);

(3)空气以 0.2 m/s 的速度竖直地向上流动。

解:(1)$t_m = \frac{25+75}{2} = 50(℃)$

$$\lambda = 0.0283\ \text{W}/(\text{m}\cdot\text{K}), v = 17.95 \times 10^{-6}\ \text{m}^2/\text{s}, Pr = 0.698$$

$$Gr = \frac{g\alpha\Delta t H^3}{v^2} = \frac{9.8 \times 1/323 \times (75-25) \times 0.3^3}{17.95^2} \times 10^{12} = 1.27 \times 10^8$$

$$Nu = 0.59 \times (1.271 \times 10^8 \times 0.698)^{\frac{1}{4}} = 0.59 \times 97.06 = 57.26$$

$$h = \frac{Nu\lambda}{H} = \frac{57.26 \times 0.0283}{0.3} = 5.40[\text{W}/(\text{m}^2\cdot\text{K})], q = h\Delta t = 5.40 \times 50 = 270(\text{W}/\text{m}^2)$$

(2)$Re_c = \frac{u_\infty H}{v} = \frac{0.6 \times 0.3}{17.95 \times 10^{-6}} = 10027 < 5 \times 10^5$

$$Nu = 0.664\,Re^{\frac{1}{2}}\,Pr^{\frac{1}{3}} = 0.664 \times 10027^{\frac{1}{2}} \times 0.698^{\frac{1}{3}} = 0.664 \times 100.1 \times 0.887 = 58.97$$

$$h = \frac{Nu\lambda}{H} = \frac{58.97 \times 0.0283}{0.3} = 5.56[\text{W}/(\text{m}^2\cdot\text{K})]$$

$$Nu_m^3 = Nu_f^3 - Nu_n^3 = 58.97^3 - 57.26^3 = 205065.9 - 187738.8 = 17327.1, Nu_m = 25.79$$

$$h = \frac{Nu_m\lambda}{H} = \frac{25.79 \times 0.0283}{0.3} = 2.43[\text{W}/(\text{m}^2\cdot\text{K})]$$

$$q = h\Delta t = 2.43 \times 50 = 121.7(\text{W}/\text{m}^2)$$

(3)$Re_c = \frac{\text{u}_\infty \text{H}}{\text{v}} = \frac{0.2 \times 0.3}{17.95 \times 10^{-6}} = 3342.3$

$$Nu_c = 0.664\,Re^{\frac{1}{2}}\,\text{Pr}^{\frac{1}{3}} = 0.664 \times 3342.3^{\frac{1}{2}} \times 0.698^{\frac{1}{3}} = 33.82$$

$$Nu_m^3 = Nu_f^3 + Nu_n^3 = 33.82^3 + 57.26^3 = 226420.6, Nu_m = 60.7$$

$$h = \frac{Nu_m\lambda}{H} = \frac{60.7 \times 0.0283}{0.3} = 5.73[\text{W}/(\text{m}^2\cdot\text{K})]$$

$$q = h\Delta t = 5.73 \times 50 = 286.3(\text{W}/\text{m}^2)$$

6-69 对燃气轮机叶片冷却的模拟试验表明,当温度 $t_1 = 35$ ℃ 的气流以 $u_1 = 60$ m/s 的速度吹过特征长度 $l_1 = 0.15$ m、壁温 $t_{w1} = 300$ ℃ 的叶片时,换热量为 1500 W。试据此数据来估算同样温度的气流以 $u_2 = 40$ m/s 的速度流经特征长度

$l_2=0.225$ m、$t_{w2}=340$ ℃的叶片时，叶片与气流间所交换的热量。设两种情形下叶片均可作为二维问题处理，计算可对单位长度叶片进行。

解：$\dfrac{\Phi_2}{\Phi_1}=\dfrac{h_2}{h_1}=\dfrac{A_2}{A_1}\dfrac{\Delta t_2}{\Delta t_1}$，$Re_1=\dfrac{60\times 0.15}{v_1}$，$Re_2=\dfrac{40\times 0.225}{v_2}$，$v_1=v_2$

$$Re_1=Re_2\text{，即 } Nu_1=Nu_2\text{，}\frac{h_2}{h_1}=\frac{l_1}{l_2}\frac{\lambda_2}{\lambda_1}=\frac{0.15}{0.225}=0.6667$$

对二维问题传热面积正比于线形尺度（即以单位长度叶片作比较），因而有

$$\frac{\Phi_2}{\Phi_1}=0.6667\times\frac{0.225}{0.15}\times\frac{340-35}{300-35}=1.151\text{，}\Phi_2=1.151\times 1500=1726(\text{W})$$

6.3.12　小论文题目

6－70　试从自然对流的能量方程出发，导出 Ra 数。结合实验结果分析为什么自然对流从层流到湍流转变的判据应该是 Gr 数，而不应采用 Ra 数？

解：从自然对流能量方程导出 Rayleigh 数（Ra 数）

自然对流的能量方程描述了流体中温度场的变化。从以下几个基本方程出发：

1. 动量方程（在 Boussinesq 近似下）

$$\rho\left(\frac{\partial \boldsymbol{u}}{\partial t}+\boldsymbol{u}\cdot\nabla\boldsymbol{u}\right)=-\nabla p+\mu\,\nabla^2\boldsymbol{u}+\rho g\beta(T-T_\infty)\hat{k}$$

2. 质量守恒方程

$$\nabla\cdot\boldsymbol{u}=0$$

3. 能量方程

$$\rho c_p\left(\frac{\partial T}{\partial t}+\boldsymbol{u}\cdot\nabla T\right)=k\,\nabla^2 T$$

对于稳态情况（忽略时间导数）和一维流动，可以简化这些方程。

导出 Rayleigh 数：

1. 尺度分析：长度尺度 L，速度尺度 U，温度尺度 $\Delta T=T_s-T_\infty$

2. 无量纲化

长度：$x^*=\dfrac{x}{L}$；

速度：$u^*=\dfrac{u}{U}$；

温度：$T^*=\dfrac{T-T_\infty}{\Delta T}$。

3. 动量方程无量纲化

$$\frac{U^2}{L}\boldsymbol{u}^*\cdot\nabla^*\boldsymbol{u}^*=-\frac{1}{\rho}\nabla^*p^*+\frac{\mu U}{\rho L^2}\nabla^{*2}\boldsymbol{u}^*+g\beta\Delta T T^*\hat{k}$$

其中，重力项无量纲化为

$$\frac{g\beta\Delta TL}{U^2}T^*$$

4. 能量方程无量纲化

$$\frac{U\Delta T}{L}\boldsymbol{u}^*\cdot\nabla^*T^*=\frac{k\Delta T}{\rho c_pL^2}\nabla^{*2}T^*$$

其中,导热项无量纲化为$\frac{UL}{\alpha}$

5. 无量纲化参数:

Grashof 数(Gr):

$$Gr=\frac{g\beta\Delta TL^3}{\nu^2}$$

Prandtl 数(Pr):

$$Pr=\frac{\nu}{\alpha}$$

Rayleigh 数(Ra):

$$Ra=Gr\cdot Pr=\frac{g\beta\Delta TL^3}{\nu\alpha}$$

从层流到湍流的转变判据分析:

1. Grashof 数与 Rayleigh 数

Grashof 数(Gr)反映了浮力和黏性力的比值,是自然对流流动的基本判据。

Rayleigh 数(Ra)结合了 Prandtl 数(流体的动量扩散和热扩散的比值),适用于描述热传递问题。

2. 层流到湍流的转变

层流到湍流的转变是由流动的不稳定性引起的,主要受浮力和黏性力的影响。

Grashof 数直接描述了浮力和黏性力的比值,更适合用于分析流动稳定性问题。

3. 实验结果分析

实验研究表明,自然对流从层流到湍流的转变通常发生在 Gr 数达到一定临界值时(例如,$Gr\sim10^8$)。

尽管 Ra 数包含了 Pr 数的信息,但对于描述流动模式转变的临界条件,Gr 数更为直接和准确。

由于自然对流的层流到湍流转变主要受浮力和黏性力的比值影响,而 Grashof 数正是这种力平衡的无量纲化表达,因此在分析自然对流流动的转变判据时,应优先采用 Gr 数而不是 Ra 数。Rayleigh 数虽然也有用,但在描述流动稳定性方面不如 Gr 数直观和有效。

6-71　方腔内孤立物体的自然对流传热可以作为室内暖气片或者冰箱制冷盘管对流传热的简化模型,如《传热学(第 6 版)》(陶文铨编著)习题 6-71 附图。试分

析所示两种情形下的孤立物体的自然对流传热之间有什么联系。

解：室内暖气片和冰箱制冷盘管作为孤立物体在方腔内的自然对流传热，可以看作是研究自然对流传热的两种典型情形。尽管它们在功能上有所不同，但从热物理角度来看，两种情形下的自然对流传热机理存在一定的联系。

情形1：室内暖气片的自然对流传热

(1)工作原理

室内暖气片通过加热周围空气，使得空气温度升高，密度降低，从而形成自然对流。

热空气上升，冷空气下降，形成一个封闭的对流循环，将热量从暖气片传递到房间的其他部分。

(2)传热特性

浮力驱动：浮力是自然对流的主要驱动力，高温空气上升，低温空气下降。

边界层发展：暖气片表面形成热边界层，空气在边界层内获得热量并上升。

热传导与对流：暖气片通过热传导将热量传递给周围空气，随后热空气通过对流传递热量。

情形2：冰箱制冷盘管的自然对流传热

(1)工作原理

冰箱制冷盘管通过冷却周围空气，使得空气温度降低，密度增大，从而形成自然对流。

冷空气下沉，温暖空气上升，形成一个封闭的对流循环，将热量从冰箱内部传递到制冷盘管。

(2)传热特性

浮力驱动：浮力仍然是自然对流的主要驱动力，但方向相反，低温空气下沉，高温空气上升。

边界层发展：制冷盘管表面形成冷边界层，空气在边界层内失去热量并下沉。

热传导与对流：制冷盘管通过热传导吸收周围空气的热量，随后冷空气通过对流传递热量。

两种情形的联系：

(1)共同特性

① 浮力驱动对流：在两种情形下，自然对流都是由浮力驱动的。暖气片通过加热空气形成浮力驱动的上升气流，制冷盘管通过冷却空气形成浮力驱动的下降气流。

② 边界层发展：在两种情形下，孤立物体的表面都会形成边界层。暖气片形成热边界层，制冷盘管形成冷边界层。

③ 热传导与对流结合：在两种情形下，传热过程都包括导热和对流两部分。孤立物体通过导热向空气传递或吸收热量，空气再通过对流将热量传递到远离孤立物体的区域。

(2)不同特性

① 温度梯度方向：在暖气片情况下，温度梯度由物体向外(高温到低温)，而在制冷盘管情况下，温度梯度由外向物体(低温到高温)。

② 流动方向：在暖气片情况下，热空气上升，形成向上的对流；在制冷盘管情况下，冷空气下沉，形成向下的对流。

③ 应用环境：暖气片主要用于提供热量，保持环境温暖；制冷盘管主要用于移除热量，保持环境冷却。

结论：

尽管室内暖气片和冰箱制冷盘管在功能和具体应用上有所不同，但它们的自然对流传热机理具有相似性。在研究自然对流传热时，这两种情形可以作为分别代表加热和冷却工况的典型模型。通过分析它们的共同特性和不同特性，可以更好地理解自然对流传热的基本原理，并有效地应用到实际工程中。

6.3.13 工具软件题目

6－72 在一块 2 cm×2 cm 的铜制冷板上用直径 1 mm、高 15 mm 的铜制小圆柱为散热肋片，圆柱呈顺排排列，迎风面方向有 9 根圆柱，$S_1/d=S_2/d=2$，圆柱间空气平均流速为 2 m/s，进口温度为 20 ℃，该冷板用于冷却功率为 150 W 的电子器件，要求冷板温度不得超过 100 ℃，试分析计算需要设置多少根小圆柱？

解：为了更精确地计算需要设置多少根小圆柱作为散热肋片，可以使用 Python 编写代码，通过数值计算来完成这一任务。

Python 代码实现：

基于之前的理论公式，逐步计算需要设置的小圆柱数目。使用 Python 中的'scipy'库可以方便地进行数值计算。以下是完整的代码：

```
'''python
import math
from scipy.constants import pi
#给定参数

d = 0.001   #小圆柱直径,m
h = 0.015   #小圆柱高度,m
v = 2   #空气平均流速,m/s
T_inf = 20 + 273.15   #空气进口温度,K
T_s = 100 + 273.15   #冷板温度,K
Q_total = 150   #电子器件功率,W
nu = 15.89e-6   #动力黏度,m2/s
Pr = 0.71   #Prandtl 数
k = 0.0257   #空气导热系数,W/(m·K)
S1_d = 2   #S1/d 比例
S2_d = 2   #S2/d 比例

#计算 Reynolds 数
Re_d = v * d / nu
```

```
#计算 Nusselt 数,使用 Zukauskas 公式
C = 0.683
m = 0.466

Nu_d = C * Re_dm * Pr0.36

#计算对流传热系数 h
h_conv = Nu_d * k / d

#计算每根小圆柱的表面积 A_fin
A_fin = pi * d * h

#计算每根小圆柱的散热量 Q_fin
Q_fin = h_conv * A_fin *(T_s - T_inf)

#计算需要多少根小圆柱
N = Q_total / Q_fin

#输出结果
print(f"每根小圆柱的散热量:{Q_fin:.2f} W")
print(f"需要的小圆柱数目:{math.ceil(N)}")
'''
```

###运行结果

运行该代码,将得到每根小圆柱的散热量和所需的小圆柱的数量。使用'math.ceil(N)'来取整,确保小圆柱的数量为整数。

###解释参数选择

- 'C'和'm'是根据 Zukauskas 公式在所给 Reynolds 数范围内的常数。
- 'nu'是空气在 20 ℃时的动力黏度。
- 'Pr'是空气的 Prandtl 数。
- 'k'是空气的导热系数。
- 'S1_d'和'S2_d'是小圆柱间的间距与直径的比值。

结论:

通过此代码运行结果,可以获得需要的小圆柱的数量,从而确保冷板温度不超过 100 ℃,满足电子器件的冷却需求。如果需要进一步调整参数或精确建模,可以通过修改代码中的相关参数实现。

6-73 1981 年 Tuckerman 与 Pease 在《传热学(第 6 版)》(陶文铨编著)习题 6-73 附图所示的冷却结构中实现了 790 W/cm² 的记录。冷板材料为铜(1 cm×1 cm),冷却通道系由硅片制成,其导热系数为铜的 1/3 左右,实验用矩形微通道的尺寸为:

通道宽度及间距 $W_w=W_c=57\ \mu m$，通道高度为 $z=365\ \mu m$；在冷却水进口温度 23 ℃，流量为 8.6 m^3/s 的条件下，达到了上述冷却功率。试运用你的传热学知识，分析达到这样冷却效果的可能性。

解：1. 分析与计算

为了分析 Tuckerman 与 Pease 在冷却结构中实现的 790 W/cm^2 的记录冷却效果，需要进行以下步骤：

(1)计算冷却结构的总面积和总功率。

(2)计算冷却通道的热阻和对流传热系数。

(3)验证冷却功率的可能性。

2. 计算步骤

(1)冷却结构总面积和总功率

给定冷却结构的尺寸为 $1\ cm\times1\ cm=1\ cm^2=1\times10^{-4}\ m^2$，因此总功率为

$$Q_{total}=790\ W/cm^2\times1\ cm^2=790\ W$$

(2)冷却通道的热阻和对流传热系数

假设冷却结构由许多微通道组成，需要计算每个微通道的热阻和总对流传热系数。

给定条件：

通道宽度及间距 $W_w=W_c=57\ \mu m=57\times10^{-6}\ m$

通道高度 $z=365\ \mu m=365\times10^{-6}\ m$

冷却水进口温度 $T_\infty=23\ ℃=296.15\ K$

流量 $\dot{V}=8.6\times10^{-6}\ m^3/s$

3. 计算流程

(1)计算每个微通道的数量和截面积。

微通道总数：

$$n=\frac{1\ cm}{W_w+W_c}=\frac{10^{-2}\ m}{2\times57\times10^{-6}\ m}\approx87.72\approx88$$

每个微通道截面积：

$$A_{channel}=W_c\times z$$

(2)计算 Reynolds 数和 Nusselt 数。

Reynolds 数：

$$Re=\frac{4\dot{m}}{\pi d_h\mu}$$

其中，d_h 为通道的液压直径：

$$d_h=\frac{4\times A_{channel}}{周长}$$

(3)计算对流传热系数 h。

Nusselt 数通过查表或经验公式计算后：$h=\frac{Nu \cdot k}{d_h}$

(4)计算总热阻和验证冷却功率。

冷却水热阻：$R_{th}=\frac{1}{h \cdot A_{total}}$

```
###Python 代码实现
'''python
import math
Ffrom scipy.constants import pi

#给定参数
W = 1e-2  #冷板宽度,m
H = 1e-2  #冷板高度,m
Ww = 57e-6  #通道宽度,m
Wc = 57e-6  #通道间距,m
z = 365e-6  #通道高度,m
T_infinity = 23 + 273.15  #冷却水进口温度,K
flow_rate = 8.6e-6  #流量,m3/s
k_water = 0.6  #冷却水导热系数,W/(m·K)
nu_water = 0.001  #水的运动黏度,m2/s
Pr = 7  #Prandtl 数

#计算通道数量
n_channels = W /(Ww + Wc)

#计算每个通道的截面积
A_channel = Wc * z

#计算液压直径
d_h = 4 * A_channel /(2 * Wc + 2 * z)

#计算 Reynolds 数
Re = (4 * flow_rate)/(pi * d_h * nu_water)

#计算 Nusselt 数,使用 Dittus - Boelter 公式
if 2300 < Re < 10000:
    Nu = 0.023 * Re  0.8 * Pr  0.3
else:
    raise ValueError("Reynolds 数不在有效范围内")

#计算对流传热系数
```

```
h = Nu * k_water / d_h

# 计算总热阻
A_total = n_channels * A_channel
R_th = 1 /(h * A_total)

# 计算冷却功率
Q = (T_infinity - 296.15)/ R_th

# 输出结果
print(f"对流传热系数:{h:.2f} W/(m2·K)")
print(f"每个通道的 Reynolds 数:{Re:.2f}")
print(f"每个通道的 Nusselt 数:{Nu:.2f}")
print(f"总热阻:{R_th:.6f} K/W")
print(f"总冷却功率:{Q:.2f} W")

# 验证冷却功率的可能性
if Q> = 790:
    print("冷却功率达到要求")
else:
    print("冷却功率未达到要求")
'''
```

4. 运行结果

运行该代码,可以得到对流传热系数、每个通道的 Reynolds 数和 Nusselt 数、总热阻和总冷却功率,并验证是否达到了 790 W 的冷却功率。

5. 结论

通过上述分析和计算,可以验证 Tuckerman 与 Pease 在实验中所实现的冷却效果是否合理。在该实验条件下,790 W/cm^2 的冷却功率是有可能实现的。通过 Python 代码计算进一步验证了理论分析的正确性。

6 - 74

略。

6.4 名校考研真题集锦

1. (华北电力大学 2001 年真题)管内流动充分发展段和热充分发展段各有何特点?

答:流动充分发展段特征:流体径向速度分量为 $v=0$,轴向速度 u 不随 x 改变,即

$$\frac{\partial u}{\partial x}=v=0$$

热充分发展段特征：①t_w 与 t_f 及管内任意点 $t(x,r)$ 组成的无量纲温度随管长不变；②常物性流体充分发展段局部表面传热系数不变。

2.（华北电力大学 2004 年真题）试说明管槽内强制对流传热的入口效应，流体在管内流动过程中，随着流体在管内流动局部表面传热系数是如何变化的？外掠单管的流动与管内的流动有什么不同？

答：入口效应：入段热边界较薄，局部表面传热系数比充分发展段高。

局部表面传热系数：入口段沿主流向随着 δ 的增加而降低，若在入口段出现湍流层，则局部表面传热系数会因扰动而局部有所提高，再逐渐降低，最后趋于定值。充分发展段局部表面传热系数趋于定值与管内流动相比，外掠单管除了会发生边界层特征之外，还会发生边界层分离、绕流脱体而产生涡束、回流。

3.（东南大学 2009 年真题）管内紊流强对流传热时，增大流速可增强传热，为使流速增大一倍，可采用（1）管径不变，流量增大一倍；（2）流量不变，内径缩小两种办法。如流体物性变化不大，哪一种方法对增大对流传热系数更有利？

答：(1)流速增大一倍是直接的，且由于流量增大，流体携带的热量也增多，这有助于增强传热。

(2)虽然流速也会增大，但内径缩小可能带来的流动阻力增大和流动状态改变是不确定因素，这些因素可能对对流传热系数产生负面影响。

如果流体物性变化不大，且主要关注增大对流传热系数，那么管径不变、流量增大一倍的方法更为有利。这种方法直接增大了流速和流量，从而更有效地增强了传热。

4.（华北电力大学 2008 年真题）在管道充分发展的换热区：

$$\frac{\partial\left(\dfrac{t_w-t}{t_w-t_b}\right)}{\partial x}=0$$

其中，管壁温度 t_w 还是截面平均温度 t_b 都是轴向坐标 x 的函数，请证明管道内充分发展换热区常物性流体的局部表面传热系数与 x 无关。

解：由已知

$$\frac{\partial}{\partial x}\left(\frac{t_w-t}{t_w-t_b}\right)=0$$

且 t_w、t_b 均与半径 r 无关，所以 $\left(\dfrac{t_w-t}{t_w-t_b}\right)$ 仅是半径 r 的函数，将其对半径 r 求导，

$$\frac{\partial}{\partial \tau}\left(\frac{t_w-t}{t_w-t_b}\right)$$

当 $r=R$ 时，可得常数

$$\frac{\partial}{\partial r}\left(\frac{t_w-t_b}{t_w-t_b}\right)\Big|_{r=R}=\frac{-\left(\dfrac{\partial t}{\partial r}\right)_{r=R}}{t_w-t_b}=\text{const}$$

由

$$\begin{cases} q=-\lambda\left(\dfrac{\partial t}{\partial r}\right) \\ q=h(t_{\mathrm{w}}-t_{\mathrm{b}}) \end{cases} \rightarrow \lambda(t_{\mathrm{w}}-t_{\mathrm{b}})cost=h(t_{\mathrm{w}}-t_{\mathrm{b}}) \rightarrow \frac{b}{\lambda}=\text{const}$$

可得出 h 为常数与 x 无关。

5.(东南大学 2021 年真题)现有一个处于充分发展段,恒热流密度条件,保持 q_m 及其他条件不变,管径缩小一半,即 $d_1/d_2=2$,求:

(1) d_1/d_2;

(2)若管段进出口温度不变,求 L_1/L_2。

解:(1)由题意得

$$d_1/d_2=2 \rightarrow A_1/A_2=4 \rightarrow u_1/u_2=1/4$$

$$\frac{Nu_1}{Nu_2}=\frac{0.023Re_1Pr_1}{0.023Re_2Pr_2}=\frac{(u_1d_1/\mu_1)^N0.8}{(u_2d_2/\mu_2)^N0.8}=(1/4\times2)^{0.8}=0.574$$

$$\frac{h_1}{h_2}=0.287$$

(2)进出口温度不变,则换热量

$$\Phi=c_pq_m\Delta t=\text{const}$$

又因为恒热流条件,即热流密度

$$q=\text{const}$$

所以

$$\Phi_1=\Phi_2=q_1\pi d_1L_1=q_2\pi d_2L_2$$

$$\frac{L_1}{L_2}=\frac{d_2}{d_1}=0.5$$

6.(东南大学 2020 年真题)设圆管内强制对流处于均匀壁温 t_{w} 的条件,流动和换热达充分发展段,流体进口温度 t_{f},流体的质量流量为 q_m,定压比热容为 c_p,流体与壁面之间的对流传热系数为 h,试证明下列关系式成立:

$$\frac{t_{\mathrm{fx}}-t_{\mathrm{w}}}{t_{\mathrm{f}}'-t_{\mathrm{w}}}=\exp\left(-\frac{Px}{q_mc_p}h\right)$$

式中,x 为距进口的轴向距离,P 为管横截面周长,t_{fx} 表示流体在 x 截面处的平均温度。

解:取圆管中 $\mathrm{d}x$ 段作研究,列热平衡

$$q_mC_p\mathrm{d}t_{\mathrm{m}}=qP\mathrm{d}x$$

式中 q 为 x 处的局部热流，且

$$q = h(t_w - t_m)$$

故

$$q_m c_p \mathrm{d}t_m = h(t_w - t_m) P \mathrm{d}x$$

即

$$\frac{\mathrm{d}t_m}{\mathrm{d}x} = \frac{hP}{q_m c_p}(t_w - t_m)$$

可改写成

$$\frac{\mathrm{d}(t_w - t_m)}{\mathrm{d}x} = -\frac{hP}{q_m c_p}(t_w - t_m)$$

令 $t_w - t_m = \Delta t$，即

$$\frac{\mathrm{d}(\Delta t)}{\Delta t} = -\frac{hP}{q_m c_p}\mathrm{d}x$$

将上式从进口到 x 处积分，得

$$\int_{\Delta t_i}^{\Delta t_x} \frac{\mathrm{d}(\Delta t)}{\Delta t} = \int_0^x -\frac{hP}{q_m c_p}\mathrm{d}x$$

其中 $\Delta t = t_w - t'_f$，$\Delta t_x = t_w - t_{fx}$
所以

$$\ln\frac{\Delta t_x}{\Delta t_i} = -\frac{hP}{q_m c_p}x$$

即

$$\frac{t_{fx} - t_w}{t'_f - t_w} = \exp\left(-\frac{hP}{q_m c_p}x\right)$$

得证。

第 7 章　相变对流传热的计算

7.1　知识网络

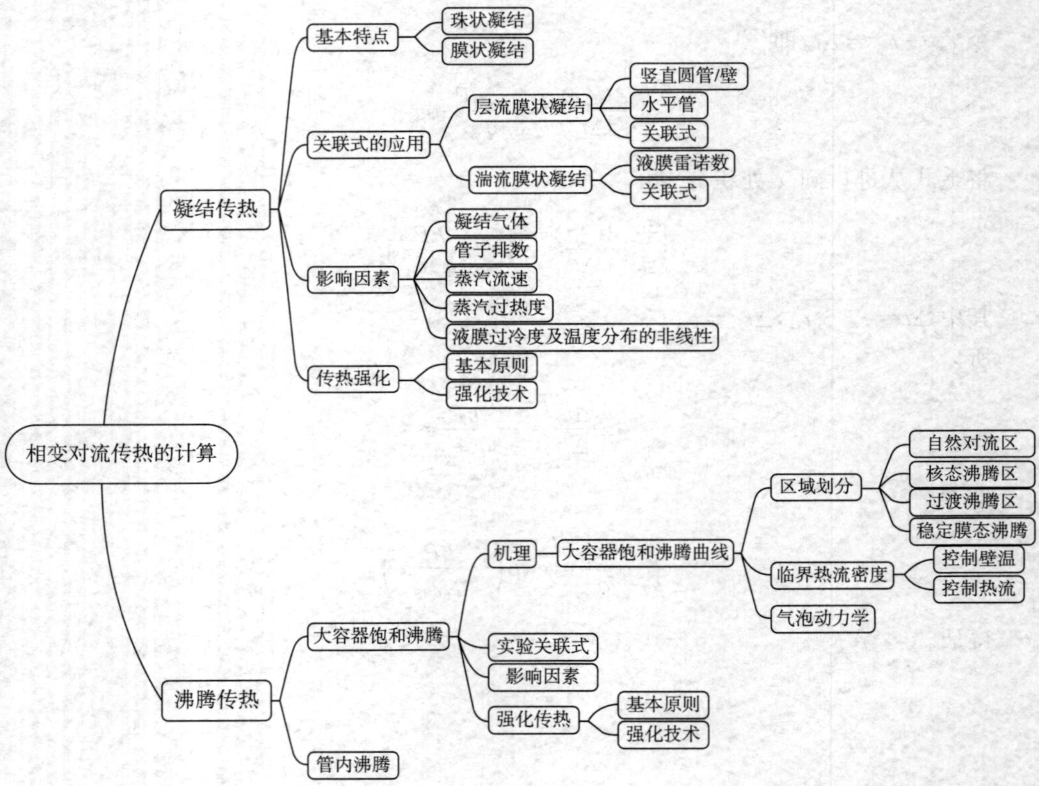

7.2　传热学知识点

知识点1　珠状凝结与膜状凝结

对于接触角 θ,$\theta\downarrow$ 液体润湿能力强,铺展在壁面上。

$\theta<90°$,亲水表面;$\theta\leqslant30°$,趋亲水表面;$\theta>90°$,憎水表面;$\theta\geqslant150°$,超疏水表面。

如果凝结液体能很好地润湿壁面,它就在壁面上铺展成膜,这种凝结形式称为膜状凝结。当凝结液体不能很好地润湿壁面时,凝结液体在壁面上形成一个个的小液珠,称为珠状凝结。

知识点2　凝结传热的主要热阻

【液膜层的热阻】

原理:液体层面积↑厚度↑热阻↑,因此珠状凝结在减少凝结热方面具有优越性,$h_{珠}>h_{膜}$。

膜状凝结时冷壁面上始终存在一层连续的液膜,其厚度沿重力的方向增加,所以热阻比珠状大一个数量级以上。

知识点3　工程上的凝结传热设计

几乎所有的常用蒸汽,在纯净的条件下均能在常用工程材料的洁净表面上得到膜状凝结。

在大多数工业冷凝器中,特别是动力冷凝器上,实际上都得到膜状凝结。鉴于实际工业应用上都只能实现膜状凝结,所以从设计的观点出发,为保证传热效果,只能用膜状凝结的计算式作为设计的依据。

知识点4　努塞尔的蒸气层流膜状凝结分析解

【对实际问题的简化假设】

(1)常物性;

(2)蒸气是静止的,气液界面上无对液膜的黏滞应力;

(3)液膜的惯性力可以忽略;

(4)气液界面上无温差,界面上液膜温度等于饱和温度,$t_\delta=t_s$;

(5)膜内温度分布是线性的,即认为液膜内的热量转移只有导热,而无对流作用;

(6)液膜的过冷度可以忽略;

(7)$\rho_v<<\rho_l$,ρ_v 相对于 ρ_l 可忽略不计;

(8)液膜表面平整无波动。

【边界方程组简化(属于边界层型)】

首先引入第5章二维稳态边界层型对流传热方程组:

$$\begin{cases}质量守恒:\dfrac{\partial u}{\partial x}+\dfrac{\partial v}{\partial y}=0\\ 动量守恒:u\dfrac{\partial u}{\partial x}+\nu\dfrac{\partial u}{\partial y}=-\dfrac{1}{\rho}\dfrac{\mathrm{d}P}{\mathrm{d}x}+\nu\dfrac{\partial^2 u}{\partial y^2}\\ 能量守恒:u\dfrac{\partial t}{\partial x}+\nu\dfrac{\partial t}{\partial y}=a\dfrac{\partial^2 t}{\partial y^2}\end{cases}$$

加上体积力 ρg,由假设简化得

$$\eta_l\frac{\partial^2 u}{\partial y^2}+\rho_l g=0$$

$$\frac{\partial^2 t}{\partial y^2}=0$$

其边界条件为

$$\begin{cases}y=0,u=0,t=t_w\\ y=\delta,\dfrac{\partial u}{\partial y}=0,t=t_s\end{cases}$$

知识点5　水平管外、球表面层流膜状凝结传热系数

$$h_H(水平管)=0.729\left[\frac{rg\lambda_1^3\rho_1^2}{\eta_1 d(t_s-t_w)}\right]^{\frac{1}{4}}$$

$$h_S(球)=0.826\left[\frac{rg\lambda_L^3\rho_L^2}{\eta_l d(t_s-t_w)}\right]^{\frac{1}{4}}$$

知识点6　水平管外/竖直管外层流膜状凝结比较

表7-1　水平管外/竖直管外层流膜状凝结的不同点

	特征长度	系数
竖壁	l	0.943
横管	d	0.729

比值:其他条件相同时,

$$\frac{h_H}{h_V}=0.77\left(\frac{l}{d}\right)^{\frac{1}{4}}$$

$$\frac{l}{d}=50$$

$$\Rightarrow h_H=2h_V$$

冷凝器一般采用横管(h 大)，

$Re>20$ 时，由于表面波动，因此修正后式为

$$h=1.13\left[\frac{g\rho^2\lambda^3 r}{\mu(t_s-t_w)l}\right]^{\frac{1}{4}}$$

知识点 7　膜状凝结的影响因素

【不凝结气体】

不凝结气体会使表面传热系数下降，在靠近液膜表面的蒸气侧，随着蒸气的凝结，蒸气分压力减小而不凝结气体的分压力增大。①蒸气在抵达液膜表面进行线之前，必须以扩散的方式穿过聚集在界面附近的不凝结气体层。因此，不凝结气体层的存在增加了传递过程的阻力。②同时蒸气的分压力下降，使相应的饱和温度下降，减小了凝结的动力 Δt，也使凝结过程削弱。

【管子排数】

不能直接将单管公式中的 d 直接改为 nd，上排管凝结液落下时可能会产生飞溅以及对液膜的冲击扰动。

【蒸汽流速】

流速高，对液膜表面产生明显的黏滞应力。

流向与重力场液膜向下流动同向时，使液膜拉薄，$h\uparrow$。

【蒸汽过热度】

计算时将饱和蒸汽关联式的潜热改用过热蒸汽与饱和液的焓差

【液膜过冷度及温度分布非线性】

努塞尔的理论分析忽略了液膜的过冷度的影响，并假定液膜中温度呈线性分布。分析表明，只要用下式确定的 r'，代替计算公式中的 r''，就可以照顾到这两个因素的影响。

$$r'=r+0.68C_p(t_s-t_w)$$

也可以表示为 $r'=r(1+0.68\,Ja)$

知识点 8　管内强制对流凝结传热

以水平管中的凝结为例，当蒸气流速低时，凝结液主要积聚在管子的底部，蒸气则位于管子上半部，其截面形状如图 7-1(a)所示。如果蒸气流速比较高，则形成所谓环状流动，凝结液较均匀地展布在管子四周，而中心则为蒸气核。随着流动的进行，液膜厚度不断增厚以致凝结完时占据了整个截面[图 7-1(b)]。蒸气在管内凝结时，质量流速的不同会导致不同的两相流的流型，如前面指出的环状流动就是两相流中的一种常见流态。

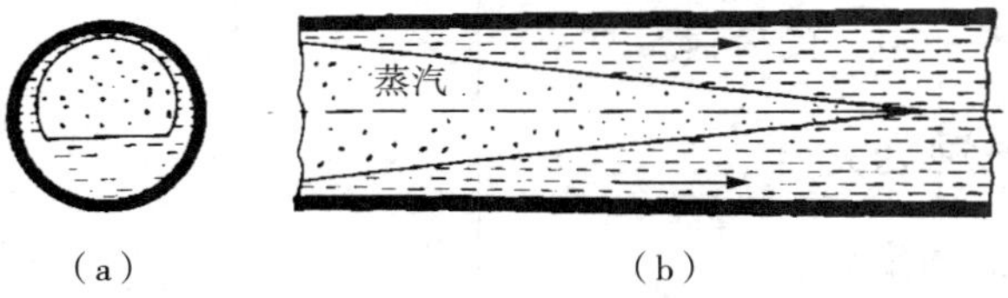

图 7-1　管内凝结时液膜与蒸气核示意图

知识点 9 膜状凝结的强化原则

尽量减薄液膜厚度,两方面着手:

减薄蒸汽凝结时直接黏滞在固体表面上的液膜;

及时将传热表面上的凝结液排走,不使其积存。

知识点 10 膜状凝结强化技术

最简单方法:对竖壁尽量降低传热面高度,竖管变横管减薄液膜厚度。

利用表面张力:位于尖峰上的液膜厚度因表面张力大大减少。

及时排液的方法:

(1)分段排泄:沟槽也可以起到减薄液膜厚度的作用(立式冷凝器);

(2)泄流板使上部水平管束上的冷凝液体不会集聚到其下其他管束上。

知识点 11 大容器饱和沸腾

【自然对流区】 过热度 $\Delta t=t_w-t_s$ 较小,壁面上没有气泡,一般 $\Delta t<4$ ℃。

【核态沸腾区】 $\Delta t\geqslant4$ ℃时,个别地点汽化核心开始产生气泡且彼此互不干扰,称孤立汽泡区。随着 Δt 进一步增加,汽化核心增加,汽泡互相影响,并会合成汽块及汽柱。在这两个区中,汽泡的扰动剧烈,传热系数和热流密度都急剧增大。

【过渡沸腾区】 从峰值点进一步提高 Δt,传热规律出现异乎寻常的变化。热流密度不仅不随 Δt 的升高而提高,反而越来越降低。这是因为汽泡汇聚覆盖在加热面上,而蒸汽排除过程越趋恶化。这种情况持续到最低热流密度为 q_{min} 为止。这段沸腾称为过渡沸腾,是很不稳定的过程。

【膜态沸腾区】 从 q_{min} 起传热规律再次发生转折。这时加热面上已形成稳定的蒸汽膜层,产生的蒸汽有规则地排出膜层,q 随 Δt 的增加而增大,此段称为稳定膜态沸腾。

知识点 12 临界热流密度及其意义

通过控制 q(纵坐标),一旦 q 超过 q_{max},工况沿过 q_{max} 的虚线跳至稳定膜态沸腾线,Δt 升至 1000 ℃,可能致设备烧毁。

通过控制加热壁温,q 超过转折点,导致膜态沸腾,Δt 上升气膜厚度 δ 增大而传热系数 h 下降。

知识点 13 DNB 点及其意义

在烧毁点附近,有个比 q_{max} 的热流密度略小,表现为 q 上升缓慢的核态沸腾的转折点 DNB,其可作为监视接近 q_{max} 的警戒。

知识点 14 汽泡动力学

【为什么沸腾传热强度高】

主要由气泡形成,成长以及脱离加热壁面所引起的扰动造成,因此要进一步强化设法增加热表面产生气泡的特点。

【加热表面什么地点容易成为气化核心】

壁面上的凹坑，细缝，裂穴最可能成为气化核心，因此基本手段是增加以上来开发强化沸腾传热。

加热表面上要产生气泡液体必须过热。

知识点15　大容器沸腾传热的影响因素

【表面结构与状态】 表面结构不平整的结构越多，沸腾传热越强烈。

【过冷度(流体主要部分温度低于 t_s)】 在核态沸腾起始点附近区域有影响。

【液位高度】 液位足够高时，h 与液位高度无关，降低到一定值时，h 随液位下降而上升。

【重力加速度】 对核态沸腾无影响，对自然对流有影响，g 上升，自然对流强化。

【管束】

知识点16　管内强制对流沸腾及降膜蒸发

【管内强制对流沸腾】

管的位置是影响管内沸腾的因素之一，最主要的影响参数是含气量，质量流速和压力。

【降膜蒸发】

知识点17　强化沸腾传热的原则

因为产生气泡加强扰动，因此传热更强烈。因此强化的原则是尽量增加热面上的气化核心，即产生气泡的特点。

强化大容器沸腾的表面结构——增加表面凹坑。

强化管内沸腾的表面结构——螺纹管/微肋管。

知识点18　强化沸腾传热的技术

用烧结、钎焊、火焰喷涂，电离沉积等物理与化学方法在传热表面上造成一层多孔结构。

采用机械加工方法在传热管表面上造成多孔结构。

知识点19　热管工作原理

热管定义：依靠重力使冷凝液回流的热管称为重力热管(又称热虹吸管)，此时冷凝段必须位于蒸发段之上。

作介质积聚在热管的底部，当该处受到热管外热流体加热时工作液体蒸发，其中蒸汽上升到热管上半部液管外流体冷却而凝结成液体，凝结液在重力作用下沿内壁流下返回到蒸发段而完成一个循环，通过工作液的不断蒸发，凝结，把热管下半部热源的热量连续传递到上半部的冷源中。通过热管这个媒介，把热流体的热量传给冷流体，实现传热过程。

管壳采用金属管，其内壁贴附丝网状，吸液芯，以利用毛细力使工作液体在吸液芯内不受热管位置限制而移动，管壳两端封死。封死前将管内抽真空，灌入适量工作液。

7.3 传热学复习题

7.3.1 思考题

1. 什么叫膜状凝结，什么叫珠状凝结？膜状凝结时热量传递过程的主要阻力在什么地方？

答：凝结液体在壁面上铺展成膜的凝结叫膜状凝结，膜状凝结的主要热阻在液膜层，凝结液体在壁面上形成液珠的凝结叫珠状凝结。

2. 在努塞尔关于膜状凝结理论分析的8条假设中，最主要的简化假设是哪两条？

答：第3条，忽略液膜惯性力，使动量方程得以简化；第5条，膜内温度是线性的，即膜内只有导热而无对流，简化了能量方程。

3. 有人说，在其他条件相同的情况下，水平管外的凝结传热一定比竖直管强烈，这一说法一定成立吗？

答：这一说法不一定成立，要看管的长径比。

4. 为什么水平管外凝结传热只介绍层流的准则式？常压下的水蒸气在 $\Delta t=t_s-t_w=10$ ℃的水平管外凝结，如果要使液膜中出现湍流，试近似地估计一下水平管的直径要多大？

答：因为换热管径通常较小，水平管外凝结传热一般在层流范围。

对于水平横圆管：$Re=\dfrac{4\pi dh(t_s-t_w)}{\eta r}$

$$h=0.729\left(\frac{gr\rho^2\lambda^3}{\eta d(t_s-t_w)}\right)^{\frac{1}{4}}$$

临界雷诺数

$$Re_c=\frac{9.161d^{\frac{3}{4}}(t_s-t_w)^{\frac{3}{4}}(g\rho^2\lambda^3)^{\frac{1}{4}}}{\eta^{\frac{5}{4}}r^{\frac{3}{4}}}=1600$$

由 $t_s=100$ ℃，查表：$r=2257$ kJ/kg

由 $t_p=95$ ℃，查表：$\rho=961.85$ kg/m^3，$\lambda=0.6815$ W/(m·K)

$\eta=298.7\times10^{-6}$ kg/(m·s)

$$d=976.3\frac{\eta^{\frac{5}{3}}r}{(t_s-t_w)(g\rho^2\lambda^3)^{\frac{1}{3}}}=2.07\text{ m}$$

即水平管管径达到2.07 m时，流动状态才过渡到湍流。

5. 试说明大容器沸腾的 $q-\Delta t$ 曲线中各部分的传热机理。

答：在大容器沸腾的初始阶段，即加热初期，容器内的液体温度逐渐升高，但尚未达到沸点。此时，传热主要通过热传导和对流进行。热传导是热量从热源（如加热元件）通过固体（如容器壁）传递到液体的过程。而对流则是由于液体内部温度差异引起的液体流动，从而加速热量的传递。在这个阶段，由于液体温度较低，蒸发作用并不明显，因此蒸发传热所占的比例很小。

随着加热的继续，液体温度逐渐接近沸点。在这个阶段，虽然热传导和对流仍然在进行，但蒸发作用开始变得显著。当液体表面温度达到沸点时，液体开始沸腾，产生大量的气泡并上升到液面破裂，释放出蒸汽。这个过程称为沸腾传热，它是通过液体表面蒸发和气泡运动来传递热量的。在沸腾过程中，由于气泡的扰动和蒸汽的释放，液体内部的温度差异被迅速消除，使得整个液体在较短时间内达到沸点并保持稳定沸腾。

在稳定沸腾阶段，液体的温度保持在沸点不变，而吸收的热量全部用于产生蒸汽并带走热量。此时，传热主要通过沸腾传热进行，而热传导和对流的作用相对减弱。由于沸腾传热具有高效性，因此在这个阶段，即使加热功率保持不变，液体的温度也不会再升高。

最后，当加热停止后，液体仍然会继续沸腾一段时间，直到液体内部的热量被完全消耗掉为止。在这个阶段，传热仍然以沸腾传热为主，但随着时间的推移，沸腾强度逐渐减弱，直到最终停止沸腾。

6. 什么叫亲水表面、什么叫憎水表面？试分别分析亲水与憎水特性对蒸汽凝结（液体的聚集状态）及液体沸腾（汽泡的形成与脱离）的影响。

答：亲水表面：这类表面容易与水分子相互作用，形成较强的分子间吸引力。在亲水表面上，水分子倾向于紧密排列，形成连续的水膜。

憎水表面：这类表面与水分子之间的相互作用较弱，不易形成稳定的分子间吸引力。在憎水表面上，水分子倾向于形成离散的水滴或水珠，而不是连续的水膜。

(1)蒸汽凝结

亲水表面：在亲水表面上，凝结的蒸汽更容易形成连续的水膜。这是因为亲水表面与水分子之间的强相互作用使得水分子能够紧密排列并铺展在表面上。这种连续的水膜有利于热量的传递和蒸汽的进一步凝结。

憎水表面：在憎水表面上，凝结的蒸汽倾向于形成离散的水滴或水珠。这种离散的水滴形态可能会阻碍热量的传递，因为水滴之间的空隙可能导致热阻增加。此外，离散的水滴也不利于蒸汽的进一步凝结，因为蒸汽需要绕过水滴才能接触到新的凝结表面。

(2)液体沸腾

亲水表面：在亲水表面上，沸腾产生的气泡更容易在表面形成并脱离。这是因为亲水表面与水分子之间的强相互作用在气泡形成时会被打破，使得气泡能够顺利地从表面脱离。此外，亲水表面上的水膜也有助于气泡的均匀分布和快速脱离。

憎水表面:在憎水表面上,沸腾产生的气泡可能会受到阻碍而难以形成或脱离。这是因为憎水表面与水分子之间的弱相互作用使得气泡在形成时需要克服较大的表面张力。此外,离散的水滴形态也可能导致气泡在表面上的分布不均匀,从而影响气泡的脱离速度和沸腾效率。

7. 对于热流密度可控及壁面温度可控的两种传热情形,分别说明控制热流密度小于临界热流密度及温差小于临界温差的意义,并针对上述两种情形分别举出一个工程应用实例。

答:对于热流密度可控的设备,如电加热器,控制热流密度小于临界热流密度,是为了防止设备被烧毁,对于壁温可控的设备,如冷凝蒸发器,控制温差小于临界温差,是为了防止设备换热量下降。

8. 试对比水平管外膜状凝结及水平管外膜态沸腾传热过程的异同。

答:稳定膜态沸腾与膜态凝结在物理上同属相变换热,前者热量必须穿过热阻较大的汽膜,后者热量必须穿过热阻较大的液膜,前者热量由里向外,后者热量由外向里。

9. 从传热表面的结构而言,强化凝结传热的基本思想是什么?强化沸腾传热的基本思想是什么?

答:从传热表面的结构而言,强化凝结传热的基本思想是尽量减薄黏滞在传热表面上液膜的厚度,强化沸腾传热的基本思想是尽量增加传热表面的汽化核心数。

10. 在你学习过的对流传热中,表面传热系数计算式中显含传热温差的有哪几种传热方式,其他传热方式中不显含温差是否意味着与温差没有任何关系?

答:表面传热系数计算式中显含换热温差的有凝结传热和沸腾换热。不显含温差并不意味着与温差无关,温差的影响隐含在公式适用范围和物件计算中。

11. 在《传热学(第6版)》(陶文铨编著)图7-16所示的沸腾曲线中,为什么稳定膜态沸腾部分的曲线会随 Δt 的增加而迅速上升?

答:因为随着壁面过热度的增加,辐射传热的作用越加明显。

12. 有的燃气热水器生产厂声称所生产热水器的效率可大于100%,试揭示其中的奥秘。

答:冷凝式燃气热水器的热效率则相当于(潜热 + 热水吸收的热量)/显热总值。由于分子中包含了被有效利用的潜热部分,因此冷凝式燃气热水器的热效率能够突破100%的限制。燃气热水器生产厂声称所生产的热水器效率可大于100%,其奥秘在于冷凝式燃气热水器通过技术创新成功地将高温烟气中的潜热也利用了起来,从而提高了热水器的整体热效率。

13. 简述计算管内对流传热沸腾传热系数的一般方法。

解:计算管内对流传热和沸腾传热系数的一般方法包括:确定流动条件,计算雷诺数和普朗特数,选择合适的传热关联式,通过关联式计算努塞尔数或直接计算传热系数 h。例如,层流情况下使用 Graetz 数关联式,湍流情况下使用 Dittus-Boelter 公式。对于沸腾传热，可根据具体的核态或膜态沸腾情况选择对应的 Rohsenow 或 Bromley 关联式。

14. 固液相变传热什么时候可用于加热物体，什么时候可用于冷却物体？

解：固液相变传热用于加热物体时，相变材料的熔点应低于或接近目标温度，使其熔化吸热；用于冷却物体时，熔点应高于或接近目标温度，通过吸热熔化提供冷却效果。

7.3.2　基本概念及定性分析

7-1　试将努塞尔关于蒸汽在竖壁上作层流膜状凝结的理论解《传热学(第 6 版)》(陶文铨编著)式(7-5)表示成特征数间的函数形式，引入伽利略数 $Ga=\frac{gl^3}{\nu^2}$ 及雅各布数 $Ja=\frac{r}{c_p(t_s-t_w)}$。

解：$h=0.943\left[\frac{gr\rho_\lambda^2\lambda_u^3}{\eta_l d(t_s-t_w)}\right]^{\frac{1}{4}}$

$$Nu=0.943\left[\frac{gl^3}{v^2}\cdot\frac{r}{c_p(t_s-t_w)}\cdot\frac{\eta c_p}{\lambda}\right]^{\frac{1}{4}}=0.943\left[Ga\cdot Ja\cdot Pr\right]^{\frac{1}{4}}$$

7-2　对于压力为 0.1013 MPa 的水蒸气，试估算在 $\Delta t=t_s-t_w=10$ ℃ 的情况下 Ja 数之值，并说明此特征数的意义以及可能要用到这一特征数的热传递现象。

解：$Ja=\frac{r}{c_p(t_s-t_w)}$，$r=2257.1\times10^3$ J/kg

$$c_p=4220\ \text{J/(kg·℃)}$$

$$Ja=\frac{2257.1\times10^3}{4220\times10}=53.5$$

$$Ja=\frac{r}{c_p(t_s-t_w)}$$

代表了汽化潜热与液膜显热降之比；进一步一般化可写为 $Ja=\frac{r}{c_p\Delta t}$，代表了相变潜热与相应的显热之比，在相变换热(凝结、沸腾、熔化、凝固等都可以用得上)。

7-3　$t_s=40$ ℃ 的水蒸气及 $t_s=40$ ℃ 的 R134a 蒸气在等温竖壁上膜状凝结，试计算离开 $x=0$ 处为 0.1 m、0.5 m 处的液膜厚度。设 $\Delta t=t_w-t_s=5$ ℃。

解：$\delta(x)=\left[\frac{4u_1\lambda_1\Delta tx}{g\rho_1^2r}\right]^{\frac{1}{4}}$，近似的用 t_s 计算物性，则

$$对水：\lambda_1=0.635\ \text{W/(m·K)},\ \mu_1=653.3\times10^{-6}\ \text{Pa·s}$$

$$\rho_1=992.2\ \text{kg/m}^3,\ r=2407\times10^3\ \text{J/kg}$$

对 $R134a$：$\lambda_1=0.075$ W/(m·K)，$\mu_1=4.286\times10^{-6}\times1146.2=4912.6\times10^{-6}$(Pa·s)

$$\rho_l = 1146.2\ \text{kg/m}^3, r = 163.23\times10^3\ \text{J/kg}$$

$$对水:\delta(x) = \left[\frac{4u_l\lambda_l\Delta tx}{g\rho_l^2 r}\right]^{\frac{1}{4}}$$

$$= \left[\frac{4\times653.3\times10^{-6}\times0.635\times5}{9.8\times992.2^2\times2407\times10^3}\right]^{\frac{1}{4}} x^{\frac{1}{4}}$$

$$= (3.573\times10^{-16})^{\frac{1}{4}} x^{\frac{1}{4}}$$

$$= 1.375\times10^{-4} x^{\frac{1}{4}}$$

$$x = 0.1, \delta(x) = 1.357\times10^{-4}\times0.562 = 7.728\times10^{-2}(\text{mm})$$

$$x = 0.5, \delta(x) = 1.357\times10^{-4}\times0.5^{\frac{1}{4}} = 1.156\times10^{-4}(\text{mm})$$

$$对 R134a:\delta(x) = \left[\frac{4u_l\lambda_l\Delta tx}{g\rho_l^2 r}\right]^{\frac{1}{4}}$$

$$= \left[\frac{4\times4912.6\times10^{-6}\times0.075\times5}{9.8\times1146.2^2\times163.23\times10^3}\right]^{\frac{1}{4}} x^{\frac{1}{4}}$$

$$= 2.433\times10^{-4} x^{\frac{1}{4}}$$

$$x = 0.1, \delta(x) = 2.433\times10^{-4}\times0.1^{\frac{1}{4}} = 1.368\times10^{-1}(\text{mm})$$

$$x = 0.5, \delta(x) = 2.433\times10^{-4}\times0.5^{\frac{1}{4}} = 2.046\times10^{-1}(\text{mm})$$

7-4　当把一杯水倒在一块赤热的铁板上时，板面上立即会产生许多跳动着的小水滴。而且可以维持相当一段时间不被汽化掉，常称为莱顿弗罗斯特(Leidenfrost)现象，试从传热学的观点来解释这一现象，并从沸腾传热曲线上找出开始形成这一状态的点。为什么可以认为增加发生这点的温差是强化传热的一种方法？

解：此时在炽热的表面上形成了稳定的膜态沸腾，小水滴在气膜上蒸发，被上升的蒸汽带动，形成跳动，在沸腾曲线上相应于 q_{min}[见《传热学(第 6 版)》(陶文铨编著)图 6-11]的点即为开始形成现象的点。增加温差使系统越过 q_{min} 点进入膜态沸腾区，传热机制发生转变。在高温差下，辐射传热与 ΔT 的四次方成正比，逐渐成为主导因素。通过辐射传热的显著增强实现热流密度的提升，从而强化传热。

7.3.3　凝结传热

7-5　饱和水蒸气在高度 $l=15$ m 的竖管外表面上作层流膜状凝结。水蒸气压力为 $p=2.5\times10^5$ Pa，管子表面温度为 123 ℃。试利用努塞尔分析解计算离开管顶为 0.1 m、0.2 m、0.4 m、0.6 m 及 1.0 m 处的液膜厚度和局部表面传热系数。

解：水蒸气 $p=2.5\times10^5$ Pa 对应的饱和参数：

$$t_s = 127.2\ ℃, r = 2181.8\ \text{kJ/kg}$$

定性温度：$t_m = (t_s + t_w)/2 = (127.2+123)/2 = 125(℃)$

查表得 $\lambda=68.6\times10^{-2}$ W/(m·K)，$\eta=227.6\times10^{-6}$ kg/(m·s)

$$\rho=939\ \mathrm{kg/m^3}$$

$$\delta=\left[\frac{4\eta\lambda(t_s-t_w)x}{g\rho^2 r}\right]^{\frac{1}{4}}$$

$$=\left[\frac{4\times227.6\times10^{-6}\times68.6\times10^{-2}\times(127.2-123)x}{9.8\times939^2\times2181.8\times10^5}\right]^{\frac{1}{4}}$$

$$=(0.00013913x)^{\frac{1}{4}}\times10^{-3}(\mathrm{m})$$

$$h_x=\left[\frac{g\lambda^3\rho^2 r}{4\eta(t_s-t_w)x}\right]^{\frac{1}{4}}$$

$$=\left[\frac{9.8\times2181.8\times10^3\times68.6^3\times939^2\times10^{-6}}{4\times227.6\times10^{-6}\times(127.2-123)x}\right]^{\frac{1}{4}}$$

$$=\left[\frac{1.5917\times10^{15}}{x}\right]^{\frac{1}{4}}$$

解得

x	0.1	0.2	0.4	0.6	1.0
δ(mm)	0.061	0.073	0.086	0.096	0.109
h_x	11232	9445	7942	7177	6316

7-6 饱和温度为 50 ℃的纯净水蒸气在外径为 25.4 mm 的竖直管束外凝结。蒸汽与管壁的温差为 11 ℃，每根管子长 1.5 m，共 50 根管子。试计算该冷凝器管束的热负荷。

解：$t_m=\dfrac{50+(50-11)}{2}=44.5(℃)$

$$\rho_l=600.2\ \mathrm{kg/m^3}$$

$$\lambda_l=0.5105\ \mathrm{W/(m\cdot K)}$$

$u_l=606.5\times10^{-6}$，$r=2382.7\times10^3$ J/kg，设流动为层流，

$$h=1.13\left[\frac{g\rho_l^2 r\lambda_l^3}{u_l L(t_f-t_w)}\right]^{\frac{1}{4}}$$

$$=1.13\left[\frac{9.8\times2383\times10^6\times990.3^2\times0.641^3}{606.5\times10^{-6}\times1.5\times11}\right]$$

$$=4954.8[\mathrm{W/(m^2\cdot K)}]$$

$Re=\dfrac{4hL\Delta t}{ru_l}=\dfrac{4\times4954.8\times1.5\times11}{2.383\times10^6\times606.5\times10^{-6}}=226.3<1600$，故为层流。

整个冷凝器的热负荷 $Q=50\times4954.8\times3.1416\times0.0254\times1.5\times11=326.2(\text{kW})$

7-7　立式氨冷凝器由外径为 50 mm 的钢管制成。钢管外表面温度为 25 ℃，冷凝温度为 30 ℃，要求每根管子的氨凝结量为 0.009 kg/s，试确定每根管子的长度。

解：$t_m=\dfrac{25+30}{2}=27.5(℃)$

$$\rho_l=600.2\ \text{kg/m}^3$$

$$\lambda_l=0.5105\ \text{W/(m·K)}$$

$$u_l=2.11\times10^{-4}\,\text{kg/(m·s)}$$

$$r=1145.8\times10^3\ \text{J/kg}$$

由 $hA\Delta t=Gr$

得 $L=\dfrac{Gr}{\pi dh\Delta t}$。设流动为层流，则有

$$h=1.13\left[\frac{g\rho_l^2 r\lambda_l^3}{u_l L(t_f-t_w)}\right]^{\frac{1}{4}}$$

$$=1.13\left[\frac{9.8\times1145.8\times10^3\times600.2^2\times0.65105^3}{2.11\times10^{-4}\times(30-25)L}\right]^{\frac{1}{4}}$$

$$=5370.3L^{\frac{1}{4}}$$

代入 L 的计算式，得 $L=\dfrac{0.009\times1145.8\times10^3}{3.1416\times0.05\times5\times5370.3}L^{\frac{1}{4}}$

$L=\left(\dfrac{13129.9}{5370.3}\right)^{\frac{3}{4}}=3.293\ \text{m}$，$h=5370.3\times3.293^{-\frac{1}{4}}=3986.6[\text{W/(m}^2\text{·K)}]$

$Re=\dfrac{4\times3986.6\times3.293\times5}{1145.8\times10^3\times2.11\times10^{-4}}=1086<1600$ 故为层流。

7-8　水蒸气在水平管外凝结。设管径为 25.4 mm，壁温低于饱和温度 5 ℃，试计算在冷凝压力为 5×10^3 Pa、5×10^4 Pa、10^5 Pa 及 10^6 Pa 下的凝结传热表面传热系数。

解：按《传热学（第 6 版）》（陶文铨编著）式（7-6）计算，各压力下的物性及传热系数之值如下表示：

$P_c/(10^5\ \text{Pa})$	0.05	0.5	1.0	10.0
$t_c/(℃)$	32.4	81.5	99.8	179.8
$t_m/(℃)$	34.9	84	102.3	182.3
$\rho/(\text{kg/m}^3)$	993.98	969.2	956.7	884.4
$\lambda/[\text{W/(m·K)}]$	0.626	0.6764	0.6835	0.6730
$u_l\times10^6/[\text{kg/(m·s)}]$	728.8	379.02	277.1	151.0

（续表）

$r/(\mathrm{kJ/kg})$	2425	2305	2260	2015
$h/[\mathrm{W/(m^2 \cdot K)}]$	11450	13933	15105	16138

7-9　饱和温度为30 ℃的氨蒸气在立式冷凝器中凝结。冷凝器中管束高3.5 m，冷凝温度比壁温高4.4 ℃。试问在冷凝器的设计计算中可否采用层流液膜的公式？物性参数可按30 ℃计算。

解：按照附录11，30 ℃的氨液的物性参数为

$$\rho_l = 585.4\ \mathrm{kg/m^3}$$

$$\lambda_l = 0.4583\ \mathrm{W/(m \cdot K)},\ v_f = 2.143 \times 10^{-7}$$

先按层流计算，则 $h = 1.13\left[\dfrac{9.8 \times 1143850 \times 595.4^2 \times 0.4583^3}{2.143 \times 10^{-7} \times 3.0 \times 4.4}\right]^{\frac{1}{4}} = 4322[\mathrm{W/(m \cdot K)}]$，

$Re = \dfrac{4 \times 4322 \times 3 \times 4.4}{1143850 \times 0.2143 \times 10^{-6} \times 595.4} = 1587 < 1600$。确实属于层流范围。

7-10　一工厂中采用0.1 MPa的饱和水蒸气在一金属竖直薄壁上凝结。对置于壁面另一侧的物体进行加热处理。已知竖壁与蒸汽接触的表面的平均壁温为70 ℃。壁高1.2 m，宽30 cm。在此条件下，一被加热物体的平均温度可以在半小时内升高30 ℃，试确定这一物体的平均热容量。不考虑散热损失。

解：近似地取 $t_s = 100\ ℃$，$t_m = \dfrac{t_s + t_w}{2} = 85\ ℃$

$$\rho_l = 968.6\ \mathrm{kg/m^3}$$

$$\lambda_l = 0.677\ \mathrm{W/(m \cdot K)}$$

$$\mu_l = 335 \times 10^{-6}\ \mathrm{kg/(m \cdot s)}$$

$$r = 2257.1 \times 10^3\ \mathrm{J/kg}$$

设为层流

$$h = 1.13\left[\frac{g\rho_l^2 r\lambda_l^3}{u_l L(t_f - t_w)}\right]^{\frac{1}{4}}$$

$$= 1.13\left[\frac{9.8 \times 2.257 \times 10^6 \times 568.55^2 \times 0.377^3}{335 \times 10^{-6} \times 1.2 \times 30}\right]^{\frac{1}{4}}$$

$$= 45431.7[\mathrm{W/(m^2 \cdot K)}]$$

$Re = \dfrac{4hL\Delta t}{ru_l} = \dfrac{4 \times 5431.7 \times 1.2 \times 30}{2.257 \times 10^6 \times 335 \times 10^{-6}} = 1034.5 < 1600$ 与假设一致。

$$Q=Ah(t_s-t_w)=5431.7\times1.2\times30=58.66(\text{kW})$$

平均热容量 $\rho cv=\dfrac{Q\Delta\tau}{\Delta t}=\dfrac{58.66\times10^3\times1800}{30}=3.52\times10^6(\text{J/K})$

7-11　一块与竖直方向成 30°角的正方形平壁，边长为 40 cm，1.013×10⁵ Pa 的饱和水蒸气在此板上凝结，平均壁温为 96 ℃。试计算每小时的凝结水量；如果该平板与水平方向成 30°角，问凝结量将是现在的百分之几？

解：定性温度为 $t_m=\dfrac{100+96}{2}=98(℃)$

$$\rho_l=958.5\ \text{kg/m}^3$$

$$\lambda_l=0.6829\ \text{W/(m·K)}$$

$$u_l=283.2\times10^{-6}\text{kg/(m·s)},r=2257\times10^3\ \text{J/kg}$$

设为膜状凝结

$$h=1.13\left[\frac{gr\sin\varphi\rho_l^2r\lambda_l^3}{u_lL(t_f-t_w)}\right]^{\frac{1}{4}}$$

$$=1.13\left[\frac{9.8\times\sin60°\times2.257\times10^6\times958.5^2\times0.683^3}{283.1\times10^{-6}\times0.4\times(100-96)}\right]^{\frac{1}{4}}$$

$$=11919[\text{W/(m}^2\cdot\text{K)}]$$

$$Re=\frac{4\,hL\Delta t}{ru_l}=\frac{4\times11919\times0.4\times4}{2.257\times10^6\times283.1\times10^{-6}}=119.4<1600$$

$$Q=Ah(t_s-t_w)=11919\times0.4^2\times4=7628.2(\text{W})$$

$$G=\frac{Q}{r}=\frac{7628.2}{2.257\times10^6}=3.38\times10^{-3}(\text{kg/s})=12.2(\text{kg/h})$$

如果其他条件不变，但改为与水平方向成 30°角，则 h 为原来的 $\left(\dfrac{1}{2}/\dfrac{\sqrt{3}}{2}\right)^{\frac{1}{4}}=0.872=$ 87.2%，因而凝结量亦将是现在的 87.2%。

7-12　压力为 1.013×10⁵ Pa 的饱和水蒸气，用水平放置的壁温为 90 ℃的铜管来凝结。有下列两种选择：用一根直径为 10 cm 的铜管或用 10 根直径为 1 cm 的铜管。试问：

(1)这两种选择所产生的凝结水量是否相同？最多可以相差多少？

(2)要使凝结水量的差别最大，小管径系统应如何布置(不考虑容积的因素)。

(3)上述结论与蒸气压力、铜管壁温是否有关(保证两种布置的其他条件相同)？

解：水平管的凝结传热公式

$$h_H=0.729\left[\frac{gr\rho_l^2\lambda_l^3}{\eta_l d(t_s-t_w)}\right]^{\frac{1}{4}}$$

两种方案的传热表面积相同，温差相等，由牛顿冷却公式

$$\Phi = h_H A\Delta t\text{，故凝结量 } q_m = \frac{\Phi}{r} = \frac{h_H A\Delta t}{r}$$

因此，两种方案的凝液量之比

$$\frac{q_{m1}}{q_{m2}} = \frac{h_{H1}}{h_{H2}} = \left(\frac{d_2}{d_1}\right)^{\frac{1}{4}} = \left(\frac{1}{10}\right)^{\frac{1}{4}} = 0.562$$

故小管径系统的凝液量是大管径系统的 1.778 倍。只要保证蒸气压力和管壁温度在两种情况下相同，上述结论与蒸气压力和铜管壁温无关。

7-13　一卧式水蒸气冷凝器管子的直径为 20 mm，第一排管子的壁温 $t_w =$ 15 ℃，冷凝压力为 4.5×10^3 Pa。试计算第一排管子每米长的凝结液量。

解：相应于 4.5×10^3 Pa 的饱和温度为 30.94 ℃

$$t_m = \frac{30.94+15}{2} = 22.97 \approx 23(℃)$$

$$\rho_l = 997.5\ \text{kg/m}^3$$

$$\lambda_l = 0.605\ \text{W/(m·K)}$$

$$\mu_l = 943.3\times10^{-6}\ \text{kg/(m·s)}$$

$$r = 2438.5\times10^3\ \text{J/kg}$$

$$\Delta t = 30.94-15 = 15.94(℃)$$

$$h = 0.725\left[\frac{9.8\times2438.5\times10^3\times997.5^2\times0.605^3}{943.3\times10^{-6}\times0.02\times15.94}\right]^{\frac{1}{4}} = 8340[\text{W/(m}^2\text{·K)}]$$

每米长管子上的凝结水量：

$$G = \frac{\pi d h\Delta t}{r}$$

$$= \frac{3.1416\times0.02\times8340\times15.94}{2438.5\times10^3}$$

$$= 3.425\times10^{-3}(\text{kg/s})$$

$$= 12.33(\text{kg/h})$$

7-14　饱和温度为 30 ℃ 的水蒸气在恒定温度的竖壁上凝结，试估算使液膜进入湍流的 $l\Delta t$ 之值。物性按饱和温度查取。

解：$\rho_l = 995.7\ \text{kg/m}^3$

$$\lambda_l = 0.618\ \text{W/(m·K)}$$

$$\mu_l = 801.5\times10^{-6}\ \text{kg/(m·s)}$$

$$r = 2430.9\times10^3\ \text{J/kg}$$

$$h = 1.13\left[\frac{9.8\times2430.9\times10^{3}\times995.7^{2}\times0.618^{3}}{801.5\times10^{-6}l\Delta t}\right]^{\frac{1}{4}}$$

$$=10319.4\ (l\Delta t)^{-\frac{1}{4}}$$

$l\Delta t$ 之值应满足：$\frac{4\ hl\Delta t}{801.5\times10^{-6}\times2430.9\times10^{3}}\geqslant1600$

即 $h\geqslant\frac{779346.5}{l\Delta t}$

两式联立得 $\frac{779346.5}{l\Delta t}=\frac{10319.4}{(l\Delta t)^{\frac{1}{4}}}$

$$(l\Delta t)^{\frac{1}{4}}=75.52,\ l\Delta t=319.2\ \text{m}\cdot℃$$

7-15 设习题 7-14 中饱和水蒸气的饱和压力为 1.013×10^{5} Pa，试重做该题。在一般工业与民用水蒸气凝结的传热系统中，温差常在 5～10 ℃范围内，由本题及习题 7-14 的计算你可以得出什么看法？

解：100 ℃下饱和水的物性为

$$\rho_{l}=958.4\ \text{kg/m}^{3}$$

$$\lambda_{l}=0.683\ \text{W/(m}\cdot\text{K)}$$

$$\mu_{l}=282.5\times10^{-6}\ \text{kg/(m}\cdot\text{s)}$$

$$r=2257.1\times10^{3}\ \text{J/kg}$$

$$h = 1.13\left(\frac{9.8\times2257.1\times10^{3}\times958.4^{2}\times0.683^{3}}{2.825\times10^{-4}l\Delta t}\right)^{\frac{1}{4}}$$

$$=13903\ (l\Delta t)^{-\frac{1}{4}}$$

将此式与下式联立，$\frac{4\ hl\Delta t}{282.5\times10^{-6}\times2257.1\times10^{3}}\geqslant1600$

得 $\frac{255052}{l\Delta t}=\frac{13903}{(l\Delta t)^{\frac{1}{4}}}$

由此得 $(l\Delta t)^{\frac{3}{4}}=18.345$，$l\Delta t=48.3\ \text{m}\cdot\text{K}$

一般工业用冷凝器大多在层流范围内。

7-16 为估算位于同一铅锤面内的 N 根管子的平均凝结传热表面传热系数，可采用下列偏于保守的公式：$h_{n}=h_{1}/\sqrt[4]{n}$，其中 h_{1} 为由上往下第 1 排管子的凝结传热表面传热系数。这里假定 N 根管的壁温相同。

今有一台由直径为 20 mm 的管束所组成的卧式冷凝器，管子成叉排布置。在同一竖排内的平均管排数为 20，管壁温度为 15 ℃，凝结压力为 4.5×10^{5} Pa，试估算纯净水蒸气凝结时管束的平均表面传热系数。

解：纯净水蒸气凝结时，定性温度为

$$t_m=\frac{30.94+15}{2}=22.97\approx 23(℃)$$

$$\rho_l=997.5\ \mathrm{kg/m^3}$$

$$\lambda_l=0.605\ \mathrm{W/(m\cdot K)}$$

$$u_l=943.3\times 10^{-6}\ \mathrm{kg/(m\cdot s)}$$

$$r=2438.5\times 10^3\ \mathrm{J/kg}$$

$$\Delta t=30.94-15=15.94(℃)$$

$$h=0.725\left[\frac{9.8\times 2438.5\times 10^3\times 997.5^5\times 0.605^3}{943.3\times 10^{-6}\times 0.02\times 15.94}\right]^{\frac{1}{4}}$$

$$=8340[\mathrm{W/(m^2\cdot K)}]$$

$$\varepsilon_n=\left(\frac{1}{n}\right)^{\frac{1}{4}}=\left(\frac{1}{20}\right)^{\frac{1}{4}}=0.4729$$

$$h_n=8340\times 0.4729=3944[\mathrm{W/(m^2\cdot K)}]$$

7－17　为了强化竖管外的蒸气凝结传热，有时可采用如附图所示的凝结液泄出罩。设在高 L 的竖管外等间距地布置了 n 个泄出罩，且加罩前与加罩后管壁温度及其他条件都保持不变。试导出加罩后全管的平均表面传热系数与未加罩时的平均表面传热系数间的关系式。如果希望把表面传热系数提高到 2 倍，应加多少个罩？如果 $l/d=100$，为使竖管的平均表面传热系数与水平管一样，需加多少个罩？

解：加罩后全管的平均表面传热系数与未加罩时的平均表面传热系数间的关系式如下推导：

$$h_0\sim(1/L)^{\frac{1}{4}},h_n\sim\{1/[L/(n+1)]\}^{\frac{1}{4}}$$

$$则\frac{h_n}{h_0}=\frac{\{1/[L/(n+1)]\}^{\frac{1}{4}}}{(1/L)^{\frac{1}{4}}}=(n+1)^{\frac{1}{4}}$$

当$\dfrac{h_n}{h_0}=2$

应有$(n+1)^{\frac{1}{4}}=2,n+1=16,n=16-1=15$

若 $l/d=100$，设需把直管等分为几段才能使全管平均传热系数与水平管一样，则有

$$0.725\left[\frac{g\rho_l^2 r\lambda_l^3}{\mu_l d\Delta t}\right]^{\frac{1}{4}}=1.13\left[\frac{g\rho_l^2 r\lambda_l^3}{\mu_l(100d/n)\Delta t}\right]^{\frac{1}{4}}$$

即 $0.725=1.13\left(\dfrac{n}{100}\right)^{\frac{1}{4}}$

$$n=16.944\approx 17$$

7－18　如附图所示，容器底部温度为 $t_w(<t_s)$，并保持恒定，容器侧壁绝热。假

定蒸气在凝结过程中压力保持不变，试导出凝结过程中每一时刻底部液膜厚度 δ 的计算式。在你的推导过程中，"容器侧壁绝热"这一条件起了什么作用？

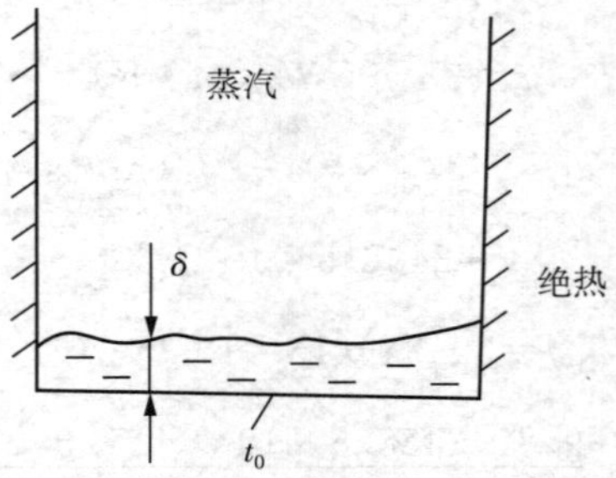

解：据给定的条件，从气一液分界面上释放出的汽化潜热均通过液膜的导热而传到底面上的，于是有：$\rho_l r\dfrac{d\delta}{d\tau}=\dfrac{\lambda_l(t_s-t_w)}{\delta}$，其中 τ 为时间，将此式对 τ 作积分，并利用 $\tau=0$，$\delta=0$ 的条件，得 $\delta=\sqrt{\dfrac{2\lambda(t_s-t_w)}{\rho r}\tau}$。此式表明液膜厚度与$\sqrt{T}$成正比。容器侧壁绝热使本题可以按一维无限大平壁导热问题处理。

7.3.4 沸腾传热

7-19 直径为 6 mm 的合金钢元在 98 ℃的水中淬火时的冷却曲线如附图所示。钢元的初温为 800 ℃。试分析曲线各段所代表的传热过程的性质。

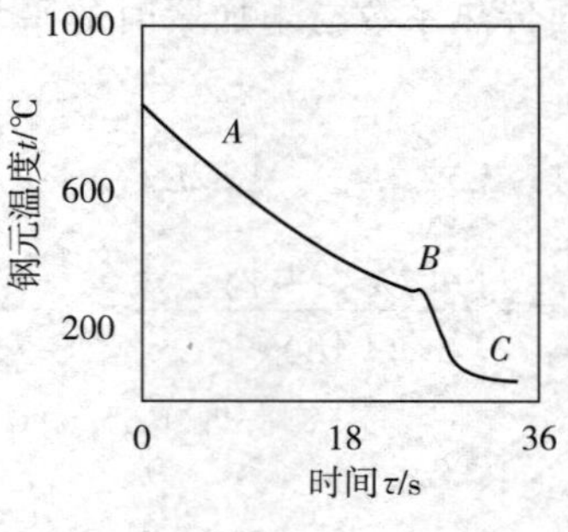

解：AB 段钢元得温度随时间的变化比较平缓，代表了膜态沸腾区的传热特性，BC 段的上半部钢元温度随时间而急剧下降，呈现出核态沸腾的特点，而到 BC 段的下部，温度曲线再次变得平缓，反映出对流传热逐渐进入以自然对流为主的区域。

7-20 平均压力为 1.98×10^5 Pa 的水，在内径为 15 m 的铜管内作充分发展的单相强制对流传热。水的平均温度为 100 ℃，壁温比水温高 5 ℃。试问：当流速多大时，对流传热的热流密度与同压力、同温差下的饱和水在铜表面上作大容器核态沸腾时的热流密度相等。

解：$p_s=1.98\times10^2$ Pa 时，$t_s=120$ ℃，对应水的物性

$$\nu=0.252\times10^{-6}\ \mathrm{m^2/s}$$

$$Pr=1.47,\lambda=0.686\ \mathrm{W/(m\cdot K)}$$

根据公式 $h=C_1\Delta t^{2.33}p^{0.5}=0.1224\times5^{2.33}\times(1.98\times10^5)^{0.5}=2315.87[\mathrm{W/(m^2\cdot K)}]$

由题意，要使二者热流密度相等，在温差相同情况下，必须表面传热系数 h 相等。对管内湍流强制对流

$$h'=0.023\,Re^{0.8}Pr^{0.4}\frac{\lambda}{d}\text{而}\,h=h'$$

所以 $Re^{0.8}=\dfrac{hd}{0.023\,Pr^{0.4}\lambda}=\dfrac{2315.87\times0.015}{0.023\times1.47^{0.4}\times0.686}=1887.24$

$Re=12439$

而 $Re=\dfrac{ud}{\nu}$ 所以 $u=\dfrac{Re\nu}{d}=\dfrac{12439\times0.252\times10^{-6}}{0.015}=0.21(\mathrm{m/s})$

7-21　当液体在一定压力下作大容器饱和核态沸腾时，欲使表面传热系数增加 10 倍，温差 t_w-t_s 应增加几倍？如果同一液体在圆管内作单相湍流传热（充分发展区），为使表面传热系数提高 10 倍，流速应增加多少倍？为维持流体流动所消耗的功将增加多少倍？设物性为常数。

解：(1)大容器饱和沸腾

$$h\sim\Delta t^{2.33}$$

$$\frac{\Delta t'}{\Delta t}=\left(\frac{h'}{h}\right)^{\frac{1}{2.33}}=10^{\frac{1}{2.33}}=2.69$$

(2)管内湍流

$$h\sim V^{0.8}$$

$$\frac{V'}{V}=\left(\frac{h'}{h}\right)^{\frac{1}{0.8}}=10^{1.25}=17.78$$

$$\Delta p\sim V^2$$

$$N\sim\Delta p\cdot A\cdot V\sim V^3$$

$$\frac{N'}{N}=\left(\frac{V'}{V}\right)^3=17.78^3=5620.8$$

大容器饱和沸腾表面传热系数增加 10 倍，壁面过热度使原值的 2.69 倍。圆管内湍流强制对流传热表面传热系数增加 10 倍，流速是原值的 17.78 倍，这时流体的驱动功率是原值的 5620.8 倍。

7-22　直径为 5 cm 的电加热铜棒被用来产生压力为 3.61×10^5 Pa 的饱和水蒸气，铜棒表面温度高于饱和温度 5 ℃，问需要多长的铜棒才能维持 90 kg/h 的产汽率？

解:在 3.61×10^5 Pa 的压力下,水的物性参数为

$$c_{pl}=4287\ \text{J/(kg·K)}$$

$$r=2144.1\times10^3\ \text{J/kg}$$

$$\rho_l=926.1\ \text{kg/m}^3$$

$$\rho_v=1.967\ \text{kg/m}^3$$

$$\gamma=507.2\times10^{-4}\ \text{N/m}$$

$$\eta_t=201.1\times10^{-6}\ \text{kg/(m·s)}$$

$$c_{wv}=0.013$$

$$Pr_f=1.26$$

于是有:

$$\frac{4287\times5}{2144.1\times10^3\times1.26}$$

$$=0.013\left[\frac{q}{201.1\times10^{-6}\times2.144\times10^6}\sqrt{\frac{507.2\times10^{-4}}{9.8\times(926.1-1.967)}}\right]^{0.33}$$

由此解得 $q=40770\ \text{W/m}^2$,不考虑从过冷水加热到饱和水所需消耗的热量,把 20 kg 饱和水变成饱和蒸汽所需的热量为 $20\times2144.1\times10^3$,因而加热棒之长为

$$\frac{20\times2144.1\times10^3/3600}{3.1416\times0.05\times40770}=8.37(\text{m})$$

7-23　一铜制平底锅底部的受热面直径为 30 cm,要求其在 1.013×10^5 Pa 的大气压下沸腾时每小时能产生 2.3 kg 饱和水蒸气。试确定锅底干净时其与水接触面的温度。

解:$t_s=100$ ℃时水的物性参数为 $Pr_f=1.75$

$$c_{pl}=4220\ \text{J/(kg·K)}$$

$$r=2257.1\times10^3\ \text{J/kg}$$

$$\rho_l=958.4\ \text{kg/m}^3$$

$$\rho_v=0.5977\ \text{kg/m}^3$$

$$\gamma=588.6\times10^{-4}\ \text{N/m}$$

$$\eta_t=282.5\times10^{-6}\ \text{kg/(m·s)}$$

$$c_{wl}=0.013$$

$$q=\frac{\Phi}{A}=\frac{2.3\times2257.1\times10^3\times4}{3.1416\times0.3^2\times3600}=2040(\text{W/m}^2)$$

$$\Delta t=\frac{c_{wl}rPr_f}{c_{pl}}\left[\frac{q}{\eta_l r\sqrt{\frac{r}{g(\rho_l-\rho_v)}}}\right]^{0.33}=5.29(℃)$$

$$t_w=t_f+\Delta t=100+5.29=105.3(℃)$$

7-24　一台电热锅炉，用功率为 8 kW 的电热器来产生压力为 1.43×10^5 Pa 的饱和水蒸气。电热丝置于两根长为 1.85 m、外径为 15 mm 的钢管内（经机械抛光后的不锈钢管），而该两根钢管置于水内。设所加入的电功率均用来产生蒸汽，试计算不锈钢管壁面温度的最高值。钢管壁厚 1.5 mm，导热系数为 10 W/(m·K)。

解：由已知条件可得，热流密度 $q=\frac{8000}{2\times3.1416\times1.85\times0.015}=45882(\mathrm{W/m^2})$

在 1.43×10^5 Pa 压力下：

$$\rho_l=951\ \mathrm{kg/m^3}$$

$$\rho_v=0.8265\ \mathrm{kg/m^3}$$

$$c_{pl}=4233\ \mathrm{J/(kg\cdot K)}$$

$$r=2691.3\times10^3\ \mathrm{J/kg}$$

$$\gamma=569\times10^{-4}\ \mathrm{N/m}$$

$$\eta_t=259\times10^{-6}\ \mathrm{kg/(m\cdot s)}$$

$$\lambda_l=0.685\ \mathrm{W/(m\cdot K)}$$

$$Pr_f=1.60$$

代入《传热学（第 6 版）》（陶文铨编著）式(7-17)有：

$$\Delta t=\frac{2691.3\times10^3\times1.60}{4233}\times0.0132$$

$$\times\left[\frac{45882}{259\times10^{-6}\times2691.3\times10^3\sqrt{\frac{569\times10^{-4}}{9.8\times(951-0.8265)}}}\right]^{0.33}$$

$$\Delta t=7.37\ ℃$$

则有 $t_w=120+7.37=127.4(℃)$。

不锈钢管内的热量都是通过内壁面导出的，导热温差：

$$\begin{aligned}\Delta t&=\Phi\ln(d_2/d_1)/(2\pi\lambda l)\\&=4000\ln(15/12)/(2\times3.1416\times10\times1.85)\\&=7.68(℃)\end{aligned}$$

最高壁温位于内壁面上，其值为 127.4+7.68=135.1(℃)。

7-25　直径为 30 mm 的钢棒（碳质量分数约为 1.5%）在 100 ℃ 的饱和水中淬

火。在冷却过程中的某一瞬间，钢棒表面的温度为 110 ℃，试估算此时棒表面的温度梯度。沸腾传热表面传热系数可按不锈钢近似处理。

解：$h=44.8\Delta t^{4.33}p^{0.5}=44.8\times(110-100)^{4.33}\times1.013^{0.5}=9640[\mathrm{W/(m^2\cdot K)}]$

这一对流传热量系通过工作表面里层的导热而传递到工作表面上，故有：

$$-\lambda\frac{\partial t}{\partial r}=h\Delta t$$

$\frac{\partial t}{\partial r}=-\frac{h\Delta t}{\lambda}=-\frac{9640\times10}{36.6}=-2634(℃/\mathrm{m})$，负号表示温度沿半径方向减少。

7-26　一直径为 3.5 mm、长 100 mm 的机械抛光的薄壁不锈钢管，被置于压力为 1.013×10^5 Pa 的水容器中，水温已接近饱和温度。对该不锈钢管两端通电以作为加热表面。试计算当加热功率为 1.9 W 及 100 W 时，水与钢管表面间的表面传热系数值。

解：(1)当加热功率为 1.9 W 时。

$$q=\frac{\Phi}{\pi dl}=\frac{1.9}{\pi\times0.0035\times0.1}=1728.8(\mathrm{W/m^2})$$

这样低的热流密度仍处于自然对流阶段。此时温差一般小于 4 ℃。由于计算自然对流的表面传热系数需要知道其壁面温度，故本题具有迭代性质。先假定温差

$$\Delta t=t_w-t_s=1.6\ ℃\quad 定性温度\ t_m=\frac{1}{2}(t_w-t_s)=100.8(℃)$$

物性参数

$$\lambda=0.6832\ \mathrm{W/(m\cdot K)}$$

$$Pr=1.743$$

$$\upsilon=0.293\times10^{-6}\ \mathrm{m^2/s}$$

$$\alpha=7.54\times10^{-4}\ \mathrm{K^{-1}}$$

$$Gr=\frac{g\alpha\Delta td^3}{\upsilon^2}=\frac{9.8\times7.54\times10^{-4}\times1.6\times0.0035^3}{(0.293\times10^{-6})^2}=5904.5$$

故

$$Nu=0.48\ (GrPr)^{\frac{1}{4}}=0.48\times(5904.5\times1.743)^{\frac{1}{4}}=4.83$$

所以

$$h=\frac{Nu\lambda}{d}=\frac{4.83\times0.6832}{0.0035}=942.8[\mathrm{W/(m^2\cdot K)}]$$

$$q=h\Delta t=942.8\times1.6=1508.48(\mathrm{W/m^2})$$

与 $q=1728.8\ \mathrm{W/m^2}$ 相差达 12.7%，故需重新假定 Δt。

考虑到自然对流 $q\propto\Delta t^{\frac{5}{4}}$ 即 $\Delta t\propto q^{0.8}$

在物性基本不变时，正确的温差按下式计算：

$$\Delta t=1.6+\left(\frac{1728.8}{1508.48}\right)^{0.8}=2.715(℃)$$

而 $h \propto \Delta t^{\frac{1}{4}}$ 即

$$h = 942.8 \times \left(\frac{2.715}{1.6}\right)^{\frac{1}{4}} = 1076[\mathrm{W/(m^2 \cdot K)}]$$

(2) 当 $\Phi = 100$ W 时，$q = \dfrac{\Phi}{\pi d l} = \dfrac{100}{\pi \times 0.0035 \times 0.1} = 90945.7(\mathrm{W/m^2})$

假定进入核态沸腾区，$p = 1.013 \times 10^5$ Pa

根据公式 $h = C_2 q^{0.7} p^{0.15} = 0.5335 \times (90945.7)^{0.7} \times (1.013 \times 10^5)^{0.15} = 8894.5[\mathrm{W/(m^2 \cdot K)}]$

验证此时的过热度

$$\Delta t = \frac{q}{h} = \frac{90945.7}{8894.5} = 10.2(℃)$$

确实在核态沸腾区。

7-27　式(7-21)可以进一步简化成 $h = Cq^{0.67}$，其中系数 C 取决于沸腾液体的种类、压力及液体与固体表面的组合。对于水在抛光的铜、铂及化学腐蚀与机械抛光的不锈钢表面上的沸腾传热，式(7-21)中的 C_{wl} 均可取为 0.013。试针对 $p = 1.013 \times 10^5$ Pa、4.76×10^5 Pa、10.03×10^5 Pa、19.08×10^5 Pa、39.78×10^5 Pa 下的大容器沸腾，计算上述情形中的系数 C。

解：把式(7-21)写成 $h = Cq^{0.67}$ 的形式，可得

$$C = \frac{c_{pl}}{r Pr_l} \frac{1}{0.013\left[\dfrac{1}{\eta_l r}\sqrt{\dfrac{\gamma}{g(\rho_l - \rho_v)}}\right]^{0.33}}$$

$$= \frac{c_{pl}}{0.013 r^{0.67} Pr_l}\left[\sqrt{\frac{g(\rho_l - \rho_v)}{\gamma}}\eta_l\right]^{0.33}$$

P/(bar)	1.013	4.76	10.03	19.08	39.78
C_{pl}/[kJ/(kg·K)]	4.22	4.313	4.417	4.555	4.844
Pr_l	1.75	1.17	1.00	0.91	0.86
$\mu_l \times 10^6$/[kg/(m·s)]	282.5	186.4	153.0	130.5	169.9
$r \times 10^{-3}$/(J/kg)	2257.1	2113.1	2013.0	1898.3	1714.5
ρ_l/(kg/m^3)	958.4	917.0	886.9	852.3	799.0
ρ_{vl}/(kg/m^3)	0.5977	2.548	5.160	9.593	19.99
$\sigma \times 10^4$/(N/m)	588.6	486.6	422.8	354.1	261.9
C	4.9972	7.1279	8.4097	9.6124	11.352

用最小二乘法拟合得 $C = 5p^{0.223}$，p 的单位为 bar。

7-28　在所有的对流传热计算式中，沸腾传热的实验关联式大概是分歧最大

的。就式(7－21)而言,用它来估计 q 时最大误差可达 100%。系数 C_{wl} 的确定是引起误差的一个方面。今设在给定的温差下,由于 C_{wl} 的取值偏高了 20%,试估算热流密度的计算值会引起的偏差。如果规定了热流密度,则温差的估计又会引起多大的偏差?通过具体的计算来说明。

解:为了分析系数 C_{wl} 偏高 20%对热流密度 q 和温差 Δt 的影响,可以从《传热学(第6版)》(陶文铨编著)公式(7－21)出发:

$$\frac{c_{p1}\Delta t}{r}=C_{wl}\left[\frac{q}{\eta_1}\sqrt{\frac{\sigma}{g(\rho_1-\rho_x)}}\right]^{0.33}Pr_1^s$$

情境一:估算热流密度的偏差

假设原始系数为 $C_{wl,0}$,偏高 20%的系数为

$$C_{wl}=1.2\times C_{wl,0}$$

将这个新系数代入公式,得到新的热流密度 q':

$$\frac{c_{p1}\Delta t}{r}=1.2\times C_{wl,0}\left[\frac{\eta_1}{}\sqrt{\frac{\sigma}{g(\rho_1-\rho_x)}}\right]^{0.33}Pr_1^s$$

为了简化计算,可以将常数和其他参数合并定义为 K:

$$K=\left[\frac{1}{\eta_1}\sqrt{\frac{\sigma}{g(\rho_1-\rho_x)}}\right]^{0.33}Pr_1^s$$

所以有:

$$\frac{c_{p1}\Delta t}{r}=1.2\times C_{wl,0}\times(q'\cdot K)^{0.33}$$

将原始方程和新的方程进行对比:

$$\left(\frac{q'}{q_0}\right)^{0.33}=\frac{C_{wl,0}}{1.2\times C_{wl,0}}$$

因此:

$$\left(\frac{q'}{q_0}\right)^{0.33}=\frac{1}{1.2}$$

$$\frac{q'}{q_0}=\left(\frac{1}{1.2}\right)^3\approx 0.5787$$

因此,热流密度的偏差为

$$偏差=\left(\frac{q'-q_0}{q_0}\right)\times 100\%\approx(0.5787-1)\times 100\%\approx -42.13\%$$

情境二:估算温差的偏差

若热流密度 q 固定,则需要计算新的温差 $\Delta t'$:

$$\frac{c_{p1}\Delta t'}{r}=1.2\times C_{\mathrm{wl},0}\times(q\cdot K)^{0.33}$$

并且原始方程为

$$\frac{c_{p1}\Delta t_0}{r}=C_{\mathrm{wl},0}\times(q\cdot K)^{0.33}$$

所以：

$$\frac{\Delta t'}{\Delta t_0}=\frac{1.2}{1}=1.2$$

因此，温差的偏差为

$$偏差=\left(\frac{\Delta t'-\Delta t_0}{\Delta t_0}\right)\times 100\%=(1.2-1)\times 100\%=20\%$$

综上所述，系数 C_{wl} 偏高 20% 会导致热流密度的估算偏差约为 −42.13%，而温差的估算偏差为 20%。

7－29　用直径为 1 mm、电阻率 $\rho=1.1\times 10^{-6}\ \Omega\cdot\mathrm{m}$ 的导线通过盛水容器作为加热元件。试确定，在 $t_s=100$ ℃ 时为使水的沸腾处于核态沸腾区，该导线所能允许的最大电流。

解：根据下题的计算结果进行假设 $q_{\max}=1.1\times 10^6\ \mathrm{W/m^2}$，达到临界热流密度时，每米长导线的电阻：

$$R=1.1\times\frac{1}{3.1416\times 1^2/4}=1.4(\Omega)$$

按 Ohm 定律，$I^2=\frac{\Phi}{R}=\frac{3456}{1.4}=2468.6(\mathrm{A})$

$$I=\sqrt{2468.6}=49.7(\mathrm{A})$$

7－30　在实验室内进行压力为 1.013×10^5 Pa 的大容器沸腾实验时，采用大电流通过小直径不锈钢管的方法加热。为了能在电压不高于 220 V 的情形下演示整个核态沸腾区域，试估算所需的不锈钢管的每米长电阻应为多少。设选定的不锈钢管的直径为 3 mm，长为 100 mm。

解：设选定的不锈钢管的直径为 3 mm，长为 100 mm。

$$r=2257.1\times 10^3\ \mathrm{J/kg}$$

$$\rho_l=958.4\ \mathrm{kg/m^3}$$

$$\rho_v=0.5977\ \mathrm{kg/m^3}$$

$$\gamma=588.6\times 10^{-4}\ \mathrm{N/m}$$

$$q_{\max}=\frac{\pi}{24}\times 2257.1\times 10^3\times\sqrt{0.5977}\times[9.8\times 588.6\times 10^{-4}\times(958.4-0.5977)]^{\frac{1}{4}}$$

$=1.1\times10^6(\text{W/m}^2)$

达到临界热流密度时，换热总量：

$$\Phi=\pi dlq_{\max}=3.1416\times0.003\times0.1\times1.1\times10^6=1037(\text{W})$$

按照 Ohm 定律，$\Phi=IR=\dfrac{U^2}{R}$

故该件的电阻 $R=\dfrac{U^2}{\Phi}=\dfrac{220^2}{1037}=46.67(\Omega)$，即每米长电阻应为 466.7 Ω。

7-31　试计算当水在月球上并在 10^5 Pa、10×10^5 Pa 下作大容器饱和沸腾时，核态沸腾的最大热流密度(月球上的重力加速度为地球的 1/6)比地球上的相应数值小多少？

解：根据《传热学(第 6 版)》(陶文铨编著)公式(7-24)可知，$q_{\max}\sim g^{\frac{1}{4}}$

则当地球上 $P=10^5$ Pa 时，$q_{\max}=1.1\times10^6$ W/m²

故月球上该压力下 $q_{\max}=\left(\dfrac{1}{6}\right)^{\frac{1}{4}}\times1.1\times10^6=0.6398\times1.1\times10^6=0.703\times10^6(\text{W/m}^2)$

在压力为 10×10^5 Pa 时，

$$r=2013\times10^3\ \text{J/kg}$$

$$\rho_l=886.9\ \text{kg/m}^3$$

$$\rho_v=5.16\ \text{kg/m}^3$$

$$\gamma=422.8\times10^{-4}\ \text{N/m}$$

$$q_{\max}=\frac{3.1416}{24}\times2013\times10^3\times\sqrt{5.16}\times\left[9.8\times\frac{1}{6}\times422.8\times10^{-4}\times(886.9-5.16)\right]^{\frac{1}{4}}$$

$=1.674\times10^6(\text{W/m}^2)$

两种情形下月球的 $q_{\max}$ 均为地球上相应情形下的 $\dfrac{9.8^{\frac{1}{4}}}{\left(\dfrac{9.8}{6}\right)^{\frac{1}{4}}}=0.639$ 倍。

7-32　在一氨蒸发器中，氨液在一组水平管外沸腾，沸腾温度为 −20 ℃。假设可以把这一沸腾过程近似地作为大容器沸腾看待，试估计每平方米蒸发器外表面所能承担的最大制冷量。−20 ℃时氨从液体变成气体的相变热(潜热) $r=1329$ kJ/kg，表面张力 $\sigma=0.031$ N/m，密度 $\rho_v=1.604$ kg/m³。

解：氨液饱和温度 $t_s=-20$ ℃时，$\rho_l=666.7$ kg/m³。

根据《传热学(第 6 版)》(陶文铨编著)式(7-24)得

$$q_{\max}=\frac{\pi}{24}r\rho_v^{\frac{1}{2}}\left[g\gamma(\rho_l-\rho_v)\right]^{\frac{1}{4}}$$

$$=\frac{3.1416}{24}\times1329\times10^3\times\sqrt{1.604}\times[9.8\times0.031\times(666.7-1.604)]^{\frac{1}{4}}$$

$$=8.31\times10^5(\mathrm{W/m^2})$$

7－33　一直径为 5 cm、长 10 cm 的钢柱体从温度为 1100 ℃ 的加热炉中取出后，被水平地置于压力为 1.013×10^5 Pa 的盛水容器中(水温已近饱和)。试估算刚放入时工件表面与水之间的传热量及工件的平均温度下降率。钢的密度 $\rho=7790\ \mathrm{kg/m^3}$，比热容 $c=470\ \mathrm{J/(kg\cdot K)}$，发射率 $\varepsilon=0.8$。

解:工件置于水容器的瞬间形成了稳定的膜态沸腾

$t_m=\frac{1100+100}{2}=600$ ℃，由式(7－25)，得

$$h_r=0.62\left[\frac{9.8\times2257.1\times10^3\times0.3852\times(958.4-0.3852)\times0.04223^3}{2.067\times10^{-5}\times0.05\times(1100-100)}\right]^{\frac{1}{4}}$$

$$=96.77[\mathrm{W/(m^2\cdot K)}]$$

辐射传热系数按式(7－27)计算：

$$h_r=\frac{\sigma_0(T_w^4-T_b^4)}{\frac{1}{\varepsilon_1}+\frac{1}{\varepsilon_2}-1}\frac{1}{T_w-T_b}=\frac{1}{1000}\times\frac{5.67\times10^{-8}\times(1373^4-373^4)}{\frac{1}{0.8}+1-1}$$

$$=160.3[\mathrm{W/(m^2\cdot K)}]$$

故 $h=96.77+160.3=257.1[\mathrm{W/(m^2\cdot K)}]$。总换热量：

$$\Phi=\left(\pi dl+\frac{\pi d^2}{4}\times2\right)h\Delta t$$

$$=\left(0.05\times0.1+\frac{0.05^2}{2}\right)\times3.1416\times257.1\times1000$$

$$=5048(\mathrm{W})$$

工作得热容量 $\rho cV=\frac{\pi d^2}{4}l\rho c_p=\frac{3.1416\times0.05^2}{4}\times0.1\times7790\times4=718.89(\mathrm{J/℃})$

故平均的温度下降率为 $5048/718.89=7.02$(℃/s)。

7－34　《传热学(第 6 版)》(陶文铨编著)题 7－34 附图所示，在轧制钢板的过程中，当钢板离开最后一副轧辊后，用水(冷却介质)冲射到钢板上进行冷却，然后再卷板。由于钢板温度很高，水膜离开喷嘴不远即在其下形成气膜。不考虑运动的影响，并把钢板看成直径为 1.1 m 的圆柱表面。试估计每平方米钢板与水的贴壁射流间的传热量。钢板表面的温度为 900 K，发射率为 0.50。

解:根据膜态沸腾换热时候的传热公式

$$h_c=0.62\left[\frac{gr\rho_v(\rho_l-\rho_v)\lambda_v^3}{\eta_v d(t_w-t_s)}\right]^{\frac{1}{4}},h_r=\frac{\varepsilon\sigma(T_w^4-T_b^4)}{T_w-T_s}$$

$$h^{\frac{3}{4}}=h^{\frac{4}{3}}+h_r h^{\frac{1}{3}}$$

$$t_s=100\ ℃$$

$$t_w=973-273=700(℃)$$

$$t_m=\frac{100+700}{2}=400(℃)$$

7-35　水在 1.013×10⁵ Pa 的压力下作饱和沸腾时，要使直径为 0.1 mm 及 1 mm 的气泡能在水中存在并长大，加热面附近水的过热度各需多少？

解：气泡内介质与周围流体达到热平衡时，有 $R=\frac{2\gamma T_s}{r\rho_v(T_l-T_s)}$

即

$$T_l-T_s=\frac{2\gamma T_s}{Rr\rho_v}$$

要使气泡长大，应使 $T_l-T_s>\frac{2\gamma T_s}{Rr\rho_v}$，

100 ℃时，有：$\gamma=588.6\times10^{-4}$ N/m

$$r=2257.1\ \text{kJ/kg}$$

$$\rho_v=0.5977\ \text{kg/m}^3$$

因而：$\Delta t\geqslant\frac{2\times588.6\times10^{-4}\times373}{0.1\times10^{-4}\times2257.1\times10^3\times0.5977}=0.325(℃)$

当 $R=1$ mm，$\Delta t\geqslant0.0325$ ℃。

7.3.5　综合分析

7-36　一种冷却大规模集成电路块的方法的示意图如《传热学(第 6 版)》(陶文铨著)习题 7-36 附图所示。集成电路块被浸入一种低沸点的非电介质中，该介质受热沸腾后产生的蒸气在其上部空间的竖直表面上凝结。这些表面的温度 t_c 维持在低于饱和温度的数值上。今有若干块面积为 25 mm² 的集成电路块浸入一种制冷剂中。已知 $t_s=50$ ℃，制冷剂物性为 $\rho_l=1650$ kg/m³，$c_{p,l}=1000$ J/(kg·K)，$\eta_l=6.85\times10^{-4}$ Pa·s，$\lambda_l=0.06$ W/(m·K)，$Pr_l=11$，$\sigma=6\times10^{-3}$ N/m，$r=1.05\times10^5$ J/kg，$C_{wl}=0.004$，$s=1.7$，集成电路块的表面温度 $t_w=70$ ℃。冷凝表面的温度 $t_c=15$ ℃(采用其他冷却剂对其进行冷却而得以维持)，每个冷凝表面高 45 mm。试确定：(1)每个集成电路块的发热量；(2)冷却 200 个集成电路块所需要的冷凝表面总面积(m²)。

解：(1)按 Rohsenow 公式：$q=\eta_l r\left[\frac{g(\rho_l-\rho_v)}{\gamma}\right]^{\frac{1}{2}}\left(\frac{C_{pl}\Delta t}{C_{wl}rPr_l^{1.7}}\right)^3$

把物性和 $\rho_v\approx0$ 代入得

$$q=6.85\times10^{-4}\times1.05\times10^{5}\times\left[\frac{9.8\times1650}{6\times10^{-3}}\right]^{\frac{1}{2}}\left(\frac{1000\times20}{0.004\times1.05\times10^{5}\times11^{1.7}}\right)^{3}$$

$$=6.85\times10^{-4}\times10^{5}\times1641.6\times(47.62/58.93)^{3}$$

$$=62289(\mathrm{W/m^2})$$

$\Phi=25\times10^{-6}\times62289=1.56(\mathrm{W})$，假设 200 块芯片互相不干扰，则

$$\Phi_l=25\times10^{-6}\times62289\times200=1.56\times200=312(\mathrm{W})$$

(2)冷却 200 个集成电路块时

$$h=0.943\left[\frac{gr\rho_l^2\lambda_l^3}{\eta_l H(t_s-t_w)}\right]^{\frac{1}{4}}$$

$$=0.943\left[\frac{9.8\times1.05\times10^{5}\times1650^{2}\times0.06^{3}}{6.85\times10^{-4}\times0.045\times(50-15)}\right]^{\frac{1}{4}}$$

$$=0.943\times(5.6087\times10^{11})^{\frac{1}{4}}$$

$$=0.943\times865.4$$

$$=816[\mathrm{W/(m^2\cdot K)}]$$

$$q=h\Delta t=816\times35=28562.5(\mathrm{W/m^2})$$

所需面积为 $312/28562.5=1.092\times10^{-2}(\mathrm{m^2})=10920\ (\mathrm{mm^2})$。

7-37　平均温度为 15 ℃、流速为 1.5 m/s 的冷却水，流经外径为 32 mm、内径为 28 mm 的水平放置的铜管。饱和压力为 0.0424×10^5 Pa 的水蒸气在铜管外凝结，管长 1.5 m。试计算每小时的凝结水量(铜管的热阻可不考虑)。

解：铜管外表面积 $A_{out}=\pi d_{out}L=\pi\times0.032\times1.5=0.1508(\mathrm{m^2})$

冷却水的流通截面积 A_{in} 为

$$A_{in}=\pi\left(\frac{d_{in}}{2}\right)^{2}=\pi\times\left(\frac{0.028}{2}\right)^{2}=6.158\times10^{-4}(\mathrm{m^2})$$

假设冷却水的密度为

$$\rho_w=1000(\mathrm{kg/m^3})$$

(在 15 ℃时的一个近似值)，则冷却水的质量流量 $\dot{m}_w$ 可以估算为

$$\dot{m}_w=\rho_w A_{in}v=1000\times6.158\times10^{-4}\times1.5=0.924(\mathrm{kg/s})$$

设每小时的凝结水量为 $\dot{m}_{cond}$(单位为 kg/h)，则水蒸气凝结释放的总热量 Q_{cond} 为

$$Q_{cond}=\dot{m}_{cond}\times2257\ \mathrm{kJ/kg}$$

由于假设水蒸气释放的潜热全部被冷却水吸收，并用于提高冷却水的温度(或保持其温度不变并带走热量)，因此有：

$$Q_{\text{cond}} = \dot{m}_{\text{w}} \times c_{p,\text{w}} \times \Delta T \times 3600$$

由于并不需要知道具体的温升值，因此可以将上式简化为

$$Q_{\text{cond}} \approx \dot{m}_{\text{w}} \times c_{p,\text{w}} \times T_{\text{w,avg}} \times 3600$$

其中，$T_{\text{w,avg}}$为冷却水的平均温度

$$\dot{m}_{\text{cond}} \approx 22570.924 \times 4.18 \times 15 \times 3600 \approx 9.24\ \text{kg/h}$$

综上所述，每小时的凝结水量约为 9.24 kg。

7－38　热虹吸管（又称重力热管）是一种封闭、竖直放置的容器，其沸腾段吸收的热量在其冷凝段放出，如《传热学（第 6 版）》（陶文铨著）习题 7－38 附图所示。今用抛光的不锈钢制成一热虹吸管，$d = 20$ mm，$l_{\text{b}} = 20$ mm，$l_{\text{c}} = 40$ mm，$l_{\text{i}} = 40$ mm。设 1.013×10^5 Pa 压力下的饱和水在沸腾段沸腾，热流密度 q 是临界热流值的 30%。试计算：(1)沸腾段的平均壁温 t_{wb}；(2)凝结段的平均壁温 t_{wc}；(3)冷凝液的质量流量(kg/s)。

解：设冷凝段液膜为层流，且按平壁公式计算，计算温度取为 100 ℃，热虹吸管顶管绝热，

$$\rho_{\text{l}} = 958.4\ \text{kg/m}^3$$

$$\rho_{\text{v}} = 0.5977\ \text{kg/m}^3$$

$$C_{p\text{l}} = 4220\ \text{J/(kg} \cdot \text{K)}$$

$$r = 2257.1 \times 10^3\ \text{J/kg}$$

$$\gamma = 588.6 \times 10^{-4}\ \text{N/m}$$

$$\eta_{\text{l}} = 282.5 \times 10^{-6}\ \text{kg/(m} \cdot \text{s)}$$

$$\lambda_{\text{l}} = 0.683\ \text{W/(m} \cdot \text{K)}$$

$$Pr_{\text{l}} = 1.75$$

(1)沸腾段热负荷取 q_{cr} 的 30%：$q = 0.30 \times 1.17 \times 10^6 = 3.51 \times 10^5\ (\text{W/m}^2)$

应用 Rohsenow 公式，取

$$C_{\text{wl}} = 0.006$$

$$n = 1.0$$

$$q = \eta_{\text{l}} r \left[\frac{g(\rho_{\text{l}} - \rho_{\text{v}})}{\gamma}\right]^{\frac{1}{2}} \left[\frac{C_{p\text{l}}(t_{\text{wh}} - t_{\text{s}})}{C_{\text{wl}} r Pr_{\text{l}}^n}\right]^3$$

$$3.51 \times 10^5 = 282.5 \times 10^{-6} \times 2257.1 \times 10^3 \times \left[\frac{9.8(958.4 - 0.598)}{588.6 \times 10^{-4}}\right]^{\frac{1}{2}} \left[\frac{C_{p\text{l}}(t_{\text{wh}} - t_{\text{s}})}{C_{\text{wl}} r Pr_{\text{l}}^n}\right]^3$$

$$3.51 \times 10^5 = 637.63 \times \left[\frac{9.8(958.4 - 0.598)}{588.6 \times 10^{-4}}\right]^{\frac{1}{2}} \left[\frac{4220(t_{\text{wh}} - 100)}{0.006 \times 2257 \times 10^3 \times 1.75^{10}}\right]^3,$$

$$(t_w-100)^3=3.51\times10^5\times\frac{1}{637.63\times399.3\times5.646\times10^{-3}}=244.19$$

$$t_{wh}-100=244.19^{\frac{1}{3}}=6.24, t_{wb}=106.2\ ℃$$

沸腾段总换热量：

$$\Phi=\left(\frac{\pi}{4}d^2+\pi dl_b\right)q$$

$$=\left(\frac{3.14\times0.02^2}{4}+3.14\times0.02\times0.02\times3.51\times10^5\right)$$

$$=1.57\times10^{-3}\times3.51\times10^5$$

$$=3.511\times10^2(\mathrm{W})$$

(2)冷凝段：$h=0.943\left[\frac{gr\rho_l^2\lambda_l^3}{\eta_l l(t_s-t_{wc})}\right]^{\frac{1}{4}}$

$$\Phi=hA\Delta t=0.943\left[\frac{gr\rho_l^2\lambda_l^3}{\eta_l l(t_s-t_{wc})}\right]^{\frac{1}{4}}\times(3.14\times0.02\times0.04)\times(t_s-t_{wc}),$$

$$551.1=0.943\left[\frac{9.8\times2257.1\times10^3\times958.4^2\times0.683^3}{282.5\times10^{-6}\times0.03\times(t_s-t_{wc})}\right]^{\frac{1}{4}}\times(2.512\times10^{-3})\times(t_s-t_{wc})$$

$$551.1=0.943\times29562.7\times\left[\frac{1}{(t_s-t_{wc})}\right]^{\frac{1}{4}}\times(2.512\times10^{-3})\times(t_s-t_{wc})$$

$$(t_s-t_{wc})^{\frac{3}{4}}=551.1/70.03=7.87$$

$$t_s-t_{wc}=15.64$$

$$t_{wc}=100-15.64=84.4(℃)$$

这一温度与假定值相差太大，影响到物性计算，重设 $t_{wc}=85$ ℃，计算液膜的定性温度为$\frac{100+85}{2}=92.5$(℃)，查得

$$\rho_l=963.6\ \mathrm{kg/m^3}$$

$$\rho_v=0.4669\ \mathrm{kg/m^3}$$

$$C_{pl}=4210\ \mathrm{J/(kg\cdot K)}$$

$$r=2276\times10^3\ \mathrm{J/kg}$$

$$\gamma=602.6\times10^{-4}\ \mathrm{N/m}$$

$$\eta_l=306.8\times10^{-6}\ \mathrm{kg/(m\cdot s)}$$

$$\lambda_l=0.681\ \mathrm{W/(m\cdot K)}$$

$$Pr_l=1.90$$

通过类似计算得$(t_s-t_{wc})^{\frac{3}{4}}=7.731$

$$t_s - t_{wc} = 15.3, t_{wc} = 100 - 15.3 = 84.7(℃)$$

可见对 t_{wc} 的影响不大。

(3)冷凝液量：

$$\frac{\Phi}{r} = \frac{551.1}{2276 \times 10^3} = 2.42 \times 10^{-4}(\text{kg/s}) = 0.879(\text{kg/h})$$

7-39　为了查明某种肋片管的对流传热性能，在传热风洞中进行了空气横掠单排肋片管的试验。肋片管竖直布置，试验段高 30 cm，在同一迎风面上布置了 5 排管子，肋片管基圆直径为 20 mm，内径为 16 mm，管内以压力为 1.013×10^5 Pa 的饱和水蒸气凝结来加热管外气流。在一次试验中测得以下参数：空气的平均温度为 30 ℃，总传热量为 2100 W。肋片管的热阻可以忽略，管内凝结可近似地以饱和温度作为定性温度。端部散热亦略而不计。试确定在试验条件下，以基圆面积为计算依据的肋片管的表面传热系数。

解：按给定条件，管内水蒸气凝结传热量等于管外空气换热量。

每根管子的凝结传热量为 $\frac{2100}{5} = 420(\text{W})$，把 100 ℃时水物性值代入《传热学(第 6 版)》(陶文铨编著)式(7-9)，得

$$h = 1.13\left[\frac{9.8 \times 2257.1 \times 10^3 \times 958.4^2 \times 0.0683^3}{282.5 \times 10^{-6} \times 0.3 \times \Delta t}\right]^{\frac{1}{4}}, h = 18785.7\Delta t^{-\frac{1}{4}}$$

由 $\Phi = Ah\Delta t$ 得 $\Delta t = \left(\frac{\Phi}{18785.7A}\right)^{\frac{4}{3}} = \left(\frac{420}{18785.7 \times 3.1416 \times 0.016 \times 0.3}\right)^{\frac{4}{3}} = 1.687(℃)$

内壁温度：$t_w = 100 - 1.687 = 98.3(℃)$

略去壁面热阻不计，则外壁平均值亦为此值，

故外表面平均传热系数 $h = \frac{\Phi}{A\Delta t} = \frac{420}{3.1416 \times 0.02 \times 0.3 \times (98.3 - 30)} = 326[\text{W}/(\text{m}^2 \cdot \text{K})]$。

7-40　氟利昂 152a 是一种可能替代氟利昂 12 的制冷剂，为了测定其相变传热性能进行了专门的凝结传热的试验研究。该冷凝器试验台系由两根布置在同一水平面内的黄铜管组成，管内用水冷却。为增加冷却水进、出口温差以提高测定的准确性，水系统中两根黄铜管是串联的。冷却水由入口处的 15 ℃升高到出口处的 17 ℃。黄铜管的外径为 20 mm，管壁厚为 2 mm，长为 1 m，氟利昂 152a 的冷凝温度为 30 ℃。试确定在该工况下的平均水速及管壁两侧按总面积计算的相对热阻的大小。

解：采用试凑法，水侧 $t_m = \frac{15 + 17}{2} = 16(℃)$

$$\rho_l = 963.6 \text{ kg/m}^3$$

$$C_{pl} = 4186.2 \text{ J/(kg} \cdot \text{K)}$$

$$\eta_l = 1125 \times 10^{-6} \text{ kg/(m} \cdot \text{s)}$$

$$\lambda=0.589\ \text{W}/(\text{m}\cdot\text{K})$$

$$Pr=8.02$$

估计热阻之比约为 1∶25，氟侧温差 10 ℃，$t_w=20$ ℃，$t_m=25$ ℃，查物性

$$\rho_l=899.0\ \text{kg/m}^3$$

$$C_p=1809.5\ \text{J}/(\text{kg}\cdot\text{K})$$

$$\lambda=0.10105\ \text{W}/(\text{m}\cdot\text{K})$$

$$\upsilon=0.1825\times10^{-6}\ \text{m}^2/\text{s}$$

$$r=277.77\times10^3\ \text{J/kg}$$

$$Pr=2.93$$

计算流程（略去管壁热阻）：

设一个流速→水侧换热量 Φ_l→外侧热流密度 q_n→外侧 h_n→外侧温度 Δt_w→内侧温度 Δt_1→h_1→对流传热量 Φ_r，如果 $\Phi_1=\Phi_r$，则此流速即为所求。

内侧：$Nu=0.023\,Re^{0.6}Pr^{0.4}$

$$h=\frac{0.023C_p^{0.5}\lambda^{0.6}(\rho u)^{0.8}}{\eta^{0.4}d^{0.2}}$$

外侧：$h_n=0.725\left[\dfrac{gr\rho_l^2\lambda_l^3}{\eta_l d(t_s-t_w)}\right]^{\frac{1}{4}}=0.725\left[\dfrac{gr\rho_l^2\lambda_l^3}{\eta_l dq/h_n}\right]^{\frac{1}{4}}$

$$h_n^{\frac{3}{4}}=0.725\left[\frac{gr\rho_l^2\lambda_l^3}{\eta_l dq}\right]^{\frac{1}{4}}$$

$$h_n=0.725^{\frac{4}{3}}\times\left[\frac{gr\rho_l^2\lambda_l^3}{\eta_l dq}\right]^{\frac{1}{3}}$$

$$=0.651\times\left[\frac{gr\rho_l^2\lambda_l^3}{\eta_l dq}\right]^{\frac{1}{3}}$$

$$\mu=1.0$$

$$\Phi_1=\frac{\pi d^2}{4}\rho\mu c_p\Delta t=0.785\times0.016^2\times998.8\times1.0\times4186.2\times2=1679.5(\text{W})$$

$$q_n=\frac{\Phi_1}{\pi dL}=\frac{1679.5}{3.14\times0.02\times2}=13372(\text{W/m}^2)$$

$$h_n=0.651\times\left[\frac{9.8\times277.77\times10^3\times899^2\times0.1011^3}{164.07\times10^{-6}\times0.02\times13372}\right]^{\frac{1}{3}}$$

$$=0.651\times3725$$

$$=2425[\text{W}/(\text{m}^2\cdot\text{K})]$$

$$\Delta t_n=\frac{13372}{2425}=5.51(℃),\Delta t_1=14-5.51=8.49(℃)$$

$$\Phi_1=h_1A\Delta t_1=4087\times8.49\times3.14\times2\times0.016=3486.5(\text{W})$$

$$\mu=1.5$$

$$\Phi_1^* = 2519.3\ \mathrm{W}$$

$$q_o = 20058\ \mathrm{W/m^2}$$

$$h_o = 2118\ \mathrm{W/(m^2 \cdot K)}$$

$$\Delta t_o = 9.47\ ℃$$

$$\Delta t_1 = 14 - 9.47 = 4.53(℃)$$

$$h_1 = 5653\ \mathrm{W/(m^2 \cdot K)}$$

$$\Phi_1 = 2573\ \mathrm{W}$$

$$\mu = 1.52$$

$$\Phi_1^* = 2553\ \mathrm{W}$$

$$q_o = 20325\ \mathrm{W/m^2}$$

$$h_o = 2109\ \mathrm{W/(m^2 \cdot K)}$$

$$\Delta t_n = 9.64\ ℃$$

$$\Delta t_1 = 14 - 9.64 = 4.36(℃)$$

$$h_1 = 5713\ \mathrm{W/(m^2 \cdot K)}$$

$$\Phi_1 = 2503\ \mathrm{W}$$

$$\mu = 1.51$$

$$\Phi_1^* = 2536\ \mathrm{W}$$

$$q_o = 20192\ \mathrm{W/m^2}$$

$$h_o = 2114\ \mathrm{W/(m^2 \cdot K)}$$

$$\Delta t_n = 9.55\ ℃$$

$$\Delta t_1 = 14 - 9.55 = 4.45(℃)$$

$$h_1 = 5683\ \mathrm{W/(m^2 \cdot K)}$$

$$\Phi_1 = 2540\ \mathrm{W}$$

$\Phi_1^* = \Phi_1$，所以 $\mu = 1.51$，热阻之比：$\dfrac{9.55}{4.45} = 2.15$，R152a 为水的 2.15 倍。

7-41　一根外径为 25 mm、外壁平均壁温为 14 ℃ 的水平管道，穿过室温为 30 ℃、相对湿度为 80% 的房间。在管壁外表面上水蒸气作膜状凝结，试估算管子每米长度上水蒸气的凝结量，并分析：与实际情况相比，这一估算值是偏高还是偏低了？

解：相对湿度为 80%，因而从凝结观点有 20% 的不凝结气体即空气。先按纯净蒸气凝结来计算。

30 ℃的饱和水蒸气压力：$p_s = 0.04245 \times 10^5\ \mathrm{Pa}$

此时水蒸气分压力 $p = 0.8p_s = 0.03396 \times 10^5\ \mathrm{Pa}$

其对应饱和温度为 26.3 ℃

液膜平均温度 $t_m = \dfrac{1}{2}(t_s + t_w) = \dfrac{1}{2} \times (26.3 + 14) = 20.15(℃)$

凝液物性参数 $\lambda_l = 0.599\ \mathrm{W/(m \cdot K)}$

$$\eta_l = 1004 \times 10^{-6}\ \text{Pa} \cdot \text{s}$$

$$\rho_l = 998.2\ \text{kg/m}^3$$

汽化潜热 $r = 2453.3\ \text{kJ/kg}$

表面传热系数

$$h = 0.729\left[\frac{g r \rho_l^2 \lambda_l^3}{\eta_l d(t_s - t_w)}\right]^{\frac{1}{4}}$$

$$= 0.729\left[\frac{9.8 \times 2453.3 \times 10^3 \times 998.2^2 \times 0.599^3}{1044 \times 10^{-6} \times 0.025 \times (26.3 - 14)}\right]^{\frac{1}{4}}$$

$$= 7826.03[\text{W/(m}^2 \cdot \text{K)}]$$

故每米长管道上的换热量 $\Phi_l = \pi d h \Delta t = \pi \times 0.025 \times 8105.3 \times (26.3 - 14) = 7826.03(\text{W/m})$

相应凝结量：$q_m = \frac{\Phi_l}{r} = \frac{7826.03}{2453.3 \times 10^3} = 3.19 \times 10^{-3}(\text{kg/s}) = 11.5(\text{kg/h})$

由于不凝气体的存在，实际凝液量低于此值。

7-42　在一个氟利昂 134a 的大容器沸腾试验台中，以机械抛光的直径为 12 mm 的不锈钢管作为加热表面，其内为水蒸气凝结放热。在一次试验中，氟利昂 134a 的沸腾温度为 30 ℃，加热表面温度为 35 ℃，试确定此时氟利昂 134a 的沸腾传热状态及沸腾传热表面传热系数。若传热段长 15 cm，水蒸气压力为 0.07375 × 10^5 Pa，问所需的水蒸气量为多少？ρ_v = 37.76 kg/m^3。

解：设处于核态沸腾状态，利用 Rohsenow 公式，物性参数为

$$C_p = 1447\ \text{J/(kg} \cdot \text{K)}$$

$$r = 173.29 \times 10^3\ \text{J/kg}$$

$$\rho = 1187.2\ \text{kg/m}^3$$

$$\rho_v = 37.76\ \text{kg/m}^3$$

$$\gamma = 7.57 \times 10^{-3}\ \text{N/m}$$

$$Pr = 3.648$$

$$v = 0.1691 \times 10^{-6}\ \text{m}^2/\text{s}$$

$$\frac{1447 \times (35 - 30)}{137.29 \times 10^3 \times 3.648^{1.7}}$$

$$= 0.013\left[\frac{q}{0.1691 \times 1187.2 \times 173.29 \times 10^{-3}}\sqrt{\frac{7.57 \times 10^{-3}}{9.8 \times (1187.2 - 37.8)}}\right]^{0.33}$$

$$q = 11915.1\ \text{W/m}^2$$

$$h=\frac{11915}{5}=2383[\mathrm{W/(m^2 \cdot K)}]$$

验算：

$$q_{cr}=\frac{\pi}{24}\times 173.29\times 10^3\times 37.76^{\frac{1}{2}}\times[9.8\times 7.57\times 10^{-3}\times(1187.2-37.76)]^{\frac{1}{4}}$$

$$=423418$$

$$\approx 423(\mathrm{kW/m^2})$$

$$q<q_{cr}$$

$$\Phi=3.14\times 0.012\times 0.15\times 11915=0.00603\times 11915=71.85(\mathrm{W})$$

水蒸气 $r=2407\ \mathrm{kJ/kg}$

$$m=\frac{71.85}{2407000}=0.0000298(\mathrm{kg/s})=0.0298(\mathrm{g/s})$$

7-43 在一台氟利昂 152a 的蒸发器中，氟利昂 152a 在水平管束外沸腾，饱和温度为 −30 ℃。为使蒸发器能安全有效地工作，规定其最大热流密度不得超过临界热流密度的一半，试确定此时单位管长上的最大制冷量。蒸发管外径为 22 mm。$\rho_v=2.617\ \mathrm{kg/m^3}$。

解：在 −30 ℃时，R152a 物性为 $\rho_l=1023.3\ \mathrm{kg/m^3}$，$c_p=1.617\times 10^3\ \mathrm{J/(kg\cdot K)}$，$\rho_v=2.617\ \mathrm{kg/m^3}$，$r=335.01\times 10^3\ \mathrm{J/kg}$，$\gamma=17.6\times 10^3\ \mathrm{N/m}$

$$q_{cr}=\frac{\pi}{24}\times 335.0\times 10^3\times 2.317^{\frac{1}{2}}\times[9.8\times 17.6\times 10^{-3}\times(1023.3-2.617)]^{\frac{1}{4}}$$

$$=258307.6$$

$$\approx 258(\mathrm{kW/m^2})$$

$$q=0.5q_{cr}=129154\ \mathrm{W/m^2}$$

$$\frac{\Phi}{l}=129154\times 3.14\times 1\times 0.022=8922(\mathrm{W/m})$$

7-44 一种冷却计算机芯片的方式如《传热学(第 6 版)》(陶文铨编著)附图 7-44所示：芯片置于一热虹吸管的底部，通过制冷剂的沸腾吸收其散出的热量，在热虹吸管的上部通过凝结传热而把热量传递给冷却水。已知工质为 R134a，芯片处于稳态运行，其发热率设计为工质临界热流密度的 90%，芯片尺寸为 20 mm×20 mm，直径 $d=30$ mm，冷凝段壁温 $t_w=30$ ℃。试计算芯片的表面温度及冷凝段长度 l。沸腾温度为 50 ℃，其时 $\rho_v=66.57\ \mathrm{kg/m^3}$，$\sigma=5.26\times 10^{-3}\ \mathrm{N/m}$。

解：温度为 50 ℃，$r=152.04\times 10^3\ \mathrm{J/kg}$，$\rho_v=66.57\ \mathrm{kg/m^3}$，$\gamma=5.26\times 10^3\ \mathrm{N/m}$

$$q_{cr}=\frac{\pi}{24}\times 152.04\times 10^3\times 66.57^{\frac{1}{2}}\times[9.8\times 5.26\times 10^{-3}\times(1102-66.57)]^{\frac{1}{4}}$$

$=438691.5(\mathrm{W/m^2})$

$$q=0.9q_{cr}$$
$$=0.9\times 438691.5$$
$$=394822.2(\mathrm{W/m^2})$$
$$=394.8(\mathrm{kW/m^2})$$

采用式(7-22)计算，

$$M_r=102, R_p=0.4\mu, p_c=4067\times 10^3\ \mathrm{Pa}$$

0 ℃时，$p_s=1.3177\mathrm{MPa}$

$$Pr=\frac{1.3177\times 10^6}{4067\times 10^3}=0.324$$

$$h=90q^{0.67}Mr^{-0.5}\times 0.324^m\times(-lg0.324)^{-0.55}$$

$$m=0.12-0.2lg0.4=0.1995$$

$$h=90\times 394822^{0.67}\times 102^{-0.5}\times 0.324^{0.1995}\times 0.4895^{0.55}$$
$$=59203.98$$
$$=59204[\mathrm{W/(m^2\cdot K)}]$$

$\Delta t=6.67$ ℃，$t_w=56.7$ ℃，按 40 ℃计算凝结传热：

$$r=153.04\times 10^3\ \mathrm{J/kg}$$

$$\rho_t=1146.2\ \mathrm{kg/m^3}$$

$$c_p=1.522\times 10^3\ \mathrm{J/(kg\cdot K)}$$

$$\lambda=0.075\ \mathrm{W/(m\cdot K)}$$

$$\upsilon=0.1554\times 10^{-6}\mathrm{m^2/s}$$

$$h=1.13\left[\frac{9.8\times 1146.2\times 153.04\times 10^3\times 0.075^3}{282.5\times 10^{-6}\times 0.3\times \Delta t}\right]^{\frac{1}{4}}=\frac{q}{\Delta t}$$

$$\Phi=394822\times 0.02\times 0.02=157.93(\mathrm{W})$$

$$q=\frac{157.93}{3.14\times 0.03L}$$

$$\therefore \frac{157.93}{3.14\times 0.03\times 20}=1.13\left[\frac{1146.2\times 9.8\times 153.04\times 10^3\times 0.075^3}{0.1554\times 10^{-6}\times 20}\right]^{\frac{1}{4}}L^{\frac{3}{4}}$$

$$L^{\frac{3}{4}}=\frac{83.83}{1.13\times 695.02}=0.1067$$

$$L=0.1067^{\frac{4}{3}}=0.0506(\mathrm{m})=5.06\ \mathrm{cm}\approx 5.1\ \mathrm{cm}$$

7-45　一种同时冷却多个芯片模块的方法如《传热学(第6版)》(陶文铨著)习题7-45附图所示。已知冷凝管内径 $d_i=10$ mm,外径 $d_0=11$ mm,水平放置,进水温度为15 ℃,出水温度为45 ℃,芯片所产生的热量均通过尺寸为100 mm×100 mm的沸腾传热表面(抛光的铜表面)散失掉,其散热率为 10^5 W/m²。冷却剂温度 $t_s=57$ ℃,$\lambda_l=0.0535$ W/(m·K),$c_{pl}=1100$ J/(kg·K),$r=84400$ J/kg,$\rho_l=1619$ kg/m³,$\rho_v=13.5$ kg/m³,$\sigma=8.2\times10^{-3}$ N/m,$\eta_l=440\times10^{-6}$ Pa·s,$C_{wl}=0.013$,$s=1.7$,$Pr_l=9$。管内冷却水的流动与传热已进入充分发展阶段。试确定:(1)所需的冷却水量;(2)平均的冷凝管避面温度;(3)平均的沸腾表面温度;(4)所需冷却水管的长度。冷却管壁很薄,导热热阻可以不计。

解:(1)根据《传热学(第6版)》(陶文铨编著)式(7-21):

$$\frac{1100\Delta t}{84400\times9^{1.7}}=0.013\left[\frac{10^5}{84400\times440\times10^{-6}}\sqrt{\frac{8.2\times10^{-3}}{9.8(1619-13.5)}}\right]^{0.33}$$

$$3.111\times10^{-4}\Delta t=7.572\times10^{-3}$$

$$\Delta t=24.3\ ℃,t_w=57+24.3=81.3(℃)$$

(3)$\Phi=qA=10^5\times0.15\times0.15=2.25\times10^3$(W)

水的定性温度:$t_m=\dfrac{35+45}{2}=40$ ℃,$c_p=4174$ J/(kg·K)

$$q_m=\frac{\Phi}{\Delta tc_p}=\frac{2.25\times10^3}{10\times4174}$$

$$=5.391\times10^{-3}(\text{kg/s})$$

$$=194.08(\text{kg/h})$$

(4)冷凝壁面温度,利用水管公式

$$\frac{q}{\Delta t}=0.725\left[\frac{gr\rho_l^2\lambda_l^3}{\eta_l d(t_s-t_w)}\right]^{\frac{3}{4}}$$

$$q=\frac{\Phi}{\pi d_0L}$$

$$\Phi=\pi d_1Lh_1(t_w-t_f)$$

$$2.25\times10^3=3.14\times0.01\times L\times h_1\times\frac{10}{\ln\left[\dfrac{t_w-35}{t_w-45}\right]}$$

利用 $D-B$ 公式计算 h_1:

$$h_1=0.023\frac{\lambda}{d}Re^{0.8}Pr^{0.4}$$

$$=0.023\times\frac{0.635}{0.01}\times10512^{0.8}\times4.31^{0.4}$$

$$=\frac{68.06\times0.635}{0.01}$$

$$=4322[\mathrm{W/(m^2\cdot K)}]$$

$$2.25\times10^3=3.14\times0.01\times L\times4322\times\frac{10}{\ln\left[\frac{t_w-35}{t_w-45}\right]}$$

即 $L\frac{10}{\ln\left[\frac{t_w-35}{t_w-45}\right]}=16.58, L=16.58/\frac{10}{\ln\left[\frac{t_w-35}{t_w-45}\right]}$

另一方面：$\frac{2.25\times10^3}{3.14\times0.01L(t_s-t_w)}=0.725\left[\frac{9.8\times84400\times1619^2\times0.0535^3}{440\times10^{-6}\times0.01(t_s-t_w)}\right]^{\frac{1}{4}}$

$$\frac{65141.9}{L(57-t_w)}=0.725\left[\frac{6.859\times10^8}{(57-t_w)}\right]^{\frac{1}{4}}$$

$$\frac{65141.9}{L(57-t_w)}=\frac{2086.4}{(57-t_w)^{\frac{1}{4}}}$$

$$\frac{31.22}{(57-t_w)\times16.58/\frac{10}{\ln\left[\frac{t_w-35}{t_w-45}\right]}}=\frac{1}{(57-t_w)^{\frac{1}{4}}}$$

$$1.883\times\frac{10}{\ln\left[\frac{t_w-35}{t_w-45}\right]}\times(57-t_w)^{\frac{1}{4}}=57-t_w$$

经试凑计算，得 $t_w=45.5$ ℃

$$\Delta t_m=\frac{10}{\ln\left[\frac{45.5-35}{45.5-45}\right]}=\frac{10}{3.0445}=3.285\ ℃$$

$$L=\frac{16.58}{3.285}=5.047(\mathrm{m})$$

验算：水侧 $\Phi_r=3.14\times0.010\times5.047\times4322\times3.285=2250(\mathrm{W})$

制冷剂侧 $h_0=0.725\left[\frac{9.8\times84400\times1619^2\times0.0535^3}{440\times10^{-6}\times0.011(57-45.5)}\right]^{\frac{1}{4}}=1133[\mathrm{W/(m^2\cdot K)}]$

$$\Phi_0=A_0\Delta th_0=1133\times3.14\times0.011\times5.047\times(57-45.5)=2271(\mathrm{W})$$

$$\frac{\Phi_r}{\Phi_o}=\frac{2250}{2271}=0.9906$$

沸腾表面平均温度 $t_{wb}=81.3$ ℃

冷凝表面平均温度 $t_{wc}=45.5$ ℃

冷却水量 $q_m=5.391\times10^{-2}$ kg/s$=194.08$ kg/h

冷凝段长度 $L=5.05$ cm

7-46　一种测定沸腾传热表面传热系数的实验装置见附图。实验表面系一铜质圆柱的断面[$\lambda=400$ W/(m·K)],在 $x_1=10$ mm 及 $x_2=25$ mm 处安置了两个热电偶以测定该处的温度。柱体四周绝热良好。在一稳态工况下测得了以下数据:$t_1=133.7$ ℃,$t_2=158.7$ ℃。试确定:(1)《传热学(第6版)》(陶文铨编著)式(7-21)中的系数 C_{wl};(2)《传热学(第6版)》(陶文铨编著)式(7-23)中要用到的传热表面的 R_p 值。

解:(1)按一维稳态导热处理 $q=\lambda\dfrac{\Delta t}{\delta}=400\times\dfrac{158.7-133.7}{0.015}=6.66\times10^5$(W)

$$\frac{158.7-t_w}{x_2}=\frac{133.7-t_w}{x_1}$$

$$10\times(158.7-t_w)=25\times(133.7-t_w)$$

$$-10\times158.7+25\times133.7=25t_w-10t_w$$

$$15t_w=3342.5-1587=1755.5$$

$$t_w=117.03\ ℃$$

$$h=\frac{q}{\Delta t}=\frac{6.66\times10^5}{117.03-100}=39135[\mathrm{W/(m^2\cdot K)}]$$

在一个大气压下饱和水物性:

$$\rho_l=958.4\ \mathrm{kg/m^3}$$

$$\rho_v=0.5977\ \mathrm{kg/m^3}$$

$$\gamma=588.6\times10^{-4}\ \mathrm{N/m}$$

$$r=2257.1\times10^3\ \mathrm{J/kg}$$

$$\lambda=0.683\ \mathrm{W/(m^2\cdot K)}$$

$$c_p=4220\ \mathrm{J/(kg\cdot K)}$$

$$\eta=282.5\times10^{-6}\ \mathrm{kg/(m\cdot s)}$$

$$Pr=1.75$$

$$\frac{4220\times(117-100)}{2257.1\times10^3\times1.75}=C_{wl}\left[\frac{6.66\times10^5}{2257.1\times10^3\times282.5\times10^{-6}}\sqrt{\frac{588.6\times10^{-4}}{9.8\times(958.4-0.59977)}}\right]^{0.33}$$

$$C_{wl}=0.01354$$

(2)根据《传热学(第6版)》(陶文铨编著)式(7-19)得

$$h=90q^{0.67}M^{-0.5}\times Pr^m\times(-\lg Pr)^{-0.55}$$

$$P_{cr}=221\ \mathrm{MPa}$$

$$Pr=\frac{1.013}{221}=4.584\times10^{-3}$$

$$M=18$$

$$q=6.66\times10^{5}\ \mathrm{kJ/kg}$$

$$h=39135\ \mathrm{W/(m^{2}\cdot K)}$$

$$39135=90\times(6.66\times10^{5})^{0.67}\times10^{-0.5}\times Pr^{m}\times[-\lg(4.548\times10^{-3})]^{-0.55}$$

$$Pr^{m}=\frac{39135}{106019.8}=0.3691,(4.584\times10^{-3})^{m}=0.3691$$

$$m=\frac{\ln0.3691}{\ln(4.584\times10^{-3})}=\frac{-0.4328}{-2.3388}=0.185$$

$$m=0.12-0.21\lg R_{p}$$

$$0.185=0.12-0.21\lg R_{p}$$

$$0.21gR_{p}=0.12-0.185=-0.06506$$

$$\lg R_{p}=-0.3253$$

$$R_{p}=10^{-0.3253}=0.473(\mu\mathrm{m})$$

7-47 一块厚 $\delta=2.5$ mm 的硅芯片用饱和温度为 50 ℃ 的制冷剂冷却(见附图),芯片的 $\lambda=135$ W/(m·K),芯片底面上的电路产生的功率在硅片的上表面上形成了一个均匀的热流密度,$q=5.5\times10^{4}$ W/m²,硅片的侧面及底面绝热良好。已知制冷剂的 $C_{pl}=1100$ J/(kg·K),$r=84400$ J/kg,$\rho_{l}=1619$ kg/m³,$\rho_{v}=13.5$ kg/m³,$\sigma=8.2\times10^{-3}$ N/m,$\eta_{l}=440\times10^{-6}$ Pa·s,$\lambda_{l}=0.0535$ W/(m·K),$C_{wl}=0.005$,$s=1.7$,$Pr=9$,试计算芯片底面的温度 t_{0}。芯片底面上的电路可近似地看成厚 0.05 mm、具有均匀内热源的薄层。

解:如图所示:

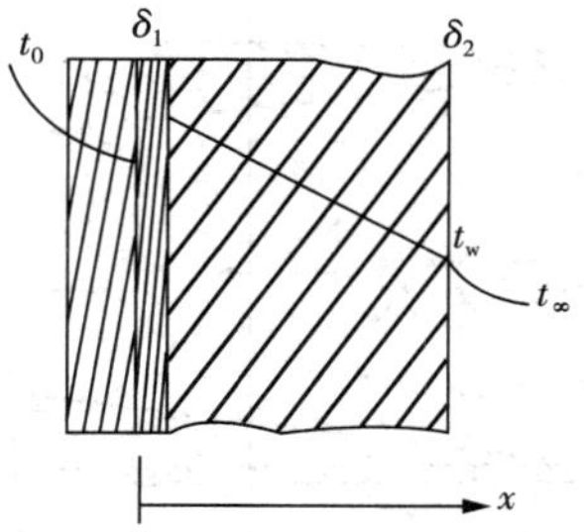

利用《传热学(第 6 版)》(陶文铨编著)式(7-21)计算

$$t_{w}:\frac{1100\Delta t}{84400\times9.0^{1.7}}=0.005\left[\frac{5.5\times10^{4}}{84400\times440\times10^{-6}}\sqrt{\frac{8.2\times10^{-3}}{9.8(1619-13.5)}}\right]^{0.33}$$

$$2.9698\times10^{-4}\Delta t=0.005\times1.486$$

$$\Delta t=25.02\ ℃,t_w=50+25.02=75.02(℃)$$

由通过芯片得稳态导热确定

$$t_1:135\times\frac{t_1-t_w}{2.45\times10^{-3}}=5.5\times10^4$$

$$t_1=t_w+0.9999=76.02\ ℃$$

电路层中的导热是有内热源的平板导热，因此有：$t=-\frac{\Phi x^2}{2\lambda}+c_1x+c_2$

$$x=0,\frac{dt}{dx}=0-c_1=0$$

$$t_1=-\frac{\Phi\delta_1^2}{2\lambda}+c_2,\dot{\Phi}=\frac{\Phi}{\delta_1}=\frac{5.5\times10^4}{0.05\times10^{-3}}=1.1\times10^9(W/m^3)$$

$$\begin{aligned}t_0&=c_2\\&=t_1+\frac{\Phi\delta_1^2}{2\lambda}\\&=76.02+\frac{(0.05\times10^{-3})^2\times1.1\times10^9}{2\times135}\\&=76.03(℃)\end{aligned}$$

7-48　随着空间飞行技术的发展，零重力下的传热问题研究越来越得到重视，其中零重力下的凝结与沸腾是一个重要的课题。对于管内强制对流凝结，在零重力下可以认为液膜均匀地分布在管子四周，并不断地沿流动方向增厚，直到全部凝结(见附图)。设在7-2节分析中的假设(1)、(3)、(4)、(5)、(6)及(8)仍成立，同时设：(1)同一截面的气、液压力均匀，压力只沿轴向变化；(2)在气-液相界面存在着切应力 τ_{vl}。试：(1)列出液膜中的动量方程、质量守恒及能量守恒方程；(2)写出 $y=0$ 及 $\delta=0$ 处的速度及温度的边界条件；(3)求解动量方程，得出轴向流速 u 的分布及其平均值的计算式(式中可包含压力梯度及界面切应力)。

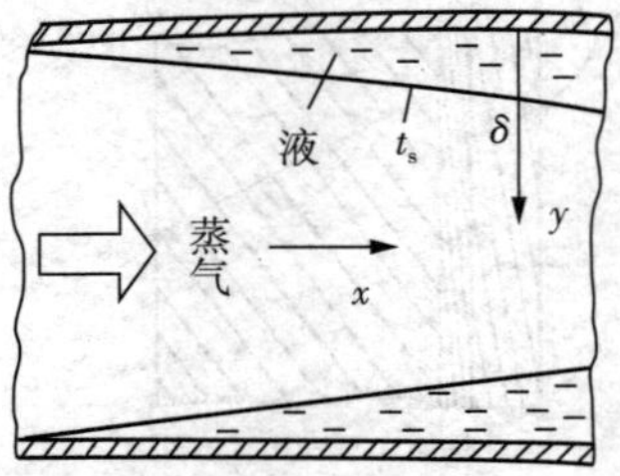

解：

(1)液膜动量方程：$\mu_l\frac{\partial^2u}{\partial y^2}=\frac{dp}{dx}$　　(a)

质量守恒：$\dfrac{\partial u}{\partial x}+\dfrac{\partial v}{\partial y}=0$ (b)

能量守恒：$\dfrac{\mathrm{d}^2 t}{\mathrm{d}y^2}=0$ (c)

(2) $y=0$，$u=0$，$T=T_w$；$y=\delta$，$\mu_l\dfrac{\partial u}{\partial y}=\tau_{vl}$（汽/液界面应力）

(3)对(a)积分两次并引入边界条件，可得速度分布：

$$\mu_l=\frac{1}{\mu_l}\left[\frac{\mathrm{d}p}{\mathrm{d}x}\left(\frac{y^2}{2}-\delta y\right)+\tau_{vl}y\right]$$

平均流速：$\bar{\mu}_l=\dfrac{1}{\delta}\displaystyle\int_0^{\delta}\mu_l\mathrm{d}y=\dfrac{1}{\mu_l}\left[-\dfrac{1}{3}\dfrac{\mathrm{d}p}{\mathrm{d}x}\delta^2+\dfrac{\tau_{wl}}{2}\delta\right]$

7-49 可以采用 Bromley 方法近似分析呈现 Leidenfrost 现象(参见习题 7-4)时小水滴与灼热金属板表面间的热交换；设大气压下在金属板上跳跃的水滴直径为 5 mm，金属表面温度为 900 ℃，金属表面发射率为 0.9，试估算水滴与金属板之间的对流传热系数及考虑辐射传热在内的总传热系数。

解：首先，明确 Leidenfrost 现象是指当液体（如水滴）接触到远高于其沸点的灼热表面时，液体并不会立即沸腾蒸发，而是会在表面形成一层蒸汽膜，使得液体在表面上跳跃或滑动。这种现象下的热交换主要通过蒸汽膜的对流传热和辐射传热进行。对于对流传热系数 h_{conv} 的估算，可以采用 Bromley 方法。考虑到 Leidenfrost 现象下的蒸汽膜特性，可以假设对流传热系数与蒸汽的物性、蒸汽膜厚度以及水滴与金属板之间的温差有关。但在这里，缺乏具体的蒸汽膜厚度数据，因此只能给出一个大致的估算范围。

通常，Leidenfrost 现象下的对流传热系数会远高于常规条件下的对流传热系数，但远低于直接接触传热。假设 h_{conv} 在 1000～10000 W/(m^2·K)之间。

计算辐射传热系数 h_{rad}。辐射传热系数可以通过斯蒂芬一玻尔兹曼方程和金属表面的发射率来计算。斯蒂芬一玻尔兹曼常数为 $\sigma=5.67\times10^{-8}$ W/m^2·K^4，金属表面发射率为 $\varepsilon=0.9$，水滴与金属板之间的温差（假设水滴温度为室温 $T_{water}=300$ K，金属板温度为 $T_{metal}=900$ K）为 $\Delta T=T_{metal}-T_{water}=600$ K。但需要注意的是，辐射传热系数并不是直接通过这些参数计算出来的，而是需要将其转化为与对流传热系数相似的形式。这里采用一个简化的方法，即考虑辐射热流密度与温差之间的比例关系。

辐射热流密度可以表示为

$$q_{rad}=\varepsilon\sigma({T_{metal}}^4-{T_{water}}^4)$$

想要得到类似对流传热系数的形式，即 $q_{rad}=h_{rad}\cdot A\cdot\Delta T$（其中 A 为传热面积），可以将上式改写为

$$h_{rad}=\Delta T\varepsilon\sigma({T_{metal}}^4-{T_{water}}^4)$$

但需要注意的是，这里的 h_{rad} 并不是传统意义上的传热系数，因为它包含了温度的四次方项。不过，为了与对流传热系数进行比较，可以暂时采用这种表示方式。

将已知数值代入上式，得到：

$$h_{rad}=6000.9\times5.67\times10-8\times(9004-3004)\approx110[\mathrm{W/(m^2\cdot K)}]$$

最后,考虑总传热系数 h_{total}。由于 Leidenfrost 现象下对流传热占主导地位,辐射传热相对较小,因此总传热系数可以近似为对流传热系数,即

$$h_{total}\approx h_{conv}$$

但为了更全面地考虑,也可以将辐射传热系数与对流传热系数进行叠加(尽管这种叠加在严格意义上可能并不准确,因为辐射和对流是两种不同的传热机制)。然而,在这里仍然采用对流传热系数作为总传热系数的近似值,即

$$h_{total}\approx1000\sim10000\ \mathrm{W/(m^2\cdot K)}$$

综上所述,水滴与金属板之间的对流传热系数在 1000～10000 W/(m² · K)之间,辐射传热系数为 110 W/(m² · K),总传热系数可以近似为对流传热系数。

7.3.6　热管及固液相变的应用

7-50　有一铜水热管,外径 $d_o=25$ mm,内径 $d_i=21$ mm;蒸发段长 0.4 m,外壁温度 $t_e=200$ ℃;冷凝段长 0.4 m,外壁温 $t_c=199.5$ ℃;绝热段长 0.5 m。设蒸发段与凝结段的管外表面传热系数均为 90 W/(m² · K),蒸发与凝结的表面传热系数分别为 $h_e=5000$ W/(m² · K)和 $h_c=6000$ W/(m² · K)。试计算该热管的内部热阻在传热过程总热阻中的比例。

解:如图:

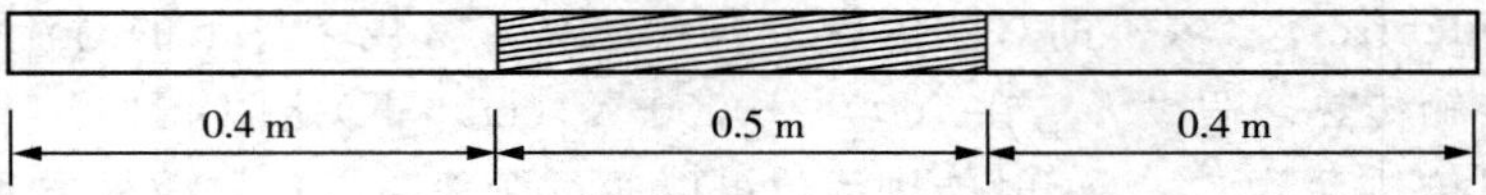

$$R_2=\frac{1}{2\pi\lambda_c}\ln\frac{d_0}{d_i}$$

$$=\frac{1}{2\times3.14\times400\times0.4}\ln\frac{25}{21}$$

$$=\frac{0.1744}{1004.8}$$

$$=1.736\times10^{-4}(\mathrm{K/W})$$

$$R_3=\frac{1}{\pi d_i l_c h_c}=\frac{1}{3.14\times0.02\times0.4\times5000}=75.83\times10^{-4}(\mathrm{K/W})$$

$$R_4=0$$

$$R_5=\frac{1}{3.14\times0.21\times0.4\times60000}=63.19\times10^{-4}(\mathrm{K/W})$$

$$R_6=\frac{1}{2\pi\lambda_c}\ln\frac{d_0}{d_i}=1.736\times10^{-4}(\mathrm{K/W})$$

内部热阻：$R_2+R_3+R_4+R_5+R_6=142.49(\mathrm{K/W})$

$$R_1=\frac{1}{3.14\times0.035\times0.4\times90}=3538.6\times10^{-4}(\mathrm{K/W})$$

$R_2=R$，$\therefore R_1=7217.9\ \mathrm{K/W}$

$$\sum_2 R/R_r=142.5/7219.7=1.97\%$$

7-51　有一尺寸为 10 mm×10 mm、发热量为 100 W 的大规模集成电路，其表面最高允许温度不能高于 75 ℃，环境温度为 25 ℃。试设计一台能采用自然对流来冷却该电子元件的热管冷却器。

解：可采用下图冷却装置。

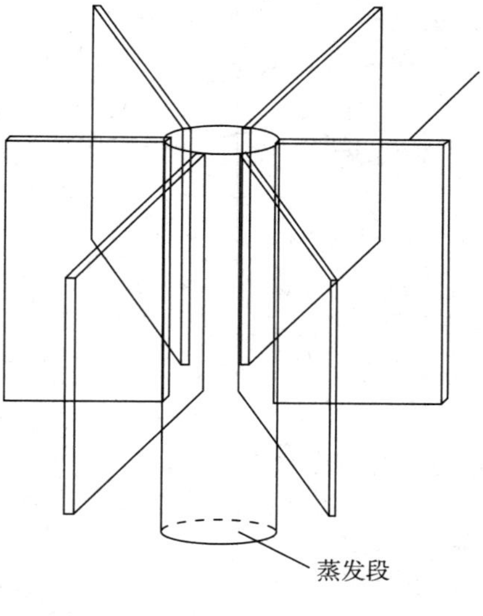

冷凝段壁温近似按 75 ℃计，翅片尺寸为 0.15×0.06 m^2，10 片，
其散热面积 2×10×0.15×0.06＝0.18 m^2，按自然对流竖壁计算，$t_b=50$ ℃

$$GrPr=\frac{9.8\times\frac{1}{323}\times50\times0.15^3\times0.689\times10^{12}}{17.95^2}=1.1092\times10^7$$

$$Nu=0.59\ (GrPr)^{\frac{1}{4}}=34.0$$

$$h=\frac{34.0\times0.0283}{0.15}=6.42[\mathrm{W/(m^2\cdot K)}]$$

$$\varphi_c=0.18\times50\times6.42=57.8(\mathrm{W})$$

辐射传热按空腔内包物体模型估计，设翅片表面 $\varepsilon=0.8$

$$\varphi_r = A\varepsilon\sigma_0(T^4 - T_\infty^4) = 0.18\times0.8\times5.67\times(3.43^4 - 2.98^4)$$

$$\begin{aligned}\varphi_r &= A\varepsilon\sigma_0(T^4 - T_\infty^4)\\ &= 0.18\times0.8\times5.67\times(3.43^4 - 2.98^4)\\ &= 55.4(\mathrm{W})\end{aligned}$$

$\varphi_c + \varphi_r = 57.8 + 55.4 = 113.2 > 100$ W 考虑到辐射计算中未计算翅片间的辐射，因而上述结构可以认为能满足在自然对流情况下散发 100 W 热量的要求。

7－52　一冷、热流体的流动布置如《传热学（第 6 版）》（陶文铨编著）习题 7－53 附图所示，可以看成是一种特殊的间壁式传热器。热流体从 t_1' 被冷却到 t_1''，而冷流体从 t_2' 被加热到 t_2''。试分析计算冷、热流体间平均温差的方法。

解：按逆流计算。

将题中冷热流体的流动方式简化成如下图所示的逆流运动

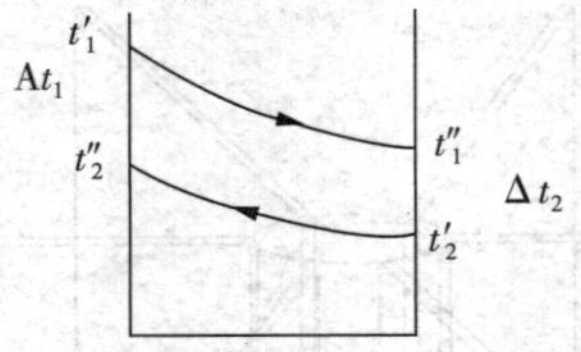

$$\Delta t_1 = t_1' - t_2''$$

$$\Delta t_2 = t_1'' - t_2'$$

假设 $\Delta t_1 > \Delta t_2$

取冷、热流体间的平均温差为对数平均温差 Δt_m

则 $\Delta m = \dfrac{\Delta t_1 - \Delta t_2}{\ln\dfrac{\Delta t_1}{\Delta t_2}} = \dfrac{(t_1' - t_2'') - (t_1'' - t_2')}{\ln\dfrac{t_1' - t_2'}{t_2' - t_2'}}$

7－53　有一台烟气、空气的热管传热器如《传热学（第 6 版）》（陶文铨著）习题 7－53 附图所示。已知烟气的进口温度 $t_1' = 280$ ℃，空气进口温度 $t_2' = 30$ ℃，热管外径为 40 mm。蒸发段与冷凝段各长 1 m。管子采用叉排布置，$s_1/d = 2$，$s_2/d = 1.5$，流动方向有 20 排，迎风方向为 15 排。气体在最窄流动截面上的流速为 10 m/s。试确定 t_2''。对传热表面上无结垢及有结垢（污垢热阻 $R_A = 0.0004\ \mathrm{m^2\cdot K/W}$）的情形分别进行计算。热管传热器置于截面尺寸为 1000 mm×1200 mm 的长方形通道内。烟气、空气的压力均可按 1 个物理大气压计算。

解：先假定一个 $t_2'' \to t_1' \to \varphi_b = \varphi_{tr}$，不等则修正 t_2''，直到相差小于给定值，

设 $t_2'' = 80$ ℃，$t_{2m} = 60$ ℃，空气物性：$\rho = 1.06\ \mathrm{kg/m^3}$，$c_p = 1.005\ \mathrm{kJ/(kg\cdot K)}$

$$\lambda = 2.9\times10^{-2}\ \mathrm{W/(m\cdot K)},\ v = 18.97\times10^{-6}\ \mathrm{m^2/s},\ Pr = 0.696$$

$\varphi_b=10\times(1.0\times1.2-15\times1.0\times0.04)\times1.06\times1005\times(80-30)=319.6(\text{kW})$

设烟气为标准烟气，则近似的取 $\Delta t=80$ ℃，$t_2''=200$ ℃，$t_{1m}=240$ ℃

$$\rho=0.696\ \text{kg/m}^3$$

$$c_p=1.107\ \text{kJ/(kg}\cdot\text{K)}$$

$$\lambda=4.34\times10^{-2}\ \text{W/(m}\cdot\text{K)},v=38\times10^{-6}\ \text{m}^2/\text{s}$$

$$Pr=0.66$$

$$319600=0.696\times0.6\times1107\times(280-t_1'')\times10,\Delta t_1=69\ ℃$$

再取

$$\Delta t_1=70\ ℃$$

$$t_1''=210\ ℃,t_{1m}=245\ ℃$$

$$\rho=0.689\ \text{kg/m}^3,c_p=1.108\ \text{kJ/(kg}\cdot\text{K)}$$

$$\lambda=4.38\times10^{-2}\ \text{W/(m}\cdot\text{K)}$$

$$v=38.65\times10^{-6}\ \text{m}^2/\text{s},Pr=0.66$$

$\Delta t_1=\dfrac{319600}{0.689\times1108\times0.6\times10}=69.8(℃)$，与 70 ℃十分接近。

空气侧 $Re=\dfrac{ud}{v}=\dfrac{10\times0.04}{18.97}\times10^6=21086$，略去 $\left(\dfrac{Pr_f}{Pr_w}\right)^{\frac{1}{4}}$ 的影响，则有

$$\begin{aligned}Nu&=0.35\left(\frac{s_1}{s_2}\right)^{0.2}Re^{0.6}Pr^{0.36}\\&=0.35\left(\frac{2}{1.5}\right)^{0.2}\times21086^{0.6}\times0.696^{0.36}\\&=127.8\end{aligned}$$

$$h_0=\frac{127.8\times0.029}{0.04}=92.7[\text{W/(m}^2\cdot\text{K)}]$$

烟气侧：$Re=\dfrac{ud}{v}=\dfrac{10\times0.04}{38.65}\times10^6=10349$

$$Nu=0.35\times1.059\times10349^{0.6}\times0.66^{0.36}=81.83$$

$$h_g=\frac{81.83\times0.0434}{0.04}=89.6[\text{W/(m}^2\cdot\text{K)}]$$

总热阻 R_f：

$$R_{\mathrm{f}}=\frac{1}{A_0h_0}+\frac{1}{2\pi\lambda l_1}\ln\frac{d_2}{d_1}+\frac{1}{A_a\varepsilon_a^{-1}}+\frac{1}{2\pi\lambda l_2}\ln\frac{d_2}{d_1}+\frac{1}{A_{\mathrm{g}}h_{\mathrm{g}}}+\frac{1}{A_{\mathrm{c}}h_{\mathrm{c}}}+\frac{1}{A_{\mathrm{e}}h_{\mathrm{e}}}$$

$$=\frac{1}{3.14\times1\times0.04\times92.7}+\frac{1}{2\times3.14\times40\times1}\ln\frac{40}{37}+\frac{1}{3.14\times1\times0.04\times2500}+$$

$$\frac{1}{3.14\times1\times0.04\times2500}+\frac{1}{2\times3.14\times40\times1}\ln\frac{40}{37}$$

$$+\frac{1}{2\times3.14\times0.04\times1\times89.6}+\frac{1}{3.14\times1\times0.037\times5000}+\frac{1}{3.14\times1\times0.037\times5000}$$

$$=1851.82\times10^{-4}$$

$$\Delta t_{\mathrm{m}}=\frac{200-180.2}{\ln(200/180.2)}=\frac{19.8}{0.1043}=189.6$$

$$单根\ \varphi_{\mathrm{ht}}=\frac{\Delta t_{\mathrm{m}}}{R_{\mathrm{f}}}=\frac{189.6}{1851.82}\times10^4=1024.9$$

$$20\times15\ 根\ \varphi_{\mathrm{m}}=1024.9\times20\times15=307470(\mathrm{W})$$

φ_{tm}与 φ_{m} 相差小于 4%，可取其平均值作为换热量。

如果不计污垢热阻，则 $R_{\mathrm{f}}=(858.9+3.10+888.6+17.21\times2)\times10^{-4}=1788.12\times10^{-4}$(K/W)

$\varphi_{\mathrm{ht}}=\frac{189.6}{1788.12}\times10^4\times300=318$(kW)与 319.6 kW 相差小于 0.4%，故可取 $t''_2=$ 80 ℃。

7-54 相变材料可应用于储能领域。现有一尺寸为 5 m×5 m×0.1 m 的相变材料储能层，在其 5 m×5 m 的一个侧面有高温流体流过，流体温度恒定为 45 ℃，其余边界均为绝热边界。相变材料为 RT27(石蜡)，初始温度为 RT27 的熔点。其物性如下：$T_{\mathrm{m}}=300.15$ K，$L_{\mathrm{a}}=179$ kJ/kg，$\rho=900$ kg/m³，$\lambda_{\mathrm{l}}=0.20$ W/(m·K)，$c_p=2.40$ kJ/(kg·K)，如忽略高温流体和相变材料层间的对流传热热阻，请计算相变层完全融化所需要的时间以及通过相变能够储存的最大热量。并提出缩短储热过程时间的措施。

解：相变材料的体积 V：

$$V=5\ \mathrm{m}\times5\ \mathrm{m}\times0.1\ \mathrm{m}=2.5\ \mathrm{m}^3$$

相变材料的质量 m：

$$m=\rho\times V=900\ \mathrm{kg/m^3}\times2.5\ \mathrm{m^3}=2250\ \mathrm{kg}$$

熔化潜热 L_{a}：

$$Q=m\times L_{\mathrm{a}}=2250\ \mathrm{kg}\times179\ \mathrm{kJ/kg}=402750\ \mathrm{kJ}$$

由于只有一个边界(5 m× 5 m 面积)有高温流体流过，可以利用傅里叶定律来计算热通量：

$$q=\frac{\Delta T\times\lambda_{l}}{d}$$

其中 ΔT 是温差，λ_{l} 是液态导热系数，d 是材料厚度。

$$\Delta T=45\ ℃-27\ ℃=18\ ℃$$

$$q=\frac{18\ \text{K}\times 0.20\ \text{W/(m}\cdot\text{K)}}{0.1\ \text{m}}=36\ \text{W/m}^2$$

高温流体面传递的总热通量 Q_{total}：

$$Q_{\text{total}}=q\times\text{Āæ}>>\text{ý}=36\ \text{W/m}^2\times 25\ \text{m}^2=900\ \text{W}$$

相变材料完全融化所需的时间 t：

$$t=\frac{Q}{Q_{\text{total}}}=\frac{402750\ \text{kJ}}{900\ \text{W}}=\frac{402750\ \text{kJ}}{0.9\ \text{kW}}=447500\ \text{s}\approx 124.3\ \text{h}$$

通过相变储存的最大热量 Q 已经在上述计算中得到：

$$Q=402750\ \text{kJ}$$

缩短储热过程时间的措施：

1. 增加热通量：通过提高高温流体的温度，增加温差 ΔT，从而提高热通量 q。

2. 提高传热系数：增加高温流体与相变材料之间的对流传热系数，例如通过增加流体的流速。

3. 增大接触面积：设计更大的传热接触面积，或采用多层结构来增加热交换表面积。

4. 使用更高导热系数的材料：选择导热系数更高的相变材料或在相变材料中加入导热增强剂(如金属箔)。

7.3.7　小论文题目

7－55　对于如《传热学(第 6 版)》(陶文铨编著)习题 7－53 附图所示的饱和蒸汽在竖管内的膜状凝结问题，试从圆柱坐标的纳维－斯托克斯方程式出发，对 x 方向的动量方程作数量级比较，并利用轴对称的条件，导出稳态下适合本例的动量方程：

$$\eta\left(\frac{\partial^2 u}{\partial r^2}+\frac{1}{r}\frac{\partial u}{\partial r}\right)+(\rho_l-\rho_v)g=0$$

进一步，利用两个边界条件导出截面上的速度分布公式为

$$u=\frac{1}{\eta}(\rho_l-\rho_v)g\left[\frac{1}{4}(R^2-r^2)+\frac{1}{2}(R-\delta)^2\ln\frac{r}{R}\right]$$

其中 δ 为液膜边界层厚度。

解：利用轴对称的条件，x 方向的动量方程可简化为

$$\rho\left(v\frac{\partial u}{\partial r}+u\frac{\partial u}{\partial x}\right)=\rho_l g-\frac{\partial p}{\partial x}+\mu\left(\frac{\partial^2 u}{\partial r^2}+\frac{1}{r}\frac{\partial u}{\partial r}+\frac{\partial^2 u}{\partial x^2}\right)$$

采用类似于 Nusselt 分析中的假定，略去惯性力不计，则上式左端等于零另外

$$\frac{\partial p}{\partial x}=\rho_v g,\frac{\partial^2 u}{\partial x^2}<<\frac{1}{r}\frac{\partial}{\partial r}\left(r\frac{\partial u}{\partial r}\right)$$

于是上式即简化为

$$\mu\left(\frac{\partial^2 u}{\partial r^2}+\frac{1}{r}\frac{\partial u}{\partial r}\right)+g(\rho_l-\rho_v)=0$$

把此式改写成为

$$\mu\frac{1}{r}\frac{\partial}{\partial r}\left(r\frac{\partial u}{\partial r}\right)=-g(\rho_l-\rho_v)$$

两边乘以 r 并积分两次得

$$u=-\frac{g(\rho_l-\rho_v)}{4\mu}r^2+c_1\ln r+c_2$$

边界条件为

$$r=R,u=0;r=(R-\delta),\frac{\partial u}{\partial r}=0$$

由此得

$$c_1=\frac{g(\rho_l-\rho_v)}{2\mu}(R-\delta)^2,c_2=-\frac{g(\rho_l-\rho_v)}{2\mu}(R-\delta)^2\ln R$$

将这两个表达式代入 u 得计算式整理之即得所证得结果。

7-56　试据在同一铅垂面内 n 排管子的平均表面传热系数的公式 $h_n=h_1/\sqrt[4]{n}$，导出冷凝器中不同铅垂面内的管排数不相等时，计算平均管排数的公式为

$$n_m=\left(\frac{n_1+n_2+\cdots+n_z}{n_1^{0.75}+n_2^{0.75}+\cdots n_z^{0.75}}\right)^4$$

解：假设每根管子的平均壁温都一样，则温差 (t_f-t_w) 为常数，设第一个垂直排中有 n_1 根管子，第二垂直排中有 n_2 根，余类推，则总的平均传热系数可表示为 $h_m=\dfrac{h_{n_1}n_1+h_{n_2}n_2+\cdots+h_{n_z}n_z}{n_1+n_2+\cdots+n_z}$，另一方面由习题 7-16 可知，$h_{n_1}=c\dfrac{1}{n_1^{\frac{1}{4}}}$，$h_{n_2}=c\dfrac{1}{n_2^{\frac{1}{4}}}$，…

同样把平均传热系数 h_m 表示成平均排数 n_m 的函数形式，即 $h_{m_2}=c\dfrac{1}{n_m^{\frac{1}{4}}}$，于是上式为 $h_m=\dfrac{(1/n_1^{\frac{1}{4}})n_1+(1/n_2^{\frac{1}{4}})n_2+\cdots+(1/n_z^{\frac{1}{4}})n_z}{n_1+n_2+\cdots n_z}$，即 $n_m=\left(\sum n_i/\sum n_i^{0.75}\right)^4$。

7-57　实验研究发现，沸腾传热的临界热流密度与液体的汽化潜热、蒸汽密度、表面张力及气泡直径参数 $\sqrt{\gamma/[g(\rho_l-\rho_v)]}$ 有关。试用量纲分析法证明：

$q_{cr}=Cr\rho_v^{\frac{1}{2}}\{\sqrt{\gamma/[g(\rho_l-\rho_v)]}\}^{-\frac{1}{2}}\gamma^{\frac{1}{2}}$，式中 C 为待定常数。

证明：$q_{max}=f(r,\rho,\gamma,D_b)$，其中 D_b 代表 $\sqrt{\gamma/[g(\rho_l-\rho_v)]}$，这一关系式中共有三个基本量纲：L，M，T。试将 q_{max} 的表达式写成 $q_{max}=Cr^a\rho_v^bD_b^c\gamma^d$ 并将各量的量纲代入得

$[MT^{-3}]=[L^2T^{-2}]^a\,[ML^{-1}]^b\,[L]^c\,[MT^{-2}]^d$，整理之后得

$[MT^{-3}]=[L^{2a-3b+c}][M^{b+d}][T^{-2a-2d}]$，于是有：

$b+d=1$，$-3=-2a-2d$，$2a-3b-c=0$，由此解得 $b=\dfrac{3-2a}{2}$，$c=\dfrac{9-10a}{2}$，$d=\dfrac{2a-1}{2}$，如取 $a=1$，则得 $b=\dfrac{1}{2}$，$c=-\dfrac{1}{2}$，$d=\dfrac{1}{2}$，因而临界热流密度可能取得如下表达式形式：

$$q_{max}=Cr\rho_v^{\frac{1}{2}}D_B^{-\frac{1}{2}}\gamma^{\frac{1}{2}}=Cr\rho_v^{\frac{1}{2}}\{\sqrt{\gamma/[g(\rho_l-\rho_v)]}\}^{-\frac{1}{2}}\gamma^{\frac{1}{2}}$$

7-58　一个直径为 10 mm 的铜球，初始温度为 t_i，突然被置于 1 个大气压下饱和水的水浴中，试用集中参数法分析铜球(1)从 $t_i=600$ ℃冷却到 270 ℃，(2)从 $t_i=600$ ℃冷却到 130 ℃及(3)从 $t_i=600$ ℃冷却到 104 ℃所需的时间。提示：利用教材中的图 7-16，并用三段折线来代替该曲线。取三段折线的 4 个端点 q、Δt 值如下：$q=4.8\times10^5$ W/m²，$\Delta t=500$ ℃；$q=2\times10^5$ W/m²，$\Delta t=170$ ℃；$q=1.17\times10^6$ W/m²，$\Delta t=32$ ℃；$q=5\times10^4$ W/m²，$\Delta t=4$ ℃。每一段折线均可用 $q=C\Delta t^n$ 的形式来逼近。

解：利用教材中图 7-16 并将其简化为四段折线，如下图所示，每一段均可以用 $q=C\Delta t$ 来近似，C、n 之间可由各段得初始值求出。

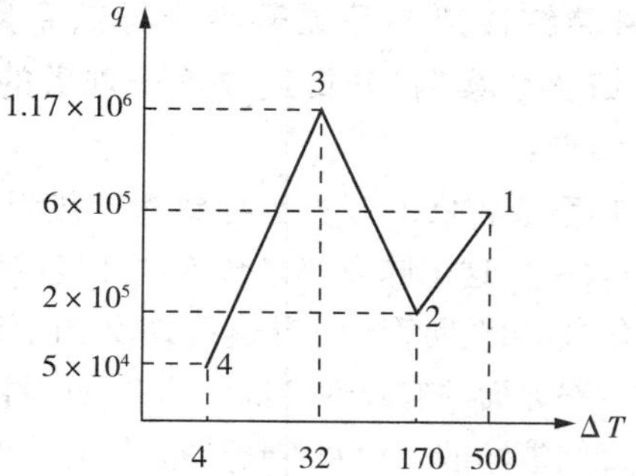

$$1\to2,\ q_1=6\times10^5,\ q_2=2\times10^5,\ \Delta t_1=500,\ \Delta t_2=700,\ C=1059.7,\ n=1.02.$$

$$2\to3,\ q_2=2\times10^5,\ q_3=1.17\times10^6,\ \Delta t_2=170,\ \Delta t_3=32,\ C=3.768\times10^7,\ n=-1.02.$$

$$3\to4,\ q_3=1.17\times10^6,\ q_4=5\times10^4,\ \Delta t_3=32,\ \Delta t_4=4,\ C=376.9,\ n=2.364.$$

利用集中数法，取铜球的 c_p 近似为常数 $c=386$ J/(kg·K)，$\rho=8930$ kg/m³

$$\rho c\left(\frac{V}{A}\right)\mathrm{d}t=-q\mathrm{d}\tau,\ \frac{V}{A}=\frac{\pi d^3/6}{\pi d^2}=\frac{d}{6}$$

$$\frac{\rho c d}{6}\mathrm{d}t=-q\mathrm{d}\tau$$

$$\int_{\tau_1}^{\tau_2}\mathrm{d}\tau=-\frac{\rho c d}{6}\int_{\theta_1}^{\theta_2}\frac{\mathrm{d}\theta}{q}=-\frac{\rho c d}{6}\int_{\theta_1}^{\theta_2}\frac{\mathrm{d}\theta}{C\theta^n}=-\frac{\rho c d}{6C}\int_{\theta_1}^{\theta_2}\frac{\mathrm{d}\theta}{\theta^n}$$

$$\tau_2-\tau_1=\frac{\rho c d}{6C}\frac{1}{1-n}\left[\theta_1^{1-n}-\theta_2^{1-n}\right]$$

对于 1→2 过程：

$$\tau_2-\tau_1=\frac{8930\times386\times0.01}{6}\frac{1}{1059.71}\frac{1}{1-1.02}(500^{1-1.02}-170^{1-1.02})=30.9(\mathrm{s})$$

对于 2→3 过程：

$$\tau_3-\tau_2=\frac{8930\times386\times0.01}{6}\frac{1}{3.768\times10^7}\frac{1}{1+1.02}(170^{1+1.02}-32^{1+1.02})=2.33(\mathrm{s})$$

对于 3→4 过程：

$$\tau_4-\tau_3=\frac{8930\times386\times0.01}{6}\frac{1}{376.91}\frac{1}{1-2.364}(32^{1-2.364}-4^{1-2.364})=1.59(\mathrm{s})$$

从 $t=600$ ℃冷却到 270 ℃，需 30.9 s；
从 $t=600$ ℃冷却到 130 ℃，需 33.23 s；
从 $t=600$ ℃冷却到 104 ℃，需 34.82 s。

7-59　对于蒸汽在水平光滑单管外的凝结传热，管子材料对凝结传热特性没有任何影响，实验结果都与努塞尔理论符合；但是对于蒸汽在强化管外（例如整体低肋管）的凝结，实验查明管子材料对凝结传热有显著影响：对相同的管子几何结构及实验条件，导热系数小的管材凝结传热系数显著小于导热系数大的管子。试对于管内流过冷却水使管外蒸汽凝结这个案例，分析造成这一现象的原因。

解：主要原因分为如下四点：

1. 管壁热阻的影响：导热系数较低的管材会导致管壁热阻增大，从而减少了热量从蒸汽传递到管壁再到冷却水的效率。这意味着热量传递的速度减慢，凝结传热系数因此降低。

2. 肋效率的变化：在强化管（如低肋管）上，导热系数较小的管材可能会导致肋效率降低。肋效率是指肋片在增加传热效率方面的有效性。低导热系数材料的肋片可能不如高导热系数材料的肋片那样有效地促进凝结液滴的移动和重新分布，从而减少了传热面积和效率。

3. 凝结模式的差异：在凝结过程中，可能会存在膜状凝结和滴状凝结两种模式。导热系数较低的管材可能会促进膜状凝结的发展，而膜状凝结的传热系数通常低于滴状凝结。这是因为滴状凝结能够通过液滴的不断形成和脱落，有效更新传热表面，从而维持较高的传热系数。

4. 凝结液滴的动力学行为低肋管外凝结时，导热系数较低的管材可能会影响凝结液滴的动力学行为，如液滴的合并、脱落和跳跃。这些行为对于维持高传热系数至关重要，因为它们有助于防止传热表面的污染和传热效率的下降。

综上所述，管子材料的导热系数对强化管外的凝结传热特性有显著影响。导热系数较低的管材可能会导致凝结传热系数降低，这是因为它们增加了管壁热阻，降低了肋效率，以及可能改变了凝结模式和液滴的动力学行为。这些因素共同作用，导致了传热效率的差异。在设计和选择换热器材料时，需要综合考虑这些因素，以优化传热性能。

7.3.8　采用工具软件的题目

7－60　如《传热学(第 6 版)》(陶文铨编著)习题 7－60 附图所示，高度为 50 cm 的竖壁将大气压力下 $T_s=100$ ℃的水蒸气与 $T_\infty=20$ ℃的环境隔开。水蒸气侧发生膜状凝结，而空气侧发生自然对流。略去竖壁壁面热阻不计，假定壁面温度 T_w 均匀。试：(1)确定从蒸汽向空气传热的热流密度；(2)蒸汽侧竖壁底端每米宽度上凝结液体的流量；(3)竖壁的温度；(4)分析这一传热过程的主要热阻及其大小。

答：为了使用软件工具(如 Matlab、Python)进行计算和可视化，将按照以下步骤进行：

1. 确定从蒸汽向空气传热的热流密度。
2. 蒸汽侧竖壁底端每米宽度上凝结液体的流量。
3. 竖壁的温度。
4. 分析这一传热过程的主要热阻及其大小。

步骤 1：计算从蒸汽向空气传热的热流密度

传热的主要热阻包括蒸汽侧的膜状凝结和空气侧的自然对流。

蒸汽侧传热系数(膜状凝结)

使用以下公式计算膜状凝结的传热系数 h_c：

$$h_c=0.943\left[\frac{\rho_l(\rho_l-\rho_v)gh_v k_l^3}{\mu_l(T_s-T_w)H}\right]^{1/4}(1+0.68\,Pr_l^{0.25})$$

空气侧传热系数(自然对流)

自然对流的传热系数 h_{conv} 计算公式：

$$h_{conv}=\frac{k_{air}}{L}\cdot Nu$$

其中，Nu 通过 Ra_L 来计算：

$$Nu=0.68+0.67\,(Ra_L)^{1/4}\left[1+(0.492/Pr)^{9/16}\right]^{4/9}$$

$$Ra_L=\frac{g\beta(T_w-T_\infty)L^3}{\nu\alpha}$$

步骤 2：蒸汽侧竖壁底端每米宽度上凝结液体的流量

$$\dot{m}=\frac{q}{h_v}$$

步骤 3：竖壁的温度

$$q=\frac{T_s-T_\infty}{R_{total}}=\frac{T_s-T_\infty}{R_{cond}+R_{conv}}$$

其中：

$$R_{\mathrm{cond}}=\frac{1}{h_{\mathrm{c}}}$$

$$R_{\mathrm{conv}}=\frac{1}{h_{\mathrm{conv}}}$$

下面是具体的 Python 代码实现：

```
''' python
import numpy as np
# 常量参数
rho_l = 958  # 液体水的密度(kg/m^3)
rho_v = 0.6  # 水蒸气的密度(kg/m^3)
g = 9.81  # 重力加速度(m/s^2)
h_v = 2257 * 103  # 水的汽化潜热(J/kg)
k_l = 0.68  # 液体水的导热系数(W/(m·K))
mu_l = 2.8e-4  # 液体水的动力黏度(Pa·s)
Pr_l = 1.76  # 液体水的 Prandtl 数
k_air = 0.0257  # 空气的导热系数(W/(m·K))
beta = 1 / 293  # 体积膨胀系数(K^-1)
nu = 15.1e-6  # 空气的动力黏度(m^2/s)
alpha = 21.4e-6  # 空气的热扩散率(m^2/s)
Pr_air = 0.71  # 空气的 Prandtl 数

# 输入参数
T_s = 100 + 273.15  # 饱和温度(K)
T_inf = 20 + 273.15  # 环境温度(K)
H = 0.5  # 竖壁高度(m)

# 假定壁面温度 Tw 均匀,初始估计
T_w = 60 + 273.15  # 初始估计(K)
# 蒸汽侧传热系数 h_c
h_cond = (0.943 * ((rho_l * (rho_l - rho_v) * g * h_v * k_l3)/(mu_l * (T_s - T_w) * H))
0.25)/(1 + 0.68 * Pr_l0.25)

# 空气侧传热系数 h_conv
Ra_L = (g * beta * (T_w - T_inf) * H3)/(nu * alpha)
Nu = 0.68 + (0.67 * Ra_L0.25)/(1 + (0.492 / Pr_air)(9/16))(4/9)
h_conv = (k_air / H) * Nu

# 总的热流密度 q
R_cond = 1 / h_cond
R_conv = 1 / h_conv
q = (T_s - T_inf)/(R_cond + R_conv)
```

```
#蒸汽侧竖壁底端每米宽度上凝结液体的流量
m_dot = q / h_v

#更新壁面温度的估计值
T_w_new = T_s - q * R_cond

print(f"热流密度 q:{q} W/m^2")
print(f"凝结液体的流量 m_dot:{m_dot} kg/m·s")
print(f"竖壁温度 T_w:{T_w_new - 273.15} ℃")
#主要热阻分析
R_total = R_cond + R_conv
R_cond_percent = R_cond / R_total * 100
R_conv_percent = R_conv / R_total * 100

print(f"R_cond:{R_cond} K/W,占比:{R_cond_percent} %")
print(f"R_conv:{R_conv} K/W,占比:{R_conv_percent} %")
'''
```

结果分析

运行上述代码后,可以得到以下结果:

1. 热流密度 q:从蒸汽向空气传热的热流密度;
2. 凝结液体的流量 $\dot{m}$:蒸汽侧竖壁底端每米宽度上凝结液体的流量;
3. 竖壁温度 T_w:通过迭代计算得到的竖壁温度;
4. 主要热阻分析:计算出蒸汽侧和空气侧的热阻并分析其占比。

这些结果可以帮助理解传热过程中主要的热阻来源,并通过调整壁面温度的估计来求解最终的热流密度和凝结液体流量。

7-61　在稳定的膜态沸腾阶段,需要考虑辐射的影响,膜态沸腾总的传热系数可按公式(7-26)计算。试对直径为 0.5 mm 的耐高温金属丝表面上大气压下水的稳定膜态沸腾,取温差 $\Delta T = T_w - T_s = 200$ ℃ 到 1000 ℃ 若干个数值,计算膜态沸腾总的传热系数和相应的热流密度,并将结果与教材图 7-16 做比较。

解:为了计算在不同温差下的膜态沸腾总传热系数和相应的热流密度,可以使用 Python 进行数值计算和图表绘制。需要考虑对流传热和辐射传热,最终的总传热系数 h_{total} 由这两部分组成。

1. 公式和参数整理

(1)对流传热系数 h_{conv}:

$$h_{conv} = C \cdot (\Delta T)^n$$

其中,常数 $C \approx 0.089\ W/(m^2 \cdot K^{1.75})$ 和 $n \approx 1.75$

(2)辐射传热系数 h_{rad}：

$$h_{\mathrm{rad}}=\varepsilon\sigma(T_{\mathrm{w}}^2+T_{\mathrm{s}}^2)(T_{\mathrm{w}}+T_{\mathrm{s}})$$

其中：$\varepsilon\approx0.8$(表面的发射率)，$\sigma=5.67\times10^{-8}\,\mathrm{W/(m^2\cdot K^4)}$

T_{w} 和 T_{s} 分别为壁面温度和饱和温度，单位为开尔文(K)

(3)总传热系数 h_{total}：

$$h_{\mathrm{total}}=h_{\mathrm{conv}}+h_{\mathrm{rad}}$$

(4)热流密度 q：

$$q=h_{\mathrm{total}}\cdot\Delta T$$

2. 计算步骤

将计算温差($\Delta T=T_{\mathrm{w}}-T_{\mathrm{s}}$)从 200 ℃ 到 1000 ℃ 若干个数值下的传热系数和热流密度。

Python 代码实现

```
''' python
import numpy as np
import matplotlib. pyplot as plt

# 常量参数
sigma = 5. 67e - 8   # 斯蒂芬 - 玻尔兹曼常数(W/(m^2 · K^4))
epsilon = 0. 8   # 表面的发射率
C = 0. 089   # 对流传热常数(W/(m^2 · K^1. 75))
n = 1. 75   # 对流传热指数
T_s = 373. 15   # 饱和温度(K)

# 温差范围(℃)
delta_T_range = np. arange(200,1050,50)

# 初始化结果数组
h_conv_arr = []
h_rad_arr = []
h_total_arr = []
q_arr = []

# 计算
for delta_T in delta_T_range:
    T_w = T_s + delta_T   # 壁面温度(K)

    # 计算对流传热系数
    h_conv = C * (delta_T  n)
    h_conv_arr. append(h_conv)
```

```
    # 计算辐射传热系数
    h_rad = epsilon * sigma * (T_w2 + T_s2) * (T_w + T_s)
    h_rad_arr.append(h_rad)

    # 计算总传热系数
    h_total = h_conv + h_rad
    h_total_arr.append(h_total)

    # 计算热流密度
    q = h_total * delta_T
    q_arr.append(q)

# 将结果转换为 numpy 数组
h_conv_arr = np.array(h_conv_arr)
h_rad_arr = np.array(h_rad_arr)
h_total_arr = np.array(h_total_arr)
q_arr = np.array(q_arr)

# 绘制传热系数和热流密度随温差变化的图表
plt.figure(figsize = (12,6))

plt.subplot(1,2,1)
plt.plot(delta_T_range, h_conv_arr,label = 'h_conv(对流传热系数)')
plt.plot(delta_T_range, h_rad_arr,label = 'h_rad(辐射传热系数)')
plt.plot(delta_T_range, h_total_arr,label = 'h_total(总传热系数)')
plt.xlabel('温差 ΔT(℃)')
plt.ylabel('传热系数(W/m^2·K)')
plt.legend()
plt.title('传热系数随温差的变化')

plt.subplot(1,2,2)
plt.plot(delta_T_range,q_arr,label = 'q(热流密度)')
plt.xlabel('温差 ΔT(℃)')
plt.ylabel('热流密度(W/m^2)')
plt.legend()
plt.title('热流密度随温差的变化')

plt.tight_layout()
plt.show()
'''
```

3. 结果分析

运行上述代码后可以得到两个图表：

(1)传热系数随温差变化的图表:分别显示对流传热系数、辐射传热系数和总传热系数随温差变化的情况。

(2)热流密度随温差变化的图表:显示总热流密度随温差的变化情况。

通过这些图表,可以与教材图 7-16 进行比较,验证计算结果的正确性和趋势。

4. 注意事项

(1)计算过程中需要确保单位的正确性,温度要转换为开尔文。

经验公式中的常数 C 和指数 n 可能会因具体情况有所不同,需要根据实际情况调整。

(2)结果应与理论值和实验数据进行比较,以确保计算的准确性。

7.4 名校考研真题集锦

1. (东南大学 2021 年考研试题)对于壁温可控及热流密度可控两种情形,分别说明控制温差小于临界温差和热流密度小于临界热流密度的意义,并针对上述两种情形分别举出一个工程应用实例。

解:对于壁温可控的情形,如果温差大于临界温差,可能导致膜态沸腾,在相同壁温下传热量大大减少。对于热流密度可控的情形,如果热流密度大于临界热流密度,则可能导致工况沿 q_{max} 的虚线跳至稳定膜态沸腾线,Δt 猛升导致设备烧毁。

2. (华北电力大学 2019 年考研试题)说出重力热管的工作原理,画出结构图。

解:热管内的液体工质在热管底部,受热蒸发为气体,经过绝热段,在冷凝段冷凝放热变成液体,液体在重力的作用下又回到底部。如此反复循环。

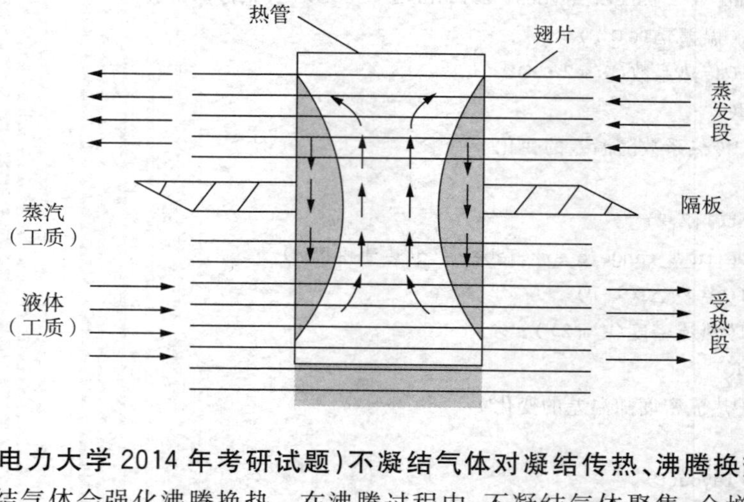

3. (华北电力大学 2014 年考研试题)不凝结气体对凝结传热、沸腾换热的影响。

解:不凝结气体会强化沸腾换热。在沸腾过程中,不凝结气体聚集,会增加气化核心数目,从而强化沸腾换热。

4. (华北电力大学 2010 年考研试题)请问不凝结气体的存在会对液体的沸腾和蒸汽的凝结产生什么影响?并说明理由?

解:大空间饱和沸腾时,如果存在少量不凝性气体,将会对沸腾换热起到强化作用,因为随着工作液温度上升,不凝结气体会从液体中逸出,使壁面附近微小的凹坑得以活化,或为气泡胚芽,同时加强扰动,使 $q-\Delta t$ 沸腾曲线向着 Δt 减少方向移动即在相同 Δt 下产生更多的热流密度。

膜状凝结是当蒸汽与低于饱和温度的壁面接触时,会发生凝结,如果凝结液能很好地润湿壁面,在壁面上铺展成膜,则成为膜状凝结。在靠近液膜表面的蒸汽测,随着蒸汽凝结,不凝结气体分子也被带到液膜附近,不凝结气体聚集在液膜表面,增加了蒸汽分子向液膜表面扩散的阻力,同时由于总压强不变,液膜表面蒸汽分压降低(因为不凝性气体分子增多)从而液膜表面蒸汽饱和温度降低,也便有效冷凝温差降低,表面传热系数换热量均降低。

5.(东南大学 2020 年考研试题)某厂因生产工艺需要,采用内径为 160 mm 的薄壁铜管,水平输送热水到距离 500 m 的车间,热水流量为 1 kg/s 的,进口温度为 90 ℃。为减少降温,在管道外包裹导热系数 $\lambda=0.1\ \mathrm{W/(m\cdot K)}$,厚度 50 mm 的保温材料。若冬天室外空气温度达到 −10 ℃,风速以 4 m/s 且横掠管道,试问:

(1)该保温管道的出口水温能否保持 85 ℃以上?

(2)保温层的外表面温度是多少?(热水和空气分别按 90 ℃和 0 ℃计算物性参数)

解:(1)热水由 90 ℃降至 85 ℃散热量为

$$\Phi_1=q_m c_p\Delta t=1\times4208\times5=21040(\mathrm{W})$$

计算管内对流传热系数:

$$Re_1=\frac{u_1 d_1}{v_1}=\frac{q_m d_1}{\rho_1 A_1 v_1}=\frac{1\times0.16}{965.3\times\pi/4\times0.16\times0.326\times10^{-6}}=25287.75>10$$

属于旺盛湍流

$$Nu_1=\frac{h_1 d_1}{\lambda}=0.023\times Re_1^{0.8}\times Pr_1^{0.3}$$

$$h=397.6\ \mathrm{W/(m\cdot K)}$$

计算管外对流传热系数:

$$Nu_2=C\cdot Re_2^n\cdot Pr_2^{1/3}$$

$$Re_2=\frac{u_2 d_0}{v_2}=\frac{4\times0.26}{13.28\times10^{-6}}=78313$$

查表知:

$$C=0.0266n=0.805$$

所以

$$Nu_2=\frac{h_0 d_2}{\lambda_2}=0.0266\cdot Re_2^{0.805}\cdot Pr_2^{1/3}$$

$$h_0=19.35\ \text{W/(m}^2\cdot\text{K)}$$

管道实际散热量

$$\Phi_2=\frac{\pi l(t_{f1}-t_{f0})}{\dfrac{1}{h_i d_i}+\dfrac{1}{2\lambda}\ln\dfrac{d_o}{d_i+\dfrac{1}{h_o d_o}}}$$

$$=\frac{\pi\times 500\times(90-0)}{\dfrac{1}{397.6\times 016}+\dfrac{1}{2\times 0.1}\ln\dfrac{0.26}{0.16}+\dfrac{1}{19.35\times 0.26}}$$

$$=53508\ \text{W}$$

所以

$$\Phi_2>\Phi_1$$

不能保证出口水温在 85 ℃以上。

(2)$\Phi_2=\dfrac{\pi l(t_{fi}-t_{外})}{\dfrac{1}{h_1 d_i}+\dfrac{1}{2\lambda}\ln\dfrac{d_0}{d_i}}=53508.8(\text{W})$

$$t_{外}=6.77\ ℃$$

6.(东南大学 2019 年考研试题)空气速度为 $u=2$ m/s,温度 $t_f=20$ ℃,空气横掠单管,单管为外径 $d=10$ mm,长度 $l=200$ mm。管内为饱和蒸汽,壁温均匀,水蒸气汽化潜热 $r=2500$ kJ/kg)。

(1)请问为了保持壁温 120 ℃,蒸汽流量至少多少?

(2)通过用通电加热加热管壁能否保持壁温均匀?

解:(1)定性温度

$$t_m=\frac{t_w+t_\infty}{2}=70\ ℃$$

特征长度

$$d=0.01\ \text{m}$$

特征速度

$$u_\infty=2\ \text{m/s}$$

查表得物性参数:

$$\lambda=2.96\times 10^{-2}\ \text{W/(m}\cdot\text{K)}$$

$$v=20.02\times 10^{-6}\ \text{m}^2/\text{s}$$

$$Pr=0.694$$

雷诺数

$$Re=\frac{u_{\infty}d}{v}=2\times0.01\div20.02\times10^{-6}=999.001$$

流体外掠单管的关联式为

$$Nu=CRe^{n}Pr^{1/3}$$

查表得 $C=0.683$，$n=0.466$

$$Nu=0.683Re^{0.466}Pr^{1/3}=15.113$$

$$Nu=hd/\lambda$$

$$h=\frac{Nu\lambda}{d}=44.733\ \mathrm{W/(m^2\cdot K)}$$

假设质量流量为 q_m

$$\Phi=hA(t_w,t_f)=rq_m$$

$$A=\pi dl=0.00628\ \mathrm{m^2}$$

$$t_w=120\ ℃$$

$$t_f=20\ ℃$$

$$r=2500\ \mathrm{kJ/(kg)}$$

带入得质量流量：

$$q_m=0.00001124\ \mathrm{kg/s}$$

(2)不能，通电加热管壁会使管壁温度随流体流动方向逐渐升高，不能保持均匀。

第 8 章　热辐射基本定律和物体的辐射特性

8.1　知识网络

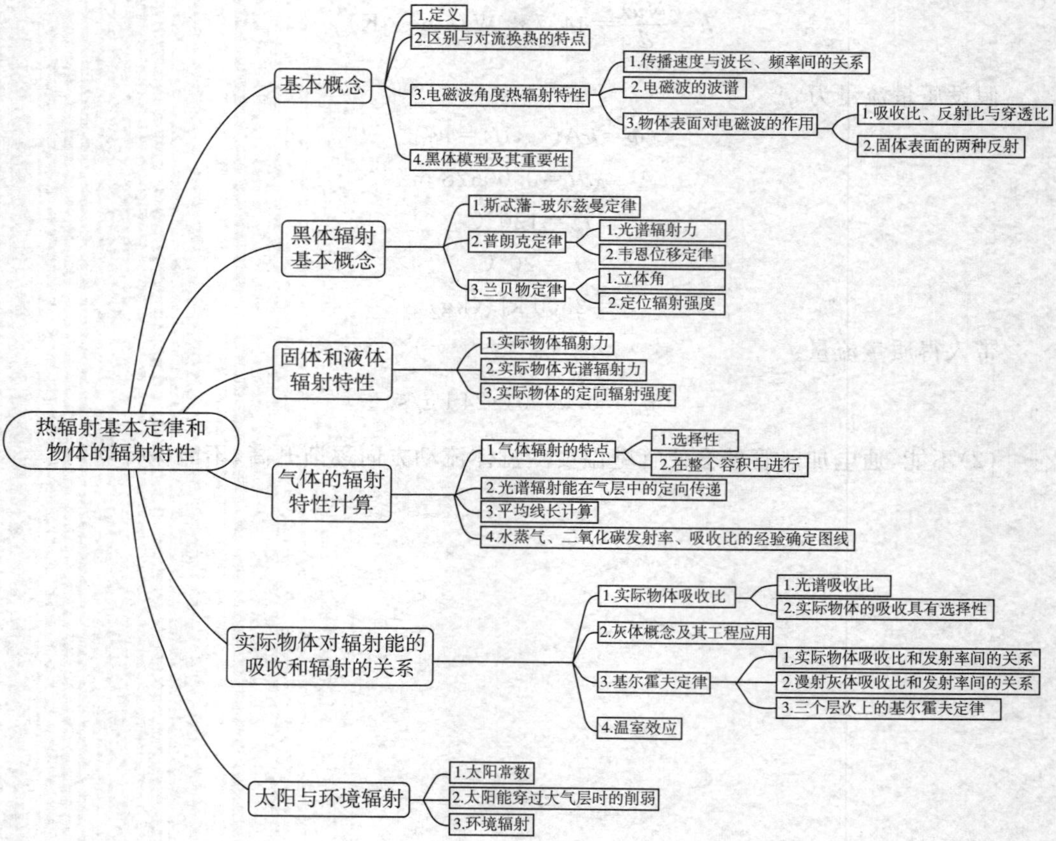

8.2　传热学知识点

知识点1　热辐射的本质

由于热的原因而产生的电磁波辐射称为热辐射，热辐射这一名词有时也指热辐射能的传递过程。只要物体的温度高于“绝对零度”(即 0 K)，物体总是不断地把热能变为辐射能，向外发出热辐射。在电磁波谱上，热辐射所涵盖的波长范围大约为 0.1～100 μm。

知识点2　热辐射和辐射传热的特点

【热辐射的特点】

(1)热辐射的能量传递不需要其他介质存在，而且在真空中传递的效率最高；

(2)在物体发射与吸收辐射能量的过程中发生了电磁能与热能两种能量形式的转换。

【辐射传热与导热，对流传热的不同点】

(1)与导热和对流传热不同，辐射传热无需任何介质，所以不仅要研究相距很近的物体之间的辐射传热，有时还需要研究相距很远的物体(如太阳和地球)之间的辐射传热。

(2)在辐射传热过程中，不仅存在着能量的转移，还存在能量形式的转换，即发射时由热能先转化为辐射能，而被吸收时再由辐射能转化为热能。

(3)黑体的辐射能力与其热力学温度的四次方(即 T^4)成正比，因此，辐射传热在高温时显得更重要。

(4)物体的发射和吸收特性不仅与自身温度及表面状况有关，而且还随发射的波长和方向而异，因此，辐射传热远比导热和对流传热复杂。

知识点3　吸收比，反射比和穿透比

【定义】

(1)吸收比 α：外界投射到物体表面的总能量 Φ 中被物体吸收的部分 Φ_α 与 Φ 的比值。当 $\alpha=1$ 时，称为绝对黑体。

(2)反射比 ρ：投射到物体表面的总能量 Φ 中被物体反射的部分 Φ_ρ 与 Φ 的比值。当 $\rho=1$ 时，称为绝对白体

(3)穿透比 τ：投射到物体表面的总能量 Φ 中被物体穿透的部分 Φ_τ 与总能量 Φ 的比值。当 $\tau=1$ 时，称为绝对透明体。

由能量守恒定律 $\rho+\alpha+\tau=1$。

对液体和绝大多数固体来说，几乎不允许热辐射穿透。$\rho+\alpha=1$ 一般为表面辐射，物体的表面状况对辐射传热影响很大。

气体对辐射能几乎没有反射能力，对气体来说，$\alpha+\tau=1$。称为容积辐射，此时物体表面状况对辐射传热并不重要，而容器的形状则对辐射传热有较大影响。

知识点4 斯忒蕃－玻尔兹曼定律

此定律描述的是黑体辐射力随温度的变化规律。

【黑体的定义】

吸收比 $\alpha=1$ 的物体被称为黑体。

【辐射力 E】

辐射力是指单位时间、单位面积的辐射表面向半球空间所有方向所发射的全部波长的总能量，其单位为W/m^2。

【斯忒藩-玻耳兹曼定律】

$$E_b=\sigma T^4$$

知识点5 普朗克定律

此定律描述的是黑体辐射能量沿波长分布的规律

【光谱辐射力 E_λ】

光谱辐射力是指单位时间内物体的单位表面积向半球空间所有方向所发射的在波长 λ 附近的单位波长的能量，单位为 W/(m^2 · m)。

【普朗克定律给出了黑体光谱辐射力与波长和温度的依变关系】

$$E_{b\lambda}=\frac{c_1\lambda^{-5}}{e^{c_2/(\lambda T)}-1}$$

其中，$c_1=3.742\times10^{-16}$(W · m^2)，$c_2=1.4388\times10^{-2}$(m · K)。

【维恩位移定律】

黑体的光谱辐射力随波长的增加，先是增大，然后又减小。光谱辐射力最大处的波长 λ_m 亦随温度不同而变化。

$$\lambda_m T=2900(\mu\text{m}\cdot\text{K})$$

【黑体辐射函数】

$$F_{b(0-\lambda)}=\frac{\int_0^\lambda E_{b\lambda}\mathrm{d}\lambda}{\int_0^\infty E_{b\lambda}\mathrm{d}\lambda}=\int_0^{\lambda T}\frac{E_{b\lambda}}{\sigma T^5}\mathrm{d}(\lambda T)=f(\lambda T)$$

$$F_{b(\lambda_1-\lambda_2)}=F_{b(0-\lambda_2)}-F_{b(0-\lambda_1)}$$

知识点6 兰贝特定律

此定律描述的是黑体辐射能量沿半球空间方向的变化规律。

【兰贝特定律】

$$L(\theta)=\frac{\mathrm{d}\Phi(\theta)}{\mathrm{d}A\cos\theta\mathrm{d}\Omega}$$

即单位时间内、单位可见辐射面积向半球空间 θ 方向单位立体角内的辐射能量称为定向辐射强度。黑体的定向辐射强度与方向无关，即

$$L(\theta)=L=\text{const}$$

【余弦定律】

$$\frac{\mathrm{d}\Phi(\theta)}{\mathrm{d}A\mathrm{d}\Omega}=L\cos\theta$$

黑体单位面积发出的辐射能在空间不同方向单位立体角内的分布是不均匀的，法线方向最大、切线方向为零。

【漫射表面】

凡是符合兰贝特定律的辐射表面称为漫射表面

$$E=L\pi,E_{\mathrm{b}}=L_{\mathrm{b}}\pi$$

知识点 7　实际物体的发射特性——3 种发射率

【半球平均发射率 ε】

指实际物体的辐射力与同温度下黑体辐射力的比值。

$$\varepsilon=\frac{E}{E_{\mathrm{b}}}=\int_{0}^{\infty}\varepsilon(\lambda)E_{\mathrm{b}\lambda}\mathrm{d}\lambda/\sigma T^{4}$$

对黑体来说 $\varepsilon=1$。

【光谱发射率 $\varepsilon(\lambda)$】

指实际物体的光谱辐射力与同温度下黑体光谱辐射力的比值。

$$\varepsilon(\lambda)=\frac{E_{\lambda}}{E_{\mathrm{b}\lambda}}$$

【定向发射率 $\varepsilon(\theta)$】

指实际物体的定向辐射强度与同温度下黑体辐射在该方向的辐射强度的比值。

$$\varepsilon(\theta)=\frac{L(\theta)}{L_{\mathrm{b}}(\theta)}$$

知识点 8　实际物体的吸收特性

【实际物体的吸收比】

实际物体表面的吸收比不仅取决于吸收表面的温度 T_1 和表面状况，还取决于投入辐射表面温度 T_2 及其表面状况。

【实际物体的光谱吸收比 $\alpha(\lambda)$ 对投入辐射波长具有选择性】

知识点 9　灰体

【灰体定义】　光谱吸收比与波长无关的物体称为灰体，即 $\alpha(\lambda)$ 为常数。

【只要在所研究的波长范围内 $\alpha(\lambda)$ 基本上保持常数，即可当作灰体处理】

知识点 10　基尔霍夫定律：实际物体发射与吸收之间的关系

在热平衡条件下，任何物体的自身辐射和它对来自黑体辐射的吸收比的比值，恒等于同温度下黑体的辐射力。

对于漫灰体，不论投入辐射是否来自黑体，也不论是否处于热平衡条件下，其吸收比恒等于同温度下的发射率。

8.3　传热学复习题

8.3.1　思考题

1. 什么叫黑体？在热辐射理论中为什么要引入这一概念？

答：吸收比＝1 的物体叫作黑体。黑体完全吸收投入辐射，从黑体表面发出的辐射都为自身辐射，没有反射，因而黑体辐射的特性反映了物体辐射的规律，这为研究实际物体的辐射提供了理论依据和简化分析的基础。

2. 温度均匀的空腔壁面上的小孔具有黑体辐射的特性，那么空腔内部壁面的辐射是否也是黑体辐射？

答：空腔内部壁面不一定是黑体辐射。小孔之所以呈现黑体特性，是因为辐射在空腔内经历了多次的吸收和反射，辐射能基本都被内壁面吸收，从小孔射出的辐射能基本为零。

3. 试说明，为什么在定义物体的辐射力时要加上“半球空间”及“全部波长”的说明？

答：因为辐射表面会向半球空间各个方向辐射能量，且辐射能中包含各种波长的电磁波，而辐射力必须包括辐射面辐射出去的所有能量，所以要加上“半球空间”和“全部波长”的说明。

4. 黑体的辐射能按波长是怎样分布的？光谱吸收力 $E_{b\lambda}$ 的单位中分母的“m^3”代表什么意义？

答：黑体辐射能按波长的分布服从普朗克定律。光谱辐射力单位中的分母“m^3”代表了单位辐射面积“m^2”和辐射的电磁波单位波长范围“m”的乘积。

5. 黑体的辐射能按空间方向是怎样分布的？定向辐射强度与空间方向无关是否意味着黑体的辐射能在半球空间各方向上是均匀分布的？

答：黑体辐射能按空间方向分布服从兰贝特定律。定向辐射强度与空间方向无关并不意味着黑体的辐射能在半球空间是均匀分布的。因为定向辐射强度是指单位可见辐射面积，而在空间不同方向可见辐射面积是不同的，辐射能在各个方向也不同。

6. 什么叫光谱吸收比？在不同光源的照耀下，物体常呈现不同的颜色，如何解释？

答：光谱吸收比是指物体对某一特定波长的投入辐射所吸收的百分比。在光源照射下，物体会吸收一部分辐射，并反射一部分辐射，物体呈现的是反射光的颜色，因而光源不同，反射光也会不同，物体也会呈现不同的颜色。

7. 对于一般物体，吸收比等于发射率在什么条件下才成立？

答：任何物体在与黑体处于热平衡的条件下，对来自黑体辐射的吸收比等于同温度下该物体的吸收比。

8. 说明灰体的定义以及引入灰体的简化对工程辐射传热计算的意义。

答：光谱吸收比与波长无关的物体叫做灰体。灰体的吸收比恒等于同温度下物体的发射率，把实际物体当做灰体处理，可以不必考虑投入辐射的特性，可大大简化辐射传热的计算。

9. 黑体的辐射具有漫射特性。如何理解从黑体模型（温度均匀的空腔器壁上的小孔）发出的辐射能也具有漫射特性呢？

答：空腔内壁的辐射中只有正对小孔的辐射才能穿过小孔，成为小孔的辐射能。空腔内壁的方位不同，沿小孔射出的方向不同，且空腔内部都会有辐射沿小孔射出，这样小孔辐射就会具有漫射的特性。

10. 设想有尺寸很大的一个黑体模型，甲、乙两人位于其中，设模型处于室温下的平衡状态，问甲、乙能够看到对方吗？

答：甲、乙两人位于黑体模型中，由于模型处于室温下的平衡状态，它主要向外辐射红外波段的电磁波。由于这些辐射的波长超出了人眼的感知范围，因此甲、乙两人无法直接通过视觉看到对方发出的红外辐射。

11. 试述气体辐射的基本特点。

答：(1)不同气体有着不同的辐射及吸收特性，即只有部分气体具有辐射及吸收能力；

(2)具有辐射及吸收性气体对波长具有选择性；

(3)辐射与吸收在整个容积中进行。

12. 什么是气体辐射的平均射线程长？离开了气体所处的几何空间而谈论气体的发射率与吸收比有没有实际意义？

答：平均射线程长就是光子在气体中传播时，其辐射能量衰减到初始值的 $1/e$ 时所经过的平均距离。发射率是指物体表面在单位时间内、单位面积上辐射出的总能量与同一温度下黑体辐射出的总能量的比值。而吸收比则是指物体表面吸收的辐射能与入射到该表面的辐射能之比。对于气体来说，其发射率和吸收比不仅与气体的物理性质（如成分、温度、压力等）有关，还与气体所处的几何空间（如容器的形状、大小、边界条件等）密切相关。因此离开了气体所处的几何空间而谈论气体的发射率与吸收比没有实际意义。

13.《传热学(第6版)》(陶文铨编著)式(8-25)中,$\alpha(\lambda,s)=1-e^{-k_\lambda s}$,当 s 很大时,气体的 $\alpha(\lambda,s)$ 趋近于1,能否认为此时的气体具有黑体辐射的性质?

答:黑体辐射是指黑体发出的辐射,它具有特定的光谱分布,这个分布只与黑体的温度有关,而与黑体的材料、形状等无关。而气体的辐射特性不仅与温度有关,还与其组成成分、分子结构、压力、密度等多种因素有关。即使气体的 $\alpha(\lambda,s)$ 在某个条件下趋近于1,也只能说明在该条件下气体对特定波长 λ 的辐射或吸收能力很强,但并不能说明其辐射光谱分布与黑体相同。

14. 为什么基尔霍夫定律的定向、光谱的表达式无条件成立?

答:基尔霍夫定律的定向和光谱表达式无条件成立是因为它们基于热力学第二定律、黑体辐射理论、能量守恒和反向过程对称性等基本物理原理。在热平衡状态下,能量不能自发地从低温物体传递到高温物体,黑体辐射的特性仅依赖于温度,单位时间内物体吸收和发射的能量必须相等,辐射过程是可逆的。此外,大量实验观测也验证了基尔霍夫定律的正确性,因此这些原理在热平衡状态下是普适的,使得基尔霍夫定律无条件成立。

8.3.2 黑体辐射基本定律

8-1 一电炉的电功率为1 kW,炉丝温度为847 ℃,直径为1 mm。电炉的效率为0.96。试确定所需炉丝的最短长度。

解:由题意得

$$5.67\times\left(\frac{273+847}{100}\right)^4\pi dL=0.96\times10^3$$

解得 $L=3.61$ m。

8-2 直径为1 m的铝制球壳内表面维持在均匀的温度500 K,试计算置于该球壳内的一个实验表面所得到的投入辐射。内表面发射率的大小对这一数值有否影响?

解:由题意可得

$$E_b=C_0\left(\frac{T}{100}\right)^4=5.67\times\left(\frac{500}{100}\right)^4=3543.75(\mathrm{W/m^2})$$

内表面发射率的大小对这一数值没有影响。

8-3 把太阳表面近似地看成是 $T=5800$ K 的黑体,试确定太阳发出的辐射能中可光所占的百分数。

解:由书可知,可见光波长范围是380～760 nm

可见光所占份额为

$$\begin{aligned}F_b(\lambda_2-\lambda_1)&=F_b(0-\lambda_2)-F_b(0-\lambda_1)\\&=f(\lambda_2T)-f(\lambda_1T)\\&=44.87\%\end{aligned}$$

由表 8 - 1，可以得到可见光波段能量占整个辐射能的比例。通常，黑体辐射在 5800 K 时，约有 42％至 44％的能量在可见光波段内。

8 - 4　一炉膛内火焰的平均温度为 1500 K，炉墙上有一看火孔。试计算当着火孔打开时从孔(单位面积)向外辐射的功率。该辐射能中波长为 2 μm 的光谱辐射力是多少？哪种波长下的能量最多？

解：由斯忒藩-玻尔兹曼定律可得

$$E_b = C_0\left(\frac{T}{100}\right)^4 = 5.67\times\left(\frac{1500}{100}\right)^4 = 287043.75(\mathrm{W/m^2})$$

由普朗克定律可得

$$E_{b\lambda} = \frac{c_1\lambda^{-5}}{e^{c_2/(\lambda T)}-1}$$

$$= \frac{3.7419\times10^{-16}\times(2\times10^{-6})^{-5}}{e^{\frac{1.4388\times10^{-2}}{2\times10^{-6}\times1500}}-1}$$

$$= 3.47\times10^{10}(\mathrm{W/m^3})$$

由维恩位移定律可得

$$\lambda_m = 1.93\times10^{-6}\,\mathrm{m}$$

8 - 5　在一空间飞行物的外壳上有一块向阳的漫射面板。板背面可以认为是绝热的，向阳面得到的太阳投入辐射 $G=1300\ \mathrm{W/m^2}$。该表面的光谱发射率为 $0\leqslant\lambda\leqslant 2\mu\mathrm{m}$ 时 $\varepsilon(\lambda)=0.5$；$\lambda>2\mu\mathrm{m}$ 时 $\varepsilon(\lambda)=0.2$。试确定当该板表面温度处于稳态时的温度值。为简化计算，设太阳的辐射能均集中在 0～2 μm 之内。

解：设太阳的辐射能均集中在 0～2 μm 之内

$$G = \varepsilon C\left(\frac{T}{100}\right)^4$$

解得 $T=463$ K。

8 - 6　一人工黑体腔上的辐射小孔是一个直径为 20 mm 的圆，辐射力 $E_b=3.72\times10^5\ \mathrm{W/m^2}$。一个辐射热流计置于该黑体小孔的正前方 $l=0.5$ m 处，该热流计吸收热量的面积为 $1.6\times10^{-5}\ \mathrm{m^2}$。问该热流计所得到的黑体投入辐射是多少？

解：根据兰贝特定律，由题意得

$$L_b = \frac{E_b}{\lambda} = 1.185\times10^5\ \mathrm{W/m^2}$$

$$\Omega=\frac{A_c}{r^2}=6.4\times10^{-5}$$

$$L_b A=37.2\ \mathrm{W}$$

故投入辐射能量为

$$37.2\times6.4\times10^{-5}=2.38\times10^{-3}(\mathrm{W})$$

8-7　用特定的仪器测得，一黑体炉发出的波长为 0.7 μm 的辐射能（在半球范围内）为 10^8 W/m³，试问该黑体炉工作在多高的温度下？该工况下辐射黑体炉的加热功率为多大？辐射小孔的面积为 4×10^{-4} m²。

解：根据兰贝特定律

$$E_{b\lambda}=\frac{c_1\lambda^{-5}}{e^{c_2/(\lambda T)}-1}$$

代入数据得，$T=1214.9$ K

故加热功率为

$$\Phi=AC_0\left(\frac{T}{100}\right)^4=49.4\ \mathrm{W}$$

8-8　试确定一个电功率为 100 W 的电灯泡发光效率。假设该灯泡的钨丝可看成是 2900 K 的黑体，其几何形状为 2 mm× 5 mm 的矩形薄片。

解：可见光的波长范围 0.38～0.76 μm，可得

$$\lambda_1 T=1102\ \mu\mathrm{m}\cdot\mathrm{K}$$

$$\lambda_2 T=2204\ \mu\mathrm{m}\cdot\mathrm{K}$$

由表 8-1 可近似取

$$F_{b(0-0.38)}=0.092$$

$$F_{b(0-0.76)}=10.19$$

在可见光范围内的能量为

$$\Delta E=C_0\left(\frac{T}{100}\right)^4\times(10.19-0.094)\%$$

发光效率为

$$\eta=\frac{\Delta E}{E}=10.09\%$$

8-9　钢制工件在炉内加热时，随着工件温度的升高，其颜色会逐渐由暗红变成白亮。假设钢件表面可以看成黑体，试计算在工件温度为 900 ℃及 1100 ℃时，工件所发出的辐射能中的可见光是温度为 700 ℃的多少倍？$\lambda T \leqslant 600\ \mu m \cdot K$ 时 $F_{b(0-\lambda)}=0$；$\lambda T=800\ \mu m \cdot K$ 时 $F_{b(0-\lambda)}=0.16 \times 10^{-4}$。

解：可见光的波长范围 0.38～0.76 μm

t＝700 ℃时

$$T=273+700=973(K)$$

$$\lambda_1 T=0.38\times 973=369.7(mm \cdot K)$$

$$F_{b(0-1_1)}=0$$

$$\lambda_2 T=0.76\times 973=739.5(mm \cdot K)$$

由线性插值法可得

$$F_{b(0-\lambda_1)}=1.116\times 10^{-5}$$

故可得

$$F_{b(\lambda_2-\lambda_1)}=1.116\times 10^{-5}=0.001116\%$$

可见光的能量为

$$1.565\times 10^{-4}\times 5.67\times 11.73^4=16.8(W/m^2)$$

同理可得 900 ℃的时候的可见光能量为

$$1.565\times 10^{-4}\times 5.67\times 11.73^4=16.8(W/m^2)$$

同理可得 1100 ℃的时候的可见光能量为

$$5.808\times 10^{-4}\times 5.67\times 13.73^4=117.03(W/m^2)$$

所以 900 ℃时是 700 ℃时的 29.6 倍，1100 ℃时是 700 ℃时的 206.3 倍。

8-10　一等温空腔的内表面为漫射体，并维持在均匀的温度。其上有一个面积为 0.02 m² 的小孔，小孔面积相对于空腔内表面积可以忽略。今测得小孔向外界辐射的能量为 70 W，试确定空腔内表面的温度。如果把空腔内表面全部抛光，而温度保持不变，问这对小孔向外的辐射有何影响？

解：由题意得

$$\Phi=AC_0\left(\frac{T}{100}\right)^4$$

代入数据求得 $T=498.4$ K，如果把空腔内表面全部抛光，则小孔向外的辐射会得到增加。

8-11　利用例题 8-10 中的数据，试估算在 100 年内使地球平均温度升高

1. 19 K 的地球表层的等效定压热容量。

解：要估算人造卫星表面对太阳辐射吸收率的允许值，需要考虑热平衡条件。在这种条件下，卫星吸收的太阳辐射和电子器件产生的热量必须等于卫星辐射到太空中的热量。

卫星吸收的太阳辐射功率和电子器件产生的热功率：

$$P_{辐射}=\alpha\cdot A\cdot I_{太阳}+1250\ \mathrm{W}$$

卫星辐射到太空中的热功率：

$$P_{吸收}=\varepsilon\cdot\sigma\cdot A\cdot T^4$$

在热平衡条件下，两者相等：

$$\alpha\cdot A\cdot I_{太阳}+1250\ \mathrm{W}=\varepsilon\cdot\sigma\cdot A\cdot T^4$$

卫星表面积：

$$A=\pi\cdot d^2=\pi\cdot(1)^2=\pi(\mathrm{m}^2)$$

对温度 $T=265$ K：

$$\alpha\cdot\pi\cdot1361+1250=0.75\cdot5.67\times10^{-8}\cdot\pi\cdot(265)^4$$

解方程得

$$\alpha\cdot1361+\frac{1250}{\pi}=0.75\cdot5.67\times10^{-8}\cdot(265)^4$$

计算右侧数值：

$$0.75\cdot5.67\times10^{-8}\cdot(265)^4\approx204.3(\mathrm{W/m^2})$$

$$\alpha\cdot1361+\frac{1250}{\pi}=204.3$$

$$\alpha\cdot1361=-193.8$$

因为负的吸收率没有物理意义，所以此时吸收率不能小于零。

对温度 $T=305$ K：

$$\alpha\cdot\pi\cdot1361+1250=0.75\cdot5.67\times10^{-8}\cdot\pi\cdot(305)^4$$

解方程得

$$\alpha\cdot1361+\frac{1250}{\pi}=0.75\cdot5.67\times10^{-8}\cdot(305)^4$$

计算右侧数值：

$$0.75 \cdot 5.67 \times 10^{-8} \cdot (305)^4 \approx 459.2(\mathrm{W/m^2})$$

$$\alpha \cdot 1361 + \frac{1250}{\pi} = 459.2$$

$$\alpha = \frac{61.1}{1361} \approx 0.045$$

因此，吸收率的允许值应满足 $\alpha \leqslant 0.045$。

8－12　用一个运动的传感器来测定传送带上一个热试件的位置。设热试件的辐射具有黑体的特性，问传感器与热试件之间的距离 x_1 多大时，传感器接收到的辐射能是传感器与试件位于同一数值线上时的 75%？

解：按题意，当工件位于 x_1 处时，工件对传感器的角系数为工件在正下方时的 75%，当工件在正下方时，$x_{1,2}=\dfrac{A/H^2}{2\pi}$，$A/H^2$ 是 A 对传感器的张角

当工件在 x_1 处时，

$$x_{1,2} = \frac{A\left(\frac{H^2}{H^2+x_1^2}\right)}{H^2+x_1^2}/(2\pi)$$

故有：

$$0.75 \times \frac{A/H^2}{2\pi} = \frac{A\left(\frac{H^2}{H^2+x_1^2}\right)}{H^2+x_1^2}/(2\pi)$$

代入数据可得

$$0.75 \times [1+(x_1/H)^2] = \frac{1}{1+(x_1/H)^2}$$

由试凑法解得

$$\frac{x_1}{H} = 0.395$$

$$x_1 = 0.395$$

8－13　从太阳投射到地球大气层外表面的辐射能量的平均值经准确测定为 1370 W/m²。太阳直径为 1.39×10⁹ m，地球直径为 1.29×10⁷ m，两者相距 1.5×10¹¹ m。若认为太阳是黑体，试估计其表面温度。

解：太阳看成一个点热源，太阳投射在地球上的辐射总量为 Q_{sun}

$$Q_{sun} = 1370 \times 4\pi \times (1.5 \times 10^{11})^2$$

$$Q_{sun} = 5.67 \times \pi \times (1.39 \times 10^9) \times \left(\frac{T}{100}\right)^4$$

所以 $T = 5774\ \mathrm{K}$

8-14 试证明下列论述：对于腔壁的吸收比为 0.6 的一等温球壳，当其上的小孔面积小于球的总表面面积的 0.6% 时，该小孔的吸收比可大于 99.6%。球壳腔壁为漫射体。

解：设射进小孔的投入辐射为 E_0，经空腔内表面第一次反射的投入辐射为 ρE_0，经第二次反射为 $\rho^2 E_0$，经第 n 次反射为 $\rho^n E_0$.

空腔共吸收

$$E_0(1-\rho^n)=E_0[1-(1-0.6)^n]$$

设 $n=1$

所以

$$E_0(1-0.4)\times 0.6\%=0.36\%$$

则小孔吸收比为 $1-0.36\%=99.6\%$

又因为 n 越大，则小孔的吸收比越大，证明完毕。

8.3.3 实际物体的辐射特性

8-15 已知材料 A、B 的光谱发射率 $\varepsilon(\lambda)$ 与波长的关系如附图所示，试估计这两种材料的发射率 ε 随温度变化的特性，并说明理由。

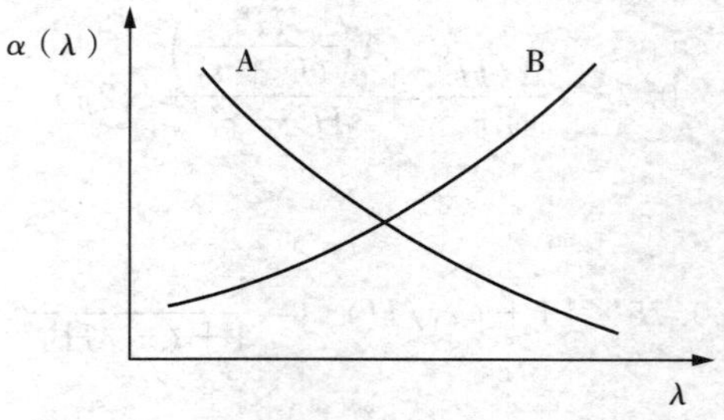

解：A 随温度的降低而降低；B 随温度的降低而升高。

理由：由维恩位移定律可知，随着温度的升高，热辐射中的短波比例增加。

8-16 一选择性吸收表面的光谱吸收比随 λ 变化的特性如附图所示，试计算当太阳投入辐射为 $G=800\ \mathrm{W/m^2}$ 时，该表面单位面积上所吸收的太阳能量及对太阳辐射的总吸收比。

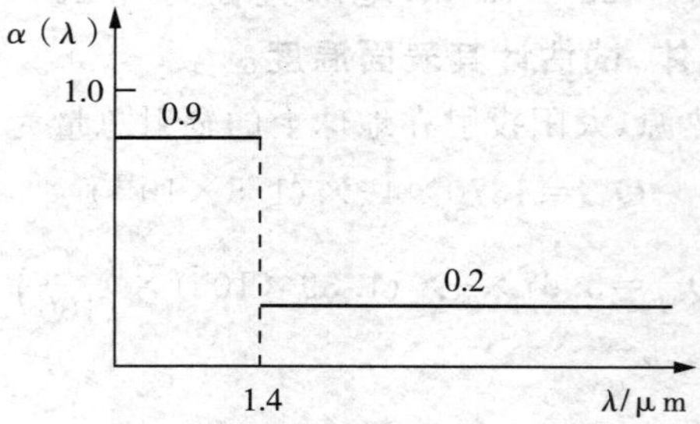

解:由题意得

$$\alpha = \alpha_1 \frac{\int_0^{\lambda_1} E_{b\lambda} d\lambda}{\int_0^{\infty} E_{b\lambda} d\lambda} + \alpha_2 \frac{\int_{\lambda_1}^{\infty} E_{b\lambda} d\lambda}{\int_0^{\infty} E_{b\lambda} d\lambda}$$

$$= 0.9F_{b(0\sim1.4)} + 0.2F_{b(1.4\sim\infty)}$$

查表 8-1 代入数据得

$$\alpha = 0.7 \times 86.0792\% = 0.8026$$

8-17　一漫射表面在某一温度下的光谱辐射强度与波长的关系可以近似地用《传热学(第 6 版)》(陶文铨著) 习题 8-17 附图表示,试:

(1) 计算此时的辐射力;

(2) 计算此时法线方向的定向辐射强度,及与法线成 60° 角处的定向辐射强度。

解:(1)$E = \int_5^{10} E_\lambda d\lambda + \int_{10}^{15} E_\lambda d\lambda + \int_{15}^{20} E_\lambda d\lambda = 1250\ \text{W}$

(2)$L(\theta) = \dfrac{d\Phi(\theta)}{dA\cos\theta d\Omega}$

$$\theta = 0, L(0) = 398\ \text{W/(m}^2 \cdot \text{str)}$$

$$\theta = 60^0, L(60) = 919\ \text{W/(m}^2 \cdot \text{str)}$$

8-18　暖房的升温作用可以从玻璃的光谱透比变化特性解释。有一块厚为 3 mm 的玻璃,经测定,其对波长为 0.3～2.5 μm 的辐射能的穿透比为 0.9,而对其他波长的辐射能可以完全不穿透。试据此计算温度为 5800 K 的黑体辐射及温度为 300 K 的黑体辐射投射到该玻璃上时各自的总穿透比。

解:对温度为 5800 K 的黑体进行分析

$$T = 5800\ \text{K}, \lambda_1 T_1 = 1740, \lambda_2 T_2 = 14500$$

由表 8-1 查得

$$F_{b(0-0.3)} = 2.862$$

$$F_{b(0-2.5)} = 96.29$$

$$\tau_1 = 0.9 \times (96.29 - 2.862)\% = 84\%$$

同理 $\tau_2 = 0.02\%$。

8-19　一表面的定向发射率 $\varepsilon(\theta)$ 随 θ 角的变化如附图所示,试确定该表面的发射率与法向发射率 ε_n 的比值。

解:法向发射率即是图中所示 $\varepsilon(0) = 0.7$

又 $\varepsilon(0.5) = 0.5$

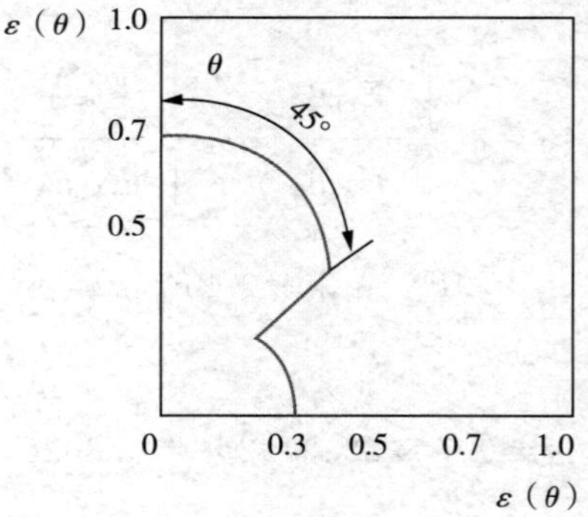

所以$\frac{\varepsilon(0.5)}{\varepsilon(0)}=0.714$。

8-20　一小块温度 $T_s=400$ K 的漫射表面悬挂在温度 $T_f=2000$ K 的炉子中。炉子表面是漫灰的，且发射率为 0.25。悬挂表面的光谱发射率如附图所示。试确定该表面的发射率及对炉墙表面发出的辐射能的吸收比。

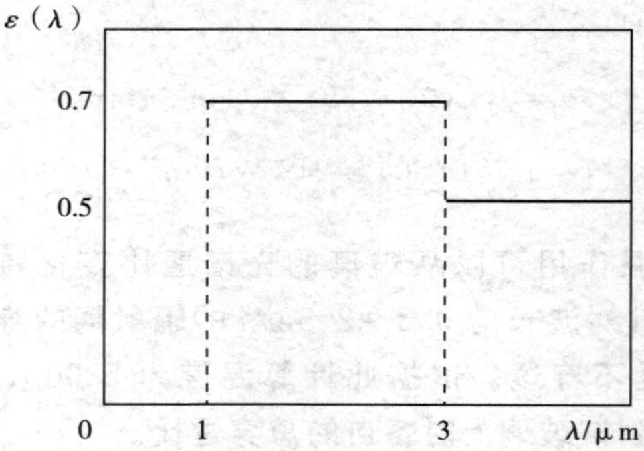

解：由题意得

$$q(T_1)=\varepsilon_{\lambda 1}\frac{\int_0^{\lambda_1}E_{b\lambda}\mathrm{d}\lambda}{E_b}+\varepsilon_{\lambda 2}\frac{\int_{\lambda_1}^{\lambda_2}E_{b\lambda}\mathrm{d}\lambda}{E_b}+\varepsilon_{\lambda 3}\frac{\int_{\lambda_2}^{\infty}E_{b\lambda}\mathrm{d}\lambda}{E_b}$$

$$=\varepsilon_{\lambda 1}F_b(0-\lambda_1)+\varepsilon_{\lambda 2}F_b(\lambda_1-\lambda_2)+\varepsilon_{\lambda 3}F(\lambda_2-\infty)$$

$$=0.543$$

又因为

$$\alpha=\frac{\int_0^{\infty}\alpha_2(\lambda,T_1)E_{b2}(T_2)\mathrm{d}\lambda}{\int_0^{\infty}E_{b\lambda}(T_2)\mathrm{d}\lambda}=0.6$$

8-21　温度为 310 K 的 4 个表面置于太阳光的照射下，设此时各表面的光谱吸

收比随波长的变化如附图所示。试分析，在计算与太阳能的交换时，哪些表面可以作为灰体处理？为什么？

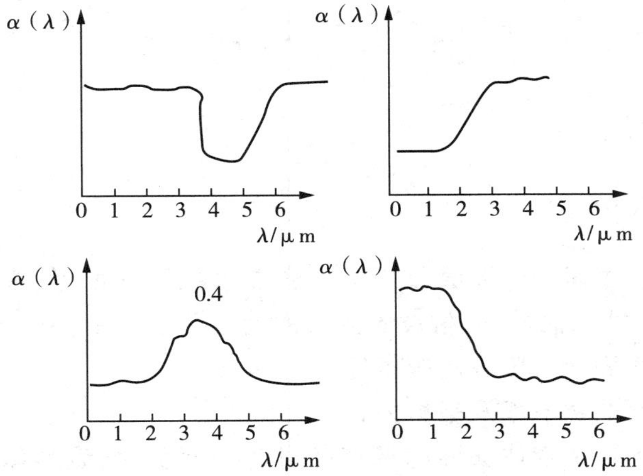

解：太阳辐射能的绝大部分集中在 2 μm 以下的区域，温度为 310 K 的物体辐射能则绝大部分在 6 μm 以上的红外辐射，由图可见，第一种情形与第三种情形，上述波段范围内单色吸收率相同，因而可以作为灰体处理。

8－22　一直径为 20 mm 的热流计探头，用以测定一微小表面积 A_1 的辐射热流，该表面温度为 $T_1 = 1000$ K。环境温度很低，因而对探头的影响可以忽略不计。因某些原因，探头只能安置在与 A_1 表面法线成 45°处，距离 $l = 0.5$ m。探头测得的热量为 1.815×10^{-3} W。表面 A_1 是漫射的，而探头表面的吸收比可近似地取为 1。试确定 A_1 的发射率。A_1 的面积为 $4\times10^{-4}\text{m}^2$。

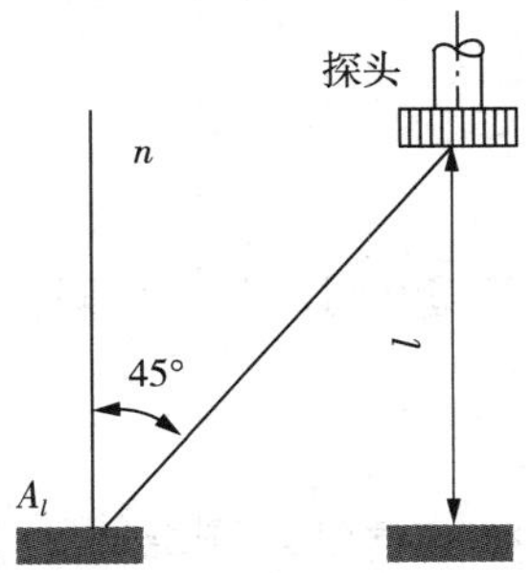

解：首先，对探头分析：

$$\Phi(45) = \int L(45)\,\mathrm{d}A\cos45\,\mathrm{d}\Omega$$

$$= L(45)\times A_1\cos45\times\frac{A_2}{r^2}$$

$$=1.815\times10^{-3}$$

代入数据可得

$$\frac{E}{\sqrt{2}\pi}\times A_1\cos45\frac{A_2}{r^2}=1.815\times10^{-3}$$

解得

$$\varepsilon=0.8$$

8-23　已知一表面的光谱吸收比与波长关系如附图所示，在某一瞬间，测得表面温度为 1000 K。投入辐射 G_λ 按波长分布的情形示于附图(b)。试：

(1)计算单位表面积所吸收的辐射能；

(2)计算该表面的发射率及辐射力；

(3)确定在此条件下物体表面的温度随时间如何变化，设物体无内热源，没有其他形式的热量传递。

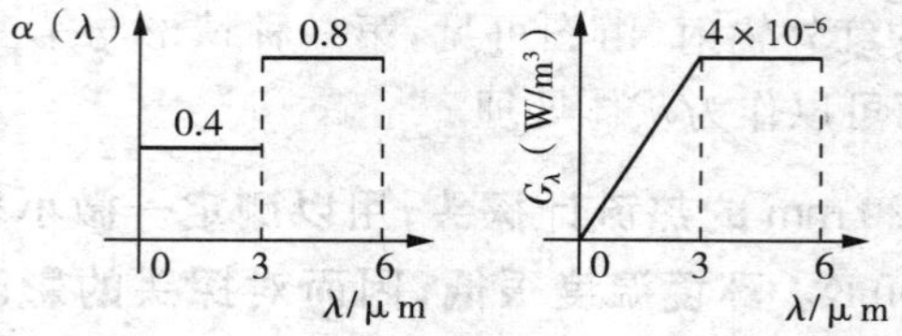

解：(1)$G_{XSH}=\int_0^3\alpha(\lambda)G_\lambda d\lambda+\int_3^4\alpha(\lambda)G_\lambda d\lambda+\int_4^6\alpha(\lambda)G_\lambda d\lambda+\int_6^\infty\alpha(\lambda)G_\lambda d\lambda=1100\ \mathrm{W/m^2}$

(2)$\alpha(T)=\alpha_1F_b(0-\lambda_1)+\alpha_2F_b(\lambda_1-\lambda_2)=0.49$

则有 $E=\varepsilon C_b\left(\frac{T}{100}\right)^4=40677\ \mathrm{W/m^2}$

(3)$E=40677>G_{XSH}$

故在此条件下物件表面的温度随时间的延长而降低。

8.3.4　气体辐射特性

8-24　一炉子的炉膛可近似地看成为高度等于直径的圆柱体壳，直径为 1 m，其内是由 CO_2、水蒸气和非吸收性气体组成的 1400 K 的燃气，总压力为 10^5 Pa，CO_2 的分压力为 2×10^4 Pa，水蒸气的分压力为 10^4 Pa，炉膛四周布置有冷却水管。试计算为保证炉膛四壁温度维持在 600 K，冷却水应带走多少热量。燃气与炉膛间的对流传热略而不计。

解：按表 8-3 可得，$s=0.6d$

故

$$P_{H_2O}s=(0.1\ \text{bar})(0.6\ \text{m})=0.06(\text{bar}\cdot\text{m})$$

$$P_{CO_2}s=(0.2\ \text{bar})(0.6\ \text{m})=0.12(\text{bar}\cdot\text{m})$$

$T=1400$ K，由图 8－21～图 8－25 可得

$$\varepsilon_{H_2O}^*=0.065$$

$$\varepsilon_{CO_2}^*=0.10$$

$$C_{CO_2}=1$$

$$C_{H_2O}=1.06$$

$$\Delta\varepsilon=0.017$$

故可得

$$\begin{aligned}\varepsilon_{g_g}&=\varepsilon_{H_2O}^*C_{H_2O}+\varepsilon_{CO_2}^*C_{CO_2}-\Delta\varepsilon\\&=0.065\times1.06+0.10\times1-0.017\\&=0.15\end{aligned}$$

同理可得 $T_w=600$ K 时，

$$\varepsilon_{H_2O}^*=0.08$$

$$\varepsilon_{CO_2}^*=0.082$$

$$\Delta\alpha\cong0.004$$

可得

$$\begin{aligned}\alpha_g&=1.06\times0.08\times\left(\frac{1400}{600}\right)^{0.45}+1\times0.082\times\left(\frac{1400}{600}\right)^{0.65}-0.004\\&=0.1242+0.1422-0.004\\&=0.2624\end{aligned}$$

$$\begin{aligned}q&=5.67\left[\varepsilon_g\left(\frac{T_w}{100}\right)^4-\alpha_g\left(\frac{T_g}{100}\right)^4\right]\\&=5.67\times(0.1519\times14^4-0.2624\times6^4)\\&=5.67\times(5835-340)\\&=31.16(\text{kW/m}^2)\end{aligned}$$

$$\begin{aligned}\Phi&=Aq\\&=(\pi dl+2\pi r^2)q\end{aligned}$$

$$=3.1416\times(1\times1+2\times0.5^2)\times31.16$$

$$=4.712\times31.16$$

$$=147(\text{kW})$$

8-25 一燃气轮机的燃烧室可以近似地视为内径为 0.4 m 的一根长管道。燃气的压力为 10^5 Pa,温度为 1100 ℃;燃烧室壁温为 500 ℃。CO_2 及水蒸气的摩尔分数各为 0.15,燃烧室壁面可近似地作为黑体处理。试计算燃烧室与燃气间的辐射传热量。

解:燃气的压力 10^5 Pa,温度为 1100 ℃。

经过查询表,$s=0.9d=0.9\times0.4=0.36(\text{m})$

故可得

$$P_{H_2O}s=(0.15\ \text{bar})(0.36\ \text{m})=0.054(\text{bar}\cdot\text{m})$$

$$P_{CO_2}s=(0.15\ \text{bar})(0.36\ \text{m})=0.054(\text{bar}\cdot\text{m})$$

$$T_g=1100+273=1373(\text{K})$$

查询对应的参数可知:

$$\varepsilon_{H_2O}^*=0.063$$

$$\varepsilon_{CO_2}^*=0.079$$

$$C_{CO_2}=1$$

$$C_{H_2O}=1.1$$

$$\Delta\varepsilon=0.008$$

故发射率为

$$\varepsilon_g=\varepsilon_{H_2O}^*C_{H_2O}+\varepsilon_{CO_2}^*C_{CO_2}-\Delta\varepsilon$$

$$=0.063\times1.1+0.079\times1-0.008$$

$$=0.1403$$

吸收比为

$$\alpha_g=1.1\times0.079\times\left(\frac{1373}{773}\right)^{0.45}+1\times0.08\times\left(\frac{1373}{773}\right)^{0.65}-0.005$$

$$=1.1\times0.1023+1\times0.1162-0.005$$

$$=0.2237$$

$$q=C_0\left[\left(\frac{T_g}{100}\right)4\varepsilon_g-\left(\frac{T_w}{100}\right)4\alpha_g\right]$$

$=5.67\times(0.1403\times13.73^4-0.2237\times7.73^4)$

$=23.73(kW/m^2)$

8－26　平均温度为 550 ℃的燃气在内径为 200 mm 的长圆管中流过，总压力为 10^5 Pa，其中含有 13％的 CO_2 及 11％的水蒸气，其余为非吸收性气体。管子内壁平均温度为 150 ℃，并可视为黑体。试计算混合气体与单位长度管壁之间的辐射换热量。设气体的流速为 10 m/s，试确定此时对流传热量与辐射传热量的相对大小。

解：查表可知，$s=0.9d=0.9\times0.2=0.18(m)$，

故可得

$$T_g=823\text{ K}$$

$$P_{H_2O}s=(0.11\text{bar})(0.18\text{ m})=0.0198(\text{bar}\cdot\text{m})$$

$$P_{CO_2}s=(0.13\text{bar})(0.18\text{ m})=0.0234(\text{bar}\cdot\text{m})$$

查询参数之后可知

$$\varepsilon^*_{H_2O}=0.057$$

$$\varepsilon^*_{CO_2}=0.072$$

$$C_{CO_2}=1$$

$$C_{H_2O}=1.05$$

$$\Delta\varepsilon=0.000$$

故发射率为

$$\varepsilon_g=\varepsilon^*_{H_2O}C_{H_2O}+\varepsilon^*_{CO_2}C_{CO_2}-\Delta\varepsilon$$

$$=0.057\times1.05+0.072\times1-0.000$$

$$=0.1319$$

同理可得 $T_W=423$ K 时

$$\varepsilon^*_{H_2O}=0.056$$

$$\varepsilon^*_{CO_2}=0.051$$

$$\Delta\varepsilon=0.000$$

吸收比为

$$a_g=1.05\times0.056\times(0.45+1\times0.051\times0.65-0.000)$$

$$=1.05\times0.0756+0.0786-0.000$$

$$=0.158$$

$$q=C_0\left[\left(\frac{T_g}{100}\right)4\varepsilon_g-\left(\frac{T_w}{100}\right)4\alpha_g\right]$$

$$=5.67\times(0.1319\times8.23^4-0.158\times4.23^4)$$

$$=69.28(kW/m^2)$$

8-27　有一电站锅炉，炉膛容积 $V=1200\ m^3$，炉墙面积 $A=1264\ m^2$。燃烧产物中水蒸气的体积分数(容积成分)为 0.121，二氧化碳的体积分数为 0.124，燃烧产物的平均温度为 1100 ℃，炉内压力为 9.733×10^4 Pa。试计算炉膛内烟气与包壁之间的辐射传热量，设包壁为 700 K 的黑体。

解：燃烧产物中水蒸气的体积分数(容积成分)为 0.121，二氧化碳的体积分数为 0.124，燃烧产物的平均温度为 1100 ℃，炉内压力为 9.733×10^4 Pa

$$s=3.6\frac{V}{A}=3.6\times\frac{1200}{1264}=3.42(m)$$

$$P_{RO_2}=(0.121-0.124)\times\frac{133.322\times730}{10^3}=0.238(bar)$$

可得

$$k=\left(\frac{0.78+1.6\times0.121}{\sqrt{1.02\times0.238\times3.42}}-0.1\right)\times\left(1-0.37\times\frac{1373}{1000}\right)\times0.245=0.117[(bar\cdot m)^{-1}]$$

故发射率为

$$\varepsilon=1-e^{-0.117\times3.42\times0.972}=1-e^{-0.3893}=0.322$$

$$q=C_0\varepsilon\left[\left(\frac{T_g}{100}\right)4-\left(\frac{T_w}{100}\right)4\right]$$

$$=5.67\times0.322\times(13.73^4-7^4)$$

$$=59.1(kW/m^2)$$

$$Q=qA=5.91\times10^4\ W/m^2\times1264\ m^2\approx7.47\times10^7\ W$$

8.3.5　综合分析

8-28　一测定物体表面辐射特性的装置示于《传热学(第 6 版)》(陶文铨著)习题 8-28 附图中。空腔内维持在均匀温度 $T_f=1000$ K；腔壁是漫灰体 $\varepsilon=0.8$。腔内 1000 K 的热空气与试样表面间的对流传热表面传热系数 $h=10\ W/(m^2\cdot K)$。试样的表面温度用冷却水维持，恒为 300 ℃，试样表面的光谱反射比示《传热学(第 6 版)》。试：(1)计算试样的吸收比；(2)确定其发射率；(3)计算冷却水带走的热量。试样表面 $A=5\ cm^2$。

解:冷却水带走的热量为

$$\Phi=\Phi_{com}+\Phi_{rod},$$

$$\Phi_{con}=5\times10^{-4}\times10\times(1000-600)=5\times10^{-4}\times10\times400=2(\mathrm{W})$$

$$\Phi_{rod}=\int_0^{\infty}\alpha_\lambda E_{b\lambda}\mathrm{d}\lambda=\int_0^1 0.8E_{b\lambda}\mathrm{d}\lambda+\int_1^{\infty}0.2E_{b\lambda}\mathrm{d}\lambda$$

$$\frac{\int_0^1 E_{b\lambda}\mathrm{d}\lambda}{E_b}=F_{b(0-1)}=0.8564$$

$$\frac{\int_1^{\infty}E_{b\lambda}\mathrm{d}\lambda}{E_b}=1-F_{b(0-1)}=1-0.8564=0.1436,\alpha_\lambda=1-\rho_\lambda$$

$$\begin{aligned}\Phi_{rod}&=(0.8\times0.8564+0.2\times0.1436)\times E_b\times A\\&=5\times10^{-4}\times5.67\times10^{-8}\times1000^4\times0.7138\\&=20.23(\mathrm{W})\end{aligned}$$

故可得

$$\Phi=\Phi_{con}+\Phi_{rod}=2+20.23=22.23(\mathrm{W})$$

吸收比为 0.7138

反射率应以 600 K 来计算。

$$\begin{aligned}\varepsilon&=\frac{(1-0.2)\int_0^1 E_{b\lambda}\mathrm{d}\lambda}{E_b}+\frac{(1-0.8)\int_1^{\infty}E_{b\lambda}\mathrm{d}\lambda}{E_b}\\&=0.8\times\frac{14.05}{100}+0.2\times\left(1-\frac{14.05}{100}\right)\\&=0.3967\end{aligned}$$

所以 $\Phi=22.23$ W,发射率 $\varepsilon=0.397$,吸收比 $\alpha=0.714$。

8-29 用一探头来测定从黑体模型中发出的辐射能,探头设置位置如附图所示。试对下列两种情况计算从黑体模型到达探头的辐射能:(1)黑体模型的小孔处未放置任何东西;(2)在小孔处放置了一半透明材料,其穿透比为 $\lambda\leqslant2$ μm 时 $\tau(\lambda)=0.8$,$\lambda>2$ μm,$\tau(\lambda)=0$。

解:(1)由题意得

$$L=\frac{E}{\pi}=\frac{C_0\times\left(\frac{T}{100}\right)^4}{\pi}=1.18\times10^5\ \mathrm{W/m^3}$$

$$\Phi=L\cos30^0 A\times\frac{A_C}{r^2}=0.227\ \mathrm{m\cdot W}$$

(2)$\sigma T=2600=3200\ \mu m\cdot K$,查表得 $F_{(0-2)}=0.3185$

所以 $\tau(\lambda)=\tau_1(\lambda)F_{(0-\lambda_1)}+\tau_2(\lambda)F_{(\lambda_1-\infty)}=0.2548$

所以 $\Phi'=\Phi\times\tau(\lambda)=0.0578\ mW$

8-30　为了考验高温陶瓷涂层材料使用的可靠性,专门设计了一个试验,如附图所示。已知辐射探头表面积 $A_d=10^{-5}\ m^2$ 陶瓷涂层表面积 $A_c=10^{-4}\ m^2$。金属基板底部通过加热维持在 $T_2=1500\ K$,腔壁温度均匀且 $T_W=90\ K$。陶瓷涂层厚 $\delta_1=5\ mm$,$\lambda_1=60\ W/(m\cdot K)$;基板厚为 $\delta_2=8\ mm$,$\lambda_2=30\ W/(m\cdot K)$。陶瓷表面是漫灰的,$\varepsilon=0.8$。陶瓷涂层与金属基板间无接触热阻。试确定:(1)陶瓷表面的温度 T_1 及表面热流密度;(2)置于空腔顶部的辐射能检测器所接受到的由陶瓷表面发射出去的辐射能量;(3)经过多次试验后,在陶瓷涂层与基板之间产生了很多小裂纹,形成了接触热阻,但 T_W 及陶瓷涂层表面的辐射热流密度及发射率均保持不变,此时温度 T_1,T_2 是增加,降低还是不变?

解:(1)陶瓷表面是漫灰的,$\varepsilon=0.8$。陶瓷涂层与金属基板间无接触热阻。当其稳态运行时,电热器发出之热通过导热传导到陶瓷表面上,再通过辐射传递到腔壁四周,设陶瓷表面温度为 T_1,则有

$$A_c\frac{1500-T_1}{\dfrac{\delta_1}{\lambda_1}+\dfrac{\delta_2}{\lambda_2}}=\varepsilon A_c\sigma_o(T_1{}^4-T_w{}^4)$$

代入数据得

$$2857.96(1500-T_1)=4.536\left[\left(\frac{T_1}{100}\right)-0.6561\right]$$

解得 $T_1=1433\ K$

$$E=\varepsilon E_\eta=0.8\times5.67\times14.33^5=191.3\times10^5(W/m^2)$$

(2)置于空腔顶部的辐射能检测器面积 $A_1=10^{-5}\ m^2$

$$d\Omega=\frac{A_1}{R^2}=\frac{10^{-5}}{1^2}=10^{-5}$$

$$\begin{aligned}d\Phi(\theta)&=\frac{\varepsilon E_1}{\pi}\cdot\cos\theta\cdot d\Omega\cdot dA_1\\&=\frac{0.8\times5.67\times14.33^4}{3.14}\times1\times10^{-5}\times10^{-1}\\&=6.092\times10^{-5}(W)\\&=0.0609(mW)\end{aligned}$$

(3)在陶瓷涂层与基板之间产生了很多小裂纹,形成了接触热阻。由于接触热阻的作用,温度要升高。

8.3.6　小论文题目

8-31　在用黑体炉标定热流计、辐射高温计等时,常常要控制炉子的温度(即功

率),以使所需的光谱辐射强度的变化在允许的范围之内。试:

(1)证明对黑体有

$$\frac{\mathrm{d}I_{b\lambda}/I_{b\lambda}}{\mathrm{d}T/T}=\frac{c_2}{\lambda T}\frac{1}{1-\exp[-c_2/(\lambda T)]}$$

其中,$I_{b\lambda}$为黑体的光谱定向辐射强度,它与 $E_{b\lambda}$关系为 $I_{b\lambda}=E_{b\lambda}/\pi$

(2)确定当黑体炉工作在 2000 K 时,为使波长为 0.65×10^{-6} m 的光谱定向辐射强度的相对变化率小于 0.5%,炉温的允许变化值为多少?

解:(1)证明:

$$\begin{aligned}&\mathrm{d}L_{b\lambda}/L_{b\lambda}\\&=\mathrm{d}\left(\frac{E_{b\lambda}}{\lambda}\right)/\left(\frac{E_{b\lambda}}{\lambda}\right)\\&=\mathrm{d}E_{b\lambda}/E_{b\lambda}\\&=\ln E_{b\lambda}\\&=\ln\frac{c_1\lambda^{-5}}{\exp(c_2/sT)-1}\\&=\frac{c_2}{sT^2}\mathrm{d}T\frac{\exp c_2/\lambda T}{\exp c_2/\lambda T-1}\end{aligned}$$

故得证

$$\frac{\mathrm{d}I_{b\lambda}/I_{b\lambda}}{\mathrm{d}T/T}=\frac{c_2}{\lambda T}\frac{1}{1-\exp[-c_2/(\lambda T)]}$$

(2)当黑体炉工作在 2000 K 时,代入各参数在上述公式可得

$$\mathrm{d}T/T\leqslant0.045\%$$

即允许值为 0.045%。

8-32　按照标准宇宙学模型,宇宙起源于一百多亿年前的一次大爆炸(大爆炸模型)。1946 年,俄裔美籍科学家伽莫夫(G. Gamov)提出宇宙起源于一个温度和密度接近无穷大的原始火球的爆炸,他的学生阿尔法(R. A. Alpher)又进一步预言大爆炸的余烬今日应表现为温度为 3 K 的宇宙背景辐射。1964 年,美国贝尔(Beer)实验室的两位工程师观察到了弥漫于宇宙的空间的相当于黑体 3 K 的辐射后(后经精密测定相应于宇宙背景辐射分布的温度应为 2.725 K),证实了大爆炸模型的推测。试根据普朗克定律,画出宇宙背景辐射的图谱。

解:普朗克定律的公式为

$$I(\lambda,T)=\frac{2hc^2}{\lambda^5}\frac{1}{e^{\frac{hc}{\lambda kT}}-1}$$

其中，$I(\lambda,T)$是辐射强度，表示单位波长间隔内单位面积上的辐射功率；λ是波长；T是黑体的绝对温度；h是普朗克常数；c是光速；k是玻尔兹曼常数。

对于宇宙背景辐射，其温度已经由实验测定为 $T=2.725$ K。可以将这个温度代入普朗克定律的公式中，然后计算不同波长下的辐射强度。

为了画出宇宙背景辐射的图谱，需要选择一系列波长值，计算每个波长对应的辐射强度，然后将这些点绘制在坐标系上（横轴为波长，纵轴为辐射强度）。由于辐射强度与波长的关系是非线性的，因此需要通过计算来得到足够多的数据点，以便能够准确地描绘出辐射强度的变化趋势。

在实际操作中，可以使用计算机编程或数学软件（如 MATLAB、Python 等）来完成这些计算。计算完成后，可以使用绘图软件（如 Excel、Origin 等）来绘制出宇宙背景辐射的图谱。

8.3.7 工具软件题目

8-33 冬天夜晚室外地面的积水是否会结冰可采用本题附图来分析。假设地面及其上的薄层积水处于摄氏零度，水的表面可视为黑体，向其上大空间发出自身辐射，天空可视为温度为 $T_{sky}=250$ K 黑体；温度为 T_∞ 的空气平行吹过水层的表面，速度为 9 m/s。水层长 2 m，宽 1 m。试：(1)确定空气的最低温度，低于该数值水层就会结冰；(2)假设往水中加了盐，使得水的冰点下降到 −10 ℃，在水面温度为 −10 ℃ 情况时，在上述条件下水层是否还会结冰？

解：(1)首先，需要确定水层是否会通过辐射失去热量而结冰。根据题目，水层表面可视为黑体，其辐射功率为

$$P_1=\sigma A_1 T_1^4$$

同时，水层也会从天空（视为温度为 $T_2=250$ K 的黑体）接收辐射，接收的辐射功率为

$$P_2=\sigma A_1 T_2^4$$

但需要注意的是，由于水层表面并非完全吸收所有来自天空的辐射（尽管假设其为黑体以简化计算），实际上接收到的辐射会小于这个值。然而，为了确定水层是否会结冰，只需考虑其净辐射损失（即发出的辐射减去接收的辐射），因此这里直接采用上述公式进行计算。

接下来，考虑空气对流对水层的影响。空气以速度 v 平行吹过水层表面，其带走的热量（对流热损失）可以通过牛顿冷却定律估算为

$$P_3=hA_1(T_1-T_a)$$

为了确定水层是否会结冰，需要找到使水层净热损失（辐射损失加对流损失）等于零的空气温度，即

$$P_1-P_2+P_3=0$$

将上述公式代入并化简，得到关于空气温度 T_a 的方程。然而，由于对流传热系数 h 的具体值未知，无法直接求解出 T_a 的确切值。但可以确定的是，存在一个最低的空气温度 $T_{a,min}$，当空气温度低于这个值时，水层将因为净热损失而结冰。

(2)对于第二个问题，当水中加了盐使得水的冰点下降到－10 ℃时，需要重新评估在上述条件下水层是否会结冰。此时，水层的温度 T_1 将变为－10 ℃或 263 K。

然后与(1)中过程一致，计算是否结冰。

8－34　一个管式黑体炉及其附属部分如本题附图所示。石墨炉管的内径 D＝12.5 m 而且维持在 T_b＝2000 K。管式炉前有一个长为 L＝60 mm 附加段，附加段前端设置有与管式炉同心布置的热流密度传感器。其面积为 5 mm²。附加段管壁温度较低，可以使得传感器免受外界辐射的干扰。试：

(1)确定传感器检测到的黑体炉热流密度；

(2)如果传感器只对波长为 0.5～2.5 μm 的热辐射有接受能力，其余波长能量无法感知，确定此条件下所测得热流密度；

(3)在 T_b＝2000 K 到 3000 K 的温度范围，取几个温度值，计算全波长范围内的热流密度及上述指定波长为内的热流密度，并绘制出热流密度与温度间的函数曲线。

解：(1)首先，需要确定传感器检测到的黑体炉热流密度。根据黑体辐射的斯特藩—玻尔兹曼定律，黑体单位面积在单位时间内辐射的总能量为

$$E=\sigma T_b^4$$

由于石墨炉管是黑体，其辐射是各向同性的。因此，传感器检测到的热流密度 q 可以通过将总辐射能量除以传感器的面积 A 来计算

$$q=\frac{E}{A}=\frac{\sigma T_b^4}{A}$$

将给定的数值代入上式，即可求出 q。

(2)使用维恩位移定律来确定这个波长范围内的辐射能量占总辐射能量的比例。维恩位移定律给出黑体辐射最大强度的波长 λ_m 与黑体温度 T_b的关系为

$$\lambda_m T_b=b$$

对于 T_b＝2000 K，可以计算出 λ_m，并据此估计 0.5～2.5 μm 波长范围内的辐射能量占总辐射能量的比例。然而，为了更精确地计算这个比例，通常需要查阅或计算黑体辐射的光谱分布函数(如普朗克辐射定律给出的分布)，并在这个波长范围内进行积分。

假设已经得到了这个比例 f，则传感器在此条件下测得的热流密度为

$$q'=fq$$

(4)这可以通过重复上述步骤(1)和(2)中的计算来完成。对于每个选定的温度值，都需要先计算全波长范围内的热流密度 q，然后再根据维恩位移定律或光谱分布函数来计算指定波长范围内的热流密度 q'。最后，可以使用绘图软件或工具来绘制出 q 和 q' 与 T_b之间的函数曲线。

8.4 名校考研真题集锦

1.(东南大学 1999 年真题)农用塑料薄膜覆盖的塑料大棚具有温室效应。试阐明温室效应的原理。

答:太阳辐射能够穿透大气层到达地面,使地面增温;地面以长波辐射的形式向外辐射能量;大气层中的某些成分能够吸收并重新辐射这些长波辐射,使得大气层下层的气温升高;在塑料大棚等相对封闭的空间中,这种效应得到进一步增强。

因此,农用塑料薄膜覆盖的塑料大棚具有温室效应的原理是:塑料薄膜能让太阳短波辐射透过到达地面,使地面增温;而地面长波辐射却被塑料薄膜反射回地面,从而使大棚内的温度高于外界的温度。

2.(东南大学 2000 年真题)大气中的 CO_2 含量增加,导致温度升高?

答:为温室气体,聚集在地球外围,对波长具有强烈选择性,太阳光的主要组成成分可见光可到达地球表面,而地面一般物体发出的长波被大量吸收,导致地球温度升高。

3.(东南大学 2013 年真题)辐射传热特点及打伞不热的原理。

答:特点:(1)传递过程无需介质,因此在真空中效率最高;

(2)在能量传递的过程中,伴随着热能和辐射能的相互转换。

原理:未打伞时,太阳光直射人体吸收辐射能。

打伞时,相当于在人体与太阳之间插入一块遮热板,增加了辐射传递过程的热阻,使热流密度减少,人体吸收辐射能量减少。

4.(东南大学 2012 年真题)夏天室外白衣服比黑衣服凉爽,为什么?在室内是否有同样的感觉?

答:在夏天,室外的阳光强烈,包含了大量的热辐射。当这些热辐射照射到衣服上时,白色衣服会反射掉大部分的热辐射,使得衣服本身吸收的热量较少,因此穿白衣服的人会感觉更加凉爽。相反,黑色衣服会吸收更多的热辐射,使得衣服本身温度升高,穿黑衣服的人就会感觉更加闷热。然而,在室内环境中,情况就有所不同了。室内的光源通常是灯光或者透过窗户的自然光,这些光源的强度远远低于室外的阳光,因此它们所包含的热辐射也相对较少。在这种情况下,无论是穿白衣服还是穿黑衣服,衣服所吸收的热辐射都相对较少,因此人们的感觉差异就不会像在室外那样明显。

5.(华北电力大学 2003 年真题)请阐述兰贝特定律的内容,说明什么是漫射表面?角系数在什么情况下是一个纯几何因子和两个表面的温度和黑度没有关系?

答:兰贝特定律,又称余弦定律,描述了黑体辐射能量随空间(方向)的分布规律。该定律指出,黑体表面向它上面的半球空间给定方向上发射的辐射能量,等于它向法线方向上发射的辐射能量与给定方向和法线方向夹角的余弦的乘积。

漫射表面是指服从兰贝特定律的表面,即该表面的定向辐射强度与方向无关。

纯几何因子条件：(1)当所研究的表面是漫射表面时。

(2)所研究的表面在不同地点上向外发射的辐射热流密度是均匀的。

6.(东南大学2018年真题)热电偶 $\lambda=150, a=2.5\times10^{-5}, h=100\ \mathrm{W/(m^2\cdot K)}$

(1)若时间常数为1 s,问直径

(2)若热电偶初始温度25 ℃,流体温度200 ℃,问热电偶温度达到199 ℃要多长时间

(3)若热电偶发射率0.6,热电偶指示温度为？壁温为？问流体真实温度？

解：(1)由题意得

$$\rho c=\frac{\lambda}{a}=\frac{150}{2.5\times10^{-5}}=6\times10^{6}[\mathrm{J/(m^3\cdot K)}]$$

$$\tau_c=\frac{hA}{\rho c v}=\frac{3\,h}{\rho c R}$$

$$R=\frac{3\,h}{\rho c I c}=\frac{3\times100}{6\times10^{6}\times1}=0.00005(\mathrm{m})=0.05(\mathrm{mm})$$

$$d=2R=0.1\ \mathrm{mm}$$

(2)由题意得

$$\frac{\theta}{\theta_0}=\frac{t-t_f}{t_0-t_f}=e^{-\frac{\tau}{\tau c}}$$

$$\frac{199-200}{25-200}=e^{-\tau}$$

可得需要3.16 s

(3)

$$h(t_f-t_s)=\varepsilon\sigma[(T_S+273)^4-(T_W+273)^4]$$

$$t_f=\frac{\varepsilon\sigma[(T_s+273)^4-(T_w+273)^4]}{h}+t_s$$

第 9 章　辐射传热的计算

9.1　知识网络

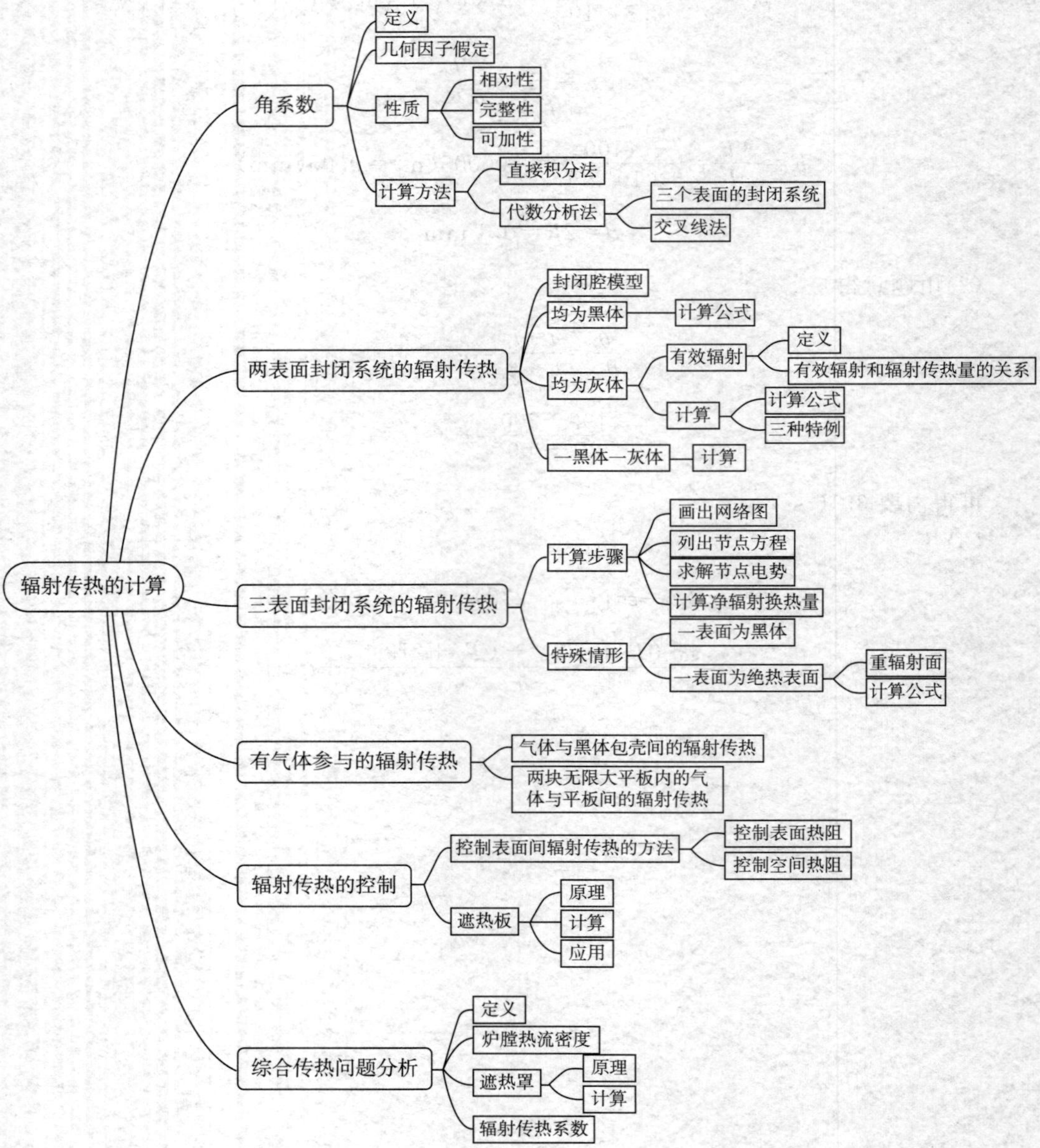

9.2　传热学知识点

知识点 1　角系数的定义

【定义】

我们把从表面 1 发出的辐射能中落到表面 2 上的百分数，称为表面 1 对表面 2 的角系数，记为 $X_{1,2}$。其中“发出”即离开之意，它包含表面的自身辐射和反射辐射；“落到”的含义不管表面 2 吸收与否；而“百分数”表示相对大小。

【推导角系数时假定】

(1)所研究的表面为漫射体；(2)在所研究表面的不同地点上向外发射的辐射热流密度是均匀的。

本章的讨论中总是认为满足上述假定。

【角系数的基本属性】

角系数与表面温度和发射率无关，是一纯几何因子。读者要弄清为什么在辐射传热中要引入角系数的原因，是因为即使其他所有条件均相同，若表面间的相对位置不同时，物体间的辐射传热量有较大差别。

知识点 2　角系数的性质

【相对性】

$$A_1 X_{1,2} = A_2 X_{2,1}（从有限表面到有限表面）$$

【完整性】

对 N 个表面组成的封闭腔，有

$$\sum_{i=1}^{N} X_{1,j} = 1$$

表面 1 为凸面或平面时，$X_{1,1}=0$，若表面 1 为凹表面，即 $X_{1,1} \neq 0$。

【可加性】

设表面 2 由 $2a$ 和 $2b$ 两部分组成，则有

$$X_{1,2} = X_{1,2\mathrm{a}} + X_{1,2\mathrm{b}}$$

注意，反过来，$X_{2,1} = X_{2\mathrm{a},1} + X_{2\mathrm{b},1}$，此时应写成。

$$X_{2,1} = \frac{A_{2\mathrm{a}}}{A_2} X_{2\mathrm{a},1} + \frac{A_{2\mathrm{b}}}{A_2} X_{2\mathrm{b},1}$$

知识点 3　角系数的计算方法

【代数分析法】

利用角系数的性质，通过求解代数方程的形式获得角系数的方法。这是本书的重

点。图 9－1(a)(b)分别示出了两种典型的角系数算例，二者垂直于纸面方向无限长。

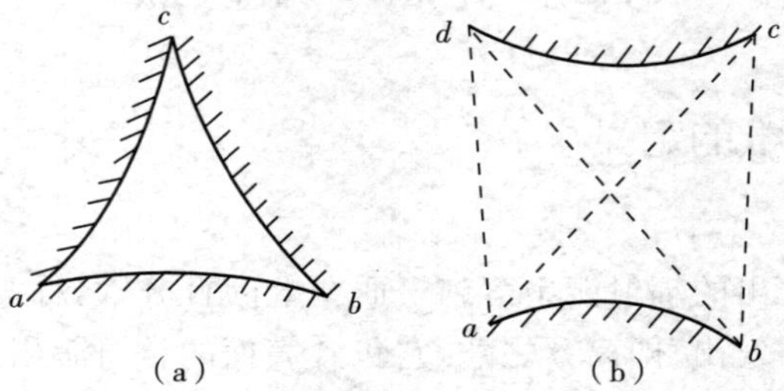

图 9－1　角系数的代数分析法

(a)3 个非内凹表面组成的封闭系数；(b)2 个互不相邻的非内凹表面。

(a)(b)两种情形的角系数可按下式计算

$$(a):X_{ab,ac}=\frac{l_{ab}+l_{ac}-l_{bc}}{2l_{ab}}$$

$$(b):X_{ab,cd}=\frac{(l_{ac}+l_{bd})-(l_{ad}+l_{bc})}{2l_{ab}}$$

利用上述方法还可以对已知的角系数去推断未知的角系数。

【直接积分法】

利用直接积分求解结果常表示成图、表形式。

知识点 4　封闭腔模型

在进行物体间的辐射传热计算之前，必须先保证计算的对象是包含所研究表面的封闭腔，因为热辐射是以电磁波形式进行传递，为此，必须计及所研究表面向外发出的所有能量，同时还应包括空间各个方向投入该表面的辐射能。封闭腔的边界可以是真实的，也可以是虚构的。图 9－2(a)描述了两黑体组成的封闭腔，(b)是此模型对应的辐射网络图。注意封闭腔模型不仅适用于黑体，也适用于灰体间的辐射传热计算。

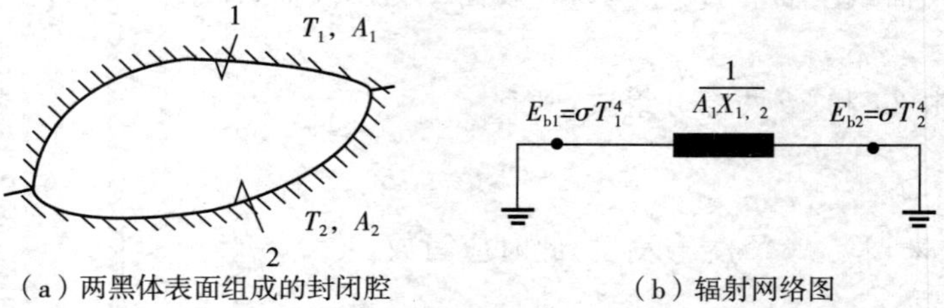

图 9－2　两黑体表面间的辐射传热

知识点 5　两黑体表面间的辐射传热

【计算公式】

$$\Phi_{1,2}=A_1E_{b1}X_{1,2}-A_2E_{b2}X_{2,1}$$

$$=A_1X_{1,2}(E_{b1}-E_{b2})$$

$$=\frac{E_{b1}-E_{b2}}{\dfrac{1}{A_1X_{1,2}}}$$

【辐射网络图】

图 9－2(b)所示为两黑体表面间辐射传热的网络图。其中$\frac{1}{A_1X_{1,2}}$为空间辐射热阻。由公式可以看出,黑体辐射传热计算的关键在于如何求得表面间的角系数 $X_{1,2}$。

知识点 6　有效辐射

讨论漫灰表面间辐射传热的计算需引入有效辐射 J 的概念。

【定义】

有效辐射即单位时间离开单位表面积的总辐射能量,它包括表面的本身辐射和反射辐射两部分,如图 9－3 所示。

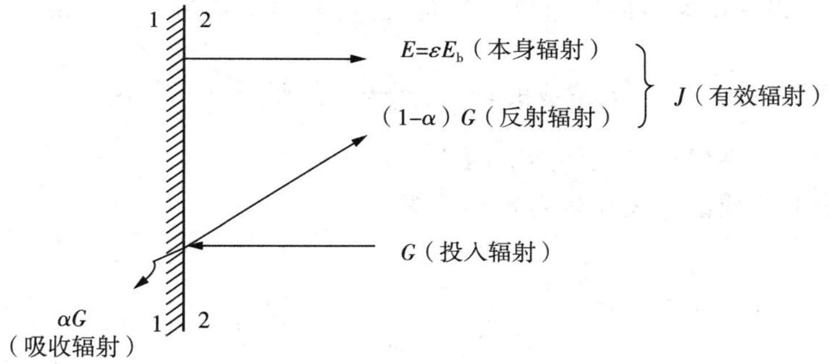

图 9－3　有效辐射的定义

【计算式】

由图,表面的辐射热流可分别从 1—1 和 2—2 两个表面写出,即

1—1 表面:$q=E-\alpha G$;

2—2 表面:$q=J-G$。

从以上两式中消去 G,可得

$$J=\frac{E}{\alpha}-\left(\frac{1}{\alpha}-1\right)q$$

考虑到表面的漫灰性质,$\varepsilon=a$,故

$$J=\frac{E}{\varepsilon}-\left(\frac{1}{\varepsilon}-1\right)q=E_b-\left(\frac{1}{\varepsilon}-1\right)q$$

或写成

$$q=\frac{E_b-J}{\dfrac{1-\varepsilon}{\varepsilon}}$$

知识点 7 两漫灰表面间组成封闭系的辐射传热

【辐射网络图】

两漫灰表面 1,2 间组成封闭系的辐射传热计算网络图如图 9－4 所示。

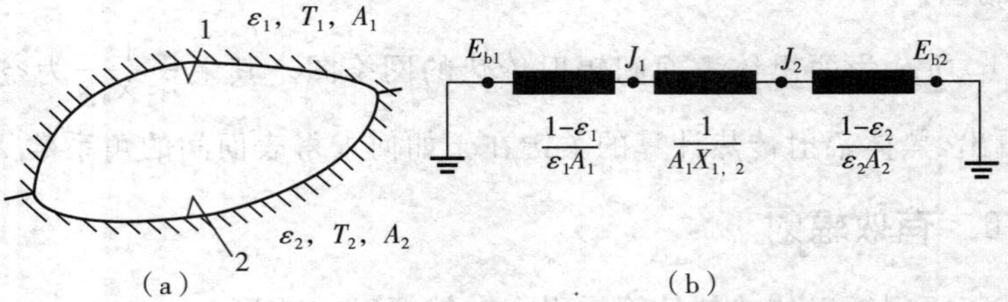

图 9－4 两漫灰体表面组成的封闭系统和辐射网络图

与黑体间的辐射传热不同，该图增加了两个表面热阻$\frac{1-\varepsilon_1}{\varepsilon_1 A_1}$和$\frac{1-\varepsilon_2}{\varepsilon_2 A_2}$。可以这样理解辐射传热表面辐射热阻和空间辐射热阻的含义：表面辐射热阻$\frac{1-\varepsilon}{\varepsilon A}$是由于物体为非黑体表面或其表面积 A 不是无穷大造成的；而空间辐射热阻$\frac{1}{A_1 X_{1,2}}$是由于 1 表面的辐射能不能完全落到表面 2 的缘故，空间辐射热阻为一几何因素。

【两漫灰表面组成的封闭系辐射传热计算式】

$$\Phi_{1,2}=\frac{E_{b1}-E_{b2}}{\frac{1-\varepsilon_1}{\varepsilon_1 A_1}+\frac{1}{A_1 X_{1,2}}+\frac{1-\varepsilon_2}{\varepsilon_2 A_2}}$$

【三种特例】

(1)1 表面为凸表面或平表面，则 $X_{1,2}=1$

$$\Phi_{1,2}=\frac{A_1(E_{b1}-E_{b2})}{\frac{1}{\varepsilon_1}+\frac{A_1}{A_2}\left(\frac{1}{\varepsilon_2}-1\right)}$$

(2)表面为凸表面或平表面，且 $A_1<<A_2$，则 $X_{1,2}=1$，$\frac{A_1}{A_2}\rightarrow 0$。如大房间中的小物体、物体与周围环境之间的散热。

$$\Phi_{1,2}=\varepsilon_1 A_1(E_{b1}-E_{b2})$$

(3)两块靠得很近的无限大平行平板。即$\frac{A_1}{A_2}=1$，且 $X_{1,2}=1$。

$$\Phi_{1,2}=\frac{A_1(E_{b1}-E_{b2})}{\frac{1}{\varepsilon_1}+\frac{1}{\varepsilon_2}-1}$$

知识点 8　多表面系统辐射传热的计算

【基本方法及步骤】

(1)基本方法:网络法。

(2)主要步骤:

① 首先分析有几个表面组成的封闭系统以及各个表面的性质(黑体表面、漫灰表面、绝热表面)。注意划分表面的依据是各表面的热边界条件,而非仅仅以几何条件为准。

② 画出等效辐射网络图。注意画辐射网络图时,一般情况下,每一辐射表面应有源热势 E_b 和有效辐射 J,二者之间以表面热阻$\frac{1-\varepsilon}{\varepsilon A}$相连;而各表面的节点热势(即有效辐射)间以空间热阻$\frac{1}{AX}$相连。

③ 列出节点方程式。主要依据类似电学中的基尔霍夫定律,即所有流向该节点的热流量的代数和为零。

④ 求解节点方程组得有效辐射 $J_1, J_2, \cdots, J_N$。

⑤ 求辐射传热量。

知识点 9　辐射传热的强化与削弱

【物体表面辐射传热的控制】

控制表面的辐射传热,即强化或削弱表面的辐射热流密度,可以从表面辐射热阻和空间辐射热阻出发,具体分析影响换热的因素。以强化辐射传热为例,即要减小表面辐射热阻$\frac{1-\varepsilon}{\varepsilon A}$或空间辐射热阻$\frac{1}{AX}$,则可增大辐射表面的面积 A 和表面发射率 ε 以及表面间的辐射角系数。如为了减小化工厂中蒸气管道的散热损失,可在管道外表面敷设一层发射率很小的铝箔。

【遮热罩】

遮热罩是利用增加辐射热阻的方法来达到减小辐射热流的目的。每增加一层遮热罩,相当于增加了两个表面热阻和一个空间热阻。日常生活中应用遮热罩来减小辐射散热的例子有很多,如教材中提到的多层遮热板保温容器、超级隔热油管等。

9.3　传热学复习题

9.3.1　思考题

1. 试述角系数的定义。"角系数是一个纯几何因子"的结论是在什么前提下得出的?

答:表面 1 发出的辐射能落到表面 2 上的份额称为表面 1 对表面 2 的角系数。"角系数是一个纯几何因子"的结论是在物体表面性质及表面温度均匀、物体辐射服从兰贝特定律的前提下得出的。

2. 角系数有哪些特性？这些特性的物理背景是什么？

答：角系数有相对性、完整性和可加性。相对性是在两物体处于热平衡时，净辐射传热量为零的条件下导得的；完整性反映了一个由几个表面组成的封闭系统中，任一表面所发生的辐射能必全部落到封闭系统的各个表面上；可加性是说明从表面 1 发出而落到表面 2 上的总能量等于落到表面 2 上各部分的辐射能之和。

3. 为什么计算一个表面与外界之间的净辐射传热量时要采用封闭腔的模型？

答：因为任一表面与外界的辐射传热包括了该表面向空间各个方向发出的辐射能和从各个方向投入该表面上的辐射能。

4. 实际表面系统与黑体系统相比，辐射传热计算增加了哪些复杂性？

答：实际表面系统的辐射传热存在表面间的多次重复反射和吸收，光谱辐射力不服从普朗克定律，光谱吸收比与波长有关，辐射能在空间的分布不服从兰贝特定律，这都给辐射传热计算带来了复杂性。

5. 什么是一个表面的自身辐射、投入辐射及有效辐射？有效辐射的引入对于灰体表面系统辐射传热的计算有什么作用？

答：由物体内能转变成辐射能叫做自身辐射，投向辐射表面的辐射叫做投入辐射，离开辐射表面的辐射叫做有效辐射，有效辐射概念的引入可以避免计算辐射传热计算时出现多次吸收和反射的复杂性。

6. 对于温度已知的多表面系统，试总结求解每一表面净辐射传热量的基本步骤。

答：(1)画出辐射网络图，写出端点辐射力、表面热阻和空间热阻；(2)写出由中间节点方程组成的方程组；(3)解方程组得到各点有效辐射；(4)由端点辐射力，有效辐射和表面热阻计算各表面净辐射传热量。

7. 什么是辐射表面热阻？什么是辐射空间热阻？网络法的实际作用你是怎样认识的？

答：出辐射表面特性引起的热阻称为辐射表面热阻，由辐射表面形状和空间位置引起的热阻称为辐射空间热阻，网络法的实际作用是为实际物体表面之间的辐射传热描述了清晰的物理概念和提供了简洁的解题方法。

8. 什么是遮热板？试根据自己的切身经历举出几个应用遮热板的例子。

答：所谓遮热板是指插入两个辐射表面之间以削弱换热的薄板。如屋顶隔热板、遮阳伞都是我们生活中应用遮热板的例子。

9.《传热学(第 6 版)》(陶文铨编著)9.5.1 节中关于控制表面热阻的讨论是对图 9－39 所示的同心圆柱面系统进行的，其结论对于像图 9－15a 所示的两表面封闭系统是否也成立？

答：9.5.1 节中关于控制表面热阻的讨论对于图 9－15a 所示的两表面封闭系统并不完全成立。虽然表面热阻仍然是影响系统热阻的一个重要因素，但其影响程度和重要性将取决于系统的具体结构和热传递条件。因此，在分析两表面封闭系统的热阻时，需要综合考虑多种因素的影响。

10.《传热学(第 6 版)》(陶文铨编著)图 9－41 所示的电子器件机箱冷却系统中，印制板上大功率元件布置在机箱出口处，试分析其原因。

答：(1)热量集中与排放；

(2)温度梯度优化；

(3)减少对其他元件的影响；

(4)便于维护和更换。

11.《传热学(第 6 版)》(陶文铨编著)图 9－37 中气体层 1 及 2 的平均射线程长怎样确定？

答：平均射线程长 L 通常定义为辐射在气体层中传播时的平均距离，直到它被吸收或散射。它取决于气体层的厚度、气体的光学性质(如吸收系数和散射系数)。平均射线程长可以通过以下公式计算：

$$L=\frac{1}{\alpha+\beta}$$

其中，α 是气体的吸收系数，β 是气体的散射系数。这两个系数通常取决于气体的种类、温度、压力以及辐射的波长。

12. 聚酰亚胺膜是一种厚度可变化范围较大，能在－269 ℃到 280 ℃的温度范围内使用、具有耐辐射性、耐介质性和电气绝缘性并能接受多种涂层的薄膜。《传热学(第 6 版)》(陶文铨编著)例题 1－6 中提到镀金聚酰亚胺膜是很好的抑制辐射传热的材料。试着对该例题中的图 1－7，分析其中多层镀金聚酰亚胺膜的作用。

答：镀金聚酰亚胺膜的主要作用是抑制辐射传热和保护设备。由于镀金层具有高反射率，可以显著减少辐射热的吸收，从而降低设备表面的温度。同时，聚酰亚胺膜本身具有良好的电气绝缘性和耐辐射性，能够保护敏感设备免受高能辐射的损伤，并延长设备的使用寿命。

在《传热学(第 6 版)》(陶文铨编著)图 1－7 中，镀金聚酰亚胺膜可能被应用在多个场景。例如，在卫星表面使用它来反射太阳辐射，减少热量的吸收；在电子设备外壳中使用，起到隔热作用，保持内部温度的稳定；以及在多层隔热结构中使用，以进一步减少热传递。这些应用都充分利用了镀金聚酰亚胺膜的反射、隔热和保护功能。

13. 在《传热学(第 6 版)》(陶文铨编著)图 9－17 所示的双层窗中，为什么第二片玻璃不采用低发射率的涂层材料。

答：成本考虑：低发射率涂层材料一般较为昂贵，使用在第一片玻璃上已经可以显著减少热辐射的传递，从而达到节能效果。如果在第二片玻璃上也使用低发射率涂层，成本会显著增加，可能并不足以带来相应的额外效益。

热管理效果：在双层窗设计中，第一片玻璃上的低发射率涂层已经能够有效反射大部分辐射热，减少室内外的热交换。第二片玻璃主要起到的是隔离和保护作用，而不是主要的热管理功能。因此，不需要在第二片玻璃上额外增加低发射率涂层。

光学特性:低发射率涂层会影响玻璃的光学特性,例如透光率和颜色。如果在第二片玻璃上也使用低发射率涂层,可能会导致整体窗户的透光性下降,影响室内的自然采光效果。

功能分工:双层窗的设计中,通常第一片玻璃承担主要的热管理功能,而第二片玻璃更多是用于结构上的稳定性和提供额外的隔热效果。这样设计可以充分发挥每一层的功能优势,而不必在每一层都使用复杂的涂层材料。

9.3.2 习题

9-1 在一曲边六面体中,各个表面之间共有多少个角系数,其中有多少个是独立的?几何条件已知。

解:共有 6×6 个角系数,其中仅有 5+4+3+2+1=15 个是独立的。即其余的角系数均可利用完整性、相对性和可加性由这 15 个角系数来求得。

9-2 设有如附图所示的两个微小面积 A_1,A_2,$A_1=2\times10^{-4}$ m²,$A_2=3\times10^{-4}$ m²。A_1 为漫射表面,辐射力 $E_1=5\times10^4$ W/m²。试计算由 A_1 发出而落到 A_2 上的辐射能。

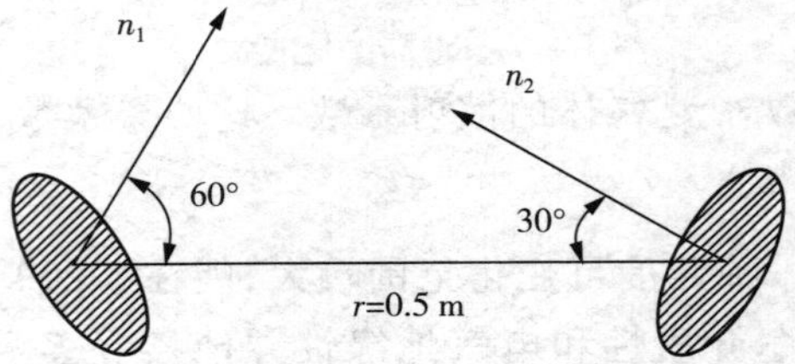

解:由题意得

$$
\begin{aligned}
\varphi_{A1,A2} &= E_1 A_1 X_{1,2} \\
&= E_1 A_1 \cdot \frac{1}{A_1}\int A_1 \int A_2 \frac{\cos\varphi_1\cos\varphi_2}{\pi r^2}\mathrm{d}A_1\mathrm{d}A_2 \\
&= E_1 \int A_1 \mathrm{d}A_1 \int A_2 \mathrm{d}A_2 \frac{\cos\varphi_1\cos\varphi_2}{\pi r^2} \\
&= E_1 A_1 A_2 \frac{\cos\varphi_1\cos\varphi_2}{\pi r^2} \\
&= 1.655\times10^{-3}W
\end{aligned}
$$

9-3 如附图所示,已知一微元圆盘 $\mathrm{d}A_1$ 与有限大圆盘 A_2(直径为 D)相平行,两中心线之连线垂直于两圆盘,且长度为 s。试计算 $X_{d1,2}$。

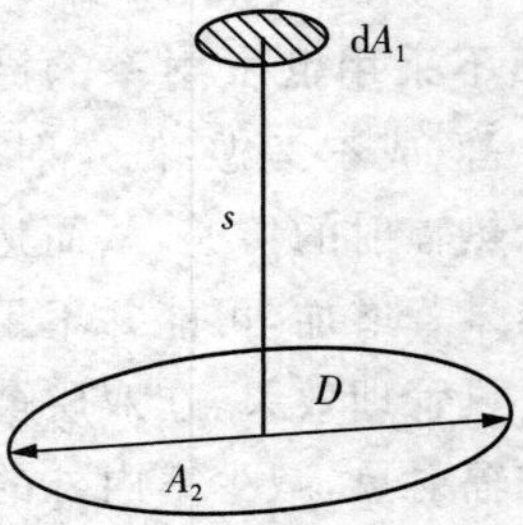

解:由几何关系得

$$
\begin{cases}
\cos\varphi_1 = \cos\varphi_2 = s/l \\
l^2 = s^2 + r^2 \\
\mathrm{d}A_2 = 2\pi r\mathrm{d}r
\end{cases}
$$

由角系数定义得

$$X_{d1,2}=\int_{A_2}\frac{LdA_1\cos\varphi\cdot d\bar{\omega}}{dA_1\cdot E_1}$$

$$=\int_{A_2}\frac{(E_1/\pi)\cos\varphi\cdot d\bar{\omega}}{dA_1\cdot E_1}$$

$$=\int_{A_2}\frac{\cos\varphi}{\pi}\cdot\frac{dA_2\cos\varphi}{l^2}$$

$$=\int_{A_2}\frac{\cos^2\varphi}{\pi l^2}dA_2$$

代入几何关系得

$$X_{d1,2}=\int_0^{R_0}\frac{2s^2}{(s^2+r^2)^2}\cdot r dr=\frac{D^2}{4s^2+D^2}$$

9-4　试从角系数的积分定义式出发，计算如附图所示的从微元表面积 dA_1 到球缺内表面 A_2 的角系数，并用两种极限情形来检查你所得到的公式的正确性。已知球缺底部圆周上任一点与 dA_1 之间的连线同 dA_1 法线间的夹角为 β。

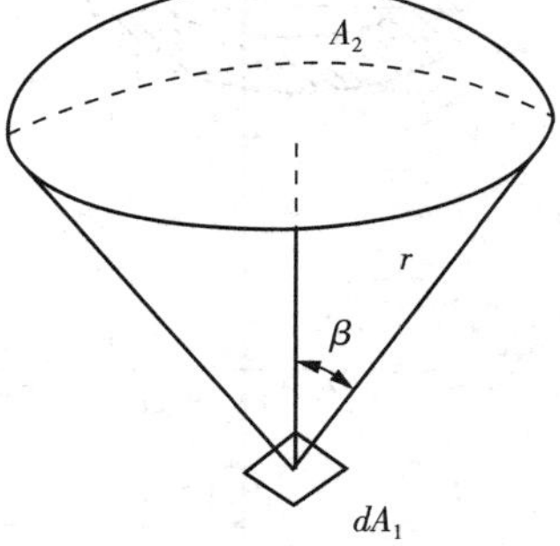

解:由题意得

$$X_{d1,2}=\int_{A_2}\frac{\cos\varphi_1\cos\varphi_2}{\pi r^2}dA_2$$

$$\varphi_2=0$$

$$\cos\varphi_2=1$$

$$dA_2=2\pi(r\sin\varphi 1)\,rd\varphi_1$$

代入上式得

$$X_{d1,2}=\int_0^{\beta}\frac{\cos\varphi_1(2\pi r^2\sin\varphi_1)}{\pi r^2}d\varphi_1$$

$$=2\int_0^\beta \sin\varphi_1\cos\varphi_1\,\mathrm{d}\varphi_1$$

$$=\int_0^\beta \sin(2\varphi_1)\,\mathrm{d}\varphi_1$$

$$=\frac{1}{2}[1-\cos(2\beta)]$$

$$=\sin^2\beta$$

当 $\beta=0$ 时，应有 $X_{d1,2}=0$，由上式确实得出此值；

当 $\beta=\frac{\pi}{2}$ 时，应有 $X_{d1,2}=1$，由上式亦确实得出此值。

9-5　在附图中，$l=0.2$ m，$r_1=0.1$ m，$r_2=0.13$ m。求：$X_{d1,2}$

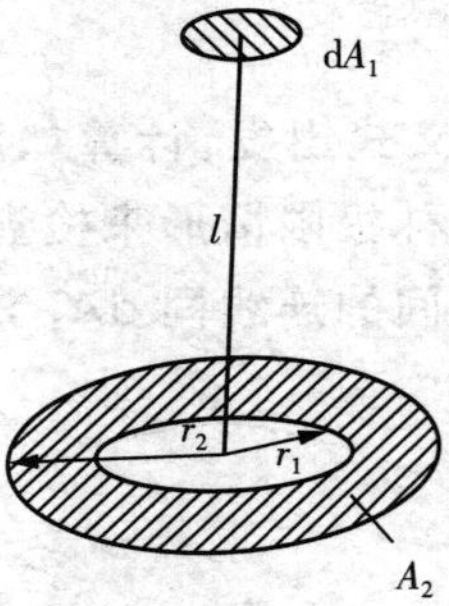

解：由题意得

$$X_{d1,2}=\frac{r_2^2}{4l^2+r_2^2}-\frac{r_1^2}{4l^2+r_1^2}$$

$$=\frac{0.13^2}{4\times0.2^2+0.13^2}-\frac{0.1^2}{4\times0.2^2+0.1^2}$$

$$=0.0367$$

9-6　试用简捷方法确定本题附图中的角系数 $X_{1,2}$。

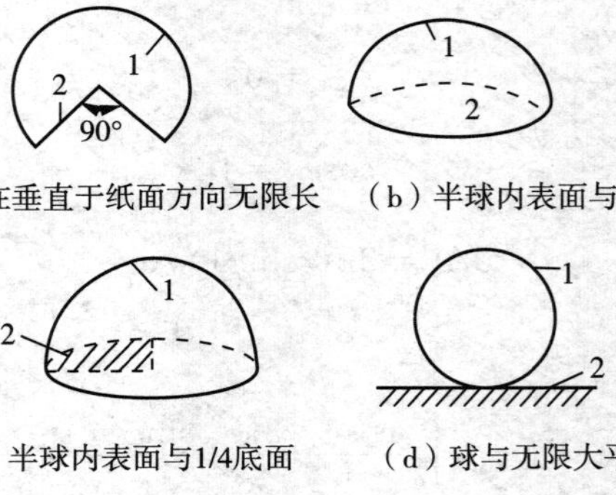

(a) 在垂直于纸面方向无限长　(b) 半球内表面与底面

(c) 半球内表面与1/4底面　(d) 球与无限大平面

解:(1)由题意得

$$X_{2,1}=1$$

$$x_{12}=\frac{A_2}{A}=\frac{2R}{2RR\times 3/4}=0.4244$$

(2)由题意得

$$X_{2,1}=1$$

$$X_{1,2}=\frac{A_2}{A}=\frac{pR^2}{2pR^2}=0.5$$

(3)参考(2),具有对称性知

$$X_{1,2}=0.5/4=0.125$$

(4)假设在球得顶面有另一块无限大平板存在,由对称性知

$$X_{1,2}=0.5$$

9-7　试确定附图(a)、(b)中几何结构的角系数 $X_{1,2}$。

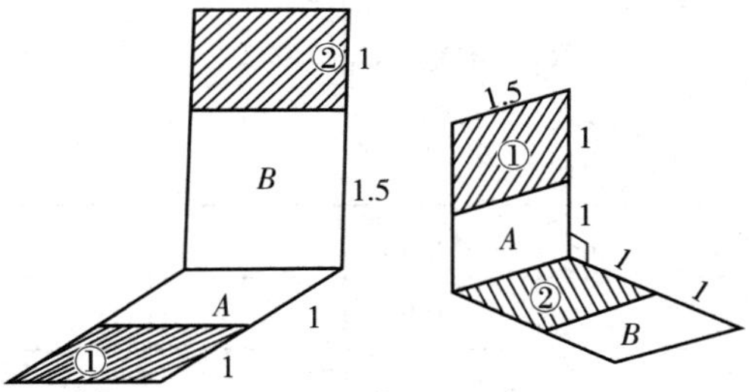

(a)　　(b)

解:(a)由角系数性质可列出下列关系:

$$A_1X_{1,2}=A_2X_{2,1}=A_2(X_{2,1+A}-X_{2,A})=A_{1+A}X_{1+A,2}-A_AX_{1,2}$$

$$X_{1,2}=(A_{1+A}/A_1)\cdot(X_{1+A,2+B}-X_{1+A,B})-(A_A/A_1)\cdot(X_{A,2+B}-X_{A,B})$$

	$X_{1+A,2-H}$	$X_{1+A,B}$	$X_{A,2+B}$	$X_{A,B}$
Z/X	1.67	1.0	1.67	1.0
Y/X	1.33	1.33	0.667	0.667
角系数	0.19	0.165	0.275	0.255

$$X_{1,2}=\frac{3}{1.5}\times(0.19-0.165)-\frac{1.5}{1.5}(0.275-0.255)$$

$$=0.03$$

(b)同理可得

$$X_{1,2}=(1.5/1.5)\times(0.27-0.225)=0.045$$

9-8 试确定附图(a)、(b)中几何结构的角系数 $X_{1,2}$。

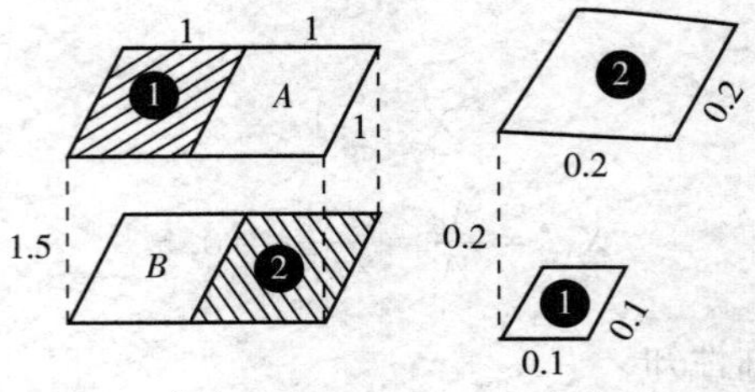

(a) (b)

解:(1)对于(a)

$$A_{1+A}X_{1+A,B+2}=A_1X_{1,B}+A_1X_{1,2}+A_AX_{A,B}+A_AX_{A,2}$$

$$=2(A_1X_{1,2}+A_1X_{1,B})$$

$$A_{1+A}=2A_1$$

$$X_{1,2}=X_{1-A,B-2}-X_{1,B}$$

查图 9-7 得

	$X_{2+B,1+A}$	$X_{1,B}$
X/D	0.67	0.67
Y/D	1.33	0.67
角系数	0.175	0.11

故可得

$$X_{A,2}=0.175-0.11=0.065$$

(2)对于(b)

$X_{2,1'}=0.2$,由于对称性,可得 $X_{2,1}=\frac{0.2}{4}=0.05$,

故可得

$$X_{1,2}=\frac{A_2X_{2,1}}{A_1}=0.2$$

9-9 三根直径为且相互平行的长管成正三角形布置,中心距为 s。试计算其中任一根管子所发出的辐射能落到其余两管子以外区域上的百分数。

解:先研究两管子可见的半个管子表面间的角系数。如图所示

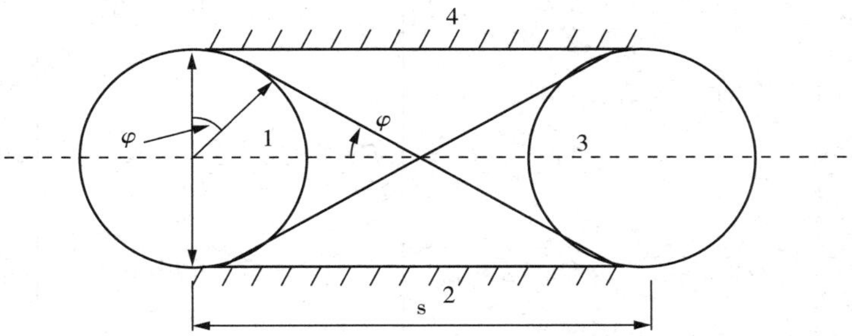

利用交叉线法，

$$X_{1,3}=\frac{2(\widehat{abcde}-s)}{\pi d}$$

$$\widehat{abcde}=2\widehat{abc}=2(\widehat{ab}+\overline{bc})$$

$$\overline{bc}=\sqrt{(s/2)^2-(d/2)^2}$$

$\widehat{ab}=\frac{d}{2}\varphi,\varphi=\sin^{-1}\left(\frac{d}{2}/\frac{s}{2}\right)$将这些关系式代入并整理之，得

$$X_{1,3}=\frac{2}{\pi}\left[(Y^2-1)^{1/2}-\sin^{-1}\frac{1}{Y}-Y\right]$$

其中 $Y=\frac{s}{d}$。

因而整个管子表面所发出的辐射能落到另一根管子上的百分比数为$\frac{1}{2}X_{1,3}$。

9－10　一长圆管被置于方形通道的正中间，如附图所示。试确定每一对边的角系数、两邻边的角系数及任一边对管子的角系数。

解：(1)先计算任一边对圆管的角系数。如下图所示

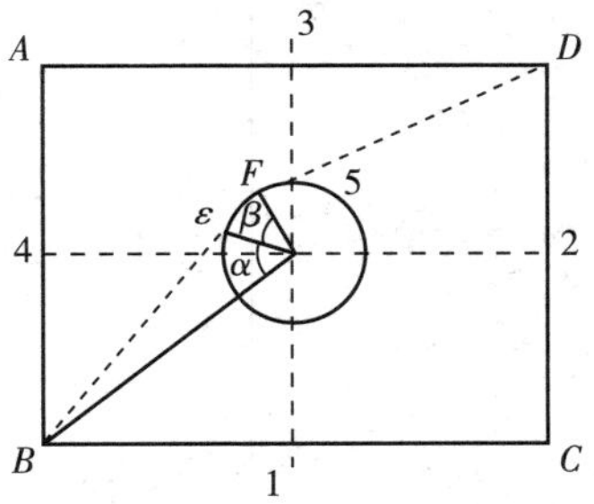

设圆管表面为 5，则由对称性知

$$X_{5,1}=X_{5,2}=X_{5,3}=X_{5,4}=\frac{1}{4}=0.25$$

故可得

$$X_{1,5}=\frac{A_5}{A_1}X_{5,1}=\frac{\pi d}{0.25}\times 0.25=3.1416\times 0.1=0.3142$$

(2)再计算两邻边的角系数。如上图示

$$X_{3,4}=\frac{AD+AB-(DF+BE+EF)}{2AD}$$

$$BE=DF=\sqrt{(0.125\sqrt{2})^2-0.05^2}=0.1696(\mathrm{m})$$

$$\alpha=\arccos\left(\frac{OE}{BO}\right)=\arccos\left(\frac{0.05}{0.125\sqrt{2}}\right)=1.284$$

$$\theta=\pi-2\alpha=\pi-2\times 1.284=0.5735$$

$$\widehat{EF}=r\cdot\theta=0.05\times 0.5735=0.02867$$

$$X_{3,4}=\frac{0.25\times 2-2\times 0.1695-0.02867}{2\times 0.25}=0.2647$$

(3)计算每一对边角系数。

如上图示

$$X_{3,1}=1-X_{3,4}-X_{3,2}-X_{3,5}=1-2\times 0.2647-0.3142=0.1564$$

9-11　对于如附图所示的情形，试确定 $X_{1,4}$。

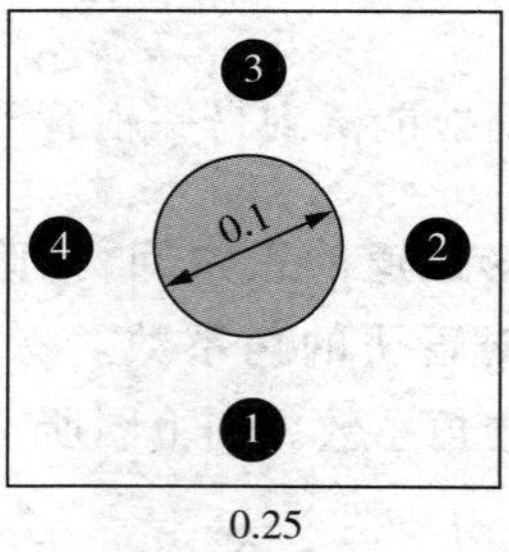

解：根据图所示，可知

$$A_1X_{1,4}=A_2X_{2,3}=A_3X_{1,2},A_3=2A_1,X_{3,2}=\frac{1}{2}X_{1,4}$$

从能量分配的观点可以写出

$$\begin{aligned}A_{1+3}X_{1+3,2+4}&=A_1X_{1,2+4}+A_3X_{3,2+4}\\&=A_1(X_{1,2}+X_{1,4})+A_3(X_{3,2}+X_{3,4})\\&=A_1(X_{1,2}+X_{1,4})+A_3\left(\frac{1}{2}X_{1,4}+X_{3,4}\right)\end{aligned}$$

将 $A_1=1,A_3=2,A_{1+3}=3$ 代入上式，并归并得

$$X_{1,4}=\frac{1}{2}(3X_{1+3,2+4}-X_{1,2}-2X_{3,4})$$

查图 9-8 得

$$X_{1,4}=\frac{1}{2}(0.26\times3-0.2-0.24\times2)=0.05$$

9-12　在煤粉炉炉膛出口有 4 排凝渣管，其相对节距 s_1/d、s_2/d 比较大，透过前一排管子而落到后一排管子的辐射平面上的来自炉膛的火焰辐射能，仍可认为是均匀分布的。设火焰对第一排管子的角系数为 X，求火焰对凝渣管束总的角系数。当 $s_1/d=5$ 时，火焰辐射能可以透过凝渣管束的百分数是多少？

解：根据表中数据，算得落到前四排管子表面上的总能量为

$$x_{总}=\frac{x\Phi_0[1-(1-x)+(1-x)^2+(1-x)^3]}{\Phi_a}=1-(1-x)^4$$

管排	投入到该排上的辐射能	该排的角系数	落到该排管子表面上的能量	穿过该排落到后一排上去的能量
1	Φ_0	x	$x\Phi_0$	$(1-x)\Phi_0$
2	$(1-x)\Phi_0$	x	$x(1-x)\Phi_0$	$(1-x)^2\Phi_0$
3	$(1-x)^2\Phi_0$	x	$x(1-x)^2\Phi_0$	$(1-x)^3\Phi_0$
4	$(1-x)^3\Phi_0$	x	$x(1-x)^3\Phi_0$	$(1-x)^4\Phi_0$

故可得

$$x=1-\left(\frac{d}{s}\right)\arccos\left(\frac{d}{s}\right)-\left[1-\left(\frac{d}{s}\right)^2\right]^{1/2}=1+\frac{1}{5}\arccos\left(\frac{1}{5}\right)-\left[1-\left(\frac{1}{5}\right)^2\right]^{1/2}=0.294$$

$$x_{总}=1-(1-0.294)^4=0.7516$$

透过管束的辐射能百分数为 1－0.7516＝0.2484＝24.8%。

9-13　试证：对于附图所示的几何结构有 $X_{AB,D}=\dfrac{d}{2t}\arctan(t/H)$，圆柱表面 D 及平面 AB 在垂直于纸面的方向上为无限长。

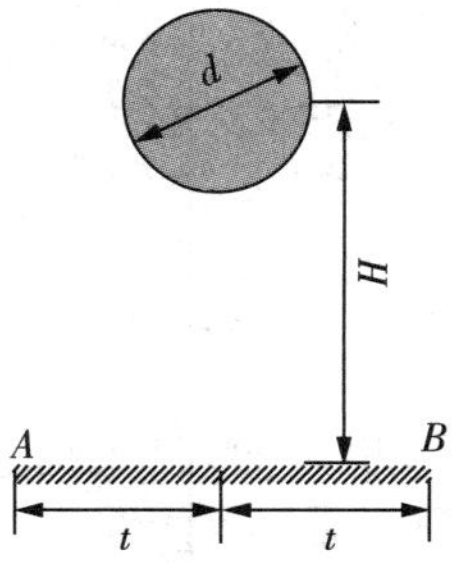

证明:如下图所示

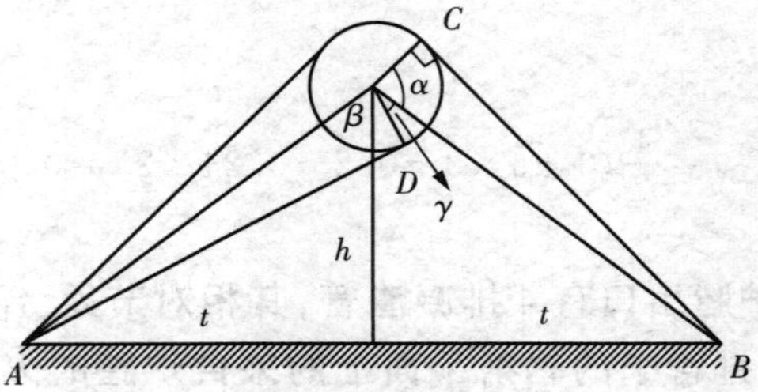

按交叉线法

$$X_{AB-0O}=\frac{2(\overrightarrow{AD}+\widehat{DC})-2\overrightarrow{BC}}{2AB}$$

$$\overrightarrow{AD}=\overrightarrow{BC}$$

$$X_{AB-0O}=\frac{\widehat{DC}}{2AB}=\frac{\widehat{DC}}{2t}$$

利用几何关系确定 $\widehat{DC}$:

$$\angle AOB=2\angle AOF=2\beta,\angle BOC=\angle AOD,\angle BOC+\gamma=\angle AOD+\gamma=2\beta$$

故可得

$$\angle DOC=2\beta=\alpha,\widehat{DC}=r\cdot\alpha=2\beta r,\tan\beta=\frac{t}{h}$$

所以 $\beta=\tan^{-1}\left(\frac{t}{h}\right)$

即 $X_{AB-0O}=\frac{\widehat{DC}}{2t}=\frac{2r\tan^{-1}(t/h)}{2t}=\frac{d\tan^{-1}(t/h)}{2t}$。

9-14　对于如附图所示的三种几何结构,试导出从沟槽表面发出的辐射能中落到沟槽外面的部分所占的百分数的计算式。设在垂直于纸面的方向上均为无限长。

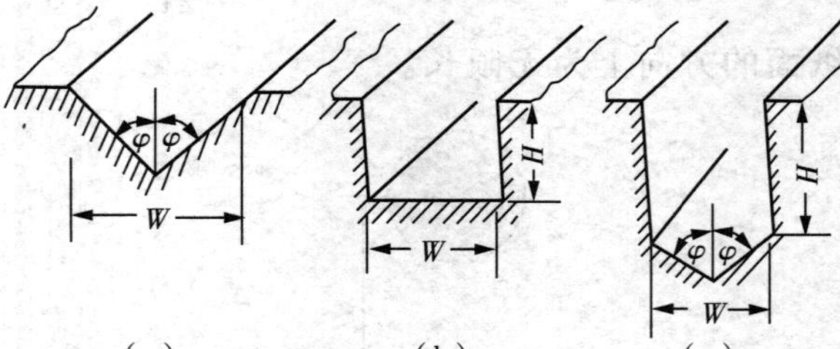

(a)　　(b)　　(c)

解:对三种情形,在开口处做一假想表面,设表面积为 A_1,而其余沟槽表面为 A_2,则有 $A_1X_{1,2}=A_2X_{2,1}$,$X_{1,2}=1$,$X_{2,1}=A_1/A_2$,于是有

(a) $X_{2,1}=\dfrac{W}{2(W/2)/\sin\varphi}=\sin\varphi$;

(b) $X_{2,1}=\dfrac{W}{2H+W}$;

(c) $X_{2,1}=\dfrac{W}{2H+W/\sin\varphi}$。

9-15　对于附图所示的几何结构，试问当 $H/r_2\to 0$ 时角系数 $X_{1,2}$ 的极限值是多少？

解: 如图所示

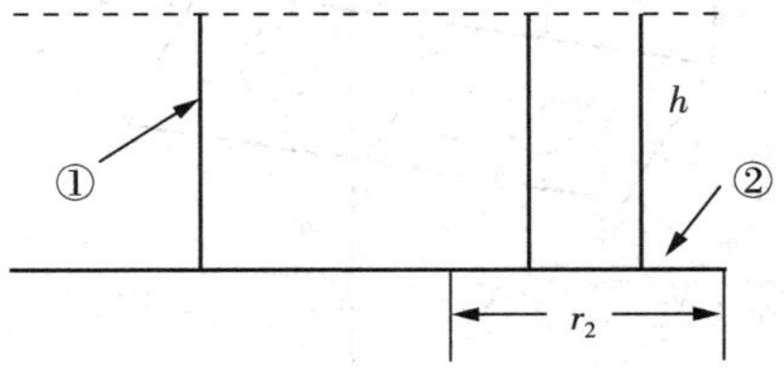

圆柱侧面为①，圆盘为②，$X_{1,2}$ 当 $h/r_2\to 0$ 时的极限值为 $\dfrac{1}{2}$，只要设想在顶面上有另一相当圆盘表面，则很易理解当 $h/r_2\to 0$ 时，每个表面都得到一半的辐射能，故 $X_{1,2}=0.5$。

9-16　试确定如附图所示的两互相垂直的表面的角系数 $X_{1,3}$ 之值。

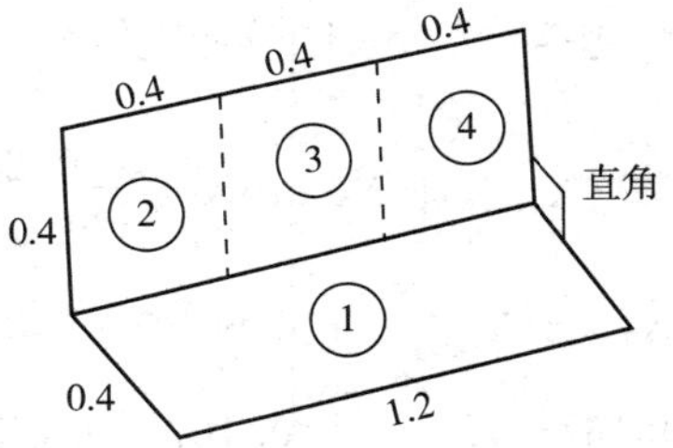

解: $A_1X_{1,3}=A_3X_{3,1}$，$\therefore X_{1,3}=\dfrac{A_3}{A_1}X_{3,1}$，$X_{3,1}=X_{3,1'}+X_{1,3'}+X_{3,4'}=X_{3,3'}+2X_{3,4'}$。

$X_{3,4'}$ 可由能量平衡关系得出

$$A_{3+4}X_{3+4,3'+4'}=A_3X_{3,3'}+A_4X_{4,4'}+A_3X_{3,4'}+A_4X_{4,3'}=2A_3X_{3,3'}+2A_3X_{3,4'}$$

$$\therefore 2A_1X_{3,4'}=A_{3+4}X_{3+4,3'+4'}-2A_3X_{3,3'}$$

即 $X_{3,4'}=\dfrac{1}{2A_3}(A_{3+4}X_{3+4,3'+4'}-2A_3X_{3,3'})=X_{3+4,3'+4'}-X_{3,3'}$。

查图 9-8 得 $X_{3+4,3'+4'}=0.24$，$X_{3,3'}=0.2$，$\therefore X_{3,4'}=0.24-0.2=0.04$，

$$X_{3,1}=X_{3,3'}+2X_{3,4'}=0.2+0.04\times 2=0.28$$

而 $X_{1,3}=\dfrac{A_3}{A_1}X_{3,1}=\dfrac{1}{3}\times 0.28=0.0933$

为以下应用方便写出算式如下：

$$X_{1,3}=\frac{A_3}{A_1}X_{3,1}=\frac{A_3}{A_1}(X_{3,1'}-2X_{3,4'})=\frac{A_3}{A_1}\left(X_{3,3'}+\frac{A_{3+4}}{A_3}X_{3+4,3'+4'}-2X_{3,3'}\right)$$

9－17　试计算附图所示的几何结构中的角系数 $X_{1,5}$ 之值。

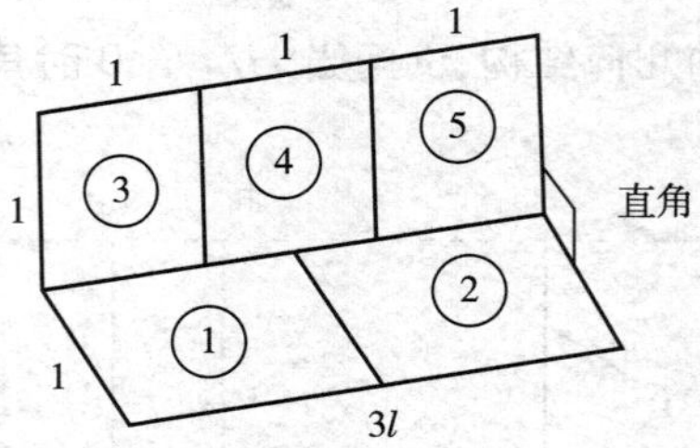

解：首先利用上题的结果：$X_{1+2,4}=X_{1,4}=X_{2,4}=0.0933$

$X_{1,3+4+5}=X_{1,3}+X_{1,4}+X_{1,5}$，$X_{1+2,3+4+5}=0.26$，$X_{1+2,3+4+5}=X_{1,3+4+5}=X_{2,3+4+5}=0.26$，

$$X_{1,3}+X_{1,5}=0.26-0.093=0.167,$$

再研究表面 1 与 2′、3′、4′间的关系，利用上题结果有

$$X_{1,3'}=\frac{A_{3'}}{A_1}\left(X_{3',3''}+\frac{A_{3'+4'}}{A_{3'}}X_{3'+4',3''+4''}-2X_{3',3''}\right),X_{3',3''}=0.147,X_{3'+4',3''+4''}=0.2,$$

$$X_{1,3'}=\frac{1}{3}(0.147+2\times0.2-2\times0.147)=0.0843;X_{1,2'+3'+4'}=0.226,$$

而 $X_{1,2'+3'+4'}=X_{1,2'}+X_{1,3'}+X_{1,4'}$，即 $X_{1,2'}=X_{1,4'}=\dfrac{0.226-0.0843}{2}=0.0709$，

$$X_{1,2'+3'}=X_{1,2'}+X_{1,3'}=0.0709+0.0843=0.155。$$

故 $X_{1,5}=0.167-X_{1,3}=0.167-X_{1,2'+3'}=0.167-0.155=0.012$。

9.3.3　黑体表面的换热

9－18　附图所示，一管状电加热器内表面温度为 900 K、$\varepsilon=1$，试计算从加热表面投入到圆盘上的总辐射能(见附图)。

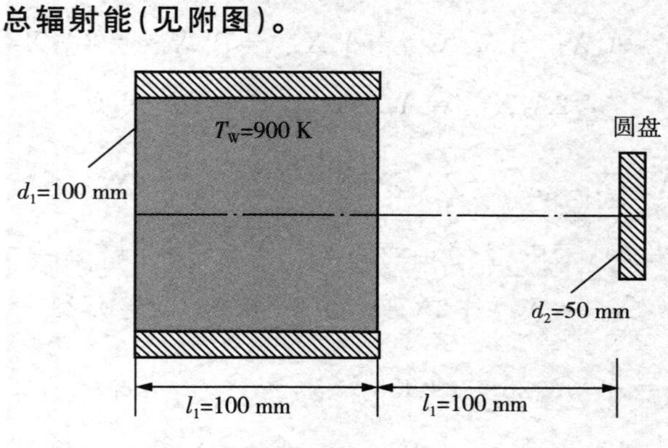

解:根据题意,下图所示,为辐射的几个表面之间的关系:

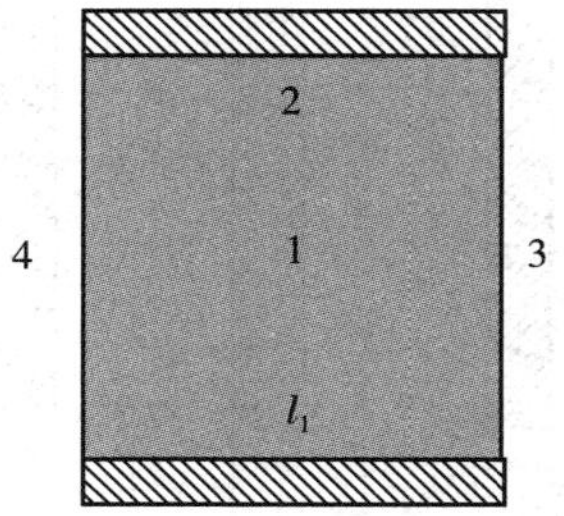

表面 2 发出而落到表面 1 上的辐射能应为

$$\Phi_{2,1}=A_2E_{b2}X_{2,1}$$

按角系数的对称性:

$$A_2X_{2,1}=A_1X_{1,2}$$

做虚拟表面 3 及 4,则可有

$$X_{1,3}=X_{1,2}+X_{1,4}$$

即可得

$$X_{1,2}=X_{1,3}-X_{1,4}$$

其中 $X_{1,3}$,$X_{1,4}$ 为两平行圆盘间辐射角系数:

$X_{1,3}=0.20$,可知$\dfrac{L}{d_2/2}=\dfrac{200}{25}=8$,$\dfrac{d_1/2}{L}=\dfrac{50}{200}=0.25$

$X_{1,4}=0.08$,可知$\dfrac{L}{d_2/2}=\dfrac{100}{25}=4$,$\dfrac{d_1/2}{L}=\dfrac{50}{100}=0.5$

因此,有如下计算:

$$X_{1,2}=0.20-0.08=0.12$$

$$X_{2,1}=\frac{A_1}{A_2}X_{1,2}=0.12\times\frac{\pi/4d_2^2}{\pi d_1L_1}=0.0075$$

$$A_2X_{2,1}=A_1X_{1,2}$$

综上,可以知道加热表面投入到圆盘上的总辐射能为

$$\Phi_{2,1}=A_2E_{b2}X_{2,1}=5.67\times10^{-8}\times900^4\times\frac{\pi}{4}\times0.05^2\times0.12=8.76(\mathrm{W})$$

9-19　在两块平行的黑体表面 1、3 之间置入一块透明平板 2。板 1、3 的表面温度为已知,板 2 的温度维持在某个值 T_2,其发射率、反射比及透射比各为 ε_2、ρ_2 及 τ_2。试确定表面 1 单位面积上净辐射传热量的表达式。

解:如图所示

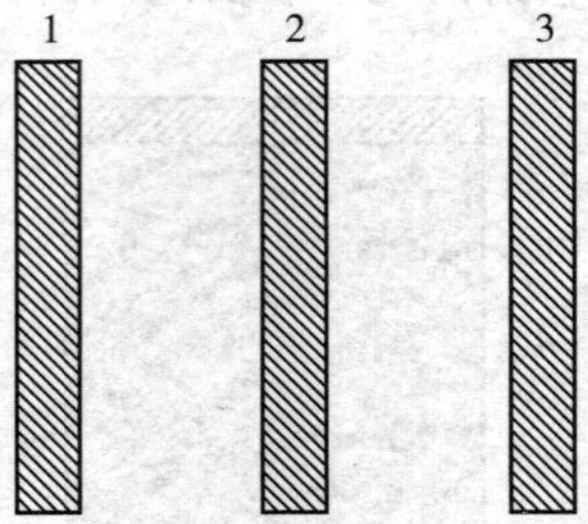

平板 1 的单位面积上的净辐射传热量为

$$q=\sigma_0 T_1{}^4-(\sigma_0 T_3{}^4\tau_2+\sigma_0 T_2{}^4\varepsilon_2+\sigma_0 T_1{}^4\rho_2)$$

9－20　一有涂层的长工件表面采用附图所示方法予以加热烘干。设加热器表面温度 $T_s=800$ K，$\varepsilon_s=1$ 的工件表面温度维持在 $T_\rho=500$ K，$\varepsilon_\rho=1$。工件及加热表面在垂直于纸面方向均为无限长。已知 $b_s=0.15$ m，$b_\rho=0.3$ m，$l=0.2$ m。试对下列两种情形确定施加在单位长度加热器上的电功率：(1)环境为 300 K 的大空间；(2)环境是绝热的。对流可以不考虑，工件的另一面绝热。

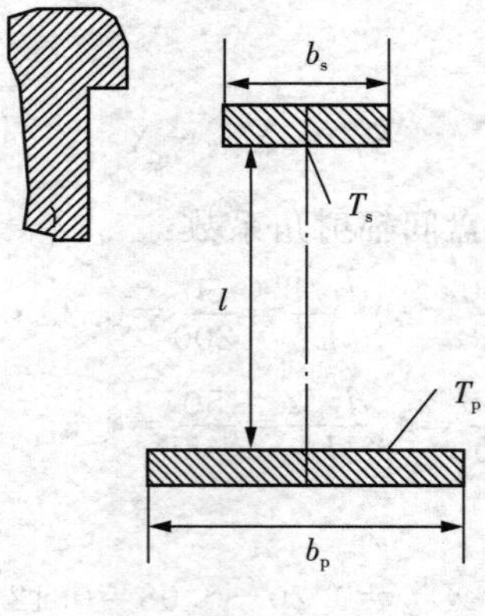

解：如图所示

(1)环境为 300 K 的黑体，则单位长度的加热表面的辐射传热量为

$$\Phi_L=\sigma_0 A_s[X_{s,\rho}(T_s^4-T_\rho^4)+X_{s,sur}(T_s^4-T_{sur}^4)]$$

利用交叉线法：

$$X_{s,p}=\frac{0.301\times2-0.2136\times2}{2\times0.15}=\frac{0.602-0.4272}{0.3}=0.5827$$

$$X_{s,sur}=1-X_{s,p}=0.4173$$

可得

$$\Phi_L=5.67\times10^{-8}\times0.15\times[0.583\times(800^4-500^4)+0.417\times(800^4-300^4)]$$

$$=3145(\text{W/m})$$

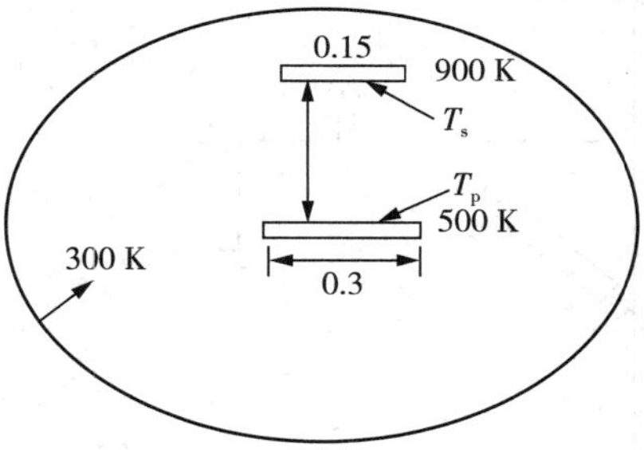

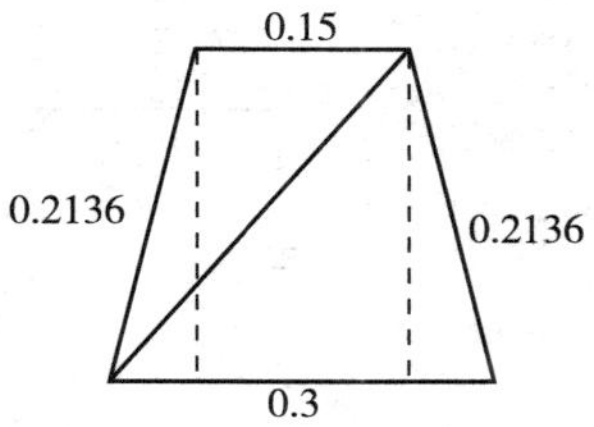

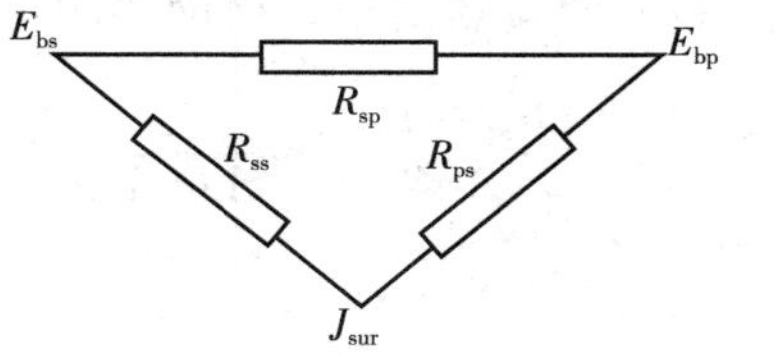

(2)设环境为重复辐射表面，则 $X_{s,p}=0.583$，$X_{s,sur}=0.417$

$$X_{p,s}=X_{s,p}\frac{A_s}{A_p}=0.583\times\frac{0.15}{0.3}=0.292, X_{p,sur}=1-X_{p,s}=1-0.292=0.708$$

功率的计算公式为

$$\Phi_L=\frac{E_{bs}-E_{bp}}{R_{eq}}, \frac{1}{R_{eq}}=\frac{1}{R_{s,p}}+\frac{1}{R_{s,s}+R_{p,s}}。$$

计算热阻可得

$$R_{s,p}=\frac{1}{A_s X_{s,p}}=\frac{1}{0.15\times 0.583}=11.435(\mathrm{m}^{-1})$$

$$R_{s,s}=\frac{1}{A_s X_{s,sur}}=\frac{1}{0.15\times 0.417}=15.987(\mathrm{m}^{-1})$$

$$R_{p,s}=\frac{1}{A_p X_{p,s}}=\frac{1}{0.3\times 0.708}=4.708(\mathrm{m}^{-1})$$

$$R_{eq}=1/\left(\frac{1}{R_{s,p}}+\frac{1}{R_{s,s}+R_{p,s}}\right)=7.365(\mathrm{m}^{-1})$$

代入数据可得

$$\Phi_L=\frac{5.67\times 10^{-8}\times(800^4-500^4)}{7.365}=\frac{5.67\times(4096-625)}{7.365}=2672(\mathrm{W/m})$$

9－21　两个面积相等的黑体被置于一绝热的包壳中。假设两黑体的温度分别为 T_1 与 T_2，且相对位置是任意的，试画出该辐射传热系统的网络图，并导出绝热包壳表面温度 T_3 的表达式。

解：根据题意，只考虑两黑体相互可见部分的辐射传热。

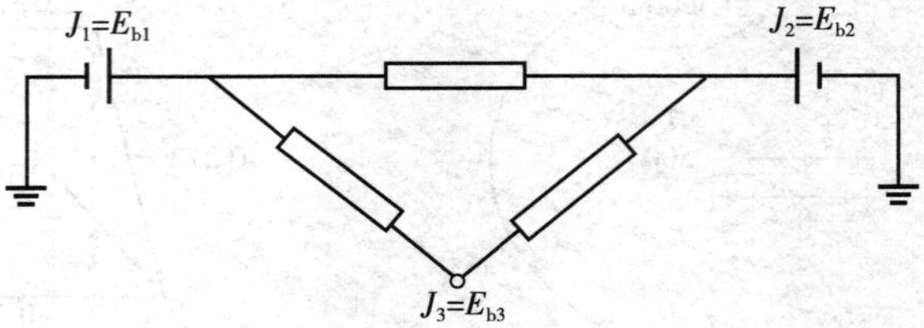

则表面1、2、3组成三表面的换热系统。由网络图可知：

$$\frac{E_{b1}-E_{b3}}{1/(A_1X_{1,3})}=\frac{E_{b3}-E_{b2}}{1/(A_2X_{2,3})}$$

化简变形可得

$$A_1X_{1,3}(E_{b1}-E_{b3})=A_2X_{2,3}(E_{b3}-E_{b2})$$

$$A_1=A_2$$

$$A_1X_{1,2}=A_2X_{2,1}$$

则有 $X_{1,2}=X_{2,1}$；

由题意得 $X_{1,2}-X_{1,3}=1, X_{2,1}-X_{2,3}=1, X_{1,3}=X_{2,3}$。

这样上述平衡式转化为

$$E_{b3}=\frac{A_1X_{1,3}E_{b1}+A_2X_{2,3}E_{b2}}{A_1X_{1,3}+A_2X_{2,3}}=\frac{E_{b1}+E_{b2}}{2}$$

综上所述，绝热包壳表面温度 T_3 的表达式为

$$T_3=\sqrt[4]{\frac{T_1^4+T_2^4}{2}}$$

9-22　习题 9-19 中透明板的温度不是用外部方法维持在一定的值，而是受板 1 及板 3 的作用而趋于某一个稳定的值。试确定当板 2 的温度不变时板 1 的辐射传热量(认为板 2 的两个表面温度相等)。

解：当透明板 2 温度不再变化时，表面 1 上净的辐射放热量等于表面 3 的净辐射吸热量，于是按 9-19 题的结果有

$$q_1=\sigma_0T_1^4-(\sigma_0T_3^4\tau_2+\sigma_0T_2^4\varepsilon_2+\sigma_0T_1^4\rho_2)$$

$$q_3=\sigma_0T_3^4-(\sigma_0T_1^4\tau_2+\sigma_0T_2^4\varepsilon_2+\sigma_0T_3^4\rho_2)$$

由于 $q_1=-q_3$，可得

$$2\sigma_0T_2^4\varepsilon_2=\sigma_0(T_1^4+T_3^4)-\sigma_0\rho_2(T_1^4+T_3^4)-\sigma_0\tau_2(T_1^4+T_3^4)$$

由此可得出 T_2，从而可得出 q_1 及 q_3。

9.3.4　实际物体表面的辐射传热

9-23　两块平行放置的平板表面发射率均为 0.8，温度 $t_1=527$ ℃及 $t_2=27$ ℃，板间远小于板的宽度与高度。试计算：(1)板 1 的自身辐射；(2)对板 1 的投入辐射；(3)板 1 的反射辐射；(4)板 1 的有效辐射；(5)板 2 的有效辐射(6)板 1、2 间的辐射传热量。

解：(1)板 1 的自身辐射为

$$E_1=\varepsilon E_{b1}=18579.5\ \mathrm{W/m^2}$$

(2)对板 1 的投入辐射：

首先计算两板间的换热量：

$$q_{1-2}=\frac{E_{b1}-E_{b2}}{1/\varepsilon_1+1/\varepsilon_2-1}=15176.7\ \mathrm{W/m^2}$$

由 $J_1-G_1=q_{1-2}$，$J_1=E_1+G_1(1-\varepsilon)$可得

$$G_1=(E_1-q_{1-2})/\varepsilon=(18579.5-15176.7)/0.8=4253.5(\mathrm{W/m^2})$$

(3)板 1 的反射辐射：

$$G_1(1-\varepsilon)=4253.5\times(1-0.8)=850.7(\mathrm{W/m^2})$$

(4)板 1 的有效辐射：

$$J_1=E_1+G_1(1-\varepsilon)=18579.5+850.7=19430.2(\mathrm{W/m^2})$$

(5)板二的有效辐射：

$$J_2=G_1=4253.5\ \mathrm{W/m^2}$$

(6)板 1、2 间的辐射传热量

$$q_{1-2}=15176.7\ \mathrm{W/m^2}$$

9-24　两块无限大平板的表面温度分别为 t_1 及 t_2，发射率分别为 ε_1 及 ε_2。其间遮热板的发射率为 ε_2。试画出稳态时三板之间辐射传热的网络图。

解：稳态时三板之间辐射传热的网络图如下所示：

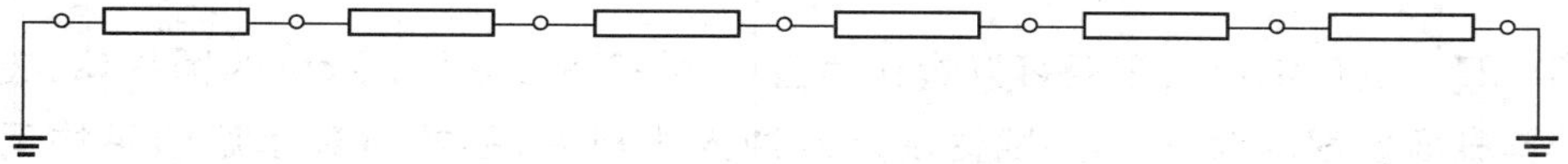

9-25　在上题中，取 $\varepsilon_1=\varepsilon_2=0.8$，$\varepsilon_3=0.025$，试在一定的 T_1、T_2 温度下，推断加入遮热板后 1、2 两表面间的辐射传热减少到原来的多少分之一。

解：无遮热板时

$$q_{1,2}=\varepsilon_t(E_{b1}-E_{b2})$$

加入遮热板后

$$q_{1,3}=\varepsilon_{s1}(E_{b1}-E_{b3})$$

$$q_{3,2}=\varepsilon_{t2}(E_{b3}-E_{b2})$$

达到稳态时

$$q_{1,3}=q_{3,2}=q'_{3,2}$$

$$\therefore q'_{1,2}=\frac{1}{2}(q_{1,3}+q_{3,2})=\frac{1}{2}[\varepsilon_{s1}(E_{b1}-E_{b3})+\varepsilon_{s2}(E_{b3}-E_{b2})]=\frac{1}{2}\varepsilon_{s3}(E_{b1}-E_{b2})$$

$$\therefore q'_{1,2}/q_{1,2}=\frac{1}{2}\varepsilon_{t1}/\varepsilon_{s}=\frac{1}{53.7}$$

9-26　一外径为 100 mm 的钢管横穿过室温为 27 ℃的大房间，管外壁温度为 100 ℃，表面发射率为 0.85。试确定单位管长上的热损失。

解：向环境的辐射散热损失：

$$q_r=0.85\times5.67\times(3.73^4-3^4)=542.5(\text{W/m}^2)$$

定性温度

$$t_m=\frac{1}{2}(100-27)=63.5(℃)$$

由此查的 $\rho=1.049, \lambda=0.0292, \nu=19.34\times10^{-6}, Pr=0.695$

代入数据可求

$$Gr=\frac{9.8\times0.1^3\times(100-27)}{(63.5+273)\times19.34^2}\times10^{12}=5.684\times10^6$$

$$h=\frac{0.0292}{0.1}\times0.48\times(5.684\times10^6\times0.695)^{\frac{1}{4}}=6.25[\text{W/(m}^2\cdot\text{K)}]$$

$$q_c=h_r(t_w-t_j)=6.25(100-27)=456.25(\text{W/m}^2)$$

每米管长上的热损失为

$$q_l=3.1416\times0.1\times(456.25+542.5)=314(\text{W/m})$$

9-27　设热水瓶的瓶胆可以看作为直径为 10 cm，高为 26 cm 的圆柱体，夹层抽真空，其表面发射率为 0.05。试估废水刚冲入水瓶后，初始时刻水温的平均下降速率。夹层两壁温可近似地取为 100 ℃，20 ℃。

解：热水瓶的表面积为

$$A=\pi dl+\pi d^2/2=3.14\times0.1\times0.26+3.14\times0.1^2/2=0.0994(\text{m}^2)$$

热水瓶由外壁的辐射热量为

$$\Phi=\frac{\sigma A(T_1^4-T_2^4)}{1/\varepsilon_1+1/\varepsilon_2-1}=1.70(\mathrm{W})$$

而 $\Phi=\rho c_p V\frac{\mathrm{d}t}{\mathrm{d}\tau}$，其中 $V=\pi r^2 l=2.04\times10^{-3}$

水的物性参数为 $\rho=958.4\ \mathrm{kg/m^3}$，$c_p=4220\ \mathrm{J/(kg\cdot K)}$

所以初始时刻水温的平均下降速率为

$\therefore \frac{\mathrm{d}t}{\mathrm{d}\tau}=\frac{\varphi}{\rho c_p V}=2.06\times10^{-4}\ \mathrm{K/s}$

9-28 一平板表面接收到的太阳投入辐射为 1262 W/m²，该表面对太阳能的吸收比为 α，自身辐射的发射率为 ε，平板的另一侧绝热。平板的向阳面对环境的散热相当于对 −50 ℃的表面进行辐射传热。试对 $\varepsilon=0.5$、$\alpha=0.9$ 及 $\varepsilon=0.1$、$\alpha=0.15$ 的两种情形，确定平板表面处于稳定工况下的温度。

解：稳态时，$\alpha G=\varepsilon C_0\left[\left(\frac{T}{100}\right)^4-\left(\frac{T_\infty}{100}\right)^4\right]$。

(1)$\varepsilon=0.5$，$\alpha=0.9$，$G=1262\ \mathrm{W/m^2}$，$T_\infty=223\ \mathrm{K}$

$\therefore 0.9\times1262=0.5\times5.67\left[\left(\frac{T}{100}\right)^4-2.23^4\right]$

$\left(\frac{T}{100}\right)^4=425.4$，$\therefore T=454.1\ \mathrm{K}$；

(2)$\varepsilon=0.1$，$\alpha=0.15$，$G=1262\ \mathrm{W/m^2}$，$T_\infty=223\ \mathrm{K}$

$\therefore 0.15\times1262=0.1\times5.67\left[\left(\frac{T}{100}\right)^4-2.23^4\right]$，$\left(\frac{T}{100}\right)^4=358.6$

$\therefore T=435.2\ \mathrm{K}$。

9-29 在一块厚金属板上钻了一个直径为 $d=2$ cm，的不穿透的小孔，孔深 $H=4$ cm，锥顶角为 90°，如附图所示。设孔的表面是发射率为 0.6 的漫射体，整个金属块处于 500 ℃的温度下，环境温度为 0 K，确定孔口与外界的辐射传热量。

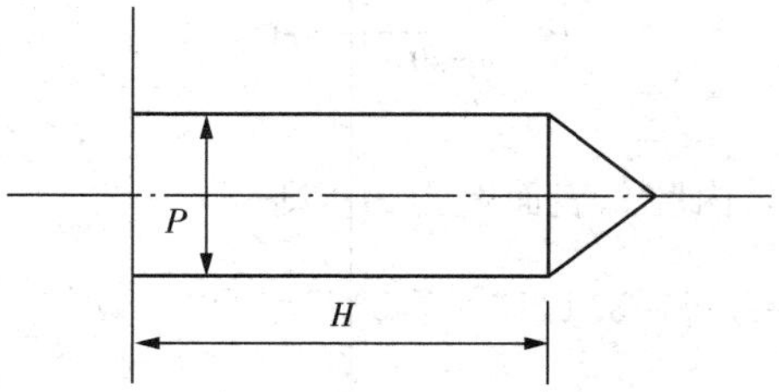

解：根据题意，这题是三表面间的辐射传热系统。

其中孔的圆柱形内表面为绝热表面，孔的两端可看作黑体。

$$X_{1,2}=\frac{R_0^2}{s^2+R_0^2},R_0=100\ \mathrm{mm},s=200\ \mathrm{mm}=2R_0a$$

则有

$$X_{1,2}=1/5=0.2$$

$$X_{1,3}=1-X_{1,2}=0.8$$

$$X_{2,3}=X_{1,3}=0.8$$

$$A_1=A_2=\pi R_0=3.14\times10^{-2}$$

端面与柱面间的辐射热阻

$$R_2=R_3=\frac{1}{A_1X_{1,3}}$$

辐射总热阻为

$$R=\frac{1}{1/R_1+1/R_2+1/R_3}$$

代入数据计算得

$$\Phi_{2,1}=\frac{A_1x_{1,2}(E_{b2}-E_{b1})}{1+(1/\varepsilon_1-1)x_{1,2}+(1/\varepsilon_2-1)x_{2,1}}=5.94\ \text{W}$$

9-30　对于如附图所示的结构为试计算下列情形下从小孔向外辐射的能量:
(1)所有内表面均是 500 K 的黑体;
(2)所有内表面均是 $\varepsilon=0.6$ 的漫射体,温度均为 500 K。

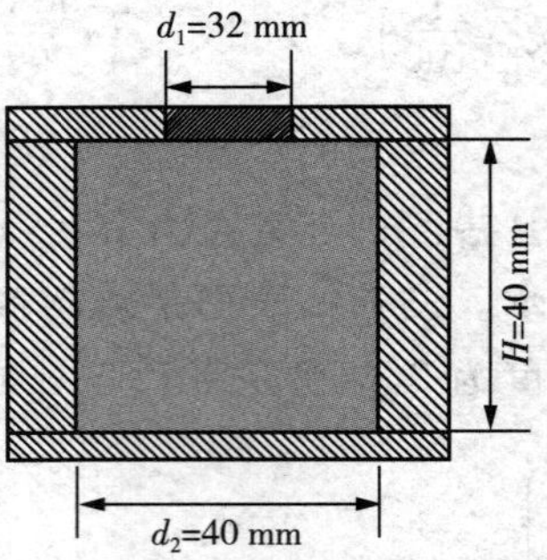

解:设小孔面积为 A_2,内腔总表面壁为 A_1,则

$$A_2=\pi r_1^2=3.1416\times0.016^2=8.04\times10^{-1}(\text{m}^2)$$

$$\begin{aligned}A_1&=\pi r_2^2+\pi d_1H+\pi(r_2^2-r_1^2)\\&=3.1416[0.02^2+0.04\times0.04+(0.02^2-0.016^2)]\\&=6.736\times10^{-3}(\text{m}^2)\end{aligned}$$

$$x_{2,1}=1,x_{1,2}=\frac{A_2}{A_1}=\frac{8.04\times10^{-4}}{6.736\times10^{-3}}=0.1194$$

$$\Phi_{1,2}=\frac{A_2\sigma_0(T_1{}^4-T_2{}^4)}{1+(1/\varepsilon_2-1)x_{2,1}+(1/\varepsilon_1-1)x_{1,2}}$$

(1)所有内表面均是500 K的黑体,即

$$\varepsilon_1=\varepsilon_2=1$$

故可得

$$\Phi_{1,2}=8.04\times10^{-4}\times5.67\times5^4=2.85(\text{W})$$

(2)所有内表面均是$\varepsilon=0.6$的漫射体,即$\varepsilon_2=1,\varepsilon_1=0.6$。

故可得

$$\Phi_{1,2}=\frac{8.04\times10^{-4}\times5.67\times5^4}{1+0.1194(1/0.6-1)}=2.64(\text{W})$$

9-31 有一水平放置的正方形太阳能集热器,边长为1.1 m,吸热表面的发射率$\varepsilon=0.2$,对太阳能的吸收比$\alpha_s=0.9$。当太阳的投入辐射$G=800\ \text{W/m}^2$时,测得集热器吸热表面的温度为90 ℃。此时环境温度为30 ℃,天空可视为23 K的黑体。试确定此集热器的效率。设吸热表面直接暴露于空气中,其上无夹层(集热器效率定义为集热器所吸收的太阳辐射能与太阳投入辐射之比)。

解:向天空的辐射散热量为

$$\begin{aligned}\Phi_r&=\varepsilon AC_0\left[\left(\frac{T_w}{100}\right)^4-\left(\frac{T_\infty}{100}\right)^4\right]\\&=0.2\times1.1^2\times5.67\times(3.63^4-0.23^4)\\&=238.24(\text{W})\end{aligned}$$

定性温度为

$$t_m=\frac{90+30}{2}=60(℃)$$

查得$\lambda=0.029\ \text{W/(m·k)}$,$\nu=18.97\times10^{-6}\ \text{m}^2/\text{s}$,$Pr=0.696$

故可得

$$Gr\cdot Pr=\frac{9.8\times1.1^3\times(90-30)}{333\times18.97^2}\times10^{12}\times0.696=4.546\times10^9$$

$$Nu=0.16\times(4.546\times10^9)^{1/3}=265.0$$

$$h=265.0\times0.029/1.1=6.987[\text{W/(m}^2\cdot\text{K)}]$$

$$\Phi_c=hA\Delta t=6.987\times1.1\times(90-30)=461.2(\text{W})$$

散热量总共为

$$\Phi_{散}=\Phi_c+\Phi_r=461.2+238.24=699.4(\text{W})$$

所吸收的太阳能为

$$\Phi_{吸}=0.9\times800\times1.1^2=871.2(\mathrm{W})$$

效率 $\eta=\dfrac{\Phi_{吸}-\Phi_{散}}{\Phi_{吸}}\times100\%=19.7\%$。

9-32 假设在上题所述的太阳能集热器吸热面上加了一层厚 8 cm 的空气夹层(空气压力为 1.013×10^5 Pa),夹层顶盖玻璃内表面的平均温度为 40 ℃,玻璃的穿透比为 0.85,其他条件不变。试计算此情形下太阳能集热器的效率。

解:夹层的吸热量为

$$q_{吸}=800\times0.85\times0.9=612(\mathrm{W/m^2})$$

$$\Phi_{吸}=1.1^2\times612=740.5(\mathrm{W})$$

辐射散热量为

$$\Phi_{\mathrm{r}}=\frac{AC_0\left[\left(\frac{T_1}{100}\right)^4-\left(\frac{T_2}{100}\right)^4\right]}{1/\varepsilon_1+1/\varepsilon_2-1}=\frac{5.67\times1.21\times(3.63^4-3.13^4)}{1/0.2+1/0.94-1}=105.2(\mathrm{W})$$

定性温度为

$$t_{\mathrm{m}}=\frac{90+40}{2}=65(℃)$$

查表得

$$\lambda=0.0293,\nu=19.5\times10^{-6},Pr=0.695$$

代入数据得

$$Gr_\delta=\frac{9.8\times0.08^3\times(90-40)}{(273+65)\times19.5^2}\times10^{12}=1.952\times10^6$$

$$Gr_\delta\cdot Pr=1.952\times10^6\times0.695=1.357\times10^6$$

$$Nu=0.061\times(1.357\times10^6)^{1/3}=6.753$$

$$h=\frac{Nu\lambda}{\delta}=\frac{6.753\times0.0293}{0.08}=2.473[\mathrm{W/(m^2\cdot K)}]$$

$$\Phi_{散}=\Phi_{\mathrm{c}}+\Phi_{\mathrm{r}}=105.2+1.21\times2.473\times50=254.8(\mathrm{W})$$

$$\eta=\frac{\Phi_{吸}-\Phi_{散}}{\Phi_{吸}}\times100\%=\frac{740.5-254.6}{740.5}\times100\%=65.6\%$$

9-33 在一厚 200 mm 的炉墙上有一直径为 200 mm 的孔,孔的圆柱形表面可以认为是绝热的。炉内温度为 1400 ℃,室温为 30 ℃。试确定当该孔的盖板被移去时,室内物体所得到的净辐射热量。

解:角系数为

$$x_{1,2}=0.165, x_{1,3}=0.835$$

热阻计算

$$R_1=\frac{1}{A_1x_{1,2}}=\frac{1}{0.785\times0.2^2\times0.165}=193$$

$$R_2=R_1=\frac{1}{A_1x_{1,3}}=\frac{1}{0.785\times0.2^2\times0.835}=38.14$$

$$\frac{1}{R^*}=\frac{1}{R_1}+\frac{1}{R_2+R_3}=\frac{1}{193}+\frac{1}{38.14\times2}=0.01829$$

$$R^*=54.67$$

故室内物体所得到的净辐射热量为

$$\Phi=\frac{E_{b1}-E_{b2}}{R^*}=\frac{5.67\times(16.73^4-3.03^4)}{54.67}=\frac{444188-477.9}{54.67}=8116(\mathrm{W})$$

9-34　一空间飞行器的散热装置应向 0 K 的环境通过辐射散失飞行器运行中内部产生的热量。如果该散热表面的最高允许温度为 2500 K，发射率 $\varepsilon=0.8$，试确定所允许的最大散热功率。

解：根据题意，最大散热功率为

$$q=\varepsilon C_0\left(\frac{T}{100}\right)^4=0.8\times5.67\times25^4=1.77\times10^6(\mathrm{W/m^2})$$

9-35　设有如附图所示的几何体，半球表面是绝热的，底面被一直径（$D=0.2$ m）分为 1、2 两部分表面 1 为灰体，$T_1=550$ K，$\varepsilon_1=0.35$ K，$\varepsilon=0.35$；表面 2 为黑体，$T_2=330$ K。试计算表面 1 的净辐射热损失及表面 3 的温度。

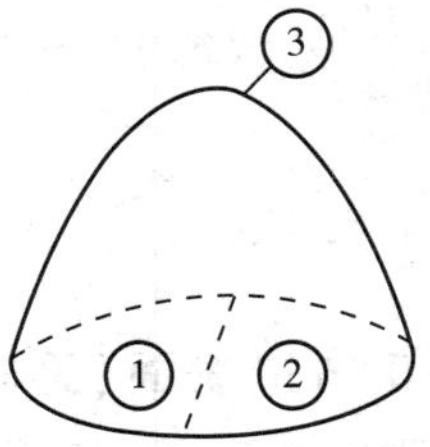

解：网络图如下：

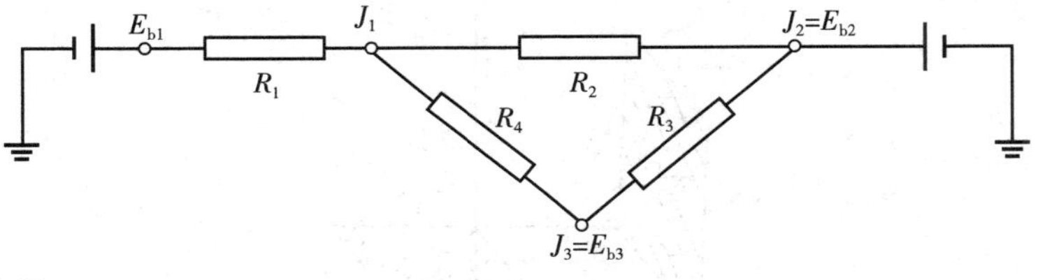

角系数计算

$$X_{3,1+2}=\frac{\pi R^2}{2\pi R^2}X_{1+2,3}=0.5$$

$$X_{3,1}=X_{3,2}=0.5/2=0.25$$

$$X_{1,3}=X_{2,3}=1$$

面积计算

$$A_1=\frac{1}{2}\times\frac{1}{4}\pi D^2=\frac{1}{8}\times 3.14\times 0.2^2=0.0157(\mathrm{m}^2)$$

$$A_3=2\pi R^2=0.0628$$

黑体辐射强度计算

$$E_{b1}=5.67\times\left(\frac{550}{100}\right)^4=5188.4(\mathrm{W/m^2})$$

$$E_{b2}=5.67\times\left(\frac{730}{100}\right)^4=6272(\mathrm{W/m^2})$$

热阻计算

$$\frac{1-\varepsilon_1}{\varepsilon_1 A_1}=\frac{1-0.35}{0.35\times 0.0157}=118.3(\mathrm{m}^{-2})$$

$$\frac{1}{A_3X_{3,1}}=\frac{1}{A_3X_{3,2}}=63.7(\mathrm{m}^{-2})$$

则表面 1 的净辐射损伤为

$$\varphi=\frac{E_{b1}-E_{b2}}{\sum R}=\frac{5188.4-672.4}{118.3-63.7\times 2}=18.38(\mathrm{W})$$

由于 $\varphi=\frac{E_{b1}-E_{b3}}{\sum R'}=\frac{5188.4-E_{b3}}{118.3-63.7}$，解得 $E_{b3}=1843.24\ \mathrm{W/m^2}$，

同时 $E_{b3}=\sigma\left(\frac{T_3}{100}\right)^4$，解得 $T_3=424.6\ \mathrm{K}$。

9-36 已知两个互相垂直的正方形表面(见附图)的温度分别为 $T_1=1000\ \mathrm{K}$，$T_2=500\ \mathrm{K}$，发射率分别为 $\varepsilon_1=0.6$，$\varepsilon_2=0.8$。该两表面位于一绝热的房间内。试计算该两表面间的净辐射传热量。

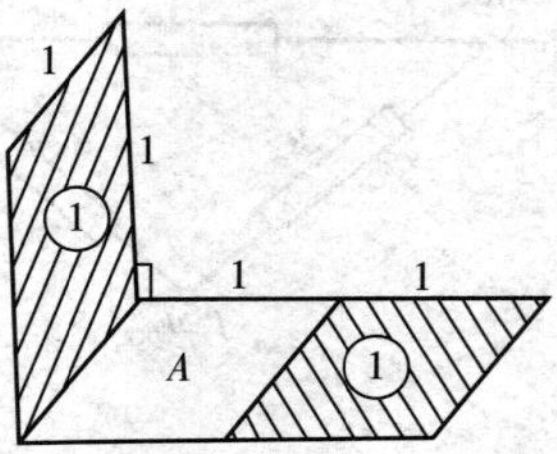

解:网络图如下图,这是三表面辐射传热系统。

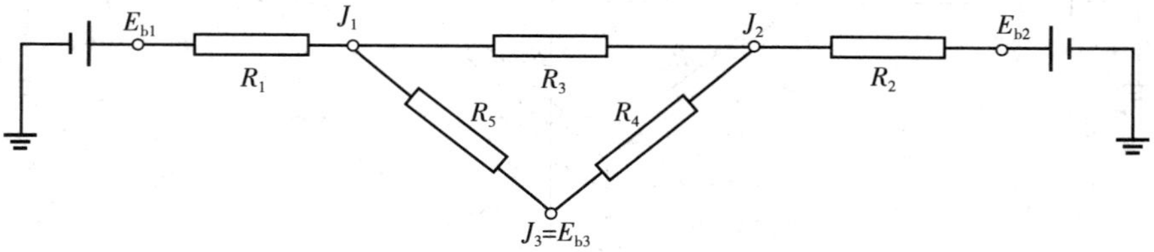

角系数计算

$$x_{A+2,1}=0.116, x_{1,A+2}=0.232, x_{A,1}=0.2, x_{1,A}=0.2$$

$$x_{1,2}=x_{1,A+2}-x_{1,A}=0.232-0.2=0.032, x_{2,1}=0.032$$

$$x_{2,3}=1-x_{2,1}=1-0.032=0.968$$

黑体辐射强度

$$E_{b1}=5.67\times10^4(\mathrm{W/m^2}), E_{b2}=5.67\times5^4=3543.8(\mathrm{W/m^2})$$

热阻计算

$$\frac{1-\varepsilon_1}{\varepsilon_1A_1}=\frac{0.4}{0.6\times1}=0.667, \frac{1-\varepsilon_2}{\varepsilon_2A_2}=\frac{0.2}{0.8\times1}=0.25, \frac{1}{A_1x_{1,2}}=\frac{1}{1\times0.032}=31.25,$$

$$\frac{1}{A_1x_{1,3}}=\frac{1}{1\times0.968}=1.033, \frac{1}{A_2x_{2,3}}=\frac{1}{1\times0.968}=1.033$$

$$\frac{1}{R^*}=\frac{1}{R_3}+\frac{1}{R_4+R_5}=\frac{1}{31.25}+\frac{1}{2\times1.033}=0.516, R^*=1.938$$

$$\sum R=R_1+R^*+R_2=0.667+1.938+0.25=2.855$$

该两表面间的净辐射传热量为

$$\Phi=\frac{E_{b1}-E_{b2}}{\sum R}=\frac{5.67\times10^4-3543.8}{2.855}=18.6(\mathrm{kW})$$

9-37　两个相距 1 m、直径为 2 m 的平行放置的圆盘,相对表面的温度分别为 $t_1=500$ ℃及 $t_2=200$ ℃,发射率分别为 $\varepsilon_1=0.3$,$\varepsilon_2=0.6$,圆盘的另外两个表面的换热忽略不计。试确定下列两种情况下每个圆盘的净辐射传热量:

(1)两圆盘被置于 $t_3=20$ ℃的大房间中;

(2)两圆盘被置于一绝热空腔中。

解:圆盘表面分别记为 1、2,第三表面记为 3。

则从角系数图表中可查得 $x_{1,2}=0.38$,$x_{2,1}=0.38$,$x_{1,3}=x_{2,3}=1-0.38=0.62$。

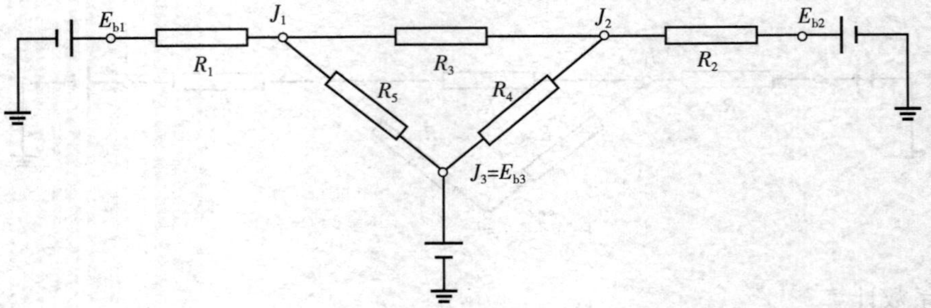

(1)网络图如上图，则热阻为

$$R_1=\frac{1-\varepsilon_1}{\varepsilon_1 A_1}=\frac{1-0.3}{0.3\times 4\pi/4}=0.743, R_2=\frac{1-\varepsilon_2}{\varepsilon_2 A_2}=\frac{1-0.6}{0.6\times\pi}=0.212$$

$$R_3=\frac{1}{A_1 x_{1,2}}=\frac{1}{0.38\pi}=0.838, R_4=\frac{1}{A_1 x_{1,3}}=\frac{1}{0.62\pi}=0.513, R_5=R_4=0.513$$

对节点 J_1、J_2 可以列出下列方程：

$$\frac{E_{b1}-J_1}{0.743}+\frac{J_2-J_1}{0.838}+\frac{J_3-J_1}{0.513}=0;\frac{E_{b2}-J_2}{0.212}+\frac{J_1-J_2}{0.838}+\frac{J_3-J_2}{0.513}=0,$$

其中 $J_3=E_{b3}, E_{b1}=5.67\times 7.73^4=20244(\mathrm{W/m^2})$,

$$E_{b2}=5.67\times 4.73^4=2838(\mathrm{W/m^2}), E_{b3}=5.67\times 2.93^4=417.9(\mathrm{W/m^2})$$

代入以上两式整理之得

$$28061-4.4885J_1+1.1933J_2=0, 14201-7.8596J_2+1.1933J_1=0$$

此解得 $J_1=7015, J_2=2872$

故 $\Phi_1=\frac{E_{b1}-J_1}{R_1}=\frac{20244-7015}{0.743}=17.8(\mathrm{kW}), \Phi_2=\frac{E_{b2}-J_2}{R_2}=\frac{2838-2872}{0.212}=-160(\mathrm{W})$。

(2) $\frac{1}{R^*}=\frac{1}{R_3}+\frac{1}{R_4+R_5}=1.1938+0.9746=2.1865, R^*=0.4612$

$$\sum R=0.743+0.4612+0.212=1.4162$$

$$\Phi_{1,2}=\frac{E_{b1}-E_{b2}}{\sum R}=\frac{20244-2838}{1.4162}=12.29(\mathrm{kW})$$

9-38　两个同心圆筒壁的温度分别为 −196 ℃ 及 30 ℃，直径分别为 10 cm 及 15 cm，表面发射率均为 0.8。试计算单位长度圆筒体上的辐射传热量。为减弱辐射传热，在其间同心地置入一遮热罩，直径为 12.5 cm，两表面的发射率均为 0.05。试

画出此时辐射传热的网络图,并计算套筒壁间的辐射传热量。

解:把遮热罩表面称为 3,其面向表面 1 的一侧记为 $3L$,面向表面 2 的一侧记为 $3R$,则相当的辐射网络图如下图所示。

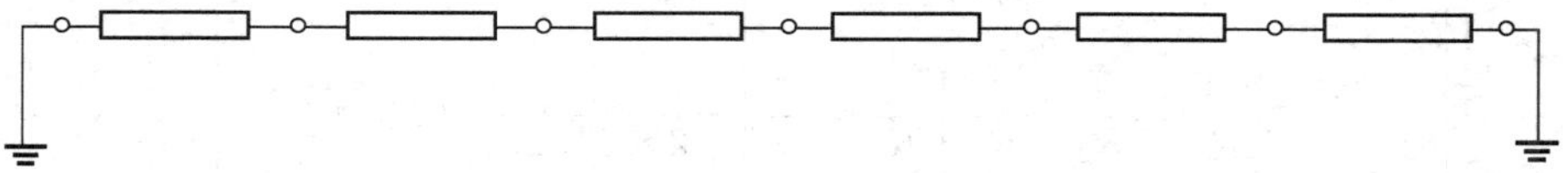

有遮热罩后,单位长度上的换热量为

$$\Phi_1=\frac{E_{b1}-E_{b2}}{\frac{1-\varepsilon_1}{\varepsilon_1 A_1}+\frac{1}{A_1 x_{1,3}}+2\frac{1-\varepsilon_3}{\varepsilon_3 A_3}+\frac{1}{A_2 x_{2,3}}+\frac{1-\varepsilon_2}{\varepsilon_2 A_2}}$$

其中 $\frac{1-\varepsilon_1}{\varepsilon_1 A_1}=\frac{0.2}{0.8\times 3.1416\times 0.1}=0.7958$,$\frac{1}{A_1 x_{1,3}}=\frac{1}{A_1\times 1}=\frac{1}{3.1416\times 0.1}=3.183$,

$\frac{1-\varepsilon_3}{\varepsilon_3 A_3}=\frac{1-0.05}{0.05\times 3.1416\times 0.125}=48.38$,$\frac{1}{A_2 x_{2,3}}=\frac{1}{A_3 x_{3,2}}=\frac{1}{3.1416\times 0.125\times 1}=2.5465$,

$$\frac{1-\varepsilon_2}{\varepsilon_2 A_2}=\frac{0.2}{0.8\times 3.1416\times 0.15}=0.5305$$

数据代入上式得

$$\Phi_1=\frac{-475.9}{0.7958+3.183+2\times 48.38+2.5465+0.5305}=-\frac{475.9}{103.82}=-4.584(\text{W/m})$$

9-39　有一内腔为 0.2 m× 0.2 m× 0.2 m 的正方形炉子,被置于室温为 27 ℃的大房间中。炉底电加热底面温度为 427 ℃,$\varepsilon=0.8$。炉子顶部开口,内腔四周及炉子底面以下均敷设绝热材料。试确定在不计对流传热的情况下,为保持炉子恒定的底面温度所需供给的电功率。

解:这一问题的等效网络图如下图:

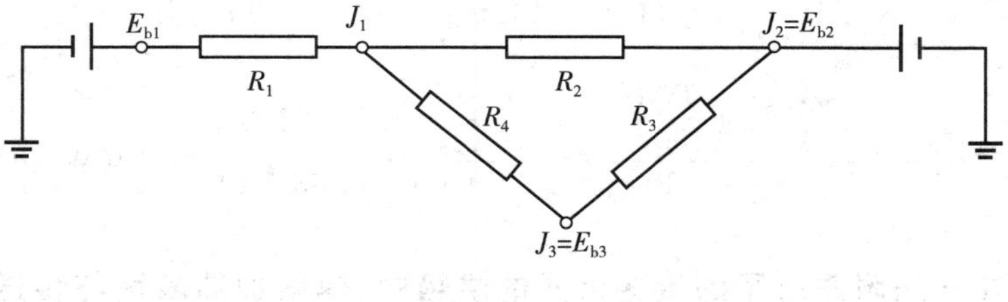

由题意得

$$x_{1,3}=0.2,x_{2,3}=0.2,x_{1,2}=0.8$$

$$R_1=\frac{1-\varepsilon_1}{\varepsilon_1 A_1}=\frac{1-0.8}{0.8\times 0.2^2}=6.25(\text{K/W}),E_{b1}=5.67\times 7^4=13614(\text{W/m}^2)$$

$$R_2=\frac{1}{A_1x_{1,3}}=\frac{1}{0.2^2\times 0.2}=125(\mathrm{K/W}),E_{b2}=5.67\times 3^4=459.3(\mathrm{W/m^2})$$

$$R_3=R_4=\frac{1}{A_1x_{1,2}}=\frac{1}{0.2^2\times 0.8}=31.25(\mathrm{K/W})$$

$$\frac{1}{R^*}=\frac{1}{R_2}+\frac{1}{R_3+R_4}=\frac{1}{125}+\frac{1}{2\times 31.25}=0.024$$

$$R^*=41.67$$

代入数据得

$$\Phi=\frac{13614-459.3}{6.25+41.67}=274.5(\mathrm{W})$$

9-40　宇宙飞船上的一肋片散热结构如附图所示。肋片的排数很多，在垂直于纸面的方向上可视为无限长。已知肋根温度为 330 K，肋片相当薄，肋片材料的导热系数很大，环境是 0 K 的宇宙空间，肋片表面发射率 $\varepsilon=0.83$。试计算肋片单位面积上的净辐射散热量。

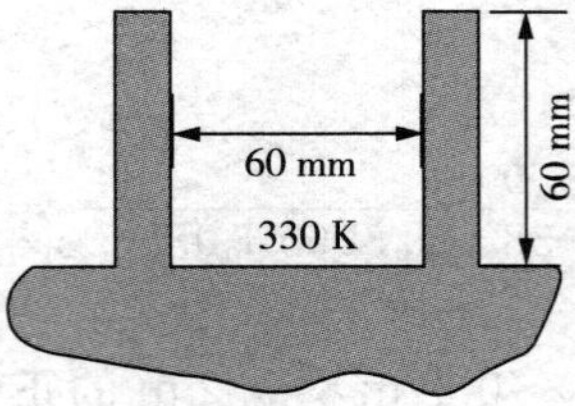

解：如图示，这是两个表面系统的辐射传热问题。

$A_1=0.06\ \mathrm{m^2}$，$A_2=3\times 0.06=0.18(\mathrm{m^2})$（以单位深度计）。

$$\Phi_{2,1}=\frac{A_1C_0\left[\left(\frac{T_1}{100}\right)^4-\left(\frac{T_2}{100}\right)^4\right]}{1+(1/\varepsilon_1-1)x_{1,2}+(1/\varepsilon_2-1)x_{2,1}}$$

$$q_2=\frac{\Phi_{2,1}}{A_2}=\frac{\frac{A_1}{A_2}C_0\left(\frac{T_1}{100}\right)^4}{1+(1/\varepsilon_2-1)x_{2,1}}=\frac{\frac{0.06}{0.18}\times 5.67\times 3.3^4}{1+1/3(1/0.83-1)}=210(\mathrm{W/m^2})$$

9-41　在一如附图所示的传送带式的烘箱中，辐射加热表面与传送带上被加热工件间的距离 $H=0.35$ m，加热段长 3.5 m，在垂直于纸面方向上宽 1 m，传送带两侧面及前、后两端面 A、B 均可以视为是绝热的，其余已知条件如图示。试：(1)确定辐射加热面所需的功率；(2)讨论去掉前、后端面对于热损失及工件表面温度场均匀性的影响。

解：这一问题的等效网络图如下图：

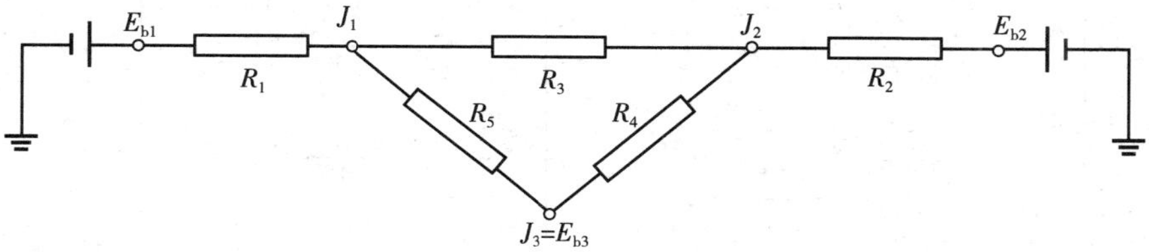

这是一个三表面组成的换热系统，其中表面 3 为绝热面，

(1)由 $X/D=2.86, Y/D=10$，查得

$$x_{1,2}=0.64, x_{1,3}=1-0.64=0.36, x_{2,3}=x_{1,3}=0.36$$

黑体辐射强度为

$$E_{b1}=5.67\times 6.73^4=11632(\mathrm{W/m^2}), E_{b2}=5.67\times 4.23^4=1815.3(\mathrm{W/m^2})$$

热阻为

$$R_1=\frac{1-\varepsilon_1}{\varepsilon_1 A_1}=\frac{1-0.8}{0.8\times 3.5\times 1}=0.0714(\mathrm{K/W}),$$

$$R_2=\frac{1-\varepsilon_2}{\varepsilon_2 A_2}=\frac{1-0.9}{0.9\times 3.5\times 1}=0.03175(\mathrm{K/W})$$

$$R_5=\frac{1}{A_1 x_{1,2}}=\frac{1}{3.5\times 1\times 0.64}=0.4464(\mathrm{K/W}),$$

$$R_3=R_4=\frac{1}{A_2 x_{2,3}}=\frac{1}{3.5\times 1\times 0.36}=0.7937(\mathrm{K/W})$$

$$\frac{1}{R^*}=\frac{1}{R_5}+\frac{1}{2R_4}=\frac{1}{0.4464}+\frac{1}{2\times 0.7937}=2.8701(\mathrm{K/W})$$

$$R^*=0.3484\ \mathrm{K/W}$$

故辐射加热面所需的功率为

$$\Phi=\frac{E_{b1}-E_{b2}}{R_1+R^*+R_2}=\frac{11632-1815.3}{0.0714+0.3484+0.03175}=\frac{9817}{0.4516}=21.7(\mathrm{kW})$$

(2)去掉前后端面时会增加散热损失及温度场的不均匀性。

9-42　在两块平行放置的相距很近的大平板 1 与 2 中，插入一块很薄且两个表面发射率不等的第三块平板。已知 $t_1=300, t_2=100, \varepsilon_1=0.5, \varepsilon_2=0.8$。当板 3 的 A 面朝向表面 1 时，板 3 的稳态温度为 176.4 ℃；当板 3 的 B 面朝向表面 1 时，稳态时板 3 的温度为 255.5 ℃。试确定表面 A、B 各自的发射率。

解：据已知可列出下列两个方程：

$$\frac{5.67\times(5.73^4-4.494^4)}{\frac{1}{0.5}+\frac{1}{\varepsilon_A}-1}=\frac{5.67\times(4.494^4-3.73^4)}{\frac{1}{\varepsilon_B}+\frac{1}{0.8}-1}$$

$$\frac{5.67\times(5.73^4-5.285^4)}{\frac{1}{0.5}+\frac{1}{0.6}-1}=\frac{5.67\times(5.285^4-3.73^4)}{\frac{1}{0.8}+\frac{1}{\varepsilon_A}-1}$$

由此两式化简可得

$$\frac{670.12}{\varepsilon_B}-\frac{214.31}{\varepsilon_A}=46.78$$

$$\frac{297.85}{\varepsilon_A}-\frac{586.58}{\varepsilon_B}=512.12$$

由此解得 $\varepsilon_B=0.5974\cong 0.6$，$\varepsilon_A=0.2$。

9-43 两块尺寸为 1m× 1m 的平行平板 1、2，被置于温度为 20 ℃的大房间中，两板间相距 1m，发射率分别为 0.4 及 0.6，温度分别维持在 500 ℃与 350 ℃。不考虑两板背面的换热。今在两板的中间位置上插入一块发射率为 0.05、尺寸为 1m× 1m 的薄平板 3，且没有采取任何措施来维持平板 3 的温度。试用网络法确定，当中间插入的平板 3 达到热稳态时平板 1、2 各自的净辐射传热量及板 3 的温度。

解：设板 3 的两个表面分别为 $3L$ 及 $3R$，房间表面为 4，

则这一换热系统的辐射网络图如下图所示：

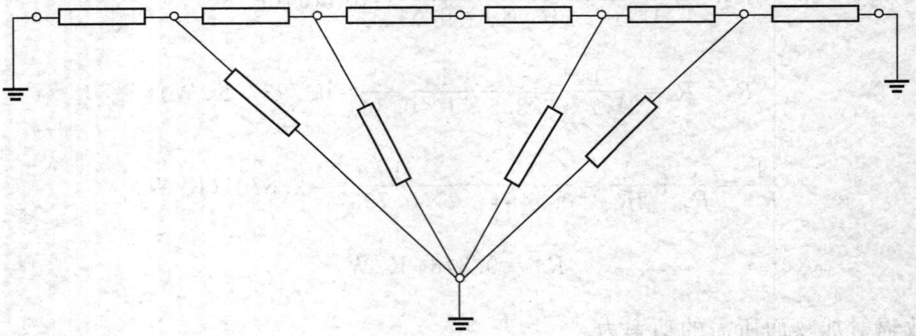

热阻计算

$$R_1=\frac{1-\varepsilon_1}{\varepsilon_1 A_1}=\frac{1-0.4}{0.4\times 1}=1.5(\text{K/W}),R_2=\frac{1}{A_1 x_{1,3}}=\frac{1}{1\times 0.415}=2.41(\text{K/W}),$$

$$R_3=\frac{1-\varepsilon_3}{\varepsilon_3 A_3}=\frac{1-0.05}{0.05\times 1}=19(\text{K/W}),R_4=19\ \text{K/W},R_5=\frac{1}{A_2 x_{2,3}}=\frac{1}{1\times 0.415}=2.41(\text{K/W}),$$

$$R_6=\frac{1-\varepsilon_2}{\varepsilon_2 A_2}=\frac{1-0.6}{0.6\times 1}=0.667(\text{K/W}),R_7=\frac{1}{A_1 x_{1,4}}=\frac{1}{1\times(1-x_{1,3})}=\frac{1}{0.585}=1.709(\text{K/W}),$$

$$R_8=\frac{1}{A_3 x_{3,4}}=1.709\ \text{K/W},R_9=R_{10}=1.709\ \text{K/W}$$

黑体辐射强度

$$E_{b1}=5.67\times7.73^4=20244(\mathrm{W/m^2})$$

$$E_{b2}=5.67\times6.23^4=8542(\mathrm{W/m^2})$$

$$E_{b4}=5.67\times2.93^4=417.9(\mathrm{W/m^2})$$

未知量为 J_1、J_2、J_{3L}、J_{3R}、E_{b3}

对 J_1：

$$\frac{20244-J_1}{1.5}+\frac{J_{3L}-J_1}{2.41}+\frac{417.9-J_1}{1.709}=0$$

对 J_2：

$$\frac{8542-J_2}{0.667}+\frac{J_{3R}-J_2}{2.41}+\frac{417.9-J_2}{1.709}=0$$

对 J_{3L}：

$$\frac{J_1-J_{3L}}{2.41}+\frac{E_{b3}-J_{3L}}{19}+\frac{417.9-J_{3L}}{1.709}=0$$

对 J_{3R}：

$$\frac{E_{b3}-J_{3R}}{19}+\frac{417.9-J_{3R}}{1.709}+\frac{J_2-J_{3R}}{2.41}=0$$

对 E_{b3}：

$$\frac{E_{b3}-J_{3L}}{19}+\frac{E_{b3}-J_{3R}}{19}=0$$

解上述方程组，得

$$J_1=9196\ \mathrm{W/m^2},J_2=5633\ \mathrm{W/m^2},J_{3L}=3823\ \mathrm{W/m^2}$$

$$J_{3R}=2847\ \mathrm{W/m^2},E_b=3155\ \mathrm{W/m^2}$$

表面 1 的净辐射传热量为

$$\Phi_1=(E_{b1}-J_1)-\frac{1-\varepsilon_1}{\varepsilon_1A_1}=\frac{20244-9196}{1.5}=7365(\mathrm{W})$$

表面 2 的净辐射传热量为

$$\Phi_2=(E_{b2}-J_2)-\frac{1-\varepsilon_2}{\varepsilon_2A_2}=\frac{8542-5633}{0.667}=4361(\mathrm{W})$$

平板 3 的温度为

$$T_3=\sqrt[4]{3155/5.67}\times100=486(\mathrm{K})$$

9-44　用单层遮热罩抽气式热电偶测量一设备中的气流温度。已知设备内壁温度为 90 ℃，热接点与遮热罩表面的发射率均为 0.6，气体对热接点及遮热罩的表面传热系数分别为 40 W/(m² · K)及 25 W/(m² · K)。当气流真实温度 $t=180$ ℃时，热电偶的指示值为多少？

解：根据题意，可以假设热电偶指示值为 t_1，遮热罩平均温度为 t_3，则有以下两个关系式：

(1)$h_1(t_f-t_1)=\varepsilon\sigma_0(T_1{}^4-T_3{}^4)$

(2)$2h_2(t_f-t_3)=\varepsilon\sigma_0(T_3{}^4-T_w{}^4)$

代入数据，解(2)式得由此 $T_3=439.5$ K，

代入(1)得

$$25\times(273+180-T_1)=3.402\times\left[\left(\frac{T_1}{100}\right)^4-373.1\right]$$

由此解得

$$T_1=448.7\ \text{K}$$

即热电偶的指示值为

$$t_1=448.7-273=175.7(℃)$$

9-45　用裸露的热电偶测定圆管气流的温度，热电偶的指示值为 $t_1=170$ ℃。管壁温度 $t_w=90$ ℃，气流对热节点的对流传热系数为 $h=50$ W/(m² · K)，热节点表面发射率为 $\varepsilon=0.6$。试确定气流的真实温度及测温误差。

解：由热平衡可知

$$h(t_f-t_1)=\varepsilon\sigma_0(T_1{}^4-T_w{}^4)$$

化简可得

$$t_f=t_1+\frac{\varepsilon C_0}{h}\left[\left(\frac{T_1}{100}\right)^4-\left(\frac{T_w}{100}\right)^4\right]$$

$$=170+\frac{0.6\times5.67}{50}\times(4.43^4-3.63^4)$$

$$=184.4(℃)$$

则测温误差为

$$\frac{184.4-170}{184.4}\times100\%=7.8\%$$

9-46　一热电偶被置于外径为 5 mm 的不锈钢套管中($\varepsilon=0.7$)，且热节点与套

管底紧密的接触。该套管被水平地置于一电加热炉中，以测定炉内热空气的温度。已知炉壁的平均温度510 ℃，该热电偶读数为500 ℃，试确定空气的真实温度。空气与套管间的换热为自然对流传热。

解：稳态时，炉壁与热电偶间的净辐射传热量等于热电偶与气体之间的自然对流传热，即

$$\varepsilon C_0\left[\left(\frac{T_{w1}}{100}\right)^4-\left(\frac{T_{w2}}{100}\right)^4\right]=h(t_{w2}-t_f)$$

自然对流传热本应以$\frac{1}{2}(t_{w2}+t_f)$为定性温度，因t_f未知，姑且以t_{w2}为定性温度，查得

$$\lambda=0.0574\ \mathrm{W/(m\cdot k)},\nu=79.38\times10^{-6}\ \mathrm{m^2/s},Pr=0.687$$

则对流传热系数为

$$h=0.53\times9.8^{\frac{1}{4}}\times\left(\frac{1}{273+500}\right)^{1/4}\times\frac{0.0574\times0.687^{1/4}}{(79.38\times10^{-6})^{1/2}}\left(\frac{\Delta t}{d}\right)^{1/4}$$

$$=1.043\left(\frac{\Delta t}{d}\right)^{1/4}$$

$$=3.923\Delta t^{\frac{1}{4}}$$

代入热平衡方程式得

$$0.7\times5.67\times(7.83^4-7.73^4)=3.923\ (t_{w2}-t_f)^{1/4}$$

由此解得空气的真实温度为

$$t_f=500-\left(\frac{747.6}{3.923}\right)^{4/5}=433.3(℃)$$

9-47 在上题中，如果把装有热电偶的套管置于管道中，用来测定作强制对流的气流温度。气流方向与套管轴线垂直，流速为10 m/s，其他条件不变。试确定此条件下气流的真实温度。

解：气流方向与套管轴线垂直，流速为10 m/s，其他条件不变时，可以把t_{w2}为定性温度，$Re=\frac{ud}{\nu}=\frac{10\times0.005}{79.38}\times10^6=629.9$

$$Nu=0.683\times0.687^{1/3}\times Re^{1/3}=0.603\times629.9^{1/3}=12.15$$

$$h=Nu\lambda/d=12.15\times0.0574/0.005=139.5[\mathrm{W/(m^2\cdot K)}]$$

$$t_f=500-\frac{747.6}{139.5}=500-5.36\cong495(℃)$$

9-48 一个双槽形大电流母线的截面尺寸如附图所示。试确定从一个槽体的内表面发出的辐射能穿过槽间间隙落到环境中的百分数。已知 $H=100$ mm，$S=30$ mm，$W=40$ mm。垂直于低面方向无限长。

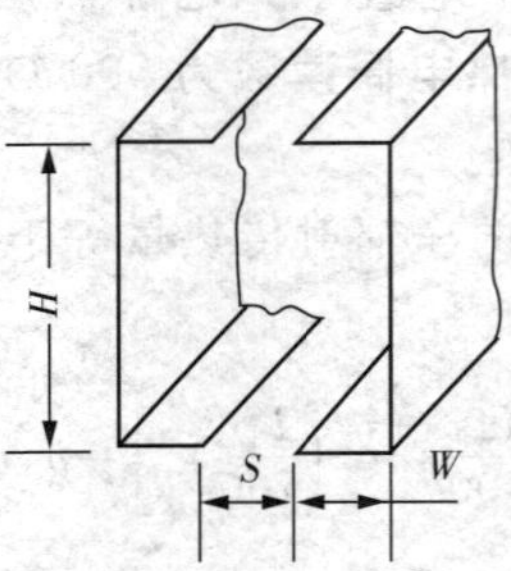

解:根据题意,已知 $H=100\ \text{mm}$,$S=30\ \text{mm}$,$W=40\ \text{mm}$。垂直于低面方向无限长。

只要研究其中半个图形发出的辐射能穿过上、下开孔处的百分数即可。由于上下的对称性,只需研究穿过一个开孔处的百分数。如下,作辅助线如图。

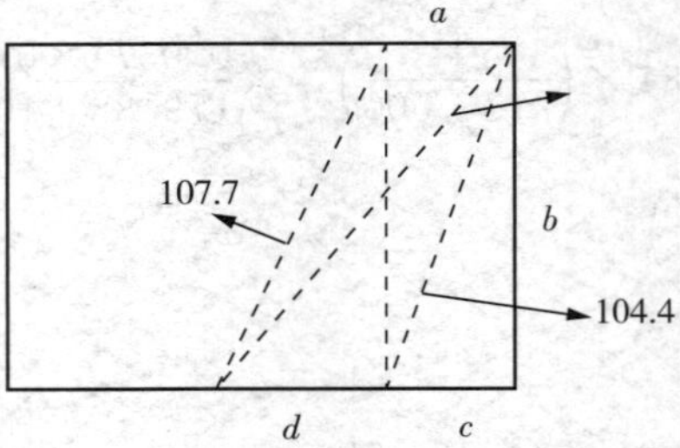

显然:

$$x_{a,d}=\frac{122.07+100-(104.4+107.7)}{2\times 30}=0.166$$

$$x_{b,c+d}=\frac{100+(30+40)-122.07}{200}=0.2397$$

$$x_{b,c}=\frac{100+30-104.4}{200}=0.128$$

$$x_{b,d}=x_{b,c+d}-x_{b,c}=0.2397-0.128=0.1117$$

$$x_{c,d}=0$$

$$A_{a+b+c}x_{a-b+c,d}=A_a x_{a,d}+A_b x_{b,d}+A_c x_{c,d}$$

可得

$$x_{a+b+c,d}=\frac{A_a x_{a,d}+A_b x_{b,d}}{A_{a+b+c}}=\frac{30\times 0.166+100+0.1117}{30+100+30}=10.1\%$$

故向上、下开孔处辐射出去的百分数为 20.2%,由于左右对称,整个内表面发出而落到环境中的百分数即为 20.2%。

9-49 如附图所示,两薄平板 A、B 被置于一绝热的空间内,并位于同一平面上,面积分别为 A_A、A_B,其 4 个表面的发射率分别为 ε_1、ε_2、ε_3、ε_4。板 A、B 分别维持在

恒定温度 T_A 及 T_B。试画出这一辐射传热系统的网络图，并列出计算板 A、B 间净辐射传热量的表达式。

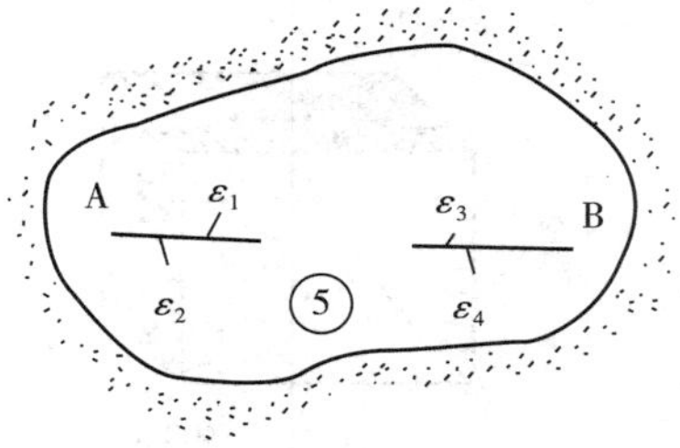

解：根据题意，可以将这一换热系统的网络图绘制如下：

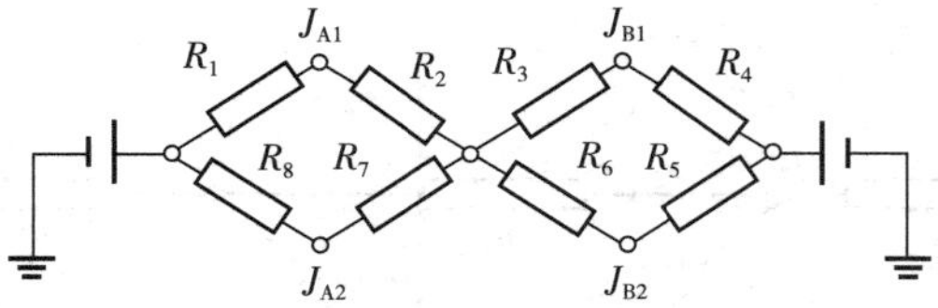

其中热阻为

$$R_1=\frac{1-\varepsilon_1}{\varepsilon_1 A_A},R_2=\frac{1-\varepsilon_2}{\varepsilon_2 A_A},R_3=\frac{1}{A_A x_{A1,5}},R_4=\frac{1}{A_A x_{A2,5}},R_5=\frac{1}{A_B x_{B3,5}}$$

$$R_6=\frac{1}{A_B x_{B4,5}},R_7=\frac{1-\varepsilon_3}{\varepsilon_3 A_B},R_8=\frac{1-\varepsilon_4}{\varepsilon_4 A_B}$$

A、B 两板之间总的辐射传热量为

$$\Phi=\frac{E_{bA}-E_{bB}}{\sum R}$$

其中 $\sum R=R_A^*+R_B^*$

$$\frac{1}{R_A^*}=\frac{1}{R_1+R_3}+\frac{1}{R_2+R_4},\frac{1}{R_B^*}=\frac{1}{R_5+R_7}+\frac{1}{R_6+R_8}$$

因平板 A、B 位于同一平面上，故以上诸表达式中的角系数均为 1。

9-50　设有如图示得一箱式炉，炉顶为加热面，底面为冷面，四侧为绝热面。试：

(1)把四周绝热面作为一个表面处理，计算加热面的净辐射传热量及绝热面的温度；

(2)把侧面沿高度三等分，假设每一分区中的温度均匀，采用数值计算方法计算热表面的净辐射传热量及三区中的温度；

(3)把侧面沿高度五等分,重复上述计算,并把侧面作为单区、三区及五区的三种计算结果作一比较。

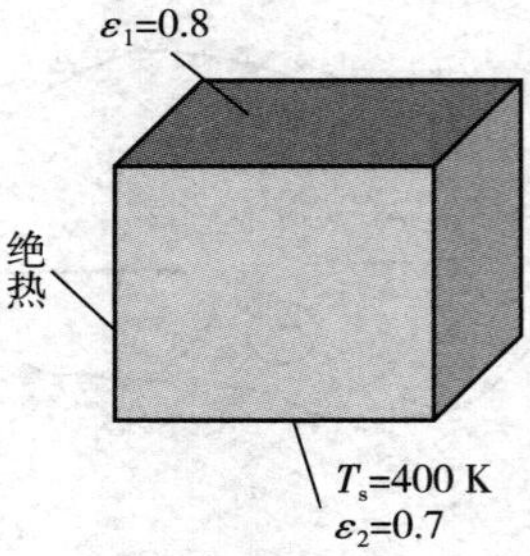

解:(1)根据题意,可以把四周绝热面作为一个表面来处理时,则辐射网络图如图所示:

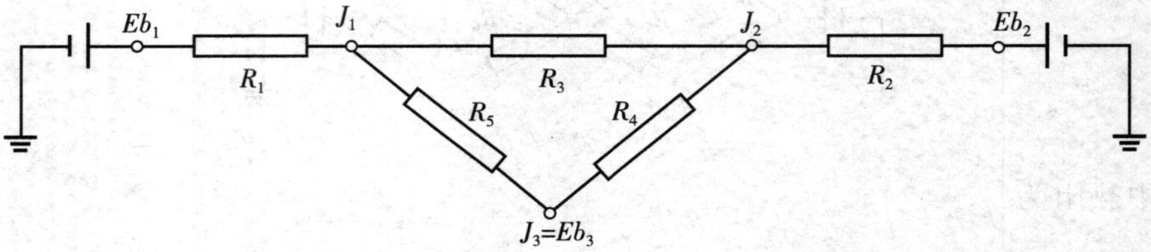

热阻计算为

$$R_1=\frac{1-\varepsilon_1}{\varepsilon_1 A_1}=\frac{1-0.8}{0.8\times0.3^2}=2.778(\mathrm{K/W})$$

$$R_2=\frac{1-\varepsilon_2}{\varepsilon_2 A_2}=\frac{1-0.7}{0.7\times0.3^2}=4.762(\mathrm{K/W})$$

$$R_3=\frac{1}{A_1 x_{1,2}}=\frac{1}{0.3^2\times0.2}=55.56(\mathrm{K/W})$$

$$R_5=R_4=\frac{1}{A_2 x_{2,3}}=\frac{1}{0.3^2\times(1-0.2)}=13.89(\mathrm{K/W})$$

$$\frac{1}{R^*}=\frac{1}{R_3}+\frac{1}{2R_4}=\frac{1}{55.56}+\frac{1}{2\times13.89}=0.018+0.036=0.054(\mathrm{K/W})$$

$$R^*=18.52\ \mathrm{K/W}$$

1、2 表面间的净辐射传热量

$$\Phi=\frac{E_{b1}-E_{b2}}{R_1+R^*+R_2}=\frac{5.67\times(6^4-4^4)}{2.778+18.52+4.762}=\frac{7348.3-1451.5}{26.06}=226.3(\mathrm{W})$$

由 $\dfrac{E_{b1}-J_1}{R_1}=\dfrac{J_2-E_{b2}}{R_2}=226.3$，解得 $J_1=6719.6\ \mathrm{W/m^2}$，$J_2=2529.4\ \mathrm{W/m^2}$，

$$\begin{aligned}J_3&=(x_{1,3}J_1A_1+x_{2,3}J_2A_2)/A_3\\&=x_{3,1}J_1+x_{3,2}J_2\\&=0.2(6719.6+2529.4)\\&=1849.8(\mathrm{W/m^2}),\end{aligned}$$

$$E_{b3}=J_3=5.67\times10^{-6}T_3^4$$

$$T_3=425\ \mathrm{K}=152\ ℃$$

(2)如图所示：

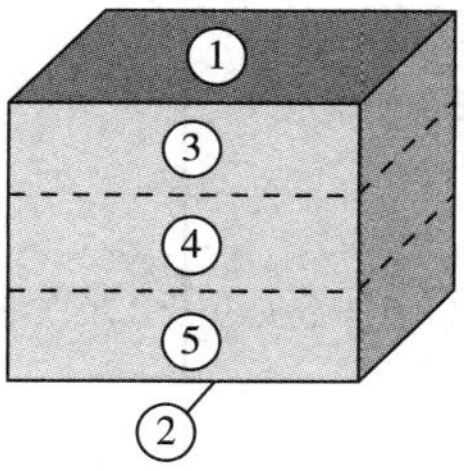

对顶面 1、底面 2 及侧面 3、4、5 分别列出有效辐射方程：

$$J_1=\varepsilon_1\sigma_0T_1^4+(1-\varepsilon_1)\left(\sum_{j=1}^{5}x_{1,j}J_j\right)$$

$$J_2=\varepsilon_2\sigma_0T_2^4+(1-\varepsilon_2)\left(\sum_{j=1}^{5}x_{2,j}J_j\right)$$

表面 3、4、5 为重辐射面，即 $E_{b1}=J_j$。对于重辐射角，其有效辐射等于投入辐射，则

$$J_3=\left(\sum x_{1,3}A_1J_1\right)/A_3$$

利用角系数的相对性，$x_{1,3}A_1/A_3=x_{3,1}$，故有

$$J_3=\sum_{j=1}^{5}x_{3,1}J_1,J_4=\sum_{j=1}^{5}x_{4,j}J_j,J_5=\sum_{j=1}^{5}x_{5,j}J_j$$

以上诸式的角系数均可采用代数方法算出，然后用计算机求解。

9-51　在直径为 D 的人造卫星外壳上涂了一层具有漫射性质的涂料，其光谱吸收特性为 $\alpha(\lambda)=0.6(\lambda\leqslant 3\ \mu m)$ 及 $\alpha(\lambda)=0.3(\lambda>3\ \mu m)$。如附图所示，当它位于地球的阴面一侧时，仅可得到来自地球的投入辐射 $G_e=340\ \mathrm{W/m^2}$，且可以视为是平行入射线。而位于地球的亮面一侧时，可同时收到来自太阳与地球的投入辐射，且太阳的投入

辐射 $G_t=1353\ W/m^2$。地球辐射可视为 280 K 下的黑体辐射，人造卫星表面的温度总在 500 K 以下。试分别计算位于阴面与亮面时，在稳态情形下的表面平均温度。

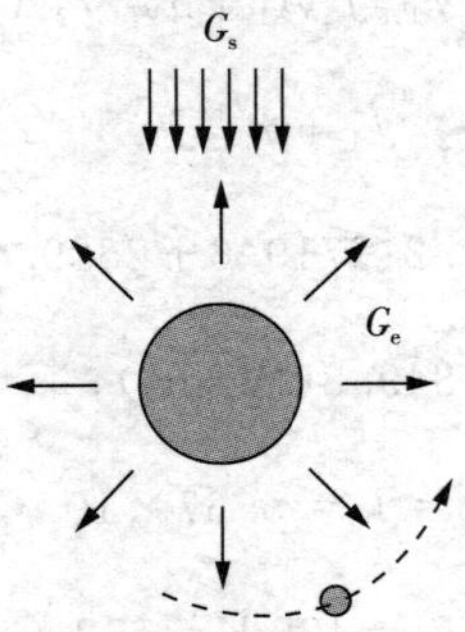

解：(1)当位于阴面时，0～3 μm 的辐射能占 280 K 黑体辐射能份额：

$$280\times3=840\ \mu m\cdot K$$

$$F_{b(0\sim3)}=0.00774\%$$

故 $F_{b(3\sim\infty)}=99.9923\%$

$$h=(0.00774\times0.6+99.9923\times0.3)\%=30.00\%$$

故可得

$$q_吸=0.30\times340=102.00(W/m^2)$$

热平衡式为

$$\frac{\pi D^2}{4}q_吸=\pi D^2C_0\left(\frac{T}{100}\right)^4$$

解得

$$T=145.6\ K$$

(2)当位于阳面时，0～3 μm 的辐射能占 5800 K 黑体辐射能的份额：

$$5800\times3=17400\ \mu m\cdot K, F_{b(0\sim3)}=97.87\%$$

故 $q_吸=102.01+(0.6\times0.9787+0.30\times0.0213)\times1353=905.16(W/m^2)$

热平衡式为

$$\frac{\pi D^2}{4}q_吸=\pi D^2C_0\left(\frac{T}{100}\right)^4$$

解得

$$T=251.3\ K$$

9-52　一正三角形截面的通道垂直于纸面方向为无限长。3 个表面中，已知表

面1、2有均匀的辐射传热热流,而表面3有均匀壁温,表面反射率均为 ε。试:

(1)写出确定3个表面有效辐射 J_1、J_2、J_3 的方程式;

(2)写出确定表面1、2温度的方程式;

(3)写出表面3净辐射传热热流的方程式。

解:(1)对已知壁温的表面3,可得

$$J_1 = \varepsilon\sigma_0 T_3^4 + (1-\varepsilon)(x_{3,1}J_1 - x_{3,2}J_2)$$

对已知辐射传热热流密度的表面1及2,将 $q_i = \dfrac{E_{bi} - J_i}{(1-\varepsilon_i)/\varepsilon_i}$ 的关系代入上式,得

$$J_i = \varepsilon_i\left(J_i + \frac{1-\varepsilon_i}{\varepsilon_i}q_i\right) + (1-\varepsilon_i)\sum_j x_{i,j}J_j$$

整理可得

$$J_i(1-\varepsilon_i) = (1-\varepsilon_i)q_i + (1-\varepsilon_i)\sum_{j=1} x_{i,j}J_j + (1-\varepsilon_i)x_{i,j}J_i$$

故

$$J_i = \frac{1}{1-x_{i,j}}\left(\sum_{j\neq i} x_{i,j}J_j + q_i\right)$$

对表面1、2,$x_{1,1} = x_{2,2} = 0$,$\therefore J_1 = q_1 + x_{1,2}J_2 + x_{1,3}J_3$

$$J_2 = q_2 + x_{2,1}J_1 + x_{2,3}J_3,$$

以上诸式中,$x_{1,2} = x_{1,3} = x_{3,2} = 0.5$

(2)由 J_1、J_2、J_3 的联立方程解得 J_1、J_2、J_3 后,即可以由以下两式确定

$$\sigma_0 T_1^4 = J_1 + \frac{1-\varepsilon}{\varepsilon}q_1,\ \sigma_0 T_2^4 = J_2 + \frac{1-\varepsilon}{\varepsilon}q_2$$

(3)解出 J_3 后,可确定 q_3,$q_3 = \dfrac{E_{b3} - J_3}{(1-\varepsilon)/\varepsilon}$。

9.3.5 综合分析

9-53 对于《传热学(第6版)》(陶文铨编著)例题9-15,重新计算把三个表面按照立体来处理的发动力外壳的辐射散热量。

解:

辐射传热量 Q 的计算公式为

$$Q = \sigma \cdot A \cdot \varepsilon \cdot (T^4 - T_\infty^4)$$

温差计算

$$T^4 - T_\infty^4 = 400^4 - 300^4 = 2.56\times10^{10} - 8.1\times10^9 = 1.75\times10^{10}$$

各表面辐射散热量

$$Q_1 = 1.59\times10^3\ \mathrm{W}$$

$$Q_2 = 1.78\times10^3\ \mathrm{W}$$

$$Q_3 = 1.99\times10^3\ \mathrm{W}$$

总辐射散热量

$$Q_{\text{total}} = Q_1 + Q_2 + Q_3$$

$$Q_{\text{total}} = 1.59\times10^3 + 1.78\times10^3 + 1.99\times10^3$$

$$Q_{\text{total}} = 5.36\times10^3\ \mathrm{W}$$

因此,总辐射散热量为 5360 W。

9－54　如图,一排平行布置的圆柱状电加热元件用来使炉墙的一个表面维持在 500 K,该墙的外侧面绝热良好,而内侧受温度 $T_f = 450$ K 的流体冷却,$h = 200$ W/(m^2·K)。炉子的另一侧墙壁维持在温度 300 K。该加热元件及两个墙表面均可作为黑体。试确定加热元件表面的工作温度。设所有表面均可作为黑体处理。

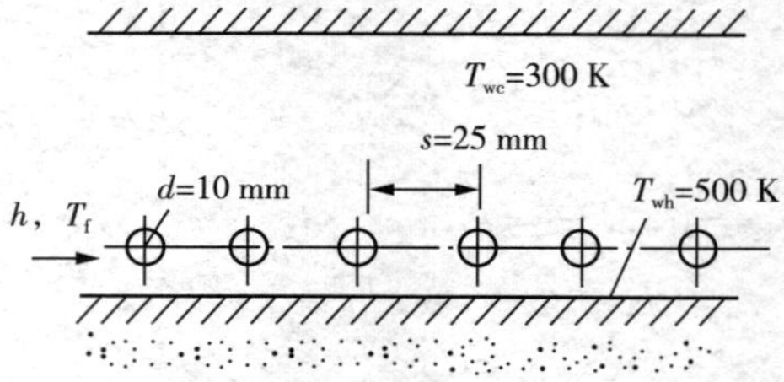

解:对外侧绝热的表面作平衡分析,稳态时有:

$$q_{ch} = q_{hc} + q_{conv}$$

q_{ch}:加热元件与热表面间的换热;
q_{hc}:热表面与冷表面间辐射传热;
q_{conv}:对流传热。
于是有:

$$h(T_{wh} - T_f) = A_c x_{ch}(T_e^4 - T_{wh}^4)\sigma_0 - x_{hc}(T_{wh}^4 - T_{wc}^4)\sigma_0$$

$$x_{hc} = 1 + \frac{d}{s}\arccos\left(\frac{d}{s}\right) - \left[1 - \left(\frac{d}{s}\right)^2\right]^{\frac{1}{2}}$$

$$= 1 + \frac{10}{25}\arccos\left(\frac{10}{25}\right) - \left[1 - \left(\frac{10}{25}\right)^2\right]^{\frac{1}{2}}$$

$$= 1 + 0.4\arccos 0.4 - (1 - 0.4^2)\frac{1}{2}$$

$$= 0.5472$$

$$x_{ch} = 1 - x_{hc} = 1 - 0.5472 = 0.4528$$

故可得

$$T_e^4=\frac{500^4+0.4528(500^4-300^4)}{0.5472}+\frac{200\times(500-450)}{5.67\times10^{-8}\times0.5472}$$

$$=4815.4\times10^8(\text{K}^4)$$

即 $T_e=\sqrt{4.815.4\times10^8}=833(\text{K})$。

9-55　一燃烧试验设备的壁面上安置了一块圆形的耐热玻璃，直径为 5 cm，穿透比 $r=0.9$，发射率 $\varepsilon=0.3$，反射比 $\rho=0$。环境温度为 20 ℃。玻璃温度是均匀的，其表面与壁面齐平，外表面的对流传热表面传热系数为 9.6 W/(m² · K)。燃烧温度为 1000 K。试确定玻璃的温度及散失到环境中的热量。

解：当玻璃处于稳态换热时，可以认为玻璃与炉膛间辐射传热中玻璃吸收的部分能量＝外表面的自然对流传热＋与环境间的辐射传热。

于是有

$$0.1\left\{5.67\times0.3\times\left[10^4-\left(\frac{T}{100}\right)^4\right]\right\}=5.67\times0.3\times\left[\left(\frac{T}{100}\right)^4-0.93^4\right]+9.6(T-293)$$

由此得

$$T=483.2-0.1949\left(\frac{T}{100}\right)^4$$

解得 $t=148.58$ ℃

故散热量为

$$\Phi=\{5.67\times0.3\times[4.215^4-2.93^3]+9.6(148.5-20)\}\times\frac{3.1416\times0.05^2}{4}=3.23(\text{W})$$

9-56　一种利用半导体材料直接进行发电的原理如图所示，位于中心的陶瓷管受内部燃气加热维持表面温度为 1950 K，半导体材料制成 $d_o=0.35$ m 的圆管，其外用导热性能极好的金属层围住，金属层外用 293 K 的冷却水予以冷却。陶瓷管与半导体表面之间为真空。$d_1=25$ mm，陶瓷管表面为漫灰体，$\varepsilon=0.95$；半导体材料亦可视为漫灰体，$\varepsilon=0.45$。半导体材料输出的电功率是其所吸收的辐射能中 $\lambda=0.6\sim25$ μm 范围内的辐射能的 10%。试确定单位长度设备所能输出的电功率。设沿直径方向可视为无限长。

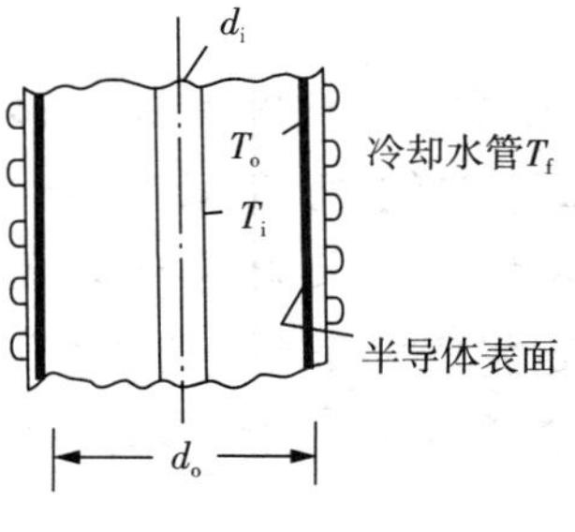

解：近视认为陶瓷外表面温度即为燃气温度，半导体表面温度即为冷却水温度。则内管表面与半导体表面之间形成两平行的换热系统。

单位外表面积上的换热量为

$$\Phi=\frac{A_L/A_0(E_{b1}-E_{b0})}{\frac{1}{\varepsilon_l}+\frac{r_1}{r_0}\left(\frac{1}{\varepsilon_0}-1\right)}$$

$$=\frac{r_1/r_0(E_{b1}-E_{b0})}{\frac{1}{\varepsilon_l}+\frac{r_1}{r_0}\left(\frac{1}{\varepsilon_0}-1\right)}$$

$$=\frac{25/350\times5.67\times(19.5^4-2.93^4)}{\frac{1}{0.95}+\frac{25}{350}\left(\frac{1}{0.45}-1\right)}$$

$$=51.35(\mathrm{kW/m^2})$$

由于 $T_0\sim T_1$，所以外表面的辐射传热量实际上等于所吸收的内表面的辐射传热量。

功率为

$$P=\eta q[F_{b(0\sim2.5\mu m)}-F_{b(0\sim0.6\mu m)}]$$

其中

$$F_{b(0-2.5\mu m)}=0.6079+\frac{63.41-60.79}{200}\times0.75=0.6079+0.0098=61.77\%$$

$$F_{b(0-0.6\mu m)}=0.000916+\frac{0.214-0.0916}{100}\times0.70=0.000916+0.001499=0.1773\%$$

$$F_{b(0-2.5\mu m)}-F_{b(0-0.6\mu m)}=0.6177-0.001773=61.6\%$$

代入功率公式计算

$$p=0.1\times51.35\times0.616=3.16(\mathrm{kW/m^2})$$

单位长度外表面面积为

$$A_0=1\times0.35\times3.1416=1.0996(\mathrm{m^2/m})$$

单位长度上功率为

$$3.16\times1.0996=3.47(\mathrm{kW/m})$$

9-57　**在一个刮风的日子里，太阳投射到一幢大楼的平屋顶上的辐射能为 980 W/m²，屋顶与温度为 25 ℃ 的气流间的对流传热的表面传热系数为 25 W/(m²·K)。天空可以看着为 −40 ℃ 的黑体。屋顶材料对太阳能的吸收比为 0.6，自身发射率为 0.2。试确定屋顶表面在稳态下的温度。**

解：稳态下屋顶所吸收的太阳能等于其向环境的自然对流及辐射传热量，即

$$0.6\times980=25\times(T-298)+0.2\times5.67\times\left[\left(\frac{T}{100}\right)^4-2.33^4\right]$$

由此得

$$25T=8071.4-1.134\times\left(\frac{T}{100}\right)^4$$

解得

$$T=318.2\ \text{K}$$

9-58　煤粉炉炉膛中的水冷壁管常因其表面结渣儿使传热过程受到削弱。为估计结渣、结灰的影响采用以下简化的模型：外径为 $d_1=50$ mm 的水冷壁管内部发生流动沸腾过程，饱和水温为 600 K。管外受 $T_\infty=1500$ K 的烟气对流传热，$h=100$ W/(m^2·K)。火焰对水冷壁管的辐射可以等效的看成为来自 $T_\infty=1500$ K 的大空间的辐射。水冷壁管发射率 $\varepsilon_r=0.8$。试对下列两种情况下单位管子长度上水冷壁管从炉膛得到的热量：(1)管外干净无灰渣；(2)管外结了一层均匀灰渣，厚 $\delta=5$ mm，其导热系数为 1 W/(m·K)，灰渣表面发射率 $\varepsilon_d=0.9$，其余条件不变。

解：管内沸腾换热十分剧烈，可近似地认为 $T_{WF}\approx T_f=600$ K。

(1)无灰垢时，单位长度管子上的换热量为

$$\Phi_l=\Phi_{lconv}+\Phi_{lrad}$$

其中

$$\Phi_{lconv}=A_l\cdot h\cdot(T_\infty-T_1)$$

$$\Phi_{lrad}=A_l\sigma_0\varepsilon_r(T_\infty^4-T_1^4)$$

取 $T_1=600$ K，则有

$$\Phi_{lconv}=3.14\times0.05\times100\times(1500-600)=14.13(\text{kW/m})$$

$$\Phi_{lrad}=3.14\times0.05\times0.8\times5.67\times(15^4-6^4)=35.13(\text{kW/m})$$

$$\Phi_l=\Phi_{lconv}+\Phi_{lrad}=14.13+35.13=49.26(\text{kW/m})$$

(2)表面结灰垢时，灰垢层热阻：

$$R_A=\frac{\ln d_d/d_0}{2\pi\lambda_d}=\frac{\ln60/50}{2\times3.14\times1}=\frac{0.1823}{6.28}=0.02903(\text{K/W})$$

对流辐射环节总热阻：

$$\sum R=\frac{1}{A_1h_{con}+A_1h_{rad}}=\frac{1}{15.70+39.03}=\frac{1}{54.73}=0.01827(\text{K/W})$$

结灰垢后的计算关键是要找出灰垢表面温度 T_d，它应满足以下关系式：

$$\frac{T_d - 600}{\dfrac{\ln d_d/d_0}{2\pi\lambda_d}} = \frac{1500 - T_d}{\dfrac{1}{A_1 h_{con} + A_1 h_{rad}}}$$

其中 $h_{rad} = \varepsilon_d\sigma_0(T_\infty^3 + T_\infty^2 T_d + T_\infty T_\infty^2 + T_d^3)$，

取 $T_d = 1300$ K 计算：

$$h_{rad} = 5.103 \times 10^{-2} \times (3375 + 225 \times 13 + 15 \times 169 + 13^2) = 563[\mathrm{W/(m^2 \cdot K)}]$$

$$\Phi_{LCOB} = \frac{1300 - 600}{0.02903} = 24113(\mathrm{W/m})$$

$$\Phi_{lcon \cdot rad} = 3.14 \times 0.06 \times (100 + 563) \times 200 = 2498.18(\mathrm{W/m})$$

又取 $T_d = 1305$ K，

$$h_{rad} = 5.103 \times 10^{-2} \times (3375 + 225 \times 13.05 + 15 \times 169 + 13.05^2) = 565.8[\mathrm{W/(m^2 \cdot K)}]$$

$$\Phi_{LCOB} = \frac{1305 - 600}{0.02903} = 24285(\mathrm{W/m})$$

$$\Phi_{lcon \cdot rad} = 3.14 \times 0.06 \times (100 + 565.8) \times 185 = 24461(\mathrm{W/m})$$

两者的偏差已小于 1%，取其平均值得结灰垢后的传热量为 24.4 kW/m。

9－59　一种测定高温下固体材料导热系数的示意性装置如图所示，厚为 δ 的方形试件(边长为 b)被置于一大加热炉的炉底，其侧边绝热良好，顶面受高温炉的辐射加热，底面被温度为 T_c 的冷却水冷却，且冷却水与地面间的换热相当强烈。试件顶面的发射率为 ε_s，表面温度 T_s 用光学高温测定。炉壁温度均匀，且为 T_w。测定在稳态下进行。试：

(1)导出试件平均导热系数计算式(设导热系数与温度呈线性关系)；

(2)对于 $T_w = 1400$ K、$T_s = 1000$ K、$T_c = 300$ K，$\varepsilon_s = 0.85$，$\delta = 0.015$ m 的情形，计算导热系数的值。

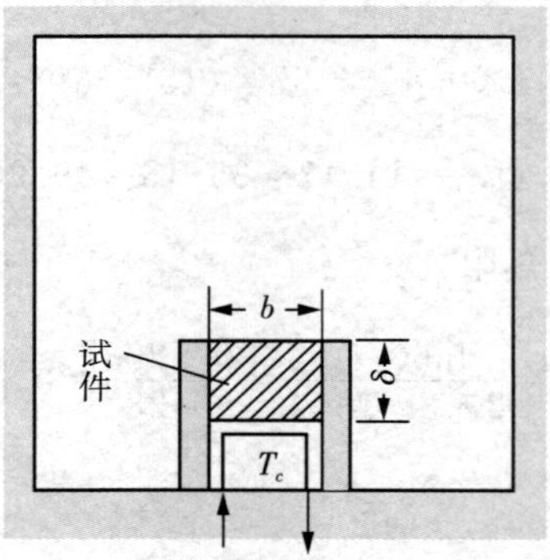

解：(1)在稳态工况下，试件顶面与炉膛的辐射传热量等于通过试件的导热量，且试件两表面温度分别为 T_s 和 T_c，故有

$$\varepsilon\sigma_0(T_w^4 - T_s^4) = \frac{(t_s - t_c)\lambda}{\delta}$$

化简整理可得

$$\lambda = \frac{\varepsilon\sigma_0(T_w^4 - T_s^4)}{t_s - t_c}$$

(2)代入上式数据得

$$\lambda = \frac{0.85 \times 5.67 \times (14^4 - 10^4) \times 0.0105}{1000 - 300} = 2.93[\mathrm{W/(m \cdot K)}]$$

9-60　设附图中 1、2 两表面在垂直于纸面方向上为无限长。为了求得 $X_{1,2}$，有一个学生连接了一个平行四边形并作出了假想表面 1′、2′。他认为，由于表面 1 发的辐射能在到达表面 2 之前先要经过假想面 1′，因而有 $X_{1,2} = X_{1',2'}$。$X_{1',2'}$ 可立即查图得出。你是否同意这种看法，阐述你的理由，并用具体例子说明之。

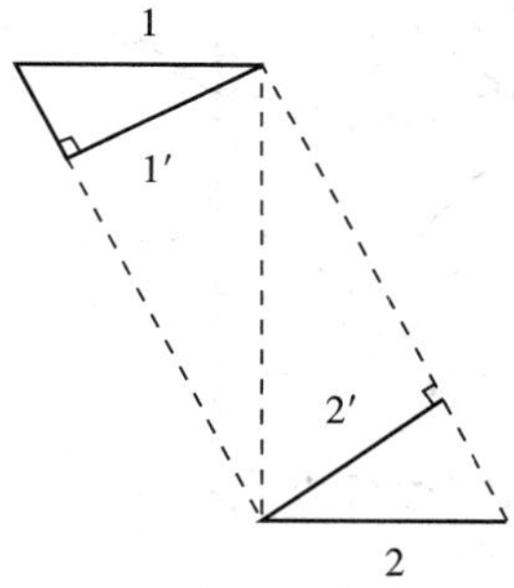

解：我不同意。这种方法是不正确的，因为对假想表面随意地赋予具有角系数计算时所假定的那些表面特性是不对的。举例如下：

如果设表面①、②宽度均为 1，其间垂直距离为 2。如图所示。

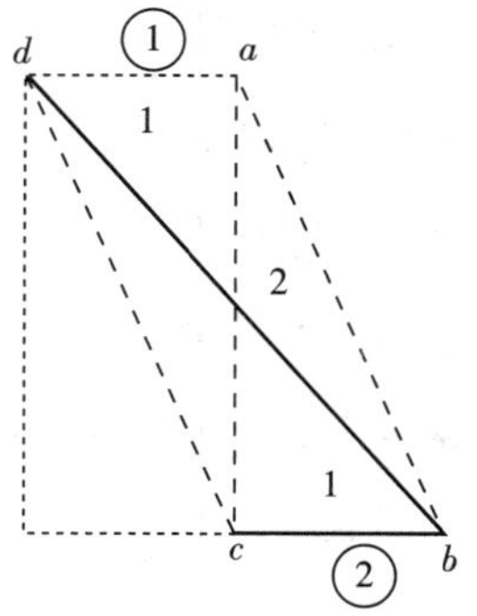

则对角线 $bd = \sqrt{2^2 + 2^2} = \sqrt{8} = 2\sqrt{2}$，非对角线 $ad = bc = \sqrt{1^2 + 2^2} = \sqrt{5}$

按交叉线法：

$$x_{12} = \frac{ac + bd - 2bc}{2ab} = \frac{2 + 2\sqrt{2} - 2\sqrt{5}}{2} = 0.1782$$

按学生提出的方法则有

$$\sin a=\frac{2}{\sqrt{5}}=0.8944, a=1.107, \cos a=0.4472$$

$$x_{12}=\frac{2\times2-1.7889\times2}{2\times0.8944}=0.236$$

可见两者是不同的，差 32.5%。

9-61　如图示一表面产生辐射制冷 q_{rc}，该表面同时发生对流传热 q_{conv}，与天空发生辐射传热 q_{sky}，并吸收太阳辐射 q_{sol}。试列出过程为稳态时四个物理量的热平衡关系式，并根据你的知识写出 q_{conv} 和 q_{sky} 的计算表达式。

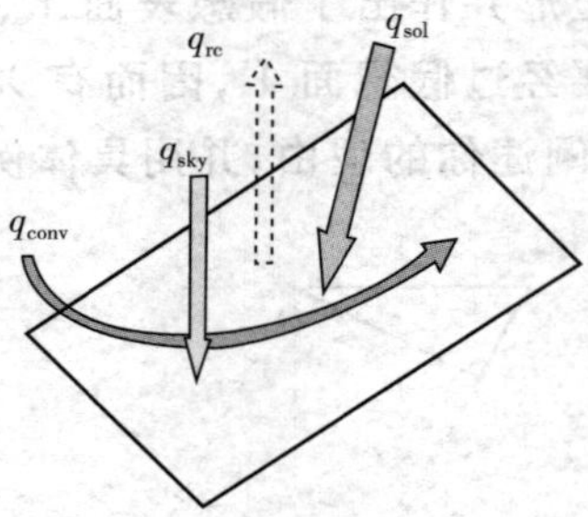

解：其热平衡关系式如下

在稳态条件下，表面的热平衡方程可以表示为

$$q_{sol}+q_{sky}+q_{conv}=q_{rc}$$

对流传热量可以用牛顿冷却定律表示为

$$q_{conv}=h\cdot A\cdot(T_s-T_\infty)$$

辐射传热量可以用斯蒂芬—玻尔兹曼定律表示为

$$q_{sky}=\varepsilon\cdot\sigma\cdot A\cdot(T_s^4-T_{sky}^4)$$

在稳态条件下，表面的热平衡关系式为

$$q_{sol}+\varepsilon\cdot\sigma\cdot A\cdot(T_s^4-T_{sky}^4)+h\cdot A\cdot(T_s-T_\infty)=q_{rc}$$

其中，对流传热 q_{conv} 和与天空的辐射传热 q_{sky} 的计算表达式分别为

$$q_{conv}=h\cdot A\cdot(T_s-T_\infty)$$

$$q_{sky}=\varepsilon\cdot\sigma\cdot A\cdot(T_s^4-T_{sky}^4)$$

这些表达式综合考虑了辐射和对流两种传热机制，以及吸收的太阳辐射，确保在稳态下的热平衡条件。

9-62　已知某型号超超临界发电机组一次再热 1000 MW 汽轮机的主蒸汽管

道，在某工况下主蒸汽温度 $t_g=600$ ℃，主蒸汽管道内表面强制对流传热的表面传热系数 $h_{p5}=7584$ W/(m² · K)。主蒸汽管道内直径 $d_2=0.38$ m，主蒸汽管道内直径 $d_3=0.58$ m，管道材料为 10Cr9MoW2VNbBN。选取硅酸铝棉制品作为保温材料，保温层厚度为 0.28 m，保温结构外直径 $d_4=1.14$ m，保温结构外表面采用不锈钢板作为保护层材料发射率取 $\varepsilon=0.3$。室外风速为值 $W=3.0$ m/s，横向吹过该主蒸汽管道，环境温度 $t_a=25$ ℃。假设各层之间接触良好，不存在接触热阻。硅酸铝棉制品的导热系数与温度的关系为

$$\{\bar{\lambda}\}_{W/(mg\cdot K)}=0.056+0.0002\{\bar{t}-70\}_{℃}$$

试计算保温层外表面温度、总体传热系数及单位长度管道的散热量。

解：这是一个多层传热问题，需要分别计算各层的传热情况，然后组合得到总的传热系数、保温层外表面温度以及单位长度管道的散热量。

1. 导热系数：

$$\lambda=0.056+0.0002\times(T-70)$$

假设保温层的温度均匀，取平均温度 T_{avg}：

$$T_{avg}\approx\frac{T_g+T_{out}}{2}$$

由于 T_{out} 还未知，初步估计 $T_{avg}\approx300$ K，导热系数为

$$\lambda_{avg}=0.056+0.0002\times(300-70)$$

$$=0.102[W/(m\cdot K)]$$

管道材料层：

$$R_1=\frac{\ln(d_3/d_2)}{2\pi k_{material}L}$$

假定 $k_{material}\approx30$ W/(m · K)：

$$R_1=\frac{\ln(0.58/0.38)}{2\pi\times30\times1}=\frac{0.392}{188.4}\approx0.00208(K/W)$$

保温层：

$$R_2=\frac{\ln(d_4/d_3)}{2\pi\lambda_{avg}L}$$

$$R_2=\frac{\ln(1.14/0.58)}{2\pi\times0.102\times1}=\frac{0.693}{0.641}\approx1.081(K/W)$$

外部对流层：

经验公式：$h_{conv}\approx10.45-W+10\times\sqrt{W}$

$$h_{\text{conv}} \approx 10.45 - 3.0 + 10 \times \sqrt{3.0}$$

$$\approx 10.45 - 3.0 + 17.32$$

$$\approx 24.77[\text{W}/(\text{m}^2 \cdot \text{K})]$$

外表面积：

$$A = \pi d_4 L$$

$$R_3 = \frac{1}{h_{\text{conv}} A} = \frac{1}{24.77 \times \pi \times 1.14 \times 1} \approx 0.0112(\text{K/W})$$

2. 总传热系数 U

总热阻：

$$R_{\text{total}} = R_1 + R_2 + R_3$$

$$R_{\text{total}} = 0.00208 + 1.081 + 0.0112 \approx 1.0943(\text{K/W})$$

总传热系数：

$$U = \frac{1}{R_{\text{total}}} \approx \frac{1}{1.0943} \approx 0.914[\text{W}/(\text{m} \cdot \text{K})]$$

保温层外表面温度 T_{out}

使用总传热系数计算：

$$q = U \times A \times (T_g - T_a)$$

单位长度的热量：

$$A = \pi d_4$$

$$q = 0.914 \times \pi \times 1.14 \times (600 - 25)$$

$$q \approx 0.914 \times 3.58 \times 575 \approx 1879(\text{W})$$

此时 q 代表单位长度的散热量。

9-63　编写一个能求解 $N(N \geqslant 8)$ 个表面组成的封闭孔腔内辐射传热的计算机程序，要求程序能同时处理已知壁温及辐射传热量的两类表面，同时输出：

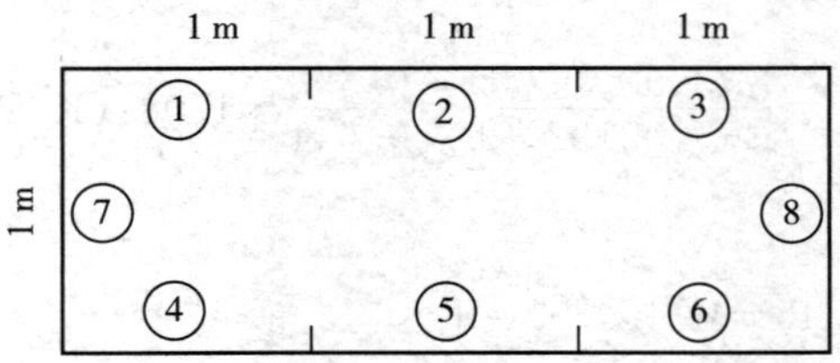

(1)各个表面的有效辐射;

(2)已知温度表面的辐射传热热流密度;

(3)已知辐射传热热流密度表面的温度。

并利用上述程序求解如附图所示的 8 个表面组成的封闭腔的辐射传热问题。已知条件如下表所示。

表面	1	2	3	4	5	6	7	8
T/K	400	500	400	700	800	700		
q							0	0
ε	0.6	0.6	0.6	0.2	0.2	0.2		
角系数 $X_{i,j}$								
	$j=1$	2	3	4	5	6	7	8
$i=1$	0	0	0	0.42	0.20	0.05	0.29	0.04
2	0	0	0	0.20	0.42	0.20	0.09	0.09
3	0	0	0	0.05	0.20	0.42	0.04	0.29
4	0.42	0.20	0.05	0	0	0	0.29	0.04
5	0.20	0.42	0.20	0	0	0	0.09	0.09
6	0.05	0.20	0.42	0	0	0	0.04	0.29
7	0.29	0.09	0.04	0.29	0.09	0.04	0	0.16
8	0.04	0.09	0.29	0.04	0.09	0.29	0.16	0

解:可以使用辐射网络的方法,该方法适用于处理已知壁温和辐射传热量的表面。下面是一个 Python 程序的示例,它可以处理 N 个表面组成的封闭腔内的辐射传热问题。

###Python 程序实施步骤

1. 输入数据和初始化:

表面温度和热流密度,表面发射率,角系数(视角系数)。

2. 计算辐射交换因子矩阵:

使用角系数来建立辐射交换因子矩阵。

3. 求解有效辐射、辐射传热热流密度和未知温度:

使用矩阵方程进行求解。

4. 输出结果:

```
''' python
import numpy as np

#设定常量
sigma = 5.67e-8  #Stefan-Boltzmann 常数
```

```
#输入数据
#表面温度(已知的表面用 Kelvin,未知的表面用 None)
temperatures = [400,500,400,700,800,700,None,None]
#表面辐射热流密度(已知的表面用 W/m^2,未知的表面用 None)
heat_fluxes = [None,None,None,None,None,None,0,0]

#表面发射率
emissivities = [0.6,0.6,0.6,0.2,0.2,0.2,None,None]

#角系数矩阵
view_factors = np.array([
[0,0,0,0.42,0.20,0.05,0.29,0.04],
[0,0,0,0.20,0.42,0.20,0.09,0.09],
[0,0,0,0.05,0.20,0.42,0.04,0.29],
[0.42,0.20,0.05,0,0,0,0.29,0.04],
[0.20,0.42,0.20,0,0,0,0.09,0.09],
[0.05,0.20,0.42,0,0,0,0.04,0.29],
[0.29,0.09,0.04,0.29,0.09,0.04,0,0.16],
[0.04,0.09,0.29,0.04,0.09,0.29,0.16,0]
])

#初始化
N = len(temperatures)
A = np.zeros((N,N))
B = np.zeros(N)

#构建方程组
    for i in range(N):
      for j in range(N):
        if i == j:
          A[i,j] = 1 - (1 - emissivities[i]) * view_factors[i,j]
        else:
          A[i,j] = - (1 - emissivities[i]) * view_factors[i,j]
      if temperatures[i] is not None:
        B[i] = emissivities[i] * sigma * (temperatures[i] ** 4)
      elif heat_fluxes[i] is not None:
          B[i] = heat_fluxes[i]

#求解
Q = np.linalg.solve(A,B)
```

```
#输出结果
for i in range(N):
    if temperatures[i] is None:
      temperatures[i] = (Q[i] /(emissivities[i] * sigma)) * * 0.25
    print(f"Surface {i + 1}:Effective Radiation = {Q[i]:.2f} W/m^2")

for i in range(N):
    if heat_fluxes[i] is None:
      heat_fluxes[i] = Q[i] - emissivities[i] * sigma * (temperatures[i] * * 4)
    print(f"Surface {i + 1}:Heat Flux = {heat_fluxes[i]:.2f} W/m^2")

for i in range(N):
    if temperatures[i] is not None:
      print(f"Surface {i + 1}:Temperature = {temperatures[i]:.2f} K")
'''
```

###解释说明

1. 输入数据和初始化：
   'temperatures':已知表面温度用开尔文(K),未知的用'None'。
   'heat_fluxes':已知的表面辐射热流密度用 W/m²,未知的用'None'。
   'emissivities':每个表面的发射率。
   'view_factors':角系数矩阵。
2. 构建方程组：
   使用'A'矩阵表示辐射交换因子,'B'矩阵表示已知条件。
   对于每个表面,计算辐射交换方程。
3. 求解：
   使用'np.linalg.solve'函数求解线性方程组。
4. 输出结果：
   输出每个表面的有效辐射和热流密度。
   如果已知表面的热流密度,计算相应温度。
5. 计算假设：
假设输入数据的单位是一致的(如 K 和 W/m2)。
角系数矩阵正确并符合物理规则。

以上程序可处理多达 N 个表面组成的封闭腔内的辐射传热问题,并输出各表面的有效辐射、辐射热流密度及未知温度。

9－64 如定义空间任意两个表面 1、2 间的辐射传热量为表面 1 的自身辐射最终为表面 2 所吸收的值减去表面 2 的自身辐射最终被表面 1 所吸收的值(包括直接辐射的吸收及经历各次反射后的吸收)。试导出如图所示的表面 1、2(平、凸表面)间的辐射传热计算式。设该两表面在垂直于纸面的方向上为无限长,表面 1、2 的 T_1、T_2 以及 ε_1、ε_2 为已知,表面 3 为 0 K 下的黑体。

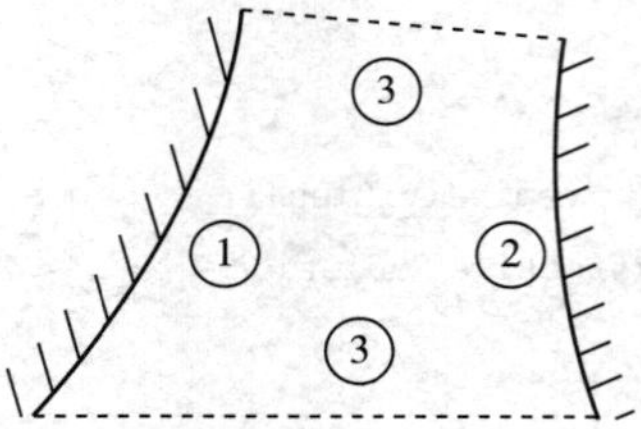

解:由于 A_1 及 A_2 均不是黑体,因而各自发出的自身辐射要经历无穷多次吸收与反射才被吸收完,以表面 1 来分析可以列出下列吸收—反射的过程。

次数	辐射	吸收(表面 2)
1	$\varepsilon_1 E_{b1} A_1 x_{1,2}$(自身辐射)	$\varepsilon_2(\varepsilon_1 E_{b1} A_1 x_{1,2})$
2	$(\varepsilon_1 E_{b1} A_1 x_{1,2})(1-\varepsilon_2)(1-\varepsilon_1)x_{1,2}x_{2,1}$(反射辐射)	$\varepsilon_2[(\varepsilon_1 E_{b1} A_1 x_{1,2})(1-\varepsilon_2)(1-\varepsilon_1)x_{1,2}x_{2,1}]$
…	…	…
…	…	…

所以表面 1 的自身辐射被表面 2 吸收的部分为

$$\begin{aligned}\Phi_{1\to2}&=\varepsilon_2\varepsilon_1 E_{b1}A_1x_{1,2}+\varepsilon_2\varepsilon_1 E_{b1}A_1x_{1,2}(1-\varepsilon_2)(1-\varepsilon_1)x_{1,2}x_{2,1}\\&\quad+\varepsilon_2\varepsilon_1 E_{b1}A_1x_{1,2}(1-\varepsilon_2)^2(1-\varepsilon_1)^2x_{1,2}^2x_{2,1}^2+\cdots\cdots\\&=\varepsilon_2\varepsilon_1 E_{b1}A_1x_{1,2}[1+(1-\varepsilon_2)(1-\varepsilon_1)x_{1,2}x_{2,1}+(1-\varepsilon_2)^2(1-\varepsilon_1)^2x_{1,2}^2x_{2,1}^2+\cdots\cdots]\\&=\frac{\varepsilon_2\varepsilon_1 E_{b1}A_1x_{1,2}}{1-(1-\varepsilon_2)(1-\varepsilon_1)x_{1,2}x_{2,1}}\end{aligned}$$

同理可导出表面 2 发出的自身辐射被表面 1 所吸收的部分为

$$\Phi_{2\to1}=\frac{\varepsilon_2\varepsilon_1 E_{b2}A_2x_{2,1}}{1-(1-\varepsilon_2)(1-\varepsilon_1)x_{1,2}x_{2,1}}$$

按照定义,1、2 两表面间的净辐射传热量为

$$\begin{aligned}\Phi_{1,2}&=\Phi_{1\to2}-\Phi_{2\to1}\\&=\frac{\varepsilon_2\varepsilon_1A_1x_{1,2}(E_{b1}-E_{b2})}{1-(1-\varepsilon_2)(1-\varepsilon_1)x_{1,2}x_{2,1}}\\&=\frac{A_1x_{1,2}(E_{b1}-E_{b2})}{\dfrac{1}{\varepsilon_1\varepsilon_2}-\left(\dfrac{1}{\varepsilon_1}-1\right)\left(\dfrac{1}{\varepsilon_2}-1\right)x_{1,2}^2\dfrac{A_1}{A_2}}\end{aligned}$$

9-65　对于附图所示的三表面系统,有人认为,因为表面 2 自己可以看到自己,因而不能用网络法来计算 3 个表面间的辐射传热。问你是否同意这一观点,试对下列条件计算各表面的净辐射传热量 Φ_1、Φ_2 及 Φ_3。$T_1=573\ \text{K}$,$\varepsilon_1=0.6$,$T_2=293\ \text{K}$,

$\varepsilon_2=0.58$；$T_3=373$ K，$\varepsilon_3=0.6$。

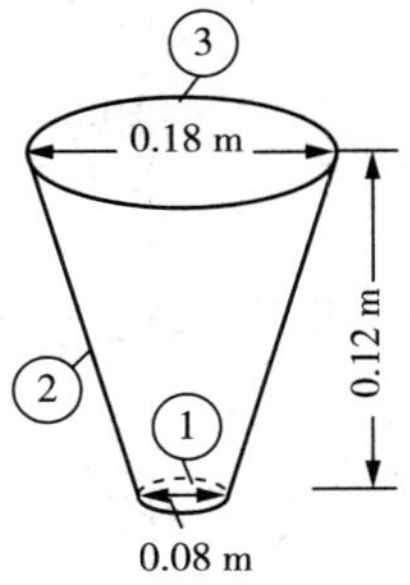

解： 不同意这一观点。

$$R_3=12/4=3(\text{K/W})$$

由查图得 $x_{13}=0.343$
故可得

$$x_{12}=1-x_{13}=1-0.343=0657$$

$$x_{31}=x_{13}\frac{A_1}{A_3}=0.343\times\frac{16}{81}=0.0678$$

$$x_{32}=1-0.0678=0932$$

$$L=\sqrt{5^2+12^2}=13(\text{cm})=0.13(\text{m})$$

$$A_2=\pi(r_1+r_2)L=3.14\times(0.04+0.09)\times0.13=0.0531(\text{m}^2)$$

$$A_1=0.785\times0.08^2=5.024\times10^{-3}$$

$$A_3=0.785\times0.18^2=2.543\times10^{-2}$$

由对热阻进行计算：

$$R_1=\frac{1-\varepsilon_1}{\varepsilon_1A_1}=\frac{1-0.6}{0.6\times5.024\times10^{-3}}=132.7(\text{K/W})$$

$$R_2=\frac{1-\varepsilon_2}{\varepsilon_2A_2}=\frac{1-0.58}{0.58\times0.0531}=13.64(\text{K/W})$$

$$R_3=\frac{1-\varepsilon_3}{\varepsilon_3A_3}=\frac{1-0.6}{0.6\times2.543\times10^{-2}}=36.25(\text{K/W})$$

$$R_{12}=\frac{1}{A_2x_{12}}=\frac{1}{A_3x_{32}}=\frac{1}{2.543\times10^{-2}\times0.932}=42.2(\text{K/W})$$

黑体辐射强度

$$E_{b1}=5.67\times5.73^4=6112.3(\mathrm{W/m^3})$$

$$E_{b2}=5.67\times2.93^4=417.9(\mathrm{W/m^3})$$

$$E_{b3}=5.67\times3.73^4=1097.5(\mathrm{W/m^3})$$

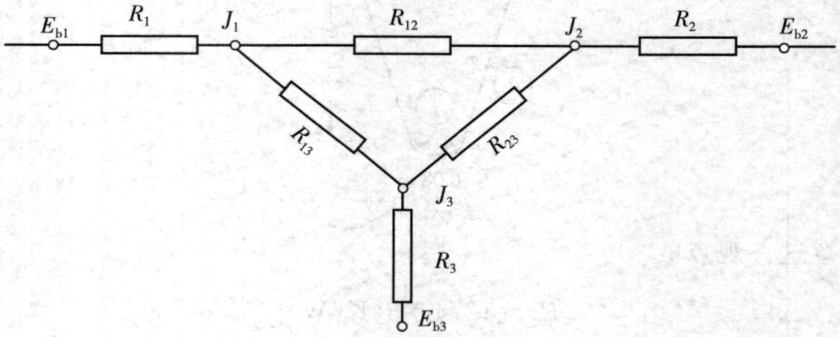

采用网络法：

$$\begin{cases}\dfrac{E_{b1}-J_1}{R_1}+\dfrac{J_2-J_1}{R_{12}}+\dfrac{J_3-J_1}{R_{23}}=0\rightarrow\dfrac{6112.3-J_1}{132.7}+\dfrac{J_2-J_1}{303.0}+\dfrac{J_3-J_1}{580.3}=0\\ \dfrac{E_{b2}-J_2}{R_1}+\dfrac{J_1-J_2}{R_{12}}+\dfrac{J_3-J_2}{R_{23}}=0\rightarrow\dfrac{417.9-J_1}{13.64}+\dfrac{J_1-J_2}{303.0}+\dfrac{J_3-J_2}{42.2}=0\\ \dfrac{E_{b3}-J_3}{R_3}+\dfrac{J_1-J_3}{R_{13}}+\dfrac{J_2-J_3}{R_{23}}=0\rightarrow\dfrac{1097.5-J_1}{26.25}+\dfrac{J_2-J_1}{580.3}+\dfrac{J_3-J_1}{42.2}=0\end{cases}$$

由此解得

$$J_1=3984.5\ \mathrm{W/m^3},\Phi_1=16.03\ \mathrm{W}$$

$$J_2=677.2\ \mathrm{W/m^3},\Phi_2=-19.01\ \mathrm{W}$$

$$J_3=1019.0\ \mathrm{W/m^3},\Phi_3=2.99\ \mathrm{W}$$

说明：无论表面是否看见，网络法均可适用。

9-66　对于由三个表面组成的辐射传热网络图引入电工学中的 Δ-Y 转换，如图所示。Y 接法中的 3 个等效辐射热阻按下式计算：$R_{1e}=\dfrac{R_{12}R_{13}}{R_{12}+R_{23}+R_{13}}$，$R_{2e}=\dfrac{R_{21}R_{23}}{R_{12}+R_{23}+R_{13}}$，$R_{3e}=\dfrac{R_{13}R_{23}}{R_{12}+R_{23}+R_{13}}$。其中 R_{12} 等为空间热阻。获得 R_{1e}、R_{2e}、R_{3e} 后可按基尔霍夫定律确定 0 点的 J_0，然后按任一表面的净辐射传热量便可求解，如 Φ_1 为 $\Phi_1=\dfrac{E_{b1}-J_0}{R_1+R_{1a}}$，试利用这一变换方法计算习题 9-69 中的问题，并比较计算结果。

解：针对三表面系统的辐射传热网络图，利用电工学中的 Y 接法计算等效热阻来分析辐射传热。

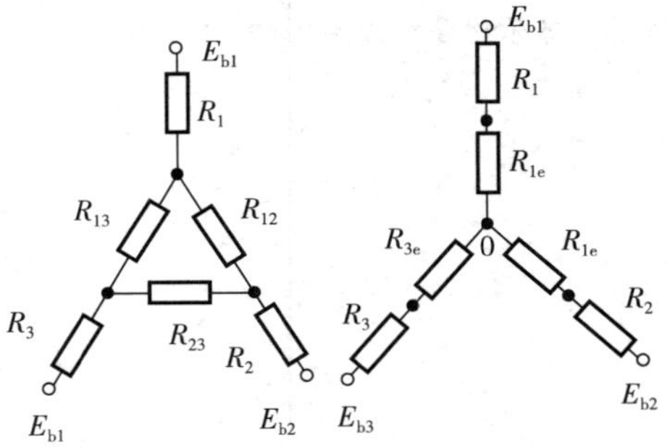

1. 计算等效辐射热阻 R_{1e}、R_{2e}、R_{3e}

根据题目给定的公式：

$$R_{1e}=\frac{R_{12}R_{13}}{R_{12}+R_{23}+R_{13}}$$

$$R_{2e}=\frac{R_{21}R_{23}}{R_{12}+R_{23}+R_{13}}$$

$$R_{3e}=\frac{R_{13}R_{23}}{R_{12}+R_{23}+R_{13}}$$

其中 R_{ij} 表示表面 i 和表面 j 之间的辐射热阻，可以通过以下公式计算：

$$R_{ij}=\frac{1-\varepsilon_i}{\varepsilon_i A_i}+\frac{1}{A_i F_{ij}}+\frac{1-\varepsilon_j}{\varepsilon_j A_j}$$

其中 ε_i 是表面 i 的发射率，A_i 是表面 i 的面积，F_{ij} 是表面 i 和表面 j 之间的视角因子。

2. 计算等效辐射热阻后的换热量

根据题目给定的公式：

$$\Phi_1=\frac{E_{b1}-J_0}{R_1+R_{1a}}$$

$$\Phi_2=\frac{E_{b2}-J_0}{R_2+R_{2a}}$$

$$\Phi_3=\frac{E_{b3}-J_0}{R_3+R_{3a}}$$

其中 $E_{bi}=\sigma T_i^4$ 是表面 i 的黑体辐射能，J_0 是辐射温度的等效点。

3. 具体计算

对给定的三个表面进行具体计算。假设三个表面的面积相同，简化计算：

```
''' python
import numpy as np
```

```
#常量参数
sigma = 5.67e-8   #斯蒂芬-玻尔兹曼常数(W/(m^2·K^4))

#表面参数
T1 = 573   #K
epsilon1 = 0.6
T2 = 293   #K
epsilon2 = 0.85
T3 = 373   #K
epsilon3 = 0.6

#假设表面积都相等并且为1 m^2
A1 = A2 = A3 = 1.0   # m^2

#假设视角因子
F12 = F21 = 0.5
F13 = F31 = 0.5
F23 = F32 = 0.5

#计算表面间的辐射热阻
R12 = (1 - epsilon1)/(epsilon1 * A1) + 1 /(A1 * F12) + (1 - epsilon2)/(epsilon2 * A2)
R13 = (1 - epsilon1)/(epsilon1 * A1) + 1 /(A1 * F13) + (1 - epsilon3)/(epsilon3 * A3)
R23 = (1 - epsilon2)/(epsilon2 * A2) + 1 /(A2 * F23) + (1 - epsilon3)/(epsilon3 * A3)

#计算等效热阻
R1e = R12 * R13 /(R12 + R13 + R23)
R2e = R12 * R23 /(R12 + R13 + R23)
R3e = R13 * R23 /(R12 + R13 + R23)

#计算黑体辐射能
E1 = sigma * T1 ** 4
E2 = sigma * T2 ** 4
E3 = sigma * T3 ** 4

#计算 J0
J0 = (E1 / R1e + E2 / R2e + E3 / R3e)/(1 / R1e + 1 / R2e + 1 / R3e)

#计算净辐射传热量
Phi1 = (E1 - J0)/ R1e
Phi2 = (E2 - J0)/ R2e
Phi3 = (E3 - J0)/ R3e
print(f"Phi1:{Phi1:.2f} W")
```

```
print(f"Phi2:{Phi2:.2f} W")
print(f"Phi3:{Phi3:.2f} W")
"""
```

4. 结果讨论

通过上述计算，可以得出：

各表面的净辐射传热量 Φ_1、Φ_2 和 Φ_3。

关于题目的问题，是否表面 2 自己可以看到自己会影响网络法的应用：

一表面 2 自己看到自己确实会影响视角因子 F_{22} 的计算，但这种效应通常可以通过调整视角因子来解决。网络法依然适用于这种情况，只要正确考虑所有表面间的辐射传热和自辐射。

9-67　为分析遮热罩层数对提高测温准确度的影响，试考虑如图所示的简化模型。为方便于比较，除增加了第二层遮热罩外，其余条件均与《传热学(第 6 版)》(陶文铨编著)9.6.2 节的计算相同，即 $t_f = 1000$ ℃，$t_w = 600$ ℃，热电偶及遮热罩表面发射率 $\varepsilon = 0.3$，烟气与热电偶及遮热罩表面间的表面传热系数 $h_s = 116$ W/(m² · K)。

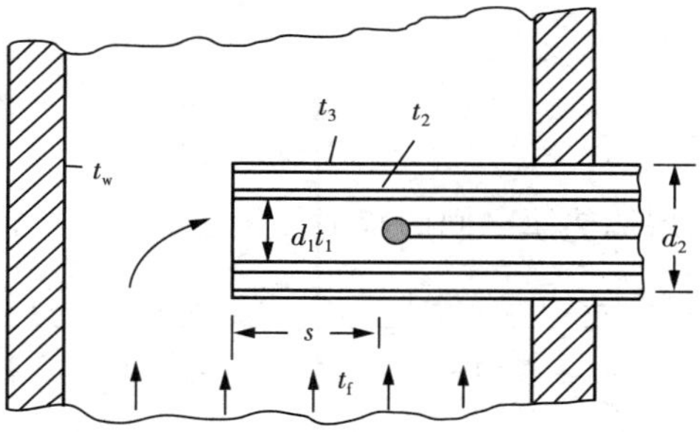

(1)试确定 s/d_1 之值，在这一数值下热电偶发射的辐射能最多只有 5% 会穿过遮热罩的端口而落到烟道壁面上。

(2)设 $d_1 = 30$ mm、$d_2 = 50$ mm，遮热罩壁厚在分析中略而不计，计算采用双层遮热罩的测温误差。

解：(1)把热电偶到管子端口的辐射简化成微元面积 $\mathrm{d}A_1$ 与盘 A_2 之间的辐射传热。按 9 章一节中的公式有

$$x_{\mathrm{d}A_1 A_2} = \int_{A_2} \frac{\cos\varphi_1 \cos\varphi_2 \mathrm{d}A_2}{\pi r^2}$$

对所研究的情形有

$$\varphi_1 = \varphi_2, \mathrm{d}A_2 = 2\pi \mathrm{d}x$$

x 为 A_2 面积上离开原点(圆心)的径向距离，

据 $r = \sqrt{x^2 + S^2}$，$\cos\varphi = \dfrac{S}{\sqrt{x^2 + S^2}}$，可得

$$x_{dA_1A_2}=\int_0^{\pi/2}\frac{2S^2x\mathrm{d}x}{(x^2+S^2)^2}$$

积分得出：

$$x\mathrm{d}A_1A_2=\frac{(D/S)^2}{4+(D/S)^2}$$

要求 $x_{dA_1A_2}\leqslant 5\%$，可得出：

$$\frac{(D/S)^2}{4+(D/S)^2}\leqslant 0.05$$

解得

$$S/D\geqslant 2.18$$

(3) 采用双层遮热罩时应有以下热量传递关系式：

烟气以对流方式给第一层遮热罩的热量：

$$\Phi_1=2\pi d_1Lh(T_f-T_2)$$

单位长度上为

$$\Phi_{11}=2\pi d_1\,h(T_f-T_2)$$

第一层遮热罩与第二层遮热罩之间的辐射传热：

$$\Phi_{12}=\frac{\pi d_1(E_{b2}-E_{b3})}{\dfrac{1}{\varepsilon_2}+\dfrac{A_2}{A_3}\left(\dfrac{1}{\varepsilon_3}-1\right)}=\frac{\pi d_1\sigma_0(T_2^4-T_3^4)}{\dfrac{1}{\varepsilon_2}+\dfrac{d_1}{d_2}\left(\dfrac{1}{\varepsilon_3}-1\right)}$$

稳态时 $\Phi_{11}=\Phi_{12}$。

第二层遮热罩与烟气间的对流传热：

$$\Phi_{13}=2\pi d_2\,h(T_f-T_3)$$

第三层遮热罩与烟气间的辐射传热：

$$\Phi_{14}=\pi d_2\sigma_0(T_3^4-T_w^4)\varepsilon=\pi d_2\varepsilon\sigma_0(T_3^4-T_w^4)$$

稳态时 $\Phi_{12}+\Phi_{13}=\Phi_{14}$。

由以上两个关系式解出 T_3、T_2，然后再对热电偶写出以下等式：

$$h(T_f-T_1)=\varepsilon\sigma_0(T_1^4-T_2^4)\tag{3}$$

由此解出 T_1，该方程命名为(3)式。

所求解方程组如下：

$$2\pi d_1\,h(T_f-T_2)=\frac{\pi d_1\sigma_0(T_2^4-T_3^4)}{\dfrac{1}{\varepsilon_2}+\dfrac{d_1}{d_2}\left(\dfrac{1}{\varepsilon_3}-1\right)}\tag{1}$$

$$2\pi d_2 h(T_f - T_3) + \frac{\pi d_1 \sigma_0 (T_2^4 - T_3^4)}{\dfrac{1}{\varepsilon_2} + \dfrac{d_1}{d_2}\left(\dfrac{1}{\varepsilon_3} - 1\right)} = \pi d_2 \varepsilon_3 \sigma_0 (T_3^4 - T_w^4) \tag{2}$$

第(1) 式化为

$$2 \times 116 \times (1273 - T_2) = \frac{5.67(T_2^4 - T_3^4) \times 10^{-8}}{\dfrac{1}{0.3} + \dfrac{30}{50}\left(\dfrac{1}{0.3} - 1\right)}$$

$$232 \times (1273 - T_2) = \frac{5.67\left[\left(\dfrac{T_2}{100}\right)^4 - \left(\dfrac{T_3}{100}\right)^4\right]}{3.333 + 1.40} = 1.198\left[\left(\frac{T_2}{100}\right)^4 - \left(\frac{T_3}{100}\right)^4\right]$$

$$232 \times (1273 - T_2) = 1.198\left[\left(\frac{T_2}{100}\right)^4 - \left(\frac{T_3}{100}\right)^4\right]$$

第(2) 式化为

$$2 \times 116 \times (1273 - T_3) + \frac{30/50 \times 5.67(T_2^4 - T_3^4) \times 10^{-8}}{\dfrac{1}{0.3} + \dfrac{30}{50}\left(\dfrac{1}{0.3} - 1\right)}$$

$$= 0.3 \times 5.67 \times 10^{-8}(T_3^4 - 873^4)$$

$$232 \times (1273 - T_3) + \frac{3.402(T_2^4 - T_3^4)\left[\left(\dfrac{T_2}{100}\right)^4 - \left(\dfrac{T_3}{100}\right)^4\right]}{4.733}$$

$$= 1.701 \times \left[\left(\frac{T_3}{100}\right)^4 - 8.73^4\right]$$

$$232 \times (1273 - T_3) + 0.7188 \times \left[\left(\frac{T_2}{100}\right)^4 - \left(\frac{T_3}{100}\right)^4\right] = 1.701 \times \left[\left(\frac{T_3}{100}\right)^4 - 8.73^4\right]$$

则组方程组如下：

$$\begin{cases} 232 \times (1273 - T_2) = 1.198\left[\left(\dfrac{T_2}{100}\right)^4 - \left(\dfrac{T_3}{100}\right)^4\right] \\ 232 \times (1273 - T_3) + 0.7188 \times \left[\left(\dfrac{T_2}{100}\right)^4 - \left(\dfrac{T_3}{100}\right)^4\right] = 1.701 \times \left[\left(\dfrac{T_3}{100}\right)^4 - 8.73^4\right] \end{cases}$$

由试凑法解之得 $T_2 = 1249$ K、$T_3 = 1185$ K，对(1) 式有：

对流：

$$232 \times (1273 - 1249) = 232 \times 24 = 5568$$

辐射：

$$1.198 \times (12.49^4 - 11.85^4) = 1.198 \times (24336 - 19718) = 1.198 \times 4618 = 5532.4$$

$$\frac{5568}{5532.4} = 1.0064$$

对式(2)有：

左侧：

$$232\times(1273-1185)+0.7188\times(24336-19718)=20416+3319.4=23735.4$$

右侧：

$$1.701\times(11.85^4-8.73^4)=1.701\times(19718-5808)=1.701\times13901=23660.9$$

$$\frac{23735.4}{23660.9}=1.0031$$

据 $T_2=1249$ K，由式(3)决定 T_1：

$$116\times(1273-T_1)+0.3\times5.67\times\left[\left(\frac{T_1}{100}\right)^4-12.49^4\right]=1.701\times\left[\left(\frac{T_1}{100}\right)^4-24336\right]$$

由迭代法解得 $T_1=1260$ K。

相对偏差 $\frac{1000-987}{1000}=\frac{13}{1000}=1.3\%$。几乎无误差。

9.3.6 采用基于 MHT - Learning 工具软件的题目

9-68 对习题 9-63，确定 8 个表面间辐射角系数及 1～6 个表面的净辐射传热量。

解：由习题 9-63 中编写的程序可轻易得出。

9-69 在集热管外表面及玻璃罩内表面之间有辐射传热，如果两个表面分别维持在各自均匀的温度，则很容易采用以下公式计算；

$$\Phi_{1,2}=\frac{A_1(E_{b1}-E_{b2})}{\frac{1}{\varepsilon_1}+\frac{1}{\varepsilon_2}-1}=\frac{A_1C_o\left[\left(\frac{T_1}{100}\right)^4-\left(\frac{T_2}{100}\right)^4\right]}{\frac{1}{\varepsilon_1}+\frac{1}{\varepsilon_2}-1}$$

但是由于投入吸热管表面上的热流严重不均匀，需要将内、外表面分别分割为若干个小块面积，计算各小块面积的辐射传热后相加，计算的关键是要获得内、外圆上任意一块小面积对于其余各块小面积的角系数。试：(1)根据角系数的计算方法，对内、外圆直径分别为 70、109 m 的情形，将圆周等分为若干等份，分别确定内、外圆周上一块小面对其余各小面积的角系数；(2)采取以下两种方法验证计算的正确性：角系数的完整性，及假定内外壁各自为均匀温度，分别应用上述公式及多表面间辐射传热的计算方法，检查内、外表面间净的辐射传热量是否相等。

解：这个问题涉及计算辐射传热以及角系数的确定。分为两个部分进行处理：

1. 确定内外圆周上一块小面对其余各块小面积的角系数；
2. 验证计算的正确性。

(1)角系数的确定

假设内、外圆的直径分别为 $D_1=70$ m 和 $D_2=109$ m。将内外圆的周长等分为 N 个等份，然后计算每个等份的角系数。

① 角系数的计算方法

角系数 $F_{i,j}$ 是从表面 i 到表面 j 的辐射热交换量的比例。对于圆周上的小块面积，可以使用以下公式进行计算：

$$F_{i,j}=\frac{1}{2\pi}(\theta_1+\theta_2-\sin\theta_1-\sin\theta_2)$$

其中，θ_1 和 θ_2 是两个小块面积之间形成的角度。对于等分的情况，假设将内外圆周分别等分为 N 个等份，每个小块的中心角为

$$\theta=\frac{2\pi}{N}$$

这个公式的使用需要有两个面之间的距离公式以及其形成的角度。

② 内圆的角系数计算

对于内圆的每个等分小块面积 $A_1=\frac{\pi D_1^2}{N}$，由于对称性，可以认为每个小块面积之间的角系数相同。以两个小块之间的角度为 θ 的情形：

$$F_{1j}=\frac{1}{2\pi}(\theta+\theta-\sin\theta-\sin\theta)$$

外圆的角系数计算

同样的，对于外圆的每个等分小块面积 $A_2=\frac{\pi D_2^2}{N}$，每个小块面积之间的角系数也相同：

$$F_{2j}=\frac{1}{2\pi}(\theta+\theta-\sin\theta-\sin\theta)$$

③ 计算实例

假设 $N=10$，即将内外圆分别等分为 10 个小块：

内圆每个小块面积：

$$A_1=\frac{\pi\ (70\ \text{m})^2}{10}=\frac{4900\pi}{10}\approx 1539.38(\text{m}^2)$$

外圆每个小块面积：

$$A_2=\frac{\pi\ (109\ \text{m})^2}{10}=\frac{11881\pi}{10}\approx 3730.65(\text{m}^2)$$

中心角

$$\theta=\frac{2\pi}{10}=0.628 \text{ rad}$$

内外圆每个小块之间的角系数：

$$F_{ij}=\frac{1}{2\pi}(2\theta-2\sin\theta)$$

$$F_{ij}=\frac{1}{2\pi}(2\times0.628-2\sin(0.628))\approx\frac{1.256-1.182}{2\pi}\approx0.012$$

(2)验证计算的正确性

角系数的完整性

所有小块面积的角系数和应等于1：

$$\sum_{j=1}^{N}F_{ij}=1$$

验证：

$$N\times F_{ij}=10\times0.012=0.12$$

显然这个值不等于1,表明在角系数的计算中可能存在问题,需要重新考虑具体的物理模型和计算公式。

(3)多表面间辐射传热的计算方法

将内外壁面等分后,计算多表面间的辐射传热可以使用网络分析方法：

假设每个小块面积的温度均匀,辐射热流可以用以下公式来计算：

$$\Phi_{ij}=\frac{A_i(E_i-E_j)}{\dfrac{1}{E_i}+\dfrac{1}{E_j}-1}$$

其中,$E_i=\varepsilon_i\sigma T_i^4$,$E_j=\varepsilon_j\sigma T_j^4$。

计算内、外表面间净的辐射传热量：

将内、外表面分成若干小块面积,计算每个小块之间的辐射传热量,再将其进行求和。

9.4 名校考研真题集锦

1.(华北电力大学2003年真题)有一个球形的人造卫星,在温度为0 K的宇宙空间飞行,卫星内部有一能源维持其温度为 T_0,卫星的质量为 m,比热为 c,表面积为 F,黑度为 f,假设卫星内部能源失效,请用集总参数法证明卫星温度 T 随时间 t 的变化关系(没有阳光辐射)。假设卫星的质量为10 kg,比热为1000 J/(kg·K),表面积

为 0.8 m^2，黑度为 0.8，温度由 300 K 下降到 280 K，需要多长时间？

$$T=\left(\frac{1}{\frac{1}{T_0^3}+\frac{3\varepsilon\sigma F\tau}{mc}}\right)^{\frac{1}{3}}$$

解：(1)由于使用集总参数法，故可忽略导热热阻

导热微分方程为

$$\rho c\frac{\partial t}{\partial\tau}=\dot{\Phi}$$

因为物体对外放热，相当于有个负热源

$$\dot{\Phi}V=-\varepsilon A\sigma_0 T^4$$

所以可得

$$\rho cV\frac{\mathrm{d}t}{\mathrm{d}\tau}=-\varepsilon A\sigma_0 T^4\rightarrow\frac{\mathrm{d}t}{T^4}=-\frac{\varepsilon A\sigma_0}{\rho CV}\mathrm{d}t$$

两边积分得

$$\frac{1}{3T^3}=\frac{\varepsilon\sigma_0 F}{mc}\tau+C_1$$

当 $\tau=0$ 时，$T=T_0$，代入得

$$C_1=\frac{1}{3T_0^3}$$

$$\frac{1}{T^3}=\frac{3\varepsilon F\sigma_0\tau}{mc}+\frac{1}{T_0^3}$$

整理可得

$$T=\left(\frac{1}{\frac{3\varepsilon F\sigma_0\tau}{mc}+\frac{1}{T_0^3}}\right)^{\frac{1}{3}}$$

(2)由波浪式得

$$\begin{cases}\frac{1}{300^3}=\frac{3\varepsilon F\sigma_0\tau}{mc}+\frac{1}{T_0^3}\\ \frac{1}{280^3}=\frac{3\varepsilon F\sigma_0\tau}{mc}+\frac{1}{T_0^3}\end{cases}$$

联立解得

$$\tau_1-\tau_2=782.34\ \mathrm{s}$$

2.（华北电力大学 2004 年真题）漫射表面的角系数具有哪三个性质？有一正方

体空腔内表面均具有完全漫反射的特性，已知其互相正对的二表面的辐射角系数为0.2，试问两相邻表面的辐射角系数是多少？

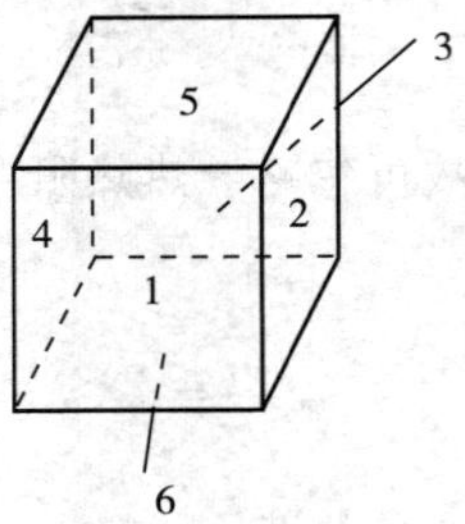

解：相对性，完整性，可加性。

由题意可得

$$X_{1,3}=0.2, X_{1,1}=0$$

$$X_{1,2}=X_{1,4}=X_{1,5}=X_{1,6}$$

由角系数完整性可得

$$X_{1,2}=0.2$$

相邻表面角系数为0.2。

3.（华北电力大学2005真题）准备设计个开口半径为 $r=1$ cm，开口发射率为0.999的球型人黑体腔，已知空腔内壁材料表面黑度为0.9，试确定黑体腔半径 R 的大小。

解：设小孔面积占总面积的百分比为 f，进入小孔能量设为1，则可建立如下表：

次数	吸收	反射	穿过小孔向外	反射落在腔内
1	α	$1-\alpha$	$(1-\alpha)f$	$(1-\alpha)(1-f)$
2	$(1-\alpha)(1-f)\alpha$	$(1-\alpha)^2(1-f)$	$(1-\alpha)^2(1-f)f$	$(1-\alpha)^2(1-f)^2$
3				
n				

壁面的总吸收率

$$\alpha'=\alpha+(1-\alpha)(1-f)\alpha+(1-\alpha)^2(1-f)^2\alpha+\cdots$$

由等比数列求和公式可得

$$\alpha'=\alpha\cdot\frac{1}{1-(1-\alpha)(1-f)}$$

由于空腔内壁材料表面黑度为0.9，开口发射率为0.999，可得

$$f=\frac{\pi r^2}{4\pi R^2}=9.009\times10^{-3}\rightarrow R=5.27\ \mathrm{cm}$$

4.（东南大学 2020 年真题）如图所示，两个半径为 1 m 的实心半球 1、2 放置于半径为 2 m 的真空罩 3 内，上半球 1 的温度为 600 K，下半球 2 的温度为 400 K 水，且上下半球结合面绝热，已知上半球 1 和下半球 2 表面的发射率均为 0.8，外球罩 3 为黑体。

（1）试计算外球罩 3 绝热时，内球上下半球面的热流量 Φ_1 和 Φ_2。

（2）若外球罩 3 不绝热，且温度维持在 300 K，计算此时内球上下半球面及外球罩表面的热流量 Φ_1、Φ_2 和 Φ_3。

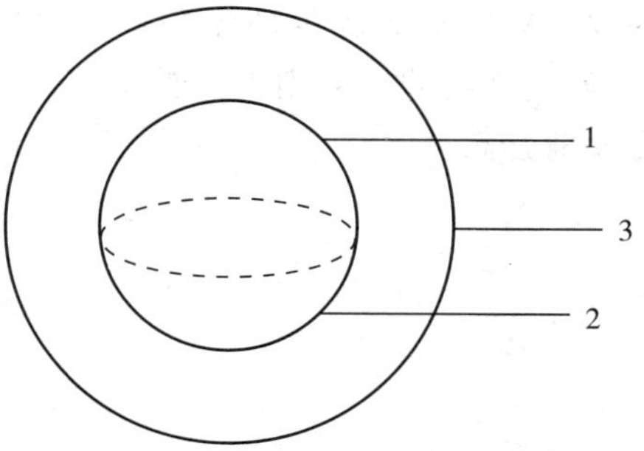

解：(1)辐射网络图如下图所示

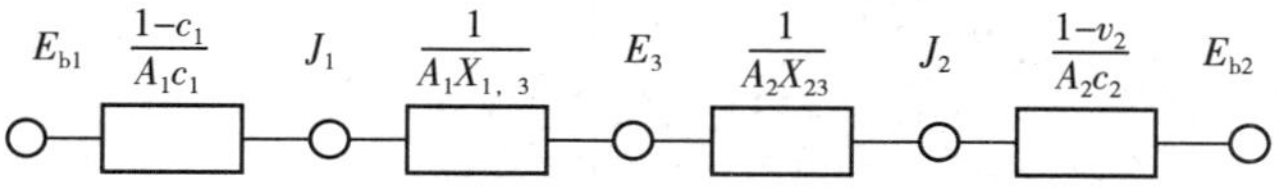

因为外球罩绝热，整个网络串联

所以

$$\Phi_1=-\Phi_2$$

$$\Phi_1=\frac{E_{b1}-E_{b2}}{\frac{1-\varepsilon_1}{A_1\varepsilon_1}+\frac{1}{A_1X_{1,3}}+\frac{1}{A_2X_{2,3}}+\frac{1-\varepsilon_2}{A_2\varepsilon_2}}=14820\ \mathrm{W}$$

$$\Phi_2=-\Phi_1=-14820\ \mathrm{W}$$

(2)由于外球罩 3 是黑体

所以 $\Phi_1=\dfrac{E_{b1}-E_{b3}}{\frac{1-\varepsilon_1}{A_1\varepsilon_1}+\frac{1}{A_1\lambda_{1,3}}}=34628\ \mathrm{W}$

$$\Phi_2=\frac{E_{b2}-E_{b3}}{\frac{1-\varepsilon_2}{A_2\varepsilon_2}+\frac{1}{A_2\lambda_{2,3}}}=4987.6\ \mathrm{W}$$

$$\Phi_3=(\Phi_1+\Phi_2)=-39615.6\ \text{W}$$

5.(东南大学 2019 年真题)物体 1 接受辐射物体 2 发出辐射,为什么物体 1 的吸收比与物体 1 的表面性质和温度 T_1 有关,并且也与物体 2 的表面性质和温度 T_2 有关?

解:实际物体的吸收比 α 取决于两方面的因素:吸收物体本身的情况和投入辐射的特性,而投入辐射与物体 2 的表面性质和温度 T_2 有关,因此物体 1 的吸收比与物体 1 的表面性质、温度 T_1 和物体 2 的表面性质和温度 T_2 有关。

6.(华北电力大学 2014 年真题)解释说明温室效应产生的原因。

解:由于工业排放的大量对红外波段的辐射具有一定吸收率的气体,如甲烷等多种制冷剂,聚集在地球表面外围。以可见光为主的太阳辐射可以到达地球表面,而地球上一般温度的物体所辐射的红外范围内的辐射则大量被这些气体吸收,无法散发到宇宙空间中,使得地球表面的温度逐渐升高。

第 10 章　传热过程分析与换热器的热计算

10.1　知识网络

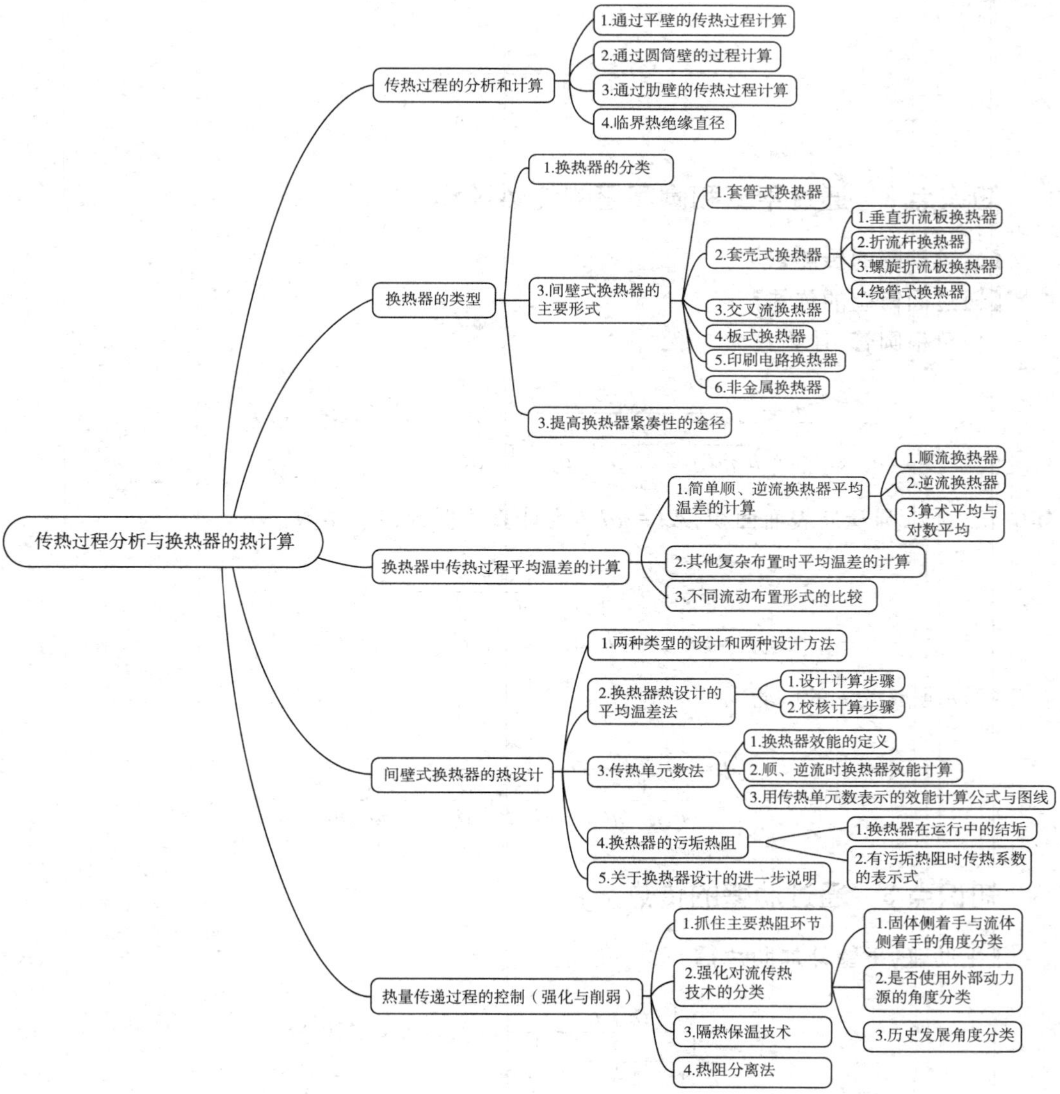

10.2 传热学知识点

知识点 1 传热过程

传热过程是热量由壁面一侧的流体通过壁面传到壁面另一侧流体的过程，其传热量可由传热方程式来计算。

以平壁为例

$$\Phi = kA(t_{fi} - t_{fo})$$

其中

$$k = \frac{1}{\frac{1}{h_i} + \frac{\delta}{\lambda} + \frac{1}{h_o}}$$

知识点 2 通过平壁和圆筒壁的传热过程

【通过平壁的传热】

【通过圆筒壁的传热】

(1)单根圆管，计算式为

$$\Phi = \frac{t_{fi} - t_{fo}}{\frac{1}{h_i \pi d_i l} + \frac{1}{2\pi\lambda l}\ln\frac{d_o}{d_i} + \frac{1}{h_o \pi d_o l}} = A_o k_o (t_{fi} - t_{fo})$$

其中，k_o 为以圆管外表面面积；$A_o = \pi d_o l$ 为计算依据的传热系数。

$$k_o = \frac{1}{\frac{1}{h_i}\frac{d_o}{d_i} + \frac{d_o}{2\lambda}\ln\frac{d_o}{d_i} + \frac{1}{h_o}}$$

(2)n 根长为 l 的圆管

$$\Phi = \frac{t_{fi} - t_{fo}}{\frac{1}{h_i \pi d_i nl} + \frac{1}{2\pi\lambda nl}\ln\frac{d_o}{d_i} + \frac{1}{h_o \pi d_o nl}}$$

知识点 3 通过肋壁的传热

【平肋壁(平壁外加肋片)】

$$\Phi = \frac{t_{fi} - t_{fo}}{\frac{1}{h_i A_i} + \frac{\delta}{\lambda A_i} + \frac{1}{h_o \eta_o \beta}} = A_o k_o \Delta t = A_i k_i \Delta t$$

其中 $\eta_o=\dfrac{A_1+A_2\eta_f}{A_o}$，$A_o=A_1+A_2$，$\Delta t=t_{fi}-t_{fo}$，并令 $\beta=\dfrac{A_o}{A_i}$

【圆筒肋壁(圆管外加肋片)】

若在圆管外表面加肋，此时有

$$\Phi=\frac{t_{fi}-t_{fo}}{\dfrac{1}{h_iA_i}+\dfrac{1}{2\pi\lambda l}\ln\dfrac{d_o}{d_i}+\dfrac{1}{h_oA_o\eta_o}}$$

式中 $A_i=\pi d_il$，$A_o=A_1+A_2$，$\eta_o=\dfrac{A_1+\eta_fA_2}{A_o}$。

知识点 4 临界热绝缘直径

在平壁外加保温层总是使散热量减少，而在圆管外加保温层却可能会增加散热量，这是因为保温层的加入一方面使导热热阻增加，另一方面可使对流热阻减小。若外直径为 d_i 的圆管外包以绝缘层使直径为 d_o（$d_o>d_i$），圆管外表面温度为 t_{wi}、绝缘层表面外侧流体温度和表面传热系数分别为 t_{fo} 和 h_o，则

$$\frac{\Phi}{l}=\frac{\pi(t_{wi}-t_{fo})}{\dfrac{1}{2\lambda}\ln\dfrac{d_o}{d_i}+\dfrac{1}{h_od_o}}$$

从上式中可看出：保温层的加厚（即 d_o 增大），一方面使导热热阻 $R_{ce}=\dfrac{1}{2\lambda}\ln\dfrac{d_o}{d_i}$ 增加，另一方面使对流热阻 $R_{ce}=\dfrac{1}{h_od_o}$ 减小。可以证明，当 $\dfrac{d(\Phi/l)}{dd_o}=0$，即 $Bi=\dfrac{h_od_{cr}}{\lambda}=2$ 时，达到极值点。即以 d_{cr} 为分界点，如圆管外径小于 d_{cr} 时，随着直径 d_o 的增加，散热量增加；若圆管外径大于 d_{cr}，则散热量随 d_o 增加而减小。直径 d_{cr} 即称为临界热绝缘直径。

知识点 5 换热器型式及特点(按工作原理来分)

【混合式(如电站冷却塔，喷淋室)】

特点：(1)冷、热流体直接混合，互相接触；(2)热量传递与质量传递同时进行；(3)要求冷、热流体互不相溶，易分离。

【蓄热式(如回转式空气预热器，蓄冷器)】

特点：(1)冷、热流体交替流过换热面；(2)传热过程呈现出非稳态形式；(3)一般适用于气体介质。

【间壁式】

特点：(1)冷、热流体被壁面隔开，互不接触；(2)根据冷、热流体的流动方向可分为顺流、逆流、交叉流等；(3)主要型式有套管式、壳管式、交叉流式、板式、螺旋板式等。

知识点 6　对数平均温差

【引人对数平均温差的原因】

在换热器中，冷、热流体的温度沿换热面是不断变化的，因而冷、热流体间的局部换热温差也是沿程变化的。因此，在利用传热方程式 $\Phi=kA\Delta t$ 计算换热量时，“Δt”要用整个传热面积上的平均温差 Δt_{m} 来代替。Δt_{m} 与换热器的型式和冷，热流体流动方式有关。

【推导对数平均温差时所作的假设】

(1)在整个换热面上冷、热流体的质量流量和比热容保持为常数，即 q_{m2}，q_{m1}，c_2，c_1 为常量；

(2)传热系数在整个换热面上为常数；

(3)不计散热损失，即认为热流体放出的热量等于冷流体吸收的热量；

(4)不计换热面的轴向导热；

(5)不计流体的动、位能变化；

(6)对同种流体(热流体或冷流体)而言，不能既有相变换热又有单相介质换热。

【对数平均温差的推导】

(1)Δt_{m} 的定义及物理意义：以顺流换热器为例，如图微元面积 $\mathrm{d}A_x$ 处的换热量如下计算：$\mathrm{d}\Phi_x=k\Delta t_x\mathrm{d}A_x$。图 10－1(a)(b)展示的是顺热器的流体温度沿程变化和顺流时对数平均数的推导。

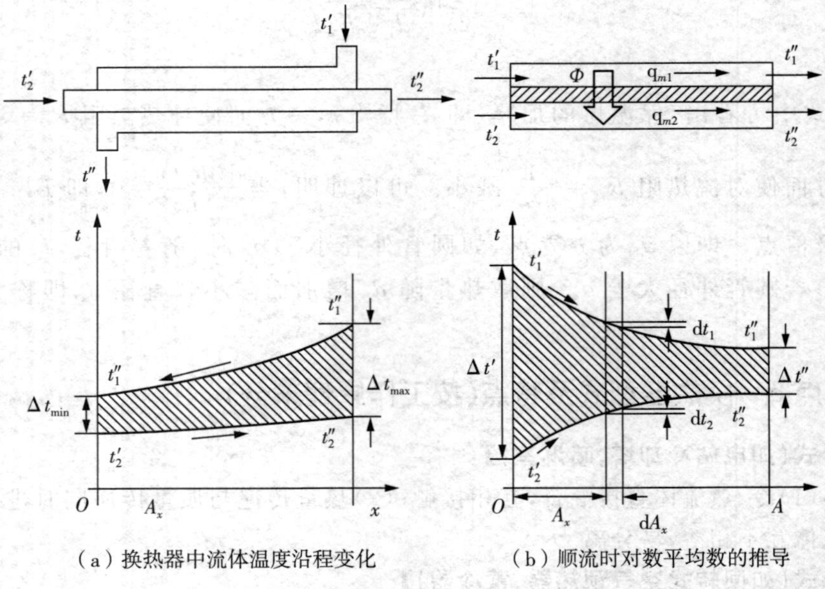

(a) 换热器中流体温度沿程变化　　(b) 顺流时对数平均数的推导

图 10－1

总换热量

$$\Phi=\int_0^A \mathrm{d}\Phi_x=\int_0^A k\Delta t_x\mathrm{d}A_x$$

考虑到传热方程式 $\Phi=kA\Delta t_{\mathrm{m}}$，且 $k=$ 常数，故

$$\Delta t_m = \frac{1}{A}\int_0^A \Delta t_x \, dA_x$$

由上式可以看出，对数平均温差 Δt_m 的物理意义是图中温度变化曲线之间的阴影部分面积。并且，要确定 Δt_m，关键要确定 Δt_x 随面积 A_x 的变化规律。

（2）顺流和逆流换热器的对数平均温差：

$$\text{可以导出 } \Delta t_m = \frac{\Delta t_{max} - \Delta t_{min}}{\ln \dfrac{\Delta t_{max}}{\Delta t_{min}}}$$

【其他流动型式换热器对数平均温差的计算】

其他流动型式换热器的对数平均温差可按如下的统一形式来表示：

$$\Delta t_m = \psi \Delta t_{m,ctf}$$

$$\psi = f(P, R, \text{流动式})$$

$$P = \frac{t''_2 - t'_2}{t'_1 - t'_2}$$

$$R = \frac{t'_1 - t''_1}{t''_2 - t'_2}$$

（1）对一定的布置方式及冷、热流体一定的进口、出口温度。热流体布置在管侧还是壳侧其对数平均温差没有区别。

（2）当冷、热流体一侧发生相变时（即该流体热容量 $q_m c \rightarrow \infty$），该流体进、出口温度相等，均为饱和温度，此时必有 $P=0$ 或 $R=0$，从而 $\psi=1$。以图为例（图中 $q_{m1}c_1 \rightarrow \infty$），对该换热器（冷凝器）来说，无所谓顺流或逆流。

（3）当 R 较大时（$R>4$），考虑到中图中曲线较陡，则利用 PR，$\frac{1}{R}$分别代替 P，R。

（4）流体流经蛇形管束时，若管束曲折次数超过 4 次，则可按纯逆流或纯顺流看待。

知识点 7　换热器的热计算

【基本方法与公式】

常用的两种方法是平均温差法（LMTD 法）和效能-传热单元数法（ε－NTU 法）。

平均温差法采用的基本方程式

传热方程式　　$\Phi = kA\Delta t_m$

热平衡方程式　　$\Phi = q_{m1}c_1(t'_1 - t''_1) = q_{m2}c_2(t''_2 - t'_2)$

对数平均温差　　$\Delta t_m = \psi \dfrac{\Delta t_{max} - \Delta t_{min}}{\ln \dfrac{\Delta t_{max}}{\Delta t_{min}}}$

【计算类型】

换热器热计算主要有以下两种类型：即设计计算及校核计算。二者最大的区别是设计计算往往要确定的是传热面积，即换热器是从无到有的过程；而校核计算则一般已有现成换热器，计算的目的是确认某换热器是否能完成新的换热任务。

【平均温差法的计算步骤】

(1)设计计算

已知参数：$q_{m1}c_1$，$q_{m2}c_2$，t_1'，t_2'，t_1''，t_2''，6个变量中的5个，要求确定：kA

计算步骤：

根据给定条件，由热平衡方程式 $q_{m1}c_1(t_1'-t_1'')=q_{m2}c_2(t_2''-t_2')$ 求出6个变量中的另一个；

选择换热器型式，初步布置换热面。并计算两侧流体的表面传热系数 h_i，h_o，及总传热系数 k；

根据换热器型式和两流体进、出口温度，计算对数平均温差 Δt_m；

由传热方程式 $\Phi=kA\Delta t_m$，计算传热面积 A；

核算两侧流体流动阻力，若阻力过大，则需改变换热器的布置或型式，重新进行设计计算，直至满足要求为止。

(2)校核计算

校核计算又可能分为如下两种情形：

① 已知 kA，$q_{m1}c_1$，$q_{m2}c_2$，t_1'，和 t_1'' 二者之一，t_2' 和 t_2'' 二者之一。(注意：一般情况下，已知的是冷、热流体的进口温度 t_2' 和 t_1'，此处为叙述方便，假定 t_1'，和 t_2'' 已知)。由热平衡方程式，求另外的两个温度 t_1'' 和 t_2'。

计算步骤：

由于4个流体进、出口温度中有2个未知，因而无法由热平衡方程式直接求出温度，而需先假定一个未知温度，最后用热平衡偏差进行校核，因此计算具有迭代的性质。

(a)假定 t_1''，根据热平衡方程可求出 t_2' 以及传热量 $\Phi_1=q_{m1}c_1(t_1'-t_1'')$；

(b)根据换热器型式及4个流体进、出口温度，求出 Δt_m；

(c)由传热方程式求出传热量 $\Phi_2=kA\Delta t_m$；

(d)如果 $\Phi_1=\Phi_2$，则说明假定的温度 t_1'' 是正确的，上述 t_1'' 和 t_2' 即为所求。

(e)若 $\Phi_1\neq\Phi_2$，则说明假定的温度 t_1'' 不正确，需要重新假设。具体做法：取 $\Phi_m=(\Phi_1+\Phi_2)/2$，由 $\Phi_m=q_{m1}c_1(t_1'-t_1'')$ 反推出温度 $\widetilde{t_1''}$，令 $t_m''=\dfrac{1}{2}(t_1''+\widetilde{t_1''})$，将 t_m'' 做为新的假定温度 t_1''，返回步骤(a)继续计算，直到 Φ_1 与 Φ_2 的偏差值小于5%为止。

② 已知：kA，($q_{m1}c_1$，$q_{m2}c_2$)二者之一，(t_1''，t_1'，t_2'，t_2'')四者之三，求：另一个 q_mc 和另一个温度。

显然，上述参数存在两种可能性，其已知参数及计算步骤分别如下：

(A)已知：kA，$q_{m1}c_1$，t_1'，t_1''，t_2'，求：$q_{m2}c_2$，t_2''。

步骤：

(a)由热平衡式和传热方程式 $\Phi=kA\Delta t_m=q_{m1}c_1(t_1'-t_1'')$ 可求出 Δt_m；

(b)由已知的3个温度(t_1'，t_1''，t_2')及两流体的流动型式，由 Δt_m 的计算公式求出 t_2''；

(c)由热平衡式 $q_{m1}c_1(t_1'-t_1'')=q_{m2}c_2(t_2''-t_2')$ 可求出 $q_{m2}c_2$。

(B)已知：$q_{m1}c_1$，kA，t_1'，t_2'，t_2''，求 t_1'' 和 $q_{m2}c_2$。

步骤：

由于已知的是 $q_{m1}c_1$ 和 t_1'，t_2'，t_2''，因而无法直接由热平衡式求出传热量，因而计算又具有迭代性质。

(a)假定 t_1''，由热平衡式求出热量 $\Phi=q_{m1}c_1(t_1'-t_1'')$。

(b)由传热方程式 $\Phi=kA\Delta t_m$，求出 Δt_m。

(c)由 4 个温度 t_1'，t_1''，t_2'，t_2'' 及两流体的流动型式，求出对数平均温差$\widetilde{\Delta t_m}$。

(d)比较 Δt_m 与$\widetilde{\Delta t_m}$，若迭代收敛的判据——热平衡偏差，即 Δt_m 的计算偏差，小于5%，则求出未知的 $q_{m2}c_2$，结束。否则，重新修正假定的温度 t_1''，返回步骤(a)继续计算，直至满足要求。

知识点 8　传热的强化、削弱及其工程应用背景

【传热的强化】

(1)实质：传热强化即分析影响传热的各种因素，采取某些技术措施以提高设备单位面积或单位体积的传热量。也就是说，在一定的冷、热流体温度下增加传热量 Φ，并使金属耗量和阻力的增加在合理的范围内。

(2)目的(按传热方程式 $\Phi=kA\Delta t_m$)。

① Φ，Δt_m 一定：增加 k，使面积 Δt_m 减小。从而使换热器体积减小，减少金属的消耗量。

② Φ，A 一定：增加 k，使 Δt_m 减小。这样可以提高换热器效率，减小烟损。

③ A，Δt_m 一定：增加 k，使换热量 Φ 增加，从而提高换热器的传热能力。

(3)强化传热主要集中在对流及辐射领域，尤其是对流领域。

【传热的削弱】

(1)实质：在传热温差一定的情况下，增加传热过程的分热阻以减小传热量。

(2)目的：

① 减小热量或冷量损失，节约能源。如食品保鲜(电冰箱，冰柜等)。

② 保持设备内部温度恒定，减小温度波动。如制药车间，电子设备制造车间等对温度要求均匀的应用场合。

③ 提高设备在低温下工作时的外表面温度，以防结霜。

④ 防止温度不均匀，造成设备内的热应力增大。

⑤ 保证正常的工作环境和工人的生产安全。如锅炉司炉工在温度为 1000 ℃以上的炉膛外工作，隔热保温很重要。

(3)传热过程的削弱一般主要是通过控制导热和辐射来进行。

知识点 9　传热强化的原则

【从增大传热量($\Phi=kA\Delta t_m$)的角度】

(1)增大传热温差 Δt_m：尽量布置成逆流，且尽可能在提高热流体温度 t_1'，t_1'' 的同时，降低冷流体的温度 t_2'，t_2''；

(2)增加传热面积 A：如采用小直径管，在管子表面上加肋片；

(3)增大传热系数 k。

【强化传热的原则】

(1)强化传热时，对热阻比较大的一侧流体换热下功夫，往往能收到显著的效果。即在传热温差不变时，改变传热过程中热阻大的那一环节的热阻，可以大大增加传热过程的传热量。这与电路有相类似之处，即当串联电路两端电势差相同时，改变串联电路中电阻大的元件的电阻值，可以显著地改变回路的电流。因而，强化传热时，往往对热阻大的一侧下功夫，抓主要矛盾。

(2)一般来说，如果要采用加肋片的方式强化传热过程的话，只有在 h_i，h_o 相差较大，而 A_i，A_o 相差不大时，在 h 较小的一侧加肋才能收到显著的强化效果。当 $A_i h_i \approx A_o h_o$ 但数值都很小时，两侧都要采取强化措施，如双侧强化管。

知识点10　强化传热的措施

【从减小对流热阻的角度】

对流热阻又可分为无相变和有相变两种类型。可以从以下三个角度理解这一问题。

(1)从影响对流传热的因素来看

① 改变流体的流动状况，其目的是破坏边界层或增加扰动。具体措施有增加流体流速；将自然对流转为强制对流；对外掠管束的流动，尽量采用横向冲刷等。

② 改变换热面的几何形状与尺寸及表面状况。如采用短管以利用入口效应，采用小直径管、弯管和肋片管，增加表面粗糙度，改变表面涂层以实现由膜状凝结向珠状凝结的转变等。

③ 改变流体的物性。如将风冷改变为水冷可以大大强化换热，水在沸腾换热时如在水中添加盐的颗粒，尽可能使流体发生相变换热以利用其潜热。

(2)从对流传热的实验规律来看

以管内强制对流湍流且流体被加热，不考虑入口效应、温差修正、弯管修正为例，其实验关联式为 $Nu=0.023\,Re^{0.8}Pr^{0.4}$，考虑到 $Nu=\frac{hd}{\lambda}$，$Re=\frac{\rho ud}{\eta}$，$Pr=\frac{\eta c_p}{\lambda}$，因此

$$h=\frac{0.023c_p{}^{0.4}\lambda^{0.6}}{\eta^{0.4}}\frac{(\rho u)^{0.8}}{d^{0.2}}$$

由上式可以看出，增大流体流速 u，减小管径 d，改变流体物性 c_p，λ，ρ，η 等都可以改变对流传热的表面传热系数。

(3)从对流传热过程的物理机制来看

① 对无相变的对流传热来说：强化的措施主要集中在削弱(减薄)边界层，或破坏边界层，以及增加流体的扰动和湍流度等方面。

② 对沸腾换热来说：汽化核心数的多少直接影响到沸腾传热表面传热系数的大小。因而沸腾换热的强化往往关键是如何增加汽化核心数。

③ 对凝结传热来说：主要措施是减薄(或破坏)凝结液膜，以及加速液膜的排泄，同时尽可能保持珠状凝结。

(4)方法的分类

按照强化传热时是否需要附加的动力,可分为有源强化技术和无源强化技术。

【从减小导热热阻和辐射热阻的角度】

强化传热主要集中在对流传热领域,但按照强化传热的原则,两侧流体换热经强化后 A_ih_i 和 A_oh_o 均较大时,可以考虑从导热热阻和辐射热阻角度入手。具体措施如下:

(1)减小导热热阻。以平壁为例,导热热阻为$\frac{\delta}{\lambda}$,因而尽可能增大壁面导热系数的同时,减小壁厚;

(2)减小污垢热阻。当壁面两侧均得到强化后,污垢热阻在整个传热过程中所占的比例增加;

(3)减小辐射热阻。由前面的讨论知,辐射热阻包括表面辐射热阻 $\left[R=\frac{1-\varepsilon}{\varepsilon A}=\left(\frac{1}{\varepsilon}-1\right)/A\right]$和空间辐射热阻 $1/AX$,当换热面相对位置已经固定,且面积不变时,空间辐射热阻改变的可能性很小。可以改变的是表面辐射热阻,显然提高表面的发射率 ε 可以减小表面辐射热阻。

知识点 11　隔热保温技术

【隔热保温措施】

隔热保温技术主要集中在导热热阻和辐射热阻方面。具体措施如下:

(1)采用导热系数很小的绝热材料,以增加传热过程的导热热阻;

(2)采用抽真空的方法减小对流传热的同时,采用遮热罩等措施增加辐射热阻。

【保温效率】

$$\eta=\frac{\Phi_o-\Phi_x}{\Phi_o}$$

式中,Φ_o 表示未包裹保温材料时的裸管散热量;Φ_x 表示包保温材料后的散热量。它是判断热力管道等保温性能优劣的技术指标,一般要求 $\eta>90\%$。

10.3　传热学复习题

10.3.1　思考题

1. 所谓双侧强化管是指管内侧与管外侧均为强化传热表面的管子。设一双侧强化管用内径为 d_i、外径为 d_0 的光管加工而成,试给出其总传热系数的表达式,并说明管内、外表面传热系数的计算面积。

答:由传热量公式:

$$\Phi_1=\frac{\Delta t}{\frac{1}{h_1\pi d_1\beta_1\eta_1}+\frac{d_1\ln(d_0/d_1)}{2\pi\lambda}+\frac{1}{h_0\pi d_0\beta_0\eta_0}}$$

得以管内表面为基准得传热系数：

$$k=\frac{1}{\frac{1}{h_i\beta_i\eta_i}+\frac{d_i\ln(d_o/d_i)}{2\lambda}+\frac{1}{h_o d_o\beta_o\eta_o}}$$

管内表面传热系数得计算面积为：$\pi d_i\beta_i$；

管外表面传热系数得计算面积为：$\pi d_o\beta_o$。

2. 在圆管外敷设保温层与在圆管外侧设置肋片从热阻分析的角度有什么异同？在什么情况下加保温层反而会强化其传热，而肋片反而会削弱其传热？

答：在圆管外敷设保温层和设置肋片都使表面传热热阻降低而导热热阻增加，而一般情况下保温使导热热阻增加较多，使传热热阻降低较少，使总热阻增加，起到削弱传热的效果；设置肋片使导热热阻增加较少，而传热热阻降低较多，使总热阻下降，起到强化传热的作用。但当外径小于临界直径时，增加保温层厚度反而会强化传热。理论上只有当肋化系数与肋面总效率的乘积小于1时，肋化才会削弱传热。

3. 重新讨论传热壁面为平壁时第二题中提出的问题。

答：传热壁面为平壁时，保温总是起削弱传热的作用，加肋是否起强化传热的作用还是取决于肋化系数与肋面总效率的乘积是否大于1。

4. 推导顺流或逆流换热器的对数平均温差计算式时做了一些什么假设，这些假设在推导的哪些环节中加以应用？讨论对大多数间壁式换热器这些假设的适用情形。

答：假设1：热流体和冷流体的流量和温度分布在整个换热过程中是恒定的。

应用环节：这一假设可以将换热过程简化为一系列静态的温度点，从而便于计算温差。

假设2：换热器的热损失忽略不计。

应用环节：这一假设使得可以将换热过程简化为一系列静态的温度点，从而便于计算温差。

假设3：换热器的热效率为100%。

应用环节：这一假设简化了热量传递的计算，使得可以直接根据冷热流体的进出口温度来计算换热量。

假设4：流动模式为纯顺流或纯逆流

应用环节：这一假设使得可以根据流动模式选择相应的对数平均温差计算公式。

对于大多数间壁式换热器，上述假设在以下情况下较为适用：

稳态操作、绝热良好、高效换热、明确流动模式。

5. 对于 $q_{m1}c_1 \geqslant q_{m2}c_2$、$q_{m1}c_1 < q_{m2}c_2$ 及 $q_{m1}c_1 = q_{m2}c_2$ 三种情形，画出顺流与逆流时冷、热流体温度沿流动方向的变化曲线，注意曲线的凹向与 q_mc 相对大小的关系。

答：大小关系只能影响升温或降温幅度，并不能影响其曲线走势，无论谁大谁小，顺、逆流曲线如图所示。

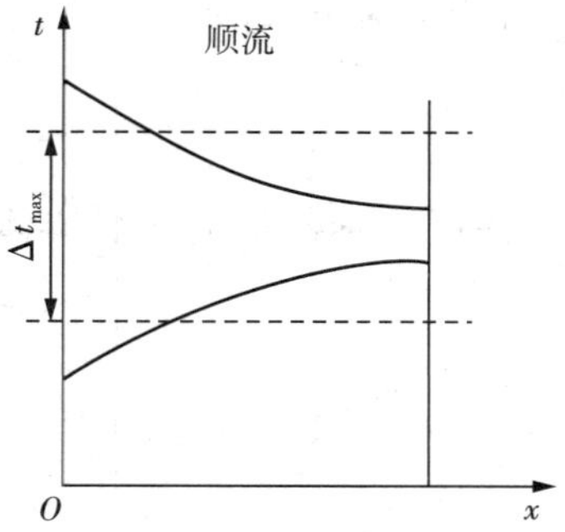

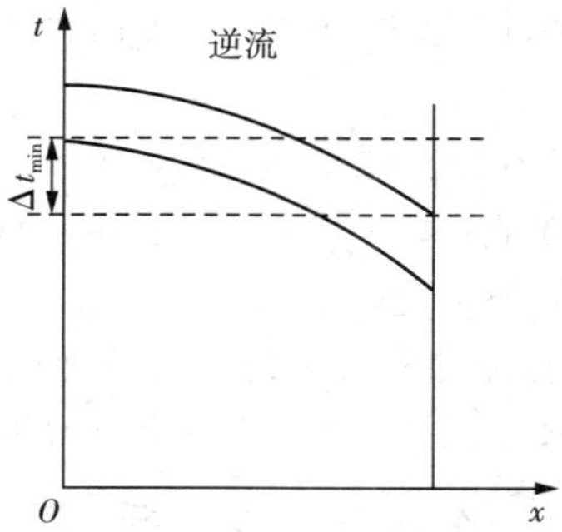

6. 进行换热器设计时所依据的基本方程是哪些？有人认为传热单元数法不需要用到传热方程式，你同意吗？

答：换热器设计所依据的基本方程有

$$\phi = q_{m1} c_1 (t_1' - t_1'') = q_{m2} c_2 (t_2' - t_2'') = KA\Delta t_m$$

传热单元法将传热方程隐含在传热单元和效能之中。

7. 在传热单元数法中有否用到推导对数平均温差时所做的基本假设，试以顺流换热器效能的计算式推导过程为例予以说明。

答：传热单元数法中也用到了推导平均温差时的基本假设。

8. 什么叫换热器的设计计算，什么叫校核计算？

答：已知流体及换热参数，设计一个新的换热器的过程叫做设计计算，对已有的换热器，根据流体参数计算其换热量和流体出口参数的过程叫做校核计算。

9. 在进行换热器的校核计算时，无论采用平均温差法还是采用传热单元数法都需要假设一种介质的出口温度，为什么此时使用传热单元数法较为方便？

答：用传热单元数法计算过程中，出口温度对传热系数的影响是通过定性温度来体现的，远没有对平均温差的影响大，所以该法用于校核计算时容易得到收敛的计算结果。

10. 试用简明语言说明强化单相强制对流传热、核态沸腾及膜状凝结的基本思想。

答：无相变强制对流传热的强化思路是努力减薄边界层.强化流体的扰动与混合；核态沸腾换热的强化关键在于增加汽化核心数；膜状凝结传热强化措施是使液膜减薄和顺利排出凝结液。

11. 在推导换热器效能的计算公式时在哪些环节引入了推导对数平均温差时提出的四个假设？

答：假设 1：热流体和冷流体的流量和温度分布在整个换热过程中是恒定的。

应用环节：这一假设使得可以将换热过程简化为一系列静态的温度点，从而便于计算温差。

假设 2:换热器的热损失忽略不计。

应用环节:这一假设使得可以将换热过程简化为一系列静态的温度点,从而便于计算温差。

假设 3:换热器的热效率为 100%。

应用环节:这一假设简化了热量传递的计算,使得可以直接根据冷热流体的进出口温度来计算换热量。

假设 4:流动模式为纯顺流或纯逆流

应用环节:这一假设使得可以根据流动模式选择相应的对数平均温差计算公式。

12. 有一个套管式换热器,管内为热流体,管外为冷流体,两种流体温度的沿程变化如附图所示,试分析:(1)在推导对数平均温差 4 个假定成立的情况下,图中所示冷热流体温度变化定性上是否合理:(2)如何对这个换热器进行热设计?

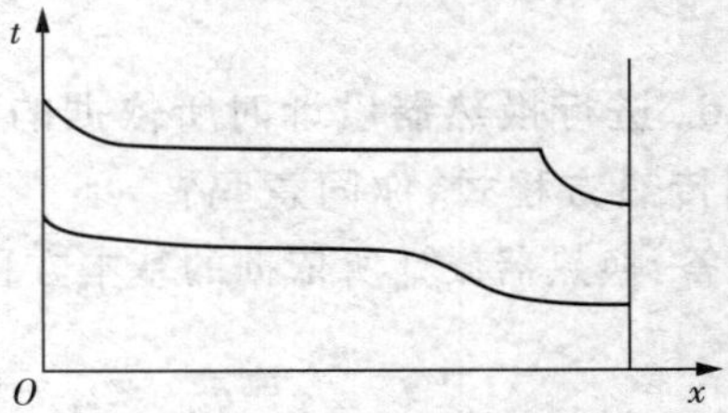

答:(1)热流体温度应逐渐降低,冷流体温度应逐渐升高。故不合理。

(2)确定设计参数,选择合适的换热器类型,计算传热面积,选择合适的材料,优化流道设计,考虑热膨胀和振动,进行数值模拟,实验验证。

10.3.2 习题

10-1 在一台气-气套管式换热器中,中心圆管的内外表面都设置了肋片,试用下表所列符号导出管内流体与环形夹层中流体之间总传热系数的表达式。基管的导热系数为 λ。

名称	内表面	外表面
流体温度	t_{fi}	t_{fo}
表面传热系数	h_i	h_o
肋片部分面积	A_{fi}	A_{fo}
基管面积	A_{ri}	A_{ro}
总传热面积	A_{ti}	A_{to}
肋效率	η_i	η_o
基管半径	r_i	r_o

解:由热量公式,单位管长传热量:

$$\Phi_1=\frac{\Delta t}{\dfrac{1}{h_iA_{ti}+h_iA_{fi}\eta_i}+\dfrac{\ln(r_o/r_i)}{2\pi\lambda}+\dfrac{1}{h_oA_{ro}+h_oA_{fo}\eta_o}}$$

$$=\frac{t_{fi}-t_{fo}}{\frac{1}{h_i A_{ti}\eta_{oi}}+\frac{\ln(r_o/r_i)}{2\pi\lambda}+\frac{1}{h_o A_{to}\eta_o}}$$

式中，内侧肋面总效率：

$$\eta_{oi}=\frac{A_{ti}+A_{fi}\eta_o}{A_{ti}}$$

外侧肋面总效率：

$$\eta_o=\frac{A_{ro}+A_{fo}\eta_o}{A_{fo}}$$

对外侧总面积而言的传热系数，则单位管长传热量：

$$\Phi_1=kA_{to}(t_{fi}-t_{fo})$$

由上述单位管长传热量的公式可得，传热系数为

$$k=\frac{1}{\frac{1}{h_i A_{ti}\eta_{oi}}+\frac{A_{to}\ln(r_o/r_i)}{2\pi\lambda}+\frac{1}{h_o A_{to}\eta_o}}$$

10－2　一有环肋的肋片管、水蒸气在管内凝结，表面传热系数为 12200 W/(m² · K)。空气横向掠过管外，按总外表面面积计算的表面传热系数为 72.3 W/(m² · K)。肋片管基管外径为 25.4 mm，壁厚 2 mm，肋高 15.8 mm，肋厚 0.381 mm，肋片中心线间距为 2.5 mm。基管与肋片均用铝做成，试计算当表面洁净无垢时该肋片管的总传热系数［铝的导热系数 λ＝169 W/(m · K)］。

解：由题意可得，传热系数为

$$k=\frac{1}{\frac{A_o}{h_o A_i}+\frac{\sigma A_n}{\lambda A_m}+\frac{1}{h_2\eta_o}}$$

式中面积计算为

$$A_o=\pi d_o(s-\sigma)+2\pi(r_1^2-r_2^2)=4327.6(\text{mm}^2)$$

$$A_i=\pi d_i l=3.1416\times 21.4\times 2.5=168.1(\text{mm}^2)$$

参数计算为

$$(h')^{1.5}=\left(\frac{h}{\lambda A}\right)^{0.5}=0.536$$

$$r_1/r_2=2.26$$

由上述数据查得

$$\eta_f=0.78,\eta_o=\frac{A_i+\eta_f A_2}{A_o}=0.789$$

故可得传热系数为

$$k=50.2\ \mathrm{W/(m^2\cdot K)}$$

10－3　一卧式冷凝器采用外径为 25 mm，壁厚 1.5 mm 的黄铜管做成换热表面。已知管外冷凝侧的平均传热系数 $h_0=5700\ \mathrm{W/(m^2\cdot K)}$，管内水侧平均的表面传热系数 $h_i=5700\ \mathrm{W/(m^2\cdot K)}$。试计算下列两种情况下冷凝器按管子外表面面积计算的总传热系数：

(1)管子内外表面均是洁净的；

(2)管内为海水，流速大于 1 m/s，结水垢，平均温度小于 50 ℃，蒸汽侧有油。

解：由题意得参数计算为

$$1/h_0=1/5700=1.7543\times10^{-4}\ (\mathrm{m^2\cdot K/W})$$

$$\frac{1}{h_i}\times\frac{d_o}{d_i}=\frac{1}{5700}\times\frac{25}{20}=2.193\times10^{-4}\ (\mathrm{m^2\cdot K/W})$$

查表可得：

海水污垢系数：$R_{fi}=0.0001\ \mathrm{m^2\cdot K/W}$

蒸汽含油污垢系数：$R_{fo}=0.0002\ \mathrm{m^2\cdot K/W}$

黄铜的导热系数：$\lambda=109\ \mathrm{W/(m\cdot K)}$

(1)管子内外表面均是洁净时

将上述数据代入传热系数公式可得

$$k=\frac{1}{\dfrac{1}{h_o}+\dfrac{d_o\ln(d_o/d_i)}{2\lambda}+\dfrac{d_o}{h_i d_i}}=2384.3\ \mathrm{W/(m^2\cdot K)}$$

(2)管子内外表面结水垢后

将上述数据代入传热系数公式可得

$$k_{0w}=\frac{1}{\dfrac{1}{k_0}+R_{fo}+R_{fi}\dfrac{d_o}{d_i}}=1343.3\ \mathrm{W/(m^2\cdot K)}$$

10－4　一套管式换热器长 2 m，外壳内径为 6 cm，内管外直径为 4 cm，厚 3 mm。内管中流过冷却水，平均温度为 40 ℃，流量为 0.0016 m³/s。14 号润滑油以平均温度 70 ℃流过环行空间，流量为 0.005 m³/s。试计算内外壁面均洁净及长时间运行结垢后的总传热系数值。冷却水系经处理的冷却塔水，管壁材料为黄铜。

解：(1)水侧对流传热系数 h_1 的计算

由 40 ℃查物性参数得

$$\lambda=0.635\ \mathrm{W/(m\cdot K)},\ v=0.659\times10^{-6}\ \mathrm{m^2/s},\ Pr=4.31$$

流动截面积为

$$A_1=\frac{\pi d_1^2}{4}=0.785\times 0.034^2=9.075\times 10^{-4}(\mathrm{m}^2)$$

雷诺数计算为

$$u_1=1.763\ \mathrm{m/s}$$

$$Re=\frac{ud_1}{v}=90967$$

故可由对流传热系数公式得

$$h=0.023\,\frac{\lambda}{d}Re^{0.8}\,Pr^{0.4}=7144\ \mathrm{W/(m^2\cdot K)}$$

(2)油侧对流传热系数 h_0 计算

查物性参数得

$$\lambda=0.1439\ \mathrm{W/(m\cdot K)},v=34.3\times 10^{-6}\ \mathrm{m^2/s},Pr=444$$

流动的截面积：

$$A_2=\frac{\pi}{4}(d_2^2-d_1^2)=1.57\times 10^{-3}(\mathrm{m}^2)$$

雷诺数计算为

$$u_2=\frac{v_2}{A_2}=3.185(\mathrm{m/s})$$

$$Re=\frac{u_2d_{12}}{v}=1857$$

l_w 近似的取为 40 ℃，则

$$\mu_w=880.7\times 124.4\times 10^{-6}\ \mathrm{kg/(m\cdot s)},\mu_f=34.3\times 863.2\times 10^{-6}\ \mathrm{kg/(m\cdot s)}$$

上述数据代入对流传热系数公式得

$$h=1.86\,\frac{\lambda}{d}\left(RePr\,\frac{d}{l}\right)^{1/3}\left(\frac{\mu_f}{\mu_w}\right)^{0.14}=224.8\ \mathrm{W/(m^2\cdot K)}$$

利用此值重新确定管壁温度，则内侧热阻在总热阻中的比值为

$$\frac{R}{R_1+R_0}=0.0356$$

则管壁温度为

$$t_w=t_1+(70-40)\times 0.0356=41.1(℃)$$

$$\mu_w=119.43\times 880.11\times 10^{-6}\ \mathrm{kg/(m\cdot s)}$$

重新计算得

$$h_1=225.6\ \mathrm{W/(m^2\cdot K)}$$

内外壁都干净时，可得

$$k_0=218\ \mathrm{W/(m^2\cdot K)}$$

油，水侧均结垢时，取 $\varepsilon_0=0.0002,\varepsilon_1=0.0002$

则可得传热系数为

$$k_0=\frac{1}{1/h+\varepsilon_0+(1/h_1+\varepsilon_1)d_1/d_2}=173\ \mathrm{W/(m^2\cdot K)}$$

10－5　一种用于制冷剂凝结传热的双侧强化管用直径为 19/16.4 mm 的胚管加工制造而成，长 1.0 m。在一次试验中测得冷却水进出口温度分别为 24.6 ℃及 29.7 ℃，平均水速为 0.91 m/s，按胚管尺寸计算的管内平均表面传热系数为 1.82×10^4 W/(m^2·K)，管外凝结传热表面传热系数为 1.25×10^4 W/(m^2·K)，管材为铜。试计算按坯管外表面计算的总传热系数值。并分析管内水侧采用强化表面后的强化效果。

解：取 $\lambda=400\ \mathrm{W/(m\cdot K)}$，则有

$$k=\frac{1}{\dfrac{d_0\ln(d_0/d_1)}{2\lambda}+\dfrac{d_0}{h_1d_1}}$$

$$=\frac{1}{6.369\times10^{-3}+3.495\times10^{-6}+8\times10^{-5}}$$

$$=6794.1\ [\mathrm{W/(m^2\cdot K)}]$$

若管内不强化，则按 D－B 公式计算时：

$$t_f=29.7\ ℃,v=0.8613\times10^{-6}\ \mathrm{m^2/s},\lambda=0.613\ \mathrm{W/(m\cdot K)},Pr=5.87$$

$$Re=17327,Nu=114.8,h_1=4292.7\ \mathrm{W/(m^2\cdot K)}$$

故内侧热阻变为 $\dfrac{1}{4292.7}\times\dfrac{19}{16.4}=2.699\times10^{-4}\ \mathrm{m^2\cdot K/W}$

可见如不强化内侧热阻要加大 5 倍左右。

10.3.3　平均温差计算

10－6　顺流与逆流布置，分别按于 $q_{m1}c_1>q_{m2}c_2$、$q_{m1}c_1<q_{m2}c_2$ 两种情况下，用温度分布曲线说明对数平均温差总是小于相应的算术平均温差。

解：大小关系只能影响升温或降温幅度，并不能影响其曲线走势，顺、逆流曲线如图

所示。

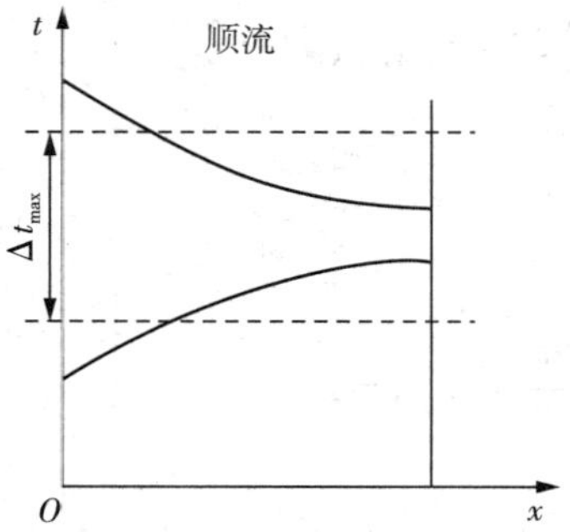

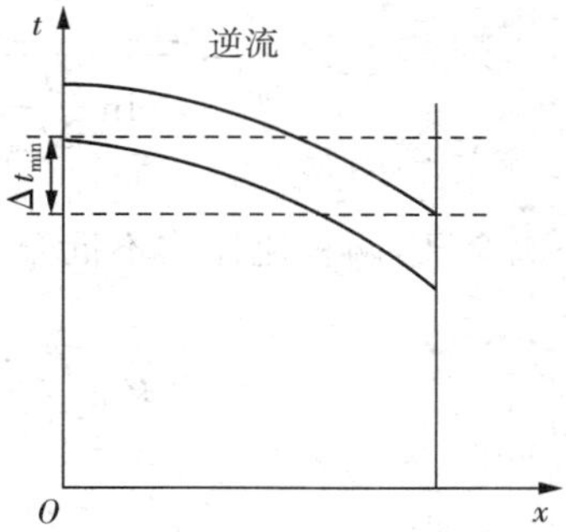

10－7　对于逆流式套管换热器，在满足推导对数平均温差条件的前提下，试分析 $q_{m1}c_1 = q_{m2}c_2$ 沿换热表面的局部热流密度的变化规律。

解:此时各个截面上的总温差保持不变，同时传热系数 K 也保持不变，故该换热面为均匀热流密度的状态。

10－8　一加热器中用过热水蒸气来加热给水(电厂中把送到锅炉中去的水称为给水)。过热蒸汽在加热器中先被冷却到饱和温度，再凝结成水，最后被冷却成过冷水。设冷、热流体的总流向为逆流，热流体单相介质部分的 $q_{m1}c_1 < q_{m2}c_2$，试画出冷、热流体的温度变化曲线。

解:冷、热流体的温度变化曲线如下图所示。

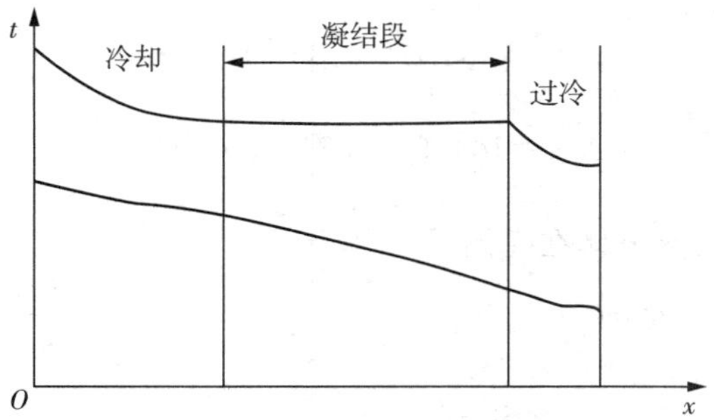

10－9　已知 $t_1' = 300$ ℃，$t_1'' = 210$ ℃，$t_2' = 100$ ℃，$t_2'' = 200$ ℃，试计算下列流动布置时换热器的对数平均温差：

(1)逆流布置；

(2)一次交叉，两种流体均不混合；

(3)1－2 型壳管式，热流体在壳侧；

(4)2－4 型壳管式，热流体在壳侧；

(5)顺流布置。

解:(1)逆流布置

$$\Delta t_{max} = t_1'' - t_2' = 210 - 100 = 110(℃)$$

$$\Delta t_{\min}=t_1'-t_2''=300-200=100(℃)$$

$$\Delta t_{\mathrm{m}}=\frac{\Delta t_{\max}-\Delta t_{\min}}{\ln\dfrac{\Delta t_{\max}}{\Delta t_{\min}}}=\frac{110-100}{\ln\dfrac{110}{100}}=104.9(℃)$$

(2)一次交叉，两种流体均不混合

$$P=\frac{t''_2-t'_2}{t'_1-t''_1}=\frac{200-100}{300-100}=0.5$$

$$R=\frac{t'_1-t''_1}{t''_2-t'_2}=\frac{300-210}{200-100}=0.9$$

查教材附录得

$$\psi=0.92$$

$$\Delta t_{\mathrm{m}}=104.9\times0.92=96.5(℃)$$

(3)1－2 型壳管式，热流体在壳侧

由(2)可知，$P=0.5$，$R=0.9$

查教材附录得

$$\psi=0.85$$

$$\Delta t_{\mathrm{m}}=104.9\times0.85=89.2(℃)$$

(4)2－4 型壳管式，热流体在壳侧

由(2)可知，$P=0.5$，$R=0.9$

查教材附录得

$$\psi=0.97$$

$$\Delta t_{\mathrm{m}}=104.9\times0.97=101.8(℃)$$

$$\Delta t_{\max}=t_1'-t_1''=300-100=200(℃)$$

$$\Delta t_{\min}=t_1''-t_2''=210-200=10(℃)$$

$$\Delta t_{\mathrm{m}}=\frac{\Delta t_{\max}-\Delta t_{\min}}{\ln\dfrac{\Delta t_{\max}}{\Delta t_{\min}}}=\frac{200-10}{\ln(200/10)}=63.4(℃)$$

10－10　对于一定的布置方式及冷、热流体一定的进出口温度。试分析热流体在管内侧及在壳侧的两种安排对数平均温差值有无差别？以上题中(3)、(4)中情形为例，设热流体在管侧，重新计算其对数平均温差。从这一计算中你可得出怎样的推断。

解：(1)1—2 型壳管式，热流体在壳侧

$$p=\frac{210-300}{100-300}=0.45, R=\frac{100-200}{210-300}=1.11$$

查得

$$\psi=0.85$$

$$\Delta t_{\mathrm{m}}=104.9\times0.85=89.2(℃)$$

(2)2—4 型壳管式，热流体在壳侧

$$p=0.45, R=1.11$$

查得

$$\psi=0.97$$

$$\Delta t_{\mathrm{m}}=104.9\times0.97=101.8(℃)$$

10－11　初始温度为 t_{i} 的流体流入壁温 t_0 为常数的平行板通道，通道长为 l，流体质量流量为 q_m，比热容为 c_p，设流体与平板间对流传热的表面传热系数 h 为常数。试证：流经该通道后流体与平板间的换热量为

$$\Phi=q_m c_p(t_{\mathrm{o}}-t_{\mathrm{i}})\left[1-\mathrm{e}^{-2hl/(q_m c_p)}\right]$$

证明：

如图示，可以列出以下热平衡式：

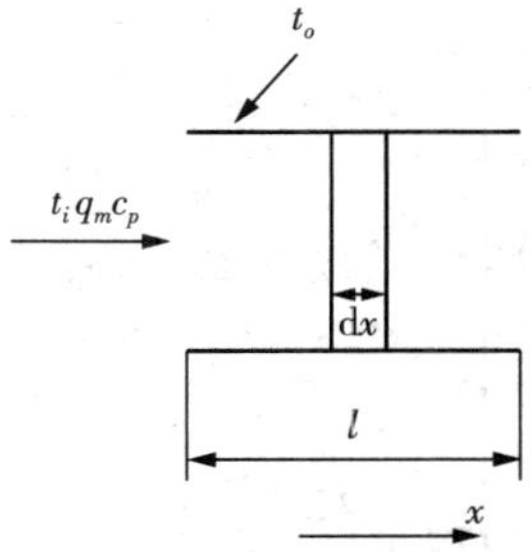

$$-q_m c_p \mathrm{d}(t_0-t)=2h(t_0-t)\mathrm{d}x$$

取过余温度 $\theta=t-t_0$，代入热平衡式并整理则有

$$\frac{\mathrm{d}\theta}{\theta}=\frac{2h\mathrm{d}x}{q_m c_p}$$

由此得

$$\theta=C\mathrm{e}^{-\frac{2hx}{q_m c_p}}$$

边界条件为：$x=0$ 时，$\theta=\theta_{\mathrm{i}}=t_{\mathrm{i}}-t_0$

代入边界条件得

$$\theta=\theta_{\mathrm{l}}\mathrm{e}^{-\frac{2hx}{q_m c_p}}$$

由能量守恒可得

$$\Phi=\theta_l q_m c_p-\theta_1 q_m c_p=\theta_1 q_m c_p(e^{\frac{2hx}{q_m c_p}}-1)=(t_0-t_1)q_m c_p(e^{\frac{2hx}{q_m c_p}}-1)$$

故得证。

10－12　设在一顺流式换热器中传热系数 k 与局部温差呈线性关系，即 $k=a+b\Delta t$，其中 a、b 为常数，Δt 为任一截面上的周期误差，试证明该换热器的总传热量为

$$\Phi=A\frac{k''\Delta t'-k'\Delta t'}{\ln\frac{k'\Delta t'}{k'\Delta t'}}$$

其中，k'、k''分别为入口段与出口段的传热系数。

证明：联立 $k'=a+b\Delta t'$ 与 $k''=a+b\Delta t''$可得

$$a=\frac{k''\Delta t'-k'\Delta t''}{\Delta t'-\Delta t''}$$

将 $k=a-b\Delta t$ 代入 $\mathrm{d}(\Delta t)-uk\Delta t\mathrm{d}A$ 得

$$\frac{\mathrm{d}(\Delta t)}{a+b\Delta t}=-u\mathrm{d}A_x$$

积分得

$$\frac{1}{a}\ln\frac{\Delta t}{a+b\Delta t}\Bigg|_{\Delta t''}^{\Delta t}\text{即}\frac{1}{a}\ln\left[\frac{\Delta t/(a+b\Delta t)}{\Delta t'/(a+b\Delta t')}\right]=-uA_x$$

将此式应用于换热器流体出口处，即 $Ax=A$ 处并将 a 的表达式代入，得

$$\frac{\Delta t'-\Delta t''}{k''\Delta t'-k'\Delta t''}\ln\frac{k'\Delta t''}{k''\Delta t'}=-uA$$

另一方面按 u 的定义有

$$u=\left(\frac{1}{q_{m1}c_1}+\frac{1}{q_{m2}c_2}\right)=\frac{t_1'-t_1''}{\Phi}+\frac{t_2''-t_2'}{\Phi}=\frac{(t_1'-t_2')-(t_1''-t_2'')}{\Phi}=\frac{\Delta t'-\Delta t''}{\Phi}$$

将此式代入上式，得

$$\Phi=A\frac{k''\Delta t'-k'\Delta t''}{\ln[(k''\Delta t')/(k'\Delta t'')]}$$

故得证。

10.3.4　换热器设计计算

10－13　一台 1－2 型壳管式换热用来冷却 11 号润滑油。冷却水在管内流动，$t_2'=20$ ℃，$t_2''=50$ ℃，流量为 3 kg/s；热油入口温度为 100 ℃，出口温度 60 ℃，$k=350$ W/(m² · K)。试计算：

(1)油的流量；

(2)所传递的热量；

(3)所需的传热面积。

解：(1)油的流量

$$c_1=2148\ \mathrm{J/(kg\cdot ℃)},c_2=4174\ \mathrm{J/(kg\cdot ℃)}$$

$$q_{m1}=\frac{q_{m2}c_2\Delta t_2}{c_1\Delta t_1}=\frac{3\times4174\times(50-20)}{2148\times(100-60)}=4.37(\mathrm{kg/s})$$

(2)所传递的热量

$$\Phi=q_{m2}c_2\Delta t_2=3\times4174\times(50-20)=375.66(\mathrm{kW})$$

(3)所需的传热面积

$$t_1=t''_1-t'_2=60-20=40(℃)$$

$$t_r=t'_1-t''_2=100-50=50(℃)$$

$$\Delta t_m=\frac{t_1-t_r}{\ln(t_1-t_r)}=\frac{40-50}{\ln(40/50)}=44.8(℃)$$

$$P=\frac{t''_2-t'_2}{t'_1-t'_2}=\frac{50-20}{100-20}=0.375$$

$$R=\frac{t'_1-t''_1}{t''_2-t'_2}=\frac{100-60}{50-20}=1.333$$

$$PR=1.333\times0.375=0.5$$

$$1/R=1/1.333=0.75$$

查得 $\varphi=0.9$

故可得

$$\Delta t_m=44.8\times0.9=40.32(℃)$$

则所需的传热面积

$$A=\frac{\Phi}{k\Delta t_m}=\frac{375.66\times10^3}{350\times40.32}=26.62(\mathrm{m^2})$$

10－14　一个壳侧为一程的壳管式换热器用来冷凝 7335 Pa 的饱和水蒸气，要求每小时内冷凝 18 kg 蒸汽。进入换热器的冷却水的温度为 25 ℃，离开时为 35 ℃。设传热系数为 $k=1800\ \mathrm{W/(m^2\cdot K)}$，问所需的传热面积是多少？

解：查表得

$$t_s=39.87\ ℃,r=2407.3\ \mathrm{kJ/kg}$$

故可得传热量为

$$\Phi=q_m\cdot r=18\times2407.3\times10^3/3600=12036.5(\mathrm{W})$$

平均传热温差计算为

$$t_1=t_s-t_2'=39.87-25=14.87$$

$$t_r=t_s-t''_2=39.87-35=4.87$$

$$\Delta t_m=\frac{t_1-t_r}{\ln(t_1/t_r)}=\frac{14.87-4.87}{\ln(14.87/4.87)}=8.96(℃)$$

故传热面积为

$$A=\frac{\Phi}{K\Delta t_m}=\frac{12036.5}{1800\times 8.96}=0.74(m^2)$$

10-15　在一台1—2型管壳式换热器中，管内冷却水从16 ℃升高到35 ℃，管外空气从119 ℃下降到45 ℃，空气流量为19.6 kg/min，换热器的总传热系数 $k=84$ W/(m² · K)。试计算所需的传热面积。

解：逆流温度差为

$$(\Delta t_m)_{of}=\frac{84-29}{\ln(84/29)}=51.72(℃)$$

$$P=\frac{35-16}{119-16}=0.184, R=\frac{119-45}{35-16}=3.89$$

查图得 $\psi=0.92$

故对数平均温差为

$$\Delta t_m=51.72\times 0.92=47.58(℃)$$

空气对数平均温差为$\frac{119+45}{2}=82(℃)$，$c_p=1009$ J/(kg · K)

空气换热量为

$$\Phi=\frac{19.6}{60}\times(119-45)\times 1009=24391(W)$$

故所需传热面积为

$$A_0=\frac{24391}{47.58\times 84}=6.1(m^2)$$

10-16　某工厂为了利用废气来加热生活用水，自制了一台简易的管壳式换热器，烟气在内径为30 mm管束的钢管内流动，流速为30 m/s，入口温度为200 ℃，出口温度取为100 ℃。冷水在管束与外壳之间的空间内与烟气逆向的流动，要求把它从入口处的20 ℃加热到50 ℃。试估算所需的直管长度。烟气物性可按附录中标准烟气的物性值查取。水侧的表面传热系数远大于与烟气侧的表面传热系数，烟气的辐射传热可略而不计。

解：水的平均温度为$\frac{20+50}{2}=35(℃)$。

对于烟气：$t_f=\frac{100+200}{2}=150(℃)$

由此查得

$$v=27.17\times10^{-6}\ m^2/s, \lambda=0.0357\ W/(m\cdot K), Pr=0.68$$

雷诺数计算为

$$Re=\frac{ud}{v}=\frac{0.03\times30}{27.17\times10^{-6}}=33125$$

则可得努塞尔数为

$$Nu=0.023\,Re^{0.8}Pr^{0.3}=84.65$$

则可得对流传热系数为

$$h=\frac{84.65\times0.0375}{0.03}=100.7[W/(m\cdot K)]$$

故传热量为

$$\Phi=\frac{\pi d^2}{4}u\rho\Delta t=1947\ W$$

由对流传热公式可得

$$\Phi=Ah\Delta t=\pi dL\times100.7\times(150-35)$$

解得所需的直管长度：

$$L=\frac{1947}{3.1416\times100.7\times(150-35)}=1.784(m)$$

10－17　在一逆流式水－水换热器中，管内为热水，进口温度 $t_1'=100$ ℃，出口温度为 $t_1''=80$ ℃，管外流过冷水，进口温度 $t_2'=20$ ℃，出口温度 $t_2''=70$ ℃，总换热量 $F=350$ kW，共有 53 根内径为 16 mm、壁厚为 1 mm 的管子。管壁导热系数 $\lambda=40$ W/(m·K)，管外流体的表面传热系数 $h_0=1500$ W/(m^2·K)，管内流体为一个流程。假设管子内外表面都是洁净的，试确定所需的管子长度。

解：取定性温度为

$$t_f=\frac{1}{2}(100+80)=90(℃)$$

由此查得物性参数为

$$\mu=314.9\times10^{-6}\ kg/(m\cdot s), \lambda=0.68\ W/(m\cdot K), Pr=1.95, c_p=2408\ J/(kg\cdot K)$$

则热流密度为

$$q_m=\frac{\Phi}{c_p\delta t}=4159\ kg/s$$

故可得雷诺数为

$$Re=\frac{4q_m}{\pi du}=\frac{4\times 4.159/53}{3.1416\times 0.016\times 314.9\times 10^{-6}}=19830$$

则对流传热系数为

$$h=0.023\,Re^{0.8}Pr^{0.3}\frac{\lambda}{d}=3273\ \mathrm{W/(m\cdot K)}$$

由此可得传热系数以及对数平均温差

$$k_a=\frac{1}{\dfrac{1}{h_0}+\dfrac{\delta}{\lambda}+\dfrac{1}{h_1}\dfrac{d_2}{d_1}}=965\ \mathrm{W/(m\cdot K)}$$

$$\Delta t_{\mathrm{m}}=\frac{(80-20)-(100-70)}{\ln(60/30)}=43.28(℃)$$

由 $A=n\pi dL=8.38\ \mathrm{m^2}$ 解得管子长度为

$$L=\frac{A}{n\pi d}=2.80$$

本题中冷热流体总温差为 43.3 ℃，管外冷流体侧占 68%，管内侧约占 32%，故不必考虑温差的修正。

10－18 压力为 1.5×10^5 Pa 的无油饱和水蒸气在卧式壳管式冷凝器的壳侧凝结。经过处理的循环水在外径为 20 mm、壁厚为 1 mm 的黄铜管内流过，流速为 1.4 m/s，其温度由进口处的 56 ℃升高到出口的 94 ℃。黄铜管成叉排布置，在每一竖直排上平均布置 9 根。冷却水在管内的流动为两个流程，管内已积水垢。试确定所需的管长、管子数及冷却水量。传热量 $\Phi=1.2\times 10^7$ W。

解:(1)平均传热温差

由冷凝压力查得饱和蒸气温度为 111.32 ℃

由此可得对数平均温差为

$$\Delta t_{\mathrm{m}}=\frac{94-56}{\ln\dfrac{111.32-56}{111.32-94}}=32.72(℃)$$

(2)管外凝结传热系数

设管外壁温度 $t_{\mathrm{w}}=105$ ℃，则 $t_{\mathrm{m}}=(111.32+105)/2=108.2(℃)$

查得凝结水物性参数为

$$\rho_l=952.3\ \mathrm{kg/m^3},\lambda=0.685\ \mathrm{W/(m\cdot K)},\eta=263.2\times 10^{-6}\ \mathrm{kg/(m\cdot s)},r=2235\ \mathrm{kJ/kg}$$

表面传热系数为

$$h_0=0.729\times\left[\frac{gr\rho_l^2\lambda_l^3}{\eta h(t_{\mathrm{s}}-t_{\mathrm{w}})\cdot n}\right]^{0.25}$$

$$=0.729\times\left[\frac{9.8\times2235\times10^{3}\times952.3^{2}\times0.628^{3}}{263.2\times10^{-6}\times0.02\times(111.32-105)\cdot9}\right]^{0.25}$$

$$=8809[\mathrm{W/(m^{2}\cdot K)}]$$

(3)管内传热系数

由 $t_f=(56+94)/2=75$ ℃查得水的物性参数为

$$\lambda=0.671\ \mathrm{W/(m\cdot k)},\gamma=0.39\times10^{-6}\ \mathrm{m^{2}/s},Pr=2.38$$

对管内对流传热,表面传热系数为

$$h_1=0.023\times\frac{\lambda}{d}Re_f^{0.8}\cdot Pr^{0.4}=8552\ \mathrm{W/(m^{2}\cdot K)}$$

(4)查得蒸气侧污垢热阻为 $r_0=0.0001\ (\mathrm{m^{2}\cdot K})/\mathrm{W}$

水侧污垢热阻 $r_1=0.0002(\mathrm{m^{2}\cdot K})/\mathrm{W}$

管壁热阻$(d_1/2\lambda)\ln(d_2/d_1)=8\times10^{-6}(\mathrm{m^{2}\cdot K})/\mathrm{W}$

(5)传热系数

$$k=\frac{1}{\frac{1}{h_0}+r_0+\frac{d_2}{2\lambda}\ln\frac{d_2}{d_1}+\frac{d_2}{d_1}\left(\frac{1}{h_1}+r_1\right)}=1743\ \mathrm{W/(m^{2}\cdot K)}$$

故可得热流密度为

$$q_1=k\Delta t_m=1743\times32.72=57030(\mathrm{W/m^{2}})$$

$$q_2=h_0\Delta t=8809\times(111.32\times-105)=55673(\mathrm{W/m^{2}})$$

二者相差 2%,上述计算有效。

(6)传热面积

$$A=\Phi/(k/\Delta t_m)=1.2\times10^{7}/(1743\times32.72)=210(\mathrm{m^{2}})$$

(7)冷却水量

水的比热:$c_p=4191\ \mathrm{J/kg\cdot k}$

则冷却水量为:$q_{m2}=\dfrac{\Phi}{c_p(t''_2-t'_2)}=\dfrac{1.2\times10^{7}}{4191\times(94-56)}=75.35(\mathrm{kg/s})$

(8)流动面积:水的密度 $\rho=974.8\ \mathrm{kg/m^{3}}$

$$A_1=\frac{q_{m2}}{\rho\cdot u}=\frac{75.35}{974.8\times1.4}=5.52\times10^{-2}(\mathrm{m})^{2}$$

单程管数 $n=\dfrac{4A}{\pi d^{2}}=\dfrac{4\times5.52\times10^{-2}}{3.14\times0.018^{2}}=217$

两个流程共需要 434 根

管子长度 $l=\dfrac{A}{2n\cdot\pi d}=\dfrac{210}{434\times3.14\times0.02}=7.7(\mathrm{m})$

10－19　要设计一台卧式冷凝器去凝结 50 ℃的饱和水蒸气，以获得 800 kg/h 的凝结量，可供给的冷却水量为 20 kg/s，初温为 20 ℃。已知有一些外径为 20 mm、壁厚 2 mm 的黄铜管，每根长为 2 m。假设管壁的热阻可以不计，冷却水在管内流动，总的污垢热阻取为 0.0003 m² · k/W（按黄铜管内表面积计算），试估算所需的黄铜管数。冷却水侧为一程，估算凝结传热的表面传热系数时可假定黄铜管按正方行排列。

解：假定管子根数　$n=140$。

传热量可由凝结侧确定：

$$\Phi=800\times2383\times10^3/3600=529.5(\text{kW})$$

假定平均温度为 23 ℃，由此查得物性参数为

$$\lambda=0.605\ \text{W}/(\text{m}\cdot\text{K}),\mu=943.4\times10^{-6}\ \text{kg}/(\text{m}\cdot\text{s}),Pr=6.54,c_p=4184\ \text{J}/(\text{kg}\cdot\text{s})$$

冷却水进口温差：

$$\delta t_2=\frac{\Phi}{q_{m2}c_2}=6.33\ ℃$$

即平均温度为 23.17 ℃，与假定值十分接近。

(1)水热传热系数 h_1

雷诺数计算为

$$Re=\frac{4q_m}{\pi ud}=12050$$

努塞尔数计算为

$$Nu=0.023\,Re^{0.8}Pr^{0.4}=0.023\times10205^{0.8}\times6.54^{0.4}=89.7$$

传热系数为

$$h_1=\frac{9.7\times0.605}{0.016}=3392[\text{W}/(\text{m}^2\cdot\text{K})]$$

(2)水蒸气侧凝结系数 h_0

取 $t_m=45$ ℃，则可查得物性参数为

$$\rho=990.3\ \text{kg/m}^3,\lambda=0.642\ \text{W}/(\text{m}\cdot\text{K}),u=601.4\times10^{-6}[\text{kg}/(\text{m}\cdot\text{s})]$$

传热面积为

$$A_0=140\times3.1416\times0.02\times2=17.59(\text{m}^2)$$

故可得

$$q_0=\frac{\Phi}{A}=\frac{29500}{17.59}=30102(\text{W}/\text{m}^2)$$

$$h_0=0.6561\left(\frac{gr\rho^2\lambda^3}{udg}\right)^{1/3}=16787\ \text{W}/(\text{m}^2\cdot\text{K})$$

140 根管子按正方形排列，$\sqrt{140}=11.83$

所以 $h_0=9052\ \mathrm{W/(m^2 \cdot K)}$

按内表面计算的传热系数：

$$k_a=\frac{1}{\dfrac{1}{h_1}+\lambda+\dfrac{\delta}{\lambda}\ln\dfrac{d_1}{d_2}+\dfrac{1}{h_0}\dfrac{d_1}{d_0}}=1430\ \mathrm{W/(m \cdot K)}$$

$$A_1=14.07\ \mathrm{m^2},\Delta t_m=26.7\ ℃,\Phi=k_1A_1\Delta t_m=537206\ \mathrm{W}$$

与热平衡热量 $F=529500$ 相差仅 1.2%，上述计算有效，另外从热阻分析可知，凝结侧的温度降为 6 ℃，故液膜平均温度为 47 ℃，与假设值 45 ℃仅差 2 ℃，由此而引起的物性变化对 h_0 的影响液可忽略。

如不考虑管壁热阻，则 $k_1=1464\ \mathrm{W/(m \cdot K)}$，$\Phi=549979\ \mathrm{W}$。

与热平衡热量的 $\Phi=529500\ \mathrm{W}$ 相差仅 3.6%，在工程允许计算误差内。

10.3.5　换热器校核计算

10－20　一台 1－2 型壳式换热器用 30 ℃的水来冷却 120 ℃的热油[$c_p=2100\ \mathrm{J/(kg \cdot K)}$]，冷却水流量为 1.2 kg/s，油流量为 2 kg/s 总传热系数 $k=275\ \mathrm{W/(m^2 \cdot K)}$，传热面积为 $A=20\ \mathrm{m^2}$。试确定水与油各自的出口温度。

解：设平均温度为 40 ℃

$$c_p=4174\ \mathrm{J/(kg \cdot K)},\frac{(q_mc)_{\min}}{(q_mc)_{\max}}=\frac{2\times2100}{1.2\times4174}=0.8385$$

利用习题 24 中提供的公式得

$$\varepsilon=2\left(1+0.8385+1.305\times\frac{1+0.18106}{1-0.18106}\right)^{-1}=0.5375$$

则可得

$$\frac{102-t''}{120-30}=0.5375$$

$$\frac{t''-30}{120-71.6}=0.8385$$

解得 $t''=120-0.5375\times90=71.6(℃)$

解得 $t''_2=30+0.8385\times48.4=70.6(℃)$

经验算 c_p 值十分接近，故不必重算。

10－21　在一台逆流式的水—水换热器中，$t'_1=87.5$ ℃，流量为每小时 9000 kg，$t'_2=32$ ℃，流量为每小时 13500 kg，总传热系数 $k=1740\ \mathrm{W/(m^2 \cdot K)}$，传热面积 $A=3.75\ \mathrm{m^2}$，试确定热水的出口温度。

解：设冷、热水平均温度分别为 40 ℃和 70 ℃则可查得

$$c_{p1}=3191\ \mathrm{J/(kg\cdot K)},c_{p2}=4174\ \mathrm{J/(kg\cdot K)}$$

由此计算得

$$B=\frac{(q_m c)_1}{(q_m c)_2}=\frac{9000\times4191}{13500\times4174}=0.6694$$

$$\mathrm{NTU}=\frac{kA}{(q_m c)_{\min}}=\frac{1740\times3.75}{9000\times4191/3600}=0.623$$

由 ε-NTU 法，逆流换热器的效能为

$$\varepsilon=\frac{1-\exp\{(-\mathrm{NTU})[1-B]\}}{1-B\exp\{(-\mathrm{NTU})[1-B]\}}=0.409$$

又 $\varepsilon=\frac{t_1'-t_1''}{t_1'-t_2'}$，$t_1''=87.5-0.409\times(87.5-32)=64.8$ ℃

经验算得冷热流体平均温度和设定的相差很小，计算效果有效。

10-22　欲采用套管式换热器使热水与冷水进行热交换，并给出 $t_1'=200$ ℃，$q_{m1}=0.014$ kg/s，$t_2'=35$ ℃，$q_{m2}=0.0233$ kg/s，取总传热系数为 $k=980$ W/(m^2·K)，$A=0.25$ m^2 试确定采用顺流与逆流两种布置时换热器所交换的热量、冷却水出口温度及换热器的效能。

解：(1)顺流换热，设冷、热水平均温度分别为 65 ℃和 50 ℃则可查得

$$c_{p1}=4313\ \mathrm{J/(kg\cdot K)},c_{p2}=4183\ \mathrm{J/(kg\cdot K)}$$

由此计算得

$$B=\frac{(q_m c)_1}{(q_m c)_2}=\frac{0.0144\times4313}{0.0233\times4183}=0.637$$

又 $\varepsilon=\frac{t_1'-t_1''}{t_1'-t_2'}$，$t_1''=99.4$ ℃

平均温度经验算有效，则传热量为

$$\Phi=q_{m1}c_1\Delta t_1=0.0144\times4313\times(200-99.4)=6248(\mathrm{W})$$

(2)逆流换热，设冷、热水平均温度分别为 80 ℃和 125 ℃则可查得

$$c_{p1}=4258\ \mathrm{J/(kg\cdot K)},c_{p2}=4195\ \mathrm{J/(kg\cdot K)}$$

由此计算得

$$B=\frac{(q_m c)_1}{(q_m c)_2}=\frac{0.0144\times4258}{0.0233\times4195}=0.628$$

$$\mathrm{NTU}=\frac{kA}{(q_m c)_{\min}}=\frac{980\times0.25}{0.1444\times4258}=3.99$$

由 ε-NTU 法，逆流换热器的效能为

$$\varepsilon=\frac{1-\exp\{(-\text{NTU})[1-B]\}}{1-B\exp\{(-\text{NTU})[1-B]\}}=0.9$$

又 $\varepsilon=\frac{t_1'-t_1''}{t_1'-t_2'}$，$t_1''=51.5$ ℃

平均温度经验算有效，则

$$t_2''=t_2'+\Delta t_2=128.3\ ℃$$

$$\Phi=q_{m1}c_1\Delta t_1=9119\ \text{W}$$

10－23　为利用燃气轮机的排气来加热高压水，采用 1 — 2 型肋片管换热器。在一次测定中得出燃气的质量为 2 kg/s，进口温度 $t_1'=325$ ℃；冷却水质量流量为 0.5 kg/s，$t_2'=25$ ℃，$t_2''=150$ ℃。按气体侧基管直径计算的传热面积为 3.8 m²。试计算该条件下的总传热系数。燃气物性可近似地按附录中标准烟气的值查取。

解：由题意得

$$t_{2\text{m}}=\frac{t_2'-t_2''}{2}=\frac{25+150}{2}=87.5(℃)$$

由此查得

$$c_{p2}=4205\ \text{J/(kg}\cdot\text{K)}$$

换热量

$$\Phi=q_{m2}c_{p2}\delta t_2=262812\ \text{W}$$

为确定烟气的平均比热需假设其出口温度，设 $t''=205$ ℃，经验算有效。

则代入数据得

$$(\Delta t_{\text{m}})_{cp}=\frac{175-182}{\ln(175/182)}=178.5(℃),P=\frac{325-207}{325-25}=0.393,R=\frac{150-25}{325-207}=1.06$$

$$\Psi=0.91,\Delta t_{\text{m}}=0.91\times178.5=162.4(℃),k=\frac{\Phi}{A\Delta t_{\text{m}}}=\frac{262812}{3.8\times162.4}=426[\text{W/(m}^2\cdot\text{K)}]$$

10－24　在《传热学(第 6 版)》(陶文铨著)习题 10－15 中，如果冷却水流量增加 50%，但冷却水和空气的进口温度、空气流量及传热面积均不变，总传热系数也认为不变，问传热量可增加多少？为比较准确地获得 ε 值。1－2 型换热器可按下式计算：

$$\varepsilon=2\left\{1+W+(1-W^2)^{1/2}\frac{1+\exp[-\text{NTU}(1+W^2)^{1/2}]}{1-\exp[-\text{NTU}(1+W^2)^{1/2}]}\right\}^{-1}$$

式中

$$W=\frac{(q_mc)_{\min}}{(q_mc)_{\max}}$$

从传热过程的机理来说，此时假定传热系数不变是否合理？传热量的增加主要是通过什么途径实现的？如果空气流量增加 50%，还可以假定 k 不变吗？

解：设冷却水流量增加后其平均比热的变化可以不计，则

$$W=\frac{(q_m c)_{空气}}{(q_m c)_{水}}=\frac{35-16}{119-45}=0.257$$

增加冷却水量后的此值为 0.1711

代入 ε 计算式得：$\varepsilon=0.7361$

增加水流量前的效能，则

$$\varepsilon'=\frac{119-45}{119-16}=0.7184$$

由式(9－17)可知，因为 $(q_m c)_{\min}$ 及 $t'-t''$ 保持不变，$\dfrac{\Phi}{\Phi'}=\dfrac{\varepsilon}{\varepsilon'}=\dfrac{0.7361}{0.7184}=1.025$

故传热量增加了 2.5%，引起传热量增加的一个主要原因是冷却水量增加后对数平均温差有所上升。如果空气流量增加 50%，就不能假定 K 不变。

10－25　有一台逆流套管式冷油器，冷却水流量为 0.0639 kg/s，进水温度 $t_1'=35$ ℃，热油进口温度为 120 ℃、油的比热容为 2.1 kJ/(kg·K)，传热面积为 1.4 m²。总传热系数为 280 W/(m²·K)。如果油的出口温度不得低于 60 ℃，冷却水的出口温度不得高于 85 ℃，试计算该冷油器所能冷却的最大油流量。

解：最大的油流量相应于 $t''=85$ ℃时的情形。

$$\Phi=(q_m c)_2(t_2''-t_2')=13350\ \text{W}$$

$$\Delta t_{\text{m}}=\frac{\Phi}{kA}=\frac{13350}{1.4\times280}=34(℃)$$

所以得 $\dfrac{(120-85)-(t''-35)}{\ln\left(\dfrac{120-85}{t''-35}\right)}=34$ ℃，即 $34\ln\left(\dfrac{t_1''-35}{120-85}\right)=t_1''-70$

解此方程得 $t_1''=68$ ℃，故满足要求。

所以得到所能冷却的最大油流量为

$$q_{m油}=\frac{\Phi}{c_{p油}(t_1'-t_1'')}=0.122\ \text{kg/s}=440\ \text{kg/h}$$

10.3.6　热阻的分析与分离

10－26　有一台液－液换热器，甲、乙两种介质分别在管内、外作强制对流传热。实验测得的传热系数与两种流体流速的变化情况如附图所示。试分析该换热器的主要热阻在哪一侧？

解：增加介质甲的流速对传热系数的影响并不大，而增加介质乙的流速则使传热系数明显上升，故主要热阻在介质乙这一侧。

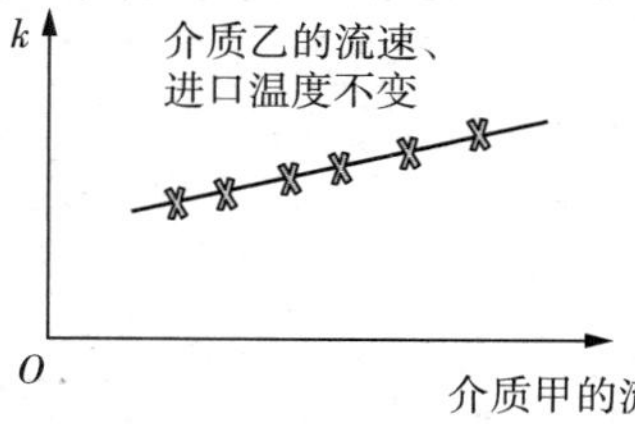

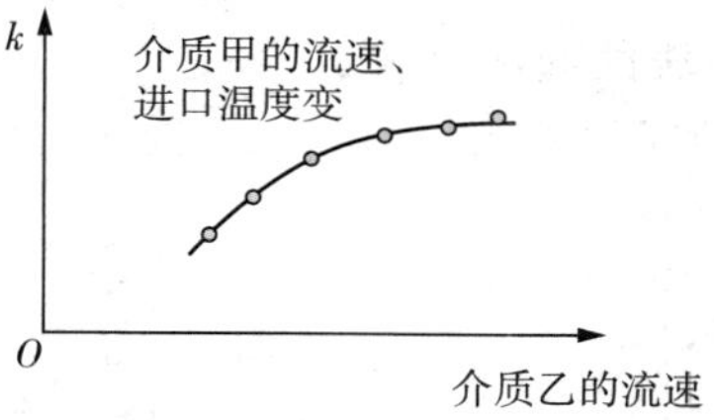

10－27　一台逆流式换热器刚投入工作时在下列参数下运行 $t_1'=30$ ℃，$t_1''=300$ ℃，$t_2'=360$ ℃，$t_2''=200$ ℃，$q_{m1}C_1=2500$ W/K，$k=800$ W/(m^2·K)。运行一年后发现，在 $q_{m1}C_1$、$q_{m2}C_2$ 及 t_1'、t_1'' 保持不变的情形下，冷流体只能被加热到 162 ℃，而热流体的出口温度则高于 300 ℃，试确定此情况下的污垢热阻及热流体的出口温度。

解：不结垢时，

$$\Delta t_m=\frac{270-160}{\ln(270/160)}=210.2(℃)$$

$$A=\frac{\Phi}{k\Delta t_m}=\frac{2500\times(360-300)}{800\times210.2}=0.892(m^2)$$

$$q_{m2}c_2=q_{m1}c_1\frac{360-300}{200-30}=2500\times\frac{60}{170}=882.4(W/K)$$

结垢之后，$\Phi'=q_{m2}c_2\Delta t_2=882.4\times(162-30)=116471(W)$

$$\frac{q_{m1}c_1}{q_{m2}c_2}=\frac{t_2''-t_2'}{t_1'-t_1''}=\frac{162-30}{360-t_1''}=\frac{2500}{882.4}=2.833$$

污垢热阻及热流体的出口温度为

$$t_1''=360-\frac{1}{2.833}\times(162-30)=313.4(℃)$$

$$\Delta t_m'=\frac{283.4-198}{\ln(283.4/198)}=283.2(℃)$$

$$k''=\frac{116471}{0.892\times238.2}=548.2[W/(m^2\cdot K)]$$

$$\frac{1}{k''}-\frac{1}{k}=R$$

$$R=\frac{1}{548.2}-\frac{1}{800}=5.742\times10^{-4}[W/(m^2\cdot K)]$$

10－28　为了查明汽轮机凝汽器在运行过程中结垢所引起的热阻，分别用洁净的铜管及经过运行已结垢的铜管进行了水蒸气在管外凝结的试验，测得了下表所示

的数据[表见《传热学(第6版)》(陶文铨编著)],试确定已使用过的管子的水垢热阻(按管子外表面面积计算)。

解:(1)对清洁管

$$t_m=\frac{10.5+14.1}{2}=12.3(℃)$$

$$c_p=4189\ J/(kg\cdot K)$$

换热量 $\Phi=q_m c_p\delta t=21.49\times10^3\ W$

$$\Delta t_m=\frac{(52.1-10.5)-(52.1-14.1)}{\ln\left(\frac{52.1-10.5}{52.1-14.1}\right)}=39.77(℃)$$

$$k_n=\frac{\Phi}{A\Delta t_m}=\frac{21.49\times10^3}{0.093\times39.77}=5810[W/(m^2\cdot K)]$$

(2)结垢时,$t_m=\frac{10.3+13.1}{2}=11.7(℃)$

$$c_p=4190\ J/(kg\cdot K)$$

换热量 $\Phi=q_m c_p\delta t=16.72\times10^3\ W$

$$\Delta t_m=\frac{(52.6-10.3)-(52.6-13.1)}{\ln\frac{(52.6-10.3)}{(52.6-13.1)}}=40.88(℃)$$

$$k_n=\frac{\Phi}{A\Delta t_m}=\frac{16.72\times10^3}{0.091\times40.88}=4397[W/(m^2\cdot K)]$$

使用过的管子的水垢热阻为

$$R=\frac{1}{k}-\frac{1}{k_0}=\frac{1}{4397}-\frac{1}{5810}=5.53\times10^{-4}[(m^2\cdot K)/W]$$

10-29 在一台洁净的水冷式冷凝器中,保持换热量及冷凝温度不变而改变水速,测得以下数据:

水速/(m/s)	0.986	1.27	1.83	2.16
总传热系数/[W/(m² · K)]	2700	2.980	3.365	3.530

设水侧 $h\sim u^{0.8}$(u 为流速),管壁厚 0.2 cm,$\lambda=111\ W/(m\cdot K)$。管子外径与内径之比为 1.25。试用威尔逊图解法决定蒸汽凝结时的表面传热系数。

解:设凝结传热系数为 h_0,水侧传热系数 $h_1=C_1u^{0.8}$

$$\frac{1}{k_0}=\frac{1}{h_0}+R_w+\frac{1}{h_1}\frac{d_0}{d_1}=\left(\frac{1}{h_0}+R_w\right)+\left(\frac{d_0}{C_1d_1}\right)\frac{1}{u^{0.8}}$$

这是形如 $y=a+bx$ 的直线方程,$y=\frac{1}{k_w}$,$a=\frac{1}{h_0}+R_w$,$x=\frac{1}{u^{0.8}}$

$$a=\frac{\sum xy\sum x-\sum y\sum x^2}{\left(\sum x\right)^2-\sum x^2}=1.8332\times10^{-4}[(\mathrm{m}^2\cdot\mathrm{K})/\mathrm{W}]$$

$$Re=\frac{\delta}{\lambda}=\frac{2\times10^{-3}}{111}=1.8018\times10^{-5}[(\mathrm{m}^2\cdot\mathrm{K})/\mathrm{W}]$$

则蒸汽凝结时的表面传热系数为

$$\therefore\frac{1}{h_0}=a-R_{\mathrm{w}}=1.65302\times10^{-4}[(\mathrm{m}^2\cdot\mathrm{K})/\mathrm{W}]$$

$$h_0=\frac{10^4}{1.65302}=6050[\mathrm{W}/(\mathrm{m}^2\cdot\mathrm{K})]$$

10－30　在附图所示的立式氨冷凝器的换热过程中，冷却水膜与壁面间的换热规律可近似地表示为

$$h_i=c_1q_{\mathrm{m,L}}^n$$

其中 $q_{m,L}$ 为单位圆周长度的质量流量，而氨侧凝结传热的表面传热系数可表示为

$$h_0=c_0q^{-1/3}$$

对于直径为 51 mm，厚 3 mm 的光滑洁净的钢管，试验测得下表[表见《传热学(第 6 版)》(陶文铨编著)习题 10－30]所列数据。试用图解法确定系数 c_i、c_o 及指数 n。

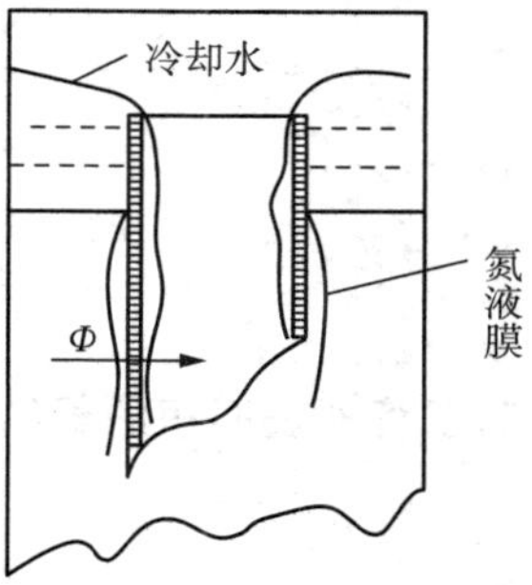

解：按题意可列出：

$$h_i=c_1q_{\mathrm{m,L}}^n$$

$$h_0=c_oq^{-1/3}$$

$$\frac{1}{k_0}=\frac{1}{h_0}+R_{\mathrm{w}}+\frac{1}{h_i}\frac{A_0}{A_i}$$

R_{w} 为壁面热阻。

上式可改写为：

$$\left(\frac{1}{k_0}-R_{\mathrm{w}}\right)\frac{A_0}{A_i}q_{\mathrm{m,L}}^n=\frac{1}{c_i}+\frac{1}{c_o}\frac{A_0}{A_i}q^{1/3}$$

由此进行迭代计算，终止迭代时，$\Delta c_1<0.25$，$\Delta n<5\times10^{-4}$，K 的计算值与实测值间的最大相对偏差小于 3.3%。

则可得

$$c_i=51.54,c_o=1.521\times10^4,n=0.5292$$

10－31　对氟利昂 22(R22)在单根水平放置的双侧强化管外的凝结传热测得了以下实验数据，冷却水进、出口温度分别为 26.4 ℃及 30.7 ℃，平均水速为 1.05 m/s

(按管直径计算)R22 的饱和温度为 40 ℃:管直径为 19/16.4 mm;基于管内表面积的水侧表面传热系数为 1.25×10⁴ W/(m² · K)。管子材料为铜,表面清洁无污垢。试计算基于管外表面积的凝结传热的表面传热系数。管子材料为铜,表面清洁无污垢。

解:由题意得

$$\Phi=\rho u_{\mathrm{m}} A c_p (t''_2-t'_2)$$

$$t_{\mathrm{f}}=\frac{26.4+30.7}{2}=28.6\ ℃$$

$$c_p=4175\ \mathrm{J/(kg\cdot K)}$$

$$\rho=996.1$$

$$\Phi=3.965\times10^3\ \mathrm{W}$$

$$\Delta t_{\mathrm{m}}=\frac{30.7-26.4}{\ln\left(\dfrac{40-26.4}{40-30.7}\right)}=11.31(℃)$$

$$k_{\mathrm{n}}=\frac{\Phi}{\pi d_0 L\Delta t_{\mathrm{m}}}=\frac{3.965\times10^3}{3.14\times0.019\times11.31}=5.876\times10^3[\mathrm{W/(m^2\cdot K)}]$$

$$k_a=\frac{1}{\dfrac{1}{h_1}\dfrac{d_0}{d_1}+\dfrac{d_0}{2\lambda}\ln\dfrac{d_0}{d_1}+\dfrac{1}{h_0}}=5876\ \mathrm{W/(m^2\cdot K)}$$

基于管外表面积的凝结传热的表面传热系数为

$$h_0=13513\ \mathrm{W/(m^2\cdot K)}$$

10.3.7 传热的强化与削弱

10-32 试证球状物体的临界热绝缘半径 $r=2\lambda/h$。其中,λ 为绝热材料的导热系数,h 为球外表面的表面传热系数,假定为常数。

证:设周围介质的温度为 t_∞ 则该球状物体的热量为

$$\Phi=\frac{t_1-t_\infty}{\dfrac{1}{4\pi\lambda}\left(\dfrac{1}{r_1}-\dfrac{1}{r}\right)+\dfrac{1}{4\pi r^2 h}}$$

r_1 球状物体的一内半径,该处理的壁温为 t_1,r 是外半径,此处视为变量,达到临界半径时,

$$\frac{\mathrm{d}\theta}{\mathrm{d}r}=0$$

这导致$\dfrac{\mathrm{d}}{\mathrm{d}r}\left[\dfrac{1}{4\pi\lambda}\left(\dfrac{1}{r_1}-\dfrac{1}{r}\right)+\dfrac{1}{4\pi r^2 h}\right]=0$,即$\dfrac{-1}{-4\pi r^2 h}+\dfrac{1}{4\pi h}\dfrac{2}{r^3}=0$,由此得

$$\frac{1}{2}\left(\frac{hr}{\lambda}\right)=1$$

于是得到球状物体的临界表面绝缘半径为 $r=2\lambda/h$。

10－33　一外径为 400 mm 的细长壳管式换热器水平地搁置于 20 ℃的房间内，壳侧的平均壁温为 200 ℃。由于投产仓促，外壳尚未包保温材料，但涂有一层朱红漆。试估算在此条件下每平方米外壳上的散热量。

解：由题意得，可近似的取外壳温度为 200 ℃。

则定性温度为

$$t_m=\frac{200+20}{2}=110(℃)$$

由此查得

$$\lambda=0.0328\ \mathrm{W/(m\cdot K)},\ v=24.29\times10^{-6}\ \mathrm{m^2/s},\ Pr=0.687,\ Gr=4.996\times10^{8}$$

代入计算得

$$h_0=Nu\frac{\lambda}{d}=0.48\,(GrPr)^{0.25}\frac{\lambda}{d}=5.357\ \mathrm{W/(m^2\cdot K)}$$

$$h_r=\frac{\varepsilon\sigma_0(T_w^4-T_\infty^4)}{T_w-T_\infty}=12.64\ \mathrm{W/(m^2\cdot K)}$$

$$h=h_c+h_r=5.357+12.64=18.0[\mathrm{W/(m^2\cdot K)}]$$

每平方米外壳上的散热量为

$$q=h\Delta t=18.0\times180=3240(\mathrm{W/m^2})$$

10－34　在上题中，估算当外壳包了一层 50 mm 的绝缘材料时每平方米面积上的散热损失。绝缘层导热系数 $\lambda=0.104\ \mathrm{W/(m\cdot K)}$，其余条件不变。此时的保温效率是多少？

解：设此时绝缘层外表面温度为 64 ℃，则 $t_m=\dfrac{60+40}{2}=40(℃)$

查得空气物性参数为

$$\lambda=0.0276\ \mathrm{W/(m\cdot K)},\ v=16.96\times10^{-6}\ \mathrm{m^2/s},\ Pr=0.699,\ Gr=5.442\times10^{8}$$

代入计算得

$$Gr=5.678\times10^{8}$$

$$h_0=Nu\frac{\lambda}{d}=0.48\,(GrPr)^{0.25}\frac{\lambda}{d}=3.704\ \mathrm{W/(m^2\cdot K)}$$

$$h_r=\frac{\varepsilon\sigma_0(T_w^4-T_\infty^4)}{T_w-T_\infty}=6.70\ \mathrm{W/(m^2\cdot K)}$$

$$\therefore h=h_c+h_r=3.74+6.70=10.44[\mathrm{W/(m^2\cdot K)}]$$

$$q=h\Delta t=10.44\times44=459(\mathrm{W/m^2})$$

由于 $q^*=\dfrac{2\pi\lambda\Delta t}{\ln(d_2/d_1)}\dfrac{1}{\pi d}=455.2\ \mathrm{W/m^2}$，可知 q 与 q^* 相差 2%，故此次计算有效。

散热损失可以取

$$\frac{459+449}{2}=454(\mathrm{W/m^2})$$

保温效率

$$\eta=\frac{3340-454}{3340}\times100\%=86.4\%$$

10－35　在室温为 20 ℃的房间内，横穿过一根高温管道。管道外径为 90 mm，外包两层绝热材料。第一层为厚 90 mm 的 B 级硅藻土制品，第二层为厚 30 mm 的粉煤灰泡沫砖，外面再用很薄的石棉纸包裹。设石棉纸外壁温度为 60 ℃，问第二层绝热材料的最高温度是否在允许的范围以内？

解：由题意得

$$t_w=\frac{60+20}{2}=40(℃)$$

由此查得空气物性参数为

$$\lambda=0.0276\ \mathrm{W/(m\cdot K)},v=16.96\times10^{-6}\ \mathrm{m^2/s},Pr=0.699$$

代入计算得

$$Gr=\frac{9.8\times(60-20)\times0.33^3}{16.96^2\times10^{-12}\times313}=1.565\times10^8$$

$$Nu=0.48\,(Gr\cdot Pr)^{0.25}=49.087\ \mathrm{W/(m^2\cdot K)}$$

$$h_c=49.087\times5.67\times(3.33^4-2.93^4)=6.564[\mathrm{W/(m^2\cdot K)}]$$

$$h_c=\frac{\varepsilon\sigma_0(T_w^4-T_\infty^4)}{T_w-T_\infty}=6.564\ \mathrm{W/(m^2\cdot K)}$$

$$\therefore h=h_c+h_r=10.670\ \mathrm{W/(m^2\cdot K)}$$

单位长度上的散热量

$$q_1=\pi dh\Delta t=442.4\ \mathrm{W/m}$$

为确定界面温度，需先设置界面温度为以确定导热系数。设界面温度为 175 ℃。

则
$$t_w=\frac{175+60}{2}=117.5(℃)$$

$$\bar{\lambda}=0.099+117.5\times0.0002=0.1225[\mathrm{W/(m^2\cdot K)}]$$

$$\Delta t=115.3\ ℃$$

界面温度为 115.3＋60＝175.3(℃)

与假定的 175 ℃十分接近,可见界面温度没有超过允许值。

10－36　对一种用于制冷剂 R22 冷凝的双侧强化管,用实验方法测得的水平放置时的换热参数如下表所示(冷凝温度为 40 ℃)。其中 h_i、h_o 分别按坯管内、外表面积计算。坯管内径为 16.4 mm,外径为 19 mm,材料为铜。试:(1)计算 4 种工况下双侧强化的总传热系数。设内外表面均无污垢。(2)在相同的冷凝温度、平均水速及进口水温下对水平放置的坯管进行第 2 种工况的传热计算,以确定其内、外侧的表面传热系数,进而计算相应的总传热系数,以确认双侧强化管的强化传热的性能。管子的长度取为 1 m,所有计算均对坯管尺寸进行。

解:先计算双侧强化管 4 种情况下的 k_a 值

$$k_a=\frac{1}{\frac{1}{h_o}+\frac{d_o}{2\lambda}\ln\frac{d_o}{d_i}+\frac{1}{h_i}\frac{d_o}{d_i}}$$

工况	$\frac{1}{h_o}$	$\frac{d_o}{d_i}\frac{1}{h_i}$	$\frac{d_o}{2\lambda}\ln\frac{d_o}{d_i}$	$\sum R_o$
1	1.0252×10^{-4}	1.0298	$\frac{19\times10^{-3}}{2\times400}\ln\frac{19}{16.4}=3.49\times10^{-6}$	2.08990×10^{-4}
2	8.0645×10^{-5}	5.1512		1.35647×10^{-4}
3	7.8802×10^{-5}	3.7407		1.19699×10^{-4}
4	7.3855×10^{-5}	2.7042		1.04392×10^{-4}

(1)

第一种情况 $k_{a1}=\frac{1}{2.08990\times10^{-4}}=4784.92[\text{W/(m}^2\cdot\text{K)}]$

第二种情况 $k_{a2}=1/(1.35647\times10^{-4})=7372.08[\text{W/(m}^2\cdot\text{K)}]$

第三张情况 $k_{a3}=1/(1.19699\times10^{-4})=8354.29[\text{W/(m}^2\cdot\text{K)}]$

第四种情况 $k_{a4}=1/(1.04392\times10^{-4})=9579.28[\text{W/(m}^2\cdot\text{K)}]$

(2)对第二种情况,假定水的进出口温差分别为 0.5 ℃、1.0 ℃、1.5 ℃,为简化计算,设 3 种工况下定性温度均为 27 ℃,则有

$$\rho=998.2+\frac{995.7-998.2}{10}\times7=996.5(\text{kg/m}^3)$$

$$c_p=\left(4.183+\frac{4.174-4.183}{10}\times7\right)\times10^3=4.177\times10^3[\text{J/(kg}\cdot\text{K)}]$$

$$\lambda=0.599+\frac{0.681-0.599}{10}\times7=0.6123[\text{W/(m}\cdot\text{K)}]$$

$$Pr=7.02+0.7\times(5.42-7.02)=5.9$$

$$v=\left(0.805+\frac{1.006-0.805}{10}\times3\right)\times10^{-6}=0.8653\times10^{-6}(\text{m}^2/\text{s})$$

$$Re=\frac{1.05\times 0.0164}{0.8653}\times 10^{6}=19900.6$$

$$Nu=0.023\times 19900.6^{0.8}\times 5.9^{0.4}=128.6$$

$$h_1=\frac{Nu\lambda}{d_1}=\frac{128.6\times 0.6123}{0.0164}=4800.5[\mathrm{W/(m^2\cdot K)}]$$

$$\dot{m}=\frac{\pi}{4}d_1^2u\rho=0.785\times 0.0164^2\times 1.05\times 996.5=0.2209(\mathrm{kg/s})$$

① 温差为 0.5 ℃时

$$\Phi_\mathrm{b}=mc_p\Delta t=0.2209\times 4.177\times 10^3\times 0.5=461.3(\mathrm{W})$$

$$q=\frac{\Phi_0}{A_\mathrm{i}}=\frac{461.3}{3.1416\times 0.0164\times 1}=8953(\mathrm{W/m^2})$$

$$h_0=0.651\times\left[\frac{9.8\times 166.16\times 10^3\times 1128.4^2\times 0.0798^3}{0.019\times 0.121\times 10^{-6}\times 1128.4\times 8953}\right]^{\frac{1}{3}}$$

$$=2321.8[\mathrm{W/(m^2\cdot K)}]$$

$$\frac{1}{k_\mathrm{o}}=\frac{1}{h_\mathrm{o}}+\frac{1}{h_\mathrm{i}}\frac{d_\mathrm{o}}{d_\mathrm{i}}+\frac{d_\mathrm{o}}{2\lambda}\ln\frac{d_\mathrm{o}}{d_\mathrm{i}}$$

$$=\frac{1}{2321.8}+\frac{1}{4800.5}\times\frac{19}{16.4}+3.49\times 10^{-6}$$

$$=6.7349\times 10^{-4}[(\mathrm{m^2\cdot K})/\mathrm{W}]$$

$$k_0=1482\ \mathrm{W/(m^2\cdot K)},\Delta t_\mathrm{m}=\frac{0.5}{\ln\left(\frac{40-26.43}{40-26.93}\right)}=13.32(℃)$$

$$\Phi_\mathrm{h}=k_0A\Delta t_\mathrm{m}=1482\times 13.32\times 0.05966=1177.7(\mathrm{W})$$

② 温度为 1.0 ℃时

$$\Phi_\mathrm{b}=mc_p\Delta t=0.2209\times 4.177\times 10^3\times 1.0=922.6(\mathrm{W})$$

$$q=\frac{\Phi_0}{A_\mathrm{i}}=\frac{922.6}{3.1416\times 0.0164\times 1}=17906.83(\mathrm{W/m^2})$$

$$h_0=0.651\times\left[\frac{9.8\times 166.16\times 10^3\times 1128.4^2\times 0.0798^3}{0.019\times 0.121\times 10^{-6}\times 1128.4\times 17906.83}\right]^{\frac{1}{3}}$$

$$=1842.77[\mathrm{W/(m^2\cdot K)}]$$

$$\frac{1}{k_\mathrm{o}}=\frac{1}{h_\mathrm{o}}+\frac{1}{h_\mathrm{i}}\frac{d_\mathrm{o}}{d_\mathrm{i}}+\frac{d_\mathrm{o}}{2\lambda}\ln\frac{d_\mathrm{o}}{d_\mathrm{i}}$$

$$=\frac{1}{1842.77}+0.0002413+3.49\times 10^{-6}$$

$$=0.0007875[(m^2\cdot K)/W]$$

$$k_0=1271.8\ W/(m^2\cdot K)$$

$$\Delta t_m=\frac{1}{\ln\left(\frac{40-26.43}{40-27.43}\right)}=\frac{1}{\ln\left(\frac{13.57}{12.57}\right)}=13.06(℃)$$

$$\Phi_h=k_0A\Delta t_m=1271.8\times13.06\times0.05966=990.9(W)$$

③ 温度为 1.5 ℃时

$$\Phi_b=mc_p\Delta t=0.2209\times4.177\times10^3\times1.5=1383.9(W)$$

$$q=\frac{\Phi_0}{A_i}=\frac{1383.9}{3.1416\times0.0164\times1}=26860.25(W/m^2)$$

$$h_0=0.651\times\left[\frac{9.8\times166.16\times10^3\times1128.4^2\times0.0798^3}{0.019\times0.121\times10^{-6}\times1128.4\times26860.25}\right]^{\frac{1}{3}}$$

$$=1609.81[W/(m^2\cdot K)]$$

$$\frac{1}{k_0}=\frac{1}{h_0}+\frac{1}{h_i}\frac{d_0}{d_i}+\frac{d_0}{2\lambda}\ln\frac{d_0}{d_i}$$

$$=\frac{1}{1609.81}+0.0002413+3.49\times10^{-6}$$

$$=0.00086598[(m^2\cdot K)/W]$$

$$k_0=1156.6\ W/(m^2\cdot K),\Delta t_m=\frac{1.5}{\ln\left(\frac{40-26.43}{40-28.93}\right)}=12.81(℃)$$

$$\Phi_h=k_0A\Delta t_m=1156.6\times12.81\times0.05966=883.93(W)$$

用线性差值公式找出使 $\Phi_h=\Phi_b$ 的 $\triangle t_m$。

$$990.9+\frac{883.9-990.9}{0.5}\times\Delta t=922.6+\frac{1383.9-922.6}{0.5}\times\Delta t$$

$$990.9+(-214\Delta t)=922.6+922.6\Delta t\Rightarrow990.9-992.6=(922.6+214)\Delta t$$

$$\Delta t=\frac{68.3}{1136.6}=0.060(℃),\text{即 }\Delta t_1=1.06\ ℃$$

$$\Phi_b=0.2209\times4177\times1.06=978.1(W)$$

$$q=\frac{978.1}{0.051496}=18992.9(W/m^2)$$

$$h_0=\frac{48156.6}{\sqrt[3]{18992.9}}=1810.9[W/(m^2\cdot K)]$$

$$k_0^{-1}=\frac{1}{1810.9}+0.0002413+0.00000349=7.9707\times10^{-4}[(\mathrm{m^2\cdot K})/\mathrm{W}]$$

$$k_0=1254.6\ \mathrm{W/(m^2\cdot K)}$$

$$\Delta t_m=\frac{1.06}{\ln\dfrac{13.57}{12.51}}=\frac{1.06}{0.08133}=13.03(℃)\quad \Phi_b=1254.6\times0.05966\times13.03=975.4(\mathrm{W})$$

$$\Phi_b=978.1\ \mathrm{W}$$

双侧强化管的 $k_0=7372$，光管仅为 1255，强化管 k_0 为光管的 5.87 倍，传热量为 4 倍左右。

10－37　如对附图所示的平直翅片管束外的空气掠流动得出了如下准侧方程(4 排的平均特性)：

$$Nu=0.480Re^{0.489}\ (560<Re<5\times10^3)$$

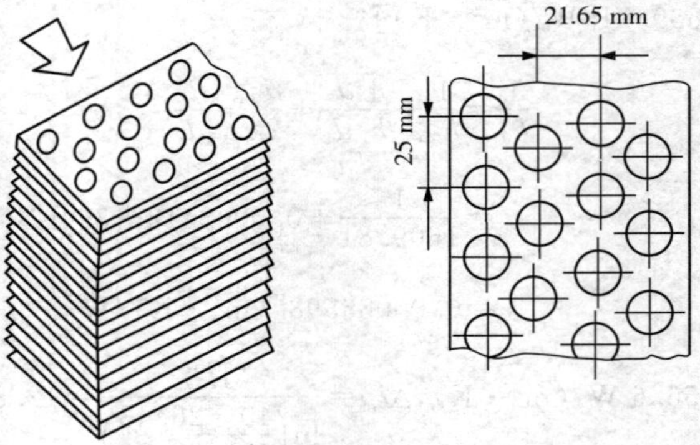

管子内径为 9.2 mm，外径为 10.55 mm；翅片间距为 3.2 mm，翅片厚 0.2 mm；管子为铜管，翅片材料为铝

其中，特征长度取管子外径，*Re* 数中的流速为垂直流动方向上最窄截面处的速度，定性温度为进口与出口截面上气流温度的平均值，空气侧的传热面积按总表面面积(计及肋效率)计算。今用这种翅片管制成高 30 cm 的 R134a 蒸汽的冷凝器，R134a 的饱和蒸汽在管内冷凝，管子竖直放置，进风面上共 10 排管子，流动方向为 4 排，来流空气的温度为 25 ℃，迎面风速(即空气进入换热器前的风速)为 2.0 m/s。试计算每秒钟内 R134a 的凝结量。冷凝温度为 40 ℃。如果该冷凝器采用光管，其他条件均相同，试比较 R134a 冷凝量的大小。这种翅片的效率计算比较复杂，这里近似地取 0.9。风道的截面尺寸为 0.3 m×0.2625 m。

解：假定空气出口温度 34.5 ℃，则 $t_m=\dfrac{25+34.5}{2}=30(℃)$，近似以 30 ℃计算。

空气的物性为

$$\rho=1.185\ \mathrm{kg/m^3},c_p=1005\ \mathrm{J/(kg\cdot K)},\nu=16\times10^{-6}\ \mathrm{m^2/s}$$

最窄截面流速为 $u_{max}=\dfrac{2\times 0.3\times 0.2625}{(0.3-93\times 0.0002)\times(0.2625-10\times 0.01055)}=3.65(\mathrm{m/s})$

略去密度变化引起的流速变化，

$$Re=\frac{u_{max}d}{v}=\frac{0.01055\times 3.56\times 10^6}{16}=2351$$

$$Nu=0.48\times 2351^{0.489}=21.36$$

$$h=21.36\times 0.0267/0.01055=54[\mathrm{W/(m^2\cdot K)}]$$

空气侧总传热面积 $A_0=3.593\ \mathrm{m^2}$

从空气侧热平衡：$\Phi_b=0.3\times 0.2625\times 2\times 1.185\times 9.5\times 1005=1781.9(\mathrm{W})$

折算到管内热流：$Q_t=\dfrac{1751.8}{40\times 3.14\times 0.00933\times 0.3}=4984(\mathrm{W/m^2})$

40 ℃$R134$ 物性：$\rho=1146.2\ \mathrm{kg/m^3}$

$$\lambda=0.0750\ \mathrm{W/(m\cdot K)}$$

$$\mu=\rho\times 0.1554\times 10^{-6}\ \mathrm{kg/(m\cdot s)}$$

$$r=163.23\ \mathrm{kJ/kg}$$

$$h_i=1.177\left[\frac{9.8\times 1146.2^2\times 0.0750^3\times 163230}{0.1551\times 10^{-6}\times 1146.2\times 4984\times 0.00933}\right]^{\frac{1}{3}}=5580[\mathrm{W/(m^2\cdot K)}]$$

总热阻 $R_1=\dfrac{1}{h_0A_0}+\dfrac{1}{h_1A_1}=0.005525[(\mathrm{m^2\cdot K})/\mathrm{W}]$

$$\Delta t_m=\frac{(40-25)-(40-34.5)}{\ln\left(\dfrac{15}{5.5}\right)}=9.469(℃)$$

$$\Phi_h=\frac{\Delta t}{R_t}=\frac{9.469}{0.005525}=1714(\mathrm{W})$$

Φ_h 和 Φ_b 相差小于 4%，计算有效。

采用光管时，空气这侧换热的热阻大大增加，凝结热阻已可略二不急，取 26.1 ℃的物性计算：

$$r=1.185\ \mathrm{kg/m^3},\lambda=0.0263\ \mathrm{W/(m\cdot K)},v=15.53\times 10^{-6}\ \mathrm{m^2/s},Pr=0.702$$

代入计算得

$$u_{max}=\frac{2\times 0.3\times 0.2625}{0.3\times(0.2625-10\times 0.01055)}=3.344(\mathrm{m/s})$$

$$R_e=\frac{u_{max}d}{v}=2271.7$$

$$A_0=40\times 3.14\times 0.3\times 0.1055=0.3975(\mathrm{m^2})$$

$$Nu'=0.35\times\left(\frac{25}{21.65}\right)^{0.2}\times 2272^{0.6}\times 0.702^{0.36}=32.75$$

$$Nu=0.897\times 32.75=29.4$$

$$h=\left[\frac{29.4\times 0.0263}{0.01055}\right]=73.24[\mathrm{W/(m^2\cdot K)}]$$

$$k_m\approx h_c$$

$$\Phi_h=Ak\Delta t=0.3975\times 73.24\times 15=436.7$$

$$\delta_t=2.33\ ℃$$

$$\Delta t_m=\frac{2.33}{\ln\dfrac{15}{12.67}}=138(℃)$$

$$\Phi_b=401\ \mathrm{W}$$

Φ_b，Φ_h 的误差为 2.2%，结果成立。

取 $\Phi=\dfrac{403.4+412.7}{2}=408.1(\mathrm{W})$

$m=\dfrac{408.1}{163230}=0.002499(\mathrm{kg/s})$，仅为原来 25%。

10-38 有人对开缝翅片管束的换热器进行了实验测定(开缝翅片如附图所示)，测得空气侧平均换热的特征数方程为 $Nu=0.745Re^{0.493}$，试用这种开缝翅片管束重新进行上题的计算。开缝翅片的肋效率较不开缝时要小一些，可取为不开缝时的 95%。

解：经过数次试凑计算，取 $t''=36.3\ ℃$，$t_m=30.65\ ℃$

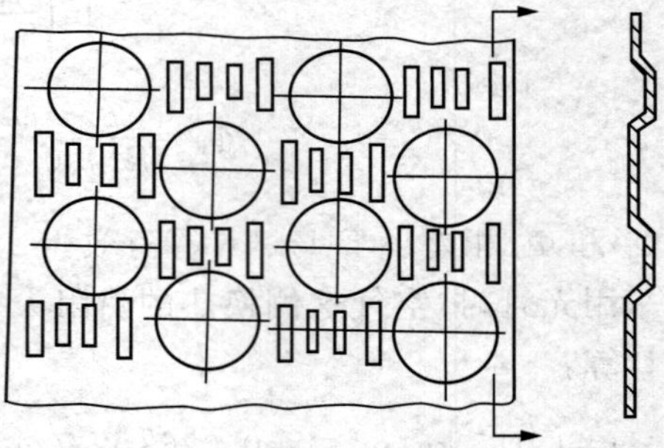

空气物性参数 30 ℃计算：

$$\rho=1.165\ \mathrm{kg/m^3}$$

$$c_p=1055\ \mathrm{J/(kg\cdot K)}$$

$$\lambda=0.0267\ \mathrm{W/(m\cdot K)}$$

$$v=16\times 10^{-6}\ \mathrm{m^2/s}$$

$$Pr=0.701$$

$$Re=\frac{0.01055}{16}\times 10^6=2347$$

$$Nu=0.745\times(2347)^{0.453}=0.745\times 45.88=34.18$$

$$h_0=34.18\times 0.0267/0.01055=86.5[\mathrm{W/(m^2\cdot K)}]$$

$$\Phi_b=0.3\times 0.2625\times 2\times 1.165\times 1005\times 11.3=2083(\mathrm{W})$$

$$q_1=\frac{2028}{0.3515}=5770(\mathrm{W/m^2})$$

$$h_1=1.17\left(\frac{9.8\times1146.2^2\times0.075^3\times163230}{0.1554\times10^6\times1146.2\times0.0093\times5770}\right)^{1/3}=5159(\mathrm{W/m^2})$$

$$R_r=\frac{1}{86.5\times3.432}+\frac{1}{5159\times0.3515}=0.003918(\mathrm{K/W})$$

$$\Delta t_m=8.07(℃)$$

$$\Phi_h=2059.7\ \mathrm{W},W=2060\ \mathrm{W}$$

$$\frac{\Phi_b}{\Phi_h}=1.011<1.04$$

计算有效，$\Phi=\dfrac{2083+2060}{2}=2072(\mathrm{W})$

$$m=\frac{2072}{163230}=0.0127(\mathrm{kg/s})$$

比平直翅片提高了约 19%。

10.3.8　传热问题综合分析

10－39　试分析保温瓶瓶胆(见附图)的热量散失路径，并指出在制造胆瓶时采用了哪些措施来减少热损失。

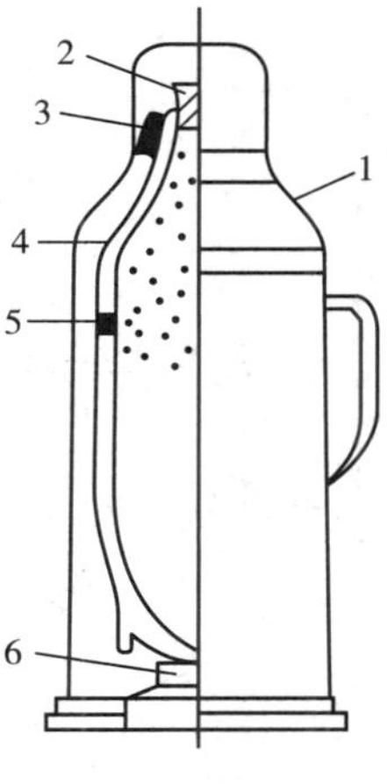

1—瓶壳；2—瓶塞；3—颈圈；4—瓶胆；5—石棉粒；6—底座

解：热量散失的途径

(1)通过夹层的辐射传热；

(2)通过瓶塞的导热；

(3)通过石棉粒的导热。

通过夹层的导热可以不计。采用的措施：

(1)夹空层真空；

(2)夹层内涂壁以反射率高的薄层。

10－40　直径 $d_0=50$ mm、壁厚 $\delta=5$ mm 的锅炉水冷壁管中流过温度为 315 ℃ 的沸腾水，管壁导热系数 $\lambda=40$ W/(m·K)，炉膛中的火焰、烟气及炉墙对水冷壁管辐射传热的综合效果可用温度 $T_\infty=1500$ K 的环境来代替。试确定其内、外表面均洁净时单位长度上的换热量。水冷壁管外表面 $\varepsilon=0.8$，对流作用可不计。

解：由题意得，管子外壁单位长度上与炉膛的换热量：

$$\Phi_1=\pi d_0\varepsilon\sigma_0(T_w^4-T_{w0}^4),\Phi_1=\frac{2\pi\lambda(T_w-T_{w0})}{\ln(d_0/d_1)}$$

$$\pi d_0\varepsilon\sigma_0(T_w^4-T_{w0}^4)=\frac{2\pi\lambda(T_w-T_{w0})}{\ln(d_0/d_1)}$$

$T_{w0}=346$ ℃，换热量 $\Phi_1=35007$ W/m

10－41　在上题中，如果水冷壁管外壁均匀的结了一层厚 2 mm 的灰垢，其中 $\varepsilon=0.9$ 其余条件重新计算单位长度上的换热量。

解：$0.9\times0.064\times5.67\left[15^4-\left(\frac{t_{w0}}{100}\right)^2\right]=\frac{2\times(t_{w0}-t_{w1})}{\ln\frac{d_0}{d_0}/\lambda_0+\ln\frac{d_0}{d_1}/\lambda_1}$

解得 $t_{w0}=1435\ \mathrm{K}$，单位长度换热量为

$$\Phi=0.8653\times(50625-42404)=7114(\mathrm{W/m})$$

10－42　一蒸汽管道的保温层外包了油毛毡，表面温度为 330 K，外径为 0.32 m。该管道水平地穿过室温为 22 ℃的房间，在房间内的长度为 6 m。试计算蒸汽管道在该房间内的总散热量。

解：蒸汽管道的保温层外包了油毛毡，这是圆筒柱的导热过程。

定性温度 $t_m=\frac{330-273+22}{2}=39.5(℃)$

查空气物性性质

$$v=16.96\times10^{-6}\ \mathrm{m^2/s}$$

$$Pr=0.699$$

$$\lambda=0.0276\ \mathrm{W/(m\cdot K)}$$

$$Gr=\frac{g\alpha\Delta td^3}{\nu^2}=\frac{9.8\times\frac{1}{273+39.5}\times(330-295)\times0.32^3}{(16.96\times10^{-6})^2}=4.057\times10^7$$

查表得 $C=0.48$，$n=0.25$

$$Nu=C\,(Gr\cdot Pr)_m^n=0.48\times(2.836\times10^7)^{0.25}=35.03$$

$$h=\frac{\lambda}{d}Nu=4.39\ \mathrm{W/(m^2\cdot K)}$$

自然对流散热量 $\Phi_c=hA\Delta t=4.39\times3.1416\times0.22\times6\times35=637.8(\mathrm{W})$

查表取 $\varepsilon=0.93$，则辐射传热量

$$\begin{aligned}\Phi_r&=\varepsilon\sigma_0A(T_1^4-T_2^4)\\&=0.93\times5.67\times10^{-8}\times3.1416\times0.22\times6\times(330^4-295^4)\\&=937(\mathrm{W})\end{aligned}$$

总散热量 $\Phi=\Phi_c+\Phi_r=637.8+937=1574.8(\mathrm{W})$。

10－43　一块表面积为 A 的平板埋于绝热材料中（如附图所示）。初始时与温度为 T_∞ 的气流处于平衡状态，后突然受到投入辐射 G 的作用。平板对 G 的吸收比为 α_1，自身辐射的发射率为 ε，平板的热容量为 mc。此时对流传热的表面传热系数为 h。试按集中参数法导出平板温度随时间变化的关系式，及当平板又一次处于稳态工

况时的温度值。取 $G=3000\ \text{W/m}^2$，$\alpha_1=0.8$，$\varepsilon=0.9$，$T_\infty=300\ \text{K}$，$mc=20400\ \text{J/K}$，$h=50\ \text{W/(m}^2\cdot\text{K)}$。

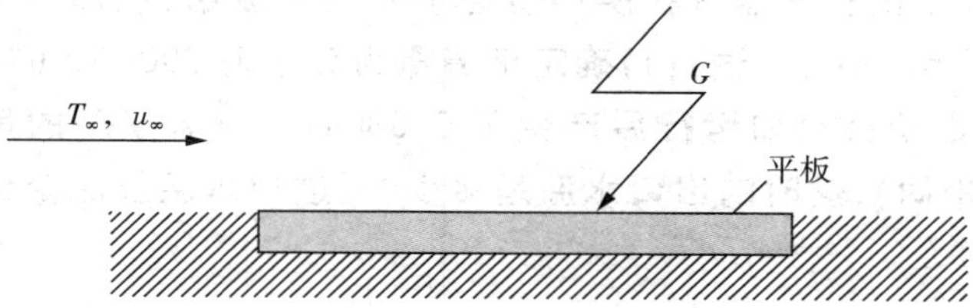

解：(1)热平衡关系式 $mc\dfrac{\mathrm{d}T}{\mathrm{d}\tau}=A\alpha_1G-A\varepsilon\sigma_0(T^4-T_\infty^4)-Ah(T-T_\infty)$

(2)再次处于稳态时即$\dfrac{\mathrm{d}T}{\mathrm{d}\tau}=0$，所以 $\alpha_1G=\varepsilon\sigma_0(T^4-T_\infty^4)+h(T-T_\infty)$

$$0.8\times3000=0.9\times5.67\left[\left(\frac{T}{100}\right)^4-3^4\right]+50(T-300)$$

$$T=343\ \text{K}$$

10-44　设发热表面上一个直径为 d 的圆柱形散热肋片被水平的置于温度为 t_∞ 的环境中(见习题 2-90 附图)，肋片与周围空气发生自然对流传热。肋片表面的发射率为 ε，导热系数为 λ。肋片顶端的散热需加以考虑，可作为竖直平板上的自然对流，特征长度取 $0.9d$。肋根温度 t_0 保持稳定，肋高为 H。试列出稳态条件下肋片中温度分布应满足的微分方程及边界条件，并分析所得微分方程的特点及你对求解这种问题的建议。

解：对任一微元段 $\mathrm{d}x$，可以列出下列微分方程：

$$\lambda f\frac{\mathrm{d}^2T}{\mathrm{d}x^2}-U_{\varepsilon\sigma_0}(T^4-T_\infty^4)-Uh_1(T-T_\infty)=0$$

边界条件为

$$x=0,T=T_0$$

$$x=h,-\lambda f\frac{\mathrm{d}T}{\mathrm{d}x}=f\varepsilon\sigma_0(T^4-T_\infty^4)+fh_2(T-T_\infty)$$

其中：

$$U=\pi d,h_1=A_1\left(\frac{\Delta t}{d}\right)^{0.25}=A_1\left(\frac{T-T_\infty}{d}\right)^{0.25}$$

$$h_2=A_2\left(\frac{T-T_\infty}{0.9d}\right)^{0.25}\quad f=\frac{\pi d^2}{4}$$

系数 A_1、A_2 取决于温度，但在不大的温度变化范围内可以取为常数。该离散方程是

关于温度 T 的非线性方程，可用数值方法求解，方程中的对流与辐射散量可相当于源项，从而使问题得以简化。

10－45　120 ℃饱和水蒸气在换热器管子外表面凝结，以加热管内的冷水，传热系数 $k=1800\ \mathrm{W/(m^2\cdot K)}$。试：(1)确定把流量为每小时 2000 kg 的水从 20 ℃加热到 80 ℃所需的传热面积；(2)如运行后产生了 $0.0004\ \mathrm{(m^2\cdot K)/W}$ 的污垢热阻(其计算面积与传热系数相同)，这时的出口水温是多少？(进口水温及流量保持不变。)

解：(1)

$$l_{2\mathrm{m}}=\frac{20+80}{2}=50(℃)$$

$$c_{p2}=4174\ \mathrm{s/(kg\cdot K)}$$

$$\varphi=G_2c_{p2}\delta l_2(l_2^m-l_2^s)=\frac{2000}{3600}\times4174\times(80-20)=139.1(\mathrm{kW})$$

$$\Delta l_\mathrm{m}=\frac{80-20}{\ln\frac{120-20}{120-80}}=65.48(℃)$$

$$A=\frac{\varphi}{k\Delta l_\mathrm{m}}=1.18(\mathrm{m^2})$$

$$\frac{1}{k_\alpha}=\frac{1}{k}+R=\frac{1}{1800}+0.0004=1046.51[\mathrm{W/(m^2\cdot K)}]$$

设 $c_{p2}=4174\ \mathrm{J/(kg\cdot K)}$

则 $\mathrm{NTU}=\frac{k}{(q_mc)_{\min}}=0.53$

$$\varepsilon=1-\mathrm{e}^{-\mathrm{ntu}}=0.41$$

$$l''_2=20+0.41(120-20)=61(℃)$$

$$l_{2\mathrm{m}}=\frac{20+61}{2}=40.5(℃)$$

查得 $c_{p2}=4174\ \mathrm{J/(kg\cdot K)}$，与假设值一致。

10－46　用在圆管内绕电阻丝的方法来进行大空间内水平圆管的自然对流传热。在一次试验中测得：表面平均温度的热电势 $E=1.88\ \mathrm{mV}$，空气温度的热电势 $E=0.96\ \mathrm{mV}$，加热功率 $P=28\ \mathrm{W}$。管子外径 $d=0.08\ \mathrm{m}$，长 $l=0.8\ \mathrm{m}$。管子外表面镀铬，发射率 $\varepsilon=0.06$。热电势 E 与温度 t 的关系为

$$\{t\}_{℃}=0.1073+26.57\{E\}_{\mathrm{mV}}-0.5828\{E\}_{\mathrm{mV}}^2$$

式中下标表示 t 与 E 的单位。试确定该次自然对流传热试验中的对流传热的表面传热系数、Nu 数及 Gr，Pr 数之值。

解：自然对流传热系数 h 由下式决定：

$$h=\frac{\theta}{A(t_w-t_f)}-\frac{\varepsilon C_0}{(t_w-t_f)}\left[\left(\frac{T_\infty}{100}\right)^4-\left(\frac{T_f}{100}\right)\right]$$

$$t_w=0.1073+26.57\times1.88-0.5828\times1.88^2=48(℃)$$

$$t_f=0.1073+26.57\times0.96-0.5828\times0.96^2=25(℃)$$

$$\varphi=28\ \text{W},\varepsilon=0.06$$

$$A=\pi dl=0.2011\ \text{m}^2$$

将这些数据代入得

$$h=5.67\ \text{W/(m}^2\cdot\text{K)}$$

$$t_m=\frac{48+25}{2}=36.5(℃)$$

$$\lambda=0.0273\ \text{W/(m}\cdot\text{K)}$$

$$Nu=\frac{hd}{\lambda}=16.6$$

$$Pr=0.700$$

$$GrPr=\frac{g\beta\Delta td^3}{v^2}Pr=9.41\times10^5$$

10－47　在习题 10－43 中引入以下无量纲参数：$\Theta=T/T_\infty$，$N_1=\frac{\alpha_1 G}{T_\infty\alpha}$，$N_2=\frac{\varepsilon\sigma T_\infty^3}{h}$，$r=\frac{A\alpha\sigma}{mc}$（无量纲时间），试将平板温度随时间变化的微分方程无量纲化，并利用习题 10－43 中所给出的数据计算 N_1、N_2 之值。在这些值下用数值方法求解微分方程，并比较 x 值相当大时数值求解所得的结果与习题 10－43 第 2 部分计算之值是否一致。

解：由教材习题 10－43 得

$$mc\frac{\mathrm{d}T}{\mathrm{d}t}=A\alpha_1 G-A\varepsilon\sigma_0(T^4-T_\infty^4)-Ah(T-T_\infty)$$

两边除以 AhT_∞，得

$$mc\frac{\mathrm{d}(T/T_\infty)}{\mathrm{d}[Aht/(mc)]}=\frac{\alpha_1 G}{hT_\infty}-\frac{\varepsilon\sigma_0 T_\infty^4}{hT_\infty}\left[\left(\frac{T}{T_\infty}\right)^4-1\right]-\frac{T}{T_\infty}+1$$

即$\frac{\mathrm{d}\theta}{\mathrm{d}t}=N_1-N_2(\theta^4-1)-\theta+1$。

由教材习题 10－43 的数据可求得 $N_1=0$，$N_2=0.202$，当值相当大时，即可认为过程趋于稳定。

即$\frac{\mathrm{d}\theta}{\mathrm{d}t}$无限趋近于 0，此时，数值求解所得结果与教材习题 10－43 所计算的结果应当一致。

10-48　附图所示为温室房顶玻璃所受到的各种热交换作用的示意图，图中：

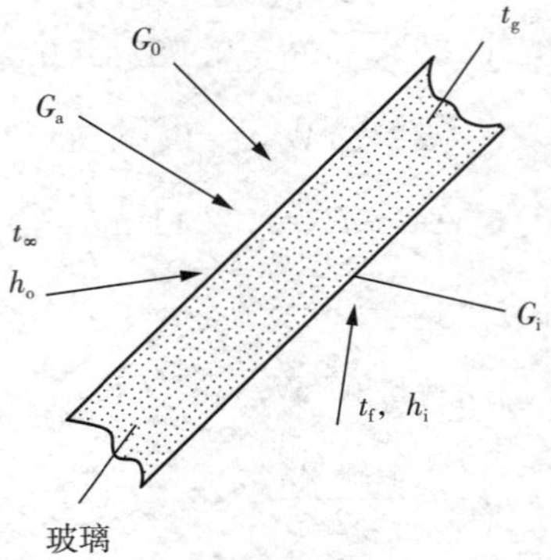

G_s——太阳投入辐射；

G_α——大气投入辐射，在红外辐射范围内（$\lambda \geqslant 8$ m）；

G——温室内物体的投入辐射，在红外辐射范围内；

h_o——外部流体对流传热的表面传热系数；

t_∞——外部空气温度；

h_i——内部流体对流传热的表面传热系数；

t_f——温室内空气温度。

该玻璃较薄，沿厚度方向的导热热阻可以不计。对于 $\lambda < 1$ μm 的辐射可以认为该玻璃是透明的：但对于 $\lambda > 1$ μm 的辐射可认为全部吸收。假如辐射热流密度均匀地分布在玻璃表面上，玻璃温度也是均匀的。太阳辐射按黑体辐射处理求：(1)试写出稳态条件下单位玻璃面积上的能量平衡式，(2)设 $t_g = 27$ ℃，$t_\infty = 24$ ℃，$h_i = 10$ W/(m² · K)，$h_o = 55$ W/(m² · K)，$G_s = 1000$ W/m²，$G_a = 250$ W/m²，$G_i = 440$ W/m²，试估算温室内的温度 t_f。

解：对于 $T = 5800$ K 的黑体，对于 $\lambda = 1$ μm · K，查得 $F_{b(0-\lambda)} = 71.93\%$

故 $F_{b(1-\infty)} = 28.07\%$，由教材表 8-2 知玻璃的 $\varepsilon = 0.94$

故可得稳态时的热平衡式为 $0.281G_1 + G_\alpha + G_i + h_1(T_f - T_g) = h_0(t_g - t_1) + 2\varepsilon\sigma T_g^4$

带入数值解方程得到 $t_f = 32.74$ ℃。

10-49　用直径为 13 mm 的不锈钢管做水平管外的自然对流传热试验。在不锈钢管两端通电加热，电阻为 4 Ω/m。为使钢管表面温度不超过 300 ℃，试确定下列两种情形下不锈钢管所能允许的最大电流：

(1)不锈钢管置于 20 ℃的静止空气中；

(2)不锈钢管置于高压水中，水的饱和温度超过 300 ℃。不锈钢管表面发射率可按氧化后的钢表面处理。

解：(1)不锈钢管允许的最大电流所产生的热量等于 $t_w = 300$ ℃时的自然对流散热及

辐射散热之和。

$$t_w=\frac{300+20}{2}=160(℃)$$

$$\lambda=0.0364\ \mathrm{W/(m^2\cdot K)}$$

$$v=30.09\times10^{-6}\ \mathrm{m^2/s}$$

$$Pr=0.682$$

$$Gr=\frac{9.8\times(300-20)\times0.013^3}{30.09^2\times10^{-12}\times433}=15377$$

$$Gr\cdot Pr=15377\times0.682=10487$$

$$h_0=0.48\times10487^{0.25}\times0.0364/0.013=13.60[\mathrm{W/(m^2\cdot K)}]$$

$$h_1=\frac{\varepsilon\sigma0(T_w^4-T_\infty^4)}{T_w-T_\infty}=16.27\ \mathrm{W/(m^2\cdot K)}$$

$$h=h_0+h_1=29.87\ \mathrm{W/(m^2\cdot K)}$$

$$q=h\Delta t=8363.5\ \mathrm{W/m^2}$$

$$q_1=\pi dq=341.6\ \mathrm{W/m}$$

$$I^2R=341.6\ \mathrm{W/m}$$

$$I=9.24\ \mathrm{A}$$

(2)置于水中，电流所产生的热量等于自然对流散热量，$t_{水}=160$ ℃时

$$\lambda=0.683\ \mathrm{W/(m\cdot K)}$$

$$v=4.198\times10^3\ \mathrm{m^2/s}$$

$$Pr=1.10$$

$$Gr=\frac{9.8\times(300-20)\times0.013^3}{0.191^2\times10^{-12}\times433}=3.816\times10^8$$

$$GrPr=4.198\times10^8$$

$$h=3609.8\ \mathrm{W/(m^2\cdot K)}$$

$$q=h\Delta t=41280\ \mathrm{W/m}$$

$$I=101.6\ \mathrm{A}$$

10－50　在一次外层空间试验里，一个很小的仪器被投放到宇宙空间中。假设此仪器可近似地看作直径为 4 cm 的经过表面处理的铝球，初始温度为 30 ℃。球的温

度降低到 40 K 时该仪器就会失效。设宇宙空间可视为 0 K 的黑体，试估算该仪器能工作多长时间而不致失效。球的表面发射率取为 0.96，铝的物性可近似地取常温下纯铝的值。

解：采用集总参数法来分析问题，由于铅球温度在不断地变化，故可列出：

$$\rho c v\frac{\mathrm{d}}{\mathrm{d}t}+A\varepsilon\sigma_0(T^4-T_\infty^4)=0$$

$$\frac{\mathrm{d}T}{\mathrm{d}t}=-\frac{A\varepsilon\sigma_0 T^4}{\rho c v},\frac{\mathrm{d}T}{T^4}=-\frac{A\varepsilon\sigma_0}{\rho c v}\mathrm{d}t$$

积分得$\frac{1}{3}T^{-3}=\frac{A\varepsilon\sigma_0}{\rho c v}t+C$，$t=0$ 时，$T=T_0$，$\therefore C=\frac{1}{3}T^{-3}$

即：$t=\frac{1}{3}(T^{-3}-T_0^{-3})\frac{\rho c v}{A\varepsilon\sigma_0}$

带入数值得$\frac{\rho c v}{A\varepsilon\sigma_0}=2.99385\times10^{11}$

$$\therefore l=\frac{1}{3}\times\frac{T^{-3}-T_0^{-3}}{3.3401\times10^{-12}}$$

$$T_0=303\ \mathrm{K},T=40\ \mathrm{K}$$

则 $t=18$ 天。

10-51 试估算附图所示的铝母线长期工作的最大允许电流。已知厂房内的空气温度 $t_\infty=25$ ℃，长期工作允许的表面温度为 70 ℃，此时每 1000 m 长铝母线的电阻 $R_\circ=0.0366\ \Omega$，母线表面涂漆。图中支柱绝缘子是在有限几个地点上用来支撑母线用的，计算时可认为母线的四周全是架空的。按电工标准，这种母线单根立放时的允许电流为 1820 A。试把你的计算结果与标准值相比较。由于顶面与底面仅占总面积的 10%，计算时允许作近似处理，顶面与底面的自然对流传热表面传热系数可取与侧面相同的值。

解：自然对流传热：$t_m=\frac{25+70}{2}=47.5$(℃)

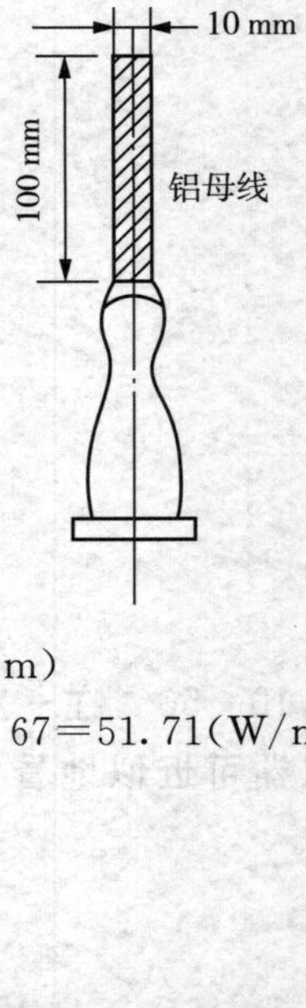

查此时的物性为 $y=17.70\times10^{-6}\ \mathrm{m^2/s}$，$Pr=0.698$，$\lambda=0.028\ \mathrm{W/(m\cdot K)}$

$$Gr=\frac{9.8\times(70-25)\times0.1^3}{17.70^2\times10^{-12}\times320.5}=4.392\times10^6$$

$$GrPr=4.392\times10^6\times0.698=3.066\times10^6$$

$$Nu=0.59\times(3.066\times10^8)^{0.25}=24.69$$

$$h_c=24.69\times0.0281/0.1=6.937[\mathrm{W/(m^2\cdot K)}]$$

对流传热量 $\Phi_1=(0.1\times2+0.01\times2)\times45\times6.937=68.681(\mathrm{W/m})$

辐射散热量 $\Phi_2=(0.1\times2+0.01\times2)\times0.94\times(3.33^4-2.98^4)\times5.67=51.71(\mathrm{W/m})$

所以每米长母线上的总散热量

$$\phi=\phi_1+\phi_2=68.681+51.71=120.391(\mathrm{W/m})$$

$$I^2R=\phi$$

$$R=0.0366/1000=3.66\times10^{-5}(\Omega/\mathrm{m})$$

故得
$$I^2=120.39/(3.66\times10^{-5})$$

即
$$I=\sqrt{120.69/(3.66\times10^{-5})}=181(\mathrm{A})$$

10－52　直径为 r_1 的导线(芯线)内有电流流过,其外绝缘层半径 r_2。由于电阻而引起的单位长度上的发热率 $\dot{\Phi}$ 是均匀的。试证:

(1)芯线表面温度要比环境高

$$\frac{\dot{\Phi}}{2\pi}\left(\frac{1}{\lambda}\ln\frac{r_2}{r_1}+\frac{1}{r_2\ h}\right)$$

(2)当 r_2 的大小使得芯线表面温度最低时。其中心温度比环境温度高

$$\frac{\dot{\Phi}}{2\pi}\left(\frac{1}{\lambda}\ln\frac{r_2}{r_1\ h}+\frac{1}{\lambda}+\frac{1}{2\lambda_0}\right)$$

其中,λ 为绝缘层的导热系数,h 为外表面复合换热的表面传热系数,λ_0 为芯线的导热系数。

证明:(1)芯线所发出的热量通过绝缘层传递到周围环境中去,单位长度上的发热量 θ 可以表示为

$$\dot{\Phi}+\frac{t_1-t_2}{\dfrac{\ln(r_2-r_1)}{2\pi\lambda}}=\frac{t_1-t_\infty}{\dfrac{1}{2\pi r_2\ h}}=\frac{t_1-t_\infty}{\dfrac{\ln(r_2-r_1)}{2\pi\lambda}+\dfrac{1}{2\pi r_2\ h}}$$

故芯线表面温度和环境温度之差为

$$t_1-t_\infty=\frac{\dot{\Phi}}{2\pi}\left(\frac{1}{\lambda}\ln\frac{r_2}{r_1}+\frac{1}{r_2\ h}\right)$$

(2)对于所研究的情形,散热量是一定的,当改变 r_2 的大小使绝缘层导热热阻及外表面传热热阻为最小时就达到了临界绝缘直径,当温度差(t_1-t_∞)最大时,此时的散热量最大,而散热量一定时,则(t_1-t_∞)最小,因为使 t_1 最低的 r_2 应满足$\dfrac{hr_2}{\lambda}=1$ 的条件。对于芯线,其温度场满足,$\lambda c\ \dfrac{1}{r}\dfrac{\mathrm{d}}{\mathrm{d}r}\left(r\dfrac{\mathrm{d}t}{\mathrm{d}r}\right)+\dfrac{\dot{\Phi}}{\pi r_1^2}=0$ $\left(\dfrac{\dot{\Phi}}{\pi r_1^2}\text{是单位体积芯线的发热率}\right)$。对此作二次积分得

$$t=\frac{-\dot{\Phi}\,r_2}{4\pi r_1^2\,\lambda_0}+c_1\ln r+c_2$$

因为在 $r=0$ 处,t 为有限的。

在此条件下 $c_1=0$

芯线中心($r=0$)与表面($r=r_1$)的温差为

$$\Delta t=c_2-\left(\frac{-\dot{\Phi}r_1^2}{\pi r_1^2\lambda_0}+c_2\right)=\frac{\dot{\Phi}}{4\pi\lambda_0}$$

故得此时中心温度与环境温度之差为$\frac{\dot{\Phi}}{2\pi}\left(\frac{1}{\lambda}\ln\frac{\lambda_2}{r_1 h}+\frac{1}{\lambda}+\frac{1}{2\lambda_0}\right)$。

10－53 在推导对数平均温差所做的4个假设成立的前提下，绘制顺流或逆流换热器冷、热流体各自的平均温度沿流动方向变化的曲线时应注意什么问题？在有的文献中给出了如图所示的变化曲线，你认为合理吗？

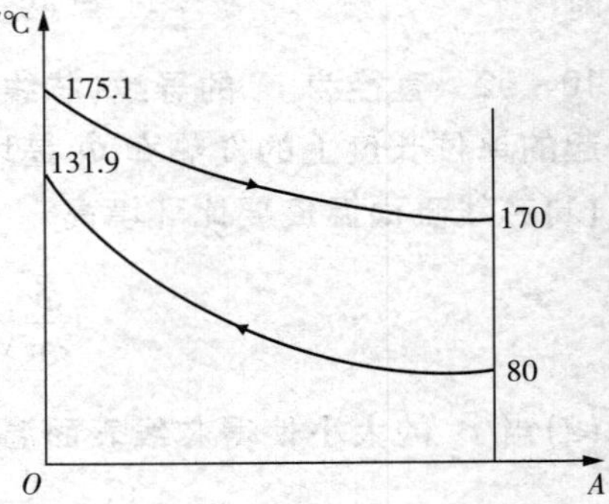

解：不合理。从冷热流体温度的角度，沿着换热面增加方向是增加的，因而单位面积上的换热量是增加的，而从流体热平衡的角度，沿换热面增加的方向温度的变化是减小的。两者之间不协调。

10－54 一安置在室外的变压器必须向环境散失 350 W 的热量。在夏天，室外气温可高达 308 K。设变压器的散热可以看成是高 1 m、直径为 0.5 m 的圆柱体侧面与顶面的散热。太阳的平均照射热流密度为 700 W/m²。外壳涂漆，对太阳能的吸收比为 0.2，由于变压器四周尚有其他杂物，环境的辐射可近似地看成为环境温度下的黑体辐射。试估算夏天最高气温时的平均外壳温度。

解：根据题意，环境的辐射可近似地看成为环境温度下的黑体辐射。

假设外壳平均温度为 $t_w=65$ ℃，$t_m=\frac{65+35}{2}=50$(℃)

$$\lambda=0.0283\ \mathrm{W/(m\cdot K)}$$

$$v=17.95\times10^{-6}\ \mathrm{m^2/s}$$

$$Pr=0.698$$

侧面对流散热：

$$Gr=\frac{9.8\times(65-35)\times1^3}{17.95^2\times10^{-12}\times323}=2.825\times10^9$$

$$GrPr=1.792\times10^9$$

查表得，$Nu=0.59\times(1.972\times10^9)^{0.25}=124.3$

$$h=124.3\times0.0283/1=3.52[\mathrm{W/(m^2\cdot K)}]$$

顶面圆盖热表面特性尺度取 0.9d

则 $Gr=\dfrac{9.8\times(65-35)\times0.45^3}{17.95^2\times10^{-12}\times323}=2.574\times10^8$

$$GrPr=1.797\times10^8$$

查表得，$Nu=0.59\times(1.797\times10^8)^{1/4}=68.3$

$$h=4.29\ \mathrm{W/(m^2\cdot K)}$$

$$\Phi_c=3.1416\times1\times0.5\times3.52\times30+\frac{3.1416}{4}\times0.5^2\times30\times4.29=191.2(\mathrm{W})$$

辐射传热：$\Phi_\tau=0.92\times\left(3.1416\times0.5+\dfrac{3.1416}{4}\times0.5^2\right)\times5.67\times(3.38^4-3.08^4)$

$$\Phi_\tau=373.5\ \mathrm{W}$$

$$\Phi=\Phi_\tau+\Phi_c=564.7\ \mathrm{W}$$

实际散热量 $\Phi^*=350+1.766\times700\times0.2=597.2(\mathrm{W})$

Φ 和 Φ^* 相差大于 4，重设 $t_w=66$ ℃，空气的物性参数变化可以忽略不计

则 $\Phi_c=199.1\times31/30=205.7(\mathrm{W})$

$$\Phi_r=0.92\times1.766\times5.67\times(3.39^4-3.08^4)=387.6(\mathrm{W})$$

$$\Phi=\Phi_c+\Phi_r=593.3\ \mathrm{W}$$

Φ 与 Φ^* 的差别小于 1%，故 $t_w=66$ ℃。

10－55　温度为 150 ℃的热空气流入内径为 100 mm、壁厚为 6 mm、长为 30 m 的钢管，流量为 0.407 kg/s。管外用 40 mm 厚的水泥泡沫砖保温，环境温度为 15 ℃，保温层外表面对环境的复合传热表面传热系数为 9.6 W/(m² · K)。求该管道出口处的热空气温度。

解：出口温度需要采用迭代法的方法求解，正确的 t^* 之值应使空气侧热平衡热量等于从空气到环境的传热量。现设 $t^*=140$ ℃，则

$$t_f=\frac{t_1+t^*}{2}=145\ ℃,\rho=0.844\ \mathrm{kg/m^3}$$

$$c_\eta=1014\ \mathrm{J/(kg\cdot K)}$$

$$\lambda=0.0353\ \mathrm{W/(m\cdot K)}$$

$$v=28.37\times10^{-6}\ \mathrm{m^2/s}$$

$$Pr=0.684$$

空气平均流速 $u=\dfrac{q_w}{\rho f}=61.43\ \mathrm{m/s}$

$$Re=\frac{ud}{v}=216532$$

$$Nu=0.023\times 0.684^{0.3}=380.77$$

$$h=380.77\times 0.0353/0.1=134.4[\mathrm{W/(m^2\cdot K)}]$$

$$\frac{1}{h_i A_i}=7.8946\times 10^{-4}[(\mathrm{m^2\cdot K})/\mathrm{W}]$$

铜管导热系数取为 42.8 W/(m·K)

取绝缘层平均温度为 80 ℃,则 $\bar{\lambda}=0.099+0.0002\times 80=0.115[\mathrm{W/(m\cdot K)}]$

$$\frac{1}{2\pi\bar{\lambda}l}\ln\frac{d_1}{d_2}=248.65\times 10^{-4}(\mathrm{m^2\cdot K})/\mathrm{W}$$

外表面热阻 $\frac{1}{h_2\pi d_3 l}=57.5646\times 10^{-4}(\mathrm{m^2\cdot K})/\mathrm{W}$

$$\sum R=314.2497\times 10^{-4}$$

$$\Phi_b=\frac{\Delta t_m}{\sum R}=413.7\ \mathrm{W}$$

空气热平衡热量 $=q_m c_p \delta t=4127$ W

Φ_h 与 Φ_b 的差别小于 2.5%,可以认为计算有效。

绝热层温度验算:绝热层壁面:

$$t=145-\frac{4127+4137}{2}\times(0.1405+7.8946)\times 10^{-4}=141.68(℃)$$

$$t=141.68-\frac{102.75}{2}=90.3(℃)$$

此值与假定值相等。

90 ℃的绝缘材料的 $\bar{\lambda}=0.099+0.0002\times 90.3=0.118[\mathrm{W/(m\cdot K)}]$

与 0.115 相差 2.6%,由于这一变动将总热阻减少约 2%,仍然在工程计算的允许范围内,因而可以取得 140 ℃即为所求之值。

10-56　在例题 10-9 中没有考虑水蒸气与管壁之间的辐射传热,试分析在下列参数下这一假设的合理性:再热器为光管,内径 $d_i=45$ mm;蒸汽压力 $p=3$ MPa,再热蒸汽温度 $t=550$ ℃,蒸汽流速 $u=25$ m/s。注意,过热蒸汽管内湍流对流传热的平均表面传热系数仍可采用式(6-5)来计算。经计算得 $h_i=750$ W/(m·K)。再热器的壁温可取为比蒸汽温度高 40～50 ℃。

解:通过计算水蒸气与管壁间辐射传热系数的大小来判断。根据已知条件

$$P_{H_2O}s=3\times 10^6\times 0.9\times 0.045=1.22\times 10^5(\mathrm{Pa\cdot m})$$

$$T_k=733\ \mathrm{K}$$

查图得 $\varepsilon_{H_2O}=0.45$

取 $T_w=550+273=823(\text{K})$

$$P_{H_2O}s(T_w/T_g)=1.30\times10^5\ \text{Pa}\cdot\text{m}$$

按 $T_w=823\ \text{K}$

$$P_{H_2O}s=1.3\times10^5\ \text{Pa}\cdot\text{m}$$

查图得 $\alpha_{H_2O}=0.45$

水蒸气与再热壁的辐射管热量：

$$q=5.67\left[\varepsilon_k\left(\frac{T_c}{100}\right)^4-\varepsilon_g\left(\frac{T_w}{100}\right)^4\right]=-2597(\text{W/m}^2)$$

（负号表示管壁放热）

$$\alpha_\tau=\frac{q}{\Delta t}=51.9\ \text{W/(m}^2\cdot\text{K)}$$

占对流传热系数的 6.9%，在初步分析中可以不予考虑。

10－57　水平放置的直径为 2 mm 的裸铝线处于 15 ℃的无强制流动的空气中，导线表面温度为 75 ℃，发射率为 0.3。在此导线外包有厚 1.2 mm 的橡胶层，其导热系数为 0.14 W/(m·K)，外表面发射率为 0.9。问在同样的电流下，橡胶表面的温度及导线表面的温度各为多少？对于 $Gr\,Pr<10^4$ 时的水平圆柱外的自然对流，实验得出的式(6－29)中的系数 C 与指数 n 为

$Gr\,Pr$	C	n
$10^{-2}\sim10^2$	1.02	0.148
$10^2\sim10^4$	0.850	0.188

解：(1)在裸线的热传递中：

热量通过自然对流及辐射散失，$t_m=\dfrac{15+75}{2}=45(℃)$

$$\lambda=0.028\ \text{W/(m}\cdot\text{K)}$$

$$v=17.46\times10^{-6}\ \text{m}^2/\text{s}$$

$$Pr=0.698$$

$$GrPr=\frac{9.8\times60\times0.698\times0.002^3}{17.46^2\times10^{-12}\times318}=33.9$$

$$Nu=1.718$$

$$h_c=1.718\times0.023/0.002=24.05[\text{W/(m}^2\cdot\text{K)}]$$

$$\Phi_k=3.1416\times0.002\times60\times24.05=9.07(\text{W/m})$$

$$\Phi_{lr}=\varepsilon\pi dC_0(3.48^4-2.88^4)=0.832(\mathrm{W/m})$$

$$\Phi_l=\Phi_k+\Phi_{lr}=9.9\ \mathrm{W/m}$$

(2)包橡胶层的导线。设外表面温度为 50 ℃,则 $t_m=\frac{65}{2}=32.5$(℃)

$$\lambda=0.0269\ \mathrm{W/(m\cdot K)}$$

$$v=16.24\times10^{-6}\ \mathrm{m^2/s}$$

$$Pr=0.7$$

$$GrPr=\frac{9.8\times35\times0.7\times0.044^3}{16.24^2\times10^{-12}\times3055}=253.8$$

$$Nu=0.85\times243.8^4=2.407$$

$$h_c=14.72\ \mathrm{W/(m^2\cdot K)}$$

$$\Phi_{lc}=7.12\ \mathrm{W/m}$$

$$\Phi_{lt}=2.825\ \mathrm{W/m}$$

$$\Phi_l=\Phi_{lc}+\Phi_{lt}=9.94\ \mathrm{W/m}$$

可见此时的散热值与裸线时基本相同,这说明 $t_w=50$ ℃的加项时正确的(加了绝缘层后,电流大小不变,则导线应散失之值亦相同),通过绝缘层的温差 $\Delta t\ \frac{\Phi_l\ln(d_2/d_1)}{2\pi\lambda}=8.9$ ℃,所以这道题的表面温度为 50+8.9=58.9 ℃。

10-58　用初温为 35 ℃的冷却水来冷却流量为 1.82 kg/s、初温为 150 ℃的热油,要求把油冷却到 85 ℃,而冷却水则加热到 80 ℃。有人提出了如附图所示的两种方案。这两种方案都采用逆流式套管换热器,但图 b 所示方案中采用两台大小相等的较小换热器来代替图 a 中的一台大的换热器,水侧为串联,油侧为并联,油量均分。设油的平均比热容为 2.1 kJ/(kg·K),水的平均比热容为 4.2 kJ/(kg·K),大小换热器的总传热系数均为 850 W/(m²·K),试确定哪一种方案所需的传热面积较小。

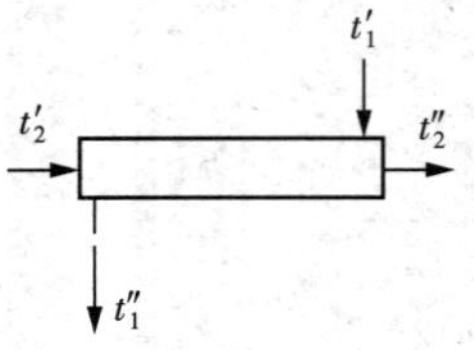

(a)

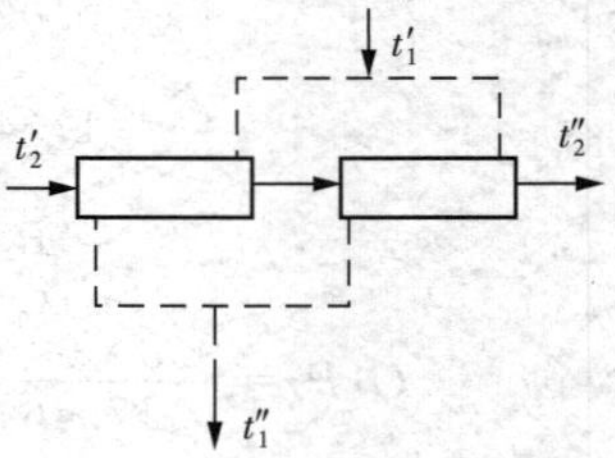

(b)

解:由题意可知

(1)单个换热器

由热平衡求油地流量

$$q_{m1}\times2100\times(150-85)=1.82\times4200\times(80-35)$$

$$q_{m1}=2.52\ \text{kg/s}$$

$$\Delta t\ \frac{\Phi}{k\Delta t_{\text{m}}}=6.81\ \text{m}^2$$

(2)两个小换热器

线确定第一个换热器的出口水温 t_{m}，由于油量均分，故每个换热器的传热量为

$$0.5\times343980=171990(\text{W})$$

由水侧热平衡

$$\delta t_2=\frac{\Phi}{Q_{\text{m2}}c_{p2}}=22.5\ ℃$$

$$\therefore t_{\text{m}}=35+22.5=57.5(℃)$$

$$\Delta t_{m1}=\frac{92.5-50}{\ln(92.5/50)}=69.1(℃),A_1=2.929\ \text{m}^2$$

$$\Delta t_{m2}=\frac{70-27.5}{\ln(70/27.5)}=45.49(℃),A_2=4.448\ \text{m}^2$$

$$\therefore A=A_1+A_2=7.377\ \text{m}^2>6.81\ \text{m}^2$$

10－59　一工业用炉的炉门尺寸为 1 m×1 m。由于其向火侧不能敷设足够的绝热材料，故炉门外壁温度仍高达 140 ℃。为减少对室内其他物体的热辐射，在距炉门 1 m 处又设置一块与炉门平行且同样尺寸的金属遮热板（如附图所示）。设炉门外表面的发射率为 0.85，遮热板两个表面的发射率均为 0.75，室温为 25 ℃，试确定遮热板处于稳态工况时的壁面温度。

解：处于稳态时，遮热板与环境间的净辐射热量等于板的两面自然对流散热，为便于计算，遮热板与炉门的空气温度也取 25 ℃。

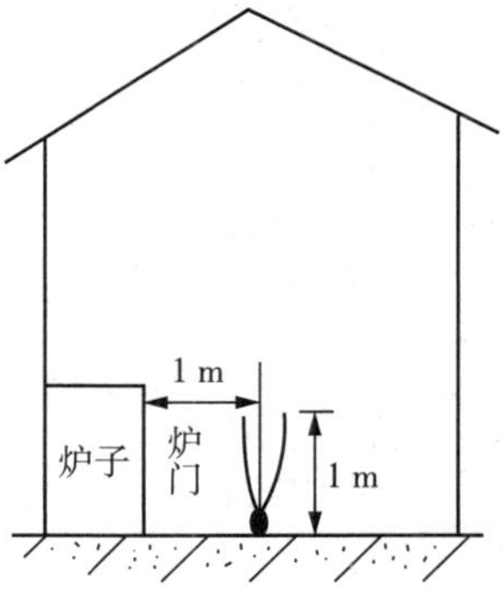

(1)辐射传热计算。

炉门为表面 1，环境为 3，遮热板的两个表面分别为 2 L 和 2 R。

$$X_{1,2L}=0.2,X_{1,3}=0.8,X_{2L,3}=1$$

$$R_1=\frac{1-\varepsilon_1}{\varepsilon_1A_1}=0.1765,R_2=\frac{1}{A_1X_{1,2}}=5$$

$$R_3=\frac{1-\varepsilon2}{\varepsilon_2A_2}=0.3333,R_4=R_3=0.3333$$

$$R_5=\frac{1}{A_2X_{2R,3}}=1,R_6=\frac{1}{A_2X_{2L,3}}=1.25$$

$$R_7=\frac{1}{A_1X_{1,3}}=1.25$$

对节点 J_1,J_{2L}及J_{2K}写出节点方程：

$$\frac{E_{b1}-J_1}{R_1}+\frac{J_{2L}-J_1}{R_2}+\frac{E_{b3}-J_1}{R_3}=0$$

$$\frac{J_1-J_{2L}}{R_2}+\frac{E_{b2}-J_{2L}}{R_2}+\frac{E_{b3}-J_{2L}}{R_6}=0$$

$$\frac{E_{b2}-J_{2R}}{R_4}+\frac{E_{b3}-J_{2R}}{R_5}=0$$

将各热阻值带入,并注意到：

$$E_{b1}=5.67\times4.13^4=1649.6(\mathrm{W/m^2})$$

$$E_{b1}=5.67\times2.98^4=447.1(\mathrm{W/m^2})$$

于是有

$$J_{2L}=162.46+0.75E_{b2},J_{2R}=\frac{3E_{b2}+447.1}{4}$$

于是辐射传热和对流的平衡式可以表示为

$$\frac{J_{2L}-E_{b2}}{\frac{1-\varepsilon_2}{\varepsilon_2A_2}}+\frac{J_{2R}-E_{b2}}{\frac{1-\varepsilon_2}{\varepsilon_2A_2}}=2hA_2(T_2-298)$$

(3)自然对流传热系数计算

先假设 $t_2=37$ ℃,$t_m=31$ ℃

$$\lambda=0.0268\ \mathrm{W/(m\cdot K)},v=16.7\times10^{-6}\ \mathrm{m^2/s},Pr=0.701$$

$$Gr=\frac{9.8\times(31-25)}{16.7^2\times10^{-12}\times304}=6.936\times10^8$$

$$GrPr=4.862\times10^8$$

$$Nu=0.59\ (GrPr)^{0.25}=87.61$$

$$h=87.61\times\frac{0.0268}{1}=2.34[\mathrm{W/(m^2\cdot K)}]$$

将已知值代入上述平衡方程式得

$$3(J_{2L}-E_{b2})+3(J_{2R}-E_{b2})=2\times2.348\times(T_2-298)$$

再将 J_{2L},J_{2R}的关系式带入,解方程得：

$T_2=309$ K,$t_2=36$ ℃,与假设仅相差 1 ℃,故上述计算有效。

10－60　一种存放液氮的钢制球形容器如附图所示它由两层同心钢制球壳(第一层的内、外半径分别为 R_0、R_1，第二层的内、外半径分别为 R_2、R_3)及球外的保温层(内、外半径分别为 R_3、R_4)组成。在第一层球壳及第二层球壳之间($R_1<R<R_2$)为真空，且半径为 R_1、R_2 的球面抛光良好而可作为理想的反射体。这两层球壳之间用对称布置的 4 个圆锥状实心柱体支撑(见附图，$\omega=2.4\times10^{-2}$ sr)，其导热系数为温度的线性函数。并已知：$T=50$ K 时 $\lambda=0.05$ W/(m·K)，$T=300$ K 时 $\lambda=0.15$ W/(m·K)。钢壳的导热系数也是温度的线性函数，且 $T=50$ K 时 $\lambda=5$ W/(m·K)，$T=300$ K 时 $\lambda=15$ W/(m·K)。保温材料为玻璃棉，$\lambda=3\times10^{-2}$ W/(m·K)，可视为常数。77 K 的液氮储存于半径为 R_1 的球容器中，其汽化潜热 $r=2\times10^2$ kJ/kg、$\rho=808$ kg/m³。环境温度 $T=298$ K。$R_0=0.149$ m，$R_1=0.150$ m，$R_2=0.200$ m，$R_3=0.201$ m，$R_4=0.300$ m，保温层外表面复合换热的表面传热系数 $h=10$ W/(m²·K)。试计算该钢制球形容器中存放的 50% 容积的液氮经多少天可能全部蒸发掉。假定过程是稳态的。

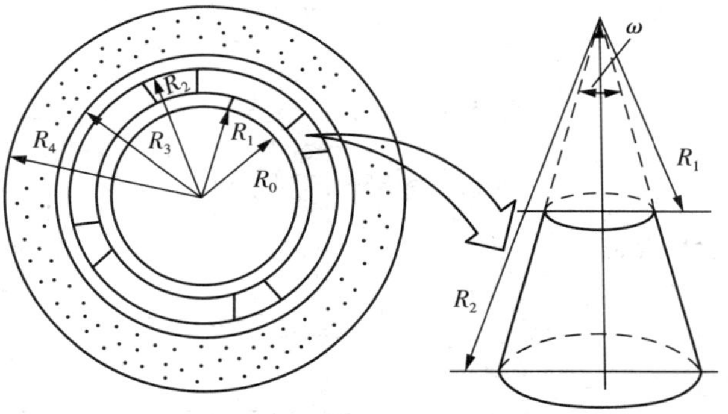

解：为了计算钢制球形容器中存放的 50% 体积的液氮在几天内可能全部蒸发掉，需要计算整个系统的热传导电阻，并结合液氮的蒸发热量来计算所需时间。

1. 计算内钢壳的热传导电阻

内钢壳的导热系数是温度的线性函数：

$$\lambda_{\text{avg,inner}}=\frac{5+15}{2}=10\ \text{W/(m·K)}$$

内钢壳的热传导电阻：

$$R_{\text{inner}}=\frac{\ln(R_1/R_0)}{4\pi\lambda_{\text{avg,inner}}(R_1-R_0)}$$

$$R_{\text{inner}}=\frac{\ln(0.150/0.149)}{4\pi\times10\times(0.150-0.149)}$$

$$R_{\text{inner}}\approx\frac{\ln(1.0067)}{4\pi\times10\times0.001}$$

$$R_{\text{inner}}\approx\frac{0.0067}{0.1257}$$

$$R_{inner} \approx 0.053\ \text{K/W}$$

2. 计算支撑柱的热传导电阻

支撑柱的导热系数是温度的线性函数：

$$\lambda_{avg,support} = \frac{0.05 + 0.15}{2} = 0.1[\text{W/(m}\cdot\text{K)}]$$

支撑柱的长度 L 和截面积 A：

$$L = R_2 - R_1 = 0.200 - 0.150 = 0.050(\text{m})$$

$$A = 2.4\times10^{-2}\times(R_2 - R_1)^2 = 2.4\times10^{-2}\times0.050^2 = 6\times10^{-5}(\text{m}^2)$$

支撑柱的热传导电阻：

$$R_{support} = \frac{L}{\lambda_{avg,support}A}$$

$$R_{support} = \frac{0.050}{0.1\times6\times10^{-5}}$$

$$R_{support} = \frac{0.050}{6\times10^{-6}}$$

$$R_{support} \approx 833.33\ \text{K/W}$$

因为有 4 个支撑柱并联：

$$R_{support,total} = \frac{R_{support}}{4} = \frac{833.33}{4}$$

$$R_{support,total} \approx 208.33\ \text{K/W}$$

3. 计算外钢壳的热传导电阻

外钢壳的导热系数：

$$\lambda_{avg,outer} = 10\ \text{W/(m}\cdot\text{K)}$$

外钢壳的热传导电阻：

$$R_{outer} = \frac{\ln(R_3/R_2)}{4\pi\lambda_{avg,outer}(R_3 - R_2)}$$

$$R_{outer} = \frac{\ln(0.201/0.200)}{4\pi\times10\times(0.201 - 0.200)}$$

$$R_{outer} \approx \frac{\ln(1.005)}{0.1257\times0.001}$$

$$R_{outer} \approx \frac{0.005}{0.1257}$$

$$R_{outer} \approx 0.0398\ \text{K/W}$$

4. 计算保温层的热传导电阻

保温层的导热电阻：

$$R_{\text{insulation}}=\frac{\ln(R_4/R_3)}{4\pi\lambda_{\text{glass wool}}(R_4-R_3)}$$

$$R_{\text{insulation}}=\frac{\ln(0.300/0.201)}{4\pi\times0.03\times(0.300-0.201)}$$

$$R_{\text{insulation}}=\frac{\ln(1.4925)}{0.377\times0.099}$$

$$R_{\text{insulation}}\approx\frac{0.399}{0.0372}$$

$$R_{\text{insulation}}\approx10.73\ \text{K/W}$$

5. 计算保温层外表面的复合换热电阻

复合换热电阻：

$$R_{\text{combined}}=\frac{1}{hA_{\text{outer}}}$$

其中，$A_{\text{outer}}=4\pi R_4^2$，$A_{\text{outer}}=4\pi\times(0.300)^2$，$A_{\text{outer}}=4\pi\times0.09$，$A_{\text{outer}}\approx1.13\ \text{m}^2$，$R_{\text{combined}}=\frac{1}{10\times1.13}$，$R_{\text{combined}}\approx0.0885\ \text{K/W}$

6. 计算总热阻

总热阻：

$$R_{\text{total}}=R_{\text{inner}}+R_{\text{support, total}}+R_{\text{outer}}+R_{\text{insulation}}+R_{\text{combined}}$$

$$R_{\text{total}}=0.053+208.33+0.0398+10.73+0.0885$$

$$R_{\text{total}}\approx219.24\ \text{K/W}$$

7. 计算液氮蒸发所需的热量

液氮的密度：

$$\rho_{\text{liquid nitrogen}}=808\ \text{kg/m}^3$$

液氮的容积：

$$V_{\text{liquid nitrogen}}=0.5\times\frac{4}{3}\pi R1^3$$

$$V_{\text{liquid nitrogen}}\approx0.00707\ \text{m}^3$$

液氮的质量：

$$m_{\text{liquid nitrogen}}=V_{\text{liquid nitrogen}}\times\rho_{\text{liquid nitrogen}}$$

$$m_{\text{liquid nitrogen}}=0.00707\times808$$

$$m_{\text{liquid nitrogen}}\approx5.71\ \text{kg}$$

液氮蒸发所需的热量：$Q=m_{\text{liquid nitrogen}}\times r$

其中，$r=2\times10^5$ J/kg，$Q=5.71\times2\times10^5$ J，$Q\approx1.142\times10^6$ J

8. 计算蒸发时间

总传热量：

$$\Delta T=T_{\text{environment}}-T_{\text{liquid nitrogen}}$$

$$\Delta T=298-77$$

$$\Delta T=221\ \text{K}$$

$$Q_{\text{total}}=\frac{\Delta T}{R_{\text{total}}}$$

$$Q_{\text{total}}=\frac{221}{219.24}$$

$$Q_{\text{total}}\approx1.008\ \text{W}$$

蒸发时间：

$$t=\frac{Q}{Q_{\text{total}}}$$

$$t=\frac{1.142\times10^6}{1.008}$$

$$t\approx1.133\times10^6\ \text{s}$$

将时间转换为天：

$$t_{\text{days}}=\frac{t}{86400}$$

$$t_{\text{days}}\approx\frac{1.133\times10^6}{86400}$$

$$t_{\text{days}}\approx13.1\ 天$$

结论：该钢制球形容器中存放的50％容积的液氮在环境温度为298 K的条件下，大约需要13.1天可能全部蒸发掉。

10－61　为了进行竖直圆柱状环形空间(夹层)中空气自然对流传热的试验,专门设计了如附图所示的装置。内管壁系一组合壁,壁中有一层电加热丝且加热丝与金属壁绝缘,内壁上同时装有测壁温的热电偶若干对,其余结构如图所示。试分析从内部发出的热量是通过哪些传热方式散发到周围环境中去的。为了计算环形夹层中自然对流传热的表面传热系数,需要把从内管发出、通过非自然对流方式传递的热量扣除。由于形状复杂及表面的发射率难以确定等因素,这部分热量无法用现有的经验公式通过计算扣除。你能否设想一种通过实验的方法来确定总热量中通过非自然对流方式散失的热量的方案。试验时试验段的表面温度可通过热电偶来控制,并维持在 75～80 ℃左右基本不变。

解:为了分析从内管壁发出的热量通过哪些传热方式散发到周围环境中,可以考虑以下几种主要的传热方式:

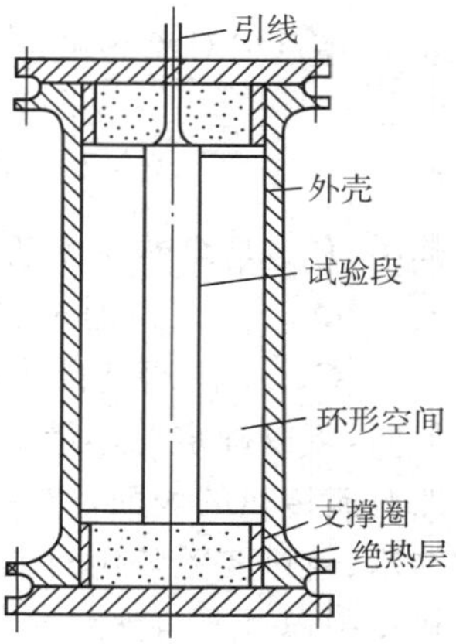

1. 导热(Conduction):内管壁通过导热将热量传递到环形夹层中的空气。

2. 对流(Convection):环形夹层中的空气受热后发生自然对流,将热量传递到外管壁。

3. 辐射(Radiation):内管壁通过辐射将热量传递到环形夹层中的空气以及外管壁。

4. 外管壁的对流和辐射:外管壁通过对流和辐射分别将热量散发到周围环境中。

设想一种通过实验的方法来确定总热量中通过非自然对流方式散失的热量

由于形状复杂及表面的发射率难以确定等因素,使得通过计算扣除非自然对流方式散失的热量变得困难。

可以设计一种实验方案,通过实验测量来确定这一部分的热量。以下是一个可能的实验方案:

实验步骤:

1. 准备实验装置:将内管壁的电加热丝接通电源,并通过热电偶控制内管壁的表面温度,保持在 75～80 ℃。

2. 测量总输入功率:记录电加热丝的总输入功率 P_{total},即电流 I 和电压 V 的乘积:

$$P_{total}=V\times I$$

3. 测量外管壁的表面温度:在外管壁的不同位置安装热电偶,监测并记录外管壁的表面温度,确保其达到稳定状态。

4. 进行绝热实验:

将环形夹层中的空气通过绝热材料隔绝对流,例如使用绝热纸或真空隔离,确保空气不发生自然对流。

在这种条件下,内管壁的热量只能通过导热和辐射传递到外管壁。

5. 记录稳态条件下的功率消耗:在绝热实验条件下,记录一段时间内电加热丝的功率消耗 $P_{non-convection}$,这个功率可以认为是通过导热和辐射方式散失的热量。

6. 计算非自然对流方式散失的热量:

$$Q_{non-convection}=P_{non-convection}\times\Delta t$$

其中,Δt 是记录时间的时间间隔。

7. 恢复自然对流:移去绝热材料,恢复环形夹层中的自然对流。

8. 测量自然对流条件下的功率消耗:在恢复自然对流的条件下,记录一段时间内电加热丝的功率消耗 P_{total},这个功率可以认为是包括自然对流、导热和辐射方式的总热量散失。

9. 计算自然对流热量:

$$Q_{convection}=P_{total}\times\Delta t-Q_{non-convection}$$

其中,P_{total}是自然对流条件下的功率消耗;

$Q_{non-convection}$:通过非自然对流方式散失的热量;

$Q_{convection}$:通过自然对流方式散失的热量。

从而,可以确定总热量中通过非自然对流方式散失的热量,并进一步计算环形夹层中自然对流传热的表面传热系数。

结论:通过实验隔绝自然对流,测量绝热条件和自然对流条件下的功率消耗,可以确定总热量中通过非自然对流方式散失的热量。这种方法避免了复杂形状和表面发射率的计算难题,为自然对流传热系数的计算提供了可靠的数据基础。

10-62　对于气体、液体与固体表面之间的热交换问题,在什么情形下流体与固体表面间不存在辐射传热,或虽然存在但相对于对流传热可以略而不计,学完本书后读者对此应有清楚的了解。试对以下9种情形作出判断,并简要说明理由:

(1)空气的自然对流传热;

(2)空气的强制对流传热;

(3)烟气的自然对流传热(例如在一矩形封闭腔内的烟气一侧受热,另一侧被冷却);

(4)烟气的强制对流传热(例如烟气流过锅炉的蒸汽过热器、再热器等);

(5)水及其他液体的自然对流传热;

(6)水及其他液体的强制对流传热;

(7)过热水蒸气的自然对流传热;

(8)过热水蒸气的强制对流传热(如水蒸气在管内作湍流强制对流传热);

(9)锅炉炉膛中高温烟气、火焰(1000 ℃以上)与四周水冷壁管之间的换热。

解:在气体、液体与固体表面之间的热交换问题中,辐射和对流传热的相对重要性取决于多种因素,包括温度、介质以及流动状态等。以下是对所列9种情形的判断与简要说明:

1. 空气的自然对流传热

判断：辐射传热相对于对流传热可以略而不计。

理由：在自然对流情况下，空气的温度通常较低（低于 100 ℃），辐射传热的贡献非常小，相对于对流传热可以忽略。

2. 空气的强制对流传热

判断：辐射传热相对于对流传热可以略而不计。

理由：即使在强制对流情况下，空气温度依然较低，且对流传热系数较高，因此辐射传热的贡献可以忽略。

3. 烟气的自然对流传热（例如在一矩形封闭腔内的烟气一侧受热，另一侧被冷却）

判断：辐射传热可能不可以忽略。

理由：烟气温度通常较高，辐射传热贡献会显著增加，需要与对流传热一起考虑。

4. 烟气的强制对流传热（例如烟气流过锅炉的蒸汽过热器、再热器等）

判断：辐射传热可能不可以忽略。

理由：在锅炉烟气的高温下（通常几百摄氏度），辐射传热贡献显著，需要与对流传热一起考虑。

5. 水及其他液体的自然对流传热

判断：辐射传热相对于对流传热可以略而不计。

理由：液体的温度通常不高，且其导热性较好，对流传热是主要的热传递方式，辐射传热可以忽略。

6. 水及其他液体的强制对流传热

判断：辐射传热相对于对流传热可以略而不计。

理由：即使在强制对流情况下，液体温度较低且对流传热系数较高，辐射传热贡献可以忽略。

7. 过热水蒸气的自然对流传热

判断：辐射传热可能不可以忽略。

理由：过热水蒸气的温度较高（通常高于 100 ℃），辐射传热贡献可能显著，需要与对流传热一起考虑。

8. 过热水蒸气的强制对流传热（如水蒸气在管内作湍流强制对流传热）

判断：辐射传热相对于对流传热可以略而不计。

理由：尽管过热水蒸气温度较高，但在管内湍流情况下，对流传热系数非常大，辐射传热贡献相对较小，可以忽略。

9. 锅炉炉膛中高温烟气、火焰（1000 ℃以上）与四周水冷壁管之间的换热

判断：辐射传热不可以忽略。

理由：在高温环境下（1000 ℃以上），辐射传热是主要的热传递方式，占据相当大的比例，需要与对流传热一起考虑。

总体上，在较低温度环境下（如空气和水的对流传热），辐射传热相对于对流传热可以忽略。而在高温环境下（如烟气和火焰），辐射传热的贡献显著，不能忽略。对于每个特定情形，需要根据具体温度和流动状态来判断辐射传热的相对重要性。

10－63 试查明人造卫星外壳材料的不同对外壳表面平衡温度的影响。卫星在星际空间运行，受到太阳的直接投入辐射 $G=1400\ W/m^2$。太阳可视为 $T=5800\ K$ 的黑体，星际空间的温度取为 0 K。卫星内部温度 T_i 恒定，且 $T_i=273\ K$。卫星单位面积表面与其内部的换热量可表示成牛顿冷却公式的形式，其当量表面传热系数 $h=0.4\ W/(m^2\cdot K)$。试对下列三种材料确定卫星表面的平衡温度：(1)材料的辐射特性可认为是黑体；(2)选择性吸收材料 A(见附图)：(3)选择性吸收材料 B(见附图 b)。材料 A、B 的特性均服从兰贝特定律。

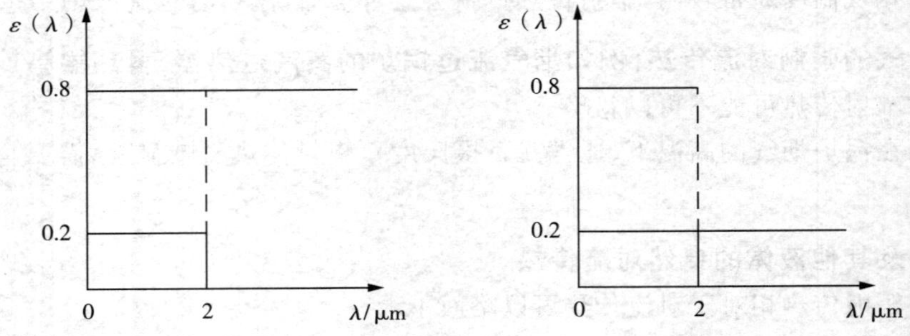

(a)　　(b)

解：为了确定人造卫星外壳表面的平衡温度，需要考虑各材料在不同辐射条件下的吸收和发射情况。

1. 材料的辐射特性为黑体

假设材料表面是黑体，完全吸收太阳辐射，且发射能力也是黑体。

平衡温度 T_s 可以通过以下能量平衡方程求得

$$G=h(T_s-T_{internal})+\sigma T_s^4$$

其中，σ 是斯特藩－玻尔兹曼常数 $\sigma=5.67\times10^{-8}\ W/(m^2\cdot K^4)$。

(1)设 $T_{internal}=273\ K$，代入

$$1400=0.4(T_s-273)+5.67\times10^{-8}T_s^4$$

(2)解方程

$$1400-0.4T_s+109.2=5.67\times10^{-8}T_s^4$$

$$1509.2-0.4T_s=5.67\times10^{-8}T_s^4$$

这个方程是一个四次方程，需通过数值方法（如迭代法）求解。

2. 选择性吸收材料 A

选择性吸收材料 A 具有特定的吸收和发射特性（假设如图所示）。其吸收太阳辐射

的比例为 α_s，发射长波辐射的比例为 ε_l。

能量平衡方程为

$$\alpha_s G = h(T_s - T_{internal}) + \varepsilon_l \sigma T_s^4$$

假设

$$\alpha_s = \alpha_s^{(A)} = 0.9（假设选择性吸收材料 A 的吸收系数）$$

$$\varepsilon_l = \varepsilon_l^{(A)} = 0.6（假设选择性吸收材料 A 的发射系数）$$

代入数值

$$0.9 \times 1400 = 0.4(T_s - 273) + 0.6 \times 5.67 \times 10^{-8} T_s^4$$

化简

$$1260 = 0.4(T_s - 273) + 3.402 \times 10^{-8} T_s^4$$

$$1260 - 0.4T_s + 109.2 = 3.402 \times 10^{-8} T_s^4$$

$$1369.2 - 0.4T_s = 3.402 \times 10^{-8} T_s^4$$

这个方程同样需通过数值方法求解。

3. 选择性吸收材料 B

选择性吸收材料 B 具有不同的吸收和发射特性（假设如图所示）。其吸收太阳辐射的比例为 α_s，发射长波辐射的比例为 ε_l。

能量平衡方程为

$$\alpha_s G = h(T_s - T_{internal}) + \varepsilon_l \sigma T_s^4$$

假设

$$\alpha_s = \alpha_s^{(B)} = 0.7（假设选择性吸收材料 B 的吸收系数）$$

$$\varepsilon_l = \varepsilon_l^{(B)} = 0.8（假设选择性吸收材料 B 的发射系数）$$

代入数值

$$0.7 \times 1400 = 0.4(T_s - 273) + 0.8 \times 5.67 \times 10^{-8} T_s^4$$

化简

$$980 = 0.4(T_s - 273) + 4.536 \times 10^{-8} T_s^4$$

$$980 - 0.4T_s + 109.2 = 4.536 \times 10^{-8} T_s^4$$

$$1089.2 - 0.4T_s = 4.536 \times 10^{-8} T_s^4$$

这个方程也需通过数值方法求解。

通过数值方法（如 Newton - Raphson 迭代法），可以求得每一种材料的表面平衡温度 T_s。由于这些方程都是非线性四次方程，具体求解需要编写计算程序或使用现有数值计算工具来进行求解。各材料的平衡温度将反映其不同的吸收和发射特性对卫星外壳温度的影响。

10－64　考虑一室内溜冰场的结冰过程。如附图所示，−30 ℃的 R152a 制冷剂流经设置于水层中的排管，制冷剂在排管内流动的过程中始终保持为液态。每根管子的制冷剂流量为 0.05 kg/s，管子内径 d_i＝6 mm，壁厚 δ＝1 mm，节距 s＝50 mm，管子长 5 m，水层深 H＝50 mm。考虑水层自 0 ℃开始到完全结冰的过程。

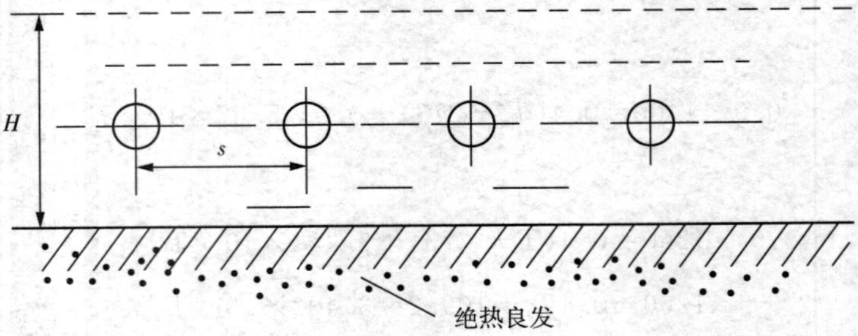

试问：(1)流出每根管子的制冷剂温度是多少？(2)需要多长时间才能把水层完全冻结为冰。设结冰过程中管子外表面始终保持为 0 ℃。水的凝固热为 3.34×10⁵ J/kg。

解：$t_2=-10$ ℃，$t_m=\dfrac{-10-30}{2}=-20$ ℃，$c_p=1.645$ kJ/(kg·K)，$\rho=1002.5\ \mathrm{kg/m^3}$，

$$\nu=0.2703\times10^{-6}\ \mathrm{m^2/s},Pr=3.505,\lambda=0.1272\ \mathrm{W/(m\cdot K)},$$

$\mu_f=0.2703\times10^{-6}\times1002.5$ kg/(m·s)，$\mu_w=0.2235\times10^{-6}\times958.9$ kg/(m·s)

设流动已经进入充分发展阶段，此时

$$Re=\frac{4rh}{\pi d\mu_f}=\frac{4\times0.02}{3.1416\times0.012\times0.2703\times10^{-6}\times1002.5}=7831$$

采用 Gnielinski 公式，则

$$f=(1.82\lg Re-1.64)^{-2}=(1.82\lg7835-1.64)^{-2}=0.0337$$

$$Nu_i=\frac{(0.0337/8)(7831-1000)\times3.505}{1+12.7\sqrt{0.0337/8}(3.505^{2/3}-1)}\left[1+\left(\frac{0.012}{5}\right)^{2/3}\right]\left(\frac{3.505}{3167}\right)0.11$$

$$=50$$

$$h=\frac{50\times0.1272}{0.012}=530[\mathrm{W/(m^2\cdot K)}]$$

每根换热量

$$\Phi_m=3.1416\times0.012\times5\times530\times\left[\frac{20}{\ln(30/10)}-0\right]$$

$$=1818(\mathrm{W})$$

$$\Phi_{hb}=0.02\times1645\times20=658(\mathrm{W})$$

再设出口为-9 ℃，$t_m=-19.5$ ℃，温度变化不大，故仍按原物性计算

$$\Phi_{hj}=3.1416\times0.012\times5\times530\times(30-9)/\ln(30/9)=1748(\mathrm{W})$$

$$\Phi_{hb}=0.05\times1645\times21=1727(\mathrm{W})$$

相差小于 1%，计算有效。

$$\Phi=\frac{1748+1727}{2}=1738(\mathrm{W})$$

$$\Delta t=\frac{1738}{0.05\times1645}=21.13(℃)$$

$$t_2=-30+\Delta t=-30+21.13=-8.87(℃)$$

每一根管子所承担的冷冻体积为

$$\Delta V=0.05^2\times5-\frac{\pi}{4}d^2\times5=0.05^2\times5-0.785\times0.012^2\times5$$

$$=0.01194(\mathrm{m}^3)$$

则凝固所需要的热量为

$$Q=0.01194\times1000\times3.34\times10^6=3.986\times10^6(\mathrm{J})$$

$$\Delta\tau=\frac{3.986\times10^6}{1734}=2299(\mathrm{s})=0.639(\mathrm{h})$$

10－65　直径为 10 mm 的铜导线采用聚苯乙烯绝缘，其导热系数 $\lambda=0.14$ W/(m·K)。该导线常年位于风速为 0.2 m/s 的环境中。试计算气温为 20 ℃时能使散热量达到最大的绝缘层厚度及单位长度上的散热量。

设导线表面温度维持在 80 ℃，计算中可采用 10.1 节中得出的假定为常数的结论，但应计及辐射传热（与 20 ℃的环境之间发生）。聚苯乙烯塑料表面的发射率为 0.9。

解：

1. 对流传热系数 h

$$h\approx10.45-0.2+10\sqrt{0.2}\approx14.72[\mathrm{W/(m^2\cdot K)}]$$

2. 对流散热量 Q_{conv}

$$A_s\approx\pi D_o L$$

$$Q_{conv}\approx h\cdot\pi(0.01+2\delta)L\cdot60$$

$$Q_{conv}\approx14.72\cdot\pi(0.01+2\delta)L\cdot60$$

3. 辐射散热量 Q_{rad}

$$Q_{rad}\approx\varepsilon\cdot\sigma\cdot\pi(0.01+2\delta)L\cdot[(353.15)^4-(293.15)^4]$$

$$Q_{rad}\approx41.733\cdot\pi(0.01+2\delta)L$$

4. 总散热量 Q_{total}

$$Q_{total}\approx\pi(0.01+2\delta)L(14.72\cdot60+41.733)$$

$$Q_{total}\approx\pi(0.01+2\delta)L\cdot927.6$$

5. 最大散热量对应的绝缘层厚度

通过数值方法求得最大散热量对应的绝缘层厚度：

$$\delta\approx0.005\ \text{m}=5\ \text{mm}$$

6. 单位长度上的最大散热量

$$Q_{total}\approx927.6\cdot\pi(0.02)\approx58.3(\text{W/m})$$

结论：

最优绝缘层厚度：5 mm；

对应的单位长度散热量：58.3 W/m。

10.3.9 传热学的综合应用

10-66 试分析用于电子器件散热的导热模块(见附图)中热量的传递过程。弹簧起什么作用？为什么要充以氮气？

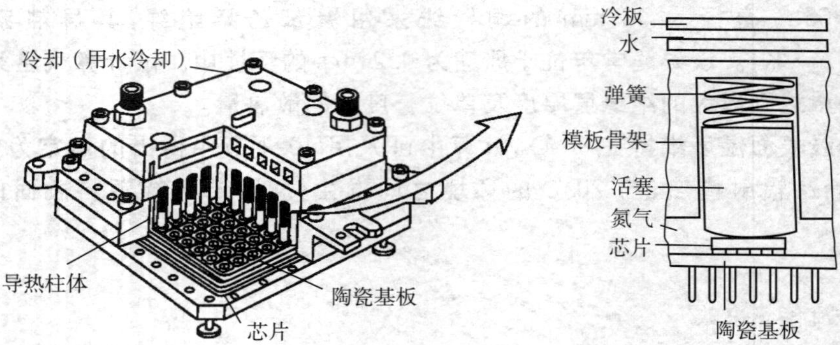

解：

1. 热量传递过程

(1)热源产生热量：电子器件工作时发热。

(2)热量传递到底座：热量通过电子器件传递到散热器底座(铜或铝制成)。

(3)内部导热：热量通过散热片或热管传递。

(4)构件间传热：通过导热材料(如硅脂)在模块间传递热量。

(5)最终散热：热量通过自然或强制对流散发到空气中。

2. 弹簧的作用

(1)提供稳定接触压力：确保热源和散热器接触紧密，降低热阻。

(2)吸收热膨胀和振动：保持良好接触，防止松动。

3. 充氮气的原因

(1)防止氧化和腐蚀：氮气惰性，保护金属部分。

(2)提高散热效率：氮气排除水分，略高的热导率。

(3)防止结露：避免空气中水分冷凝影响电子器件。

4. 总结

热量从电子器件传导至散热器，并通过对流或辐射散发。弹簧确保接触压力稳定，氮气防止氧化和结露，提高散热效率。

10－67　在电子仪器中常采用如附图所示的自然对流方式来冷却电子元件。假设该组件被置于一个较大的机箱内，底板可认为是绝热的。每个发热元件的功率均一样，且其温度各自接近均匀。试画出沿流动方向发热元件温度分布的定性曲线并解释之。

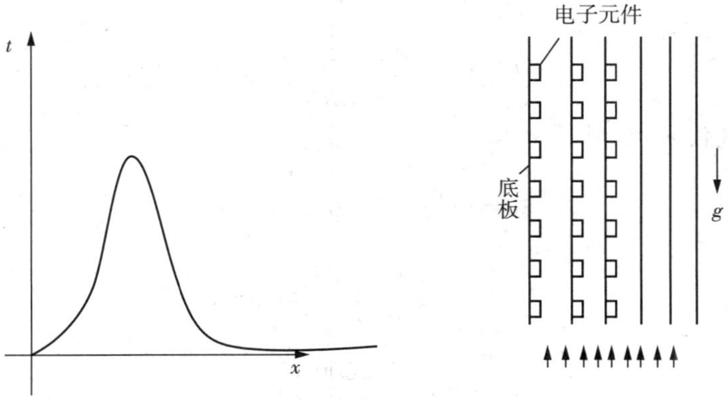

解：在入口处由于空气温度低，而且还存在与四周冷表面间的辐射传热，因而电子元件的温度也最低，随着流动的进行，电子元件的温度逐步上升，在出口由于电子元件与四周冷表面间的辐射又使得其温度有所下降。

(1)底部温度：靠近发热元件的地方，温度最高，因为发热源直接加热周围的空气。

(2)温度递减：随着距离发热源的增加，温度逐渐降低。在靠近发热元件的地方，由于空气被加热并上升，形成的热空气流动会影响周围空气的温度分布。

(3)顶部温度：随着空气继续上升并散热，在顶部的空气温度接近于环境温度，这通常是机箱内部的背景温度。

10－68　一台大型交流发电机的一段铁芯如附图所示，其轴向(x 方向)厚度为 6 cm，两侧开有通风沟，沟内有冷却空气通过。已知铁芯发热造成均匀的内热源，$\Phi=8\times10^4\ \mathrm{W/m^3}$，通风沟表面温度为 50 ℃，试确定铁芯中的最高温度。铁芯的导热系数 $\lambda=1.9\ \mathrm{W/(m\cdot K)}$。为简便起见，可近似地按无限大平板处理。

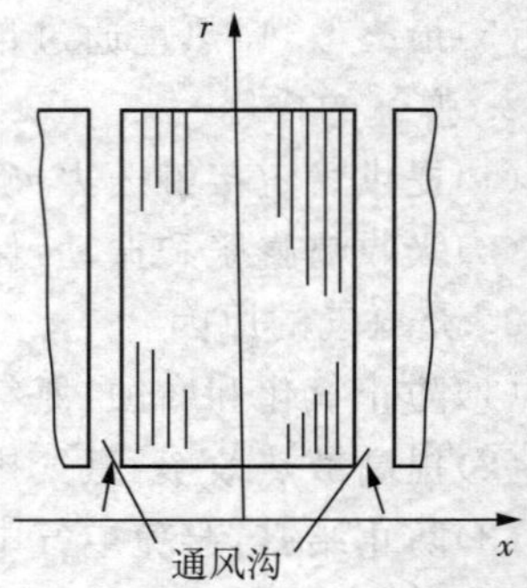

解:在无限大平板中,假设热源分布均匀且稳态条件下,温度分布方程为

$$\lambda \frac{\mathrm{d}^2 T}{\mathrm{d}x^2}+\Phi=0$$

解微分方程

该方程的解为

$$T(x)=-\frac{\Phi}{2\lambda}x^2+C_1x+C_2$$

考虑对称性,铁芯中心位置($x=0$)处温度最高,且温度梯度为零(因对称性,导热过程相同),即

$$\left.\frac{\mathrm{d}T}{\mathrm{d}x}\right|_{x=0}=0$$

因此,$C_1=0$。

边界条件:铁芯表面温度为 $T_s=50$ ℃。

当 $x=\pm\frac{L}{2}=\pm0.03$ m 时,$T=T_s$

$$T\left(\frac{L}{2}\right)=-\frac{\Phi}{2\lambda}\left(\frac{L}{2}\right)^2+C_2=T_s$$

将已知参数代入,解得

$$50=-\frac{8\times10^4}{2\times1.9}(0.03)^2+C_2$$

$$50=-\frac{8\times10^4}{3.8}\times0.0009+C_2$$

$$50=-\frac{72000}{3.8}+C_2$$

$$50=-18947.37+C_2$$

$$C_2=50+189.47=239.47$$

最高温度

中心位置 $x=0$ 处的温度为

$$T_{\max}=-\frac{\Phi}{2\lambda}\cdot0+C_2$$

$$T_{\max}=239.47\ ℃$$

铁芯中的最高温度为 239.47 ℃。

10-69 发电机转子的磁轭可近似简化成一具有内部均匀热源的空心圆筒体。已知内外半径 r_i、r_o 处与温度为 t_{f0} 的冷流体发生对流传热,表面传热系数为 h,由体

积损耗所形成的内热源强度为 Φ，导出磁轭内的温度分布及最高温度所在位置。按一维问题处理。

解：对于空心圆筒体，热传导方程在稳态条件下为

$$\frac{1}{r}\frac{\mathrm{d}}{\mathrm{d}r}\left(r\frac{\mathrm{d}T}{\mathrm{d}r}\right)+\frac{q}{k}=0$$

其中 k 为材料的导热系数。

解微分方程

对上述方程进行积分

$$\frac{\mathrm{d}}{\mathrm{d}r}\left(r\frac{\mathrm{d}T}{\mathrm{d}r}\right)+\frac{qr}{k}=0$$

再次积分

$$r\frac{\mathrm{d}T}{\mathrm{d}r}=-\frac{qr^2}{2k}+C_1$$

$$\frac{\mathrm{d}T}{\mathrm{d}r}=-\frac{qr}{2k}+\frac{C_1}{r}$$

再积分

$$T(r)=-\frac{qr^2}{4k}+C_1\ln r+C_2$$

边界条件

1. 内半径 r_i 处的对流传热：$-k\left.\frac{\mathrm{d}T}{\mathrm{d}r}\right|_{r=r_i}=h[T(r_i)-T_{f0}]$

2. 外半径 r_o 处的对流传热：$-k\left.\frac{\mathrm{d}T}{\mathrm{d}r}\right|_{r=r_o}=h[T(r_o)-T_{f0}]$

计算导数

$$\left.\frac{\mathrm{d}T}{\mathrm{d}r}\right|_{r=r_i}=-\frac{qr_i}{2k}+\frac{C_1}{r_i}$$

$$\left.\frac{\mathrm{d}T}{\mathrm{d}r}\right|_{r=r_o}=-\frac{qr_o}{2k}+\frac{C_1}{r_o}$$

代入边界条件

$$-k\left(-\frac{qr_i}{2k}+\frac{C_1}{r_i}\right)=h\left(-\frac{qr_i^2}{4k}+C_1\ln r_i+C_2-T_{f0}\right)$$

$$\frac{qr_i}{2}-\frac{kC_1}{r_i}=h\left(-\frac{qr_i^2}{4k}+C_1\ln r_i+C_2-T_{f0}\right)$$

类似地，对于外半径 r_o 处

$$-k\left(-\frac{qr_o}{2k}+\frac{C_1}{r_o}\right)=h\left(-\frac{qr_o^2}{4k}+C_1\ln r_o+C_2-T_{f0}\right)$$

$$\frac{qr_o}{2}-\frac{kC_1}{r_o}=h\left(-\frac{qr_o^2}{4k}+C_1\ln r_o+C_2-T_{f0}\right)$$

得到两个方程

$$\frac{qr_i}{2}-\frac{kC_1}{r_i}=h\left(-\frac{qr_i^2}{4k}+C_1\ln r_i+C_2-T_{f0}\right)$$

$$\frac{qr_o}{2}-\frac{kC_1}{r_o}=h\left(-\frac{qr_o^2}{4k}+C_1\ln r_o+C_2-T_{f0}\right)$$

解这两个方程可以得到 C_1 和 C_2 的值。

考虑到温度分布

$$T(r)=-\frac{qr^2}{4k}+C_1\ln r+C_2$$

通过求导数找到$\frac{\mathrm{d}T}{\mathrm{d}r}=0$ 的位置

$$\frac{\mathrm{d}T}{\mathrm{d}r}=-\frac{qr}{2k}+\frac{C_1}{r}$$

$$-\frac{qr}{2k}+\frac{C_1}{r}=0$$

$$C_1=\frac{qr^2}{2k}$$

因此，温度最高点位于 $r=r_i$ 或 $r=r_o$ 处。

磁扼内的温度分布为

$$T(r)=-\frac{qr^2}{4k}+C_1\ln r+C_2$$

其中 C_1 和 C_2 可通过边界条件确定。最高温度一般出现在内半径 r_i 或外半径 r_o 处。

10－70　一台同步发电机转子磁轭的内、外半径分别为 $r_i=1$ m、$r_o=1.6$ m，材料导热系数 $\lambda=40$ W/(m·K)，体积损耗所产生的 $\dot{\Phi}=10^5$ W/m³，两表面温度均为 200 ℃。求磁轭的最高温度及其所在位置（磁轭导热的简化模型同上题）。

解：在圆筒坐标系下，稳态传导热方程为

$$\frac{1}{r}\frac{\mathrm{d}}{\mathrm{d}r}\left(r\frac{\mathrm{d}T}{\mathrm{d}r}\right)+\frac{\Phi}{\lambda}=0$$

将该微分方程进行积分

$$\frac{\mathrm{d}}{\mathrm{d}r}\left(r\frac{\mathrm{d}T}{\mathrm{d}r}\right)=-\frac{\Phi r}{\lambda}$$

$$r\frac{\mathrm{d}T}{\mathrm{d}r}=-\frac{\Phi r^2}{2\lambda}+C_1$$

$$\frac{\mathrm{d}T}{\mathrm{d}r}=-\frac{\Phi r}{2\lambda}+\frac{C_1}{r}$$

再积分

$$T(r)=-\frac{\Phi r^2}{4\lambda}+C_1\ln r+C_2$$

应用边界条件

边界条件

(1) $T(r_\mathrm{i})=200\ ℃$

(2) $T(r_\mathrm{o})=200\ ℃$

代入边界条件第一个

$$T(r_\mathrm{i})=-\frac{\Phi r_\mathrm{i}^2}{4\lambda}+C_1\ln r_\mathrm{i}+C_2=200$$

$$200=-\frac{10\cdot 1^2}{4\cdot 40}+C_1\ln 1+C_2$$

$$200=-\frac{10}{160}+C_2$$

$$C_2=200+\frac{1}{16}$$

$$C_2\approx 200.0625$$

代入边界条件第二个

$$T(r_\mathrm{o})=-\frac{\Phi r_\mathrm{o}^2}{4\lambda}+C_1\ln r_\mathrm{o}+C_2=200$$

$$200=-\frac{10\cdot 1.6^2}{4\cdot 40}+C_1\ln 1.6+200.0625$$

$$200=-\frac{10\cdot 2.56}{160}+C_1\ln 1.6+200.0625$$

$$200=-\frac{25.6}{160}+C_1\ln 1.6+200.0625$$

$$200=-0.16+C_1\ln 1.6+200.0625$$

$$-0.0625=C_1\ln 1.6$$

$$C_1=-\frac{0.0625}{\ln 1.6}$$

$$C_1\approx -0.0986$$

温度分布函数

$$T(r)=-\frac{10r^2}{4\cdot 40}-0.0986\ln r+200.0625$$

$$T(r)=-\frac{r^2}{16}-0.0986\ln r+200.0625$$

通过求导数找到$\frac{\mathrm{d}T}{\mathrm{d}r}=0$的位置

$$\frac{\mathrm{d}T}{\mathrm{d}r}=-\frac{r}{8}-\frac{0.0986}{r}$$

$$-\frac{r}{8}=\frac{0.0986}{r}$$

$$r^2=0.0986\cdot 8$$

$$r^2=0.7888$$

$$r=\sqrt{0.7888}$$

$$r\approx 0.888(\mathrm{m})$$

将 $r\approx 0.888$ m 代入温度分布函数

$$T(0.888)=-\frac{(0.888)^2}{16}-0.0986\ln 0.888+200.0625$$

$$T(0.888)=-\frac{0.7888}{16}-0.0986\ln 0.888+200.0625$$

$$T(0.888)\approx -0.0493-0.0986\cdot(-0.1185)+200.0625$$

$$T(0.888)\approx -0.0493+0.0117+200.0625$$

$$T(0.888)\approx 200.025$$

磁轭的最高温度约为 200.025 ℃,位于 $r\approx 0.888$ m 处。

10－71　在一无限大物体中,某点处持续受到热流量 Φ(单位为 W)的加热时,经过 τ(单位为 s)时间后该物体中各点的温度可用下式表示:

$$\theta=t(r,\tau)-t_0=\frac{\Phi}{4\pi\lambda r}\left(1-\mathrm{erf}\,\frac{r}{\sqrt{4\alpha\tau}}\right)$$

其中 r 为计算点离开热源中心的距离。试利用这一结果来分析下列电火花加工中电极材料的选取问题。电火花加工中,火花放电的局部地区的温度会升得很高以致损坏电极,因此电极的熔点应较高而且导热系数应比较大。已知铜的熔点为

2600 ℃，$\lambda=398$ W/(m·K)，钼的熔点为 1083 ℃，$\lambda=126$ W/(m·K)，选用哪种材料作电极较好？

解：在电火花加工(EDM)中，电极材料的选择需要考虑数个因素，其中最关键的是材料的熔点和导热系数。利用给定的温度分布公式来分析铜和钼两种材料的适用性。

对于一无限大物体中的热流量 Φ 加热，经过时间 τ 后，某点温度的变化为

$$\theta=t(r,\tau)-t_0=\frac{\Phi}{4\pi\lambda r}\left(1-\mathrm{erf}\left(\frac{r}{\sqrt{4\alpha\tau}}\right)\right)$$

材料参数

铜：

熔点：1083 ℃

导热系数：$\lambda=398$ W/(m·K)

钼：

熔点：2600 ℃

导热系数：$\lambda=126$ W/(m·K)

温度升高的影响

可以将温度升高公式简化，在接近热源中心(即 r 较小)时，误差函数 $\mathrm{erf}\left(\frac{r}{\sqrt{4\alpha\tau}}\right)\approx 0$，因此

$$\theta\approx\frac{\Phi}{4\pi\lambda r}$$

在这种情况下，温度升高主要取决于材料的导热系数 λ。

铜

导热系数较高[398 W/(m·K)]，意味着铜能更快地将热量从热源扩散出去，这有助于降低局部温度升高的影响。但铜的熔点较低(1083 ℃)，在高温区域容易熔化。

钼

导热系数较低[126 W/(m·K)]，意味着钼的热扩散速度较慢，局部温度可能升高更快。

但钼的熔点非常高(2600 ℃)，即使在高温区域也不易熔化。

钼是更好的选择用于电火花加工电极材料。尽管钼的导热系数较低，但其极高的熔点(2600 ℃)使得它在高温条件下不易熔化，能够承受火花放电产生的高温。

这意味着钼电极在高温环境中比铜电极更稳定，不容易损坏，因此更适合作为电火花加工中的电极材料。

10－72　在冶金工业中，为利用从冶金炉排出的废气来加热送到炉子的空气而采用如附图所示的气一气换热器。为强化换热采用多层不锈钢丝网组成辐射网且置于烟道出口。今用实验测定了换热器的传热系数与有无辐射网及进口烟温的关系，

如附图所示。试分析这一测定结果是否合理。

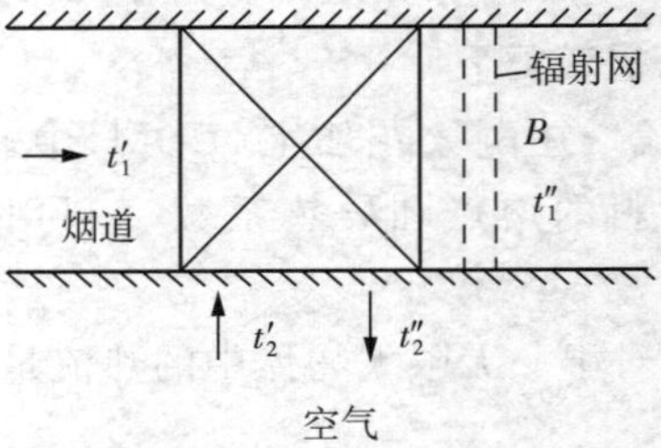

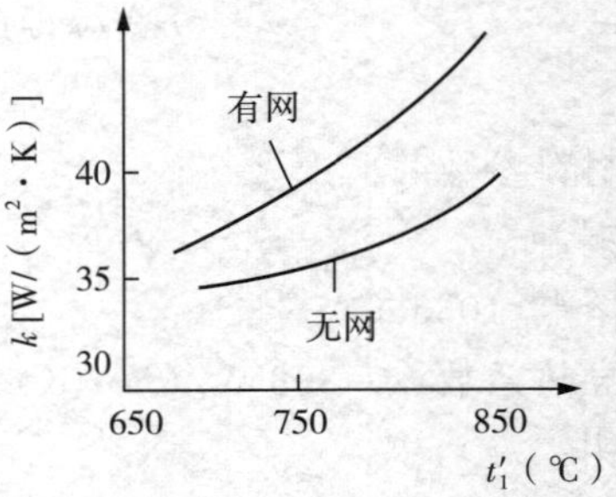

解:在冶金工业的气一气换热器中,使用不锈钢丝网辐射网的目的是增强传热效果。通过实验测定传热系数,观察有无辐射网及进口烟温对传热系数的影响,可以发现一些特征。在没有辐射网的情况下,传热系数主要受对流传热影响,随进口烟温增加而缓慢增加。

在有辐射网的情况下,由于辐射传热是温度的四次方函数,在高温条件下,传热系数显著提高,增幅大于无辐射网的情况。

实验结果显示,无辐射网时,传热系数随温度增加而缓慢上升;而有辐射网时,在高温区域(例如 800 ℃以上),传热系数显著高于无辐射网的值,且随温度增加增幅更大。这表明不锈钢丝网辐射网在高温下显著增强了传热效果,符合传热理论中的辐射和对流传热特性。因此,增加辐射网是合理且有效的,提高了气一气换热器在高温操作条件下的传热效率。

10-73 冰球蓄冷是用以解决夏天用电时白天与夜间峰谷差的方法。即在夜间用电处于低谷时用电制冷让位于球内的水结冰,到白天用电高峰时用冰球来冷却水然后送去空调,从而节省一部分空调用电。今有直径为 10 ℃ 的球壳,壳体很薄并用铜制成:温度为 10 ℃ 的水从外部流过冰球,冰球内的融化过程可假定是一纯导热过程,并认为冰、水的导热系数相同。试分析:(1)水速对冰球融化过程快慢的影响。是否水速越大冰球融化得越快?(2)提出一个特征数,其大小可以反映边界上对流传热强烈程度对融化速度影响的重要性;(3)估计此特征数的一个值,大于此值后,表面上对流传热的强弱对融化速度已无影响。

解:冰的融化过程取决于两个串联的热阻,即热量从水传递到冰球的外表面(单位面积热阻为 $1/h$)及冰球内部的导热热阻(热阻可以用 R/λ 表示)。因而不是水速越快,融化得越快,当 $Bi\left(\frac{hR}{\lambda}\right)$ 大于 10 以后,主要热阻已在球的内部导热这一侧,增加水速对于加速融化已无明显好处。

10-74 一般认为,在换热面上结垢要使总传热系数减小。但正如在小直径的管外包绝缘层可能反而导致传热强化一样,对于通过圆管的传热,在管内结垢有可能反而会使传热强化,试分析有哪些因素反而会导致这种结果。

解:这一因素的原因如下:

(1)流体流动特性改变

湍流增强:结垢层引发流速局部增加,导致湍流增强,促进对流传热。

扰动增加:结垢层的粗糙表面增加液体流动扰动,增强流体与壁面的接触。

(2)导热路径和热阻

热阻变化:结垢层薄且导热性尚可时,总热阻变化小,可能减少边界层厚度,提高传热。

高导热结垢:某些结垢物质导热性高于管壁材料,局部传热增强。

(3)热传递面积增加

表面积增大:结垢层增加粗糙度和有效传热面积。

微结构效应:结垢层形成微小通道,增强局部换热。

虽然结垢通常降低传热效率,但在某些情况下,结垢层可通过增强湍流、增加有效传热面积等方式反而提高传热效率。

10-75 美国能源部所主持的一项用铯辐照农产品的研究,是利用铯(Cs)放射出的能量中所含的 37.6%的 γ 射线来照射农产品,以提高产品收成,降低病虫害。把放射性物质 Cs 装在直径为 57 mm、长 500 m 的圆柱形容器内,然后相叠布置成如附图所示的情形。在辐照时应通以冷却气流来冷却含 Cs 的容器,因为 Cs 射线中其余 62.4%的能量将变成热能(每个圆柱体约 213 W),而圆柱体表面温度应不高于 300 ℃。试确定在附图所示情况下空气的流速需多大才能满足冷却要求。假设:(1)24 个叠层布置的圆柱可用相隔宽度为 57 mm 的两平板来代替;(2)两假想平板的高度取为投影高度的 78.5%,即每个 Cs 圆柱只取半个圆柱面作为实际参加换热的表面;(3)挡板可认为是绝热的;(4)为使计算结果偏于安全,通道内的对流传热按端流充分发展状态考虑。

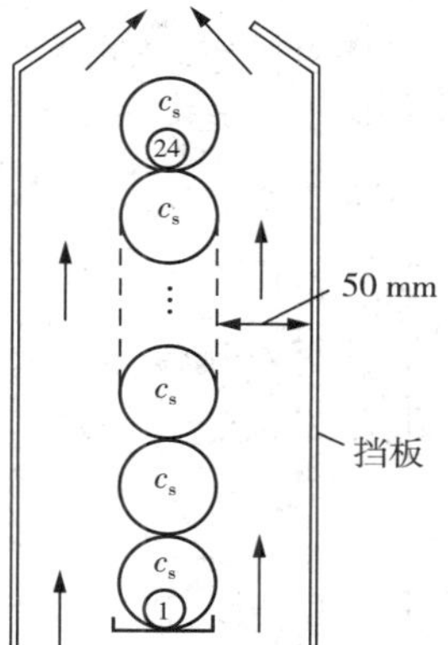

解:根据题意,可以采用以下办法进行解决:

1. 计算辐射热能

每个圆柱体产生的热功率为 213 W,其中 62.4%转化为热能:

$$Q_{热}=213\times0.624=132.912(\mathrm{W})$$

2. 确定通道配置和尺寸

根据假设条件:

圆柱体直径 $D=57$ mm

圆柱体长度 $L=500$ mm

两平板之间的距离为 57 mm

通道高度取为投影高度的 78.5%:

$$H=57\times0.785=44.745(\mathrm{mm})$$

3. 计算传热面积

假设每个 Cs 圆柱只取半圆柱面作为传热表面:

$$A=\pi\times\frac{D}{2}\times L=\pi\times\frac{57}{2}\times500=44870(\text{mm}^2)=0.04487(\text{m}^2)$$

4. 计算传热系数(h)

对于充分发展的层流态或湍流态，我们使用以下公式。这里假设湍流态，因为通常冷却流速会较高

$$Nu=0.023\times Re^{0.8}\times Pr^{0.3}$$

空气的物性参数在 300 ℃下大致为：$Pr\approx0.7$，$k_{\text{air}}\approx0.03\ \text{W}/(\text{m}\cdot\text{K})$，$\mu_{\text{air}}\approx2.2\times10^{-5}\ \text{kg}/(\text{m}\cdot\text{s})$，$\rho_{\text{air}}\approx0.9\ \text{kg/m}^3$。

5. Reynolds 数计算

设定空气流速为 v

$$Re=\frac{\rho_{\text{air}}\times v\times D}{\mu_{\text{air}}}$$

6. 计算对流传热系数(h)

利用 Nu 公式计算

$$h=\frac{Nu\times k_{\text{air}}}{D}$$

7. 计算所需空气流速

使用能量平衡公式计算：$Q_{热}=h\times A\times\Delta T$

其中，ΔT 为空气和表面温度差，假设空气入口温度为 25 ℃，表面温度为 300 ℃，则

$$\Delta T=300-25=275(℃)$$

将所有已知数值代入

$$132.912=h\times0.04487\times275$$

求得 h 值后，再通过 Re 和 Nu 关系求得流速 v。

10-76　一种测定相变物质(PCM)凝固点的方法如下：如附图所示，将相变物质(固体)放入一根长试管中，试管内安置有一热电偶以测定其温度。将此试管置于温度为 t_0 的恒温水浴中。t_0 需比预计的凝固点高。待试管中的 PCM 全部熔化且温度已十分接近时，将它从恒温浴中取出置于空气中冷却。用数字采集系统记录试管中 PCM 物质的降温曲线，即可由该曲线确定该材料的凝固点。已知 PCM 的 $\lambda=1\ \text{W}/(\text{m}\cdot\text{K})$，试管外表面总表面传热系数 $h=8\ \text{W}/(\text{m}\cdot\text{K})$，试管外半径 $R=6\ \text{mm}$。试：(1)分析

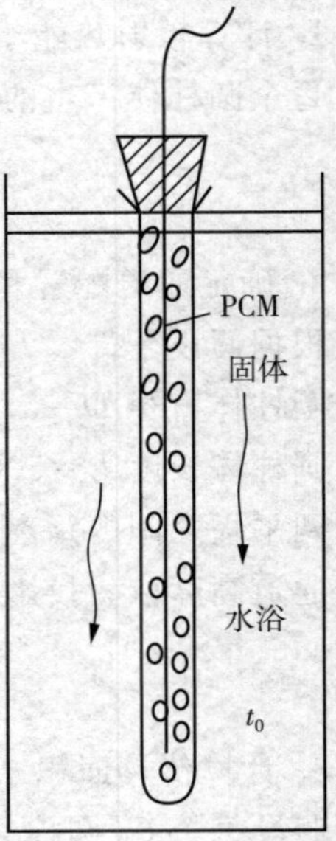

热电偶所测得之值能否代表整个试管中 PCM 的温度？(2)画出 PCM 的温度随时间变化的曲线，从温度 $t_0(>t_m)$一直冷却到环境温度 $t_\infty(<t_m)$。

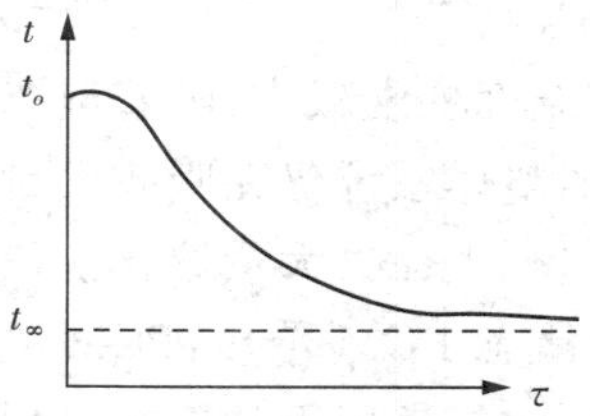

解：按长圆柱散热分析：$Bi=\frac{hd/2}{\lambda}=\frac{8\times0.12/2}{1}=\frac{0.096}{2}=0.048<0.1$，故可以按照集中参数法分析。

(1)由 $Bi=0.048$ 可知，对流传热较小，可忽略不计，因此可认为热电偶所测之值即为整个试管中 PCM 的温度。

10－77　采用相变材料储能是蓄能技术中最常用的方法。例如，在白天利用太阳能加热水，再将热水流经置于 PCM 中的圆管使 PCM 熔化，而到晚上再将冷水流过圆管使其凝。附图示出了一根置于方形容器内的管道在均匀受热后不同时刻其周围相变材料熔化的情形。试分析所示 4 个时刻热量传递的机理。

解：相变材料(PCM)的储能技术利用了材料在相变过程中吸收或释放大量潜热的特性。以下是分析所示 4 个时刻热量传递的机理：

1. 时刻 1：初始加热阶段

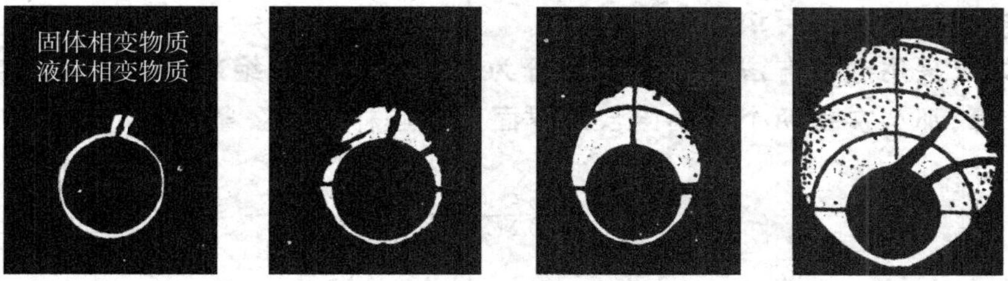

(a)$\tau=\tau_1$　(b)$\tau=\tau_2$　(c)$\tau=\tau_3$　(d)$\tau=\tau_4$

$\tau_1<\tau_2<\tau_3<\tau_4$

热传导占主导：在开始阶段，管道内的热水通过管壁向相变材料(PCM)传热。由于此时 PCM 还未开始熔化，主要的热传递方式为导热。

热流密度高：由于温度梯度较大，热流密度较高，热量快速传递到 PCM 的固态区域。

2. 时刻 2：开始熔化阶段

固一液界面形成：随着加热时间的延长，PCM 开始在靠近管道的区域熔化，固一液界面形成。

潜热吸收：液态 PCM 吸收由热水传递过来的热量，导致 PCM 熔化。此时热传导仍然是主要机制，但开始有潜热的吸收过程。

界面移动：固一液界面随着时间推移逐渐向外移动。

3. 时刻 3：相变进行阶段

对流和热传导共同作用：液态 PCM 可能由于密度差异产生自然对流，但主要热传递方式仍是热传导。

潜热吸收继续：固一液界面继续向外扩展，液态 PCM 增多，更多热量用于熔化固态 PCM。

温度梯度减小：随着液态 PCM 增多，温度梯度在固态 PCM 内部减小，热传导效率下降，但整体系统仍在吸收大量的潜热。

4. 时刻 4：大量熔化阶段

液态 PCM 传热：PCM 变为液态的区域更大，强制对流在液态 PCM 固液边缘处中占主导，在管道周围的区域，以热传导为主。

10－78　机器人目前已广泛应用于生产过程中，特别对于恶劣的工作环境（高温或低温环境）机器人的作用更加明显。但在温度不均匀的环境中工作时必须对机器人的温度场有一个准确的计算，才能对膨胀收缩等机械变形有合理的预测，以使机器人的动作能达到预期效果。另一方面，高温环境中机器人的手还应有良好的绝热，以免损伤机器人。为了预测在高温中工作的某一机械手的温度场，采用了如附图所示的二维轴对称模型。设该机械手的初始温度均匀并为 T_0，后突然处于高温环境中，其中手的表面与温度为 $T_{\infty 1}$ 的周围介质对流传热的表面传热系数为 h_1，与温度为 T_{sur1} 的环境发生辐射传热，其表面发射率为 ε_1。相应地手臂表面也有上述这些换热，参数各为 $T_{\infty 2}$、h_2、T_{sur2} 及 ε_2。手臂端部为绝热。试：

（1）写出该机械手温度场的控制方程，物性均已知；

（2）写出初始条件与边界条件；

（3）如果采用数值方法将计算区域分为手臂、手、侧面绝热层及顶端绝热层 4 个区分别计算，那么在每两个区相接合的界面上还应补充什么条件？

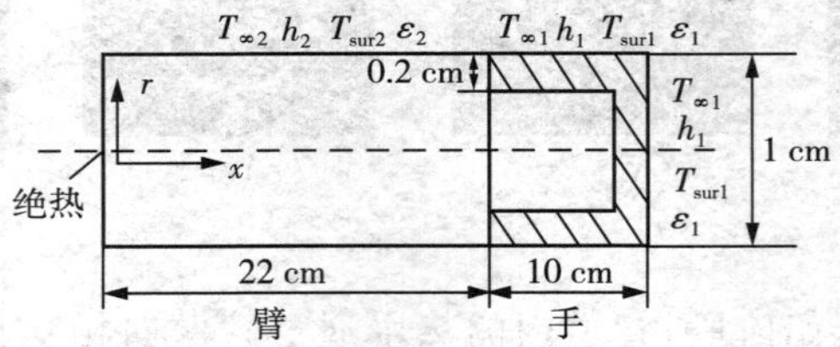

解：由题意可知，该传热问题为二维的、圆柱的、稳态的一个过程。

(1)故该机械手温度场的控制方程为$\dfrac{\partial^2 T}{\partial x^2}+\dfrac{1}{r}\dfrac{\partial T}{\partial x}+\dfrac{\partial^2 T}{\partial r^2}=0$

(2)初始条件：$T=T_0, x\in[0,32], r\in[-0.5,0.5]$

边界条件：$x=0, \dfrac{\partial T}{\partial x}=0$

$$x=32\ \text{cm}=0.32\ \text{m}, -\lambda\left.\frac{\partial T}{\partial x}\right|_{x=0.32}=h_1(T_{\infty 1}-T_0)+\varepsilon_1\sigma(T_{sur1}^4-T_0^4)$$

当 $x\in[22,32], r=0.5$ cm 时

$$-\lambda\left.\frac{\partial T}{\partial r}\right|_{r=0.5}=h_1(T_{\omega\cdot 1}-T_0)+\varepsilon_1\sigma(T_{mr1}^q-T_0^r)$$

当 $x\in[0,22]$，$r=0.5$ cm 时

$$-\lambda\left.\frac{\partial T}{\partial r}\right|_{r=0.5}=h_2(T_{co2}-T_0)+\varepsilon_2\sigma(T_{sur2}^4-T_0^4)$$

当 $x\in[0,32]$，$r=0.5$ cm 时

$$\left.\frac{\partial T}{\partial r}\right|_{r=0.5}=0$$

(3)补充条件：忽略两相接界面上的接触热阻。

10－79　在美洲国家的天气预报中，除了报告每天的最低、最高及平均温度外，还有一个温度是风冷温度(wind —— chill temperature)。我们知道，人的冷暖感觉除了与气温有关外还与风速有很大关系。风冷温度是一个当量环境温度，当人处于静止空气下的风冷温度环境中时，其冷暖感觉与处于实际气温、实际流速的环境中相同。经验告诉我们，当人的皮肤散热的热流密度为 58 W/m² 时感到热，为 232 W/m² 时感到舒服，为 696 W/m² 感到很凉快，而为 928 W/m² 时感到冷。若把人体简化为直径为 0.3 m、高 1.75 m 的等温柱体，皮肤温度为 33 ℃，试确定当风冷温度为－70 ℃时人的冷暖感觉。

解：由题意可得，人的冷暖感觉除了与气温有关外还与风速有很大关系

$$t_\infty=\frac{33-70}{2}=-18.5(℃)$$

查此时的物性得

$$\lambda=0.0228+\frac{0.0236-0.0228}{10}\times1.5=0.02292[\mathrm{W/(m\cdot K)}]$$

$$v=\left[11.61+\left(\frac{12.43-11.61}{10}\times1.5\right)\right]\times10^{-6}=11.73\times10^{-6}(\mathrm{m^2/s})$$

$$Pr=0.716+\frac{0.712-0.716}{10}\times1.5=0.715$$

$$T=273-18.5=254.5(\mathrm{K})$$

$$Gr=\frac{ga\Delta tL^3}{\nu^2}=\frac{9.8\times\frac{1}{254.5}\times(33+70)\times1.75^3}{11.73^2\times10^{-12}}=1.545\times10^{11}$$

$$Nu=0.11\,(GrPr)^{\frac{1}{3}}=0.11\times(1.545\times10^{11}\times0.715)^{\frac{1}{3}}=527.8$$

$$h=\frac{Nu\lambda}{L}=\frac{527.8\times0.02292}{1.75}=6.91[\mathrm{W/(m^2\cdot K)}]$$

$$q_{\text{con}}=h\Delta t=6.91\times(33+70)=712.0(\text{W/m}^2)$$

$$q_{\text{red}}=\varepsilon\sigma_o(3.06^4-2.03^4)=341(\text{W/m}^2)$$

$$q=712+341=1053(\text{W/m}^2)>928(\text{W/m}^2)$$

此时人体感到很冷。

10－80　**冶金工业中直流电弧炉的底阳极及其附近情况示于附图中。底阳极本身为一直径为 400 mm、高 530 mm 的钢棒，其与铁水直接接触的一端有厚 δ_1 的一层已熔为液体。底阳极另一端用冷却水冷却要求其表面温度不高于 100 ℃。底阳极中按温度的不同可分出三个区域：$\delta_1=106$ mm 的液层，其 $\lambda_1=38$ W(m · K)，厚 $\delta_2=131.4$ mm 的一层，温度从 1200 ℃ 降低到 860 ℃，$\{\lambda_2\}_{\text{W/(m·K)}}=64\times(1-0.0047\{t\}_{℃})$；厚 $\delta_3=292.6$ mm 的一段，温度从 860 ℃ 降低到 100 ℃，$\{\lambda_3\}_{\text{W/(m·K)}}=16.4\times(1+0.0007\{t\}_{℃})$。通过底阳极的最大电流 $I=1200$ A，底阳极的计算总电阻为 3.84×10^{-6} Ω。冷却水人口温度为 30 ℃，出口不能高于 60 ℃。问需水量若干？**

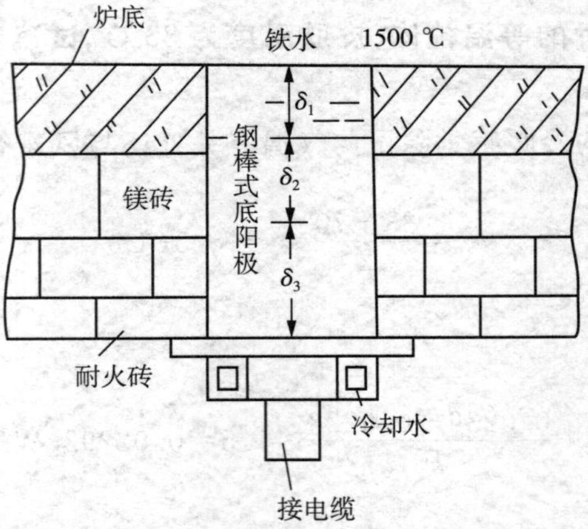

解：假设底阳极的导热（从 1500 ℃→100 ℃）可按一维问题处理，冷却水带走的热量分为两部分，即导热热量及由于焦耳－楞次效应的发热量，本题是有内热源的一维导热问题，现近似地分别计算由于温差形成的导热热量及由于电流形成的焦耳－楞次热量。

(1)由题意得

$$\bar{\lambda}_2=64\times\left(1-0.0007\times\frac{860+1200}{2}\right)=28.05[\text{W/(m·K)}]$$

$$\bar{\lambda}_3=64\times\left(1-0.0007\times\frac{860+100}{2}\right)=42.5[\text{W/(m·K)}]$$

所以导热热量 $\Phi=\dfrac{\dfrac{\pi}{4}\times0.4^2\times(1500-100)}{\dfrac{0.293}{42.5}+\dfrac{0.131}{28.05}+\dfrac{0.106}{30.8}}=11718(\text{W})$

(2)焦耳一楞次 $\Phi=I^2R=I_{\phi\max}^2R=12000^2\times3.84\times10^{-6}=553(\mathrm{W})$

则有 $\Phi=11718+553=12.27(\mathrm{kW})$

水的比热取 45 ℃时的值

$$c_p=4174\ \mathrm{J/(kg\cdot K)}$$

$$\dot{m}=\frac{12.27\times10^3}{4174\times(60-30)}=0.098(\mathrm{kg/s})=353(\mathrm{kg/h})$$

10-81　为了判断水平管中两相流的流动结构(流态),使用如附图 1 所示的方法:用很细的材料(直径为 5 μm 左右)做一对热电偶并装入要测试的管子中(附图)。根据所测得的热电势信号随时间的变化曲线,可以判断相应的流动状态。对附图 b 所示的四种流动结构,试利用传热学的基本知识分析热电偶所测得的热电势信号随时间是怎样变化的,并定性地画出温度(热电势)随时间变化的曲线。设液体温度为 t_l,汽相温度为 t_v,且 $t_v>t_l$。热电偶接点置于管子中心线处。

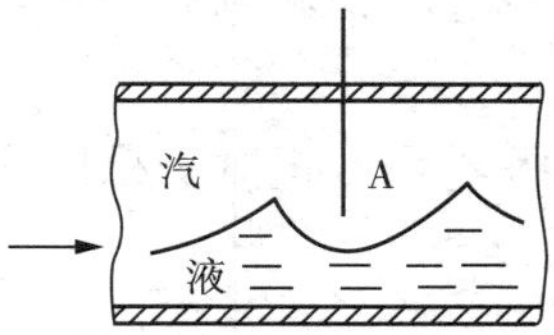

(a)

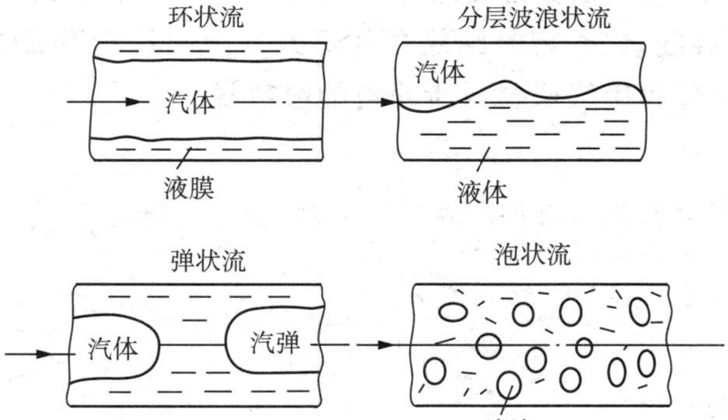

(b)

解:假设液体温度为 t_l,气相温度为 t_v 且 $t_v>t_l$,热电偶接点置于管子中心线处。

要判断水平管中两相流的流动结构(流态),可以依据热电偶测得的热电势信号随时间的变化情况进行分析。热电偶接点置于管子中心线处。

以下是对四种流动结构的分析及其对应的温度(热电势)随时间变化的定性曲线:

1. 环状流(Annular Flow)

描述:液相在管壁形成薄膜,气相在管中心流动。液相和气相明显分层,液膜厚度较薄。

热电偶信号:由于热电偶位于管子中心线处,主要接触到气相。热电偶将主要检测

到气相温度 t_v，偶尔会有液膜破裂或波动导致短暂的温度下降到 t_l。

曲线特征：温度信号主要稳定在 t_v，仅有少量短暂的下降到 t_l 的尖峰。

2. 分层波浪状流(Stratified Wavy Flow)

描述：液相在管底层流动，气相在管顶层流动，界面呈波浪状。

热电偶信号：热电偶在波峰时检测到气相温度 t_v，在波谷时检测到液相温度 t_l。

曲线特征：温度信号呈现周期性的波动，波峰为 t_v，波谷为 t_l。

3. 弹状流(Slug Flow)

描述：气液相交替形成气塞和液塞。气塞较大，液塞之间有连续的液相。

热电偶信号：热电偶在气塞通过时检测到较高的温度 t_v，在液相区域检测到较低的温度 t_l。

曲线特征：温度信号呈现明显的高低交替变化。高值段(对应气塞温度 t_v)和低值段(对应液相温度 t_l)的时间间隔较长。

4. 泡状流(Bubbly Flow)

描述：气泡分散在连续的液相中，气泡较小，均匀分布。

热电偶信号：热电偶会在气泡经过时检测到较高的温度 t_v，在液相区域检测到较低的温度 t_l。

曲线特征：温度(热电势)信号将表现为相对平稳的底部(对应液相温度 t_l 和偶尔升高的尖峰(对应气泡温度 t_v)。

10-82　直径 10 mm 的铜导线运行在环境温度为 20 ℃、表面传热系数为 10 W/(m² · K)的环境中，其表面温度保持为 80 ℃。今用导热系数 λ=0.16 W/(m · K)的绝缘材料包覆铜导线，试确定当绝缘层外形分别为圆柱形及正方形时的临界绝缘层厚度，并比较单位体积绝缘层材料所获得的散热量。

解：

(1)包圆形绝热层时，临界直径应满足 $\frac{hd_0}{\lambda}=2$，即是 $\frac{hr_c}{\lambda}=1$

$$r_c=\frac{\lambda}{h}=\frac{0.16}{10}=0.016(\text{m})$$

单位长度最大散热量为

$$\frac{\Phi_{\max}}{L}=\frac{T_c-T_{co}}{\frac{\ln(r_c/r_1)}{2\pi\lambda}+\frac{1}{2\pi r_c h}}=\frac{80-20}{\frac{\ln\frac{16}{5}}{2\times3.1416\times0.16}+\frac{1}{2\times3.1416\times0.016\times10}}$$

$$=27.97(\text{W/m})$$

(2)包正方形绝热层时，采用导热形状因子 s，总热阻 R 如下所示

$$R=\frac{\ln\left(1.08\,\frac{b}{d}\right)}{2\pi\text{d}L}+\frac{1}{4bLh}=\frac{\ln\left(1.08\,\frac{b}{d}\right)+\ln b}{2\pi\text{d}L}+\frac{1}{4bLh}$$

当$\frac{dR}{db}=0$，$b=b_{cr}$时，

$$b_{cr}=\frac{3.1416}{2}\times\left(\frac{0.16}{10}\right)=0.02513(m)$$

$$s=\frac{2\pi\lambda L}{\ln\left(1.08\ \frac{b}{d}\right)}=\frac{2\times3.1416\times1}{\ln\left(1.08\times\frac{0.02513}{0.01}\right)}=\frac{6.28}{1.005}=6.25$$

$$\Phi_1=\frac{80-20}{\frac{1}{s\lambda}+\frac{1}{4\ hb}}$$

$$=\frac{80-20}{\frac{1}{6.25\times0.16}+\frac{1}{4\times10\times0.02512}}$$

$$=30.69(W/m^2)$$

每 1 cm 长绝缘层所用材料为

圆形：$V=\pi(1.6^2-0.5^2)=7.253(cm^3)$

四边形：$V=2.512^2-3.1416\times0.5^3=6.310-0.393=5.917(cm^3)$

每 1 cm^3 长绝缘层所用材料为

圆形：$q_v=\frac{27.97\times0.01}{7.253}=3.86\times10^{-2}=0.0386(W/cm^3)$

正方形：$q_v=\frac{30.69\times0.01}{5.525}=0.0555(W/cm^3)$

10.3.10　小论文题目

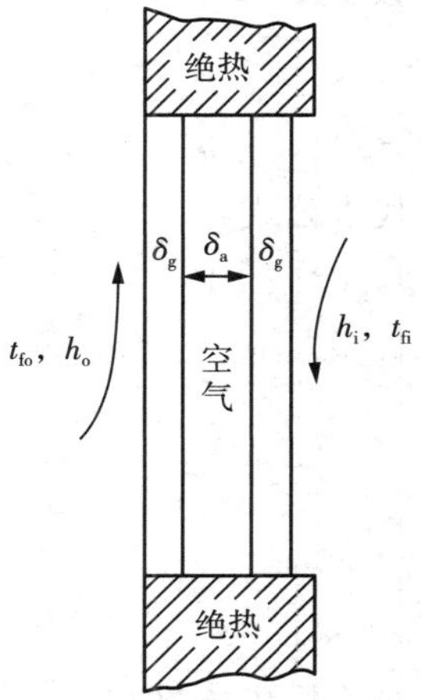

10－83　对于附图所示的双层玻璃窗，试计算在一个黑暗的冬夜玻璃窗的散热损失。已知条件为：δ_g＝4 mm，δ_a＝8 mm；玻璃高 1.5 m，宽 3 m。在宽度方向离开玻璃 2 m 处为墙角，有一股冷风沿着墙面从该墙角吹过窗子外表面。t_{fo}＝－10 ℃，t_{fi}＝20 ℃，玻璃的导热系数 λ＝0.78 W/(m·K)。设对于波长大于 3 μm 的辐射能，玻璃的光谱吸收比 $\varepsilon(\lambda)$＝1。气体外掠平板湍流边界层换热时，若加热段之前有一段非加热段 l_0，以非加热段起点到所研究地点的距离 l 作为 Nu 及 Re 的特征长度，而在加热段内的平均传热特性可按下式计算：

$$Nu_l=0.028Re_l^{0.8}\left[1+0.4\left(\frac{l_0}{l}\right)^{2.75}\right]$$

解：首先，计算通过玻璃窗的传导热量。设定玻璃窗内外两侧的温度分别为 t_{fi}和 t_{fo}。玻璃和空气层的传热阻力分别为：

玻璃层的热阻：$R_g=\frac{\delta_g}{\lambda}=\frac{0.004}{0.78}\approx0.00513(m^2\cdot K/W)$

空气层的热阻：空气的导热系数 $\lambda_a\approx0.025\,[W/(m\cdot K)]$

$$R_a=\frac{\delta_a}{\lambda_a}=\frac{0.008}{0.025}=0.32(m^2\cdot K/W)$$

总的热阻

$$\begin{aligned}R_{total}&=R_g+R_a+R_g\\&=0.00513+0.32+0.00513\\&=0.33026(m^2\cdot K/W)\end{aligned}$$

通过玻璃窗的传导热量 Q_{cond} 为

$$Q_{cond}=\frac{\Delta T}{R_{total}}=\frac{20-(-10)}{0.33026}\approx91(W/m^2)$$

外侧冷风对玻璃窗的对流传热系数 h_o 可以通过以下公式计算

$$Nu_i=0.028\cdot Re_i^{0.8}\left[1+0.4\left(\frac{l_0}{l}\right)^{2.75}\right]$$

首先计算雷诺数$Re_i=\frac{u\cdot l}{\nu}$，其中 u 为风速，ν 为空气的运动黏度。假设冷风速度 $u=5$ m/s（可以根据具体情况调整），空气的运动黏度 $\nu\approx1.5\times10^{-5}$ m²/s，非加热段长度 $l_0=2$ m，板长 $l=1.5$ m。

$$Re_i=\frac{5\cdot1.5}{1.5\times10^{-5}}=5\times10^5$$

代入公式：

$$Nu_i=0.028\cdot(5\times10^5)^{0.8}\left[1+0.4\left(\frac{2}{1.5}\right)^{2.75}\right]$$

$$\begin{aligned}Nu_i&=0.028\cdot(1.27\times10^5)[1+0.4\cdot1.73]\\&=0.028\cdot1.27\times10^5\cdot1.692\\&=6026\end{aligned}$$

对流传热系数 h_o 为

$$h_o=\frac{Nu_i\cdot\lambda_a}{l}=\frac{6026\cdot0.025}{1.5}=100.43[W/(m^2\cdot K)]$$

总的热量损失 Q_{total} 包括传导和对流部分。

玻璃窗的传热面积 $A=h\cdot b=1.5\cdot3=4.5(m^2)$。

$$Q_{\text{total}}=Q_{\text{cond}}\cdot A+h_{\text{o}}\cdot A\cdot(t_{\text{fi}}-t_{\text{fo}})$$

$$Q_{\text{total}}=91\cdot 4.5+100.43\cdot 4.5\cdot[20-(-10)]$$

$$Q_{\text{total}}=409.5+100.43\cdot 4.5\cdot 30$$

$$=409.5+13558.65$$

$$=13968.15(\text{W})$$

结论：在一个黑暗的冬夜，双层玻璃窗的散热损失大约为 13968.15 W。

10－84　为了有效冷却一圆筒形的燃烧室，在其外壁上设置了一个带环肋的铝制夹套，如附图所示。燃烧室内燃烧产物与内壁热交换的结果相当于使内壁净吸收热流密度 $q=10^5$ W/m²。燃烧室壁面的 $\lambda=30$ W/(m·K)，铝材的 $\lambda=240$ W/(m·K)。环肋受气流冷却，$h_o=105$ W/(m·K)，$t_{fo}=35$ ℃。(1)铝夹层与燃烧室外壁接触良好，试计算 t_i、t_l 及 t_r 之值；(2)设有接触热阻存在，且 $R_c=2\times10^{-4}$ m²·K/W，试重新计算 t_i 及 t_r。翅片厚 3 mm，两翅片中心间的距离为 8 mm。

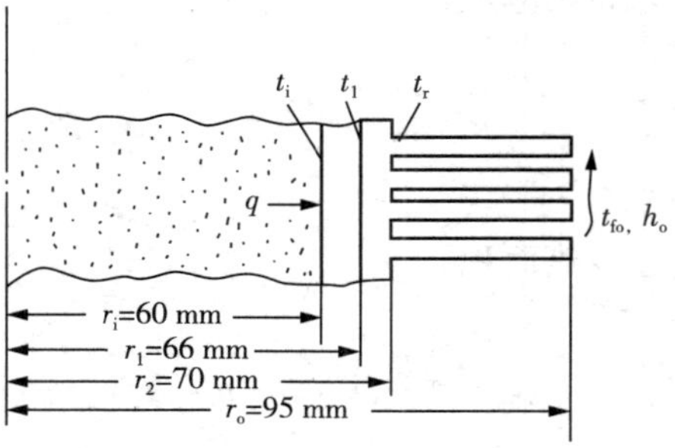

解：

1. 不考虑接触热阻的情况

考虑单位面积的热流密度 q

$$q=\lambda_{\text{steel}}\cdot\left(\frac{t_{\text{i}}-t_{\text{l}}}{\delta_{\text{steel}}}\right)$$

假设钢壁厚度 $\delta_{\text{steel}}\approx 0$(接触良好)，则

$$t_{\text{i}}=t_{\text{l}}$$

铝翅片上的温度分布：

首先，计算翅片的效率 η_{f} 和热流密度

翅片长度 $L=\dfrac{S}{2}=0.004(\text{m})$

翅片的导热截面面积 $A_{\text{c}}=\delta_{\text{f}}\cdot 1\ \text{m}=0.003\ \text{m}^2$

翅片的周长 $P=2\cdot(L+\delta_{\text{f}})\approx 2\cdot 0.008\ \text{m}=0.016\ \text{m}$

计算热传导率 m

$$m=\sqrt{\frac{h_{\text{o}}\cdot P}{\lambda_{\text{al}}\cdot A_{\text{c}}}}$$

$$m=\sqrt{\frac{105\cdot 0.016}{240\cdot 0.003}}=\sqrt{\frac{1.68}{0.72}}=\sqrt{2.333}\approx 1.528(\text{m}^{-1})$$

翅片效率 η_f：

$$\eta_f=\frac{\mathrm{th}(mL)}{mL}=\frac{\mathrm{th}(1.528\cdot 0.004)}{1.528\cdot 0.004}$$

$$\eta_f\approx\frac{\mathrm{th}(0.006112)}{0.006112}\approx 1$$

所以翅片基部温度 t_l 和顶端温 t_r 是相等的，因为翅片效率接近 1。

总导热电阻：

$$R_{\text{total}}=\frac{1}{h_o\cdot A_{\text{fin}}}$$

总传热面积：

$$A_{\text{fin}}=2\cdot(h\cdot b+n\cdot A_c)=2\cdot\left(1.5\cdot 3+\frac{1}{0.008}\cdot 0.003\right)\approx 27(\mathrm{m}^2)$$

$$t_l=t_r=t_{fo}+q\cdot R_{\text{total}}$$

$$R_{\text{total}}=\frac{1}{105\cdot 27}=0.00035(\mathrm{m}^2\cdot\mathrm{K/W})$$

$$t_r=t_{fo}+\frac{105}{0.00035}=35+300=335(℃)$$

2. 有接触热阻 R_c 存在的情况

新的总导热电阻：

$$R_c=2\times 10^{-4}(\mathrm{m}^2\cdot\mathrm{K/W})$$

所以新的总导热电阻：

$$R_{\text{total}}=R_c+\frac{1}{h_o\cdot A_{\text{fin}}}=2\times 10^{-4}+0.00035=0.00055$$

$$t_r=t_{fo}+\frac{105}{0.00055}=35+190=225(℃)$$

总结：

1. 不考虑接触热阻时，温度 $t_i=t_l=t_r\approx 335$ ℃

2. 考虑接触热阻时，温度 $t_r\approx 225$ ℃

10.4　名校考研真题集锦

1.（华北电力大学 2000 年真题）写出传热单元数的计算式，简单说明它的意义。

答：计算式为

$$\mathrm{NTU}=\frac{kA}{(q_m c)_{\min}}$$

传热单元数是指换热器设计中一个无量纲参数，可看成是换热器传热量大小的一个量纲，kA 值大小的一种量度，k 或 A 大，传热量必然大。

2.（华北电力大学 2000 年真题）说明平均传热温差的意义？

答：冷热流体在换热器中，热流体沿程放出热量温度不断下降，冷流体吸收热量温度不断升高，冷热流体沿程温度不断变化，因此当利用传热方程式来计算整个传热面上的换热流量时，必须使用整个传热面上的平均温差。

3.（华北电力大学 2001 年真题）一套逆流管式换热器，用流量为 1.5 kg/s 的油，将流量为 1 kg/s 的水从 35 ℃ 加热到 90 ℃ 油的比热为 2 kJ/(kg·℃)，进入换热器的温度为 200 ℃，水的比热为 4258 J/(kg·℃)，该换热器的总传热系数为 425 W/(m^2·K)，试求换热器的面积。如果水流量减少一半时，传热量为多少？逆流换热器效能。

$$\varepsilon=\frac{1-\exp\left\{(-\mathrm{NTU})\left[1-\dfrac{(G_c)_{\min}}{(G_c)_{\max}}\right]\right.}{1-\dfrac{(G_c)_{\min}}{(G_c)_{\max}}\exp\left\{(-\mathrm{NTU})\left[1-\dfrac{(G_c)_{\min}}{(G_c)_{\max}}\right]\right\}}$$

解：由题意得

$$Q=q_{m2}C_2(t_2''-t_2')=1\times4.258\times(90-35)=234.19(\mathrm{kJ})$$

$$Q=q_{m1}C_1(t_1'-t_1'')=1.5\times(2.1)\times(200-t_1'')$$

解得

$$t_1''=125.65\ ℃$$

$$\Delta t_{\mathrm{m}}=\frac{(200-90)-(125.65-35)}{\ln\dfrac{(200-90)}{125.65-35}}=100.01(℃)$$

$$A=\frac{Q}{k\Delta t}=\frac{234.19\times1000}{425\times100.01}=5.51(\mathrm{m}^2)$$

水量减少一半时，

$$(q_m C)_{\min}=0.5\times4.258=2.129\times10^3(\text{W/K})$$

$$\text{NTU}=\frac{kA}{(q_m C)_{\min}}=\frac{425\times5.51}{2.129\times10^3}=1.1$$

$$\varepsilon=\frac{1-\exp\left[(-1.10)\times\left(1-\frac{2.129}{3.15}\right)\right]}{1-\frac{2.123}{3.15}\times\exp\left[(-1.10)\times\left(1-\frac{2.129}{3.15}\right)\right]}=0.696$$

$$\varepsilon=\frac{t''_2-t'_2}{t'_1-t'_2}\rightarrow t''_2=149.84(℃)$$

$$Q=(q_m C)_{\min}\times(t'_2-t'_2)=0.5\times4.258\times(149.84-35)=244.50(\text{W})$$

4.（东南大学 2021 年真题）原有一逆流换热器，$t'_1=360$ ℃，$t''_1=300$ ℃，$t'_2=30$ ℃，$t''_2=200$ ℃，$c_{p1}q_{m1}=2500$，$k=800$ W/(m^2·K)；现因运行过久，导致 $t''_2=200$ ℃只能达到 170 ℃，请问：污垢热阻 R 与现在的 t''_1。

解：(1)结垢前

$$\Phi=C_{p1}q_{m1}\Delta t_1=2500\times(360-300)=1.5\times10^5(\text{W})$$

$$\Delta t_{\text{m}}=\frac{(300-30)-(360-200)}{\ln\frac{300-30}{360-200}}=210.225(℃)$$

$$A=\frac{\Phi}{k\Delta t_{\text{m}}}=\frac{1.5\times10^5}{800\times210.225}=0.892(\text{m}^2)$$

$$C_{p2}q_{m2}=\frac{\Phi}{\Delta t_2}=\frac{1.5\times10^5}{200-30}=882.353$$

(2)结垢后

$$\Phi'=C_{p2}q_{m2}\Delta t_2=882.353\times(170-30)=123529.411(\text{W})$$

$$(t''_1)'=t'_1-\frac{\Phi'}{C_{p1}q_{m1}}=360-\frac{123529.411}{2500}=360-49.412=310.588(℃)$$

$$\Delta t'_{\text{m}}=\frac{(310.588-30)-(360-170)}{\ln\frac{310.588-30}{360-170}}=232.358(℃)$$

$$k'=\frac{\Phi'}{A\Delta t'_{\text{m}}}=\frac{123529.411}{0.892\times232.358}=596.002[\text{W}/(\text{m}^2\cdot\text{K})]$$

$$R=\frac{1}{k'}-\frac{1}{k}=\frac{1}{596.002}=\frac{1}{800}=4.278\times10^{-4}(\text{m}^2\cdot\text{K/W})$$

5.(华北电力大学 2004 年真题)已知 600 A 的电流通过根直径为 5 mm 的不锈钢电缆,电缆的单位长度电阻率为 6×10^{-4} Ω/m 电线乐面包裹一层导热系数为 0.5 W/(m·K)的绝缘层。该电缆置于 25 ℃的大气环境中,外表面与周围环境之间的表面传热系数为 25 W/(m² · K),问绝缘层多厚时,其内表面温度最低?并求此时内表面温度。

解:列出换热量计算式

$$\Phi=\frac{\pi l(t-t_f)}{\frac{1}{2\lambda}\ln\frac{d_0}{d_1}+\frac{1}{h_e d_o}}$$

求导得

$$\frac{\text{d}\Phi}{\text{d}d_o}=-\frac{\pi l(t-t_f)\left(\frac{1}{2\lambda d_o}-\frac{1}{hd_o{}^2}\right)}{\left(\frac{1}{2\lambda}\ln\frac{d_o}{d_i}+\frac{1}{h_e d_o}\right)^2}$$

令 $\frac{\text{d}\Phi}{\text{d}d_o}=0$,求得极值点 $d_1=\frac{2\lambda}{h}$

即当外径 $d_0=d_1=\frac{2\lambda}{h}=\frac{2\times0.5}{25}=0.04(\text{m})$时,换热量有最小值

由能量守恒可得

$$\Phi=\frac{\pi l(t-t_f)}{\frac{1}{2\lambda}\ln\frac{d_o}{d_i}+\frac{1}{h_e d_o}}=I^2R=216(\text{W})$$

代入数据,解得

$$t=141.47\ ℃$$

6.(华北电力大学 2003 年真题)设计一个简单逆流换热器用以冷却机油,油的流量为 0.1 kg/s,比热为 2131 J/(kg · ℃),从 100 ℃被冷却 60 ℃,冷却水的流量为 0.2 kg/s,比热为 4171 J/(kg · ℃),进口温度为 30 ℃,换热器用铜管做成,管壁很薄,可不计导热热阻,水从管内流过,对流传热系数 2250 W(m² · K),油在管外流过,对流传热系数为 38.4 W/(m² · K)。试求该换热器所需传热面积。

解:油

$$Q=q_{m1}C_1(t_1'-t_1'')=0.1\times2131\times(100-60)=8524(\text{W})$$

水

$$Q=q_{m2}C_2(t_2''-t_2')=0.2\times4174\times(t_2''-30)$$

代入数据得 $t''_2=40.21$ ℃

传热系数

$$k=\frac{1}{\frac{1}{h_1}+\frac{1}{h_2}}=\frac{1}{\frac{1}{2250}+\frac{1}{384}}=37.76[\mathrm{W/(m^2\cdot K)}]$$

$$\Delta t_{\mathrm{m}}=\frac{(100-40.21)-(60-30)}{\ln\frac{100-40.21}{60-30}}=43.20(℃)$$

$$Q=kA\Delta t_{\mathrm{m}}$$

代入数据得

$$A=5.23\ \mathrm{m^2}$$

第 11 章　传质学简介

11.1　知识网络

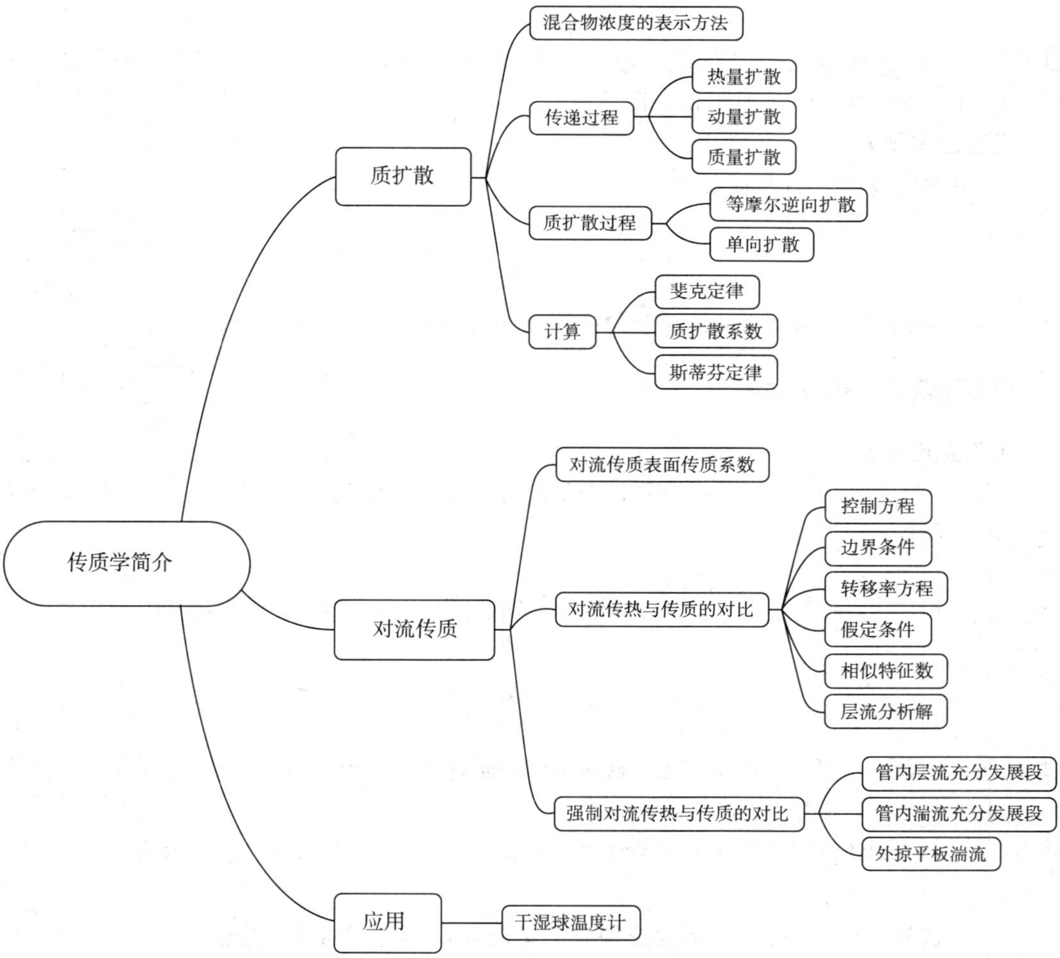

11.2 传热学知识点

知识点1 混合物浓度的表示方法

【混合物】

组分的浓度通常用质量浓度 ρ(单位为 kg/m³)和物质的量浓度 c(单位为 kmol/m³)表示，其定义为

$$\rho_A=\frac{m_A}{V},\rho_B=\frac{m_B}{V}$$

$$c_A=\frac{n_A}{V},c_B=\frac{n_B}{V}$$

式中，m_A、m_B 分别为混合物容积 V 中组分 A 及 B 的质量，kg；n_A、n_B 分别为混合物容积 V 中组分 A 及 B 的物质的量，kmol。

【混合气体】

应用理想气体状态方程可得

$$c_i=\frac{p_i}{RT}$$

式中，P_i 为混合物中组分 i 的分压力，Pa；R 为摩尔气体常数，$R=8.314$ J/(mol·K)。

知识点2 传质过程

【斐克定律】

单位时间内在垂直于质量扩散方向的面积上所扩散的组分 A 的量 M_A 或 N_A，可用斐克定律计算

$$M_A=-D_{AB}\frac{\partial\rho_A}{\partial x}$$

$$N_A=-D_{AB}\frac{\partial c_A}{\partial x}$$

式中，M_A，N_A——质量通量密度、物质的量通量密度，单位分别为 kg/(m²·s)及 kmol/(m²·s)；

D_{AB}——比例系数，称为质扩散系数，单位为 m²/s，下角标 AB 表示物质 A 向物质 B 扩散；

－(负号)——质量通量密度及物质的量的通量密度指向浓度降低的方向。

【质扩散系数】

质扩散系数 D 是个物性参数，它表征了物质扩散能力的大小。它的值取决于混合物

的性质、压力与温度，主要靠实验确定。对于气相物质，当已知温度 T_0、压力 P_0 下的扩散系数 D_0 时，温度 T、压力 P 下的扩散系数可按下式估计：

$$D=D_0\left(\frac{T}{T_0}\right)^{1.5}\frac{p_0}{p}$$

【等摩尔逆向扩散】

设组分 A、B 以相同的物质的量的通量密度向相反方向扩散，则称这种扩散过程为等摩尔逆向扩散。

物质的量的通量密度的计算式为

$$-\frac{\mathrm{d}p_A}{\mathrm{d}x}=\frac{RT}{D_{AB}}N_A$$

对此积分得

$$N_A=\frac{D_{AB}(p_{A1}-p_{A2})}{RT\Delta x}=\frac{D_{AB}}{\Delta x}(c_{A1}-c_{A2})$$

式中，P_{A1}、P_{A2} 分别为组分 A 在 1、2 两点的分压力；Δx 是两点间的距离。

【单向扩散】

假设：①扩散过程是稳态的；②系统是等温的；③水面上方空间的压力为常数；④混合气体可以作为理想气体处理。根据假设可得出斯蒂芬定律。

其为在斐克定律的基础上考虑了单向扩散特点后得出的物质的量的通量密度计算式。

$$N_w=-\frac{D}{RT}\frac{p_w+p_a}{p_a}\frac{\mathrm{d}p_w}{\mathrm{d}x}=-\frac{D}{RT}\frac{p_0}{p_0-p_w}\frac{\mathrm{d}p_w}{\mathrm{d}x}$$

积分表达式为

$$N_w=\frac{Dp_0}{RT}\frac{1}{\Delta x}\ln\frac{p_{a2}}{p_{a1}}$$

$$M_w=\frac{Dp_0}{R_wT}\frac{1}{\Delta x}\ln\frac{p_{a2}}{p_{a1}}$$

【对流传质】

当流体流经一个相界面时与界面之间发生质量交换，称为对流传质，这种界面可以是液体表面也可以是固体表面。其表达式为

$$N_A=h_m(c_{A,w}-c_{A,f})$$

$$M_A=h_m(\rho_{A,w}-\rho_{A,f})$$

式中，$c_{A,w}$、$\rho_{A,w}$——界面处组分 A 的物质的量浓度与质量浓度，单位分别为 $\mathrm{kmol/m^3}$、$\mathrm{kg/m^3}$；

$c_{A,f}$、$\rho_{A,f}$——主流中组分 A 的物质的量浓度与质量浓度，单位分别为 $\mathrm{kmol/m^3}$、$\mathrm{kg/m^3}$；

h_m——表面传质系数，单位为 m/s。

11.3 传热学复习题

11.3.1 思考题

1. 传热学、传质学与流体力学常被称为“三传”。试简述“三传”过程中传递率的计算方式，所用到的各量和符号的意义。

答：传热分为导热、对流和辐射。导热的传递率可以通过傅里叶定律计算：

$$q=-k\frac{\mathrm{d}T}{\mathrm{d}x}$$

其中，k 是材料的热导率，$\frac{\mathrm{d}T}{\mathrm{d}x}$是温度梯度，负号代表热量传递方向和温度升高方向不变。

对流则是通过牛顿冷却公式进行计算：

$$q=h(T_{\mathrm{w}}-T_{\mathrm{f}})$$

其中，h 是对流传热系数，T_{w} 和 T_{f} 分别是壁面和流体的温度。

辐射则是通过斯忒藩-玻尔兹曼定律计算：

$$q=\varepsilon\sigma(T_1^4-T_2^4)$$

其中，ε 是表面发射率，σ 是斯特藩一玻尔兹曼常数，T_1 和 T_2 分别是物体和环境的温度。

传质过程可以通过斐克定律来描述：

$$J=-D\frac{\mathrm{d}C}{\mathrm{d}x}$$

其中，D 是扩散系数，$\frac{\mathrm{d}C}{\mathrm{d}x}$是浓度梯度。

在对流传质中，传递率可以通过类似牛顿冷却定律的公式来计算：

$$J=k_{\mathrm{m}}(C_{\mathrm{w}}-C_{\mathrm{f}})$$

其中，K_{m} 是质量传递系数，C_{w} 和 C_{f} 分别是表面和流体中的浓度。

流体的流动可以通过连续性方程、伯努利方程和纳维一斯托克斯方程等来描述例如，流体通过管道的流量可以通过伯努利方程来估算：

$$Q=Av$$

其中，A 是管道截面积，v 是流体速度。

2. 质量扩散系数、表面传质系数的单位各是什么，具有什么意义？

答：质量扩散系数：单位是 $\mathrm{m^2/s}$，它的意义是描述了由于浓度梯度引起的分子扩散速率。它表示单位时间内，单位浓度梯度下，单位面积的物质通过的量。

表面传质系数：单位是 m/s，他的意义是描述了在对流传质过程中，单位时间内，单位面积的物质在浓度差为单位浓度时通过界面的量。

3. 说明应用刘易斯关系式的条件。

答:理想气体状态,相同温度,相似分子结构,低密度,无化学反应,无外部场影响。

4. 请说明传质－反应过程中反应控制区和传质控制区的条件。

答:反应控制区通常发生在反应速率受到催化剂表面活性位点或反应物分子间相互作用速率限制的情况下。此时,反应速率成为整个过程的决定因素。具体条件包括:催化剂活性,反应物浓度,温度,压力。

传质控制区则发生在反应速率受到传质过程(如气体扩散、液体对流等)限制的情况下。此时,尽管催化剂表面活性位点充足且反应物浓度较高,但反应速率仍受到传质速率的限制。具体条件包括:传质系数,传质路径,温度,压力。

5. 举例说明涉及传热与传质知识的生活与工业过程,阐述传热学、传质学知识在解决其中关键问题时的作用。

答:例如热电厂。

传热方面:在锅炉中,燃料燃烧产生的热量通过辐射和对流传给水,将其转化为蒸汽。蒸汽通过涡轮机做功,驱动发电机发电。传热学知识对于提高热效率和减少能量损失至关重要。

传质方面:在燃烧过程中,燃料和空气的混合、燃料的挥发和燃烧产物的排放都涉及传质过程。传质学知识有助于优化燃烧效率和减少污染物排放。

11.3.2　扩散传质

11－1　一输送氧气的橡皮管,外径为 12 mm,厚 1.5 mm。在稳定情况下内表面上氧气的浓度为 0.05 kmol/m^3,外表面上氧气的浓度为 0.0107 kmol/m^3,氧气在该橡皮管中的扩散系数为 1.5×10^{-9} m^2/s。试计算每小时内每米长管子上通过橡皮管的氧气扩散量。

解:在稳定情况下内表面上氧气的浓度为 0.05 kmol/m^3,外表面上氧气的浓度为 0.0107 kmol/m^3,氧气在该橡皮管中的扩散系数为 1.5×10^{-9} m^2/s。则有

$$N_A=\frac{D_{AB}}{\Delta x}(c_{A1}-c_{A2})$$

$$=\frac{1.5\times10^{-9}}{1.5\times10^{-3}}\times(0.05-0.0107)$$

$$=3.93\times10^{-8}\ \text{kmol/(m}^2\cdot\text{s)}$$

氧气扩散量为

$$N=N_A\cdot A\cdot t$$

$$=3.93\times10^{-8}\times\pi\times12\times10^{-3}\times1\times3.6\times10^3$$

$$=5.334\times10^{-6}\ (\text{kmol})$$

11－2　两容器中均盛有空气与二氧化碳的混合物，但两混合物的成分比例不同。容器 1 中含有 0.08 kmol 的空气及 0.02 kmol 的二氧化碳；容器 2 中含有摩尔分数（某组分的物质的量与混合物的量之比）为 30％的空气及摩尔分数为 70％的二氧化碳。两容器中的压力均为 1.013×10^5 Pa，温度均为 25 ℃。两容器被一内径为 100 mm、长 2 m 的管道相连接。试确定两容器间二氧化碳的交换率。

解：两容器被一内径为 100 mm、长 2 m 的管道相连接时，浓度为

$$c_{A1}=\frac{p_{A1}}{KT}=\frac{1.013\times10^5\times\dfrac{0.02}{0.1}}{8314\times(25+273)}=8.18\times10^{-3}(\text{kmol/m}^3)$$

$$c_{A2}=\frac{p_{A2}}{8314\times(25+273)}=2.86\times10^{-2}(\text{kmol/m}^3)$$

扩散通量为

$$N_A=\frac{D_{AB}}{\Delta x}(c_{A1}-c_{A2})=\frac{1.38\times10^5}{2}\times(8.18\times10^{-3}-2.86\times10^{-2})$$

D_{AB}可查资料得，解得交换率为 1.4×10^{-7} kmol/(m^2·s)。

11－3　一敞开的直径为 15 cm、深 7.5 cm 的平底容器，底部盛有薄薄一层 25 ℃的水。容器开口处的空气温度为 25 ℃，压力为 1.013×10^5 Pa 空气的相对湿度为 50％。试计算此时水的蒸发率。

解：25 ℃时水蒸气的饱和压力为

$$p_s=3289.5=0.033\times10^5\ \text{Pa}$$

相对湿度为

$$p_{w2}=50\%p_s=0.016\times10^5\ \text{Pa}$$

$$p_{w1}=0.033\times10^5\ \text{Pa}$$

$$p_{a1}=p_0-p_{w1}=(1.013-0.033)\times10^5=0.98\times10^5(\text{Pa})$$

$$p_{a2}=p_0-p_{w2}=(1.013-0.016)\times10^5=0.997\times10^5(\text{Pa})$$

由斯蒂芬定律的积分表达式可得

$$M_w=\frac{Dp_0}{R_wT}\frac{1}{\Delta x}\ln\frac{p_{a2}}{p_{a1}}=4.32\times10^{-6}\ \text{kg/(m}^2\cdot\text{s)}$$

蒸发率：

$$M_wA=7.63\times10^{-8}\ \text{kg/s}$$

11－4 在《传热学(第 6 版)》(陶文铨编著)图 11－3 所示设备来测定水蒸气在空气中的扩散系数。试验用量筒内径为 30 mm,水面开量筒边缘的距离为 100 mm,筒底水温及环境温度均为 25 ℃,相对湿度为 30%。一股气流吹过筒口 1 h 后,用精密天平测得水的损失为 10.7 mg。试确定在此试验条件下水蒸气在空气中的扩散系数。大气压力为 1.013×10^5 Pa。

解:25 ℃时水蒸气的饱和压力为

$$p_s=p_{w1}=0.033\times10^5\ \text{Pa}$$

由相对湿度可得

$$p_{w2}=p_s\times30\%=0.0099\times10^5\ \text{Pa}$$

由此可得

$$p_{a1}=p_0-p_{w1}=1.013\times10^5-0.033\times10^5=0.98\times10^5(\text{Pa})$$

$$p_{a2}=p_0-p_{w2}=1.013\times10^5-0.0099\times10^5=1.0031\times10^5(\text{Pa})$$

蒸发质量 $m=M_wAt$

$$M_w=\frac{m}{A.t}=\frac{10.7\times10^{-9}}{3.1416\times15^2\times10^{-6}\times3600}=4.205\times10^{-9}[\text{kg}/(\text{m}^2\cdot\text{s})]$$

又由 $M_w=\dfrac{Dp_0}{\Delta xR_wT}\ln\dfrac{p_{a2}}{p_{a1}}$ 可知

$$D=\frac{M_wR_wT\cdot\Delta x}{p_0}\cdot\frac{1}{\ln\dfrac{p_{a2}}{p_{a1}}}=2.454\times10^{-8}\ \text{m}^2/\text{s}$$

11－5 一试管内径为 2 cm,底部盛有 26 ℃的苯液体。从液面到试管顶端的距离为 20 cm。已知 26 ℃下苯的饱和压力为 0.133×10^5 Pa。D 的数值可按 25 ℃时的数据取用。空气与苯液处于热平衡,且空气中不含苯蒸气。试计算苯的蒸发率。空气压力为 1.013×10^5 Pa。

解:空气与苯液处于热平衡,且空气中不含苯蒸气。此时:

$$p_{a1}=p_0-p_{苯1}=(1.013-0.133)\times10^5=0.88\times10^5(\text{Pa})$$

$$p_{a2}=p_0-p_{苯2}=(1.013-0)\times10^5=1.013\times10^5(\text{Pa})$$

在 $t=25$ ℃时,苯的扩散系数 $D=0.88\times10^{-5}\ \text{m}^2/\text{s}$

$$M_{苯}A=1.968\times10^{-5}\times3.1416\times\left(\frac{0.02}{2}\right)^2=6.183\times10^{-9}(\text{kg/s})$$

11.3.3 对流传质

11-6 压力为 1.013×10^5 Pa、温度为 25 ℃的干空气，吹过一块 30 cm×30 cm 的冰块，速度为 1.5 m/s。冰块除了暴露于气流中的表面外，其余表面无质交换。试计算每小时内因质交换而引起的冰块质量的损失。

解：定向温度为

$$t_m=\frac{t_f+t_w}{2}=12.5\ ℃$$

根据定向温度查得

$$\nu=14.39\times10^{-6}\ m^2/s$$

$$Re=\frac{u_\infty l}{\nu}=\frac{1.5\times0.3}{14.39\times10^{-6}}=3.128\times10^4$$

0 ℃时水蒸气的密度：$\rho_w=0.004847\ kg/m^3$

$$a=7.313\ m^2/h,D=0.256\times10^{-4}\ m^2/s$$

$$\nu=16.5501\times10^{-4}\ m^2/s,Sc=\frac{\nu}{D}=64.648$$

由此可得

$$Sh=0.332Re^{1/2}Se^{1/3}=235.663$$

从而得

$$h_m=\frac{Sh\cdot D}{l}=0.02\ m/s$$

故每小时因质交换而引起的冰块质量损失可求得

$$m=h_mA_\rho t=0.02\times0.09\times0.004847\times3600=0.032(kg)$$

11-7 一温度计的温包被湿布包覆。当压力为 1.013×10^5 Pa 的干燥空气吹过该温包时，温度计示值为 22 ℃。试计算干空气的温度。计算时取 Sc/Pr=0.845。

解：$t=22$ ℃时，水蒸气的物性参数为

$$r=2449.62\ kJ/kg,\rho_w=0.0199\ kg/m^3$$

取空气的物性参数为：$c_p=1.005\ kJ/(kg\cdot K)$，$\rho=1.185\ kg/m^3$

由$\frac{S_C}{Pr}=\frac{a}{D}=0.845$，且来流为干燥空气，则空气中水蒸气的密度为

$$\rho_\infty=\rho_w-\frac{t_\infty-t_w}{r}\rho c_p\left(\frac{a}{D}\right)^{2/3}=0$$

此时，干空气的温度为

$$t_{\infty}=t_{w}+\frac{r}{c_{p}\left(\frac{a}{D}\right)^{2/3}}\cdot\frac{\rho_{w}}{\rho}=67.8\ ℃$$

11－8　相对湿度为 50%、温度为 40 ℃的空气，以 2 m/s 的速度吹过长 10 m 的游泳池。池水温度为 30 ℃。试估算风吹到游泳池的尽头时每平方米水面上的蒸发量。

解：平均温度取 35 ℃，查询此温度下的空气物性参数，得

$$\rho_{a}=1.1465\ \text{kg/m}^3,\ v_{a}=16.48\times10^{-6}\ \text{m}^2/\text{s}$$

按温度为 40 ℃查饱和水蒸气物性，得 $\rho_{s}=0.05116\ \text{kg/m}^3$。

按温度为 30 ℃查干饱和蒸汽物性，得 $\rho_{w1}=0.03037\ \text{kg/m}^3$，$v_{w}=303.53\times10^{-6}\ \text{m}^2/\text{s}$

代入数据可得

$$Re=\frac{u_{\infty}L}{\nu_{a}}=\frac{20}{16.48\times10^{-6}}=1.214\times10^{6}$$

$$Sc=\frac{v_{w}}{D}=\frac{303.53\times10^{-6}}{0.256\times10^{-4}}=11.857$$

$$\rho_{w2}=0.02558\ \text{kg/m}^3$$

$$Sh=0.332Re^{1/2}Sc^{1/3}=834.14$$

$$h_{m}=\frac{Sh\cdot D}{L}=0.0021\ \text{m/s}$$

则每平方米水面上的蒸发量为

$$M=h_{m}(\rho_{w1}-\rho_{w2})=1.023\times10^{-5}\ \text{kg/(m}^2\cdot\text{s)}$$

11－9　平均温度为 25 ℃的干空气，以 6.5 m/s 的速度流过内径为 2.5 cm、长 1.5 m 的圆管。管子内壁上覆盖有一层薄薄的水膜，管壁温度维持在 25 ℃。试计算每秒钟内空气所带走的水量。

解：查 25 ℃时空气的物性得 $v_{a}=15.53\times10^{-6}\ \text{m}^2/\text{s}$。

25 ℃时干饱和水蒸气的物性参数为

$$\rho_{w1}=0.0199\ \text{kg/m}^3$$

$$D=0.256\times10^{-4}\ \text{m}^2/\text{s}$$

$$\nu_{w}=406.715\times10^{-6}\ \text{m}^2/\text{s}$$

代入数据得

$$2\times10^{3}<Re=\frac{u_{x}d}{v_{s}}=\frac{6.5\times2.5\times10^{-2}}{15.53\times10^{-6}}=1.046\times10^{4}<3.5\times10^{4}$$

$$Sc=\frac{V_{w}}{D}=\frac{406.715\times10^{-6}}{0.256\times10^{-4}}=15.887$$

$$Sh=0.023Re^{0.83}Sc^{0.44}=168.422$$

$$h_m=\frac{Sh\cdot D}{d}=0.17246\ \text{m/s}$$

每秒钟内空气所带走的水量：

$$\begin{aligned}m&=h_m A(\rho_{p+1}-\rho_w)\\&=0.17246\times3.1416\times2.5\times10^{-2}\times1.5\times(0.0199-0)\\&=4\times10^{-4}(\text{kg/s})\end{aligned}$$

11－10　习题 11－7 的结果表明，可以用在温度计温包外加湿布套的方法来扩大温度计的读数。今有一股温度较高的干燥空气，用最大量程为 50 ℃的温度计测量该气流的温度。在该温度计的温包外加了湿套以后，读得温度为 35 ℃。试估算气流的真实温度。气流压力为 1.013×10^5 Pa。

解：可以按照下列步骤估算：

在这种情况下，使用湿球温度和干球温度之间的关系来估算实际气流温度。湿球温度计测量的是水蒸发导致的温度下降。

湿球温度 T_w 和实际气流温度 T_a 的关系可由以下方程近似表示：

$$T_w=T_a-\frac{L\cdot(P_s-P_w)\cdot Sc/Pr}{C_p}$$

其中，L 是水的汽化潜热。P_s 是饱和蒸汽压。P_w 是湿球温度下的蒸汽压。Sc/Pr 是施密特数与普朗特数的比值。C_p 是空气的比热容。

将相关数值代入能量平衡方程，解出气流的真实温度 T_a。

由于涉及查表和多个近似值，如潜热和空气比热容的常值，计算过程可能有所偏差。实际应用中可能需要更精确的测量工具和数据表。

通过这些步骤，可以对气流的真实温度进行估算。具体值需查相关物理化学性质表以获得更精确的结果。

11－11　相对湿度为 40%、温度为 25 ℃的空气，以 4 m/s 的速度进入内径为 8 cm 的竖直管，而 25 ℃的水则沿内表面缓慢地流下。试计算为使出口气流的湿度达到饱和所需的管子长度。气流压力为 1.013×10^5 Pa。

解：查 25 ℃时空气的物性参数得 $v_a=15.53\times10^{-6}\ \text{m}^2/\text{s}$

25 ℃时干饱和水蒸气的物性参数得

$$\rho_{w1}=0.0199\ \text{kg/m}^3,D=0.256\times10^{-4}\ \text{m}^2/\text{s},\nu_w=406.715\times10^{-6}\ \text{m}^2/\text{s}$$

代入数据可得

$$Re=\frac{u_\infty d}{\nu_a}=\frac{4\times8\times10^{-2}}{15.53\times10^{-6}}=2.061\times10^4$$

$$Sc=\frac{V_w}{D}=15.887$$

$$Sh=0.023Re^{0.83}Sc^{0.44}=295.713$$

$$h_m=\frac{Sh\cdot D}{d}=0.095\ \text{m/s}$$

设从入口到出口空气中所含水蒸气的增量为 Δm，则

$$\Delta m=(\rho_{w1}-0.4\rho_{w1})VA_1=(\rho_{w1}-0.4\rho_{w1})h_mA_2$$

可得

$$V\cdot\frac{\pi d^2}{4}=h_m\pi dL\Rightarrow L=\frac{Vd}{4h_m}=0.842\ \text{m}$$

11－12　空气以 5 m/s 的速度掠过 500 m×500 m 的湖面，湖水与空气均为 25 ℃。试对空气相对湿度为 10%及 80%的两种情况，计算整个湖面的蒸发率。

解：查询 25 ℃时，空气的物性参数 $\nu_a=15.53\times10^{-6}\ \text{m}^2/\text{s}$

25 ℃时干饱和水蒸气的物性参数得

$$\rho_{w1}=0.0199\ \text{kg/m}^3,Sc=0.607,D=0.256\times10^{-4}\ \text{m}^2/\text{s}$$

代入数据得

$$Re=\frac{u_\infty L}{\nu_a}=\frac{5\times500}{15.53\times10^{-6}}=1.61\times10^8$$

$$h_m=\frac{D}{L}\cdot Sh=\frac{D}{L}\times0.332Re^{1/2}Sc^{1/3}=1.826\times10^{-4}\ \text{m/s}$$

当 $\rho_{w2}=0.1\rho_{w1}$ 时，

$$m_1=h_mA(\rho_{w1}-\rho_{w2})=0.8177\ \text{kg/s}$$

当 $\rho_{w2}=0.8\rho_{w1}$ 时，

$$m_2=h_mA(\rho_{w1}-\rho_{w2})=0.1817\ \text{kg/s}$$

11－13　相对湿度为 45%、温度为 16 ℃的空气，以 5 m/s 的速度吹过长 0.5 m 的一块多孔平板。水可以连续不断地流过多孔平板表面以补充蒸发损失，从而使暴露于空气中的一侧面总是湿的。采用加热的方法使该板维持在 10 ℃，气流的压力为 1.013×10⁵ Pa。试确定所需的加热功率。

解：定性温度为

$$t_m=\frac{16+10}{2}=13(℃)$$

此时空气的物性参数：$\nu_a=14.43\times10^{-6}\ \text{m}^2/\text{s}$

16 ℃时干饱和水蒸气的物性参数 $\rho_s=0.0142\ \text{kg/m}^3$。

10 ℃时干饱和水蒸气的物性参数：$\rho_{w1}=0.009396\ \text{kg/m}^3,D=0.256\times10^{-4}\ \text{m}^2/\text{s}$

$$v_w=896.54\times10^{-6}\ \text{m}^2/\text{s},r=2477.7\ \text{kJ/kg}$$

代入数据得

$$Re=\frac{u_{\infty}L}{\nu_{a}}=1.7\times10^{5}$$

$$Sc=\frac{V_{a}}{D}=0.564$$

$$h_{m}=\frac{D}{L}\cdot Sh=\frac{D}{L}\times0.332Re^{1/2}Sc^{1/3}=5.79\times10^{-3}\ \text{m/s}$$

每平方米蒸发率为

$$\dot{m}=h_{m}(\rho_{w1}-\rho_{w2})=h_{m}(\rho_{w1}-0.6\rho_{s})=5.073\times10^{-6}\ \text{kg/s}$$

则每平方的加热功率：

$$P=\dot{m}\cdot r=12.568\ \text{W}$$

11－14　25 ℃的不含萘的空气，在 1.013×10^5 Pa 的压力下流过一个萘平面，在离开前沿点 2 m 处，Re_x＝9×10^4。试计算在此 2 m 的区域内的平均传质系数。取 S_c＝2.5。由于空气中萘的含量很少，其物性可取空气的值。

解：由题意得

$$Sh=0.332Re^{1/2}Sc^{1/3}=135.178$$

查附录得

$$D=0.62\times10^{-5}\ \text{m}^2/\text{s}$$

所以平均传质系数为

$$h_{m}=\frac{D}{L}\cdot Sh=1.73\times10^{-3}\ \text{m/s}$$

11－15　一块边长 20 cm 的正方形金属薄平板被置于一风洞中。板的上表面上覆盖了一层薄水膜，压力为 1.013×10^5 Pa、温度为 50 ℃的干空气以 15 m/s 的速度吹过平板。风洞内壁温度为 10 ℃，水膜的发射率为 1。试计算平板的稳态平衡温度。

解：忽略水蒸气所带走的热量，设平板的稳态平衡温度为 t。

查教材附录得 50 ℃时空气的物性参数为

$$Pr=0.698,\nu=17.95\times10^{-6}\ \text{m}^2/\text{s},\lambda=2.83\times10^{-2}\ \text{W/(m}\cdot\text{K)}$$

代入数据可得

$$Re=\frac{u_{\infty}L}{\nu}=\frac{15\times20\times10^{-2}}{17.95\times10^{-6}}=1.67\times10^{5}$$

$$Nu=0.332Re^{1/2}Pr^{1/3}=120.398$$

由 $Nu=\frac{hL}{\lambda}$可得

$$h=\frac{Nu \cdot \lambda}{L}=17.036\ \mathrm{W/(m^2 \cdot K)}$$

则有

$$h(t_f-t)=\varepsilon\sigma(T^4-T_w^4)$$

解得

$$t \approx 39.6\ ℃$$

11.3.4　综合题

11-16　一根外径 $d=5$ cm 的冷气输送管道裸露于空气中，表面温度为 5 ℃。用干湿球温度计测得空气的干球温度为 32 ℃，湿球温度为 25 ℃。为减少管子表面因结露而引起的冷量损失，拟在管外包扎一层 $\lambda=0.08$ W/(m·K)的保温材料，希望加保温材料后外表面不再出现水滴。试估算所需隔热材料的厚度。作为一种估算，可取保温材料外表面的复合传热表面传热系数 $h=9$ W/(m² · K)，空气的 $Pr=0.7$，水蒸气在空气中扩散的 $Sc=0.6$。为不使保温材料因吸收水分而变潮湿，要在其外表面涂上一层沥青，计算时可以不考虑。

解:定性温度为

$$t_m=\frac{32+25}{2}=28.5\ ℃$$

查教材附录得此时空气的物性参数为

$$\rho=1.199\ \mathrm{kg/m^3},\ c_p=1.005\ \mathrm{kJ/(kg \cdot K)}$$

$$\lambda=2.63\times10^{-2}\ \mathrm{W/(m \cdot K)}$$

查水蒸气性质表查得，湿球温度为 25 ℃时，

$$\rho_{w1}=0.02383\ \mathrm{kg/m^3},\ r=2442.6\ \mathrm{kJ/kg}$$

代入数据可得

$$\rho_\infty=\rho_{w1}-\frac{t_{干}-t_{湿}}{r}\rho c_p\left(\frac{a}{D}\right)2/3$$

$$=\rho_{w1}-\frac{t_{干}-t_{湿}}{r}\rho_\sigma\left(\frac{S}{Pr}\right)2/3$$

$$=0.0207\ \mathrm{kg/m^3}$$

则可得

$$q=\frac{t_{干}-t_{湿}}{\dfrac{1}{hA_1}+\dfrac{\delta}{\lambda A_2}}=h_m(\rho_\infty-\rho_{w2})rA_2$$

$$\frac{h_m}{h}=\frac{D}{\lambda}\left(\frac{Sc}{Pr}\right)^{1/3}$$

$$A_1=\pi dL$$

$$A_2=\pi(d+2\delta)L$$

解得

$$\delta=13.3\ \text{mm}$$

11-17　在一次空气外掠圆柱体的萘升华试验中,测得以下4组数据:

编号	升华量/mg	试验时间/min	试件表面的萘蒸气密度/(kg/m³)	Re_f	来流温度/℃
1	3.08	60	1.2192×10^{-4}	746	9.1
2	3.10	50	1.2627×10^{-4}	902	9.4
3	2.70	38	1.2664×10^{-4}	1123	9.4
4	2.23	25	1.4002×10^{-4}	1289	10.4

试件的升华面积为 $1.508\times10^{-3}\ \text{m}^2$,Sc=2.5,来流中萘的浓度为零。试计算4种工况下的 *Sh* 数。萘试件圆柱直径为30 mm。

解:由题意,试件的升华面积为 $1.508\times10^{-3}\ \text{m}^2$,$Sc=2.5$,来流中萘的浓度为零。则可得

$$M_A=h_m\rho A\Rightarrow h_m=\frac{M_A}{\rho_A}$$

$$h_m=\frac{D}{d}Sh$$

由上式可得

$$Sh=\frac{d}{\nu}\cdot\frac{M_A}{\rho A}\cdot Sc$$

则代入数据可得

$$Sh_1=13.947,Sh_2=16.190,Sh_3=18.494,Sh_4=21.059$$

11-18　30 ℃的水从内径 $d=30$ mm、$1/d>50$ 的竖管内表面以水膜形式自上而下地流动,平均温度为20 ℃的空气以6 m/s的速度由下而上地掠过水膜表面。管内空气的总压力为 1.013×10^5 Pa,其中水蒸气的平均分压力为780 Pa。设法维持壁温为30 ℃。试求每米管子上水膜与空气间的总换热量,即由蒸发引起的替热交换及由对流引起的显热交换的总换热量。

解:定性温度为

$$t_m=\frac{20+30}{2}=25\ ℃$$

查得空气的物性参数为

$$\nu_1=15.53\times10^{-6}\ \mathrm{m^2/s},\lambda=2.63\times10^{-2}\ \mathrm{W/(m\cdot K)},Pr=0.702$$

代入数据解得

$$Re=\frac{u_{\infty}d}{\nu_1}=115.905$$

$$Sc=\frac{v}{D}=0.607$$

$$\rho_{w2}=\frac{p_w}{R_w T}=0.00557\ \mathrm{kg/m^3}$$

由 $Nu=0.023Re^{0.8}Pr^{0.4}=hd/\lambda$，可得

$$h=\frac{\lambda}{d}Nu=\frac{0.023\lambda}{d}Re^{0.8}Pr^{0.4}=0.78\ \mathrm{W/(m^2\cdot K)}$$

由 $Sh=0.023Re^{0.8}Sc^{0.4}=h_m d/D$，可得

$$h_m=\frac{D}{d}Sh=\frac{0.023D}{d}Re^{0.8}Sc^{0.4}=7.2\times10^{-4}\ \mathrm{m/s}$$

查 30 ℃时水蒸气的物性参数得：$r=2430.9$ kJ/kg。

所以每米管子上水膜与空气间的总换热量为

$$q=q_1+q_2=h\pi\mathrm{d}L(t_w-t_f)+rh_m(\rho_{w1}-\rho_{w2})\pi\mathrm{d}L=3.747\ \mathrm{W}$$

参考文献

[1] 陶文铨．传热学[M].6版．北京:高等教育出版社,2024.

[2] 王秋旺,曾敏．传热学要点与解题[M]. 西安:西安交通大学出版社,2006.

[3] 陈国通,苏志平．传热学同步辅导及习题全解[M]. 北京:中国水利水电出版社,2021.

[4] 楚化强,马维刚,李朝祥．Matlab在传热学例题中的应用[M]. 合肥:合肥工业大学出版社,2022.

附录　彩图素材

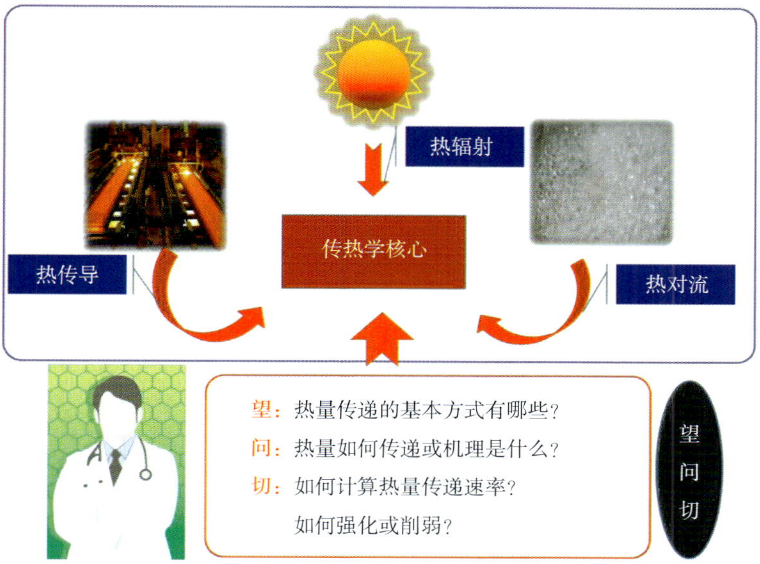

图 1　“望、问、切”方法在《传热学》中的应用

图 2　《传热学》中多个研究方向的交替演奏

图 3 强化池沸腾传热的两类主要结构(宏观结构和微观结构)

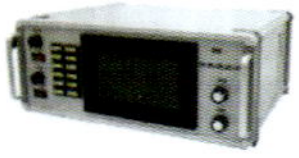

◎ 温控仪

可研究三种基本传热原理：导热、对流和辐射，以及与传热相关的应用模块的实验。

◎ 一维稳态导热实验仪

可研究固体一维线性稳态导热，测量固体导热系数以及接触热阻的实验。

◎ 外部流动换热实验仪

可研究对流换热，测量自然、强迫对流换热系数以及能量守恒分析的实验。

◎ 圆柱绕流传热实验仪

可研究对流与表面辐射复合换热，测量水平圆管自然、强迫对流换热系数以及总体能量守恒分析的实验。

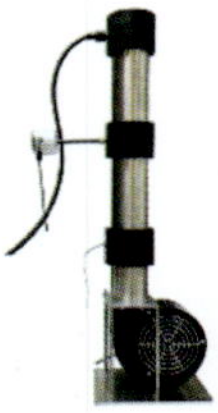

◎ 发射率视角因子测量仪

可研究表面辐射换热，测量辐射相关参数如视角因子，发射率，热流密度等，验证表面辐射换热基本定律的实验。

◎ 肋片传热分析仪

可研究肋片传热，测量肋片温度分布、肋片材料导热系数、验证肋片传热理论的实验。

◎ 圆柱导热分析仪

可研究固体一维径向稳态导热，测量温度/半径分布关系、验证径向导热理论的实验。

◎ 紧凑式换热器实验仪

可研究叉流换热器传热性能的实验。

图 4 《传热学》相关设备彩图(由北京华力通达机电科技有限公司提供)